Springer-Lehrbuch

Reiner M. Dreizler · Cora S. Lüdde

Theoretische Physik 2

Elektrodynamik und spezielle Relativitätstheorie

Mit 208 Abbildungen und einer CD-ROM

Springer

Professor Dr. Reiner M. Dreizler
Cora S. Lüdde

Johann Wolfgang Goethe Universität Frankfurt /M
Fachbereich Physik, Institut für Theoretische Physik
Robert-Mayer-Str. 8–10
60054 Frankfurt

dreizler@th.physik.uni-frankfurt.de
cluedde@th.physik.uni-frankfurt.de

Bibliografische Information Der Deutschen Bibliothek
Die Deutsche Bibliothek verzeichnet diese Publikation in der Deutschen Nationalbibliografie; detaillierte bibliografische Daten sind im Internet über <http://dnb.ddb.de> abrufbar.

ISBN 3-540-20200-5 **Springer Berlin Heidelberg New York**

Springer ist ein Unternehmen von Springer Science+Business Media
springer.de

Satz: Digitale Druckvorlagen der Autoren
Umschlaggestaltung: *design & production*, Heidelberg
Herstellung: PTP-Berlin Protago-T$_{E}$X-Production GmbH, Germany

Gedruckt auf säurefreiem Papier 56/3141/Yu – 5 4 3 2 1 0

Vorwort

Der zweite Band dieser Lehrbuchreihe der theoretischen Physik stellt die Elektrodynamik und die spezielle Relativitätstheorie vor. Die Kombination dieser zwei Themen hat einen historischen Hintergrund. Die Formulierung der Relativitätstheorie entstand infolge der Unverträglichkeit der Elektrodynamik mit dem einfachen Relativitätsprinzip der Mechanik. Die Grundgleichungen der Elektrodynamik, die Maxwellgleichungen, sind nicht forminvariant, wenn man eine Galileitransformation anwendet. Dies würde bedeuten, dass man aus der Sicht von verschiedenen Inertialsystemen unterschiedliche elektromagnetische Phänomene beobachten müsste. Dies ist offensichtlich nicht der Fall.

Der äußere Rahmen des zweiten Bandes entspricht dem des ersten. Der Haupttext wird durch eine CD-ROM unterstützt, auf der, neben Detailausführungen zu ausgewählten Fragestellungen, die benötigten mathematischen Hilfsmittel und 74 Aufgaben zu finden sind (Hinweise auf die Aufgaben und Details sind mit ◉ markiert). Die mathematischen Ergänzungen zu dem Mechanikband (Band 1) stehen ebenfalls noch einmal auf der CD-ROM zur Verfügung. Die Aufgaben sind wie im ersten Band gestaltet. Der Bearbeiter/die Bearbeiterin hat die Wahl, die Aufgaben eigenständig zu lösen und die gewonnene Lösung mit der am Ende der Aufgabe angegebenen zu vergleichen. Alternativ kann er/sie die für jede Aufgabe bereitgestellte schrittweise Führung zu der Lösung zu Rate ziehen.

Elektromagnetische Phänomene werden durch die Maxwellgleichungen (ein Satz von partiellen Differentialgleichungen) und ergänzende Materialgleichungen, die die Respons von Materialien auf elektrische und magnetische Felder beschreiben, vollständig erfasst. Man könnte somit diese Gleichungen vorgeben und sich auf die Diskussion von Lösungsmethoden sowie Fragen der Interpretation konzentrieren. Es erscheint jedoch sinnvoller, den historischen Weg zu beschreiten und die zusammenfassenden Gleichungen Stück um Stück zu erarbeiten. Geht man diesen Weg, so lautet das Thema, das die ersten vier Kapitel dieses Bandes beansprucht, *Elektrostatik*. Nach der Einführung der Grundbegriffe und der Formulierung der entsprechenden Grundgleichungen wird in zwei Kapiteln (Kap. 3 und Kap. 4) die Hauptaufgabe der Elektrostatik vorgestellt, die Berechnung von stationären elektrischen Feldern für vorgegebene Ladungs- und Materialverteilungen. Bei der

Lösung der Grundgleichungen der Elektrostatik (ebenfalls partielle Differentialgleichungen) kommen mathematische Aspekte wie Greensche Funktionen oder die verschiedenen speziellen Funktionen der mathematischen Physik zum Zuge. Die Länge der Auseinandersetzung mit der Elektrostatik ist dadurch bedingt, dass eine gute Anzahl von neuen mathematischen Konzepten zu erarbeiten ist. Eher praktische Aspekte wie z.B. die Betrachtung von Kondensatoren oder die Berechnung der Respons von Materialien auf elektrische Felder werden ebenfalls vorgestellt.

Die Diskussion der *Magnetostatik* ist auf ein Kapitel (Kap. 5) beschränkt. In diesem Kapitel werden die Erzeugung von statischen Magnetfeldern durch stationäre (d.h. zeitlich nicht veränderliche) Ströme angesprochen, die entsprechenden Grundgleichungen zusammengestellt und die Respons von Materialien auf Magnetfelder diskutiert. Der letzte Punkt, mit Themen wie Para- oder Ferromagnetismus, verdient und benötigt eigentlich einen längeren Exkurs, doch muss die Auseinandersetzung mit diesen Themen einer Vorlesung über Festkörperphysik auf der Basis der Quantenmechanik vorbehalten bleiben.

Die Auseinandersetzung mit der eigentlichen Elektrodynamik, in der die elektrischen und die magnetischen Erscheinungen vereinigt werden, beginnt in dem sechsten Kapitel mit der Betrachtung des Induktionsgesetzes, einer der Grundlagen der industriellen Revolution zu Beginn des 20. Jahrhunderts. Auf der Seite der Theorie liefert dieses Gesetz die Motivation für die Zusammenfassung aller klassischen elektromagnetischen Erscheinungen in den Maxwellgleichungen. Die Wellenlösungen dieser Gleichungen für das Senderproblem (die Erzeugung von elektromagnetischen Wellen durch zeitlich veränderliche Ladungen in Antennen) und das Ausbreitungsproblem (die Propagation von elektromagnetischen Wellen im Raum, beschrieben durch Lösungen von homogenen Maxwellgleichungen) werden in diesem Kapitel unter allgemeineren Gesichtspunkten betrachtet. Dazu gehört auch eine Diskussion der Energie- und Impulssituation von elektromagnetischen Feldern.

Die Diskussion der Wellenlösungen wird in Kapitel 7 unter der Überschrift 'Anwendungen' fortgesetzt. Das Kapitel beginnt mit einer kurzen Diskussion der technischen Umsetzung des Induktionsgesetzes in der Form von Transformatoren. Es folgt eine Auseinandersetzung mit den verschiedenen Aspekten der Ausbreitung von elektromagnetischen Wellen unter den Stichworten Kristalloptik, Metalloptik, Hohl- und Wellenleiter, sowie Beugung. Zu der Frage der Erzeugung von elektromagnetischen Wellen wird die Abstrahlung von Antennen und die Strahlung von bewegten Punktladungen (Stichworte sind Bremsstrahlung und Čerenkovstrahlung) betrachtet.

Die *spezielle Relativitätstheorie* kommt in dem letzten Kapitel (Kap. 8) zur Sprache. Ausgangspunkt der Diskussion ist die Forderung nach der Erhaltung der Form der Maxwellgleichungen in jedem Inertialsystem, eine Forderung, die mit der Bezeichnung 'Kovarianz der Maxwellgleichungen' angesprochen wird. Anhand der Ergebnisse des Michelson-Morley Versuches wird zuerst eine einfache Form der Lorentztransformation erarbeitet. Diese Transformation, die es erlaubt, Beobachtungen in verschiedenen Inertialsystemen miteinander zu verknüpfen, ersetzt die Galileitransformation. Auch diese einfache Form erlaubt die Diskussion der Konsequenzen, die man aus der Lorentztransformation extrahieren kann, wie ein erweitertes Additionstheorem für Geschwindigkeiten, die Längenkontraktion, die Zeitdilatation und die Frage nach der Gleichzeitigkeit von Beobachtungen. Ausgehend von der einfachen Form wird anschließend eine allgemeine Formulierung der speziellen Relativitätstheorie erarbeitet. Diese Formulierung auf der Basis eines vierdimensionalen Raums, des Minkowskiraums, erlaubt die Erweiterung der klassischen Mechanik auf die relativistische Mechanik und eine Analyse der Elektrodynamik aus der Sicht der Relativitätstheorie. Das Kapitel wird durch eine kurze historische Betrachtung abgeschlossen.

Ein Punkt muss in diesem Vorwort noch besonders angesprochen werden: Die Frage nach den verschiedenen Einheitensystemen, die in der Elektrodynamik und der Elektrotechnik Anwendung finden. Anhand der Diskussion der (theoretischen) Mechanik werden die Einheiten für die Messung von Längen, Massen und Zeiten festgelegt. Zur Diskussion der Elektrodynamik ist es notwendig, Maßeinheiten für weitere physikalische Größen, wie z.B. elektrische und magnetische Felder, einzuführen. Die wichtigsten Maßsysteme der Elektrodynamik sind:

- Das rationalisierte MKSA System (auch kurz SI System genannt).
- Das Gaußsche CGS System (auch kurz CGS System genannt).

Das erstere ist, wie der Name andeutet, eine Erweiterung des SI Systems der Mechanik, das zweite eine Erweiterung des CGS Systems. Während das MKSA System in technischen Anwendungen der Elektrodynamik vorgezogen wird, ist das Gaußsche CGS System für theoretische Überlegungen gebräuchlicher (und nützlicher). Neben diesen zwei Maßsystemen werden jedoch weitere Systeme benutzt, so z.B.

- das elektrostatische Einheitensystem (esu),
- das elektromagnetische Einheitensystem (emu),
- das Heaviside-Lorentzsche Einheitensystem.

Da die Wahl eines bestimmten Einheitensystems eine Frage der momentanen Zweckmäßigkeit darstellt und dieser Wahl keine prinzipielle Bedeutung zukommt, haben wir auf die Festlegung auf ein bestimmtes Einheitensystem verzichtet. In den Gleichungen in diesem Band treten (mit der Ausnahme von Kap. 7, in dem ausschließlich das CGS System benutzt wird) Faktoren auf, für die je nach Wahl des Einheitensystems die korrekten zugeordneten Werte eingesetzt werden können. Eine Liste dieser Konstanten für die zwei gebräuchlichsten Einheitensysteme ist auf der Innenseite des vorderen Buchdeckels und in dem Anhang A abgedruckt. In diesem Anhang wird auch die Begründung zur Einführung dieser Konstanten dargelegt, sowie eine erweiterte Liste für einige Einheitensysteme angegeben.

Der Vorteil der gewählten Darstellung ist die Möglichkeit, die Formeln, ohne weitere Umrechnung, für jedes gewünschte Einheitensystem zu nutzen. Ein Nachteil ist eine vielleicht ungewohnte Häufung von zusätzlichen Faktoren in einigen der Formeln. Um diesen Nachteil abzumildern, werden alle grundlegenden Gleichungen zusätzlich in expliziter Form für die zwei gebräuchlichsten Einheitensysteme angegeben.

Wir danken den Kontaktpersonen des Springerverlags, Herrn Dr. T. Schneider und Frau J. Lenz, für die freundliche und vertrauensvolle Zusammenarbeit an dem zweiten Band dieser Reihe. Dank sagen möchten wir insbesondere Margaret D., Hans Jürgen und Melanie L. Auch die Arbeit an diesem Band hat unseren Familien Geduld und Verständnis abverlangt.

Frankfurt/M, im November 2004

Reiner M. Dreizler,
Cora S. Lüdde

Inhaltsverzeichnis

1 Grundlagen der Elektrostatik

Das erste Kapitel mit der Überschrift *Elektrostatik* beginnt mit einigen qualitativen Bemerkungen über elektrische Ladungen, den Aufbau und die elektrischen Eigenschaften der Materie. Die mehr quantitative Diskussion wird durch die Betrachtung des fundamentalen elektrischen Kraftgesetzes, des Coulombgesetzes, eröffnet. Anhand dieses Gesetzes kann man das Konzept des stationären elektrischen Feldes diskutieren. Ausgehend von dem Fall einer Punktladung erlaubt das Superpositionsprinzip die Betrachtung von verschiedenen Ladungsverteilungen, sowie eine zusammenfassende Charakterisierung stationärer elektrischer Felder in dem Theorem von Gauß. Erste Berechnungen solcher Felder, die durch vorgegebene Ladungsverteilungen bestimmt sind, werden mit einfachen und mit etwas anspruchsvolleren Mitteln durchgeführt.

1.1 Vorbemerkungen

Die Diskussion elektrischer und magnetischer Phänomene ist direkt mit Fragen nach der Struktur der Materie gekoppelt. Ein Beispiel ist der Ferromagnetismus. Zur vollständigen Erklärung der ferromagnetischen Eigenschaften von Materialien muss man etwas tiefer in die Quantenstruktur der Festkörper einsteigen. Ein kurzer Blick auf die historische Entwicklung der Elektrodynamik zeigt jedoch, dass es möglich ist, über elektrische und magnetische Erscheinungen zu sprechen, ohne in vollem Detail auf den mikroskopischen Aufbau der Materie einzugehen.

Die Grundlagen der Elektrodynamik wurden in ca 80 Jahren erarbeitet und zwar in dem Zeitraum von 1785–1865. Am Anfang stehen die Beobachtungen von Charles Augustin de Coulomb über das elektrostatische Kraftgesetz. Im Jahre 1820 folgte die zweite grundlegende Beobachtung. H.C. Ørstedt erkannte, dass elektrische Ströme ein Magnetfeld erzeugen. Nur wenige Jahre später (ab 1831) studierte M. Faraday das Wechselspiel von zeitlich veränderlichen magnetischen und elektrischen Feldern. Im Jahre 1864 hat J.C. Maxwell die Gleichungen veröffentlicht, die das gesamte Gebiet der Elektrodynamik in kompakter Form zusammenfassen.

Unsere Erkenntnisse über den mikroskopischen Aufbau der Materie stammen dagegen aus dem zwanzigsten Jahrhundert: so z.B. die Entdeckung des

Atomkerns durch E. Rutherford, J. Geiger und E. Marsden in dem Jahr 1906, die erste fast quantenmechanische Atomtheorie von N. Bohr (1913) und die Klärung der oben angesprochenen ferromagnetischen Eigenschaften der Materie, die 1928 durch W. Heisenberg eingeleitet wurde.

Die Gegenüberstellung der Zeitabläufe verdeutlicht, dass die Entwicklung der Elektrodynamik ohne die eigentlich erforderlichen Detailkenntnisse der Struktur der Materie stattgefunden hat. Für eine gewisse Überbrückung des Standpunktes des 19. Jahrhunderts und der heutigen Sicht können einige (durchaus einfache) Aussagen über elektrische Ladungen nützlich sein.

Die erste Aussage lautet: Die **elektrische Ladung** ist quantisiert. Dies bedeutet: In der Natur existiert eine kleinste Ladungsmenge, die man nicht mehr unterteilen kann. Die Größe dieser Elementarladung ist

$$\begin{aligned} e_0 &= 1.60219 \cdot 10^{-19}\,\text{Coulomb} \\ &= 4.80325 \cdot 10^{-10}\,\text{statcoul} \end{aligned}$$

(Details zu den Einheiten folgen in Kürze). Träger dieser Elementarladung sind z.B.

das Elektron $q_{\mathrm{e}} = -e_0$
das Proton $q_{\mathrm{p}} = +e_0$.

Das Vorzeichen der Ladung ist eine Frage der Konvention. Die heute benutzte Konvention geht auf Benjamin Franklin zurück, der natürlich von der Existenz dieser Elementarteilchen noch nichts ahnte.

Jede Ladung, die in der Natur auftritt, hat demnach den Wert

$$Q = \pm n\, e_0 \qquad (n = 1, 2, \ldots)\ .$$

Als erster experimenteller Nachweis dieser Aussage gilt R.A. Millikans Öltröpfchenexperiment, das im Jahr 1911 durchgeführt wurde (siehe D.tail 1.1).

Die diskrete Struktur von elektrischen Ladungen ist jedoch in den meisten makroskopischen Experimenten nicht erkennbar. So fließen z.B. bei dem Betrieb einer Glühbirne mit 100 Watt bei 220 Volt etwa $3 \cdot 10^{18}$ Elementarladungen pro Sekunde durch den Querschnitt des Glühfadens. Die Zahl n ist zu groß, um in diesem Fall einen experimentellen Nachweis der diskreten Ladungsstruktur durchführen zu können.

Die obigen Angaben über die kleinste Ladungseinheit, die in der Natur vorkommt, müssen jedoch seit dem ersten indirekten Nachweis der Quarkstruktur des Protons im Jahr 1970 modifiziert werden. Nach dem Quarkmodell sind die stark wechselwirkenden Elementarteilchen, wie z.B. das Proton, aus mehreren Quarks zusammengesetzt. Insbesondere besteht das Proton aus zwei up-Quarks und einem down-Quark

$$p \longrightarrow (u\,u\,d)\ .$$

Das Modell besagt, dass die Quarks die Ladungen

$$q_{\mathrm{u}} = \frac{2}{3}\, e_0 \qquad q_{\mathrm{d}} = -\frac{1}{3}\, e_0$$

tragen. Damit ergibt sich natürlich für die Ladung des Protons

$$q_{\mathrm{P}} = \frac{4}{3}e_0 - \frac{1}{3}e_0 = e_0 \,.$$

Obwohl freie Quarks bisher noch nicht nachgewiesen werden konnten (ob dies prinzipiell unmöglich oder eine Frage des Energieaufwandes darstellt, ist noch offen), gibt es genügend Hinweise für die Richtigkeit dieser Theorie. Man könnte auch spekulieren, inwieweit die Quarks selbst zusammengesetzte Teilchen sind und welche weitere Unterteilung der Standardelementarladung dabei anzunehmen ist.

Unabhängig von der Frage, ob man nun e_0 oder $1/3\,e_0$ als die fundamentale Ladungseinheit ansetzt, gilt die Aussage: Ladungen, die in der Natur vorkommen, sind quantisiert. Bei makroskopischen Experimenten ist diese Quantisierung nicht beobachtbar. Im Folgenden wird die Größe e_0 als Elementarladung benutzt werden.

Der zweite Punkt ist eine kurze Bemerkung über den Aufbau der Atome. Wenn man, im Sinne der Sophisten, einen Kubikzentimeter aus irgendeinem Material halbiert, eine der Hälften wiederum halbiert und diesen Prozess beliebig oft fortsetzt, gelangt man nach ca 10^{25} Zerlegungen zu den chemischen Bausteinen der Materie, den Atomen. Individuelle Atome sind, von außen gesehen, elektrisch neutral. Innerhalb eines Atoms existiert jedoch eine räumliche Ladungsverteilung. Ein Atom besteht aus einem fast punktförmigen, positiv geladenen Atomkern und einer negativen 'Ladungswolke' aus Elektronen. Der positive Ladungsanteil lässt sich in Neutronen (Anzahl von Neutronen N) und Protonen (Protonenzahl Z) zerlegen. Die Standardnomenklatur für Atomkerne ist (Anzahl der Nukleonen A)

$${}_{\mathrm{Z}}\mathrm{Element}_{\mathrm{N}}^{\mathrm{A}} \qquad \text{mit} \quad \mathrm{A} = \mathrm{N} + \mathrm{Z} \,.$$

So gilt z.B. für den Kern des normalen Wasserstoffatoms

$${}_1\mathrm{H}_0^1 \longrightarrow 1\,\text{Proton} \,,$$

für das Deuteron, den Kern des Deuteriums (des schweren Wasserstoffatoms)

$${}_1\mathrm{H}_1^2 \longrightarrow 1\,\text{Proton},\ 1\,\text{Neutron} \,.$$

Ein Bleiatomkern hat immer 82 Protonen und man kennt ca 30 verschiedene Isotope dieses Elementes. Das leichteste Bleiisotop ist

$${}_{82}\mathrm{Pb}_{112}^{194}$$

(mit einer Halbwertszeit $\tau \approx 11$ min), das häufigste

$${}_{82}\mathrm{Pb}_{126}^{208}$$

ist stabil, das schwerste Bleiisotop

$${}_{82}\mathrm{Pb}_{132}^{214}$$

hat eine Halbwertszeit von $\tau \approx 27$ min .

Die Charakterisierung der Elektronenhülle des Atoms als Ladungswolke ist ein Versuch, die statistischen Gesetzmäßigkeiten der Quantenmechanik in einfacher, verbaler Form zu fassen. Die Elektronen lassen sich nicht lokalisieren. Man kann nur ein Maß angeben, das beschreibt, mit welcher Wahrscheinlichkeit ein Elektron in den verschiedenen Punkten des Raumbereiches um den Kern anzutreffen ist.

Zur weiteren Charakterisierung dieser Situation sollte man die folgenden Daten im Auge behalten: Der mittlere Durchmesser der negativen Ladungswolke ist ungefähr

$$d_{\text{Atom}} \approx 1 \cdot 10^{-8}\,\text{cm} .$$

Diese Zahl gilt, mit minimalen Abweichungen, für alle Atome. Der mittlere Durchmesser der Atomkerne ist von der Größenordnung 10^{-13} cm und variiert mit der Nukleonenzahl wie $A^{1/3}$. Insbesondere ist z.B.

$$\begin{array}{ll} \text{H} & d_{\text{H}} \approx 1.4 \cdot 10^{-13}\,\text{cm} \\ \text{Pb} & d_{\text{Pb}} \approx 14 \cdot 10^{-13}\,\text{cm} . \end{array}$$

Die Ladungswolke ist also ungefähr 10^5 mal größer als der Atomkern.

Zu den Standardbausteinen der Materie sollte man die folgenden Daten notieren:

Tabelle 1.1. Eigenschaften der Bausteine der Materie

		Masse		Ladung	Magn. Moment
		m		q	μ
Proton	p	$1.6726 \cdot 10^{-24}$	g	$+e_0$	$1.5210 \cdot 10^{-3}$
Neutron	n	$1.6749 \cdot 10^{-24}$	g	0	$-1.0419 \cdot 10^{-3}$
Elektron	e^-	$9.109 \cdot 10^{-28}$	g	$-e_0$	1.0012

Proton und Neutron haben ungefähr die gleiche Masse, das Elektron ist um den Faktor 1840 leichter. Die Gesamtmasse eines Atoms ist also praktisch in dem Atomkern konzentriert. In einem neutralen Atom ist die Elektronenzahl N_e gleich der Protonenzahl Z. Aus diesem Grund ist, wie noch zu diskutieren, das Atom von außen gesehen elektrisch neutral. Die Angaben über die magnetischen Momente der drei Elementarteilchen (in den Einheiten Bohrsches Magneton) werden zu einem späteren Zeitpunkt (Kap. 5.3) ausführlicher abgehandelt. Für den Moment soll nur die Aussage betont werden: Das Neutron besitzt magnetische Eigenschaften, obschon es (von außen gesehen) elektrisch neutral ist.

Der dritte Punkt betrifft einige elementare Bemerkungen über die elektrischen Eigenschaften der makroskopischen Materie. Man unterscheidet in

Bezug auf die elektrischen Eigenschaften zwei Extremfälle von Materialien

$$\text{Isolatoren (Dielektrika)} \Longleftrightarrow \text{Leiter (Konduktoren)}\ .$$

Beispiele sind Glas, Gummi und Plastik auf der einen Seite, sowie Metalle und Erden (Silikate) auf der anderen. Eine naive Modellvorstellung der Struktur dieser Festkörper sieht folgendermaßen aus: In jedem Festkörper bilden die Atomkerne ein mehr oder weniger regelmäßiges, mehr oder weniger starres Gerüst. Der Unterschied zwischen den Leitungseigenschaften von Isolatoren und Leitern wird folgendermaßen erklärt: In Isolatoren sind die Elektronen jedes Atoms (oder jedes Moleküls) fest an die Kerne gebunden. In einem Isolator existieren keine frei beweglichen Ladungseinheiten (Abb. 1.1a). Setzt man hingegen neutrale Metallatome zu einem Metallfestkörper zusammen, so verlieren die äußeren Elektronen ihre Bindung an die Atomkerne (Abb. 1.1b). Sie sind in dem Festkörper frei beweglich.

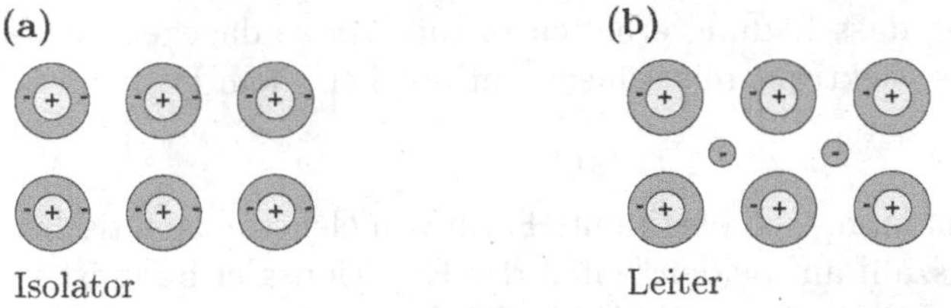

Abb. 1.1. Naive Modellvorstellungen der Materie

Die Tatsache, dass die Elektronen die elektrische Leitfähigkeit bestimmen, wurde erstmals 1879 von H. Hall nachgewiesen.

Einige Versuche zur Elektrizität sind schon seit der Antike bekannt. Reibt man z.B. Bernstein mit einem Fellstück, so wird der Bernstein negativ geladen, das Fellstück positiv. Man kann diesen einfachen Versuch in der folgenden Weise atomistisch deuten: Die äußeren Elektronen in den Molekülverbänden des Fells haben eine gewisse Bindungsenergie. Wenn man sie als zusätzliche Elektronen in dem zunächst neutralen Bernstein einbauen würde, haben sie in diesem Material eine größere Bindungsenergie. Es ist also nach dem Minimalprinzip für die Energie (analog zu der Situation in der klassischen Mechanik) günstiger, diese Elektronen in dem Bernstein anzusiedeln. Durch das Reiben wird einzig der nötige Kontakt für die Übersiedlung hergestellt.

Ganz allgemein kann man bei dem Aufladen von Objekten (durch Reibung oder mittels sonstiger Mechanismen) sagen:

positive Aufladung	$\longrightarrow$	Entfernung von Elektronen
negative Aufladung	$\longrightarrow$	Aufnahme von Elektronen.

Es sind immer die Elektronen, die die Wanderung von einem Material zu dem anderen unternehmen. Der Grund ist: Die Protonen sind in dem Kern ca 10^6 mal stärker gebunden als die Elektronen in dem Atom-, Molekül- oder Festkörperverband.

Die letzte Aussage ist eine Bemerkung über **Ladungserhaltung**. In dem Fell-Bernstein Versuch ist vor Beginn des Versuches die Gesamtladung Null (die Anzahl der positiven und der negativen Elementarladungen im Fell bzw. im Bernstein ist gleich groß). Nach dem Versuch gilt

$$Q_{\mathrm{Fell}} = +|Q| \qquad Q_{\mathrm{Bernstein}} = -|Q| \,.$$

Die Gesamtladung ist wiederum Null. Die Zahl der Elektronen, die sich in dem Bernstein angesiedelt haben, ist genau gleich der Zahl der Elektronen, die in dem Fell fehlen.

Ladungserhaltung kommt auch im nuklearen oder subnuklearen Bereich zur Geltung. So sind z.B. Kernreaktionen nur möglich, wenn Ladungserhaltung gewährleistet ist. Beschießt man z.B. das Kohlenstoffisotop C^{13} mit Protonen, so ist eine der möglichen Kernreaktionen

$$_6\mathrm{C}_7^{13} + {}_1\mathrm{H}_0^1 \longrightarrow {}_7\mathrm{N}_6^{13} + {}_0\mathrm{n}_1^1 \,.$$

Die Ladungssumme auf beiden Seiten der Reaktionsgleichung ist 7 Elementareinheiten. Die Tatsache, dass Ladung erhalten bleibt, Masse dagegen nicht, zeigt die Reaktion eines Elektrons mit seinem Antiteilchen, dem Positron

$$e^- + e^+ \longrightarrow 2\gamma \,.$$

Es entstehen zwei γ-Quanten, eine bestimmte Form von elektromagnetischer Strahlung. Die Ladungszahl auf beiden Seiten der Reaktionsgleichung ist in diesem Elementarprozes gleich Null. Die beiden Teilchen werden vernichtet, ihre Masse $2m$ wird dabei gemäß der Formel $E = 2mc^2$ (siehe Kap. 8.4.2) in Energie umgesetzt. Infolge von Impulserhaltung ist eine Umwandlung in ein einzelnes γ-Quant nicht möglich.

Die obigen Vorstellungen, so qualitativ und einfach sie sind, reichen im Prinzip aus, um verschiedene elektrische (und magnetische) Phänomene zu deuten. Um sie auf eine quantitative Ebene zu stellen, ist es notwendig, in das 18. Jahrhundert zurückzukehren und das Grundexperiment der Elektrostatik zu diskutieren. Aus diesem Experiment gewinnt man das Coulombsche Kraftgesetz.

1.2 Das Coulombgesetz

Die Versuchsanordnung, die C.A. Coulomb zur Bestimmung des elektrostatischen Kraftgesetzes benutzte, war eine Torsionswaage: Zwei Metallkugeln gleicher Masse sind an einer drehbaren Querstange befestigt (Abb. 1.2). Eine der Kugeln wird (z.B. durch einfache Reibungselektrizität) aufgeladen. In der Entfernung r_{12} bringt man eine zweite Ladung q_2 an. Aus der Drehung der Apparatur kann man die Kraftwirkung zwischen den Ladungen q_1 und q_2 bestimmen. Die Gravitationswirkung zwischen den Kugeln spielt, wie unten näher begründet wird, keine Rolle. Durch Variation der Größe, des Vorzeichens und des Abstandes der Ladungen gewinnt man das elektrostatische Kraftgesetz, das in der folgenden Form zusammengefasst werden kann:

Ist $\boldsymbol{r}_{12}$ der Vektor von dem Ladungsschwerpunkt von q_1 zu dem Ladungsschwerpunkt von q_2 (Abb. 1.2a), so gilt das **Coulombgesetz**

$$\boldsymbol{F}_{12} = k_e\, q_1\, q_2\, \frac{\boldsymbol{r}_{12}}{r_{12}^3} = -\boldsymbol{F}_{21}\ . \tag{1.1}$$

Die Notation $\boldsymbol{F}_{12}$ bezeichnet die Kraft der Ladung q_1 auf die Ladung q_2 .

(a)

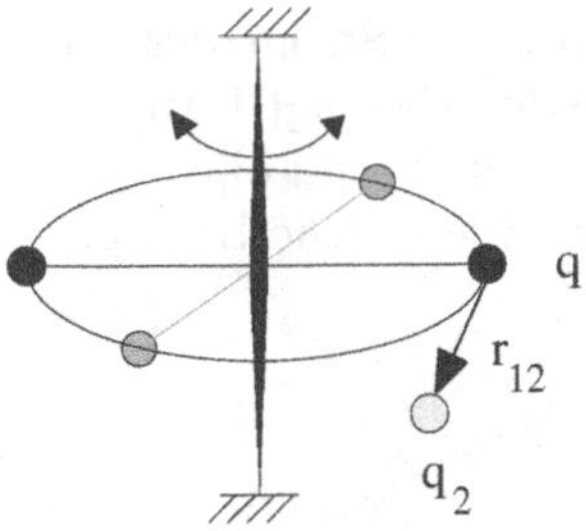

schematisch

(b)

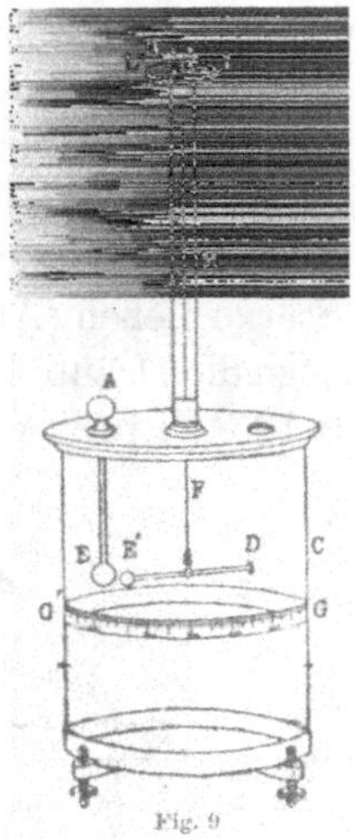

historisch

Abb. 1.2. Coulombs Torsionswaage

Zu diesem Kraftgesetz sind die folgenden Punkte zu bemerken:

(1) Die Analogie zu dem Gravitationsgesetz ist unübersehbar. Der einzige Unterschied ist: Es gibt eine anziehende Kraftwirkung (für Ladungen mit entgegengesetztem Vorzeichen) und eine abstoßende Kraftwirkung (für Ladungen mit gleichem Vorzeichen). Die elektrostatischen Kräfte erfüllen, wie die Gravitation, das dritte Newtonsche Axiom.

(2) Die Formulierung deutet an: Das Coulombgesetz gilt eigentlich für Punktladungen (dem elektrischen Analogon zu dem Konzept des Massenpunktes).

(3) Durch Vorgabe der Proportionalitätskonstanten k_e legt man die Einheiten fest, in denen die Ladungen gemessen werden. Von den möglichen

Maßsystemen der Elektrizitätslehre[1] werden in den folgenden Ausführungen nur zwei verwendet:

(a) Das *internationale Maßsystem* (SI, Système International). In diesem System (auch MKSA System genannt)benutzt man die MKS-Einheiten für die mechanischen Größen und eine zusätzliche Maßeinheit für die Ladung q

$$[q]_{\mathrm{SI}} = \text{Coulomb} = \mathrm{C}\ .$$

Messtechnisch wird diese Einheit über den elektrischen Strom festgelegt. Für stationäre Ströme gilt die Aussage

$$\text{Stromstärke} = \frac{\text{Ladungsmenge}}{\text{Zeit}} \quad \longrightarrow \quad i = \frac{\Delta q}{\Delta t}\ .$$

Die Definition der Ladungseinheit umfasst dann zwei Aussagen:

(i) 1 Coulomb ist die Ladungsmenge, die pro Sekunde durch einen Leiterquerschnitt fließt, wenn die Stromstärke 1 Ampère (abgekürzt A) beträgt.

(ii) In zwei parallelen Drähten (im Vakuum) soll Strom der gleichen Stärke fließen (Abb. 1.3). Die Stromstärke beträgt 1 Ampère, wenn sich die Drähte bei einer Entfernung von 1 m mit einer Kraft von $2 \cdot 10^{-7}$ N pro m Drahtlänge anziehen (vergleiche Kap. 5.5).

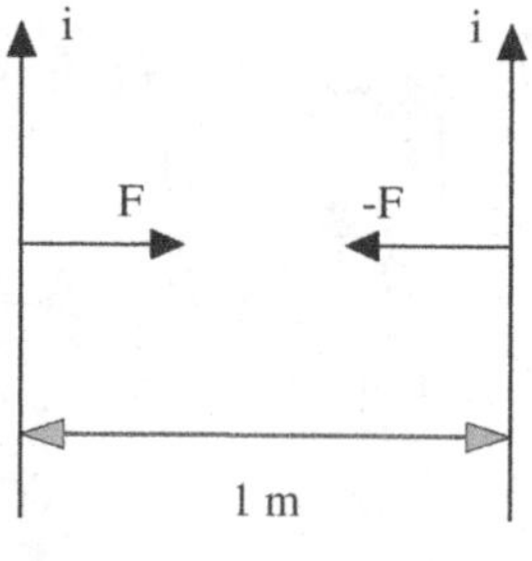

Abb. 1.3. Zur Definition der Einheit 1 Ampère

Durch diese Messvorschrift ist über eine Reihe von Gleichungen, die noch zu diskutieren sind (Kap. 5.5), der Wert der Konstanten k_e festgelegt

$$k_{e,\mathrm{SI}} = 10^{-7}\, c^2\, \frac{\mathrm{N\,s^2}}{\mathrm{C^2}} = 8.98755... \cdot 10^9\, \frac{\mathrm{N\,m^2}}{\mathrm{C^2}} \approx 9 \cdot 10^9\, \frac{\mathrm{N\,m^2}}{\mathrm{C^2}}\ .$$

Die Lichtgeschwindigkeit im Vakuum, die an dieser Stelle auftritt, hat den Wert

$$c = 2.997925... \cdot 10^8\, \frac{\mathrm{m}}{\mathrm{s}} \approx 3 \cdot 10^8\, \frac{\mathrm{m}}{\mathrm{s}}\ .$$

Die Konstante $k_{e,\mathrm{SI}}$ wird traditionsgemäß in der Form

$$k_{e,\mathrm{SI}} = \frac{1}{4\pi\varepsilon_0}$$

[1] Eine Zusammenstellung der elektromagnetischen Maßsysteme mit Umrechnungsfaktoren findet man in Anh. A.

angegeben. Die Konstante ε_0 bezeichnet man als die elektrische Feldkonstante oder als die Influenzkonstante des Vakuums. Sie hat den Wert

$$\varepsilon_0 = \frac{1}{4\pi k_{e,\mathrm{SI}}} = 8.85418... \cdot 10^{-12} \frac{\mathrm{C}^2}{\mathrm{N\,m}^2} \approx 8.9 \cdot 10^{-12} \frac{\mathrm{C}^2}{\mathrm{N\,m}^2} \,.$$

Das SI System ist nach internationaler Konvention das verbindliche Maßsystem.

(b) In der theoretischen Physik ist jedoch das *Gaußsche CGS System* oder *CGS System* weiter verbreitet, da die resultierenden Gleichungen im Allgemeinen übersichtlicher sind. Die Ladungseinheit wird festgelegt, indem man $k_{e,\mathrm{CGS}} = 1$ setzt. Dadurch ist die Ladungseinheit direkt mit mechanischen Größen verknüpft

$$[q]_{\mathrm{CGS}} = (\mathrm{dyn\,cm}^2)^{1/2} = \frac{\mathrm{g}^{1/2}\mathrm{cm}^{3/2}}{\mathrm{s}} = 1 \text{ statcoul} = 1 \text{ esu} \,.$$

In Worten bedeutet dies: Zwei Punktladungen von je 1 statcoul ('Statcoulomb' oder alternativ 1 esu = 1 electrostatical unit) üben aufeinander die Kraft von 1 dyn aus, wenn sie 1 cm voneinander entfernt sind.

Die Einheit der Stromstärke im CGS System bezeichnet man als statamp

$$[i]_{\mathrm{CGS}} = \frac{\text{statcoul}}{s} = \frac{\mathrm{g}^{1/2}\mathrm{cm}^{3/2}}{\mathrm{s}^2} = 1 \text{ statamp} \,.$$

Die Umrechnung der Ladungseinheiten der beiden Maßsysteme ist einfach. Zunächst betrachtet man die Aussage: Zwei Ladungen von einem Coulomb in 1 m Entfernung üben gemäß dem Coulombgesetz aufeinander eine Kraft von

$$F = 9 \cdot 10^9 \,\frac{\mathrm{N\,m}^2}{\mathrm{C}^2} \cdot 1^2\,\mathrm{C}^2 \cdot \frac{1}{1^2\,\mathrm{m}^2} = 9 \cdot 10^9\,\mathrm{N}$$

aus. Die Frage lautet dann: Welche Ladungen muss man im CGS System benutzen, um bei gleicher Entfernung die gleiche Kraftwirkung zu erhalten. Die Antwort lautet

$$\frac{q^2}{10^4\,\mathrm{cm}^2} = 9 \cdot 10^9 \cdot 10^5\,\mathrm{dyn}$$

oder

$$q = \left[9 \cdot 10^{18}\right]^{1/2} \text{statcoul} \,.$$

Es gilt demnach die Aussage (auf der Basis der genaueren numerischen Werte)

$$1\,\mathrm{C} = 2.997925... \cdot 10^9 \,\text{statcoul} \approx 3 \cdot 10^9 \,\text{statcoul} \,.$$

(4) Mit der Festlegung der Ladungseinheiten ist es möglich, die Stärke der elektrischen Kraftwirkung mit der Stärke der Gravitation zu vergleichen.

Zu diesem Vergleich bietet sich das Wasserstoffatom an. Die Kräfte, die das Proton auf das Elektron ausübt, sind (dem Betrag nach, in CGS Einheiten)

$$F_{\mathrm{el}} = \frac{e_0^2}{r^2} \qquad F_{\mathrm{grav}} = \frac{\gamma\, m_{\mathrm{e}} m_{\mathrm{p}}}{r^2}$$

oder

$$\frac{F_{\mathrm{el}}}{F_{\mathrm{grav}}} = \frac{e_0^2}{\gamma\, m_{\mathrm{e}} m_{\mathrm{p}}} \approx 2.3 \cdot 10^{39} \,.$$

Die elektrische Kraftwirkung ist wesentlich stärker. Für die Diskussion der Struktur der Materie (Atom- oder Festkörperphysik) spielt die Gravitation keine Rolle.

(5) Man kann noch der Frage nachgehen, inwieweit das $1/r^2$-Verhalten des Coulombgesetzes Gültigkeit hat. Eine genaue Antwort wurde erstmals 1936 in einem ausgeklügelten Experiment von Plimpton und Lawton gegeben. Das Ergebnis dieses Experimentes, das an späterer Stelle diskutiert wird, lautet: Für den Exponenten α in dem Coulombgesetz $1/r^{\alpha}$ gilt

$$1.999\,999\,998 \le \alpha \le 2.000\,000\,002 \,.$$

Auf der Basis von Coulombs Kraftgesetz kann man, in Analogie zu der Gravitation, die Begriffe elektrisches Feld und elektrisches Potential diskutieren.

1.3 Das elektrische Feld

Zur Definition des elektrischen Feldes betrachtet man (analog zum Fall der Gravitation (Band 1, Kap. 3.2.3.1) die folgende Situation: An der Stelle $\boldsymbol{r}$ befindet sich eine Punktladung q . An der Stelle $\boldsymbol{r}'$ bringt man eine sogenannte Probeladung q' an (Abb. 1.4). Probeladung bedeutet, dass $|q|$ wesentlich größer als $|q'|$ ist. Die operative Definition des elektrischen Feldes $\boldsymbol{E}$ der Punktladung q an der Stelle $\boldsymbol{r}'$ lautet dann

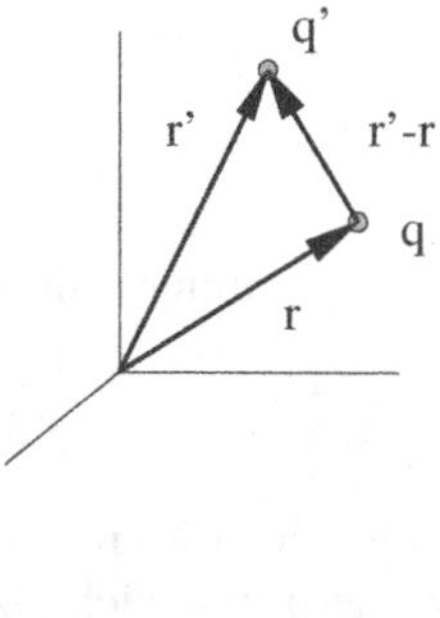

Abb. 1.4. Geometrie zu der Definition des elektrischen Feldes

$$\boldsymbol{E}_{\mathrm{q}}(\boldsymbol{r}', \boldsymbol{r}) = \lim_{q' \to 0} \frac{\boldsymbol{F}_{q\,\mathrm{auf}\,q'}}{q'} = k_e\, q\, \frac{(\boldsymbol{r}' - \boldsymbol{r})}{|\boldsymbol{r}' - \boldsymbol{r}|^3} \,. \tag{1.2}$$

Diese Gleichung besagt: Um das elektrische Feld von q an der Stelle $\boldsymbol{r}'$ zu vermessen, benutze man eine Folge von immer kleineren Probeladungen q' und bestimme den Grenzwert von Kraftwirkung geteilt durch Probeladung. Die Durchführung des Grenzprozesses ist bei Kenntnis des Coulombgesetzes eine einfache Angelegenheit. Aus diesem Grund könnte man annehmen, dass es unwesentlich ist, ob man nun zur Beschreibung der Situation Kräfte oder Felder benutzt. Diese Aussage ist korrekt im Fall einer stationären Situation (mit unbewegten Ladungen). In diesem Fall beinhaltet die Einführung des Feldbegriffes eine Modellvorstellung der Kraftwirkung (und umgekehrt). Die Vorstellung ist: Befindet sich eine Punktladung in einem Raumpunkt (z.B. am Koordinatenursprung, Abb. 1.5a), so erzeugt sie in jedem anderen Raumpunkt $\boldsymbol{r}$ ein elektrisches Feld $\boldsymbol{E}_{\mathrm{q}}(\boldsymbol{r})$, unabhängig von der Anwesenheit anderer Ladungen. Die Kraft auf eine Ladung q' an der Stelle $\boldsymbol{r}$ ist dann

$$\boldsymbol{F}_{\mathrm{q\,auf\,q'}}(\boldsymbol{r}) = q' \boldsymbol{E}_q(\boldsymbol{r}) \,.$$

Die Antwort ist jedoch durchaus verschieden, wenn man eine dynamische Situation (also bewegte Ladungen) betrachtet. Bei der Beschreibung einer Punktladung q, die sich uniform mit der Geschwindigkeit $\boldsymbol{v} = \mathbf{const.}$ bewegt, entsteht die Frage, ob die Information, dass sich die Punktladung um eine Strecke $\boldsymbol{v}dt$ bewegt hat, sofort in einem anderen Raumpunkt $\boldsymbol{r}'$ verfügbar ist oder ob diese Information mit einer Verzögerung (Retardierung) in diesem Raumpunkt eintrifft (Abb. 1.5b). Es sind derartige Fragen, die letztlich auf die Entwicklung der Relativitätstheorie führten. Die Relativitätstheorie sagt aus, dass jedwede Information höchstens mit der Lichtgeschwindigkeit weitergegeben werden kann. Die Relativitätstheorie impliziert also die Retardierung (siehe Kap. 6.6 und Kap. 8). Retardierungseffekte lassen sich über den Feldbegriff (es geht um die Transformationseigenschaften von elektrischen und magnetischen Feldern) relativ einfach diskutieren. Benutzt man

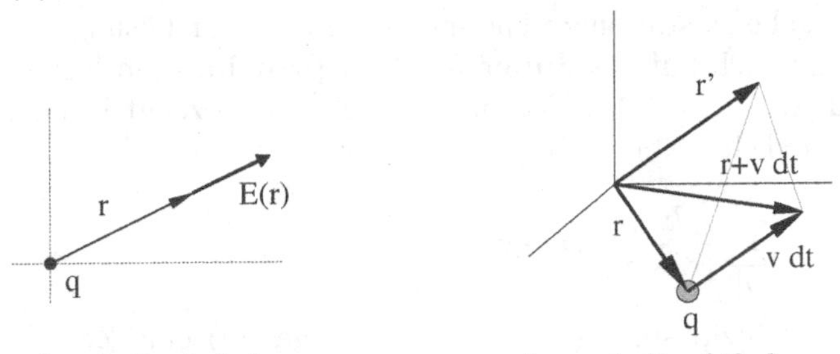

Abb. 1.5. Zum Feldbegriff

die entsprechenden Kräfte, so ist die Beschreibung von Retardierungseffekten umständlicher.

Zur Veranschaulichung von elektrischen Feldern dient das **Feldlinienbild**. Die Feldlinien einer Punktladung können folgendermaßen charakterisiert werden:

(a) Die Feldvektoren $\boldsymbol{E}(\boldsymbol{r})$ sind in jedem Raumpunkt Tangenten an die Feldlinien.
(b) Die Richtung des Feldes wird auf die Feldlinien übertragen.

Den in Abb. 1.6a, b illustrierten Feldern einer Punktladung (positiv, negativ) kann man folgende semiquantitative Aussagen entnehmen: In der Nähe der Ladung ist die 'Dichte der Linien' größer. Dies entspricht einem stärkeren Feld. Der Abfall der Dichte der Linien mit dem Abstand von der Ladung entspricht dem $1/r^2$ Gesetz. Ist man an einem semiquantitativen Vergleich der Feldlinienbilder verschieden großer Ladungen interessiert, so muss man

(c) die Zahl der Feldlinien proportional zu der Größe der Ladungen wählen, so z.B. für $2q$ in Abb. 1.6c im Vergleich zu $q\,(q > 0)$ in Abb. 1.6a.

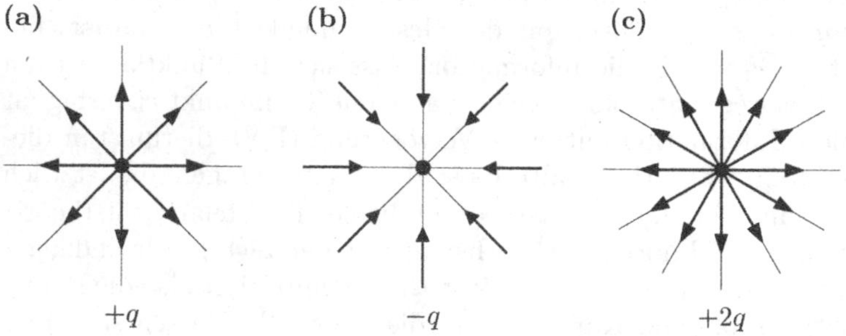

Abb. 1.6. Illustration von Feldlinien verschiedener Punktladungen

Die Grundaufgabe der Elektrostatik ist die Berechnung von elektrischen Feldern für eine vorgegebene, stationäre Ladungsverteilung. Zur Lösung dieser Aufgabe beruft man sich auf das **Superpositionsprinzip**: Eine Verteilung von Punktladungen q_i $(i = 1 \ldots N)$ an den Stellen $\boldsymbol{r}_i$ erzeugt in dem Punkt $\boldsymbol{r}$ das elektrische Feld (Abb. 1.7)

$$\boldsymbol{E}(\boldsymbol{r}) = \sum_{i=1}^{N} \boldsymbol{E}_i(\boldsymbol{r}) = \sum_i \frac{k_e\, q_i}{|\boldsymbol{r} - \boldsymbol{r}_i|^3}(\boldsymbol{r} - \boldsymbol{r}_i) \,. \tag{1.3}$$

Das Superpositionsprinzip stellt (wie das Coulombgesetz) eine Zusammenfassung unserer Erfahrung dar. Es bedingt im Endeffekt, dass die Gleichungen, anhand deren man elektrische Felder berechnen kann, linear in den Komponenten des elektrischen Feldes $\boldsymbol{E}$ sein müssen.

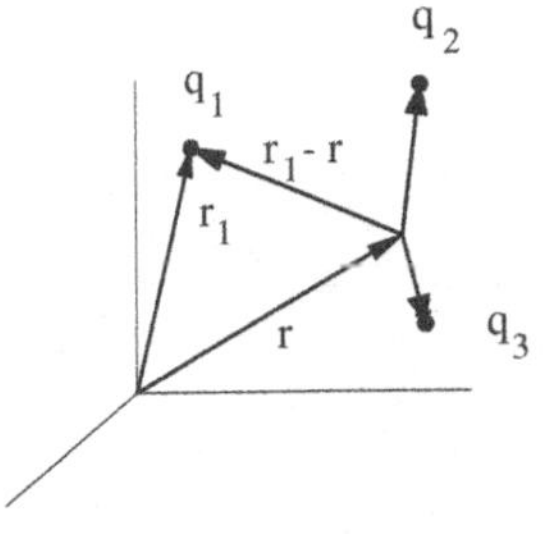

Abb. 1.7. Zum Superpositionsprinzip

Ein konkretes, wenn auch einfaches Beispiel für die direkte Berechnung von Feldern gemäß der obigen Formel (1.3) ist das Feld eines elektrischen Dipols. Ein **Dipol** besteht aus zwei Punktladungen $+q$ und $-q$ ($q > 0$), die in einem Abstand $2a$ im Raum angebracht sind.

Für die Diskussion ist es zweckmäßig, den Dipol in eine der Koordinatenachsen (z.B. die z-Achse) zu legen. Der Koordinatenursprung markiert die Mitte des Dipols (Abb. 1.8a). Wegen der Rotationssymmetrie (um die z-Achse) kann man sich auf die Betrachtung einer Koordinatenebene beschränken, z.B. der x-z Ebene. Für die Abstände $r_\pm$ eines beliebigen Raumpunktes in der gewählten Ebene von den beiden Ladungen gilt dann (Abb. 1.8b)

$$r_+ = \left[x^2 + (z-a)^2\right]^{1/2}$$
$$r_- = \left[x^2 + (z+a)^2\right]^{1/2} .$$

Für die Feldkomponenten der beiden Ladungen in den relevanten Koordinatenrichtungen findet man

$$E_{+,x} = E_+ \cos\theta_+ = k_e q \frac{x}{\left[x^2 + (z-a)^2\right]^{3/2}}$$

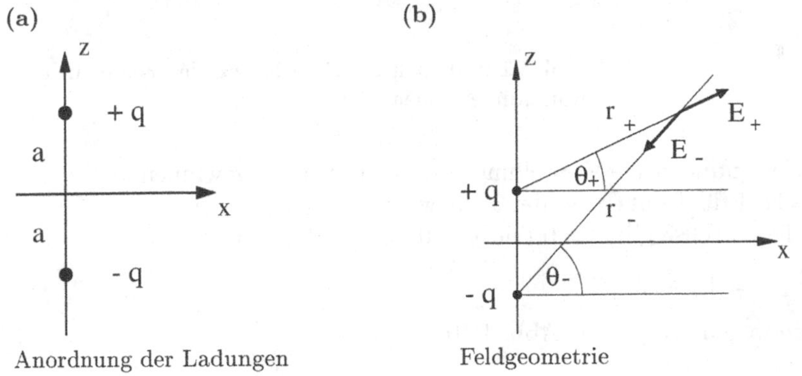

Abb. 1.8. Das elektrische Dipolfeld

$$E_{+,z} = E_+ \sin\theta_+ = k_e q \frac{z-a}{[x^2+(z-a)^2]^{3/2}}$$
$$E_{-,x} = E_- \cos\theta_- = -k_e q \frac{x}{[x^2+(z+a)^2]^{3/2}}$$
$$E_{-,z} = E_- \sin\theta_- = -k_e q \frac{z+a}{[x^2+(z+a)^2]^{3/2}} \ .$$

Superposition ergibt für das Dipolfeld

$$\boldsymbol{E}(x,z) = (E_x,\ E_z)$$
$$= \left(k_e q x \left(\frac{1}{r_+^3} - \frac{1}{r_-^3}\right),\ k_e q \left(\frac{(z-a)}{r_+^3} - \frac{(z+a)}{r_-^3}\right)\right) \ .$$

Den Ausdruck für das Feld in einem beliebigen Punkt kann man folgendermaßen gewinnen: Ersetze die x-Koordinate durch den Abstand $\rho = \left[x^2+y^2\right]^{1/2}$ von der z-Achse und projiziere die ρ-Komponente des Feldvektors $\boldsymbol{E}$ in die x-z bzw. y-z Ebene (Abb. 1.9). Das Ergebnis ist

$$\boldsymbol{E}(\boldsymbol{r}) = (E_x,\ E_z,\ E_z) = \left(k_e q \rho \cos\varphi \left(\frac{1}{r_+^3} - \frac{1}{r_-^3}\right),\ k_e q \rho \sin\varphi \left(\frac{1}{r_+^3} - \frac{1}{r_-^3}\right),\right.$$
$$\left. k_e q \left(\frac{(z-a)}{r_+^3} - \frac{(z+a)}{r_-^3}\right)\right) ,$$

jetzt mit

$$r_+ = \left[x^2+y^2+(z-a)^2\right]^{1/2} \qquad r_- = \left[x^2+y^2+(z+a)^2\right]^{1/2} \ .$$

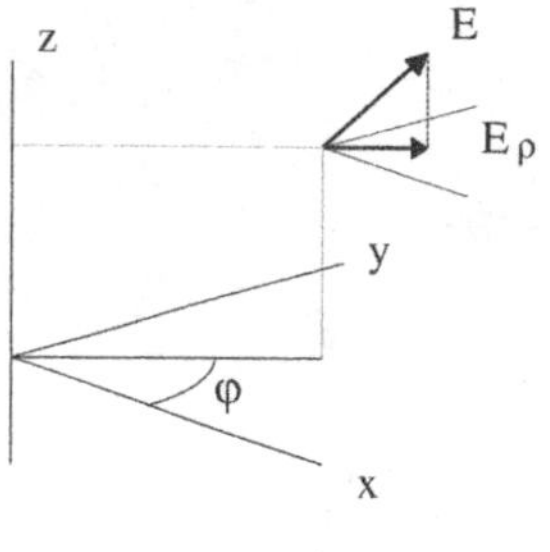

Abb. 1.9. Dipolfeld: Berechnung des Feldes in drei Raumdimensionen

Um eine quantitative Vorstellung von diesem Feld zu gewinnen, betrachtet man das Feld für Punkte auf der x- bzw. der z-Achse.

Für die x-Achse gilt $z = 0$ und $y = 0$ und es ist somit

$$r_+ = r_- = \left[x^2 + a^2\right]^{1/2} \ .$$

Es gilt deswegen (vergleiche Abb. 1.10 a, b)

$$\boldsymbol{E}(x,0,0) = \left(0,\ 0,\ -\frac{2k_e q\, a}{[x^2+a^2]^{3/2}}\right) \ .$$

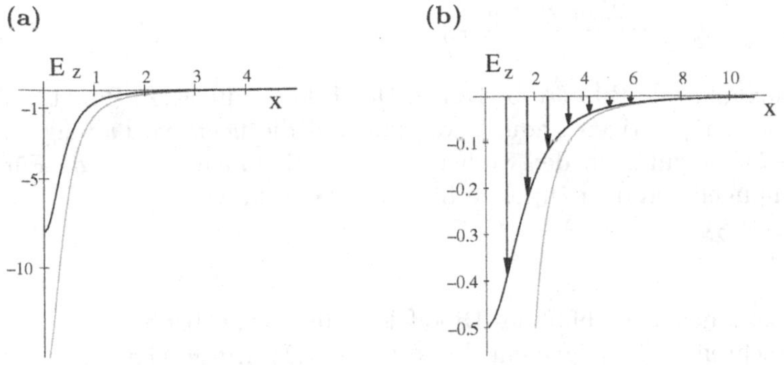

Abb. 1.10. Dipolfeld entlang der x-Achse ($k_e = 1$)

Der resultierende Vektor hat nur eine z-Komponente. Die Abbildung 1.10a zeigt die Funktion $E_z(x)$ für die Parameterwerte $a = 0.5\,\mathrm{cm}$ sowie $q = 1$ (schwarz) bzw. $q = 2$ statcoul (grau). Die Funktion verhält sich für größere Entfernungen von der Dipolmitte $\left(x^2 \gg a^2\right)$ wie

$$E_z(x, 0, 0) \xrightarrow{x^2 \gg a^2} -\frac{2k_e q\, a}{x^3} \,.$$

In Abbildung 1.10b wird für $a = 2\,\mathrm{cm}$ und $q = 1$ statcoul das exakte Feld (schwarz) mit der Näherung für $x \gg a$ (grau) verglichen. Die Näherung ist für x-Werte mit $x < 4a$ nicht ausreichend. Das Produkt aus Ladungsgröße mit dem Abstand der Ladungen bezeichnet man als das **Dipolmoment** p

$$p = 2a\, q \,. \tag{1.4}$$

Ist man weit genug von dem Dipol entfernt, so registriert man nur das Dipolmoment und nicht den individuellen Aufbau des Dipols. Ein Dipol mit der doppelten Ladungsgröße und dem halben Abstand erzeugt für $x \to \infty$ das gleiche Feld entlang der x-Achse.

Für die z-Achse gilt $x = y = 0$ und somit

$$\boldsymbol{E}(0,0,z) = \left(0,\, 0,\, k_e q \left(\frac{(z-a)}{[(z-a)^2]^{3/2}} - \frac{(z+a)}{[(z+a)^2]^{3/2}}\right)\right) .$$

Bei der Auflösung der Wurzeln ist auf das Vorzeichen des Radikanden zu achten. Es ergibt sich deswegen für Punkte außerhalb des Dipols ($z > a$ und $z < -a$)

$$\boldsymbol{E}(0,0,z) = \left(0, 0, \pm\frac{2\,k_e\,p\,z}{(z^2 - a^2)^2}\right) \qquad |z| > a \,,$$

bzw. für $|z| < a$ (Punkte zwischen den Ladungen)

$$\boldsymbol{E}(0,0,z) = \left(0,\, 0,\, -\frac{2k_e q(z^2+a^2)}{(z^2-a^2)^2}\right) .$$

Dies ergibt das folgende Bild (Abb. 1.11a): Das Feld ist für jeden Punkt auf der Achse von der positiven Ladung weg und auf die negative Ladung zu gerichtet. Es ist singulär an den Stellen der Punktladungen $z = \pm a$. Für große Entfernungen von dem Dipol verhält sich das Feld wie

$$\boldsymbol{E} \xrightarrow{z\to\infty} \frac{2k_e p}{z^3} .$$

Das $1/r^3$ Gesetz, das den Abfall des Dipolfeldes für große Abstände von den Ladungen beschreibt, gilt allgemein. In D.tail 1.2 wird gezeigt, dass der Betrag des Feldes für einen Punkt in einer Richtung, die durch den Winkel θ in Bezug auf die z-Achse charakterisiert ist, sich wie

$$|\boldsymbol{E}| = \frac{k_e p}{r^3}\left[1 + 3\cos^2\theta\right]^{1/2}$$

verhält. Das Dipolfeld klingt schneller ab als das Feld einer Punktladung ($1/r^2$).

Für eine qualitativere, aber anschaulichere Illustration kann man noch das Feldlinienbild (Abb. 1.11b) betrachten. Die Feldlinien stehen senkrecht auf der Ebene, die den Dipol halbiert. Das Bild ist rotationssymmetrisch in Bezug auf die Dipolachse. In der Nähe einer jeden Ladung ist das Feld beinahe ein Punktladungsfeld. Alle Feldlinien beginnen auf der positiven und enden auf der negativen Ladung.

Wie für den Fall des Dipols kann man das elektrische Feld einer größeren Anzahl von Punktladungen berechnen. Die Angelegenheit ist vielleicht etwas mühsam, doch bereitet sie keine prinzipiellen Schwierigkeiten. Die Abb. 1.12 zeigt als Beispiel das Feldlinienbild eines gestreckten Quadrupols (Ladungen q, $-2q$, q jeweils im Abstand a).

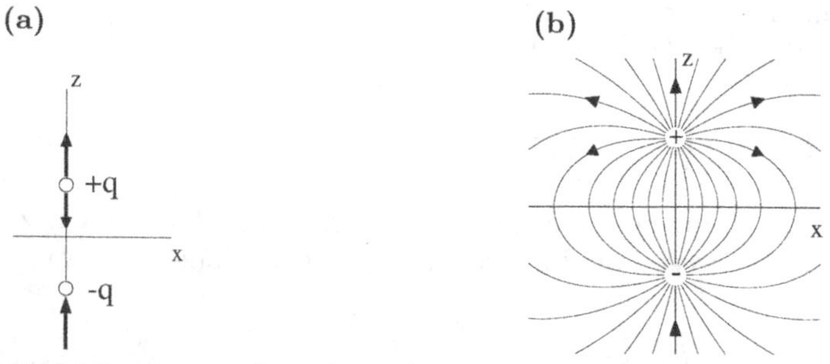

Feldrichtungen entlang der z-Achse   Gesamtansicht

Abb. 1.11. Feldlinienbilder des Dipols

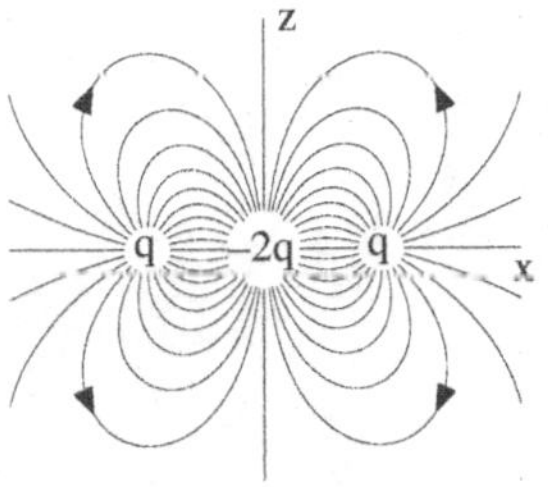

Abb. 1.12. Feldlinienbild des gestreckten Quadrupols

Um eine Gleichung für die Feldlinien zu gewinnen, kann man sich auf die Aussage stützen, dass die lokale Richtung der Feldlinien und des Feldes übereinstimmen. Diese Aussage kann in dem Vektorprodukt $\boldsymbol{E}(\boldsymbol{r}) \times \mathbf{d}\boldsymbol{r} = \mathbf{0}$ zum Ausdruck gebracht werden, wobei $\mathbf{d}\boldsymbol{r}$ einen infinitesimalen Vektor tangential an die Feldlinie in dem Punkt $\boldsymbol{r}$ darstellt. In einer ebenen Situation (z.B. in der x - z Ebene wie in den obigen Beispielen) entspricht dies

$$\boldsymbol{E}(\boldsymbol{r}) \times \mathbf{d}\boldsymbol{r} = \begin{vmatrix} \boldsymbol{e}_x & \boldsymbol{e}_y & \boldsymbol{e}_z \\ \mathrm{d}x & 0 & \mathrm{d}z \\ E_x & 0 & E_z \end{vmatrix} = \Big(E_x(x,z)\mathrm{d}z - E_z(x,z)\mathrm{d}x \Big) \boldsymbol{e}_y = \mathbf{0} \,.$$

Der Ausdruck in der Klammer ist eine Differentialgleichung, aus der man bei Kenntnis der Feldkomponenten (im Prinzip) die Gleichung der Feldlinien in der Form $z = z(x)$ oder $x = x(z)$ berechnen kann.

In der Praxis hat man es jedoch meist nicht mit einigen Punktladungen zu tun, sondern mit geladenen makroskopischen Körpern. Die Anzahl der Punktladungen ist dann recht groß (Größenordnung 10^{20}) und es empfiehlt sich, mit dem Begriff der **Ladungsdichte** zu arbeiten. Man unterscheidet Raumladungsdichten, Oberflächenladungsdichten und (eine vielleicht mehr akademische Variante) lineare Ladungsdichten.

Zur Raumladungsdichte ist das Folgende zu bemerken: Für einen makroskopischen Körper, in dem in verschiedenen Atomen Elektronen angelagert sind oder fehlen, kann man eine Raumladungsdichte definieren. Sie entspricht der Ladungsmenge $\mathrm{d}q'$ in einem infinitesimalen Volumen $\mathrm{d}V'$ an der Stelle $\boldsymbol{r}'$ geteilt durch das Volumenelement (Abb. 1.13a)

$$\rho(\boldsymbol{r}') = \frac{\mathrm{d}q'}{\mathrm{d}V'} \,.$$

Die Definition ist jedoch mit einiger Vorsicht zu behandeln. Hat das Volumenelement atomare oder subatomare Dimensionen (was bei dem im Endeffekt angestrebten Grenzübergang durchaus vorliegt), so würde die Funktion $\rho(\boldsymbol{r}')$ sehr stark von Ort zu Ort schwanken, je nachdem welche Elementarladungen eingeschlossen sind oder nicht. Da makroskopische Experimente keine derartige Auflösung erfordern, geht man von der Vorstellung aus, dass die wirkliche Ladungsverteilung (wie immer sie aussehen möge) über genügend große Bereiche gemittelt ist (Abb. 1.13b). Mit dieser Vereinbarung kann man die Ladungselemente

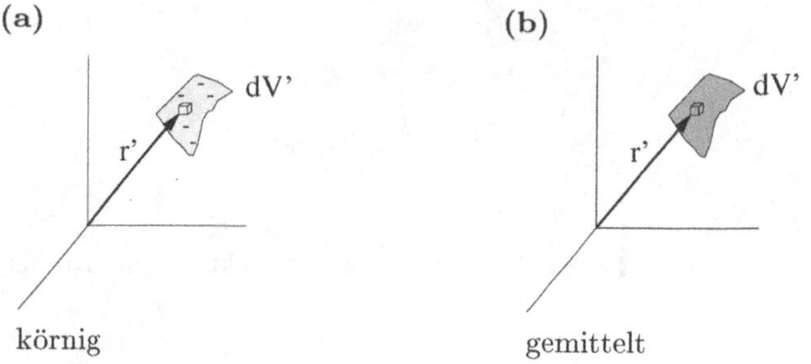

Abb. 1.13. Zur Raumladungsdichte

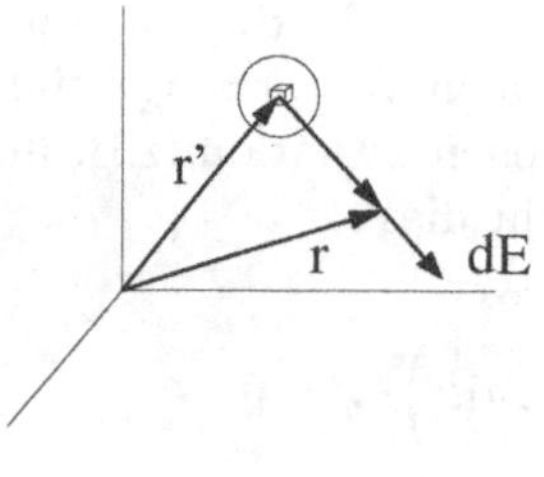

Abb. 1.14. Feldberechnung: Geometrie

$$dq' = \overline{\rho(\boldsymbol{r}')}\, dV' \longrightarrow \rho(\boldsymbol{r}')\, dV'$$

als Punktladungselemente auffassen und sich vorstellen, dass $\rho(\boldsymbol{r}')$ eine glatte Funktion von $\boldsymbol{r}'$ ist. Jede derartige infinitesimale Punktladung dq' liefert dann in dem Raumpunkt $\boldsymbol{r}$ einen Feldbeitrag (Abb. 1.14)

$$d\boldsymbol{E} = k_e\, dq' \frac{(\boldsymbol{r} - \boldsymbol{r}')}{|\boldsymbol{r} - \boldsymbol{r}'|^3} = k_e \rho(\boldsymbol{r}') \frac{(\boldsymbol{r} - \boldsymbol{r}')}{|\boldsymbol{r}' - \boldsymbol{r}|^3} dV' \,.$$

Das Feld, das durch die gesamte Ladungsverteilung des geladenen Körpers erzeugt wird, erhält man durch (vektorielle) Addition aller derartigen Beiträge, sprich durch Integration über das Volumen des geladenen Körpers

$$\boldsymbol{E}(\boldsymbol{r}) = \iiint_{\text{Körper}} d\boldsymbol{E} = k_e \iiint_{\text{Körper}} \rho(\boldsymbol{r}') \frac{(\boldsymbol{r} - \boldsymbol{r}')}{|\boldsymbol{r} - \boldsymbol{r}'|^3} dV' \,. \tag{1.5}$$

Integriert wird über die gestrichenen Koordinaten. Man beachte, dass bei der Verwendung dieser Formel drei Dreifachintegrale zu berechnen sind, so z.B. in kartesischen Koordinaten für die x-Komponente

$$E_x(\boldsymbol{r}) = k_e \iiint_{\text{Körper}} \rho(x', y', z') \frac{(x - x')\, dx'dy'dz'}{[(x - x')^2 + (y - y')^2 + (z - z')^2]^{3/2}} \,.$$

Die Auswertung dieser Integrale ist für die einfachsten Situationen analytisch durchführbar, unter Umständen jedoch recht mühselig. Im Endeffekt muss man sich um praktischere Methoden zur Feldberechnung bemühen.

Die Flächenladungsdichte wird in entsprechender Weise definiert: In vielen Fällen (z.B. für geladene Leiter) ist die Gesamtladung in einer Schicht von der Dicke einiger atomarer Dimensionen auf der Oberfläche des Körpers verteilt. In diesem Fall ist es nicht nützlich, von einer Raumladungsdichte zu sprechen. Man betrachtet zweckmäßigerweise eine (geeignet gemittelte) Flächenladungsdichte

$$\mathrm{d}q' = \sigma(\boldsymbol{r}')\,\mathrm{d}f' ,$$

wobei $\mathrm{d}f'$ die Größe eines infinitesimalen Flächenelementes ist (Abb. 1.15a). In diesem Fall wird das Feld der gesamten Ladungsverteilung durch ein Doppelintegral über die Fläche berechnet

$$\boldsymbol{E}(\boldsymbol{r}) = k_e \iint_{\text{Fläche}} \sigma(\boldsymbol{r}')\,\frac{(\boldsymbol{r}-\boldsymbol{r}')}{|\boldsymbol{r}-\boldsymbol{r}'|^3}\mathrm{d}f' . \tag{1.6}$$

Wieder ist das Ergebnis eine vektorielle Zusammenfassung von drei Integralen.

Die lineare Ladungsdichte ist das eindimensionale Äquivalent dieser Ladungsdichten: Man stellt sich einen geladenen Schlauch von atomarem Querschnitt vor und definiert die (gemittelte) lineare Ladungsdichte durch

$$\mathrm{d}q' = \lambda(\boldsymbol{r}')\mathrm{d}s' .$$

$\mathrm{d}s'$ ist ein infinitesimales Linienelement entlang des 'Schlauches' (Abb. 1.15b). Für das Gesamtfeld dieser Ladungsverteilung gilt dann

$$\boldsymbol{E}(\boldsymbol{r}) = k_e \int_{\text{Kurve}} \lambda(\boldsymbol{r}')\,\frac{(\boldsymbol{r}-\boldsymbol{r}')}{|\boldsymbol{r}-\boldsymbol{r}'|^3}\mathrm{d}s' . \tag{1.7}$$

Die Komponenten des elektrischen Feldes sind durch Kurvenintegration zu berechnen.

Einige einfache Beispiele sollen die Auswertung der obigen Formeln andeuten:

Für einen Kreisring mit dem Radius R um den Koordinatenursprung in der z-y Ebene, auf dem die Ladung Q ($Q > 0$) gleichförmig verteilt ist

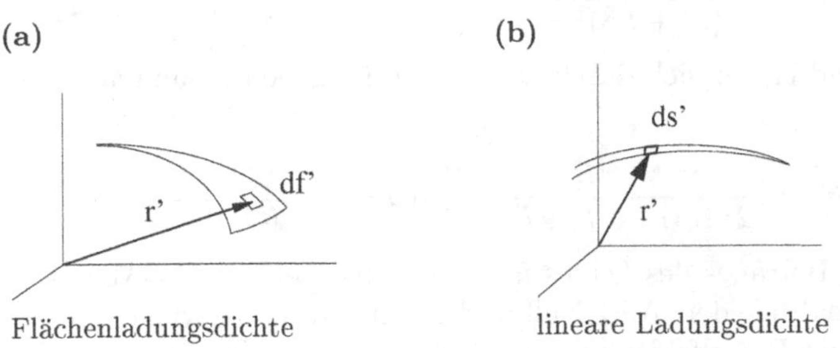

Abb. 1.15. Weitere Ladungsdichten

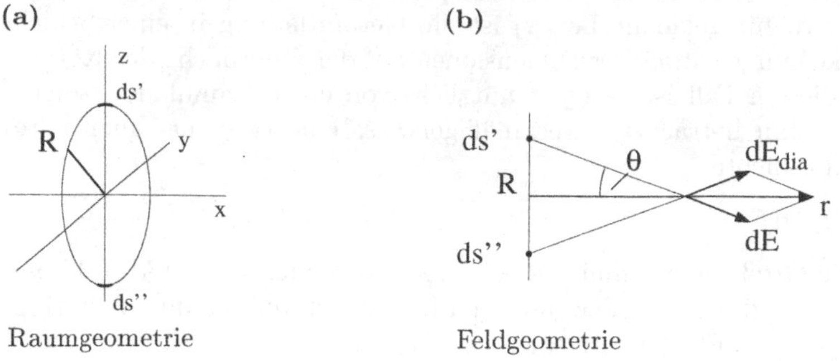

Abb. 1.16. Elektrisches Feld eines homogen geladenen Ringes

(Abb. 1.16a), soll das elektrische Feld für einen Punkt auf der x-Achse durch das Zentrum des Ringes berechnet werden[2]. Infolge der konstanten, linearen Ladungsdichte

$$\lambda = \frac{Q}{2\pi R} = \text{const.}$$

kann man für einen Achsenpunkt (in der Entfernung r von der Kreismitte) wie folgt argumentieren: Betrachte ein Linienelement $\mathrm{d}s'$ ($\mathrm{d}s' = R\,\mathrm{d}\varphi$) und ein (gleich großes) dazu diametrales $\mathrm{d}s''$(Abb. 1.16b). Die beiden Linienelemente liefern in dem Punkt $\boldsymbol{r}$ die Feldbeiträge $\mathrm{d}\boldsymbol{E}$ und $\mathrm{d}\boldsymbol{E}_{\mathrm{diam}}$. Die beiden Vektoren haben die gleiche Länge

$$\mathrm{d}E = \frac{k_e Q}{2\pi R} \frac{1}{(r^2 + R^2)}\, \mathrm{d}s'$$

und schließen den gleichen Winkel θ mit der x-Achse ein. Aus diesem Grund heben sich die Komponenten senkrecht zu der Achse auf. Der Summenvektor zeigt in Achsenrichtung. Die Komponente von $\mathbf{d}\boldsymbol{E}$ in Achsenrichtung ist jedoch

$$\mathrm{d}E_A = \mathrm{d}E \cos\theta = \mathrm{d}E \frac{r}{(r^2 + R^2)^{1/2}}$$

und das Gesamtfeld ergibt sich durch Integration über den gesamten Kreisring zu

$$E_A = \int_{\text{Kreis}} \mathrm{d}E_A = \frac{k_e Q}{2\pi R} \frac{rR}{(r^2 + R^2)^{3/2}} \int_0^{2\pi} \mathrm{d}\varphi = \frac{k_e Q r}{(r^2 + R^2)^{3/2}} \,.$$

Die Variation des Betrages des Feldes mit dem Abstand r ist in Abb. 1.17 dargestellt. Das Feld hat den Wert Null in der Mitte des Kreisrings (an dieser Stelle haben die Einzelfelder nur senkrechte Komponenten), es wächst

[2] Die Betrachtung des Feldes für andere Raumpunkte ist, wie in Kap. 2.4 ausgeführt wird, wesentlich aufwendiger.

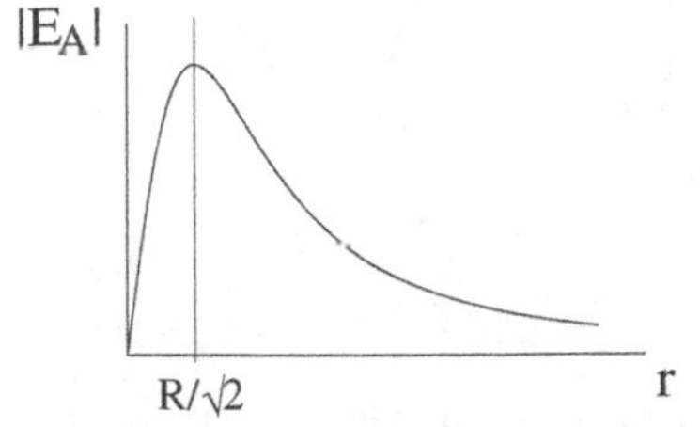

Abb. 1.17. Das elektrische Feld auf der Ringachse

zunächst linear mit r an, geht für $r = R/\sqrt{2}$ durch ein Maximum und verhält sich für große r-Werte wie

$$E_A \xrightarrow{r\to\infty} k_e \frac{Q}{r^2} .$$

Der Ring sieht wie eine Punktladung aus, wenn man weit genug entfernt ist.

Zur Lösung der nächsten Aufgabe kann man auf dieses Beispiel zurückgreifen. Hier ist das Feld einer Kreisscheibe (Radius R) mit einer uniformen Flächenladungsdichte

$$\sigma = \frac{Q}{\pi R^2}$$

für Punkte auf der Achse durch das Zentrum der Scheibe zu berechnen. Man zerlegt zu diesem Zweck die Scheibe in infinitesimale Ringe (Abb. 1.18a), berechnet den Beitrag der einzelnen Ringe und addiert diese Beiträge (siehe ◉ D.tail 1.3a). Das resultierende elektrische Feld auf der Achse als Funktion des Abstandes r von dem Zentrum der Scheibe ist durch (siehe Abb. 1.18b)

$$E_A(r) = \frac{2k_e Q}{R^2}\left[1 - \frac{r}{[r^2+R^2]^{1/2}}\right]$$

gegeben. Für $r = 0$ hat das Feld den Wert $2k_eQ/R^2$. Das Feld fällt dann stetig gegen Null ab. Für große Werte von r gilt wegen

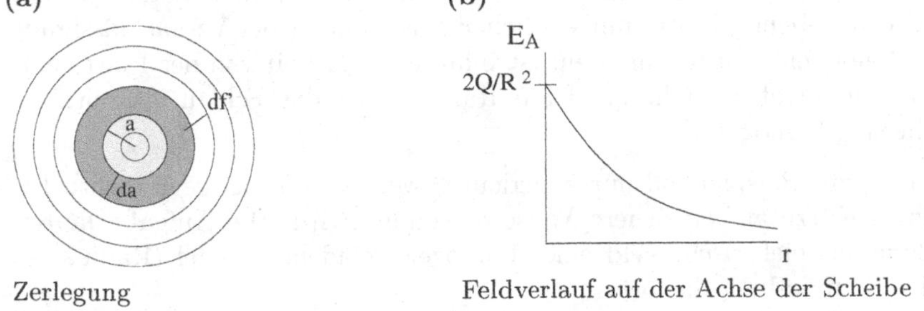

Abb. 1.18. Das elektrische Feld einer homogen geladenen Kreisscheibe

$$\frac{r}{[r^2 + R^2]^{1/2}} = \frac{1}{[1 + (R/r)^2]^{1/2}} = \left(1 - \frac{1}{2}\left(\frac{R}{r}\right)^2 + \ldots\right)$$

wieder die Aussage

$$E_A \xrightarrow{r \to \infty} k_e \frac{Q}{r^2} + O\left(\frac{1}{r^4}\right) .$$

Auch die Scheibe sieht, aus großer Entfernung betrachtet, wie eine Punktladung aus.

Zwei weitere Grenzfälle sind von Interesse:

- Die Fläche schrumpft auf einen Punkt zusammen

  $$R \to 0, \quad Q = \text{const.}$$

  Das gleiche Argument, das zur Betrachtung des asymptotischen Verhaltens benutzt wurde, ergibt

  $$E_A \xrightarrow{R \to 0} k_e \frac{Q}{r^2} .$$

  Man erhält (wie zu erwarten) ein Punktladungsfeld.
- Die Kreisscheibe wird auf eine homogen geladene Ebene ausgeweitet, wobei die Flächenladungsdichte konstant gehalten wird

  $$R \to \infty, \quad \sigma = Q/(\pi R^2) = \text{const.}$$

  In diesem Fall ist natürlich die Gesamtladung der Ebene unendlich groß

  $$E_{\text{Ebene}} = \sigma \int \mathrm{d}f \to \infty .$$

  Führt man den Grenzübergang aus, so erhält man

  $$\lim_{R \to \infty} E_A = 2k_e \pi \sigma .$$

  Die Achsenlage spielt in diesem Grenzfall offensichtlich keine Rolle mehr. Das Ergebnis ist ein elektrisches Feld, das für jeden Abstand von der Ladungsschicht einen konstanten Wert hat und das senkrecht zur Ebene gerichtet ist (Abb. 1.19a und b). Dieser Grenzfall wird oft benutzt, um das Feld einer ebenen Platte mit endlicher Ausdehnung bei Vernachlässigung der Randeffekte zu beschreiben. Ist man nicht zu weit von der Platte entfernt und nicht zu nahe an deren Rand, so ist das Feld in akzeptabler Näherung homogen.

Das letzte Beispiel soll nur angedeutet werden, da das gewünschte Ergebnis in Kürze auf einfachere Weise gewonnen wird. Die Aufgabe lautet: Berechne das elektrische Feld einer homogen geladenen Kugel (Radius R) mit der Raumladungsdichte

$$\rho = \frac{Q}{\frac{4}{3}\pi R^3} = \text{const.}$$

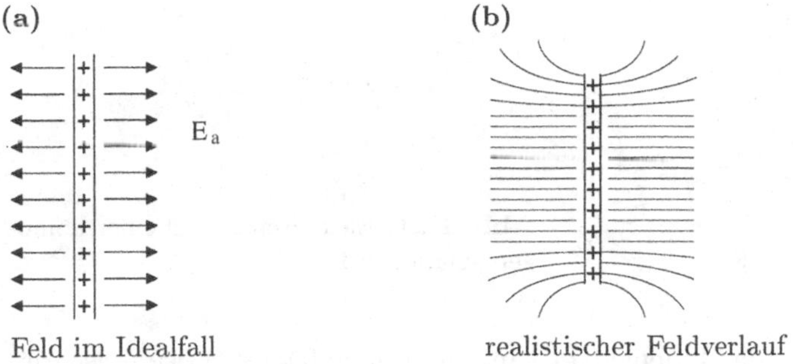

Abb. 1.19. Das elektrische Feld einer ebenen Platte

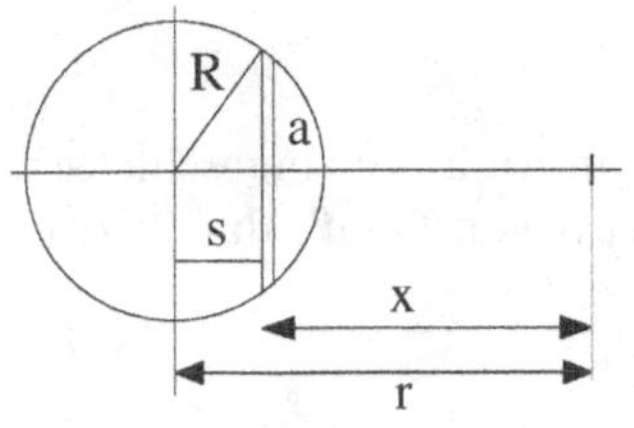

Abb. 1.20. Zur Feldberechnung der homogen geladenen Kugel

Zur Lösung dieser Aufgabe könnte man die Kugel in infinitesimale Kreisscheiben der Dicke $\mathrm{d}s$ zerlegen und mit Hilfe des Ergebnisses des vorherigen Beispiels die Beiträge aller Scheiben aufsummieren. Bezeichnet man die Position der Scheibe mit s (Abb. 1.20), so ist deren Radius a ($a^2 = R^2 - s^2$.) Die Ladung der Scheibe kann mit

$$\mathrm{d}q' = \rho\pi a^2 \mathrm{d}s$$

angegeben werden. Die nun folgende Rechnung ist elementar. Man muss jedoch die Fälle $r < R$ und $r > R$ (Punkte innerhalb und außerhalb der Kugel) unterscheiden. Die Achsenlage spielt infolge der Symmetrie im Endeffekt keine Rolle. Das Feld zeigt in jedem Punkt in Radialrichtung. Die Rechnung, die in D.tail 1.3b vorgestellt wird, ergibt für den Betrag des Radialfeldes den Wert

$$E(r) = \begin{cases} k_e \dfrac{Qr}{R^3} & r \le R \quad \text{(Innenbereich)} \\[2ex] k_e \dfrac{Q}{r^2} & r > R \quad \text{(Außenbereich)}\,. \end{cases} \tag{1.8}$$

Das Feld steigt linear bis zur Kugeloberfläche an und fällt im Außengebiet wie das Feld einer Punktladung ab (Abb. 1.21). Die Funktion $E(r)$ ist an der Stelle $r = R$ stetig, die Ableitung nach r jedoch nicht[3].

[3] Man vergleiche dieses Ergebnis mit dem Gravitationsfeld einer Kugel mit homogener Massenverteilung (Band 1, Kap. 3.2.4.1).

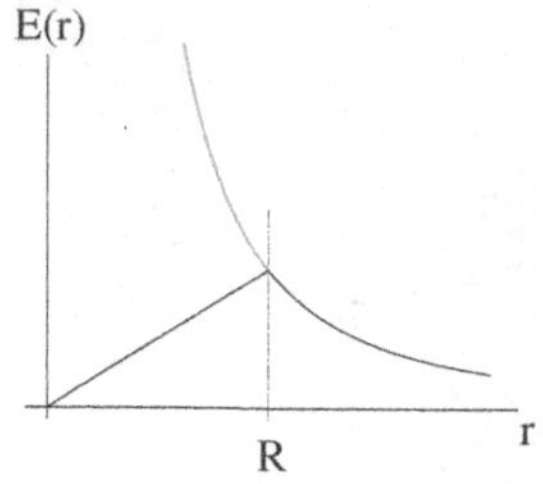

Abb. 1.21. Elektrisches Feld einer homogen geladenen Kugel

Das Resultat für das Innengebiet kann man in einfacher Weise umschreiben. Es ist

$$E(r) = k_e \left(Q \frac{r^3}{R^3} \right) \frac{1}{r^2} = k_e \frac{Q_{\text{ein}}(r)}{r^2} \, .$$

$Q_{\text{ein}}(r)$ ist gerade die Ladung, die in einer Kugel vom Radius r eingeschlossen ist. Dieses Ergebnis ist ein Spezialfall des Theorems von Gauß, das in dem nächsten Abschnitt besprochen werden soll.

1.4 Das Integraltheorem von Gauß

Der Integralsatz von Gauß (Band 1, Math.Kap. 5.3.3) kann für die Weiterentwicklung der Elektrostatik eingesetzt werden, auf der anderen Seite ist er ein nützliches Instrument für die praktische Feldberechnung. In der einfachsten Anwendung legt man um eine Punktladung q eine Kugelfläche mit Radius r. Die Kugelfläche wird in infinitesimale, vektorielle Flächenelemente $\boldsymbol{df}$ unterteilt (Abb. 1.22). Die Richtung der Vektoren $\boldsymbol{df}$ ist jeweils die Normalenrichtung. Das Oberflächenintegral über das Punktladungsfeld kann elementar ausgewertet werden

$$\oiint_{\text{Kugel}} \boldsymbol{E} \cdot \boldsymbol{df} = k_e \iint \left(\frac{q}{r^2} \boldsymbol{e}_{\text{r}} \right) \cdot \left(r^2 \, \mathrm{d}\Omega \, \boldsymbol{e}_{\text{r}} \right) = k_e q \iint \mathrm{d}\Omega = 4\pi k_e q \, , \quad (1.9)$$

bzw. in den Standardmaßsystemen

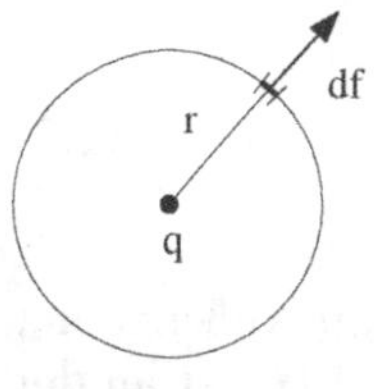

Abb. 1.22. Gaußtheorem: Einfache Anwendung

$$\oint\!\!\!\oint_{\text{Kugel}} \boldsymbol{E} \cdot \mathbf{d}\boldsymbol{f} = 4\pi\, q \qquad \text{im CGS System}$$

$$\oint\!\!\!\oint_{\text{Kugel}} \boldsymbol{E} \cdot \mathbf{d}\boldsymbol{f} = \frac{q}{\varepsilon_0} \qquad \text{im SI System .}$$

Da das Ergebnis nicht vom Radius abhängt, gelten diese Aussagen für beliebige Kugelflächen um eine Punktladung q.

Diese Betrachtung kann man auf beliebige geschlossene Flächen um die Punktladung verallgemeinern (siehe Band 1, Math.Kap. 5.3.3). Auch für eine Punktladung, die in einer beliebigen Fläche F eingeschlossen ist, gilt

$$\oint\!\!\!\oint_{\text{F}} \boldsymbol{E} \cdot \mathbf{d}\boldsymbol{f} = \oint\!\!\!\oint_{\text{Kugel}} \boldsymbol{E} \cdot \mathbf{d}\boldsymbol{f}' = 4\pi k_e q \,,$$

z.B. auch für Flächen mit einer Einbuchtung (Abb. 1.23a). Liegt die Ladung außerhalb einer geschlossenen Fläche (Abb. 1.23b), so ist

$$\oint\!\!\!\oint_{\text{F}} \boldsymbol{E} \cdot \mathbf{d}\boldsymbol{f} = 0 \,.$$

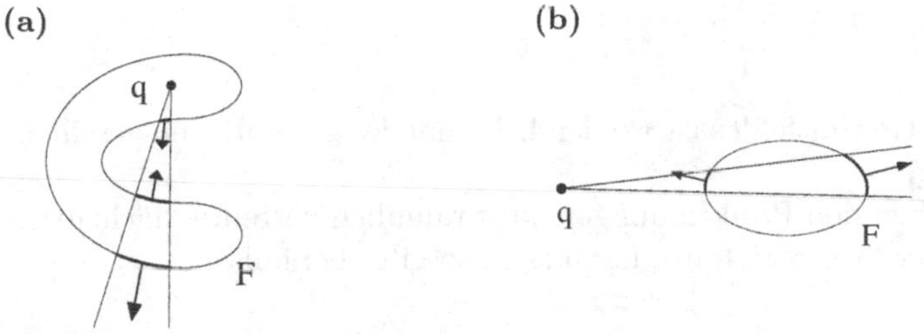

Abb. 1.23. Gaußtheorem: Allgemeine Situationen

Das Oberflächenintegral des elektrischen Feldes über eine beliebige Fläche

$$\iint_{\text{F}} \boldsymbol{E} \cdot \mathbf{d}\boldsymbol{f} = \Phi_{\text{F}}$$

bezeichnet man als den **elektrischen Fluss** Φ_{F}, bzw. den Fluss des elektrischen Feldes $\boldsymbol{E}$ durch die Fläche F. Dieser Bezeichnung liegt die Vorstellung zugrunde, dass man die Feldlinien als die Flusslinien einer hypothetischen Flüssigkeit interpretieren kann. Das Oberflächenintegral bestimmt dann die Flüssigkeitsmenge, die durch die vorgegebene Fläche fließt. In diesem Sinn bezeichnet man die Ladungen auch als Quellen ($q = +$) oder Senken ($q = -$) des elektrischen Feldes. Die Aussage für eine beliebige geschlossene Fläche

$$\Phi_{\mathrm{F}} = \oiint_{\mathrm{F}} \boldsymbol{E} \cdot \mathbf{d}\boldsymbol{f} = \begin{cases} 4\pi k_e q & q \text{ innerhalb von F} \\ 0 & q \text{ außerhalb von F} \end{cases} \tag{1.10}$$

beschreibt man mit den Worten:
Der Fluss des elektrischen Feldes einer Punktladung durch eine beliebige geschlossene Fläche ist gleich $4\pi k_e$ mal der eingeschlossenen Punktladung.

Diese einfache Fassung des **Gaußtheorems** in der Elektrostatik kann erweitert werden:

(i) Sind in einer geschlossenen Fläche F die Punktladungen $q_1, q_2, \ldots q_N$ eingeschlossen, so gilt für jede der Ladungen zunächst

$$\oiint_{\mathrm{F}} \boldsymbol{E}_i \cdot \mathbf{d}\boldsymbol{f} = 4\pi k_e q_i \qquad (i = 1, 2, \ldots N) \; .$$

Addition dieser Aussagen ergibt mit dem Superpositionsprinzip

$$\boldsymbol{E} = \sum_{i=1}^{N} E_i$$

für das Gesamtfeld

$$\oiint_{\mathrm{F}} \boldsymbol{E} \cdot \mathbf{d}\boldsymbol{f} = 4\pi k_e \sum_{i=1}^{N} q_i \; .$$

Der Fluss des Gesamtfeldes ist wieder $4\pi k_e$ mal der gesamten eingeschlossenen Ladung.

(ii) Existieren neben den Punktladungen auch räumlich verteilte, flächenverteilte und/oder linear verteilte Ladungen, so gilt ebenfalls

$$\oiint_{\mathrm{F}} \boldsymbol{E} \cdot \mathbf{d}\boldsymbol{f} = 4\pi k_e Q_{\mathrm{ein}} \; . \tag{1.11}$$

Q_{ein} stellt sämtliche von der Fläche eingeschlossenen Ladungen dar, die gemäß

$$Q_{\mathrm{ein}} = \sum_i q_i + \iiint_{\mathrm{V}_0} \rho(\boldsymbol{r}')\mathrm{d}V' + \iint_{\mathrm{F}_0} \sigma(\boldsymbol{r}')\mathrm{d}f' + \int_{\mathrm{K}_0} \lambda(\boldsymbol{r}')\mathrm{d}s'$$

zu berechnen sind. Dabei ist V_0 das von F eingeschlossene Teilvolumen der Raumladung, F_0 die eingeschlossene, mit Ladung belegte Fläche und K_0 die eingeschlossene Kurve mit einer linearen Ladungsverteilung (Abb. 1.24). Zur Begründung kann man die Ladungsverteilungen in infinitesimale Punktladungsbeiträge zerlegen und wie unter Punkt (i) argumentieren.

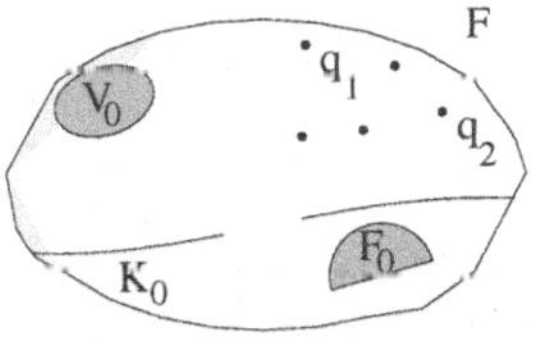

Abb. 1.24. Ladungsverteilungen

In der allgemeinen Form stellt das Theorem von Gauß eine Zusammenfassung der Aussagen des Coulombgesetzes (Punktladungsformel) und des Superpositionsprinzips dar.

1.4.1 Einfache Anwendungen des Gaußtheorems

Das Theorem von Gauß beinhaltet die zentrale Differentialgleichung der Elektrostatik. Es kann aber auch zur direkten Feldberechnung eingesetzt werden. Ist die Ladungsverteilung so beschaffen, dass man aus Symmetriegründen die geschlossenen Flächen erraten kann, auf denen das Feld senkrecht steht und einen konstanten Betrag hat (Abb. 1.25), so ist die Auswertung des Oberflächenintegrals relativ trivial. Die folgenden Beispiele sollen diese Aussage belegen.

• Das erste Beispiel, die homogen geladene Kugel (Radius R) mit der Raumladungsdichte

$$\rho = \frac{Q}{(4/3)\pi R^3} = \text{const.} \qquad \text{für} \quad r \le R \,,$$

zeigt, dass man durch Anwendung des Gaußtheorems manches Resultat müheloser gewinnen kann (vergleiche S. 23). Die Symmetrieflächen sind offensichtlich konzentrische Kugelflächen. Mit dieser Aussage kann man das Oberflächenintegral wie folgt auswerten. Für das Flussintegral selbst gilt

$$\oiint_{\text{Kugel}} \boldsymbol{E} \cdot \mathbf{d}\boldsymbol{f} = \iint E(r) r^2 \mathrm{d}\Omega = E(r) r^2 4\pi \,.$$

Bezüglich der eingeschlossenen Ladung muss man die Fallunterscheidung treffen:

Ist $r \le R$, so ist die eingeschlossene Ladung

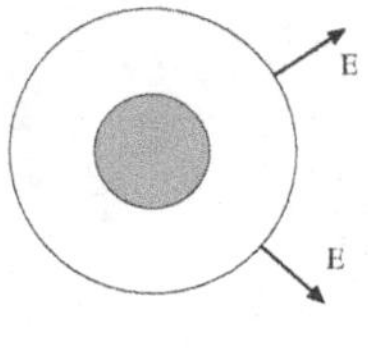

Abb. 1.25. Gaußtheorem: Kugelsymmetrische Ladungsverteilung

$$Q_{\text{ein}} = \rho \iiint_{\text{Kugel}} \mathrm{d}V' = \frac{4}{3}\pi r^3 \rho = Q\frac{r^3}{R^3}\ .$$

Daraus ergibt sich

$$4\pi r^2 E(r) = 4\pi k_e \left(Q\frac{r^3}{R^3}\right)$$

oder nach Auflösung

$$E(r) = k_e Q\frac{r}{R^3}\ .$$

Für $r \geq R$ ist die eingeschlossene Ladung die Gesamtladung

$$Q_{\text{ein}} = \frac{4}{3}\pi R^3 \rho = Q$$

und es folgt direkt

$$E(r) = k_e \frac{Q}{r^2}\ .$$

Liegt eine geladene Kugel vor, deren Ladungsverteilung nicht homogen ist, jedoch Kugelsymmetrie besitzt

$$\rho(\boldsymbol{r}) = \rho(r)$$

(die Ladungsdichte variiert nur mit dem Abstand von der Kugelmitte und nicht mit dem Winkel), so ist die Feldberechnung ebenfalls einfach. Die Symmetriefläche hat immer noch Kugelgestalt und die in der Kugel vom Radius r eingeschlossene Ladung berechnet sich gemäß

$$Q_{\text{ein}} = \iiint_{\text{Kugel(r)}} \rho(\boldsymbol{r}')\,\mathrm{d}V' = 4\pi \int_0^r \rho(r')r'^2\mathrm{d}r'\ .$$

• Ein konkretes (und trotzdem einfaches) Beispiel ist eine Hohlkugel mit der homogenen Ladungsverteilung (Abb. 1.26a)

$$\rho(\boldsymbol{r}) = \begin{cases} 0 & r < R_1 \\ \rho_0 & R_1 \leq r \leq R_2 \\ 0 & r > R_2 \end{cases}\ .$$

Für die eingeschlossene Ladung gilt die Aussage

$$Q_{\text{ein}} = \begin{cases} 0 & r < R_1 \\ \frac{4}{3}\pi\rho_0(r^3 - R_1^3) & R_1 \leq r \leq R_2 \\ \frac{4}{3}\pi\rho_0(R_2^3 - R_1^3) = Q & r > R_2 \end{cases}\ .$$

Der Betrag des Feldes in Radialrichtung in den drei Gebieten ist deswegen

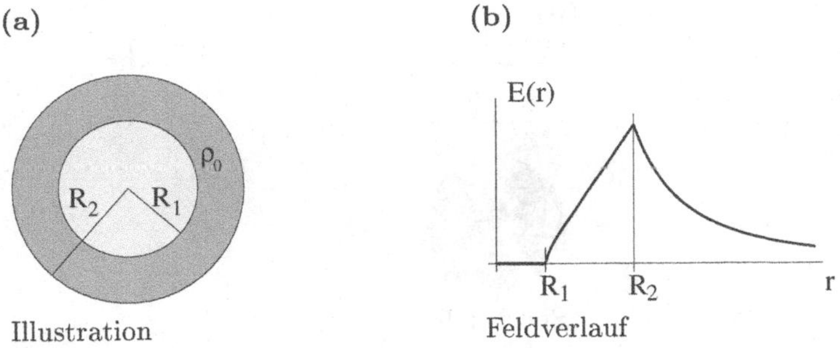

Abb. 1.26. Gaußtheorem: Hohlkugel

$$E(r) = \begin{cases} 0 & r < R_1 \\ \frac{4\pi}{3} k_e \rho_0 \left(r - \frac{R_1^3}{r^2} \right) & R_1 \leq r \leq R_2 \\ k_e \frac{Q}{r^2} & r > R_2 \end{cases} .$$

Der Betrag des Feldes hat als Funktion von r die folgende Form: Er hat den Wert Null im Innenbereich, einen gegenüber dem linearen Verhalten abgeschwächten Anstieg im Bereich der Ladungsdichte (bis zu dem Wert kQ/R_2^2) und im Außenbereich den üblichen $1/r^2$-Abfall (Abb. 1.26b). Die Funktionen $E(r)$ in den drei Bereichen schließen stetig aneinander an.

Falls die vorliegende Ladungsverteilung nicht so deutliche Symmetrien aufweist, dass man eine geeignete Gaußfläche erraten kann, ist es oft möglich, sich in der folgenden Weise zu behelfen: Man wende das Theorem von Gauß für symmetrische Teilladungen an und bestimme dann das Gesamtfeld durch Superposition der Felder der Teilladungen. Ein typisches Beispiel dieser Art ist die folgende Aufgabe.

• Berechne das elektrische Feld von zwei homogen geladenen Kugeln mit den Radien R_1 und R_2 sowie den Gesamtladungen Q_1 und Q_2, deren Ladungsmittelpunkte den Abstand a haben. Der Spezialfall $Q_1 = -Q_2 = Q$ entspricht einem makroskopischen Dipol (Abb. 1.27). Zur Diskussion benutzt man z.B. ein Koordinatensystem, in dem die Kugelmittelpunkte an den Stellen

$$\boldsymbol{M}_1 = (0, 0, 0) \qquad \text{und} \qquad \boldsymbol{M}_2 = (0, 0, a)$$

angebracht sind. Um die sonst nötigen Fallunterscheidungen für verschiedene, eingeschlossene Ladungen zu vermeiden, soll nur das elektrische Feld für Punkte außerhalb der beiden Kugeln betrachtet werden.

Es wäre in diesem Fall nicht so einfach, die Symmetriefläche des Gesamtsystems zu erraten (oder darzustellen). Betrachtet man jedoch zunächst jede der Kugeln für sich, so gilt für einen Punkt (x, y, z) (außerhalb der beiden Kugeln)

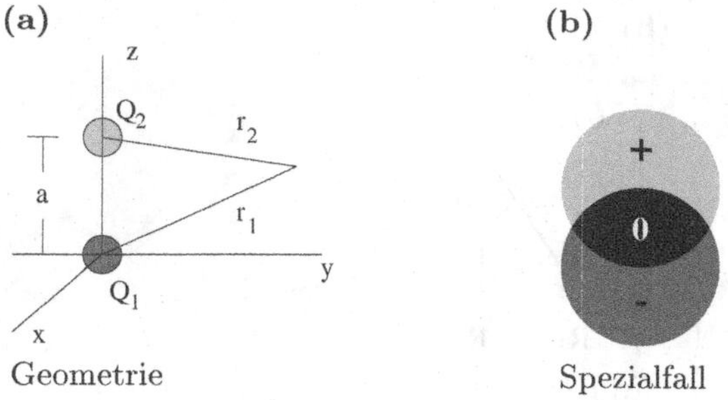

Abb. 1.27. Makroskopischer Dipol

$$\boldsymbol{E}_1 = k_e\left(\frac{Q_1 x}{r_1^3}, \frac{Q_1 y}{r_1^3}, \frac{Q_1 z}{r_1^3}\right) \qquad \boldsymbol{E}_2 = k_e\left(\frac{Q_2 x}{r_2^3}, \frac{Q_2 y}{r_2^3}, \frac{Q_2(z-a)}{r_2^3}\right)$$

mit

$$r_1 = \sqrt{x^2+y^2+z^2} \qquad r_2 = \sqrt{x^2+y^2+(z-a)^2}\,.$$

Das Gesamtfeld ist dann

$$\begin{aligned}\boldsymbol{E} &= \boldsymbol{E}_1 + \boldsymbol{E}_2 \\ &= k_e\left(x\left(\frac{Q_1}{r_1^3}+\frac{Q_2}{r_2^3}\right), y\left(\frac{Q_1}{r_1^3}+\frac{Q_2}{r_2^3}\right), z\frac{Q_1}{r_1^3}+(z-a)\frac{Q_2}{r_2^3}\right).\end{aligned}$$

Dieser Ausdruck ist auch gültig, wenn sich die beiden Kugeln überlappen.

Für den Spezialfall eines makroskopischen Dipols aus gleich großen Kugeln mit

$$R_1 = R_2 \qquad Q_1 = -Q_2 = Q$$

gilt die Aussage: Ist $a > 2R$, so findet man das Standarddipolfeld (entsprechend dem Punktdipol). Ist $2R > a > 0$, so erhält man das Feld einer Ladungsverteilung, die aus zwei Restkugeln besteht. Das Überlappungsgebiet ist wegen $\rho_1 = -\rho_2$ ungeladen (Abb. 1.27b). Ist $a = 0$, so überlappen die Kugeln vollständig. In diesem Fall ist $r_1 = r_2$ und es folgt

$$\boldsymbol{E} = \boldsymbol{0}\,.$$

Die beiden Ladungen neutralisieren sich. Das Beispiel zeigt, dass man mit einfachen Mitteln die Felder von komplizierteren Ladungsverteilungen bestimmen kann.

• In dem nächsten Beispiel soll eine Verteilung von Flächenladungen betrachtet werden, die den Grundtyp eines Kondensators darstellt. Es zeigt sich, dass im Fall von Flächenladungen ein besonderes Phänomen auftritt. In dem Beispiel sind die Ladungen Q_1 und Q_2 uniform auf zwei konzentrischen Kugelflächen mit den Radien $R_1 < R_2$ verteilt. Die Flächenladungsdichten sind σ_1 und σ_2 (Abb. 1.28). Mit der Aussage, dass das elektrische Feld auf allen kon-

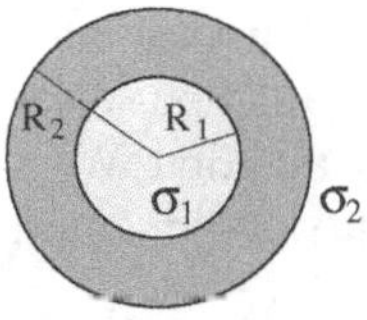

Abb. 1.28. Der ideale Kugelkondensator

zentrischen Kugelflächen einen konstanten Wert hat und radial nach außen gerichtet ist, erhält man mit dem Gaußtheorem die folgenden Ergebnisse:

Für $0 \leq r < R_1$ ist $Q_{\rm ein} = 0$ und somit

$$E(r) = 0\,.$$

Ist $R_1 \leq r < R_2$, so ist $Q_{\rm ein} = 4\pi\sigma_1 R_1^2 = Q_1$ und der Betrag des Feldes lautet

$$E(r) = k_e \frac{Q_1}{r^2}\,.$$

Für Punkte außerhalb des Kondensators ($r \geq R_2$) ist die eingeschlossene Ladung $Q_{\rm ein} = 4\pi\sigma_1 R_1^2 + 4\pi\sigma_2 R_2^2 = Q_1 + Q_2$, der Betrag des Feldes also

$$E(r) = k_e \frac{(Q_1 + Q_2)}{r^2}\,.$$

Der Verlauf der Funktion $E(r)$ sieht im allgemeinen Fall folgendermaßen aus: Das Feld hat den Wert Null im Innenbereich, springt beim Durchgang durch die Stelle $r = R_1$ auf den Wert $k_e Q_1/R_1^2$ und fällt in dem Zwischenbereich auf den Wert $k_e Q_1/R_2^2$ ab. Von diesem Wert springt das Feld beim Durchgang durch die Stelle $r = R_2$ noch einmal und zwar auf den Wert $k_e(Q_1 + Q_2)/R_2^2$ (Abb. 1.29a).

Die grundlegende Beobachtung ist: Beim Durchgang durch eine (infinitesimale) Flächenladungsschicht, ist das elektrische Feld nicht stetig. Der Feldbetrag macht einen Sprung. Die Größe der Sprünge ist

von $R_1 - \varepsilon$ nach $R_1 + \varepsilon$:

$$E(R_1 + \varepsilon) - E(R_1 - \varepsilon) = \frac{k_e Q_1}{R_1^2} = 4\pi\sigma_1$$

von $R_2 - \varepsilon$ nach $R_2 + \varepsilon$:

$$E(R_2 + \varepsilon) - E(R_2 - \varepsilon) = \frac{k_e Q_2}{R_2^2} = 4\pi\sigma_2\,.$$

Für den Spezialfall eines idealen **Kugelkondensators** mit den Ladungen $Q_1 = -Q_2 = Q$ lautet das Ergebnis

$$E(r) = \begin{cases} 0 & \text{für} \quad 0 \leq r < R_1 \\ k_e \dfrac{Q}{r^2} & \text{für} \quad R_1 \leq r < R_2 \\ 0 & \text{für} \quad r \geq R_2 \end{cases}\,.$$

Es existiert nur ein Feld in dem Bereich zwischen den beiden Kugelschalen (Abb. 1.29b). Die Funktion $E(r)$ springt von dem Wert Null auf den Wert $k_e Q/R_1^2$ an der Stelle R_1 und an der Stelle R_2 von $k_e Q/R_2^2$ auf den Wert Null zurück. Der zweite Sprung ist kleiner als der erste, da $|\sigma_1| > |\sigma_2|$ und $R_2 > R_1$ ist.

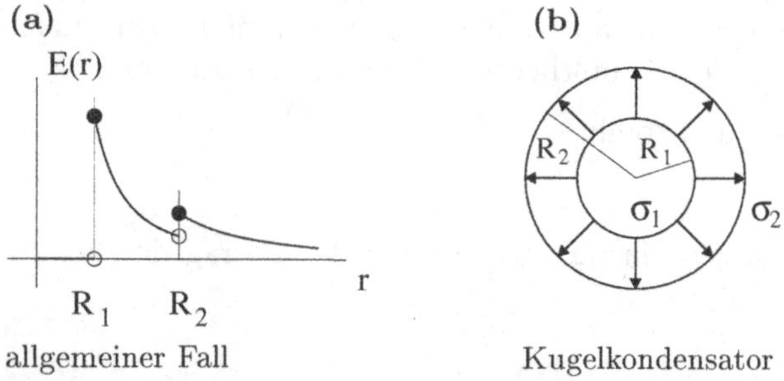

Abb. 1.29. Das elektrische Feld von zwei konzentrischen, uniform geladenen Kugelflächen

Dieses Sprungverhalten wird sich als ein allgemeines Phänomen herausstellen, das noch eingehender zu untersuchen ist. Zuvor ist es jedoch nützlich, die Grundgleichungen der Elektrostatik zusammenzustellen und zu diskutieren.

Aufgaben

Zu diesem einführenden Kapitel werden nur 2 Aufgaben gestellt, die die elektrische Kraftwirkung und den elektrischen Fluss ansprechen.

2 Grundgleichungen der Elektrostatik

Neben dem Gaußgesetz, in dem die Ladungen als Feldquellen oder Feldsenken auftreten, ergibt die Wirbelfreiheit der stationären elektrischen Felder eine zweite Grundgleichung der Elektrostatik. Die beiden Grundgleichungen können entweder in einer Integralform oder einer differentiellen Form gefasst werden. Die Integralform erlaubt eine allgemeine Diskussion des Verhaltens von Feldern beim Durchgang durch Ladungsschichten und die Verteilung von Ladungen in leitenden Materialien. Die differentielle Form ergibt nach Einführung des Konzeptes des elektrischen Potentials und der Beschreibung von Ladungsdichten mit Hilfe von Distributionen (insbesondere der δ-Funktion) eine kompakte Fassung der Elektrostatik in der Poisson-/Laplacegleichung. Das Potentialkonzept wird, auch durch die Berechnung von Potentialen für einfache Anordnungen von Ladungen, ausführlich untersucht. Zum Abschluss dieses zweiten Kapitels wird die Fähigkeit des elektrischen Feldes, Energie zu speichern, herausgestellt und das nützliche Konzept der (elektrischen) Energiedichte des Feldes eingeführt.

2.1 Die Grundgleichungen der Elektrostatik

Eine der zwei Grundgleichungen der Elektrostatik (im Vakuum) ist das schon diskutierte Gaußgesetz (1.10)

$$\oiint \boldsymbol{E} \cdot \mathbf{d}\boldsymbol{f} = 4\pi\, k_e\, Q_{\text{ein}} \,.$$

Auch für die Aufbereitung der zweiten Grundgleichung kann man in einem ersten Schritt mit der Betrachtung des Punktladungsfeldes beginnen. Für eine Punktladung (z.B. im Koordinatenursprung) gilt

$$\boldsymbol{E}_{\text{p}}(\boldsymbol{r}) = k_e \frac{q}{r^2}\, \boldsymbol{e}_{\text{r}} = k_e q \left(\frac{x}{r^3}, \frac{y}{r^3}, \frac{z}{r^3} \right) \,.$$

Man rechnet direkt nach (oder greift auf Band 1, Kap. 3.2.3.5 zurück), dass für dieses Feld

$$\operatorname{rot} \boldsymbol{E}_{\text{p}}(\boldsymbol{r}) = \boldsymbol{\nabla} \times \boldsymbol{E}_{\text{p}}(\boldsymbol{r}) = \mathbf{0}$$

gilt. Das elektrische Feld einer Punktladung ist wirbelfrei. Entsprechend gilt für das Feld $\boldsymbol{E}_{\mathrm{p}}(\boldsymbol{r},\boldsymbol{r}_i)$ einer Punktladung, die sich an der Stelle $\boldsymbol{r}_i$ befindet, die Aussage

$$\boldsymbol{\nabla}_{\boldsymbol{r}} \times \boldsymbol{E}_{\mathrm{p}}(\boldsymbol{r},\boldsymbol{r}_i) = \boldsymbol{0} \,.$$

Da sich das Feld einer beliebigen (stationären) Ladungsverteilung durch Superposition von Punktladungsfeldern darstellen lässt

$$\boldsymbol{E}(\boldsymbol{r}) = \sum_i \boldsymbol{E}_i(\boldsymbol{r}) + \int \mathrm{d}\boldsymbol{E}(\boldsymbol{r}) \,,$$

gilt diese Aussage (unter geeigneten Bedingungen bezüglich der Differenzierbarkeit) für jedes elektrische Feld einer stationären Ladungsverteilung

$$\operatorname{rot} \boldsymbol{E}(\boldsymbol{r}) = \boldsymbol{\nabla} \times \boldsymbol{E}(\boldsymbol{r}) = \boldsymbol{0} \,. \tag{2.1}$$

Das ist die zweite Grundaussage der Elektrostatik.

Da eine der Grundaussagen in Integralform, die andere in Differentialform vorliegt, ist es nützlich, die Aussagen jeweils in die andere Form umzuschreiben.

2.1.1 Integralform

Um die Bedingung für die Wirbelfreiheit von stationären elektrischen Feldern in Integralform umzuschreiben, greift man auf den Satz von Stokes zurück (siehe Band 1, Math.Kap. 5.3.3). Dieses Theorem der Vektoranalysis besagt

$$\iint_F (\boldsymbol{\nabla} \times \boldsymbol{E}(\boldsymbol{r})) \cdot \mathrm{d}\boldsymbol{f} = \oint_{R(F)} \boldsymbol{E}(\boldsymbol{r}) \cdot \mathrm{d}\boldsymbol{s} \,.$$

Das Oberflächenintegral der Rotation eines Feldes $\boldsymbol{E}$ über eine offene Fläche ist gleich dem Kurvenintegral des Feldes selbst über den orientierten Rand dieser Fläche (Abb. 2.1). In dem vorliegenden Fall ist $\boldsymbol{\nabla} \times \boldsymbol{E} = \boldsymbol{0}$ für jeden Raumpunkt. Daraus folgt, dass das Kurvenintegral für jede beliebige geschlossene Kurve verschwindet. Man kann also die Grundgleichungen der Elektrodynamik in Integralform notieren

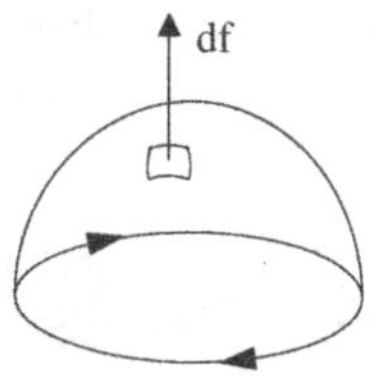

Abb. 2.1. Zerlegung eines Oberflächenintegrals

$$\begin{aligned} &\oiint_F \boldsymbol{E}(\boldsymbol{r}) \cdot \mathbf{d}\boldsymbol{f} = 4\pi\, k_e\, Q_{\text{ein}} && \text{für jede geschlossene Fläche } F \\ &\oint_K \boldsymbol{E}(\boldsymbol{r}) \cdot \mathbf{d}\boldsymbol{s} = 0 && \text{für jede geschlossene Kurve } K\,. \end{aligned} \tag{2.2}$$

In Worten besagen diese Gleichungen: Quellen und Senken des elektrischen Feldes sind die Ladungen. Das Feld ist wirbelfrei.

Aus der Integralform kann man (wie schon gesehen) durchaus praktische Aussagen gewinnen, doch ist für viele Anwendungen die differentielle Form flexibler.

2.1.2 Differentielle Form

Zu diesem Zweck muss man das Gaußtheorem in eine differentielle Form umschreiben. Dies ist relativ einfach, wenn nur Raumladungsdichten vorliegen. Um Punktladungen und Flächenladungen zu diskutieren, benötigt man eine Erweiterung des Funktionsbegriffes der Mathematik, das Konzept der Distributionen. Dieses Konzept ist auf den Fall von Punktladungen zugeschnitten. Es kann auch für den Fall von Oberflächenladungen verwendet werden, doch werden Situationen mit Oberflächenladungen meist auf andere Weise behandelt (vergleiche die Bemerkungen in Kap. 2.3). Für den Fall, dass Raumladungen in einem Volumen V_0 vorliegen, gilt für $V_0 \in V(F)$

$$\oiint_F \boldsymbol{E}(\boldsymbol{r}) \cdot \mathbf{d}\boldsymbol{f} = 4\pi\, k_e\, Q_{\text{ein}} = 4\pi\, k_e \iiint_{V_0} \rho(\boldsymbol{r})\, \mathrm{d}V\,.$$

Das Volumenintegral auf der rechten Seite kann man über das gesamte, von der Fläche F eingeschlossene Volumen nehmen, da $\rho(\boldsymbol{r})$ in dem Differenzvolumen $V(F) - V_0$ verschwindet

$$= 4\pi\, k_e \iiint_{V(F)} \rho(\boldsymbol{r})\, \mathrm{d}V\,.$$

Das Oberflächenintegral wird mit dem Divergenztheorem in ein Volumenintegral (Band 1, Math.Kap. 5.3.3) umgeschrieben

$$\oiint_F \boldsymbol{E}(\boldsymbol{r}) \cdot \mathbf{d}\boldsymbol{f} = \iiint_{V(F)} (\boldsymbol{\nabla} \cdot \boldsymbol{E}(\boldsymbol{r}))\, \mathrm{d}V\,.$$

Der Fluss des elektrischen Feldes durch eine geschlossene Fläche kann berechnet werden, indem man die skalare Funktion $\boldsymbol{\nabla} \cdot \boldsymbol{E}$ über das eingeschlossene Volumen integriert. Voraussetzung für die Gültigkeit des Divergenztheorems ist

$$\left| \iiint_{V(F)} \boldsymbol{\nabla} \cdot \boldsymbol{E}(\boldsymbol{r})\, \mathrm{d}V \right| < \infty\,.$$

Kombination des Gaußtheorems und des Divergenztheorems ergibt

$$\iiint_{\mathrm{V(F)}} \{\boldsymbol{\nabla}\cdot \boldsymbol{E}(\boldsymbol{r}) - 4\pi\, k_e\, \rho(\boldsymbol{r})\}\, \mathrm{d}V = 0\,.$$

Da die Fläche F und damit das Volumen beliebig wählbar ist, kann das Integral nur verschwinden, wenn der Integrand den Wert Null hat.

Somit kann man die Grundgleichungen der Elektrostatik auch in der folgenden Form notieren

$$\begin{aligned} \operatorname{div} \boldsymbol{E}(\boldsymbol{r}) &= \boldsymbol{\nabla}\cdot \boldsymbol{E}(\boldsymbol{r}) = 4\pi\, k_e\, \rho(\boldsymbol{r}) \\ \operatorname{rot} \boldsymbol{E}(\boldsymbol{r}) &= \boldsymbol{\nabla}\times \boldsymbol{E}(\boldsymbol{r}) = \boldsymbol{0}\,. \end{aligned} \tag{2.3}$$

Die Interpretation ist unverändert: Die erste Gleichung besagt immer noch, dass die (Raum-)Ladungen Quellen oder Senken des Feldes sind. Die zweite Aussage ist: Das Feld ist wirbelfrei. Weitere Bemerkungen zu diesen Gleichungen sind:

(1) Die Grundgleichungen entsprechen einem Satz von gekoppelten, partiellen Differentialgleichungen erster Ordnung für die elektrischen Feldkomponenten. Mit der expliziten Definition der Operationen Divergenz und Rotation in kartesischen Koordinaten folgt z.B.

$$\boldsymbol{\nabla}\cdot \boldsymbol{E}(x,\, y,\, z) = \frac{\partial E_{\mathrm{x}}}{\partial x} + \frac{\partial E_{\mathrm{y}}}{\partial y} + \frac{\partial E_{\mathrm{z}}}{\partial z} = 4\pi\, k_e\, \rho(x,\, y,\, z)$$

$$\boldsymbol{\nabla}\times \boldsymbol{E}(x,\, y,\, z) = \boldsymbol{0} \quad \Longrightarrow$$

$$\frac{\partial E_{\mathrm{z}}}{\partial y} - \frac{\partial E_{\mathrm{y}}}{\partial z} = 0\,, \qquad \frac{\partial E_{\mathrm{x}}}{\partial z} - \frac{\partial E_{\mathrm{z}}}{\partial x} = 0\,, \qquad \frac{\partial E_{\mathrm{y}}}{\partial x} - \frac{\partial E_{\mathrm{x}}}{\partial y} = 0\,.$$

Eine Darstellung in krummlinigen Koordinaten ist möglich (und für viele Anwendungen notwendig), doch ist für den Moment die kartesische Zerlegung ausreichend.

(2) Bisher wurden nur Raumladungsverteilungen betrachtet. Die Schwierigkeiten, die sich für den Fall von Punktladungen ergeben, kann man folgendermaßen erkennen: Um das obige Argument für den Fall einer Punktladung an der Stelle $\boldsymbol{r}_i$ anzuwenden, muss die rechte Seite des Gaußtheorems in der Form einer Ladungsdichte dargestellt werden.

$$4\pi\, k_e\, Q_{\mathrm{ein}} \;=\; 4\pi\, k_e \iiint_{\mathrm{V(F)}} \rho(\boldsymbol{r}, \boldsymbol{r}_i)\, \mathrm{d}V = \begin{cases} 4\pi\, k_e\, q & \text{falls } q \text{ in V(F)} \\ 0 & \text{falls } q \text{ nicht in V(F)} \end{cases}\,.$$

Die 'Punktladungsdichte', die hier gefordert wird, muss einige außergewöhnliche Eigenschaften besitzen.

(a) Damit sie die Quellenstruktur richtig beschreibt, muss gelten

$$\rho_{\mathrm{P}}(\boldsymbol{r},\, \boldsymbol{r}_{\mathrm{i}}) = 0 \quad \text{für } \boldsymbol{r} \neq \boldsymbol{r}_{\mathrm{i}}\,.$$

(b) Da das Volumenintegral über die Ladungsdichte die Gesamtladung ergeben soll, muss (falls nur eine Punktladung vorhanden ist) gelten

$$\iiint_{\text{Umgebung von } r_i} \rho_{\rm p}(\boldsymbol{r}, \boldsymbol{r}_{\rm i})\, {\rm d}V = \iiint_{\rm Raum} \rho_{\rm p}(\boldsymbol{r}, \boldsymbol{r}_{\rm i})\, {\rm d}V = q\,.$$

Derartige Eigenschaften kann man selbst den extravagantesten Funktionen nicht zumuten. Man benötigt, wie gesagt, ein neues mathematisches Konzept, die Distributionen (s. Math.Kap. 1).

Die Aussagekraft der Differentialgleichung $\boldsymbol{\nabla} \times \boldsymbol{E}(\boldsymbol{r}) = \boldsymbol{0}$ ist beschränkt. Sie legt das gesuchte elektrische Feld in keiner Weise fest, erlaubt aber eine willkommene Vereinfachung der Beschreibung der Feldsituation. Wie in Band 1, Math.Kap. 5.2.1 ausgeführt, erfüllt *jede* differenzierbare Vektorfunktion der Form

$$\boldsymbol{E}(\boldsymbol{r}) = -\,{\rm grad}\, V(\boldsymbol{r}) = -\boldsymbol{\nabla} V(\boldsymbol{r}) \tag{2.4}$$

die Differentialgleichung (das Vorzeichen ist eine Frage der Konvention)

$$\boldsymbol{\nabla} \times \boldsymbol{E}(\boldsymbol{r}) = -\boldsymbol{\nabla} \times \boldsymbol{\nabla} V(\boldsymbol{r}) = -\,{\rm rot}\,{\rm grad}\, V(\boldsymbol{r}) = \boldsymbol{0}\,.$$

Die Größe $V(\boldsymbol{r})$ bezeichnet man in dem jetzigen Zusammenhang als das **elektrische** (hier noch elektrostatische) **Potential**.

Setzt man die Darstellung des elektrischen Feldes durch das Potential in die erste Differentialgleichung ein, so folgt

$$\boldsymbol{\nabla} \cdot \boldsymbol{\nabla} V(\boldsymbol{r}) = {\rm div}({\rm grad}\, V(\boldsymbol{r})) = -4\pi\, k_e\, \rho(\boldsymbol{r})\,.$$

Den Operator div grad bezeichnet man als den **Laplace Operator**

$${\rm div}\,{\rm grad} = \boldsymbol{\nabla} \cdot \boldsymbol{\nabla} = \Delta\,.$$

In kartesischen Koordinaten lautet er

$$\Delta = \frac{\partial^2}{\partial x^2} + \frac{\partial^2}{\partial y^2} + \frac{\partial^2}{\partial z^2}\,.$$

Mit Hilfe des Potentialbegriffes kann man die zwei vektoriellen Differentialgleichungen der Elektrostatik, die von erster Ordnung in den partiellen Ableitungen sind, in einer partiellen Differentialgleichung zweiter Ordnung zusammenfassen. Diese lautet im Detail (in der kartesischen Darstellung)

$$\frac{\partial^2 V(x, y, z)}{\partial x^2} + \frac{\partial^2 V(x, y, z)}{\partial y^2} + \frac{\partial^2 V(x, y, z)}{\partial z^2} = -4\pi\, k_e\, \rho(x, y, z)\,.$$

Die übliche Kurzform ist

$$\begin{aligned} \Delta V(\boldsymbol{r}) &= -4\pi\, \rho(\boldsymbol{r}) && \text{im CGS System} \\ \Delta V(\boldsymbol{r}) &= -\frac{\rho(\boldsymbol{r})}{\varepsilon_0} && \text{im SI System}\,. \end{aligned} \tag{2.5}$$

Diese Gleichung bezeichnet man als die **Poissongleichung**. Im Gegensatz zu der Formulierung der Elektrostatik in Integralform stellt die Formulierung durch Differentialgleichungen eine lokale Aussage dar:

Für eine Ladungsverteilung in einem beliebigen Volumen V_0 mit

$$\rho(\boldsymbol{r}) \begin{cases} \neq 0 & \text{für} \quad \boldsymbol{r} \in V_0 \\ = 0 & \text{für} \quad \boldsymbol{r} \notin V_0 \end{cases}$$

folgt

$$\Delta V(\boldsymbol{r}) = \begin{cases} -4\pi\, k_e\, \rho(\boldsymbol{r}) & \text{für} \quad \boldsymbol{r} \in V_0 \\ 0 & \text{für} \quad \boldsymbol{r} \notin V_0\,. \end{cases}$$

Die Differentialgleichung für den ladungsfreien Raum bezeichnet man als die **Laplacegleichung**, deren allgemeine Lösung natürlich nicht $V(\boldsymbol{r}) = 0$ ist. Hat man die Differentialgleichung für die Potentialfunktion gelöst, so kann man die Komponenten des entsprechenden elektrischen Feldes durch Differentiation berechnen

$$\boldsymbol{E}(\boldsymbol{r}) = -\boldsymbol{\nabla} V(\boldsymbol{r})\,.$$

Die technischen Fragen, die somit anstehen, sind:

(a) Wie bestimmt man die allgemeine Lösung der Poisson- bzw. der Laplacegleichung?
(b) Wie wählt man eine spezielle Lösung dieser Differentialgleichungen aus?

Diese Fragen werden in den Kapiteln 3 und 4 beantwortet. Zuvor steht die Diskussion einiger weiterer Punkte an, die sich auf dem Weg zu der Aufstellung der grundlegenden Differentialgleichung der Elektrostatik ergeben haben.

(1) Die Integralform der zwei Grundgleichungen der Elektrostatik sollte etwas eingehender betrachtet werden (Kap. 2.2).
(2) Man sollte über Distributionen und deren Verwendung in der Elektrostatik sprechen, um die Aufstellung der Grundgleichung(en) zu vervollständigen (Kap. 2.3).
(3) Der Potentialbegriff der Elektrostatik sollte unabhängig von dem Auftreten in der Poissongleichung eingehender diskutiert werden (Kap. 2.4).

2.2 Weitere Verwertung der Integralform

In diesem Abschnitt sind insbesondere Aussagen über die Feldverteilung in leitenden Materialien von Interesse. Zu diesem Zweck betrachtet man die folgende Situation: Aus einer beliebigen Fläche F, die mit der Oberflächenladung $\sigma(\boldsymbol{r})$ belegt ist, wird ein infinitesimales Flächenstück herausgegriffen. Durch dieses Flächenstück wird (wie in Abb. 2.2a angedeutet) eine infinitesimale 'Gaußdose' gelegt. Ist diese infinitesimale Gaußdose (GD) die Begrenzung eines Flussintegrals, so kann man die Zerlegung angeben (Abb. 2.2b)

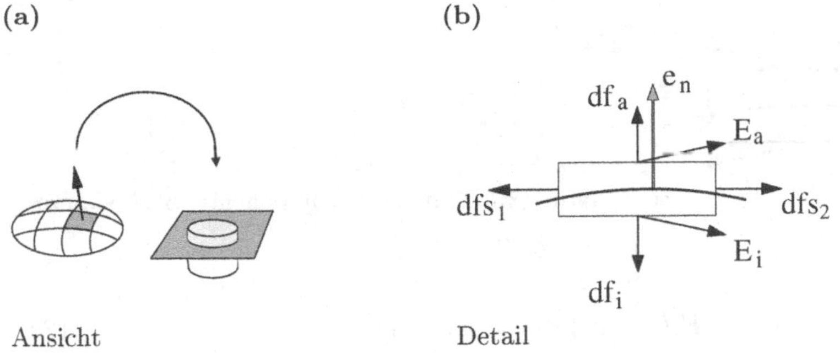

Abb. 2.2. Normalkomponenten: Gaußdose

$$\oiint_{\mathrm{GD}} \boldsymbol{E} \cdot \mathbf{d}\boldsymbol{f} \approx \boldsymbol{E}(\boldsymbol{r}_a) \cdot \mathbf{d}\boldsymbol{f}_a + \boldsymbol{E}(\boldsymbol{r}_i) \cdot \mathbf{d}\boldsymbol{f}_i + \iint_{\mathrm{S}} \boldsymbol{E} \cdot \mathbf{d}\boldsymbol{f} \,.$$

Der Beitrag der Seitenflächen S kann beliebig klein gemacht werden, indem man eine beliebig flache Dose wählt. Für eine infinitesimale, infinitesimal flache Gaußdose verbleibt also

$$\oiint_{\mathrm{GD}} \boldsymbol{E} \cdot \mathbf{d}\boldsymbol{f} \approx \boldsymbol{E}(\boldsymbol{r}_a) \cdot \mathbf{d}\boldsymbol{f}_a + \boldsymbol{E}(\boldsymbol{r}_i) \cdot \mathbf{d}\boldsymbol{f}_i \,.$$

Für die beiden Deckelflächen gilt die Aussage

$$\mathbf{d}\boldsymbol{f}_a = \mathrm{d}f\, \boldsymbol{e}_{\mathrm{n}} \qquad \mathbf{d}\boldsymbol{f}_i = -\mathrm{d}f\, \boldsymbol{e}_{\mathrm{n}} \;,$$

wobei $\boldsymbol{e}_{\mathrm{n}}$ den Vektor der Flächennormalen darstellt. Ist die Fläche F die Oberfläche eines Volumens V, also eine geschlossene Fläche, so zeigt der Normalenvektor gemäß Definition nach außen. Ist dies nicht der Fall, so muss die Flächennormale explizit definiert werden, z.B. über den Umlaufsinn der Randkurve und die Rechte Handregel. Das Integral über die Gaußdose kann somit in der Form

$$\oiint_{\mathrm{GD}} \boldsymbol{E} \cdot \mathbf{d}\boldsymbol{f} = (\boldsymbol{E}(\boldsymbol{r}_a) - \boldsymbol{E}(\boldsymbol{r}_i)) \cdot \boldsymbol{e}_{\mathrm{n}}\, \mathrm{d}f$$

geschrieben werden. Für die eingeschlossene Ladung gilt mit der gleichen Näherung wie für das Flussintegral

$$Q_{\mathrm{ein}} = \iint \sigma(\boldsymbol{r})\, \mathrm{d}f \approx \sigma(\boldsymbol{r})\, \mathrm{d}f \,.$$

Aus dem Theorem von Gauß in (2.2) folgt demnach

$$(\boldsymbol{E}(\boldsymbol{r}_a) - \boldsymbol{E}(\boldsymbol{r}_i)) \cdot \boldsymbol{e}_{\mathrm{n}} = 4\pi\, k_e\, \sigma$$

bzw. etwas genauer

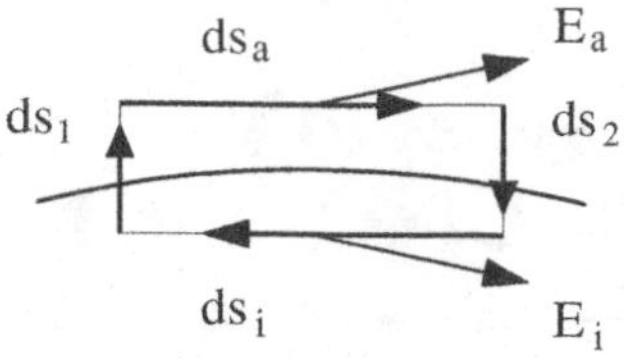

Abb. 2.3. Tangentialkomponente: Stokeskurve

$$\lim_{\varepsilon \to 0} \left(\boldsymbol{E}_a(\boldsymbol{r}+\boldsymbol{\varepsilon}) - \boldsymbol{E}_i(\boldsymbol{r}-\boldsymbol{\varepsilon}) \right) \cdot \boldsymbol{e}_\mathrm{n} = 4\pi\, k_e\, \sigma(\boldsymbol{r}) \,, \tag{2.6}$$

wobei man sich einem Punkt der Trennfläche von beiden Seiten nähert. Das Feld $\boldsymbol{E}_a$ stellt das Feld auf der Außenseite der Trennfläche dar, die durch die Flächennormale gekennzeichnet wird. Das Feld $\boldsymbol{E}_i$ ist das Feld auf der Innenseite. Das Skalarprodukt $\pm \boldsymbol{E}_i \cdot \boldsymbol{e}_\mathrm{n}$ definiert die Normalkomponente des elektrischen Feldes in dem jeweiligen Gebiet. Man schreibt deswegen auch

$$\left(\boldsymbol{E}_{\mathrm{a,n}}(\boldsymbol{r}) - \boldsymbol{E}_{\mathrm{i,n}}(\boldsymbol{r}) \right) = 4\pi\, k_e\, \sigma(\boldsymbol{r}) \,. \tag{2.7}$$

Beim Durchgang durch eine geladene Fläche ist die **Normalkomponente des elektrischen Feldes** nicht stetig. Sie macht einen Sprung von der Größe $4\pi\, k_e\, \sigma(\boldsymbol{r})$ an der Durchgangsstelle.

Um eine Aussage über das Verhalten der Tangentialkomponente zu gewinnen, kann man die zweite Grundgleichung in (2.2) heranziehen. Um die Ladungsschicht legt man, wie in Abb. 2.3 angedeutet, eine infinitesimale 'Stokeskurve'. Es gilt dann

$$\oint_{\mathrm{SK}} \boldsymbol{E} \cdot \mathbf{d}\boldsymbol{s} = \boldsymbol{E}(\boldsymbol{r}_a) \cdot \mathbf{d}\boldsymbol{s}_a + \boldsymbol{E}(\boldsymbol{r}_i) \cdot \mathbf{d}\boldsymbol{s}_i + \boldsymbol{E}_{\mathrm{S1}} \cdot \mathbf{d}\boldsymbol{s}_1 + \boldsymbol{E}_{\mathrm{S2}} \cdot \mathbf{d}\boldsymbol{s}_2 \,.$$

Die Seitenbeiträge können wieder beliebig klein gemacht werden, indem man die Schleife beliebig flach wählt. Die Beiträge in der Tangentialrichtung sind

$$\boldsymbol{E}(\boldsymbol{r}_a) \cdot \mathbf{d}\boldsymbol{s}_a + \boldsymbol{E}(\boldsymbol{r}_i) \cdot \mathbf{d}\boldsymbol{s}_i \approx \left(\boldsymbol{E}(\boldsymbol{r}_a) - \boldsymbol{E}(\boldsymbol{r}_i) \right) \cdot \boldsymbol{e}_\mathrm{t}\, \mathrm{d}s \,.$$

Da das Kurvenintegral immer verschwindet, folgt

$$\left(\boldsymbol{E}(\boldsymbol{r}_a) - \boldsymbol{E}(\boldsymbol{r}_i) \right) \cdot \boldsymbol{e}_\mathrm{t} = 0$$

bzw. präziser

$$\lim_{\varepsilon \to 0} \left(\boldsymbol{E}_{a,\mathrm{t}}(\boldsymbol{r}+\boldsymbol{\varepsilon}) - \boldsymbol{E}_{i,\mathrm{t}}(\boldsymbol{r}-\boldsymbol{\varepsilon}) \right) = \boldsymbol{E}_{a,\mathrm{t}}(\boldsymbol{r}) - \boldsymbol{E}_{i,\mathrm{t}}(\boldsymbol{r}) = 0 \,. \tag{2.8}$$

Die **Tangentialkomponenten des elektrischen Feldes** sind bei dem Durchgang durch geladene Flächen stetig.

Diese Aussagen entsprechen genau dem Resultat, das für das Beispiel des idealen Kugelkondensators (S. 31ff) gefunden wurde. In diesem Beispiel sind die Tangentialkomponenten auf beiden Seiten der mit einer Flächenladung belegten Kugelschale gleich Null

$$\boldsymbol{E}_{a,\mathrm{t}}(\boldsymbol{r}) = \boldsymbol{E}_{i,\mathrm{t}}(\boldsymbol{r}) = 0 \,,$$

die Normalkomponenten (Radialkomponenten) machen jeweils einen Sprung

$$\boldsymbol{E}_{a,\mathrm{n}}(\boldsymbol{r}) - \boldsymbol{E}_{i,\mathrm{n}}(\boldsymbol{r}) = 4\pi\, k_e\, \sigma(\boldsymbol{r}) \ .$$

Anhand der allgemeinen Aussagen (2.6) und (2.8) kann man eine explizite Vorstellung von der Feldverteilung in Leitern gewinnen.

2.2.1 Die Feldverteilung in Leitern

In Leitern ist ein bestimmter Prozentsatz der Elektronen zwischen den positiven Ionenrümpfen des Materials frei beweglich. Betrachtet man z.B. ein Metallstück, dessen Gesamtladung Null ist, so zeigt eine kurze Überlegung, dass sich im Innern die Ladungen so verteilen müssen, dass (im Mittel) für jedes Volumenelement die eingeschlossene Gesamtladung gleich Null ist (Abb. 2.4a). Wäre dies nicht der Fall, so gäbe es nach dem Gaußtheorem im Innern des Leiters ein elektrisches Feld. Dieses würde nach der Kraftformel $\boldsymbol{F} = -e_0\boldsymbol{E}$ eine Kraft auf die freien Ladungsträger ausüben und somit eine Verschiebung der Ladungen bewirken. Die Verschiebung würde so lange anhalten, bis das Feld und damit die Kraftwirkung verschwindet. Im Innern des ungeladenen Leiters ist also immer

$$\boldsymbol{E}_{\mathrm{innen}}(\boldsymbol{r}) = \boldsymbol{0} \qquad \text{(im Mittel)} \ .$$

Man bringt nun eine zusätzliche Ladungsmenge auf den Leiter (Abb. 2.4b). Für eine Gaußfläche im Innern gilt wiederum die Aussage: Ist die eingeschlossene Ladung ungleich Null, so besteht die Möglichkeit der Verschiebung der freien Ladungsträger. Die Gleichgewichtssituation, die sich einstellt, muss auch für geladene Leiter durch $\boldsymbol{E}_{\mathrm{innen}}(\boldsymbol{r}) = \boldsymbol{0}$ charakterisiert werden. Für die zusätzlichen Ladungen gibt es demnach nur eine mögliche Verteilung: Sie sitzen als Ladungsschicht an der Oberfläche des Metallkörpers, die (im Sinne einer gemittelten Betrachtung) die Stärke einiger atomarer Durchmesser haben kann. Ist die Ladung negativ, so befinden sich zusätzliche Elektronen in der Oberflächenschicht. Bei einer positiven Ladung fehlen Elektronen in dieser Schicht.

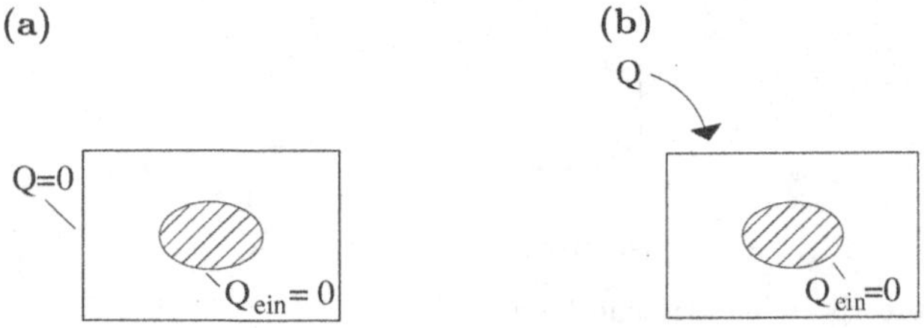

Abb. 2.4. Zur Ladungsverteilung in Leitern

Der Kern dieser Argumentation ist die Anwesenheit von frei beweglichen Ladungsträgern. Die freie Beweglichkeit führt zu der feldfreien (und energetisch optimalen) Gleichgewichtssituation.

Kombiniert man diese Vorstellung mit den Aussagen über das Verhalten von elektrischen Feldern bei dem Durchgang durch Ladungsschichten, so kann man sagen: Für Leiter gilt hier[1]

im Innenraum	an der Oberfläche
$E_\text{n} = 0$	$E_\text{n} = 4\pi\, k_e\, \sigma$
$E_\text{t} = 0$	$E_\text{t} = 0\,.$

Der elektrische Feldvektor (anschaulich die elektrischen Feldlinien) stehen immer senkrecht auf der Leiterfläche. Die Gesamtladung eines Leiters berechnet sich gemäß

$$Q = \oint\!\!\!\oint_{\text{F(Leiter)}} \sigma(\boldsymbol{r})\, \mathrm{d}f\ .$$

Zur Illustration der Situation kann man die Felder einer Metallkugel und einer dielektrischen Kugel (Isolator) bei gleicher Gesamtladung und bei gleichem Radius vergleichen (Abb. 2.5). Die Metallkugel trägt eine Oberflächenladung, die dielektrische Kugel, in der keine frei beweglichen Ladungen vorhanden sind, eine Raumladungsverteilung. Infolge der Symmetrie ist (für ein ideales Material) die Verteilung in beiden Fällen homogen. Das Innenfeld ist verschieden, von außen kann man anhand des elektrischen Feldes die beiden verschiedenen Materialien/Situationen nicht unterscheiden.

Ein weiteres Phänomen, dass infolge der frei beweglichen Ladungsträger auftreten kann, ist die (vollständige) Influenz. Für einfache Situationen kann man die Influenz anhand des Gaußtheorems erläutern, so z.B. für die folgende Variante des Kugelkondensators.

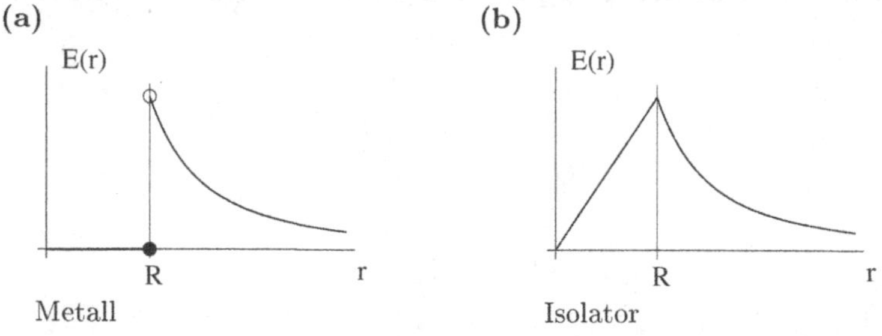

Abb. 2.5. Das kugelsymmetrische elektrische Feld

[1] Die Oberflächennormale ist nach außen orientiert.

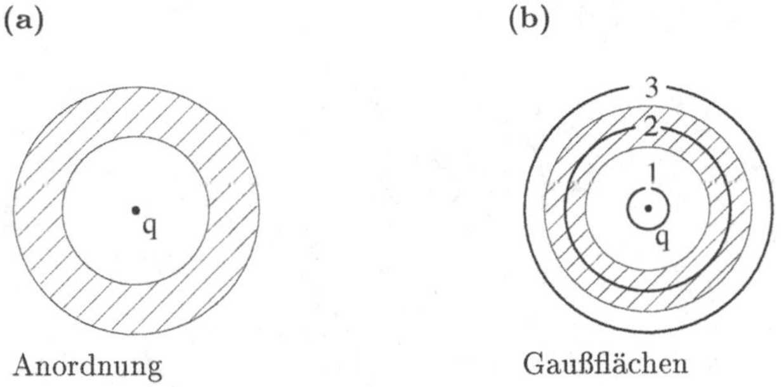

Abb. 2.6. Eine Punktladung in einer metallenen Hohlkugel

In der Mitte einer ungeladenen Hohlkugel aus Metall (Abb. 2.6a) bringt man (ungeachtet der technischen Schwierigkeiten) eine Punktladung $q > 0$ an. Zur Diskussion der Feldsituation betrachtet man drei kugelförmige Gaußflächen: (1) im Innenraum, (2) in dem Metallkörper, (3) im Außenraum (Abb. 2.6b). Für die Gaußfläche (1) gilt:

$$\oiint \boldsymbol{E} \cdot \mathbf{d}\boldsymbol{f} = 4\pi k_e q$$

und somit

$$\boldsymbol{E}(\boldsymbol{r}) = k_e \frac{q}{r^2} \boldsymbol{e}_\mathrm{r} \,.$$

Die Gaußfläche (2) liegt im Innern des Metallkörpers. In diesem hat der Betrag des elektrischen Feldes den Wert Null. Daraus folgt dann

$$Q_\mathrm{ein} = \frac{1}{4\pi k_e} \oiint_\mathrm{Kugel} \boldsymbol{E} \cdot \mathbf{d}\boldsymbol{f} = 0 \,.$$

Die eingeschlossene Ladung muss gleich Null sein. Dies ist nur möglich, wenn die Innenseite des Metallkörpers mit der Ladung $-q$ (als Oberflächenladung) belegt ist. Wegen der Symmetrie (verschwindende Tangentialkomponente !) erwartet man eine gleichförmige Verteilung der Ladung. Da der Metallkörper als Ganzes ungeladen war (und da dem Körper keine Ladung zugeführt wurde), muss auf der Außenseite die Ladung $+q$ verteilt sein (Abb. 2.7a). Die Anwesenheit der Punktladung bewirkt also eine Ladungstrennung in der Metallschale. Diesen Effekt bezeichnet man als **Influenz**. Die (homogene) Flächenladungsdichte auf der Außenseite ist dem Betrag nach kleiner als auf der Innenseite

$$|\sigma_i| = \frac{|q|}{4\pi R_i^2} > |\sigma_a| = \frac{|q|}{4\pi R_a^2} \,,$$

da der Außenradius R_a größer ist als der Innenradius R_i.

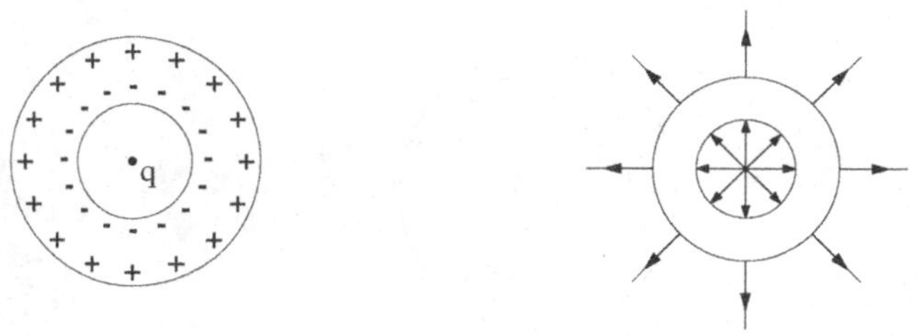

Abb. 2.7. Eine Punktladung in einer metallenen Hohlkugel

Für die Gaußfläche (3) gilt wieder

$$\oiint \boldsymbol{E} \cdot \mathbf{d}\boldsymbol{f} = 4\pi k_e q \ ,$$

somit ist das Feld im Außenraum

$$\boldsymbol{E}(\boldsymbol{r}) = k_e \, \frac{q}{r^2} \boldsymbol{e}_{\mathrm{r}} \ .$$

Anhand des Feldlinienbildes kann man die Situation wie folgt beschreiben. Die Feldlinien beginnen auf der Punktladung $q > 0$ und enden auf den inneren Influenzladungen, die kugelsymmetrisch verteilt sind. Das Innere des Metalles ist feldfrei. Das Außenfeld beginnt auf den äußeren Influenzladungen (Abb. 2.7b). Von außen gesehen kann man nicht unterscheiden, ob die Gesamtladung q auf einer metallenen Vollkugel verteilt ist, oder ob eine Punktladung q in der Mitte einer (zunächst ungeladenen) Hohlkugel sitzt.

Eine entsprechende Ladungstrennung tritt immer auf, wenn eine Ladung in die Nähe eines Metallobjektes gelangt, so z.B. Ladung plus Metallkugel oder Ladung plus leitende Platte. In diesen Fällen ist die Verteilung der Influenzladung nicht gleichförmig (Abb. 2.8). Aus diesem Grund ist es schwieriger, mit dem Gaußtheorem zu argumentieren. Es ist notwendig, zur Diskussion solcher Probleme die volle mathematische Maschinerie der Elektrostatik zu bemühen (siehe Kap. 3 und 4).

Zu erwähnen ist noch die Tatsache, dass Influenz in gewissem Maße auch bei Isolatoren auftritt (siehe Kap. 4.5). In diesem Fall handelt es sich jedoch um eine **Polarisation** der Atom- oder Molekülverbände und nicht um

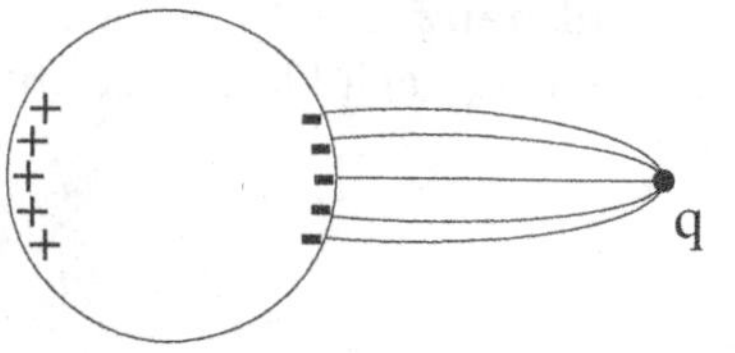

Abb. 2.8. Influenz: Allgemeinere Situation

die Verschiebung von frei beweglichen Elektronen. Der Effekt ist deswegen weniger drastisch.

Die besprochene Feldverteilung in Metallen führt durchaus zu praktischen Anwendungen, von denen noch zwei Beispiele angedeutet werden sollen.

(1) Der **Faradaykäfig**. Bringt man ein Metallstück in einen felderfüllten Raum, so bilden sich an der Oberfläche Influenzschichten aus. Der Innenraum bleibt feldfrei. An dieser Aussage ändert sich nichts, wenn man das Innere des Metallstückes herausschneidet, also einen Metallkäfig betrachtet (Abb. 2.9a). Der Innenraum wird von dem Feld abgeschirmt. Genau aus diesem Grund schützt man elektronische Apparaturen, die durch Streufelder beeinflusst werden könnten, mittels solcher Faradaykäfige. Ein solcher feldfreier Käfig ist auch ein guter Schutz gegen Blitzschlag, wenn auch etwas umständlich zu handhaben.

(2) Das **Plimpton-Lawton-Experiment** zur Überprüfung des $1/r^2$ Gesetzes[2]. Die Apparatur besteht im Wesentlichen aus zwei konzentrischen Kugelschalen aus Metall, die durch ein Leitungsstück mit einem empfindlichen Galvanometer verbunden sind (Abb. 2.9b). Wenn die Außenkugel be- oder entladen wird, sollte sich gemäß den obigen Überlegungen der Umladeprozess nur auf der Außenfläche abspielen. Durch die Verbindung der Kugelschalen darf kein Strom fließen. Da die obigen Überlegungen auf der Gültigkeit des Gaußgesetzes und somit auf der Gültigkeit des $1/r^2$ Gesetzes für Punktladungen basieren, ist die, in dem Versuch beobachtete, Abwesenheit des Stromflusses eine indirekte Bestätigung des Coulombgesetzes. Aus der Sensitivität des Galvanometers ergibt sich die schon zitierte Genauigkeit des Exponenten α in dem Potenzgesetz $1/r^{\alpha}$.

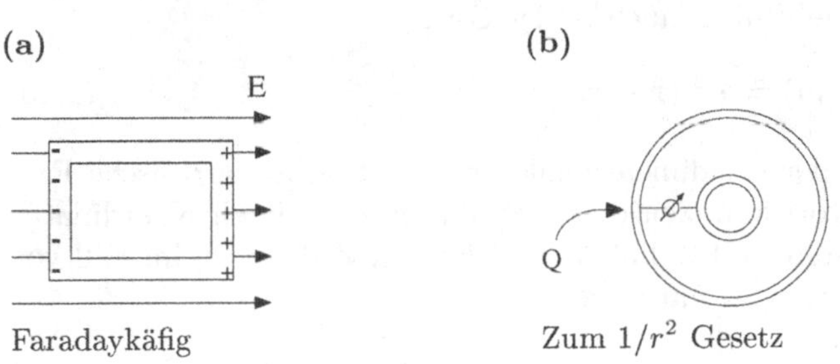

Abb. 2.9. Praktische Aspekte zur Feldverteilung in Metallen

Für eine weitergehende Diskussion der Elektrostatik muss man sich auf die Poissongleichung stützen. Trotzdem ist es nützlich, die einfacheren Überlegungen dieses Abschnitts im Auge zu behalten, da sie die Anschauung und das Verständnis fördern.

[2] Veröffentlicht in Physical Review, Vol. 50 (1936) S. 1066.

Um die Poissongleichung für alle Situationen von Interesse zu formulieren, ist eine Diskussion der Theorie der Distributionen notwendig. Die Grundaussagen dieser Theorie werden in Math.Kap. 1 vorgestellt. Die Ausführungen in dem folgenden Abschnitt nehmen auf diese Ergänzung Bezug.

2.3 Distributionen und Ladungsdichten

Im dreidimensionalen Raum kann man die Ladungsdichte einer Punktladung q an der Stelle $\boldsymbol{r}_i$ durch ein Produkt von drei Deltafunktionen (Math.Kap. 1) darstellen

$$\rho_{\mathrm{P}}(\boldsymbol{r},\, \boldsymbol{r}_i) = q\,\delta(x - x_i)\,\delta(y - y_i)\,\delta(z - z_i)\ . \tag{2.9}$$

Diese Darstellung hat die geforderten Eigenschaften. Die Distribution beschreibt eine streng lokalisierte Ladung

$$\rho_{\mathrm{P}}(\boldsymbol{r},\, \boldsymbol{r}_i) = 0 \qquad \text{für} \quad \boldsymbol{r} \neq \boldsymbol{r}_i\ .$$

Das Volumenintegral über die Ladungsdichte ergibt die Punktladung, falls diese in dem Volumen eingeschlossen ist

$$\begin{aligned}\iiint_{\mathrm{V}} \rho_{\mathrm{P}}(\boldsymbol{r},\, \boldsymbol{r}_i)\,\mathrm{d}V &= q \int \delta(x - x_i)\,\mathrm{d}x \int \delta(y - y_i)\,\mathrm{d}y \int \delta(z - z_i)\,\mathrm{d}z \\ &= \begin{cases} q & \text{falls } q \text{ in } V \\ 0 & \text{falls } q \text{ nicht in } V\ . \end{cases}\end{aligned}$$

Das Produkt aus drei δ-Funktionen bezeichnet man als die dreidimensionale δ-Funktion. Man schreibt diese auch in der Form

$$\frac{\rho_{\mathrm{P}}(\boldsymbol{r},\, \boldsymbol{r}_i)}{q} = \delta(\boldsymbol{r} - \boldsymbol{r}_i) = \delta^{(3)}(\boldsymbol{r} - \boldsymbol{r}_i)\ . \tag{2.10}$$

Neben der Zerlegung der dreidimensionalen δ-Funktion in kartesische Faktoren, kann man Faktorisierungen dieser Funktion in anderen Koordinaten angeben. Die wichtigsten sind Zylinder- und Kugelkoordinaten. Im Fall von Zylinderkoordinaten $(\varrho,\, \varphi,\, z)$ hat man

$$\delta(\boldsymbol{r} - \boldsymbol{r}_i) = \frac{1}{\varrho}\,\delta(\varrho - \varrho_i)\,\delta(\varphi - \varphi_i)\,\delta(z - z_i)\ . \tag{2.11}$$

Die Begründung dieser Faktorisierung ist einfach. Nur für diese Faktorisierung folgt

$$\begin{aligned}\iiint \delta(\boldsymbol{r} - \boldsymbol{r}_i)\,\mathrm{d}V &= \int_0^\infty \frac{1}{\varrho}\,\delta(\varrho - \varrho_i)\varrho\,\mathrm{d}\varrho \int_0^{2\pi} \delta(\varphi - \varphi_i)\mathrm{d}\varphi \int_{-\infty}^{\infty} \delta(z - z_i)\mathrm{d}z \\ &= 1\ .\end{aligned}$$

Für Kugelkoordinaten $(r,\, \theta,\, \varphi)$ ist das infinitesimale Volumenelement

$$\mathrm{d}V = r^2 \mathrm{d}r \, \sin\theta \, \mathrm{d}\theta \, \mathrm{d}\varphi$$

oder auch

$$\mathrm{d}V = r^2 \mathrm{d}r \, \mathrm{d}\cos\theta \, \mathrm{d}\varphi \, .$$

Dies bedingt die möglichen Zerlegungen

$$\delta(\boldsymbol{r} - \boldsymbol{r}_i) = \frac{1}{r^2 \sin\theta} \delta(r - r_i) \, \delta(\theta - \theta_i) \, \delta(\varphi - \varphi_i) \tag{2.12}$$

oder

$$\delta(\boldsymbol{r} - \boldsymbol{r}_i) = \frac{1}{r^2} \delta(r - r_i) \, \delta(\cos\theta - \cos\theta_i) \, \delta(\varphi - \varphi_i) \, . \tag{2.13}$$

Sowohl Oberflächenladungen als auch lineare Ladungsverteilungen können, falls erwünscht, mit der Hilfe von δ-Funktionen beschrieben werden. So lautet z.B. der Ausdruck für eine beliebige Flächenladungsdichte auf einer Kugel mit dem Radius R um den Koordinatenursprung

$$\rho_{\text{Kugelfl.}}(\boldsymbol{r}) = \sigma(r, \, \theta, \, \varphi) \, \delta(r - R) \, .$$

Durch die (eindimensionale) δ-Funktion wird die Aussage auf die Kugelfläche beschränkt. Für die Gesamtladung erhält man

$$Q_{\text{Kugelfl.}} = \iiint \rho_{\text{Kugelfl.}}(\boldsymbol{r}) \, \mathrm{d}V = R^2 \iint \mathrm{d}\Omega \, \sigma(R, \, \theta, \, \varphi) \, .$$

Ist die Ladungsverteilung homogen $\sigma = \sigma_0$, so folgt direkt das alte Resultat

$$Q_{\text{Kugelfl.}} = 4\pi \, R^2 \, \sigma_0 \, .$$

Eine homogen geladene Ebene durch die x-Achse würde man in der Form beschreiben (Abb. 2.10a)

$$\rho_{\mathrm{E}}(\boldsymbol{r}) = \sigma_0 \, \delta(z - y \tan\alpha) \, .$$

Derartige Darstellungen von Oberflächenladungen werden im Allgemeinen jedoch nicht benötigt. Bei der Diskussion der Poissongleichung werden Oberflächenladungen (die meist nicht bekannt sind, sondern sich z.B. aufgrund einer vorgegebenen Verteilungen von Punkt- und/oder Raumladungen bei der Anwesenheit von Metallflächen durch Influenz einstellen) mittels der Vorgabe von Randbedingungen behandelt.

Auch lineare Ladungsverteilungen sind mit Hilfe von δ-Funktionen als Raumladungsverteilungen darstellbar. Ein Beispiel ist der geladene Ring (Radius R) in der x-y Ebene (Abb. 2.10b). Benutzt man Zylinderkoordinaten, die sich aufgrund der Symmetrie anbieten, so würde man schreiben

$$\rho_{\text{Ring}}(\boldsymbol{r}) = \lambda(\varphi) \, \delta(r - R) \, \delta(z) \, .$$

Dabei ist $\lambda(\varphi)$ eine beliebige lineare Ladungsverteilung auf dem Ring, die Distribution $\delta(r - R)$ beschreibt einen Zylindermantel um die z-Achse, der von der x-y Ebene, dargestellt durch $\delta(z)$, geschnitten wird. Für die Gesamtladung erhält man dann

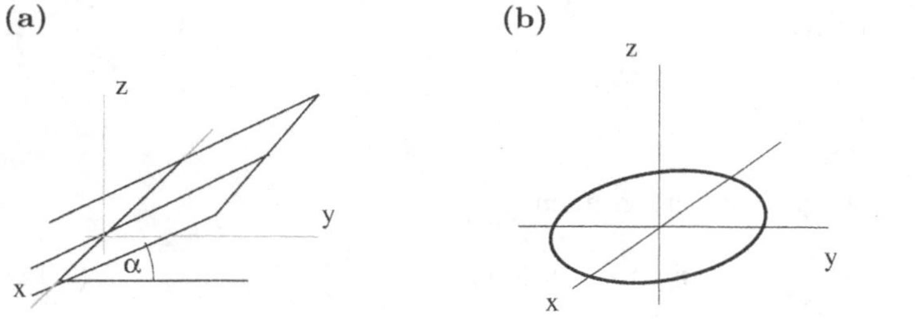

homogen geladene Ebene — homogen geladener Kreisring

Abb. 2.10. Definition von Ladungsverteilungen durch die δ-Funktion

$$
\begin{aligned}
Q_{\text{Ring}} &= \iiint \rho_{\text{Ring}}(\boldsymbol{r})\,\mathrm{d}V = \int_0^{2\pi} \lambda(\varphi)\,\mathrm{d}\varphi \int_0^{\infty} \delta(r-R)\,r\,\mathrm{d}r \int_{-\infty}^{\infty} \delta(z)\,\mathrm{d}z \\
&= R\int_0^{2\pi} \lambda(\varphi)\,\mathrm{d}\varphi\,.
\end{aligned}
$$

Für eine homogene Verteilung $\lambda(\varphi) = \lambda_0$ folgt

$$Q_{\text{Ring}} = 2\pi\, R\lambda_0\,.$$

Eine allgemeine Ladungsverteilung enthält die Beiträge

Raumladungen	$: \rho(\boldsymbol{r})$
Punktladungen	$: \rho_{\text{p}}(\boldsymbol{r}) = \sum_{i=1}^{N} q_i\,\delta(\boldsymbol{r}-\boldsymbol{r}_i)$
Oberflächenladungen	$: \rho_{\text{O}}(\boldsymbol{r}) = \sigma(\boldsymbol{r})\,\delta(\text{Geometrie})$
lineare Ladungen	$: \rho_{\text{lin}}(\boldsymbol{r}) = \lambda(\boldsymbol{r})\,\delta(\text{Geometrie 1})\,\delta(\text{Geometrie 2})\,.$

Geht man von der Integralform des Gaußtheorems aus, so erhält man für die Umschreibung in eine Differentialgleichung mit den gleichen Argumenten wie zuvor

$$\boldsymbol{\nabla}\cdot\boldsymbol{E}(\boldsymbol{r}) = 4\pi\,k_e\,[\rho(\boldsymbol{r}) + \rho_{\text{p}}(\boldsymbol{r}) + \rho_{\text{O}}(\boldsymbol{r}) + \rho_{\text{lin}}(\boldsymbol{r})]$$

bzw. wenn man anstelle des elektrischen Feldes das Potential benutzt

$$\Delta V(\boldsymbol{r}) = -4\pi\,k_e\,[\rho(\boldsymbol{r}) + \rho_{\text{p}}(\boldsymbol{r}) + \rho_{\text{O}}(\boldsymbol{r}) + \rho_{\text{lin}}(\boldsymbol{r})]\,.$$

Im Endeffekt wird diese allgemeine Form nicht benötigt. Lineare Ladungsdichten sind eher Fiktion denn Realität. Oberflächenladungen (die, wie schon gesagt, in den meisten Problemstellungen nicht a priori bekannt sind) werden durch die Vorgabe von Randbedingungen behandelt.

Das Potentialproblem der Elektrostatik besteht demnach in der Lösung der partiellen Differentialgleichung

$$\Delta V(\boldsymbol{r}) = -4\pi\,k_e\,(\rho(\boldsymbol{r}) + \rho_{\text{p}}(\boldsymbol{r})) \tag{2.14}$$

mit (noch zu diskutierenden) Randbedingungen.

Vor der Diskussion der Lösungsmethoden für diese Differentialgleichung in den verschiedenen Situationen (im Vakuum, bei der Anwesenheit von Leitern und/oder Dielektrika) steht noch eine kurze, eigenständige Auseinandersetzung mit dem Potentialbegriff an.

2.4 Das elektrische Potential

Die Aussage (2.4)

$$\boldsymbol{E}(\boldsymbol{r}) = -\boldsymbol{\nabla} V(\boldsymbol{r}) = -\operatorname{grad} V(\boldsymbol{r})$$

erlaubt die Berechnung der Feldfunktion für eine vorgegebene Potentialfunktion. Die Umkehrung dieser Relation wurde in Band 1, Math.Kap. 5.3.1 behandelt. Man berechnet die Potentialfunktion aus einer vorgegebenen Feldfunktion durch Kurvenintegration (Abb. 2.11)

$$V(\boldsymbol{r}) = -\int^{\boldsymbol{r}} \boldsymbol{E}(\boldsymbol{r}') \cdot \mathbf{d}\boldsymbol{s}' .$$

Das Integral ist wegunabhängig. Man kann also die Rechnung durch Wahl von geeigneten Wegen vereinfachen. Die untere Grenze (der Anfangspunkt des Weges) ist unbestimmt. Das bedeutet: Das Potential ist nur bis auf eine willkürliche Konstante festgelegt.

Es existieren somit zwei Möglichkeiten, die Modifikation des Raumes durch die Anwesenheit einer Punkt- (oder anderen) Ladung zu beschreiben. Man kann jedem Raumpunkt einen Vektor (drei Komponenten) oder eine skalare Größe (Zahl) zuordnen. Die zweite Option ist im Allgemeinen vorzuziehen. Das Vektorfeld, das durch Differentiation des Skalarfeldes berechnet werden kann, ist jedoch z.B. bei der Betrachtung von Kraftwirkungen auf andere Ladungen erforderlich

$$\boldsymbol{F}_{\text{auf q}'} = q' \boldsymbol{E}(\boldsymbol{r}) .$$

Das Potential ergibt (siehe Band 1, Kap 3.2.3.5) direkt die potentielle Energie einer Ladung q' in dem elektrischen Feld[3]

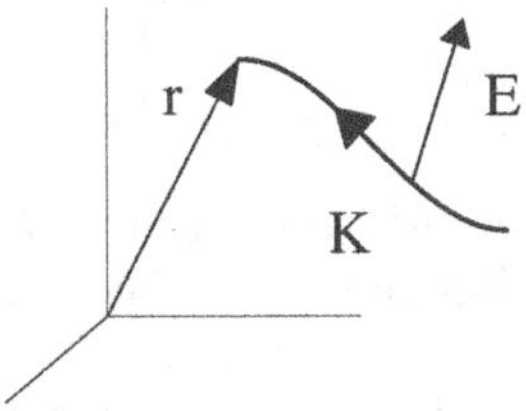

Abb. 2.11. Zur Definition des elektrischen Potentials

[3] Zur Unterscheidung von dem elektrischen Feld wird die potentielle Energie mit W (anstelle von E oder E_{pot}) bezeichnet.

$$W(\boldsymbol{r}) = q'V(\boldsymbol{r}) \qquad (\boldsymbol{F} = -\boldsymbol{\nabla} W)\,.$$

Aus der Definition des elektrostatischen Potentials als Kurvenintegral über das elektrische Feld ergeben sich die zugehörigen Maßeinheiten zu

$$[V] = [\text{Feld} \cdot \text{Länge}] = \left[\frac{\text{Kraft} \cdot \text{Länge}}{\text{Ladung}}\right] = \left[\frac{\text{Energie}}{\text{Ladung}}\right]\,.$$

Die Einheiten sind somit

$$\text{SI System} \qquad : [V] = \frac{\text{Joule}}{\text{Coulomb}} = \text{Volt}$$

$$\text{CGS System} \qquad : [V] = \frac{\text{erg}}{\text{statcoul}} = \text{statvolt}\,.$$

Für die Umrechnung zwischen den beiden Einheiten findet man wegen

$$1\,\text{Joule} = 10^7\,\text{erg} \quad \text{und} \quad 1\,\text{C} \approx 3 \cdot 10^9\,\text{statcoul}$$

die Aussage

$$1\ \text{Volt} = \frac{1}{300}\ \text{statvolt}\,,$$

bzw. genauer

$$1\ \text{Volt} = 3.33564... \cdot 10^{-3}\ \text{statvolt}\,.$$

Die deutsche Hausspannung beträgt demnach ungefähr 0.734 statvolt.

Die Antwort auf die Frage: „Wie berechnet man das Potential einer beliebigen, vorgegebenen Ladungsverteilung?“ stellt den Inhalt der folgenden zwei Kapitel dar. Für den Fall einer Punktladung (an der Stelle $\boldsymbol{r}_i$) kann man das Ergebnis direkt angeben. Man benutzt dazu die Relation

$$\boldsymbol{\nabla} \frac{1}{|\boldsymbol{r} - \boldsymbol{r}_i|} = -\frac{(\boldsymbol{r} - \boldsymbol{r}_i)}{|\boldsymbol{r} - \boldsymbol{r}_i|^3}$$

und kann somit für den Ansatz

$$V(\boldsymbol{r}) = \frac{k_e\, q}{|\boldsymbol{r} - \boldsymbol{r}_i|} + \text{const.}$$

das Punktladungsfeld

$$-\boldsymbol{\nabla} V(\boldsymbol{r}) = \frac{k_e\, q(\boldsymbol{r} - \boldsymbol{r}_i)}{|\boldsymbol{r} - \boldsymbol{r}_i|^3} = \boldsymbol{E}(\boldsymbol{r})$$

wieder gewinnen. Man erhält dieses Ergebnis für das Potential einer Punktladung auch durch Kurvenintegration, doch bringt diese Rechnung keine neuen Erkenntnisse.

Es ist üblich, die Konstante so festzulegen, dass das Potential asymptotisch verschwindet

$$V(\boldsymbol{r}) \xrightarrow{r \to \infty} 0\,,$$

d.h. man setzt const.= 0. Die Tatsache, dass man über die Konstante verfügen kann, zeigt sich auch im Experiment. Es spielen immer nur Potentialdifferenzen (sprich Spannungen) eine Rolle.

Für eine vorgegebene Verteilung von Punktladungen und Raumladungen (der Normalfall) folgt, falls keine influenzierbaren oder polarisierbaren Medien vorhanden sind, mit dem Superpositionsprinzip

$$V(\boldsymbol{r}) = k_e \sum_{i=1}^{N} \frac{q_i}{|\boldsymbol{r} - \boldsymbol{r}_i|} + k_e \iiint \rho(\boldsymbol{r}') \frac{1}{|\boldsymbol{r} - \boldsymbol{r}'|} \,\mathrm{d}V' \,. \tag{2.15}$$

Diese Formel ergibt über $-\boldsymbol{\nabla} V(\boldsymbol{r})$ genau den Ausdruck für das entsprechende elektrische Feld. Der Gradient wirkt auf die ungestrichenen Koordinaten und kann deswegen ohne (oder mit geringen[4]) Bedenken unter das Integralzeichen in dem zweiten Term gezogen werden. Sollten tatsächliche Flächenladungen oder lineare Ladungen vorgegeben sein (und nicht anhand der Problemstellung zu berechnen), so könnte die Formel um

$$\ldots + k_e \iint \sigma(\boldsymbol{r}') \frac{\mathrm{d}f'}{|\boldsymbol{r} - \boldsymbol{r}'|} + k_e \int \lambda(\boldsymbol{r}') \frac{\mathrm{d}s'}{|\boldsymbol{r} - \boldsymbol{r}'|}$$

erweitert werden.

Die Berechnung der Potentialfunktion ist im Allgemeinen einfacher als die Berechnung des elektrischen Feldes, da die auftretenden Integrale einfacher zu handhaben sind. Außerdem ist nur ein Integral anstelle von drei Integralen zu berechnen. Aus diesem Grund ist ein Standardmuster für die Feldberechnung

(i) Bestimme die Potentialfunktion (für die oben angegebene, einfache Situation durch direkte Integration, sonst durch Lösung der Poissongleichung).

(ii) Berechne das elektrische Feld durch Differentiation der Potentialfunktion

$$\boldsymbol{E}(\boldsymbol{r}) = -\boldsymbol{\nabla} V(\boldsymbol{r}) \,.$$

Einige Beispiele sollen die Auswertung der Potentialformel (und die anschließende Berechnung des elektrischen Feldes) illustrieren.

Das erste Beispiel ist noch einmal eine kurze Betrachtung des Punktdipols (Abb. 2.12a), mit Ladungen $\pm q$ ($q > 0$) an den Stellen $\boldsymbol{r} = (0, 0, \pm a)$ aus der Sicht der Potentialbeschreibung. Mit den Abstandsformeln

$$r_+ = \left[x^2 + y^2 + (z - a)^2\right]^{1/2}$$
$$r_- = \left[x^2 + y^2 + (z + a)^2\right]^{1/2}$$

erhält man für das Potential

$$V(x, y, z) = \frac{k_e q}{r_+} - \frac{k_e q}{r_-} = k_e q \left(\frac{r_- - r_+}{r_+ r_-} \right) \,.$$

Diese Funktion von x, y und z ist auch nicht sonderlich einfach, doch ist die Potentialfunktion für die Diskussion von Details wesentlich handlicher als die Feldfunktionen.

[4] Es werden zwei Grenzprozesse vertauscht.

(i) Man kann die Äquipotentialflächen angeben

$$\frac{r_-(x,\,y,\,z) - r_+(x,\,y,\,z)}{r_+(x,\,y,\,z)r_-(x,\,y,\,z)} = \text{const.}$$

Diese implizite Vorgabe bestimmt die Flächen, auf denen das Potential einen konstanten Wert hat. Die Relation $\boldsymbol{E} = -\boldsymbol{\nabla} V$ sagt aus, dass die Feldvektoren (bzw. die Feldlinien) senkrecht auf den Äquipotentialflächen stehen.

Die Schar von Äquipotentialflächen des Punktdipols kann man folgendermaßen charakterisieren. Als Schnitt mit der x - z Ebene sind die Äquipotentiallinien die x -Achse, sowie geschlossene kreisähnliche Kurven um die Ladungen (bessere Kreise je näher man bei den Ladungen ist). Die eigentlichen Flächen ergeben sich durch Drehung dieses Bildes um die z -Achse (Abb. 2.12b). Anhand dieses Bildes kann man den schon angegebenen Feldlinienverlauf rekonstruieren.

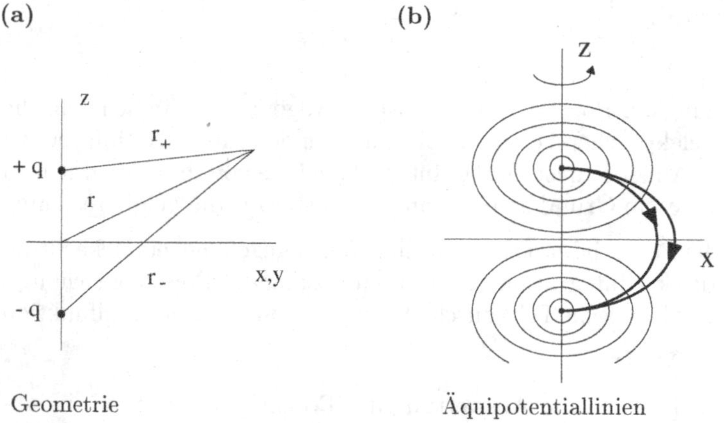

Abb. 2.12. Ein zweiter Blick auf den elektrischen Dipol

(ii) Zur Diskussion des Grenzfalles $r^2 = x^2 + y^2 + z^2 \gg a^2$ entwickelt man die Abstandsfunktionen

$$r_+ \approx \left[x^2 + y^2 + z^2 - 2az\right]^{1/2} = r\left[1 - \frac{2az}{r^2}\right]^{1/2} \approx r - \frac{az}{r} + \ldots$$

$$r_- \approx r\left[1 + \frac{2az}{r^2}\right]^{1/2} \approx r + \frac{az}{r} + \ldots .$$

Damit erhält man für die Differenz und das Produkt die Näherung

$$r_- - r_+ \approx \frac{2az}{r} + O\left(\frac{a^2}{r^2}\right) \approx 2a\cos\theta$$

$$r_+r_- \approx r^2 + O\left(\frac{a^2}{r^2}\right) \approx r^2 \; ,$$

bzw. für das Potential selbst

$$V(\boldsymbol{r}) \xrightarrow{r \gg a} \frac{2k_e aq\cos\theta}{r^2} = k_e \frac{p\,z}{r^3} \; .$$

Definiert man das vektorielle Dipolmoment

$$\boldsymbol{p} = (0,\, 0,\, 2aq)$$

für das gewählte Koordinatensystem (der Vektor zeigt von der Ladung $-q$ zu der Ladung $+q$), so kann man dieses Ergebnis auch in der Form schreiben

$$V(\boldsymbol{r}) \xrightarrow{r \gg a} k_e \frac{\boldsymbol{p} \cdot \boldsymbol{r}}{r^3} \; . \tag{2.16}$$

Die Darstellung mit einem Skalarprodukt ist unabhängig von dem gewählten Koordinatensystem. Sie gilt für jede Orientierung des Dipols.

(iii) Zur Feldberechnung bildet man den Gradienten. Eine entsprechende Rechnung für den Fall $r \gg a$ soll kurz angedeutet werden. Benutzt man die Zerlegung des Gradientenoperators in kartesische Koordinaten

$$\boldsymbol{\nabla} = \boldsymbol{e}_{\mathrm{x}}\partial_{\mathrm{x}} + \boldsymbol{e}_{\mathrm{y}}\partial_{\mathrm{y}} + \boldsymbol{e}_{\mathrm{z}}\partial_{\mathrm{z}} \; ,$$

so ist das Ergebnis

$$E_{\mathrm{x}} = -\frac{\partial V}{\partial x} = \frac{3k_e pxz}{r^5} \; , \qquad E_{\mathrm{y}} = -\frac{\partial V}{\partial y} = \frac{3k_e pyz}{r^5} \; ,$$

$$E_{\mathrm{z}} = -\frac{\partial V}{\partial z} = \frac{k_e p(2z^2 - x^2 - y^2)}{r^5} \; .$$

Ein Blick auf die Potentialfunktion zeigt jedoch, dass die Diskussion in Kugelkoordinaten übersichtlicher ist[5]. In Kugelkoordinaten mit der Zerlegung

$$\boldsymbol{\nabla} = \boldsymbol{e}_r \frac{\partial}{\partial r} + \boldsymbol{e}_\theta \frac{1}{r}\frac{\partial}{\partial \theta} + \boldsymbol{e}_\varphi \frac{1}{r\sin\theta}\frac{\partial}{\partial \varphi}$$

erhält man für die Komponenten des Dipolfernfeldes ($r \gg a$)

$$E_{\mathrm{r}} = -\frac{\partial}{\partial r}V = -\frac{\partial}{\partial r}\frac{kp\cos\theta}{r^2} = +2k_e p\frac{\cos\theta}{r^3}$$

$$E_\theta = -\frac{1}{r}\frac{\partial V}{\partial \theta} = +k_e p\frac{\sin\theta}{r^3}$$

$$E_\varphi = \frac{1}{r\sin\theta}\frac{\partial V}{\partial \varphi} = 0 \; .$$

[5] Die wichtigsten Zerlegungen der Differentialoperatoren der Vektoranalysis sind in Anh. B.4 noch einmal zusammengestellt.

Man stellt fest: Beide Komponenten fallen wie $1/r^3$ ab. Außerdem liegt eine Variation mit dem Winkel θ vor. Das Radialfeld ist Null auf der x-Achse und dem Betrag nach maximal auf der z-Achse (Abb. 2.13a). Das Azimutalfeld ist Null für Punkte auf der z-Achse und maximal für Punkte in der x-y Ebene (Abb. 2.13b).

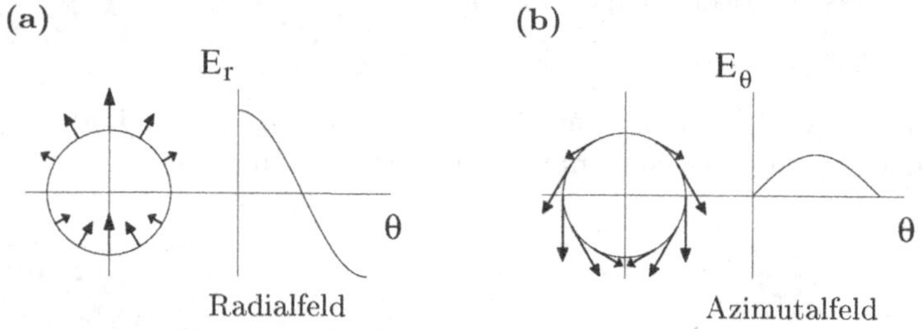

Abb. 2.13. Das Fernfeld des elektrischen Dipols in Kugelkoordinaten

Das Dipolfeld für ferne Punkte kann man auch in vektorieller Form notieren. Geht man von der vektoriellen Zusammenfassung des Potentials (2.16) aus, so gewinnt man durch Anwendung der Produktregel

$$\boldsymbol{E}(\boldsymbol{r}) = -\boldsymbol{\nabla}\left(k_e \frac{\boldsymbol{p}\cdot\boldsymbol{r}}{r^3}\right) = 3k_e\left(\frac{(\boldsymbol{p}\cdot\boldsymbol{r})\,\boldsymbol{r}}{r^5}\right) - k_e\frac{\boldsymbol{p}}{r^3} \qquad (r \gg a)\,.$$

Diese Formel, die für beliebige Orientierungen des Dipols gültig ist, findet in vielen Bereichen der Physik Anwendung.

Das zweite Beispiel lautet: Man berechne das Potential einer homogen geladenen Kugel um den Koordinatenursprung mit dem Radius R und einer konstanten Raumladungsdichte ρ_0 innerhalb der Kugel. Auszuwerten ist dann das Integral

$$V(\boldsymbol{r}) = k_e\rho_0 \iiint_{\text{Kugel}} \frac{\mathrm{d}V'}{|\boldsymbol{r}-\boldsymbol{r}'|}\,.$$

Wegen der Symmetrie genügt es z.B. einen Feldpunkt auf der z-Achse zu betrachten

$$\boldsymbol{r} = (0,\,0,\,r)\,.$$

In Kugelkoordinaten erhält man für den Abstand der beiden Ortsvektoren

$$|\boldsymbol{r}-\boldsymbol{r}'| = \left[r^2 + r'^2 - 2rr'\cos\theta'\right]^{1/2}\,.$$

Mit dem Volumenelement

$$\mathrm{d}V' = r'^2\mathrm{d}r'\mathrm{d}\varphi'\mathrm{d}\cos\theta'$$

ergibt sich also das Dreifachintegral

$$V(\boldsymbol{r}) = k_e\rho_0 \int_0^{2\pi} \mathrm{d}\varphi' \int_0^R r'^2 \mathrm{d}r' \int_{-1}^{1} \frac{\mathrm{d}\cos\theta'}{\left[r^2 + r'^2 - 2rr'\cos\theta'\right]^{1/2}} \,.$$

Das φ' -Integral ist trivial, die $\cos\theta'$ und r' Integration können mit etwas Aufwand ebenfalls elementar ausgeführt werden. Man erhält (siehe D.tail 2.1a)

$$V(\boldsymbol{r}) = \begin{cases} k_e \dfrac{Q}{r} & r \geq R \\[2ex] k_e \dfrac{Q}{2}\left(\dfrac{3}{R} - \dfrac{r^2}{R^3}\right) & r \leq R \end{cases} \,.$$

Das Potential fällt von einem konstanten Wert ($1.5\, k_e Q/R$) im Koordinatenursprung zunächst parabolisch auf den Wert $k_e Q/R$ an der Oberfläche und dann mit $1/r$ ab (Abb. 2.14).

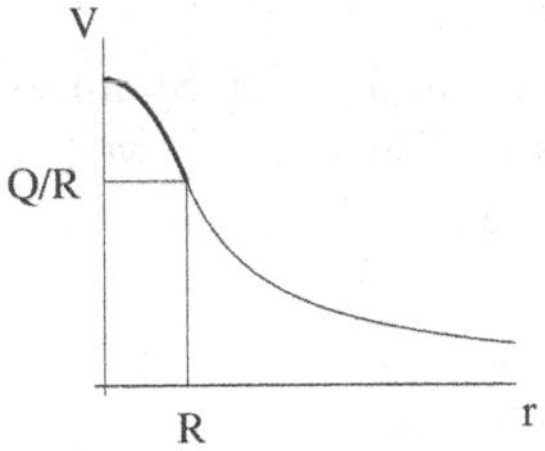

Abb. 2.14. Elektrisches Potential einer homogen geladenen Kugel

Als letztes Beispiel soll das Potential des homogen geladenen, dünnen Ringes vom Radius R für beliebige Raumpunkte berechnet werden. Für diese Ladungsverteilung wurde in Kap. 1.3 das elektrische Feld, jedoch nur für Punkte auf der Ringachse, berechnet. Die folgende Rechnung illustriert in aller Deutlichkeit die Gründe für diese Beschränkung.

Der Ring kann in die x-y Ebene gelegt werden. Für einen beliebigen Raumpunkt (Abb. 2.15) ist das Kurvenintegral

$$V(\boldsymbol{r}) = k_e\lambda_0 \oint_{\text{Ring}} \frac{\mathrm{d}s'}{|\boldsymbol{r} - \boldsymbol{r}'|}$$

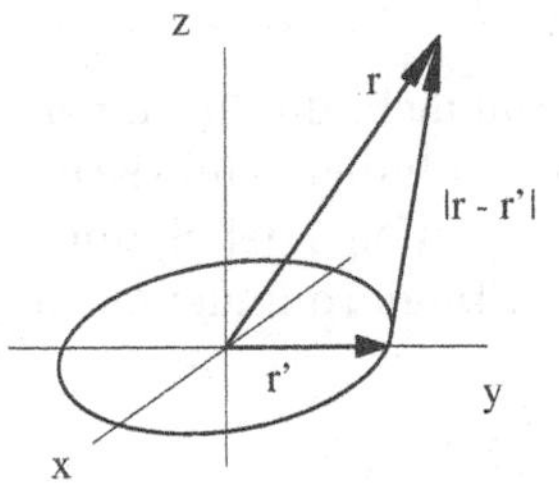

Abb. 2.15. Homogen geladener Kreisring

zu berechnen. Um der Geometrie gerecht zu werden, können Zylinder- oder Kugelkoordinaten benutzt werden. In Kugelkoordinaten gilt für die Koordinaten

$$\begin{aligned} \boldsymbol{r} &= (x,\, y,\, z) = (r\cos\varphi\sin\theta,\, r\sin\varphi\sin\theta,\, r\cos\theta) \\ \boldsymbol{r}' &= (x',\, y',\, z') = (R\cos\varphi',\, R\sin\varphi',\, 0)\,. \end{aligned}$$

Die Abstandsfunktion ist somit

$$\begin{aligned} |\boldsymbol{r} - \boldsymbol{r}'| &= \left[(x - x')^2 + (y - y')^2 + z^2\right]^{1/2} \\ &= \left[r^2 + R^2 - 2rR\sin\theta\cos(\varphi' - \varphi)\right]^{1/2}\,. \end{aligned}$$

Außerdem gilt $\mathrm{d}s' = R\mathrm{d}\varphi'$, so dass das Winkelintegral

$$V(\boldsymbol{r}) = k_e\lambda_0 R\int_0^{2\pi}\frac{\mathrm{d}\varphi'}{\left[r^2 + R^2 - 2rR\sin\theta\cos(\varphi' - \varphi)\right]^{1/2}}$$

zu berechnen ist. Eine Vereinfachung ergibt sich wieder infolge der Symmetrie. Das Endergebnis hängt nicht von dem Winkel φ ab. Man kann deswegen $\varphi = 0$ setzen. Das Integral wird mittels der Substitution

$$\varphi' = 2\eta \qquad \mathrm{d}\varphi' = 2\mathrm{d}\eta \qquad 0 \le \eta \le \pi$$

und der Aussage

$$\cos 2\eta = 1 - 2\sin^2\eta$$

umgeschrieben. Das Zwischenergebnis lautet dann

$$V(r,\, \theta) = 2k_e\lambda_0 R\int_0^{\pi}\frac{\mathrm{d}\eta}{\left[r^2 + R^2 - 2rR\sin\theta + 4rR\sin\theta\sin^2\eta\right]^{1/2}}\,.$$

Aus der Wurzel zieht man noch die Terme unabhängig von η heraus und benutzt die Abkürzung

$$\kappa^2 = \kappa^2(r,\, \theta) = \frac{-4rR\sin\theta}{r^2 + R^2 - 2rR\sin\theta}\,.$$

Das auszuwertende Integral kann letztlich in der Form

$$V(r,\, \theta) = \frac{2k_e\lambda_0 R}{\left[r^2 + R^2 - 2rR\sin\theta\right]^{1/2}}\int_0^{\pi}\frac{\mathrm{d}\eta}{\left[1 - \kappa^2\sin^2\eta\right]^{1/2}}$$

geschrieben werden. Hier erkennt man, dass das Potential nicht durch elementare Funktionen dargestellt werden kann. Es liegt ein vollständiges elliptisches Integral erster Art vor (siehe Band 1, Math.Kap. 4.3.4). Infolge der Symmetrie des Integranden (D.tail 2.1b) findet man in der Standardnomenklatur

$$K(\kappa) = \int_0^{\pi/2}\frac{\mathrm{d}\eta}{\left[1 - \kappa^2\sin^2\eta\right]^{1/2}} = \frac{1}{2}\int_0^{\pi}\frac{\mathrm{d}\eta}{\left[1 - \kappa^2\sin^2\eta\right]^{1/2}}\,.$$

Die Auswertung für Punkte auf der z-Achse ($\theta = 0, \pi$) ist einfach. Für beliebige Punkte gibt es zwei Möglichkeiten. Man benutzt Standardtabellen des elliptischen Integrals[6] oder man berechnet das Integral explizit, indem man den Integranden in eine Potenzreihe entwickelt und gliedweise integriert. Es wäre dann natürlich die Frage zu beantworten, für welche Werte von κ^2 diese Prozedur erlaubt ist.

Zur Entwicklung benutzt man die binomische Formel

$$\left[1-\kappa^2\sin^2\eta\right]^{-1/2} = \sum_{n=0}^{\infty}\binom{-1/2}{n}(-\kappa^2)^n(\sin\eta)^{2n}$$

$$= 1+\frac{1}{2}\kappa^2\sin^2\eta+\frac{3}{8}\kappa^4\sin^4\eta-\ldots\,.$$

Die explizite Form der Binomialkoeffizienten in der Entwicklung ist

$$\binom{-1/2}{n} = (-)^n\frac{1\cdot 3\cdot 5\ldots(2n-1)}{2\cdot 4\cdot 6\ldots 2n}\,.$$

Zur gliedweisen Integration benötigt man die Integrale

$$I_{2n} = \int_0^{\pi}(\sin\eta)^{2n}\mathrm{d}\eta\,.$$

Mit Hilfe von partieller Integration gewinnt man die Rekursionsformel (siehe Band 1, Kap. 4.2.1.2)

$$I_{2n} = \frac{(2n-1)}{2n}I_{2n-2}\,.$$

Auswertung der Rekursion mit

$$I_0 = \pi$$

ergibt dann

$$I_2 = \frac{1}{2}\pi \qquad I_4 = \frac{1}{2}\frac{3}{4}\pi \quad \ldots \quad I_{2n} = (-)^n\binom{-1/2}{n}\pi\,.$$

Setzt man diese Aussagen zusammen, so erhält man als Reihendarstellung für das elliptische Integral[7]

$$K(\kappa) = \frac{\pi}{2}\sum_{n=0}^{\infty}\left[\binom{-1/2}{n}\right]^2\kappa^{2n} = \frac{\pi}{2}\left\{1+\left(\frac{1}{2}\right)^2\kappa^2+\ldots\right.$$

$$\left.+\left(\frac{1\cdot 3\cdot 5\ldots(2n-1)}{2\cdot 4\cdot 6\ldots(2n)}\right)^2\kappa^{2n}+\ldots\right\}\,.$$

[6] siehe z.B. Jahnke, Emde, Lösch 'Tafeln Höherer Funktionen' (Teubner, Stuttgart, 1966).

[7] Die weiteren Eigenschaften lassen sich auch über die Darstellung dieser Funktion durch eine Potenzreihe diskutieren.

Um die nun fällige Diskussion abzukürzen, ist es zweckmäßig, die Angelegenheit aus einer allgemeineren Sicht zu betrachten. Das elliptische Integral ist ein Spezialfall einer allgemeineren Funktion, die den 'speziellen Funktionen der mathematischen Physik' zugerechnet wird. Diese Funktion bezeichnet man als die **hypergeometrische Funktion**, die in Standardnomenklatur mit $F(a\,,b\,,c\,;x)$ notiert wird. Die drei Größen $a\,,b$ und c sind vorgegebene Konstante, die Variable ist mit x bezeichnet.

An dieser Stelle und in den folgenden Kapiteln, in denen die Lösung der Poissongleichung angesprochen wird, ist es notwendig auf die speziellen Funktionen der Physik näher einzugehen. Dieser Aufgabe ist das Math.Kap. 4 gewidmet. Die Definition und die wichtigsten Eigenschaften der hypergeometrischen Funktion findet man in Math.Kap. 4.5. Die Eigenschaften dieser Funktion, die zur weiteren Diskussion benötigt werden, werden dort diskutiert.

Die hypergeometrische Funktion kann durch die Potenzreihe

$$F\,(a,\,b,\,c;\,x) = 1 + \frac{ab}{c}\frac{x}{1!} + \frac{a(a+1)\,b\,(b+1)}{c(c+1)}\frac{x^2}{2!} + \cdots$$

definiert werden. Die Reihe bricht ab, wenn die Argumente a und b negative ganze Zahlen sind. Sie ist nicht definiert, wenn c eine negative ganze Zahl ist, es sei denn für $c = -n$ sind a oder b gleich $-m$ mit $m < n$. Die Reihe bricht dann ab, bevor die Singularität greift. Sind a, b, c von Null verschieden und keine negativen ganzen Zahlen, so konvergiert die Reihe für alle Werte von x mit $|x| < 1$.

Mit Hilfe dieser Funktion kann das elliptische Integral in der Form

$$K(\kappa) = \frac{\pi}{2} F\left(\frac{1}{2}\,,\frac{1}{2}\,,1\,;\kappa^2\right)$$

geschrieben werden. Berücksichtigt man, dass die Gesamtladung des Ringes

$$Q = 2\pi R\lambda_0$$

ist, so kann man das Potential des homogen geladenen Ringes mit

$$V(r,\,\theta) = \frac{k_e Q}{\left[r^2 + R^2 - 2rR\sin\theta\right]^{1/2}}\;F\left(\frac{1}{2}\,,\frac{1}{2}\,,1\,;\kappa^2\right)$$

angeben. Die folgenden Spezialfälle können diskutiert werden:

Für Punkte auf der z-Achse ist $\sin\theta = 0$. Mit $F(1/2\,,1/2\,,1\,;0) = 1$ findet man somit das Resultat (Abb. 2.16a)

$$V\left(r,\theta = \begin{Bmatrix} 0 \\ \pi \end{Bmatrix}\right) = \frac{k_e Q}{[r^2 + R^2]^{1/2}}\,.$$

Für Punkte in der x-y Ebene mit $\sin\theta = 1$ gilt

$$V\left(r,\theta = \frac{\pi}{2}\right) = \frac{k_e Q}{|r - R|}\;F\left(\frac{1}{2}\,,\frac{1}{2}\,,1\,;\frac{-4rR}{(r-R)^2}\right)\,.$$

Die Funktion $V(r, \theta = \pi/2)$ hat für $r = 0$ den Wert $k_e Q/R$, sie steigt mit wachsendem r stark an und strebt für $r \longrightarrow R$ gegen unendlich (Abb. 2.16b). Die Singularität tritt auf, da bei einem Durchgang durch den Ring in der x - y Ebene lokal eine Punktladung vorliegt.

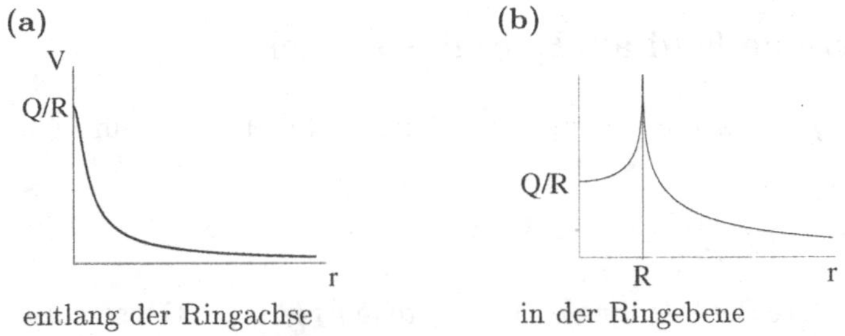

Abb. 2.16. Das Potential des Kreisringes

Ist $r \gg R$, so gilt für das Argument der hypergeometrischen Funktion

$$\frac{4\,r\,R}{(r-R)^2} \xrightarrow{r\to\infty} 4\frac{R}{r} + 8\frac{R^2}{r^2} + \dots\ .$$

Die Funktion selbst verhält sich dann wie

$$F \xrightarrow{r\to\infty} 1 - \frac{R}{r} + \dots\ ,$$

so dass man für das Potential in diesem Grenzfall

$$V \xrightarrow{r\to\infty} k_e\frac{Q}{r} + \dots$$

enthält. Aus großer Entfernung sieht der Ring wie eine Punktladung aus.

Das elektrische Feld des Ringes kann durch Gradientenbildung berechnet werden. Für die Ableitung der hypergeometrischen Funktion gilt die Formel

$$\frac{\mathrm{d}}{\mathrm{d}x}F\,(a,\,b,\,c;\;x) = \frac{ab}{c}F\,(a+1,\,b+1,\,c+1;\;x)\ .$$

Damit erhält man z.B. für die Radialkomponente

$$E_r(r,\theta) = -\frac{\partial V(r,\theta)}{\partial r} = k_e Q\frac{(r - R\sin\theta)}{[r^2 + R^2 - 2rR\sin\theta]^{3/2}}\ F\left(\frac{1}{2},\frac{1}{2},1;\kappa^2\right)$$

$$+\ k_e Q\frac{R(R^2 - r^2)\sin\theta}{[r^2 + R^2 - 2rR\sin\theta]^{5/2}}\ F\left(\frac{3}{2},\frac{3}{2},2;\kappa^2\right)\ .$$

Man erkennt explizit, warum die elementare Feldberechnung schwierig geworden wäre. Das Feld auf der Ringachse (mit $\sin\theta = 0$) hat (wie in Kap. 1.3 berechnet) die Form

$$E_r(r,\theta = (0,\pi)) = \frac{k_e Q\,r}{[r^2 + R^2]^{3/2}}\ .$$

Das elektrische Potential kann zur Betrachtung der Energiesituation in der Elektrostatik benutzt werden. Die potentielle Energie, die in dem (stationären) elektrischen Feld gespeichert ist, ist das Thema des nächsten Abschnitts.

2.5 Das elektrische Feld als Energiespeicher

Eine Punktladung q_1 an der Stelle $\boldsymbol{r}_1$ erzeugt im materiefreien Raum ein Potential

$$V(\boldsymbol{r}) = \frac{k_e q_1}{|\boldsymbol{r} - \boldsymbol{r}_1|} .$$

Bringt man eine weitere Punktladung q_2 an die Stelle $\boldsymbol{r}_2$ (Abb. 2.17), so muss man Arbeit leisten. Diese Arbeit entspricht der potentiellen Energie

$$W_{12} = \frac{k_e q_1 q_2}{|\boldsymbol{r}_1 - \boldsymbol{r}_2|} .$$

Bringt man nun eine dritte Punktladung an die Stelle $\boldsymbol{r}_3$, so ist die zusätzliche Arbeit

$$W_{13} + W_{23} = k_e \left(\frac{q_1 q_3}{|\boldsymbol{r}_1 - \boldsymbol{r}_3|} + \frac{q_2 q_3}{|\boldsymbol{r}_2 - \boldsymbol{r}_3|} \right)$$

aufzubringen.

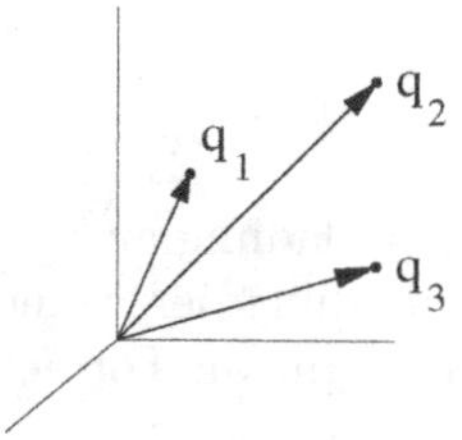

Abb. 2.17. Zum Energieinhalt einer Ladungsverteilung

An dieser Stelle kann man überschauen, welcher Arbeitsaufwand erforderlich ist, um eine Ansammlung von Punktladungen, die zunächst unendlich weit voneinander entfernt sind, in eine gegebene Endkonfiguration zu bringen

$$W = k_e \sum_{j=1}^{N} \sum_{i<j} \frac{q_i q_j}{|\boldsymbol{r}_i - \boldsymbol{r}_j|} .$$

Wegen der Symmetrie der einzelnen Terme schreibt man dies auch in der Form

$$W = \frac{k_e}{2} \sum_{\substack{i,j \\ i \neq j}} \frac{q_i q_j}{|\boldsymbol{r}_i - \boldsymbol{r}_j|} .$$

Die Terme mit $i = j$ sind in dieser Form auszuklammern.

Um den Arbeitsaufwand anzugeben, der erforderlich ist, um eine kontinuierliche Ladungsverteilung aufzubauen, ersetzt man die Ladung q durch $\rho(\boldsymbol{r})\mathrm{d}V$ und jede der Summen durch ein Dreifachintegral. Das Resultat lautet

$$W = \frac{k_e}{2} \iiint \mathrm{d}V \iiint \mathrm{d}V' \frac{\rho(\boldsymbol{r})\rho(\boldsymbol{r}')}{|\boldsymbol{r} - \boldsymbol{r}'|} \,. \tag{2.17}$$

Diese Übertragung ist mit einiger Vorsicht anzuwenden. Die Stellen mit $\boldsymbol{r} = \boldsymbol{r}'$ sind nicht mehr ausgeklammert. Es zeigt sich jedoch (siehe unten), dass dieser Punkt nach geeigneten Umformungen ignoriert werden kann.

Eines der Dreifachintegrale ist ein Potential, so z.B.

$$V(\boldsymbol{r}) = k_e \iiint \frac{\rho(\boldsymbol{r}')}{|\boldsymbol{r} - \boldsymbol{r}'|} \,\mathrm{d}V' \,.$$

Man kann deswegen auch schreiben

$$W = \frac{1}{2} \iiint \rho(\boldsymbol{r}) V(\boldsymbol{r}) \,\mathrm{d}V \,. \tag{2.18}$$

Der Inhalt dieser Aussage ist: Um die Arbeit zu berechnen, die notwendig ist, eine Ladungsverteilung aufzubauen, multipliziert man die Hälfte der Verteilung mit dem Potential und integriert über den gesamten Raum.

Eine weitere Umschreibung ergibt sich, wenn man die Dichte mit Hilfe der Poissongleichung ersetzt

$$\rho(\boldsymbol{r}) = -\frac{1}{4\pi k_e} \Delta V(\boldsymbol{r}) \qquad \longrightarrow \qquad W = -\frac{1}{8\pi k_e} \iiint V(\boldsymbol{r}) \Delta V(\boldsymbol{r}) \,\mathrm{d}V$$

und diesen Ausdruck mit dem ersten Greenschen Theorem (Math.Kap. 3.3.2)

$$\iiint_{\mathrm{B}} [V(\boldsymbol{r}) \Delta V(\boldsymbol{r}) + \boldsymbol{\nabla} V(\boldsymbol{r}) \cdot \boldsymbol{\nabla} V(\boldsymbol{r})] \,\mathrm{d}V = \oiint_{\mathrm{O(B)}} V(\boldsymbol{r}) \frac{\partial V(\boldsymbol{r})}{\partial n} \,\mathrm{d}f$$

umformt. Für eine unendlich große Kugel und für die üblichen Randbedingungen verschwindet der Oberflächenterm. Man erhält somit

$$W = \frac{1}{8\pi k_e} \iiint (\boldsymbol{\nabla} V(\boldsymbol{r}) \cdot \boldsymbol{\nabla} V(\boldsymbol{r})) \,\mathrm{d}V$$

oder[8]

$$W = \frac{1}{8\pi k_e} \iiint (\boldsymbol{E}(\boldsymbol{r}) \cdot \boldsymbol{E}(\boldsymbol{r})) \,\mathrm{d}V \,. \tag{2.19}$$

Der Integrand in diesem Ausdruck kann als Energiedichte interpretiert werden

[8] Eine Erweiterung von (2.19) für den materieerfüllten Raum wird in Kap. 4.5 besprochen.

$$W = \iiint w(\boldsymbol{r})\,\mathrm{d}V \qquad \text{mit} \quad w(\boldsymbol{r}) = \frac{1}{8\pi k_e}\left(\boldsymbol{E}(\boldsymbol{r})\cdot\boldsymbol{E}(\boldsymbol{r})\right) .$$

Die Vorstellung, die sich mit diesem Ausdruck verbindet, ist dann: In jedem Raumpunkt $\boldsymbol{r}$ ist durch das Feld $\boldsymbol{E}(\boldsymbol{r})$ Energie gespeichert. Die Energie in einem Volumenelement $\mathrm{d}V$ an der Stelle $\boldsymbol{r}$ ist

$$\mathrm{d}W = w(\boldsymbol{r})\,\mathrm{d}V .$$

Dies entspricht (in etwa) dem mechanischen Analogon: Spanne eine Feder mit dem Arbeitsaufwand A. Die Energie A ist dann (als potentielle Energie) in der gespannten Feder gespeichert.

Eine kurze Anwendung dieser Betrachtungen ist das folgende Beispiel: Berechne die Arbeit, die notwendig ist, um eine homogene Ladungsverteilung in Kugelform im materiefreien Raum zusammenzustellen. Mit der Vorgabe des Feldes dieser Verteilung

$$\boldsymbol{E}_{\mathrm{i}} = k_e Q \frac{r}{R^3}\,\boldsymbol{e}_{\mathrm{r}} \qquad r \leq R$$

$$\boldsymbol{E}_{\mathrm{a}} = \frac{k_e Q}{r^2}\,\boldsymbol{e}_{\mathrm{r}} \qquad r \geq R$$

folgt für dessen Energiegehalt

$$W = \frac{k_e}{8\pi}\left[\iiint_{\text{innen}} \frac{Q^2 r^2}{R^6}\,\mathrm{d}V + \iiint_{\text{außen}} \frac{Q^2}{r^4}\,\mathrm{d}V\right] .$$

Raumwinkelintegration liefert für jedes Integral einen Faktor 4π. Es bleiben die Radialintegrale

$$= \frac{k_e Q^2}{2}\left(\int_0^R \frac{r^4}{R^6}\mathrm{d}r + \int_R^\infty \frac{\mathrm{d}r}{r^2}\right) .$$

Beide Integrale sind elementar. Das Endergebnis lautet

$$W = \frac{k_e Q^2}{2}\left(\frac{1}{5R} + \frac{1}{R}\right) = \frac{3k_e}{5}\frac{Q^2}{R} .$$

Der Energiegehalt des Außenraumes der Kugel ist fünf mal so groß wie der des Innenraumes. Dieses explizite Beispiel zeigt, dass bei der Benutzung der Relation (2.19), in die das Feld eingeht, anstelle der Gleichung (2.17) keine Probleme auftreten. Auch das Integral in (2.17) würde bei korrekter Auswertung keine Probleme bereiten. Betrachtet man jedoch, wie anfangs geschehen, Punktladungen, so sind die Beiträge mit $i = j$ auszuschließen, da sie einer *Selbstenergie* einer Punktladung entsprechen. Man kann eine Punktladung q_i, die sich schon an der Stelle $\boldsymbol{r}_i$ befindet, nicht noch einmal an diese Stelle bringen.

Aufgaben

Auch zu dem zweiten Kapitel sind nur 2 Aufgaben zu lösen. Es sollen die elektrischen Felder von kugelsymmetrischen Ladungsverteilungen und von Punktladungsverteilungen berechnet und diskutiert werden.

3 Lösung der Poissongleichung: einfache Randbedingungen

Nach diesen Vorbereitungen kann die eigentliche Aufgabe der Elektrostatik, die Lösung der Poisson-/Laplacegleichung, in Angriff genommen werden. Dabei ist es zweckmäßig, die folgenden Fälle zu unterscheiden.

(i) Im allgemeinen Fall befinden sich neben einer vorgegebenen Verteilung von Raum- und Punktladungen noch geladene und/oder ungeladene leitende und/oder polarisierbare Materialien im Raum. Der Lösungsprozess ist in dieser Situation etwas aufwendiger. Dieser Fall wird im vierten Kapitel abgehandelt.

(ii) Eine einfachere Situation liegt vor, wenn sich außer der Verteilung von Raum- und Punktladungen keine weiteren Materialen im Raum befinden. Die Lösung der Poisson-/Laplacegleichung wird dann durch einfache Randbedingungen festgelegt. Für kugelsymmetrische Probleme reduziert sich diese Gleichung auf eine gewöhnliche Differentialgleichung. Für Probleme mit einer komplizierteren Geometrie steht die Diskussion des Randwertproblems in zwei oder drei Dimensionen an. Probleme, die analytisch zugänglich sind, können mit Hilfe von speziellen Funktionen der mathematischen Physik diskutiert werden. Eine Auswahl dieser Funktionen wird in den begleitenden mathematischen Kapiteln vorgestellt. In dem folgenden Kapitel wird vor allem die Lösung der Poisson-/Laplacegleichung in Kugelkoordinaten besprochen. Einen breiten Raum nimmt dabei die Multipolentwicklung der Lösung ein, die aufgrund ihrer Flexibilität in vielen Bereichen Anwendung findet. Die Lösung der Poisson-/Laplacegleichung in Zylinderkoordinaten wird, im Vergleich, nur kurz angedeutet.

3.1 Probleme mit Kugelsymmetrie

Für eine vorgegebene Verteilung von Raumladungen $\rho(\boldsymbol{r})$ und Punktladungen $\rho_{\mathrm{p}}(\boldsymbol{r})$ steht die Lösung der Differentialgleichung

$$\Delta V(\boldsymbol{r}) = -4\pi k_e \left(\rho(\boldsymbol{r}) + \rho_{\mathrm{p}}(\boldsymbol{r})\right) \tag{3.1}$$

zur Diskussion. Befinden sich diese Raum- und Punktladungen in einem endlichen Teilvolumen um den Koordinatenursprung, so stellt man an die Lösung nur eine zusätzliche Forderung

$$V(\boldsymbol{r}) \xrightarrow{r \to \infty} 0 \,.$$

Diese Forderung ist eine **einfache Randbedingung**, wobei eine unendlich große Kugel als Rand dient. Eine Lösung, die die Differentialgleichung (3.1) erfüllt und die dieser Bedingung genügt, ist schon aus den vorherigen Betrachtungen (Kap. 2.4) bekannt

$$V(\boldsymbol{r}) = k_e \sum_i \frac{q_i}{|\boldsymbol{r} - \boldsymbol{r}_i|} + k_e \int \frac{\rho(\boldsymbol{r}')}{|\boldsymbol{r} - \boldsymbol{r}'|} \, \mathrm{d}V' \,.$$

Falls man, für eine vorgegebene Raumladungsverteilung, das Dreifachintegral berechnen kann, ist man schon am Ziel. Die Frage, ob die angegebene Lösung bei der vorgegebenen Randbedingung die allgemeinste ist und ob sie eindeutig ist, wird in Kap. 4.2 beantwortet werden.

Da die Berechnung des Integrals jedoch in vielen Fällen auf Schwierigkeiten stößt, ist es nützlich, direktere Methoden zur Lösung der Differentialgleichung zu diskutieren. Zur Einstimmung kann das Standardbeispiel, die homogen geladene Kugel, dienen. Möchte man für diese Vorgabe die Differentialgleichung direkt lösen, so muss man in dem Innenbereich die Poissongleichung und in dem Außenbereich die Laplacegleichung betrachten

$$\begin{aligned} r \le R: &\quad \Delta V_i(\boldsymbol{r}) = -4\pi k_e \, \rho_0 \\ r > R: &\quad \Delta V_a(\boldsymbol{r}) = \quad 0 \,. \end{aligned}$$

Hier zeigt sich der lokale Charakter der Differentialgleichung. Der einfachste Weg zur Lösung der Differentialgleichungen in den beiden Raumgebieten ist die Berufung auf die Symmetrie des Problems, das die Benutzung von Kugelkoordinaten nahe legt. Aufgrund der Symmetrie erwartet man, dass das Potential nur von der Abstandsvariablen und nicht von den Winkelvariablen abhängt

$$V(r, \theta, \varphi) \longrightarrow V(r) \,.$$

Die partiellen Ableitungen nach den Winkelkoordinaten in dem Laplaceoperator ergeben keinen Beitrag und die partielle Differentialgleichung geht in eine gewöhnliche Differentialgleichung für die Funktion $V(r)$ über

$$\Delta V(r) = \frac{1}{r^2} \frac{\mathrm{d}}{\mathrm{d}r} \left(r^2 \frac{\mathrm{d}V(r)}{\mathrm{d}r} \right) \,. \tag{3.2}$$

Die Lösung der Poissongleichung bzw. der Laplacegleichung erfordert dann nur elementare Integrationen. Für $r \le R$ lautet die Differentialgleichung

$$\frac{\mathrm{d}}{\mathrm{d}r} \left(r^2 \frac{\mathrm{d}V_i(r)}{\mathrm{d}r} \right) = -4\pi k_e \, \rho_0 r^2 \,.$$

Erste Integration liefert

$$r^2 \frac{\mathrm{d}V_i(r)}{\mathrm{d}r} = -4\pi k_e \, \rho_0 \left(\frac{1}{3} r^3 + a_1 \right) \quad \text{oder} \quad \frac{\mathrm{d}V_i(r)}{\mathrm{d}r} = -4\pi k_e \, \rho_0 \left(\frac{1}{3} r + \frac{a_1}{r^2} \right) \,.$$

Nochmalige Integration ergibt dann

$$V_i(r) = -4\pi k_e\,\rho_0 \left(\frac{1}{6}r^2 - \frac{a_1}{r} + a_2\right) .$$

Die allgemeine Lösung der gewöhnlichen Differentialgleichung zweiter Ordnung enthält (wie zu erwarten) zwei Integrationskonstanten.

Für $r > R$ beginnt man mit der Differentialgleichung

$$\frac{\mathrm{d}}{\mathrm{d}r}\left(r^2 \frac{\mathrm{d}V_a(r)}{\mathrm{d}r}\right) = 0 .$$

Erste Integration liefert

$$r^2 \frac{\mathrm{d}V_a(r)}{\mathrm{d}r} = b_1 ,$$

die zweite Integration ergibt dann

$$V_a(r) = -\frac{b_1}{r} + b_2 .$$

Um die vier Integrationskonstanten a_1, a_2, b_1, b_2 festzulegen, benötigt man vier Bedingungen. In dem Außenbereich kann man die folgenden Bedingungen angeben:

(1) Die allgemeine Randbedingung $V_a(r) \to 0$ für $r \to \infty$ erfordert

$$b_2 = 0 .$$

(2) Als zweite Bedingung kann man die Aussage benutzen, dass die Gesamtladung von einer beliebigen geschlossenen Fläche, die ganz im Außenraum liegt, eingeschlossen sein muss

$$\oint\!\!\!\oint \boldsymbol{E}_a \cdot \mathbf{d}\boldsymbol{f} = 4\pi k_e\, Q \qquad \left(Q = \frac{4}{3}\pi\,\rho_0 R^3\right) .$$

Das Feld im Außenraum ist

$$\boldsymbol{E}_a(r) = -\frac{\partial V_a}{\partial r}\boldsymbol{e}_\mathrm{r} = -\frac{b_1}{r^2}\boldsymbol{e}_\mathrm{r} .$$

Benutzt man sinnvollerweise eine Kugelfläche, so folgt

$$b_1 = -k_e Q .$$

Die Lösung im Außenraum ist also (wie zuvor)

$$V_a(r) = +k_e \frac{Q}{r} .$$

Zur Festlegung der Lösung im Innenraum benötigt man zwei Bedingungen, mit Hilfe deren das Potential im Innenraum V_i an das Potential im Außenraum V_a angeschlossen werden kann. Derartige Anschlussbedingungen werden in vielen Fällen benötigt. Sie sollen aus diesem Grund in allgemeiner Form besprochen werden.

(3) Das Potential für einen Punkt auf der Trennfläche $\boldsymbol{R}$ (nicht notwendigerweise eine Kugelschale) kann mittels

$$V(\boldsymbol{R}) = -\int^{\boldsymbol{R}} \boldsymbol{E} \cdot \mathbf{ds}$$

berechnet werden. Wegen der Wirbelfreiheit des Feldes ist das Kurvenintegral wegunabhängig. Da man sich aus diesem Grund dem Punkt $\boldsymbol{R}$ sowohl von außen als auch von innen nähern kann (Abb.3.1), sind die entsprechenden Potentialwerte gleich

$$V_i(\boldsymbol{R}) = V_a(\boldsymbol{R}) \ . \tag{3.3}$$

Das Potential ist auf der Trennfläche von zwei Bereichen mit verschiedenen Ladungsdichten stetig.

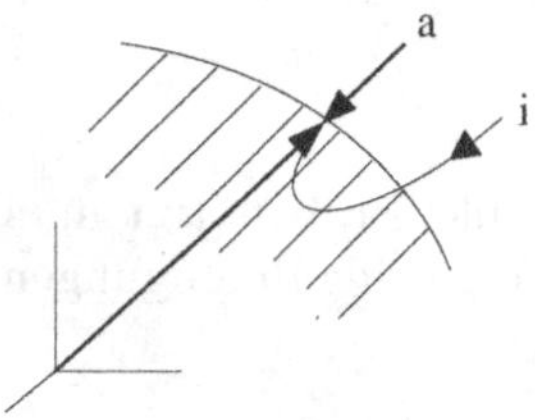

Abb. 3.1. Illustration der Anschlussbedingung für Potentiale auf Trennflächen

(4) Die Sprungbedingung für die Normalkomponente des elektrischen Feldes bei Anwesenheit einer Ladungsschicht lautet (2.7)

$$E_{a,\,n}(\boldsymbol{R}) - E_{i,\,n}(\boldsymbol{R}) = 4\pi k_e\, \sigma(\boldsymbol{R}) \ .$$

In dem vorliegenden Fall existieren keine Flächenladungen auf der Trennfläche ($\sigma = 0$). Da die Normalkomponente der Felder aus dem Potential gemäß der Definition des Gradienten durch Ableitung in der Normalenrichtung (siehe Band 1, Math.Kap. 4.2.3)

$$E_n = \boldsymbol{e}_n \cdot \boldsymbol{E} = -\boldsymbol{e}_n \cdot \boldsymbol{\nabla} V = -\frac{\partial V}{\partial n}$$

berechnet werden kann, folgt somit

$$\left.\frac{\partial V_i}{\partial n}\right|_{\boldsymbol{R}} = \left.\frac{\partial V_a}{\partial n}\right|_{\boldsymbol{R}} \ . \tag{3.4}$$

Die Normalenableitungen des Potentials müssen auf der Trennfläche stetig ineinander übergehen.

Für das konkrete Beispiel gilt $\boldsymbol{R} \to R$. Die Auswertung der Bedingungen entspricht somit im Detail

$$-4\pi k_e\,\rho_0\left\{\frac{1}{6}R^2-\frac{a_1}{R}+a_2\right\}=k_e\frac{Q}{R}=\frac{4}{3}\pi k_e\,\rho_0 R^2$$

$$-4\pi k_e\,\rho_0\left\{\frac{1}{3}R+\frac{a_1}{R^2}\right\}=-k_e\frac{Q}{R^2}=-\frac{4}{3}\pi k_e\,\rho_0 R\,.$$

Aus der zweiten Gleichung folgt direkt $a_1 = 0$, aus der ersten Gleichung gewinnt man dann $a_2 = -R^2/2$. Die Lösung im Innenraum ($r < R$) ist also

$$V_i(r)=2\pi k_e\,\rho_0\left\{R^2-\frac{1}{3}r^2\right\}\quad\text{oder}\quad V_i(r)=\frac{k_e\,Q}{2}\left\{\frac{3}{R}-\frac{r^2}{R^3}\right\}.\qquad(3.5)$$

Dieses Ergebnis kann man auch, wie in Kap. 2.4 diskutiert, durch direkte Auswertung des Integrals

$$V(r)=k_e\rho_0\iiint_{\text{Ku}}\frac{\mathrm{d}V'}{|\boldsymbol{r}-\boldsymbol{r}'|}$$

gewinnen.

Zu Problemen mit Kugelsymmetrie kann man die folgenden Bemerkungen anschließen:

(i) Die Rechenschritte zur Bestimmung der (allgemeinen) Lösung einer radialsymmetrischen Poissongleichung kann man für andere Vorgaben von $\rho(r)$ durchführen. So könnte man z.B. eine exponentielle Ladungsverteilung

$$\rho(r)=\rho_0\,\mathrm{e}^{-\mu r}$$

betrachten. Die Gesamtladung dieser Verteilung ist

$$Q=4\pi\,\rho_0\int_0^\infty r^2\,\mathrm{e}^{-\mu r}\,\mathrm{d}r=\frac{8\pi\rho_0}{\mu^3}\,.$$

In diesem Beispiel ist die Poissongleichung für den gesamten Raum zuständig. Eine erste Integration der Differentialgleichung

$$\frac{\mathrm{d}}{\mathrm{d}r}\left(r^2\frac{\mathrm{d}}{\mathrm{d}r}V(r)\right)=-4\pi k_e\rho_0 r^2\,\mathrm{e}^{-\mu r}$$

ergibt (siehe Integraltafel oder benutze partielle Integration)

$$r^2\frac{\mathrm{d}V(r)}{\mathrm{d}r}=-4\pi k_e\,\rho_0\left\{\left(-\frac{r^2}{\mu}-\frac{2r}{\mu^2}-\frac{2}{\mu^3}\right)\mathrm{e}^{-\mu r}+a_1\right\},$$

die zweite Integration

$$V(r)=-4\pi k_e\,\rho_0\left\{\left(\frac{1}{\mu^2}+\frac{2}{\mu^3 r}\right)\mathrm{e}^{-\mu r}-\frac{a_1}{r}+a_2\right\}.$$

Aus der Randbedingung (1) und der Bedingung (2) bezüglich der eingeschlossenen Ladung folgt für eine unendlich große Kugel

$$(1)\longrightarrow\quad a_2=0\qquad(2)\longrightarrow\quad a_1=\frac{Q}{4\pi\,\rho_0}=\frac{2}{\mu^3}\,.$$

Für das Potential der exponentiellen Raumladungsverteilung erhält man somit

$$V(r) = -k_e Q \left\{ \frac{\mu}{2} \mathrm{e}^{-\mu r} - \frac{(1 - \mathrm{e}^{-\mu r})}{r} \right\} .$$

Im asymptotischen Bereich $r \to \infty$ ist

$$V(r) \xrightarrow{r \to \infty} k_e \frac{Q}{r} ,$$

da die Exponentialfunktion wesentlich schneller als $1/r$ abfällt.

(ii) Für Ladungsverteilungen, die sich aus verschiedenen Kugelladungen zusammensetzen, kann man jede der Kugelladungen getrennt behandeln und das Gesamtpotential mit dem Superpositionsprinzip berechnen, so z.B. für die folgende Aufgabe: In eine große, homogen geladene Kugel (R_1, ρ_1) ist eine kleinere, homogen geladene Kugel (R_2, ρ_2) eingebettet. Der Abstand der Ladungszentren sei $\boldsymbol{a}$ und es gelte $a + R_2 \leq R_1$ (Abb. 3.2a). Die Aufgabe lautet: Berechne das Potential der gesamten Ladungsverteilung.

Man legt den Ursprung eines Koordinatensystems in das Zentrum der großen, geladenen Kugel. Das Potential der gesamten Ladungsverteilung kann man aus Teilpotentialen einer Kugel mit der Ladungsdichte ρ_1 und dem Radius R_1, sowie einer Kugel mit der Ladungsdichte $\Delta\rho = \rho_2 - \rho_1$, dem Radius R_2 und mit Zentrum in dem Punkt $\boldsymbol{a}$ zusammensetzen. Die Beiträge der homogenen, kugelförmigen Ladungsverteilung ρ_1 sind

$$V_1^{(i)}(\boldsymbol{r}) = 2\pi k_e\, \rho_1 \left(R_1^2 - \frac{1}{3} r^2 \right) \qquad r \leq R_1$$

$$V_1^{(a)}(\boldsymbol{r}) = \frac{4}{3} \pi k_e \rho_1\, \frac{R_1^3}{r} \qquad r > R_1 .$$

Für die Potentiale, die durch die Differenz der Ladungsverteilungen $\Delta\rho$ erzeugt werden, erhält man

$$V_2^{(i)}(\boldsymbol{r}) = 2\pi k_e\, \Delta\rho \left(R_2^2 - \frac{1}{3} |\boldsymbol{r} - \boldsymbol{a}|^2 \right) \qquad |\boldsymbol{r} - \boldsymbol{a}| \leq R_2$$

$$V_2^{(a)}(\boldsymbol{r}) = \frac{4}{3} \pi k_e \Delta\rho\, R_2^3\, \frac{1}{|\boldsymbol{r} - \boldsymbol{a}|} \qquad |\boldsymbol{r} - \boldsymbol{a}| > R_2 .$$

Das Potential der gesamten Ladungsverteilung in den einzelnen Gebieten kann somit wie folgt notiert werden:

Innerhalb der kleinen Kugel:

$$|\boldsymbol{r}-\boldsymbol{a}| \le R_2 \qquad V(\boldsymbol{r}) = V_1^{(i)} + V_2^{(i)}\,,$$

innerhalb der großen, aber außerhalb der kleinen Kugel:

$$r \le R_1\,,\ |\boldsymbol{r}-\boldsymbol{a}| \le R_2 \qquad V(\boldsymbol{r}) = V_1^{(i)} + V_2^{(a)}\,,$$

außerhalb der großen Kugel:

$$r \ge R_1 \qquad V(\boldsymbol{r}) = V_1^{(a)} + V_2^{(a)}\,.$$

Entlang einer Geraden durch die Mittelpunkte der zwei Kugeln hat das Gesamtpotential den in Abb. 3.2b angedeuteten Verlauf (für die Parameter: $R_1 = 2$, $R_2 = 0.5$ und $a = 0.5$ Längeneinheiten, sowie $\rho_1 = 0.1$ Ladungseinheiten und $\rho_2 = 4$, 1 und 0.0001 Ladungseinheiten. Weitere Illustrationen findet man in D.tail 3.1).

(a)

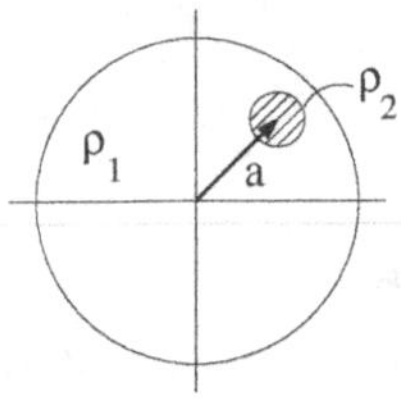

Schnitt durch die Kugeln

(b)

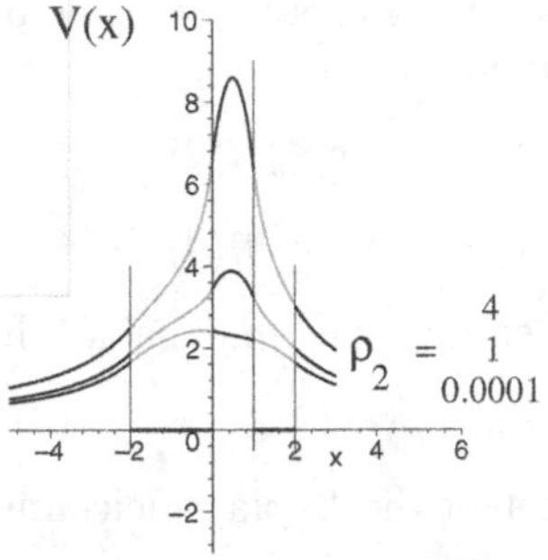

Potentialverlauf entlang der Geraden durch die Kugelmittelpunkte

Abb. 3.2. Potentialberechnung für die eingebettete Kugel

3.2 Probleme mit Azimutalsymmetrie

Die Diskussion ist etwas aufwendiger, falls die Ladungsverteilung eine Funktion von zwei Variablen, z.B. des Abstandes und des Polarwinkels θ

$$\rho(\boldsymbol{r}) = \rho(r,\theta)$$

ist. Als Beispiel für eine derartige Ladungsverteilung, die um den Koordinatenursprung konzentriert ist, kann man ein homogen geladenes Rotationsellipsoid betrachten, dessen Oberfläche durch

$$\frac{x^2}{a^2} + \frac{y^2}{a^2} + \frac{z^2}{c^2} = 1$$

beschrieben wird (Abb. 3.3a). Schnitte mit den Ebenen z =const. sind Kreise, Schnitte mit den Ebenen x =const. und y =const. sind Ellipsen. Geht man zu Kugelkoordinaten über, so lautet die Flächengleichung

$$R^2\left(\frac{\sin^2\theta}{a^2}+\frac{\cos^2\theta}{c^2}\right)=1\,.$$

Auflösung nach $R(\theta)$ ergibt eine Beschreibung der Oberfläche in der Form ($c > a$ wird ohne Beschränkung der Allgemeinheit vorausgesetzt)

$$R(\theta)=c\left[1+\frac{(c^2-a^2)}{a^2}\sin^2\theta\right]^{-1/2}\,.$$

Das homogen geladene Ellipsoid wird somit durch die Ladungsverteilung

$$\rho(\boldsymbol{r})=\begin{cases}\rho_0 & r\le R(\theta)\\ 0 & r>R(\theta)\end{cases}$$

beschrieben. Die θ-Abhängigkeit ergibt sich in diesem Fall durch die Begrenzung. Ein Rotationsellipsoid mit einer beliebigen Ladungsverteilung würde durch die Angaben

$$\rho(\boldsymbol{r})=\begin{cases}\rho(r,\,\theta) & r\le R(\theta)\\ 0 & r\ge R(\theta)\end{cases}$$

charakterisiert, so dass im Innengebiet die Poissongleichung

$$\Delta V_i(\boldsymbol{r})=-4\pi k_e\,\rho(r,\,\theta)\qquad r\le R(\theta) \tag{3.6}$$

und im Außengebiet die Laplacegleichung

$$\Delta V_a(\boldsymbol{r})=0\qquad\qquad r>R(\theta) \tag{3.7}$$

zuständig ist.

Es ist vorteilhaft, mit der Diskussion der Lösung der Laplacegleichung in dem Außenraum zu beginnen. Infolge der vorgegebenen Symmetrie kann man voraussetzen, dass das Potential nicht von dem Azimutalwinkel φ abhängt

$$\frac{\partial V}{\partial\varphi}=0\,.$$

Für die weitere Diskussion hat man dann die Wahl, das Problem in Kugelkoordinaten (r, φ, θ) oder in Zylinderkoordinaten (ρ, φ, z) zu behandeln (Abb. 3.3b). Orientiert man sich noch einmal an dem homogenen Rotationsellipsoid, so würde man erwarten, dass Kugelkoordinaten nützlicher sind, falls das Ellipsoid nicht zu länglich ist. Für $c \gg a$ oder gar $c \to \infty$ (ein unendlich langer Zylinder) sind wohl Zylinderkoordinaten vorzuziehen. In beiden Fällen steht eine etwas langwierige Diskussion an.

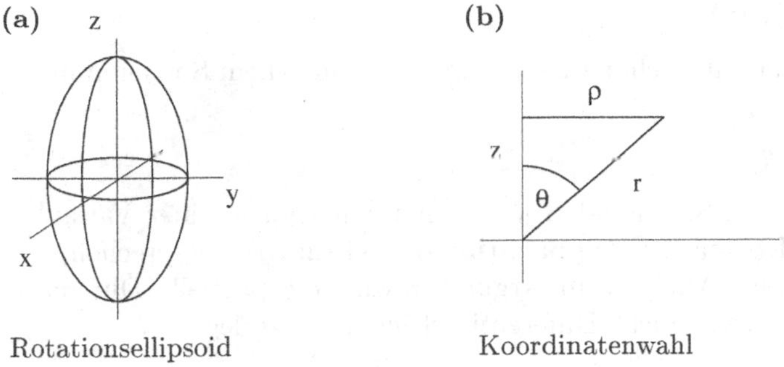

Abb. 3.3. Zur Azimutalsymmetrie

Wählt man Kugelkoordinaten, so lautet die Laplacegleichung

$$\Delta V_a(r,\theta) = \frac{1}{r^2}\frac{\partial}{\partial r}\left(r^2\frac{\partial V_a(r,\theta)}{\partial r}\right) + \frac{1}{r^2\sin\theta}\frac{\partial}{\partial\theta}\left(\sin\theta\frac{\partial V_a(r,\theta)}{\partial\theta}\right) = 0\,, \tag{3.8}$$

bzw. nach Multiplikation mit r^2

$$\frac{\partial}{\partial r}\left(r^2\frac{\partial V_a(\boldsymbol{r})}{\partial r}\right) + \frac{1}{\sin\theta}\frac{\partial}{\partial\theta}\left(\sin\theta\frac{\partial V_a(\boldsymbol{r})}{\partial\theta}\right) = 0\,.$$

Eine abgekürzte Schreibweise ist

$$\Delta_{\mathrm{r}} V_a(r,\theta) + \Delta_\theta V_a(r,\theta) = 0\,,$$

wobei die Operatoren

$$\Delta_{\mathrm{r}} = \frac{\partial}{\partial r}\left(r^2\frac{\partial}{\partial r}\right) = r^2\frac{\partial^2}{\partial r^2} + 2r\frac{\partial}{\partial r} \tag{3.9}$$

$$\Delta_\theta = \frac{1}{\sin\theta}\frac{\partial}{\partial\theta}\left(\sin\theta\frac{\partial}{\partial\theta}\right) = \frac{\partial^2}{\partial\theta^2} + \cot\theta\frac{\partial}{\partial\theta} \tag{3.10}$$

eingeführt werden. Es stellt sich die Frage: Wie gewinnt man eine allgemeine Lösung der partiellen Differentialgleichung (3.8) bzw. welche spezielle Lösung ist gefragt?

Die benötigten Grundlagen zu dem Thema partielle Differentialgleichungen werden in Math.Kap. 3 ausführlicher vorgestellt.

In Zusammenfassung der Ausführungen in Math.Kap. 3.1 kann man an dieser Stelle das Folgende notieren. Der erste Schritt zur Beantwortung der Frage beruht auf dem **Separationsverfahren**. Zur Lösung der zweidimensionalen Laplacegleichung in Kugelkoordinaten

$$(\Delta_{\mathrm{r}} + \Delta_\theta)\, V_a(r,\theta) = 0$$

macht man den Ansatz (Beachte: R bezeichnet hier eine Funktion der Radialkoordinate)

$$V_a(r, \theta) = R(r)P(\theta) \; .$$

Die partielle Differentialgleichung geht dann nach einfachem Sortieren in

$$\frac{\Delta_{\rm r} R(r)}{R(r)} + \frac{\Delta_\theta P(\theta)}{P(\theta)} = 0$$

über. Da die einzelnen Summanden jeweils nur Funktionen einer Variablen sind, müssen sie Konstanten (**Separationskonstanten**) entsprechen, die sich zu Null addieren. Mit diesem Argument wird die partielle Differentialgleichung in zwei gewöhnliche Differentialgleichungen zerlegt

$$\frac{\mathrm{d}}{\mathrm{d}r}\left(r^2 \frac{\mathrm{d}R(r)}{\mathrm{d}r}\right) = \kappa R(r) \qquad \text{(Radialgleichung)} \tag{3.11}$$

$$\frac{1}{\sin\theta}\frac{\mathrm{d}}{\mathrm{d}\theta}\left(\sin\theta \frac{\mathrm{d}P(\theta)}{\mathrm{d}\theta}\right) = -\kappa P(\theta) \qquad \text{(Winkelgleichung)}\,. \tag{3.12}$$

Im nächsten Schritt sind die allgemeinen Lösungen dieser gewöhnlichen Differentialgleichungen zweiter Ordnung zu bestimmen. Dabei kann man Aussagen über mögliche Werte (bzw. Wertebereiche) der Separationskonstanten gewinnen.

Die gewöhnlichen Differentialgleichungen sind homogen und linear, haben aber im Allgemeinen variable Koeffizienten, so z.B. die Radialgleichung

$$r^2 \frac{\mathrm{d}^2 R(r)}{\mathrm{d}r^2} + 2r \frac{\mathrm{d}R(r)}{\mathrm{d}r} - \kappa R(r) = 0 \; .$$

Eine allgemeine Lösung kann aus zwei linear unabhängigen Lösungen zusammengesetzt werden. Es ist

$$R(r) = c_1 R_1(r) + c_2 R_2(r) \; ,$$

falls die Wronskideterminante der Teillösungen nicht verschwindet

$$W(R_1, R_2) = \begin{vmatrix} R_1(r) & R_2(r) \\ \dfrac{\mathrm{d}R_1(r)}{\mathrm{d}r} & \dfrac{\mathrm{d}R_2(r)}{\mathrm{d}r} \end{vmatrix} \neq 0 \; .$$

Sind die Koeffizientenfunktionen der Differentialgleichung einfach, so ist es möglich, zwei geeignete Partikulärlösungen zu erraten. Ist dies nicht der Fall, so muss man methodischer vorgehen. Sind die Koeffizientenfunktionen (einfache) Potenzen der Variablen, bedeutet dies einen Potenzreihenansatz

$$R(r) = r^\beta \sum_{n=0}^{\infty} a_n r^n \; .$$

Den Faktor r^β spaltet man von der Potenzreihe ab, um das Verhalten der Lösung am Koordinatenursprung (sie könnte sich z.B. dort wie $r^{1/2}$ verhalten) besser in den Griff zu bekommen. Die Entwicklungskoeffizienten sind durch Einsetzen in die Differentialgleichung über Koeffizientenvergleich, der im Allgemeinen zu Rekursionsformeln führt, zu bestimmen. Die Struktur der vorliegenden Radialgleichung ist jedoch einfach genug, so dass man die Partikulärlösungen erraten kann.

Geht man mit dem Ansatz $R(r) = r^{\alpha}$ in die Differentialgleichung ein, so ergibt sich

$$\alpha\,(\alpha - 1)\, r^{\alpha-2} r^2 + 2\alpha r^{\alpha-1} r - \kappa r^{\alpha} = 0$$

oder

$$\{\alpha\,(\alpha + 1) - \kappa\} = 0\,.$$

Dies bedeutet, dass r^{α} eine Lösung ist, falls die Separationskonstante κ den Wert $\alpha(\alpha+1)$ annimmt. Um die zulässigen Werte von κ oder α zu bestimmen, betrachtet man die Funktion

$$\kappa = \alpha(\alpha + 1)\,.$$

Diese Parabel (Abb. 3.4) hat ein Minimum für $\alpha_{\text{min}} = -1/2$. Der Minimalwert ist $\kappa_{\text{min}} = -1/4$. Aus dem Kurvenverlauf gewinnt man somit die Aussagen

(i) Nur κ-Werte mit $\kappa \geq -1/4$ entsprechen reellen Hochzahlen α. Da aus physikalischen Gründen die Lösung eine reelle Funktion darstellen soll (Potentialdifferenzen sind reelle Größen), sind nur diese κ-Werte zulässig.
(ii) Zu jedem κ-Wert (mit $k > -1/4$) gibt es genau zwei α-Werte:

$$\alpha_1 = \alpha \qquad \kappa = \alpha_1(\alpha_1 + 1) = \alpha(\alpha + 1)$$

$$\alpha_2 = -(\alpha + 1) \qquad \kappa = \alpha_2(\alpha_2 + 1) = -(\alpha + 1)(-\alpha) = \alpha(\alpha + 1)\,.$$

Wenn man sich also auf den Bereich $\alpha > -1/2$ beschränkt, existieren für jeden Wert von α zwei linear unabhängige Partikulärlösungen

$$R_1(r) = r^{\alpha} \qquad R_2(r) = r^{-(\alpha+1)}\,.$$

Beide erfüllen die Differentialgleichung

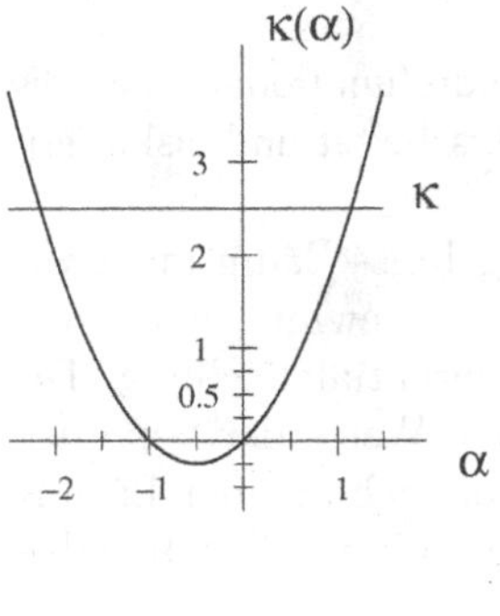

Abb. 3.4. Zur Bestimmung der Fundamentallösungen der Radialgleichung

$$r^2\frac{\mathrm{d}^2R_i(r)}{\mathrm{d}r^2}+2r\frac{\mathrm{d}R_i(r)}{\mathrm{d}r}-\alpha(\alpha+1)R_i(r)=0 \qquad (i=1,\,2)\,. \tag{3.13}$$

Die Lösungen sind linear unabhängig, denn es gilt

$$W(R_1,\,R_2)=\begin{vmatrix} r^{\alpha} & r^{-(\alpha+1)} \\ \alpha\, r^{\alpha-1} & -(\alpha+1)r^{-(\alpha+2)} \end{vmatrix} = -(2\alpha+1)\frac{1}{r^2}\,.$$

Die allgemeine Lösung der Radialgleichung ist demnach

$$R_\alpha(r)=A_\alpha\, r^{-(\alpha+1)}+B_\alpha\, r^{\alpha} \tag{3.14}$$

und zwar für alle Werte der alternativen 'Separationskonstanten' α mit $\alpha>-1/2$.

Die Diskussion des Winkelanteils (3.12) erfordert die Lösung der Differentialgleichung

$$\frac{1}{\sin\theta}\frac{\mathrm{d}}{\mathrm{d}\theta}\left(\sin\theta\frac{\mathrm{d}P(\theta)}{\mathrm{d}\theta}\right)+\alpha(\alpha+1)P(\theta)=0 \qquad (\alpha>1/2)\,. \tag{3.15}$$

Mit der Substitution

$$x=\cos\theta \qquad (-1\le x\le 1)$$

erhält man eine Differentialgleichung, deren Koeffizientenfunktionen Polynome in der Variablen x sind. Für die Substitution gilt nach der Kettenregel

$$\frac{\mathrm{d}}{\mathrm{d}\theta}=\frac{\mathrm{d}}{\mathrm{d}x}\frac{\mathrm{d}x}{\mathrm{d}\theta}=-\sin\theta\frac{\mathrm{d}}{\mathrm{d}x}=-\sqrt{1-x^2}\,\frac{\mathrm{d}}{\mathrm{d}x}\,.$$

Die Differentialgleichung lautet dann

$$\frac{\mathrm{d}}{\mathrm{d}x}\left[\left(1-x^2\right)\frac{\mathrm{d}P(x)}{\mathrm{d}x}\right]+\alpha(\alpha+1)P(x)=0\,,$$

bzw. explizit ausgeschrieben

$$\left(1-x^2\right)\frac{\mathrm{d}^2P(x)}{\mathrm{d}x^2}-2x\frac{\mathrm{d}P(x)}{\mathrm{d}x}+\alpha(\alpha+1)P(x)=0\,. \tag{3.16}$$

Diese häufig anzutreffende Differentialgleichung der theoretischen Physik heißt **Legendresche Differentialgleichung**.

Die Lösungen dieser Differentialgleichung, die Legendrefunktionen bzw. die Legendrepolynome, werden in Math.Kap. 4.3 im Detail erarbeitet und diskutiert.

Die in Math.Kap. 4.3.1 und 4.3.2 dargestellten Ergebnisse kann man, wie folgt, zusammenfassen: Über einen Potenzreihenansatz gewinnt man zwei linear unabhängige Lösungen der Legendreschen Differentialgleichung. Die beiden Lösungen, $P_{\alpha,\,1}$ und $P_{\alpha,\,2}$, sind zunächst für alle Werte der Separationskonstanten α mit $\alpha>-1/2$ definiert. Damit man jedoch aus der Lösung der Laplacegleichung im Endeffekt die eingeschlossene Ladung über die Gleichung

$$\oiint \nabla V_a(r, \theta) \cdot \mathbf{d}\boldsymbol{f} = -4\pi k_e \, Q$$

berechnen kann, sind nur Lösungen der Legendreschen Differentialgleichung zulässig, die in dem Intervall $-1 \leq \cos\theta \leq 1$ keine Singularitäten besitzen. Dies ist für nichtganzzahlige Werte von $\alpha > -1/4$ nicht gegeben. Die Forderung bedingt somit, dass α nur ganzzahlige Werte größer gleich Null annehmen kann

$$\alpha \equiv l = 0, 1, 2, \ldots .$$

In diesem Fall geht eine der Potenzreihen in ein Polynom in der Variablen x über. Die Polynomlösungen, die **Legendrepolynome** $P_l(x) \equiv P_l(\cos\theta)$, können in verschiedener Weise charakterisiert werden[1]. Eine relativ direkte Möglichkeit zur Berechnung der Polynome liefert die Rekursionsformel

$$lP_l(x) - (2l-1)P_{(l-1)}(x) + (l-1)P_{(l-2)}(x) = 0 ,$$

die für $l = 2$ mit $P_0(x) = 1$ und $P_1(x) = x$ gestartet wird.

Mit diesen Polynomlösungen nimmt die physikalisch relevante Lösung der Laplacegleichung (3.8) die Form

$$V_a(r,\theta) = k_e \sum_{l=0}^{\infty} \left(\frac{A_l}{r^{(l+1)}} + B_l r^l \right) P_l(\cos\theta) \tag{3.17}$$

an. Der Proportionalitätsfaktor des Coulombgesetzes k_e wird zweckmäßigerweise aus den Integrationskonstanten ausgeklammert. Da die ursprüngliche, partielle Differentialgleichung die Separationskonstante $\kappa = l(l+1)$ nicht enthält, kann die Lösung nicht von dieser Konstanten abhängen. Man erhält eine allgemeine Lösung, indem man über die Einzellösungen summiert und somit diese Abhängigkeit beseitigt. Die einfache Randbedingung $V(r,\theta) \longrightarrow 0$ für $r \longrightarrow \infty$ erfordert $B_l = 0$ für alle Werte von l, so dass letztlich die Lösung des gestellten Potentialproblems

$$V_a(r,\theta) = k_e \sum_{l=0}^{\infty} \frac{A_l}{r^{(l+1)}} P_l(\cos\theta) \tag{3.18}$$

lautet.

Die 'Integrationskonstanten' A_l sind durch Anschluss an die Lösung in dem Bereich $r \leq R(\theta)$ zu bestimmen. Die Tatsache, dass beliebig viele Integrationskonstanten auftreten, entspricht der vorliegenden räumlichen Situation. Im Fall einer Raumdimension kann man zwei Randwerte vorgeben, die die zwei zulässigen Integrationskonstanten festlegen. In der zweidimensionalen Welt liegt eine Randkurve vor, in dem momentanen Beispiel die Ellipse $r = R(\theta)$. Es existieren also beliebig viele Randpunkte, durch die, cum grano salis, alle Integrationskonstanten bestimmt werden können.

[1] Siehe Anh. C.1, oder Math.Kap. 4.3.2, in denen die wichtigsten Eigenschaften der Polynome aufgezählt bzw. begründet werden.

Zur Bestimmung der Konstanten A_l (für ein vorgegebenes $\rho(r,\,\theta)$) bestehen zwei Optionen:

Option 1: Löse die Poissongleichung $\Delta V(r,\,\theta) = -4\pi k_e\,\rho(r,\,\theta)$ in dem Innengebiet. Die Anschlussbedingungen für die Lösungen in den beiden Gebieten legen dann, infolge der linearen Unabhängigkeit der Legendre Polynome, die Konstanten A_l fest.

Option 2: In vielen Fällen interessiert die Kenntnis des Potentials in dem Innenraum nicht unbedingt. In diesem Fall kann man den Anschluss mit Hilfe der allgemeinen Lösungsformel

$$V(r,\,\theta) = k_e \iiint \frac{\rho(\boldsymbol{r}',\theta')\,\mathrm{d}V'}{|\boldsymbol{r}-\boldsymbol{r}'|}$$

in direkter Weise durchführen.

Zur Umsetzung der zweiten Option entwickelt man die Abstandsfunktion für Punkte im Außenraum ($r > r'$) nach Legendrepolynomen. Die Abstandsfunktion

$$|\boldsymbol{r}-\boldsymbol{r}'| = \left[(x-x')^2 + (y-y')^2 + (z-z')^2\right]^{1/2}$$

kann entweder durch Kugelkoordinaten

$$|\boldsymbol{r}-\boldsymbol{r}'| = \left[r^2 - 2rr'(\cos(\varphi-\varphi')\sin\theta\sin\theta' + \cos\theta\cos\theta') + r'^2\right]^{1/2}$$

oder über die Betrachtung des Skalarproduktes durch den von den Vektoren $\boldsymbol{r}$ und $\boldsymbol{r}'$ eingeschlossenen Winkel γ

$$|\boldsymbol{r}-\boldsymbol{r}'| = \left[r^2 - 2rr'\cos\gamma + r'^2\right]^{1/2}$$

ausgedrückt werden. Hier liest man eine oft benötigte Relation zwischen $\cos\gamma$ und den Winkeln, die die Punkte $\boldsymbol{r}$ und $\boldsymbol{r}'$ markieren, ab

$$\cos\gamma = \cos(\varphi-\varphi')\sin\theta\sin\theta' + \cos\theta\cos\theta'\ . \tag{3.19}$$

Man benutzt für diese Form der Abstandsfunktion die (Multipol-)Entwicklung (siehe Math.Kap. 4.3.2)

$$\frac{1}{|\boldsymbol{r}-\boldsymbol{r}'|} = \sum_{l=0}^{\infty} \frac{r_<^l}{r_>^{l+1}} P_l(\cos\gamma)\ , \tag{3.20}$$

wobei $r_>$ bzw. $r_<$ der größere bzw. kleinere Abstand von dem Koordinatenursprung ist. Die resultierende Entwicklung des Potentials in dem Bereich $r > r'$

$$V_a(r,\,\theta) = k_e \sum_{l=0}^{\infty} \iiint \rho(r',\,\theta') \frac{r'^{\,l}}{r^{l+1}} P_l(\cos\gamma)\,\mathrm{d}V' \tag{3.21}$$

kann mit der expliziten Lösung der Laplacegleichung (3.18) verglichen werden. Da die beiden Darstellungen der Lösung für alle Werte der Variablen r übereinstimmen müssen, ergibt Vergleich der Koeffizienten der Potenz $r^{-(l+1)}$

$$\iiint \rho(r',\theta')r'^{l}P_l(\cos\gamma)\,\mathrm{d}V' = A_l P_l(\cos\theta)\,.$$

Infolge der etwas verschachtelten Abhängigkeit des Winkels γ von dem Polarwinkel θ, ist die Sortierung dieser Relation nicht trivial. Für niedrige l-Werte kann man dies noch in direkter Weise durchführen.

Für $l = 0$ gilt $P_0(x) = 1$ und somit

$$A_0 = \iiint \rho(r',\theta')\,\mathrm{d}V' = \iiint_{\mathrm{LV}} \rho(r',\theta')\mathrm{d}V' = Q$$

(Integration über die eigentliche Ladungsverteilung (LV) ist ausreichend). Der erste Koeffizient ist die Gesamtladung.

Für $l = 1$ gilt $P_1(x) = x$ und somit

$$A_1\cos\theta = \iiint \mathrm{d}V' r'\rho(\boldsymbol{r}',\theta')\left(\cos(\varphi-\varphi')\sin\theta\sin\theta' + \cos\theta\cos\theta'\right)\,.$$

Zerlegt man den Kosinus der Azimutalwinkel auf der rechten Seite mit dem Additionstheorem und benutzt die Integrale

$$\int_0^{2\pi}\cos\varphi'\mathrm{d}\varphi' = \int_0^{2\pi}\sin\varphi'\mathrm{d}\varphi' = 0\,,$$

so erhält man

$$A_1\cos\theta = \left[\iiint r'\rho(\boldsymbol{r}',\theta')\cos\theta'\,\mathrm{d}V'\right]\cos\theta\,.$$

Der Koeffizient A_1 ist also

$$A_1 = \iiint_{\mathrm{LV}} z'\rho(\boldsymbol{r}',\theta')\,\mathrm{d}V'\,.$$

Man bezeichnet A_1 als das Dipolmoment der Ladungsverteilung. Diese Bezeichnung ist konsistent mit der Dimensionsbetrachtung

$$[A_1] = [\text{Volumen}\cdot\text{Länge}\cdot\frac{\text{Ladung}}{\text{Volumen}}] = [\text{Ladung}\cdot\text{Länge}]\,.$$

Insbesondere erhält man für einen Punktdipol, dessen Ladungen auf der z-Achse liegen (auch eine Ladungsverteilung mit Azimutalsymmetrie), wegen

$$\rho(r',\theta) = q\left[\delta(z'-a) - \delta(z'+a)\right]\delta(x')\,\delta(y')$$

für den Koeffizienten das Dipolmoment des Punktdipols

$$A_1 = q(a-(-a)) = 2qa\,.$$

Man kann diese elementare Auswertung für die weiteren Koeffizienten versuchen. Man verstrickt sich jedoch recht schnell in komplizierten Teilrechnungen, so z.B. schon für

$$A_2\left(\frac{1}{2}\left(3\cos^2\theta - 1\right)\right) = \iiint_{\mathrm{LV}} \rho(\boldsymbol{r}',\theta')r'^2\left[\frac{1}{2}\left(3\cos^2\gamma - 1\right)\right]\mathrm{d}V'\,.$$

Man benötigt eine rationalere Methode, um die Winkelanteile, die in $P_l(\cos\gamma)$ vermischt sind, zu trennen. Die benötigten Hilfsmittel gewinnt man bei der Lösung der Laplacegleichung in drei Raumdimensionen mittels Kugelkoordinaten.

3.3 Allgemeine Probleme: Lösung mit Kugelkoordinaten

Für eine Ladungsverteilung, die keine Symmetrie aufweist, jedoch auf einen endlichen Bereich beschränkt ist, muss man im Außenraum der Ladungsverteilung die Laplacegleichung in drei Raumdimensionen ansetzen. Benutzt man Kugelkoordinaten, so ist die partielle Differentialgleichung

$$\Delta V_a(r,\,\theta,\,\varphi) = 0 \tag{3.22}$$

zu lösen. Die Lösungsmethode ist wieder ein Separationsansatz, in diesem Fall jedoch in der Form

$$V_a(r,\,\theta,\,\varphi) = R(r)P(\theta)S(\varphi)\ .$$

Geht man mit diesem Ansatz in die Differentialgleichung ein, so erhält man zunächst die Relation[2]

$$P(\theta)S(\varphi)\ \left\{\frac{1}{r^2}\frac{\mathrm{d}}{\mathrm{d}r}\left(r^2\frac{\mathrm{d}R(r)}{\mathrm{d}r}\right)\right\} + \frac{R(r)S(\varphi)}{r^2\sin\theta}\left\{\frac{\mathrm{d}}{\mathrm{d}\theta}\left(\sin\theta\frac{\mathrm{d}P(\theta)}{\mathrm{d}\theta}\right)\right\}$$

$$+\frac{R(r)P(\theta)}{r^2\sin^2\theta}\frac{\mathrm{d}^2S(\varphi)}{\mathrm{d}\varphi^2} = 0\ .$$

Die Trennung der drei Anteile R, P und S erfordert in diesem Fall zwei Separationsschritte. In dem ersten Schritt multipliziert man die Differentialgleichung mit

$$\frac{r^2\sin^2\theta}{R(r)P(\theta)S(\varphi)}\ .$$

Das Ergebnis ist

$$\sin^2\theta\ \left\{\frac{1}{R(r)}\frac{\mathrm{d}}{\mathrm{d}r}\left(r^2\frac{\mathrm{d}R(r)}{\mathrm{d}r}\right) + \frac{1}{P(\theta)\sin\theta}\frac{\mathrm{d}}{\mathrm{d}\theta}\left(\sin\theta\frac{\mathrm{d}P(\theta)}{\mathrm{d}\theta}\right)\right\}$$

$$+\frac{1}{S(\varphi)}\frac{\mathrm{d}^2S(\varphi)}{\mathrm{d}\varphi^2} = 0\ .$$

Diese Gleichung hat die Form

$$F_1(r,\,\theta) + F_2(\varphi) = 0\ .$$

[2] Die Form des Laplaceoperators in Kugelkoordinaten findet man in Math.Kap. 5.2.2 und in Anh. B.4.

Das übliche Argument ergibt, dass jede der Funktionen eine Konstante sein muss. Man setzt also

$$F_1(r,\theta) = \kappa^2\,, \qquad F_2(\varphi) = -\kappa^2\,.$$

Die Form der Separationskonstanten ist allgemein genug, solange man zulässt, dass κ eine komplexe Zahl sein kann.

Die gewöhnliche Differentialgleichung für den Azimutalwinkelanteil

$$\frac{\mathrm{d}^2 S(\varphi)}{\mathrm{d}\varphi^2} + \kappa^2 S(\varphi) = 0 \tag{3.23}$$

ist die Differentialgleichung des harmonischen Oszillators (siehe Band 1 Kap. 2.1). Die bekannten Fundamentallösungen sind

$$S(\varphi) = \mathrm{e}^{\pm \mathrm{i}\kappa\varphi}\,. \tag{3.24}$$

Eine Lösung, die in der vorliegenden Situation physikalisch sinnvoll ist, muss

endlich, eindeutig (und stetig)

sein. Diese Forderung kann in der folgenden Weise umgesetzt werden:

Die Position eines Punktes wird durch den Azimutalwinkel φ oder durch φ modulo 2π charakterisiert (Abb. 3.5). Da eine sinnvolle Lösung unabhängig von der (ansonsten trivialen) Periodizität $S(\varphi) = S(\varphi + 2\pi)$ sein soll, ergibt sich

$$\mathrm{e}^{\mathrm{i}\kappa\varphi} = \mathrm{e}^{\mathrm{i}\kappa\varphi} \cdot \mathrm{e}^{\mathrm{i}2n\kappa\pi} \qquad \text{oder} \qquad \mathrm{e}^{2\mathrm{i}n\kappa\pi} = 1\,.$$

Diese Bedingung kann man nur erfüllen, wenn κ ganzzahlig und reell ist

$$\kappa = 0,\ \pm 1,\ \pm 2,\ \pm 3,\ \dots\,.$$

Zusammenfassend kann man somit notieren: Die Differentialgleichung für den Azimutalwinkelanteil lautet (mit der Standardnotation m anstelle von κ)

$$\frac{\mathrm{d}^2 S}{\mathrm{d}\varphi^2} + m^2 S = 0\,.$$

Für die Separationskonstante sind nur die Werte

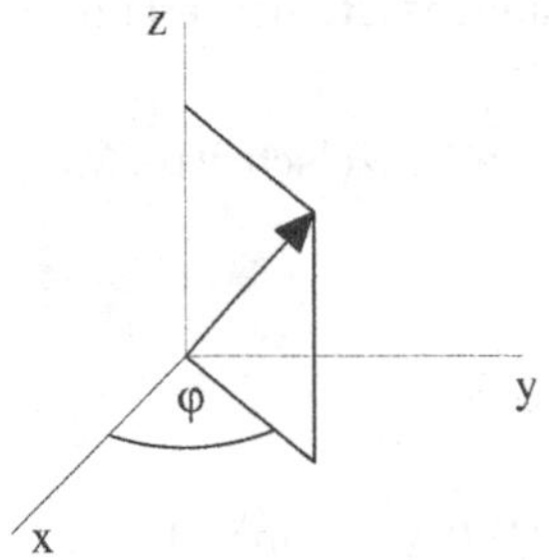

Abb. 3.5. Der Azimutalwinkel

$$m^2 = 0,\, 1,\, 4,\, 9,\, \ldots$$

zulässig. Die allgemeine Lösung hat dann die Form

$$S_m(\varphi) = C_1 \mathrm{e}^{\mathrm{i}m\varphi} + C_2 \mathrm{e}^{-\mathrm{i}m\varphi} \qquad (m = 0,\ \pm 1,\ \pm 2,\ \pm 3,\ \ldots)\,. \tag{3.25}$$

Zusätzlich ist noch das Folgende zu bemerken:

(i) Anstelle von $\exp(\mathrm{i}m\varphi)$ und $\exp(-\mathrm{i}m\varphi)$ können auch die reellen Funktionen $\sin(m\varphi)$ und $\cos(m\varphi)$ als Fundamentalsystem benutzt werden. Die komplexe Form stellt jedoch die handlichere Variante dar.

(ii) Die Funktionen

$$\tilde{S}_m(\varphi) = \frac{1}{\sqrt{2\pi}} \mathrm{e}^{\mathrm{i}m\varphi} \qquad (m = -\infty,\ \ldots,\ 0,\ \ldots,\ \infty) \tag{3.26}$$

bilden ein Orthonormalsystem von Funktionen, wenn man in dem Intervall $0 \leq \varphi \leq 2\pi$ das 'Skalarprodukt' folgendermaßen definiert

$$\langle m_1 | m_2 \rangle = \int_0^{2\pi} \tilde{S}^*_{m_1}(\varphi) \tilde{S}_{m_2}(\varphi) \mathrm{d}\varphi = \delta_{m_1,\, m_2}\,, \tag{3.27}$$

wobei zu beachten ist, dass eine der Funktionen komplex konjugiert wird. Der Beweis dieser Aussage ist einfach. Es ist

$$\text{für } m_1 \neq m_2: \quad \int_0^{2\pi} \mathrm{e}^{\mathrm{i}(m_2 - m_1)\varphi} \mathrm{d}\varphi = \frac{1}{\mathrm{i}(m_2 - m_1)} \mathrm{e}^{\mathrm{i}(m_2 - m_1)\varphi} \bigg|_0^{2\pi} = 0$$

$$\text{für } m_1 = m_2: \quad \int_0^{2\pi} \mathrm{d}\varphi = 2\pi\,.$$

(iii) Das System von Funktionen ist vollständig. Jede über dem Intervall $[0,\, 2\pi]$ definierte Funktion $f(\varphi)$ lässt sich in der Form einer Fourierreihe (Band 1, Math.Kap. 1.3.4) darstellen

$$f(\varphi) = \sum_{m=-\infty}^{\infty} a_m \mathrm{e}^{\mathrm{i}m\varphi}\,.$$

Eine Einführung in das Thema Hilberträume, in dem die Begriffe Skalarprodukt von Funktionen und Vollständigkeit von Funktionensystemen erläutert werden, wird in Math.Kap. 5.3 angeboten.

Der zweite Separationsschritt beinhaltet die folgenden Einzelschritte: Man multipliziert die Gleichung

$$F_1(r,\, \theta) = m^2 \qquad \text{mit} \quad \frac{1}{\sin^2\theta}$$

und erhält

$$\left\{ \frac{1}{R(r)} \frac{\mathrm{d}}{\mathrm{d}r} \left(r^2 \frac{\mathrm{d}R(r)}{\mathrm{d}r} \right) \right\} + \left\{ \frac{1}{\sin\theta\, P(\theta)} \frac{\mathrm{d}}{\mathrm{d}\theta} \left(\sin\theta \frac{\mathrm{d}P(\theta)}{\mathrm{d}\theta} \right) - \frac{m^2}{\sin^2\theta} \right\} = 0\,.$$

Nennt man (in weiser Voraussicht) die Separationskonstante $l(l+1)$ (l muss zunächst keine ganze Zahl sein), so folgt
(a) Die Differentialgleichung für den Radialanteil ist wie im Fall von Azimutalsymmetrie (vergleiche (3.13))

$$\frac{\mathrm{d}}{\mathrm{d}r}\left(r^2\frac{\mathrm{d}R(r)}{\mathrm{d}r}\right) - l(l+1)R(r) = 0 \tag{3.28}$$

mit der allgemeinen Lösung (3.14)

$$R_l(r) = \frac{A_l}{r^{l+1}} + B_l r^l \; .$$

(b) Für den Winkelanteil erhält man, wieder mit der Substitution $x = \cos\theta$, die Differentialgleichung

$$(1-x^2)\frac{\mathrm{d}^2P(x)}{\mathrm{d}x^2} - 2x\frac{\mathrm{d}P(x)}{\mathrm{d}x} + \left[l(l+1) - \frac{m^2}{1-x^2}\right]P(x) = 0\;. \tag{3.29}$$

Diese Erweiterung der Legendreschen Differentialgleichung bezeichnet man als die **zugeordnete** Legendresche Differentialgleichung.

Die Lösungen dieser Differentialgleichung, die für physikalische Probleme von Interesse sind - die zugeordneten Legendrepolynome -, werden in Math.Kap. 4.3.3 besprochen.

Die **zugeordneten Legendrepolynome** können (für positive Werte von m) durch Differentiation der Legendrepolynome gewonnen werden

$$P_l^m(x) = (-1)^m(1-x^2)^{(m/2)}\frac{\mathrm{d}^m}{\mathrm{d}x^m}P_l(x)\;, \tag{3.30}$$

wobei die ganzzahligen m-Werte auf das Intervall $0 \le m \le l$ beschränkt sind. Funktionen mit negativen Werten des Index m kann man über die Symmetrierelation

$$P_l^{(-m)}(x) = (-1)^m\frac{\Gamma(l-m+1)}{\Gamma(l+m+1)}P_l^m(x) \tag{3.31}$$

bestimmen. (Die Gamma-Funktion $\Gamma(n)$ wird in Math.Kap. 4.1 erläutert).

Es ist zweckmäßig, die zugeordneten Legendrepolynome $P_l^m(\cos\theta)$ und die Lösungen der Differentialgleichung für den Polarwinkel φ zu einer komplexwertigen Funktion von zwei Variablen zusammenzufassen. Die resultierenden **Kugelflächenfunktionen** (Englisch: spherical harmonics) sind folgendermaßen definiert

$$Y_{l,m}(\theta,\varphi) = \left[\frac{(2l+1)(l-m)!}{4\pi(l+m)!}\right]^{1/2} P_l^m(\cos\theta)\,\mathrm{e}^{im\varphi}\;. \tag{3.32}$$

Die Indizes können die Werte

$$l = 0,\,1,\,2,\,\ldots \qquad -l \le m \le l$$

annehmen. Der Definitionsbereich ist, wie die Bezeichnung dieser Funktion zum Ausdruck bringt, die Oberfläche einer Kugel

$$0 \le \theta \le \pi \qquad 0 \le \varphi \le 2\pi \,.$$

Eine Diskussion der wichtigsten Eigenschaften der Kugelflächenfunktionen findet man in Math.Kap. 4.3.4, eine kurze Zusammenstellung der Eigenschaften aller Winkelfunktionen im Anh. C.

Mit Hilfe der Winkelfunktionen[3] kann man die Lösung des allgemeinen Potentialproblems mit einfachen Randbedingungen mittels Kugelkoordinaten ins Auge fassen.

Die Aufgabe lautet: Gegeben ist eine Ladungsverteilung $\rho(r,\,\theta,\,\varphi)$, die auf die Umgebung des Koordinatenursprungs beschränkt ist

$$\rho(r,\,\theta,\,\varphi) = 0 \qquad \text{für} \qquad r > R \,.$$

Bestimme das Potential in dem Außenbereich $r > R$.

Die Lösung der Aufgabe umfasst die Schritte:

(1) Betrachte die Lösungen der Laplacegleichung

$$\Delta V_a(r,\,\theta,\,\varphi) = 0$$

in Kugelkoordinaten, die mit den Bedingungen

$$V_a \xrightarrow{r\,\to\,\infty} 0 \qquad \text{und} \qquad \left|\int \boldsymbol{\nabla} V_a \cdot \mathbf{d}\boldsymbol{f}\right| < \infty$$

verträglich ist. Die Lösung hat in Erweiterung von (3.18) die Form

$$V_a(r,\,\theta,\,\varphi) = k_e \sum_{l=0}^{\infty} \sum_{m=-l}^{l} \frac{A_{lm}}{r^{l+1}} \left[\frac{4\pi}{2l+1}\right]^{1/2} Y_{l,m}(\theta,\,\varphi) \,. \tag{3.33}$$

Die Funktionen $Y_{l,m}$ sind komplex. Dies bedingt, dass die Integrationskonstanten A_{lm} im Allgemeinen komplex sein müssen, damit der Gesamtausdruck auf der rechten Seite eine reelle Größe ergibt. Die Abspaltung eines Faktors $[4\pi/(2l+1)]^{1/2}$ ist nicht unbedingt erforderlich, erweist sich aber als nützlich.

(2) Die allgemeine Lösung der Poisson-/Laplacegleichung im Innen- und Außengebiet mit einfachen Randbedingungen kann man auch in der Form

$$V(r,\,\theta,\,\varphi) = k_e \iiint \frac{\rho(r',\,\theta',\,\varphi')}{|\boldsymbol{r} - \boldsymbol{r}'|}\,\mathrm{d}V'$$

angeben. Entwickelt man die Abstandsfunktion nach Legendrepolynomen (siehe Math.Kap. 4.3.2), so erhält man für den Außenbereich $r > R > r'$

[3] Diese Winkelfunktionen werden hier im Rahmen des Potentialproblems der Elektrostatik eingeführt. Man trifft sie jedoch in vielen Gebieten der Physik, z.B. auch in der Quantenmechanik bei der Lösung der zuständigen Wellengleichungen. Infolge der weiten Verbreitung ist ein eingehendes Studium dieser Funktionen dringend zu empfehlen.

$$V_a(r,\theta,\varphi) = k_e \sum_l \iiint \rho(\boldsymbol{r}') \frac{(r')^l}{r^{l+1}} P_l(\cos\gamma)\, \mathrm{d}V' \,.$$

Um das Legendrepolynom $P_l(\cos\gamma)$, wobei γ der Winkel zwischen den Vektoren $\boldsymbol{r}$ und $\boldsymbol{r}'$ ist, umzuschreiben, benutzt man das **Additionstheorem der Kugelflächenfunktionen** (siehe Math.Kap. 4.3.4) und erhält anstelle der einfachen Multipolentwicklung (3.20) eine Multipolentwicklung, in der in jedem Term alle sechs Kugelkoordinaten der Abstandsfunktion separiert sind

$$\frac{1}{|\boldsymbol{r}-\boldsymbol{r}'|} = \sum_{l=0}^{\infty} \sum_{m=-l}^{l} \frac{4\pi}{(2l+1)} \frac{r_<^l}{r_>^{l+1}} Y_{l,m}(\theta,\varphi) Y_{l,m}^*(\theta',\varphi') \,. \tag{3.34}$$

Damit ergibt sich für das Potential im Außenbereich

$$V_a(r,\theta,\varphi) = k_e \sum_{l=0}^{\infty} \sum_{m=-l}^{l} \frac{4\pi}{(2l+1)} \frac{Y_{l,m}(\theta,\varphi)}{r^{l+1}} \cdot \left[\iiint \mathrm{d}V' \rho(\boldsymbol{r}')(r')^l Y_{l,m}^*(\theta',\varphi')\right] . \tag{3.35}$$

(3) Vergleich der beiden Formeln (3.33) und (3.35) für das Potential im Außenbereich liefert dann einen Ausdruck für die Integrationskonstanten A_{lm}

$$A_{lm} = \left[\frac{4\pi}{2l+1}\right]^{1/2} \iiint \mathrm{d}V' \rho(\boldsymbol{r}')(r')^l Y_{l,m}^*(\theta',\varphi') \,. \tag{3.36}$$

Da die Kugelflächenfunktionen die Symmetrierelation

$$Y_{l,-m}(\theta,\varphi) = (-1)^m Y_{l,m}^*(\theta,\varphi)$$

erfüllen, gilt für die Koeffizienten A_{lm} die Relation

$$A_{l,-m} = (-1)^m A_{lm}^* \,, \tag{3.37}$$

vorausgesetzt es liegt eine reelle Ladungsverteilung vor. Die Auswertung der Formel (3.36) für verschiedene Klassen von Ladungsverteilungen wird in dem nächsten Abschnitt vorgenommen. Zuvor wird aber noch die Frage nach der Verwendung weiterer Koordinatensätze zur Lösung der Laplacegleichung angeschnitten.

Die Benutzung von Kugelkoordinaten zur Diskussion des Potentialproblems ist nicht zwingend. Die Laplacegleichung separiert in den verschiedensten Sätzen von orthogonalen Koordinaten[4] . Ein Problem entsteht erst, wenn man die Lösung der Laplacegleichung im Außenraum an die Lösung der Poissongleichung im Innenraum anschließen möchte, bzw. wenn man versucht die Poissongleichung im Innenraum explizit zu lösen.

Zieht man Zylinderkoordinaten (ϱ, z, φ) in Betracht (Math.Kap. 3.1.4), so lautet die Laplacegleichung

[4] Weitere Sätze von orthogonalen Koordinaten findet man in P. Moon and D.E. Spencer 'Field Theory Handbook' (Springer Verlag, Berlin, 1961)

$$\left(\frac{\partial^2}{\partial\varrho^2} + \frac{1}{\varrho}\frac{\partial}{\partial\varrho} + \frac{1}{\varrho^2}\frac{\partial^2}{\partial\varphi^2} + \frac{\partial^2}{\partial z^2}\right) V_a(\varrho,\, z,\, \varphi) = 0\,. \tag{3.38}$$

Der Separationsansatz

$$V_a(\boldsymbol{r}) = R(\varrho)S(\varphi)Z(z)$$

liefert die drei gewöhnlichen Differentialgleichungen

$$\frac{\mathrm{d}^2 Z(z)}{\mathrm{d}z^2} - \kappa^2 Z(z) = 0$$

$$\frac{\mathrm{d}^2 S(\varphi)}{\mathrm{d}\varphi^2} + m^2 S(\varphi) = 0$$

$$\frac{\mathrm{d}^2 R(\varrho)}{\mathrm{d}\varrho^2} + \frac{1}{\varrho}\frac{\mathrm{d}R(\varrho)}{\mathrm{d}\varrho} + \left(\kappa^2 - \frac{m^2}{\varrho^2}\right) R(\varrho) = 0\,.$$

Die Lösungen der ersten beiden Gleichungen sind elementare Funktionen

$$Z_\kappa(z) = a_+ \mathrm{e}^{\kappa z} + a_- \mathrm{e}^{-\kappa z} \qquad (\kappa \geq 0 \to \text{reell, beliebig})$$

$$S_m(\varphi) = b_+ \mathrm{e}^{\mathrm{i}\, m\varphi} + b_- \mathrm{e}^{-\mathrm{i}\, m\varphi} \qquad (m \geq 0, \text{ ganzzahlig})\,.$$

Die dritte Differentialgleichung ist eine spezielle Form der **Besselschen Differentialgleichung**. Die Lösungen, **Besselfunktionen**, die auch als Zylinderfunktionen bezeichnet werden, werden in Math.Kap. 4.4 vorgestellt.

Da die allgemeine Lösung nicht von den Separationskonstanten abhängen kann, hat die allgemeine Lösung der Laplacegleichung in Zylinderkoordinaten die Form

$$V_a(\boldsymbol{r}) = k_e \sum_{\kappa,m} A_{\kappa,m} R_{\kappa,m}(\varrho) S_m(\varphi) Z_\kappa(z)\,,$$

wobei noch die physikalisch zulässigen Funktionen zu identifizieren sind. Für den Anschluss an die Lösung im Bereich der Ladungsverteilung gibt es entsprechende Optionen wie für den Fall von Kugelkoordinaten.

3.4 Multipolmomente

Die einfachsten Ladungsverteilungen, die der Form halber noch einmal aufgeführt werden, sind kugelsymmetrische Ladungsverteilungen mit $\rho(\boldsymbol{r}) = \rho(r)$. Es ist dann

$$A_{lm} = \left[\frac{4\pi}{2l+1}\right]^{1/2} \int_0^\infty \rho(r')(r')^{l+2}\mathrm{d}r' \iint Y^*_{l,m}(\theta',\, \varphi')\,\mathrm{d}\Omega'$$

zu berechnen. Das Oberflächenintegral

$$\iint \mathrm{d}\Omega'\; Y^*_{l,m}(\Omega') \qquad (\Omega' \to (\theta',\, \varphi'))$$

kann mit einer einfachen Ersetzung von 1 durch $1 = Y_{00}\sqrt{4\pi}$ und Anwendung der Orthogonalitätsrelation der Kugelflächenfunktionen ausgewertet werden (siehe Math.Kap. 4.3.4)

$$\iint \mathrm{d}\Omega' Y^*_{l,m}(\Omega') = \sqrt{4\pi} \iint \mathrm{d}\Omega' Y^*_{l,m}(\Omega') Y_{0,0}(\Omega') - \sqrt{4\pi}\,\delta_{l,0}\,\delta_{m,0} \,.$$

Mit dem Radialintegral

$$\int_0^\infty \rho(r')(r')^2\,\mathrm{d}r' = \frac{Q}{4\pi}$$

erhält man das vorherige Ergebnis

$$A_{lm} = Q\,\delta_{l,0}\,\delta_{m,0} \quad \text{und} \quad \text{somit} \qquad V(\boldsymbol{r}) = \frac{Q}{r} \,.$$

Der Fall von azimutalsymmetrischen Ladungsverteilungen

$$\rho(\boldsymbol{r}) = \rho(r,\,\theta)$$

wurde schon in Kap. 3.2 andiskutiert. Die allgemeine Formel (3.36) für die Koeffizienten A_{lm} reduziert sich hier auf

$$A_{lm} = \left[\frac{4\pi}{2l+1}\right]^{1/2} \iiint \mathrm{d}r'\mathrm{d}\varphi'\mathrm{d}\cos\theta'\,\rho(r',\theta')\,(r')^{l+2}\,Y^*_{l,m}(\theta',\varphi') \,.$$

Die φ-Integration kann sofort ausgeführt werden (vergleiche (3.27))

$$\int_0^{2\pi} \mathrm{d}\varphi'\;\mathrm{e}^{\pm\mathrm{i}m\varphi'} = 2\pi\,\delta_{m,0} \,.$$

Das in der Kugelflächenfunktion enthaltene zugeordnete Legendrepolynom P_l^m mit $m = 0$ entspricht einem einfachen Legendrepolynom P_l, so dass einschließlich aller Faktoren der Ausdruck

$$A_{lm} = \delta_{m,0}\,2\pi \iint \mathrm{d}r'\mathrm{d}\cos\theta'\,(r')^{l+2}\,\rho(r',\theta')\,P_l(\cos\theta')$$

verbleibt. Der Einfachheit halber definiert man

$$A_{lm} = \delta_{m,0}\,A_l$$

und schreibt

$$A_l = \iiint \mathrm{d}V'(r')^l\,\rho(r',\theta')\,P_l(\cos\theta') \,. \tag{3.39}$$

Dies ist die Koeffizientenformel für azimutalsymmetrische Ladungsverteilungen, die in Kap. 3.2 mit elementaren Mitteln nicht gewonnen werden konnte.

Der allgemeine Ansatz (3.33) für das Potential im Außenraum geht wegen der Relation

$$\left[\frac{4\pi}{2l+1}\right]^{1/2} Y_{l,0}(\theta,\varphi) = P_l(\cos\theta)$$

in das vorherige Resultat (3.18) über

$$V_a(r,\theta) = k_e \sum_l \frac{A_l}{r^{l+1}} P_l(\cos\theta) .$$

Die einfachsten Koeffizienten sind die Ladung und das Dipolmoment

$$A_0 = \iiint \mathrm{d}V' \rho(r',\theta') = Q$$

$$A_1 = \iiint \mathrm{d}V' z' \rho(r',\theta') = D .$$

Den Koeffizienten mit $l = 2$

$$A_2 = \iiint (r')^2 \rho(r',\theta') P_2(\cos\theta') \mathrm{d}V'$$

$$= \frac{1}{2} \iiint (r')^2 \rho(r',\theta') (3z'^2 - r'^2) \mathrm{d}V'$$

bezeichnet man als das Quadrupolmoment der azimutalsymmetrischen Ladungsverteilung. Die Klassifikation der weiteren Terme folgt diesem Muster: Terme mit dem Index l entsprechen einem 2^l -Pol Beitrag, die mit den Namen für die griechischen Zahlen bezeichnet werden, so z.B.

$l = 3 \Longrightarrow 2^3$ -Pol $\Longrightarrow$ Oktupol
$l = 4 \Longrightarrow 2^4$ -Pol $\Longrightarrow$ Hexadekupol
etc.

Das Potential (3.18)

$$V_a(r,\theta) = k_e \sum_{l=0}^{\infty} \frac{A_l}{r^{(l+1)}} P_l(\cos\theta)$$

ist die einfachste Form einer **Multipolentwicklung**. Die Multipolentwicklung im Außenraum einer Ladungsverteilung ist eine exakte Lösung der Laplacegleichung, vorausgesetzt alle auftretenden Terme werden berücksichtigt. Die Form A_l/r^{l+1} der höheren Multipolbeiträge bedingt, dass diese umso schneller abklingen, je weiter man von der Ladungsverteilung entfernt ist. Für genügend große Abstände sind im Allgemeinen nur die ersten (nicht verschwindenden) Terme der Multipolentwicklung von Bedeutung.

Einige konkrete Beispiele sollen die Berechnung der Multipolentwicklung illustrieren: Das erste Beispiel ist noch einmal der Punktdipol, jedoch aus der Sicht der Multipolentwicklung. In Kugelkoordinaten kann man die Ladungsverteilung folgendermaßen darstellen

$$\rho(r,\,\theta) = \frac{q}{2\pi r^2}\delta(r-a)\left\{\delta(\cos\theta - 1) - \delta(\cos\theta + 1)\right\} .$$

Die Punktladungen befinden sich an den Schnittpunkten einer Kugel mit dem Radius a und der z-Achse. Für die Entwicklungskoeffizienten A_l findet man somit ($x = \cos\theta$)

$$A_l = q \int_0^\infty \mathrm{d}r' \, (r')^l \delta(r-a) \int_{-1}^{1} \mathrm{d}x' P_l(x') \left\{ \delta(x'-1) - \delta(x'+1) \right\}$$

$$= q\, a^l \left\{ P_l(1) - P_l(-1) \right\} .$$

Da $P_l(1) = 1$ und $P_l(-1) = (-1)^l$ ist, folgt

$$A_l = \begin{cases} 0 & \text{für} \quad l \text{ gerade} \\ 2qa^l & \text{für} \quad l \text{ ungerade} . \end{cases}$$

Das Potential des Punktdipols hat demnach die Multipolentwicklung

$$V_a(r,\,\theta) = k_e \left\{ \frac{2qa}{r^2} P_1(\cos\theta) + \frac{2q\,a^3}{r^4} P_3(\cos\theta) + \ldots \right.$$
$$\left. + \frac{2q\,a^{2l+1}}{r^{2l+2}} P_{2l+1}(\cos\theta) + \ldots \right\} \qquad (r > a) .$$

In der Nähe des Dipols ist das Potential recht kompliziert. Für größere Entfernungen von dem Dipol dominieren die ersten Terme. Dass die Multipolentwicklung mit dem vorherigen Resultat (Kap. 2.4)

$$V(r,\,\theta) = \frac{k_e q}{\left[r^2 - 2ar\cos\theta + a^2\right]^{1/2}} - \frac{k_e q}{\left[r^2 + 2ar\cos\theta + a^2\right]^{1/2}}$$

übereinstimmt, sieht man an der Tatsache, dass die Entwicklung der Abstandsfunktionen für $r > a$ die Form hat

$$V_a = k_e q \left\{ \sum_l \frac{a^l}{r^{l+1}} P_l(\cos\theta) - \sum_l \frac{a^l}{r^{l+1}} P_l(-\cos\theta) \right\} .$$

Wegen der Symmetrie der Legendrepolynome $P_l(-x) = (-)^l P_l(x)$ tragen nur die ungeraden Terme in l bei.

Das zweite Beispiel ist eine Verteilung von drei Ladungen mit $\sum_i q_i = 0$ entlang der z-Achse (Abb. 3.6a). Diese Anordnung wird durch

$$\rho(r,\,\theta) = \frac{q}{2\pi r^2} \Big[\delta(r-a)\,\delta(\cos\theta - 1) - \delta(r) + \delta(r-a)\,\delta(\cos\theta + 1) \Big]$$

beschrieben. Die Gesamtladung $\int \mathrm{d}V' \rho(r',\,\theta')$ hat den Wert Null, da die Einzelintegrale die Beiträge

$$\iiint \frac{1}{r'^2} \delta(r'-a)\,\delta(\cos\theta' \pm 1)\, \mathrm{d}V' = 2\pi$$

$$\iiint \frac{1}{r'^2} \delta(r')\, \mathrm{d}V' = 4\pi$$

ergeben. Die Koeffizienten A_l sind in diesem Fall

$$
\begin{aligned}
A_l &= q \int_0^\infty \mathrm{d}r' \int_{-1}^{1} \mathrm{d}x' (r')^l \\
&\quad \cdot \left(\delta(r'-a)\,\delta(x'-1) - \delta(r') + \delta(r'-a)\,\delta(x'+1)\right) P_l(x') \\
&= q\left(a^l P_l(1) - 2\delta_{l,0} + a^l P_l(-1)\right) ,
\end{aligned}
$$

bzw. im Detail

$$
\begin{aligned}
A_0 &= 0 \\
A_l &= 0 \qquad \text{für } l \text{ ungerade} \\
A_l &= 2qa^l \quad \text{für } l \text{ gerade, } l \geq 2 \,.
\end{aligned}
$$

Es existieren nur gerade Multipolbeiträge, die mit $l = 2$ beginnen. Aus diesem Grund bezeichnet man diese Ladungsverteilung als einen (gestreckten) Punktquadrupol. (Der kleinste, von Null verschiedene Multipolbeitrag bestimmt die Bezeichnung). Die Multipolentwicklung des Potentials hat die Form

$$
V(r,\,\theta) = k_e \left\{ \frac{2qa^2}{r^3} P_2(\cos\theta) + \frac{2qa^4}{r^5} P_4(\cos\theta) + \ldots \right\} .
$$

Ein Beispiel für eine ausgedehnte Ladungsverteilung ist das homogen geladene Rotationsellipsoid (Abb. 3.6b)

$$
\rho(r,\,\theta) = \begin{cases} \rho_0 & \text{für } r \leq R(\theta) \\ 0 & \text{für } r > R(\theta) \,. \end{cases}
$$

Für die Beschreibung der Berandung ist die Gleichung (Kap. 3.2)

$$
\frac{R^2 \sin^2\theta}{a^2} + \frac{R^2 \cos^2\theta}{c^2} = 1 ,
$$

aufgelöst nach $R(\theta)$, zuständig. Dabei sind die Fälle

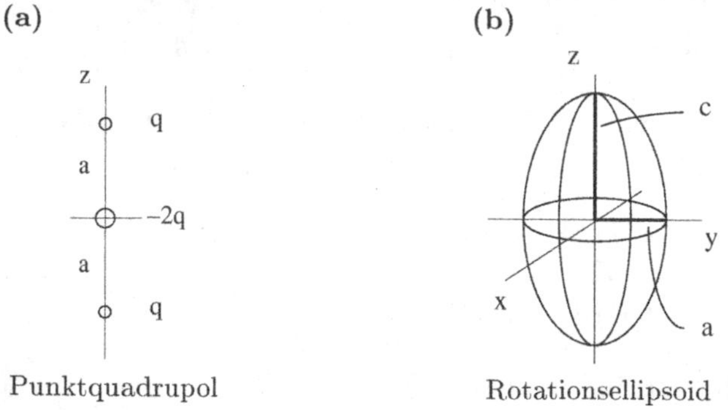

Abb. 3.6. Vorgabe von Ladungsverteilungen

$a \geq c$	oblates Ellipsoid (Pfannkuchenform)
$c \geq a$	prolates Ellipsoid (Zigarrenform)

zu unterscheiden. Für den prolaten Fall, auf den die Betrachtung beschränkt bleiben soll, löst man die Berandungsgleichung in der Form

$$R(\cos\theta) = \frac{a}{[1-\kappa^2\cos^2\theta]^{1/2}} \qquad \text{mit} \qquad 0 \leq \kappa^2 = \frac{c^2-a^2}{c^2} \leq 1$$

auf. Die Berechnung der Multipolmomente erfordert dann die Auswertung des Integrals

$$A_l = 2\pi\,\rho_0 \int_{-1}^{1} \mathrm{d}x' P_l(x') \int_0^{R(x')} (r')^{l+2}\mathrm{d}r' \,.$$

Die einfache r'-Integration ergibt

$$A_l = \frac{2\pi\,\rho_0\,a^{l+3}}{(l+3)} \int_{-1}^{1} \mathrm{d}x' P_l(x') \left[1-\kappa^2 x'^2\right]^{-(l+3)/2} .$$

Für ungerade l-Werte ist der Integrand eine ungerade Funktion von x', folglich verschwindet das Integral

$$A_l = 0 \qquad \text{für } l \text{ ungerade} .$$

Für gerade l-Werte ($l = 2n$) ist eine etwas längere Nebenrechnung notwendig, die in D.tail 3.2 zusammengestellt ist. Sie beinhaltet die Schritte:

(i) Entwickle die Wurzel in dem Integranden.
(ii) Werte ein Standardintegral mit Legendrepolynomen aus.
(iii) Resummiere die Entwicklung.

Das Ergebnis lautet

$$A_l = \frac{4\pi\,\rho_0\,a^{l+3}}{(l+1)(l+3)} \frac{\kappa^l}{[1-\kappa^2]^{(l+1)/2}} \qquad (l = \text{gerade}) .$$

Zur Wiedereinführung der Ellipsenparameter betrachtet man

$$1-\kappa^2 = 1 - \frac{c^2-a^2}{c^2} = \frac{a^2}{c^2}$$

$$\kappa^l = (\kappa^2)^{l/2} = \left(\frac{c^2-a^2}{c^2}\right)^{l/2}$$

und erhält

$$A_l = \frac{4\pi\,\rho_0\,a^{l+3}}{(l+1)(l+3)} \frac{\left(c^2-a^2\right)^{l/2}}{c^l} \frac{c^{l+1}}{a^{l+1}}$$

$$= \frac{4\pi\,\rho_0 a^2 c}{(l+1)(l+3)} \left[c^2-a^2\right]^{l/2} .$$

Benutzt man die Ladung des Ellipsoids

$$Q = \rho_0 V = \frac{4}{3}\pi \, \rho_0 a^2 c \,,$$

so lautet das Endergebnis

$$A_l = \frac{3Q}{(l+1)(l+3)} \left[c^2 - a^2\right]^{l/2} \qquad (l = \text{gerade}) \,.$$

Die ersten drei Koeffizienten sind z.B.

$$A_0 = Q \,, \quad A_2 = \frac{1}{5} Q(c^2 - a^2) \,, \quad A_4 = \frac{3}{35} Q(c^2 - a^2)^2 \,.$$

Die Multipolentwicklung des entsprechenden Potentials beginnt mit

$$V(\boldsymbol{r}) = \frac{k_e Q}{r} \left\{ 1 + \frac{1}{5} \frac{(c^2 - a^2)}{r^2} P_2(\cos\theta) + \ldots \right\} \,.$$

Das Potential kann aufgrund dieser Angabe bis zu jeder beliebigen Genauigkeit berechnet werden. Resummation in eine einfache geschlossene Form ist nicht möglich. Eine alternativ mögliche Auswertung mit der Hilfe von elliptischen Koordinaten führt ebenfalls nicht auf eine einfache Antwort.

Die allgemeine Multipolentwicklung, die sich aus einer Ladungsverteilung der Form $\rho(\boldsymbol{r}) = \rho(r, \theta, \varphi)$ ergibt, soll nur kurz betrachtet werden. Die zuständigen Aussagen für Potential (3.33) und Koeffizienten (3.36) sind

$$V_a(\boldsymbol{r}) = k_e \sum_{l,m} \left[\frac{4\pi}{2l+1}\right]^{1/2} \frac{A_{lm}}{r^{l+1}} Y_{l,m}(\theta, \varphi)$$

$$A_{lm} = \left[\frac{4\pi}{2l+1}\right]^{1/2} \iiint \mathrm{d}V' \rho(\boldsymbol{r}')(r')^l \, Y^*_{l,m}(\theta', \varphi') \,.$$

Das Monopolmoment ($l = 0$) ist wieder die Gesamtladung

$$A_{0,0} = \iiint \mathrm{d}V' \rho(\boldsymbol{r}') = Q \,.$$

Zu den weiteren Beiträgen stellt man fest: Für jedes l, d.h. zu jeder Multipolarität, gibt es $(2l+1)$ Momente, so z.B. für den Dipolbeitrag ($l = 1$)

$$A_{1,1} = -\sqrt{\frac{1}{2}} \iiint \rho(\boldsymbol{r}') r' \sin\theta' \, \mathrm{e}^{-\mathrm{i}\varphi'} \mathrm{d}V'$$

$$A_{1,0} = \iiint \rho(\boldsymbol{r}') r' \cos\theta' \mathrm{d}V'$$

$$A_{1,-1} = +\sqrt{\frac{1}{2}} \iiint \rho(\boldsymbol{r}') r' \sin\theta' \, \mathrm{e}^{\mathrm{i}\varphi'} \mathrm{d}V' \,.$$

Um die Frage „Was stellen diese drei Größen dar?“ zu beantworten, betrachtet man zweckmäßigerweise zunächst das vektorielle Dipolmoment einer Ladungsverteilung

$$\boldsymbol{D} = \iiint \rho(\boldsymbol{r}')\boldsymbol{r}'\mathrm{d}V'$$

mit den *kartesischen* Komponenten

$$D_x = \iiint \mathrm{d}V'\, x'\, \rho(\boldsymbol{r}') = \langle x \rangle$$

und entsprechend für die y- und z-Komponente. Die Komponenten D_i mit ($i = x, y, z$ oder wahlweise $i = 1, 2, 3$) sind einfach zu interpretieren. So findet man z.B. für einen Punktdipol entlang der z-Achse (Abb. 3.7a)

$$\rho(\boldsymbol{r}') = q\, \delta(x')\, \delta(y')\, (\delta(z' - a) - \delta(z' + a))$$

die Aussagen

$$D_x = D_y = 0 \qquad D_z \neq 0\,.$$

Für einen Punktdipol entlang der x-Achse (Abb. 3.7b) mit

$$\rho(\boldsymbol{r}') = q\, \delta(y')\, \delta(z')\, (\delta(x' - a) - \delta(x' + a))$$

gilt entsprechend

$$D_x \neq 0 \qquad D_y = D_z = 0\,.$$

Somit kann man folgern: Für eine beliebige Ladungsverteilung (Abb. 3.7c) beschreiben die Größen D_i die Projektionen des vektoriellen Dipolmomentes auf die Koordinatenachsen

$$D_i = D \cos \alpha_i \qquad i = x,\, y,\, z\,,$$

wobei $\cos \alpha_i$ den Richtungskosinus bezüglich der Richtung i bezeichnet.

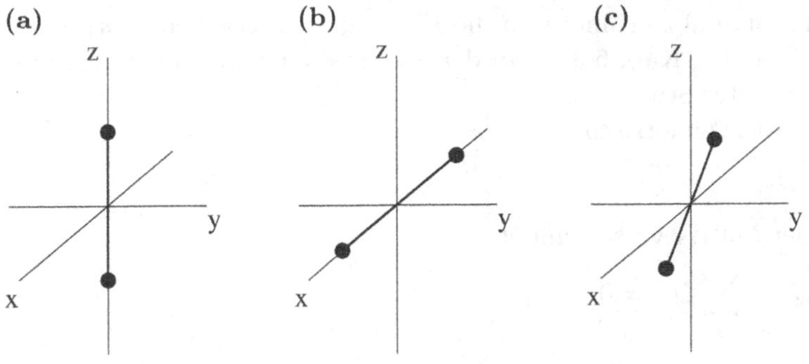

Abb. 3.7. Punktdipole, verschieden orientiert

Der Zusammenhang mit den Größen A_{1m} kann hergestellt werden, indem man die kartesischen Koordinaten durch Kugelkoordinaten ausdrückt (wie z.B. $(x - \mathrm{i}y) = r \sin\theta \, \mathrm{e}^{-\mathrm{i}\varphi}$) und die folgenden Linearkombinationen der D_i verwendet

$$A_{1,1} = -\frac{1}{\sqrt{2}}(D_x - \mathrm{i}D_y)$$

$$A_{1,0} = D_z$$

$$A_{1,-1} = \frac{1}{\sqrt{2}}(D_x + \mathrm{i}D_y) \; .$$

Man bezeichnet die Größen A_{1m} als die **sphärischen Komponenten** des Vektors $\boldsymbol{D}$. Sie beschreiben in einer alternativen Weise den Betrag

$$D = \left[\sum_i D_i^2\right]^{1/2} = \left[\sum_m A_{1m}^* A_{1m}\right]^{1/2}$$

und die Orientierung des Dipolvektors im Raum, z.B. durch

$$\cos\alpha_x = \frac{A_{1,-1} - A_{1,1}}{\sqrt{2}\,D} \; .$$

Für die Quadrupolbeiträge ($l = 2$) existieren fünf Größen A_{2m}, so z.B.

$$A_{2,-2} = \sqrt{\frac{3}{8}} \iiint \rho(\boldsymbol{r}') r'^2 \sin^2\theta' \, \mathrm{e}^{2\mathrm{i}\varphi'} \mathrm{d}V' \; .$$

Betrachtet man auch hier zunächst die möglichen Mittelwerte von kartesischen Komponenten in der Form

$$Q_{ik} = \iiint \mathrm{d}V' \rho(\boldsymbol{r}') \left(3x_i' x_k' - r'^2 \delta_{i,k}\right) \; ,$$

so kann man die folgenden Aussagen machen

(i) Die Koeffizienten Q_{ik} erinnern an die Elemente der Trägheitsmatrix der Mechanik (Band 1, Kap. 6.3.3). In der Tat ist die Quadrupolmatrix Q_{ik} ein Tensor zweiter Stufe.

(ii) Die Matrix ist symmetrisch

$$Q_{ik} = Q_{ki} \; .$$

(iii) Die Spur der Matrix verschwindet

$$\mathrm{Spur}(Q) = \sum_i Q_{ii} = 0 \; .$$

Die Aussagen (ii) und (iii) besagen, dass es fünf unabhängige kartesische Elemente des Quadrupoltensors gibt. Es folgt dann auch

(iv) Die fünf sphärischen Komponenten können durch fünf kartesische Komponenten dargestellt werden, so z.B.

$$A_{2,-2} = \sqrt{\frac{3}{8}} \iiint \rho(\boldsymbol{r}')r'^2 \sin^2\theta' \,(\cos 2\varphi' + \mathrm{i}\sin 2\varphi')$$

$$= \sqrt{\frac{3}{8}} \iiint \rho(\boldsymbol{r}')r'^2 \sin^2\theta' \left(\cos^2\varphi' - \sin^2\varphi' + 2\mathrm{i}\cos\varphi' \sin\varphi'\right)$$

$$= \sqrt{\frac{3}{8}} \left(\langle x^2\rangle - \langle y^2\rangle + 2\mathrm{i}\langle xy\rangle\right)$$

$$= \frac{1}{\sqrt{24}} \left(Q_{11} - Q_{22} + 2\mathrm{i}\, Q_{12}\right)$$

und entsprechend

$$A_{2,-1} = \frac{1}{\sqrt{6}} \left(Q_{13} + \mathrm{i}Q_{23}\right)$$

$$A_{2,0} = \frac{1}{2} Q_{33}$$

$$A_{2,1} = -\frac{1}{\sqrt{6}} \left(Q_{13} - \mathrm{i}Q_{23}\right)$$

$$A_{2,2} = -\frac{1}{\sqrt{24}} \left(Q_{11} - Q_{22} - \mathrm{i}Q_{12}\right) .$$

(v) Die fünf Komponenten der (kartesischen) Q-Matrix kann man (in Analogie zu der Trägheitsmatrix) wie folgt interpretieren:
- Drei Größen bestimmen die Orientierung eines elementaren Quadrupols im Raum.
- Zwei Größen bestimmen zwei mögliche Grundformen, so z.B. zwei unabhängige Anordnungen von vier Punktladungen mit $\sum_i q_i = 0$ (Abb. 3.8).

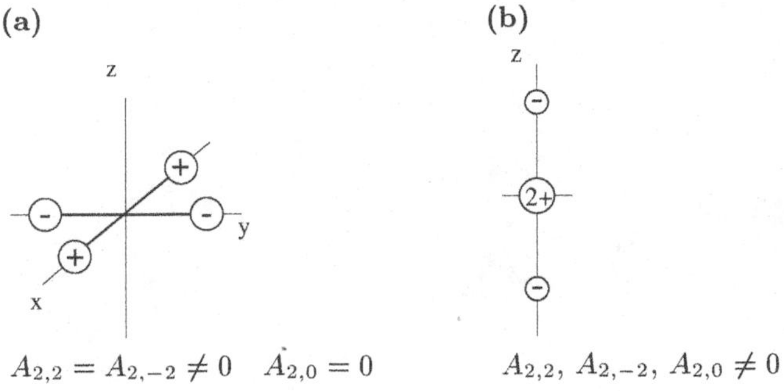

Abb. 3.8. Punktquadrupole

Die Diskussion der Beiträge mit $l > 2$ ist entsprechend aufwendiger, folgt aber dem gleichen Muster. So hat man z.B. für die Oktupolbeiträge ($l = 3$, acht Punktladungen in der elementaren Anordnung) sieben unabhängige Größen A_{3m}. Drei der Größen beschreiben die Orientierung des Oktupols, vier der sieben Größen beschreiben die möglichen linear unabhängigen Anordnungen der acht Punktladungen. Die kartesischen Komponenten Q_{ikl} sind Tensoren dritter Stufe mit entsprechenden Symmetrieeigenschaften.

Weitere Aspekte der Lösung des Potentialproblems mit einfachen Randbedingungen werden in den Aufgaben vorgestellt. In dem nächsten Kapitel wird das etwas aufwendigere Potentialproblem bei Anwesenheit von metallenen oder polarisierbaren Materialien im Raum aufgegriffen.

Aufgaben

In dem dritten Kapitel beginnt die Arbeit, es werden 8 Aufgaben angeboten. Zwei dieser Aufgaben sind mehr handwerklicher Natur, sie betreffen die Diskussion von krummlinigen, orthogonalen Koordinaten und von Eigenschaften der Legendrepolynome. In den restlichen Aufgaben wird die Berechnung von elektrischen Potentialen für vorgegebene Ladungsverteilungen auf der Basis der Poissongleichung und der Multipolentwicklung geübt. Kurze physikalisch motivierte Nebenfragen sind dabei nicht ausgeschlossen.

4 Lösung der Poissongleichung: allgemeine Randbedingungen

Die Diskussion der Poissongleichung ist etwas aufwendiger, wenn allgemeine Randbedingungen vorliegen. In diesem Kapitel werden das Dirichletsche und das Neumannsche Randwertproblem vorgestellt. Diese Randwertaufgaben unterscheiden sich dadurch, dass in dem ersten Fall Potentialwerte auf (Metall-) Flächen vorgegeben sind, im anderen Fall Werte für die Normalenableitung des Potentials.

Als ein Beispiel für die Lösung von Dirichletaufgaben wird die Spiegelladungsmethode aufbereitet und angewandt. Ein weiteres (klassisches) Beispiel ist die Berechnung der Ladungstrennung, die auftritt, wenn ein Metallobjekt (eine Metallkugel) in ein homogenes, elektrisches Feld eingebracht wird.

Eine durchaus praktische Methode zur Diskussion von Potentialproblemen ist die Methode der Greenschen Funktionen. Diese Funktionen werden durch eine partielle Differentialgleichung charakterisiert, in die die Randbedingungen und somit die Geometrie einzuarbeiten sind, nicht aber eine zusätzliche Verteilung von Punkt- und/oder Raumladungen. Eine Umschreibung der Greenschen Integralsätze, die eine Erweiterung des Divergenztheorems darstellen, mit Hilfe der Greenschen Funktion erlaubt die Gewinnung einer allgemeinen Lösungsformel für vorgegebene Randbedingungen mit einer bestimmten Geometrie. Die Lösung der Differentialgleichung für die Greensche Funktion wird im Fall eines Dirichletproblems mit Kugelsymmetrie vorgestellt und zur Diskussion von spezifischen Aufgaben benutzt.

Sind die Ladungsverteilungen und die geladenen Flächen nicht im Vakuum vorgegeben, sondern in ein Dielektrikum eingebettet, so muss man die Polarisation des Dielektrikums einbeziehen. Zur Vorbereitung dieser Diskussion ist es nützlich, einen kurzen Exkurs über Kondensatoren einzufügen. Zur Beschreibung der Polarisation führt man, neben dem elektrischen Feld, eine dielektrische Verschiebung und ein Polarisationsfeld ein. Diese drei Felder, die die Elektrostatik bei der Anwesenheit von Dielektrika charakterisieren, unterscheiden sich dadurch, dass sie (in der angegebenen Reihenfolge) durch alle Ladungen, die freien (sprich frei beweglichen) Ladungen und die Polarisationsladungen bestimmt werden. Zur Illustration der Polarisation wird eine dielektrische Kugel in einem homogenen, äußeren Feld betrachtet. Dieses Problem weist Ähnlichkeiten aber auch Unterschiede zu dem entsprechenden Problem mit einer Metallkugel auf.

Zum Abschluss der Diskussion der Elektrostatik wird eine alternative Methode zur Potentialberechnung angesprochen. Falls man das Potentialproblem infolge von Translationssymmetrie auf eine Ebene projizieren kann, ist es möglich, durch Anwendung der Potentialtheorie im Komplexen bestimmte Probleme in kompakter Form zu lösen.

4.1 Zur Klassifikation von Randbedingungen

Ist eine Verteilung von Oberflächenladungen auf einem Metallobjekt vorgegeben, so kann man folgendermaßen argumentieren: Da die Ladung alleine auf der Oberfläche des Objektes verteilt ist, gilt im Innern wie im Außenraum die Laplacegleichung

$$\Delta V(\boldsymbol{r}) = 0.$$

In einer stationären Situation soll (aus makroskopischer Sicht) keine Ladung bewegt werden. Dies ist nur möglich, wenn das Potential im Innenraum und auf der Oberfläche des Objekts konstant ist. Die Lösung der Laplacegleichung im Innenraum ist deswegen die triviale Lösung

$$V_i(\boldsymbol{r}) = V_0 \,.$$

Für den Außenraum lautet dann das Potentialproblem: Bestimme die Lösung der Laplacegleichung, die auf der Oberfläche F des Metallobjektes einen vorgegebenen Potentialwert V_0 annimmt. Dieses Potentialproblem wird als ein **Dirichletsches Randwertproblem** bezeichnet. Die Bedingung

$$V_a(\boldsymbol{r})\Big|_F = V_0 \,, \tag{4.1}$$

wobei die Fläche F geschlossen oder offen sein kann, ist eine Dirichletsche Randbedingung.

Die Formulierung eines allgemeinen Dirichletproblems, das in (Abb. 4.1a) andeutungsweise illustriert ist, lautet:

> In einem Raumgebiet sind auf den Flächen F_i die Potentialwerte V_i vorgegeben. Zusätzlich sind in diesem Gebiet Raum- und Punktladungen verteilt. Die Aufgabe lautet: Bestimme die Lösung der Poissongleichung, die auf den vorgegebenen Flächen die vorgegebenen Potentialwerte annimmt.

Im praktischen Fall sind die Potentialwerte auf Oberflächen von metallenen Objekten vorgegeben. Sind mehrere Flächen im Raum verteilt oder existiert eine zusätzliche Verteilung von Ladungen, so tritt Influenz auf. Zu diskutieren ist jedoch nicht der Fluss von Ladungen auf den Metallflächen, sondern die Potentialverteilung, die sich in der Gleichgewichtssituation eingestellt hat. Aus der Potentialverteilung kann man, über die Sprungbedingung des elektrischen Feldes für jede Fläche F_i (Abb. 4.1b, siehe Kap. 2.2)

(a) (b)

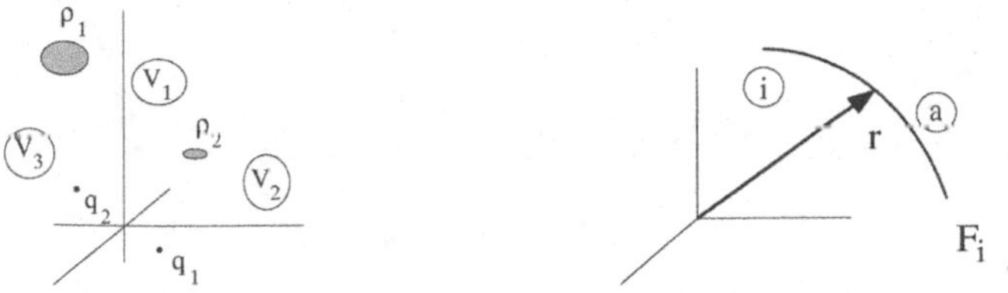

Vorgabe: Dirichletproblem Zur Sprungbedingung

Abb. 4.1. Zum Randwertproblem

$$\left.\frac{\partial V_a(\boldsymbol{r})}{\partial n}\right|_{F_i} - \left.\frac{\partial V_i(\boldsymbol{r})}{\partial n}\right|_{F_i} = -4\pi k_e\, \sigma(\boldsymbol{r})\Big|_{F_i}$$

die entsprechende, stationäre Verteilung der Oberflächenladungen berechnen. Da das Potential im Innenraum des Metallobjektes konstant ist, folgt für die Ladungsdichte

$$\sigma(\boldsymbol{r})\Big|_{F_i} = -\frac{1}{4\pi k_e} \left.\frac{\partial V_a(\boldsymbol{r})}{\partial n}\right|_{F_i} . \tag{4.2}$$

Aus der Kenntnis des Potentials im Außenraum eines Metallkörpers kann die Ladungsverteilung auf dessen Oberfläche bestimmt werden.

Die Problemstellung in einem zweiten, möglichen Randwertproblem lautet: Auf einer geschlossenen Fläche O ist eine Flächenladungsverteilung $\sigma(\boldsymbol{r})$ vorgegeben. Bestimme das Potential, das von dieser Flächenladung erzeugt wird. Der Lösungsprozess würde in diesem Fall folgendermaßen aussehen:

- Bestimme die allgemeine Lösung der Laplacegleichung (bzw. der Poissongleichung falls noch Raum- und Punktladungen vorgegeben sind) im Außenraum.
- Benutze die Randbedingungen

$$\left.\frac{\partial V_a(\boldsymbol{r})}{\partial n}\right|_{O} = -4\pi k_e\, \sigma(\boldsymbol{r})\Big|_{O} \tag{4.3}$$

  zur Festlegung der gesuchten speziellen Lösung.

Ein derartiges Problem bezeichnet man als ein **Neumannsches Randwertproblem**.

Man kann die beiden Typen von Randwertaufgaben zusammenfassend in der folgenden Weise charakterisieren: In dem Dirichlet-Problem ist das Potential V auf Flächen vorgegeben, in dem Neumann-Problem das elektrische Feld $\boldsymbol{E}$.

In einem dritten Typ von Randwertproblemen, dem *Cauchyschen Randwertproblem* sind sowohl V als auch $\partial V/\partial n$ auf Flächen vorgegeben. Dieses

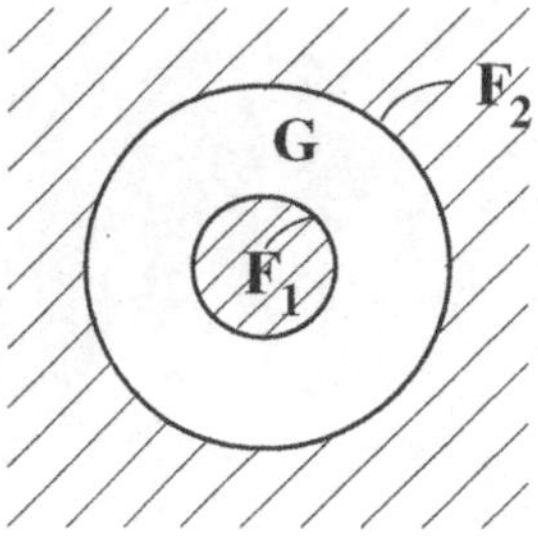

Abb. 4.2. Illustration der Geometrie der Randwertprobleme

Randwertproblem tritt in der Elektrostatik nicht auf. Die Lösung des stationären Potentialproblems ist durch diese Vorgabe überbestimmt. Für die Lösung von anderen Problemstellungen, die durch partielle Differentialgleichungen, wie z.B. eine Wellengleichung oder eine Diffusionsgleichung charakterisiert werden, ist eine derartige Vorgabe jedoch durchaus diskutabel.

Eine Frage, die sich im Rahmen der Untersuchung der mathematischen Struktur dieser Randwertaufgaben stellt, ist die Frage nach der Eindeutigkeit der Lösung der Randwertprobleme der Elektrostatik. Zur Antwort betrachtet man ein Raumgebiet G, das von Metallflächen F_1, F_2 umschlossen ist, wobei die äußere Fläche in unendlicher Entfernung liegen kann (Abb. 4.2). Zu diskutieren ist die Lösung der Laplacegleichung $\Delta V(\boldsymbol{r}) = 0$ oder der Poissongleichung $\Delta V(\boldsymbol{r}) = -4\pi\rho(\boldsymbol{r})$ mit den Randbedingungen ($i = 1, 2$)

$$\begin{aligned} &\text{(a)} \qquad V(\boldsymbol{R}_i) = f(\boldsymbol{R}_i) \qquad &&\text{(Dirichlet)} \\ &\text{(b)} \qquad \left.\frac{\partial V(\boldsymbol{r})}{\partial n}\right|_{F_i} = g(\boldsymbol{R}_i) \qquad &&\text{(Neumann)} \end{aligned} \tag{4.4}$$

auf den jeweiligen Flächen F_i. (Die Vektoren $\boldsymbol{R}_i$ beschreiben die Flächen F_i aus der Sicht eines vorgegebenen Koordinatensystems.) Man zeigt dann (Math.Kap. 3.2), dass für die Differenz

$$\phi(\boldsymbol{r}) = V_1(\boldsymbol{r}) - V_2(\boldsymbol{r})$$

von zwei möglichen Lösungen die Aussage gelten muss

$$\phi(\boldsymbol{r}) = \text{const.}$$

Die Folgerung ist: Lösungen der Laplacegleichung oder der Poissongleichung, die entweder Dirichlet oder Neumann Randbedingungen erfüllen, können sich höchstens um eine Konstante unterscheiden. Im Fall von Dirichlet Randbedingungen gilt wegen der Vorgabe

$$\phi(\boldsymbol{R}_1) = \phi(\boldsymbol{R}_2) = 0$$

sogar die Aussage $\phi(\boldsymbol{r}) = 0$. Die Konstante muss den Wert Null haben. Es gibt eine eindeutige Lösung $V(\boldsymbol{r})$. Im Fall der Neumannbedingungen ist

$$\left.\frac{\partial\phi(\boldsymbol{r})}{\partial n}\right|_{F_1,F_2} = 0\,.$$

Die Konstante ist durch die Randbedingung nicht festgelegt.

Bei der Beweisführung für die Eindeutigkeit der Lösung in Math.Kap. 3.2 wird vorausgesetzt, dass die Flächen F_i geschlossenen sind. Nur in diesem Fall kann man also die Eindeutigkeit der Lösung garantieren. Diese Bedingung ist in praktisch allen Situationen von (physikalischem) Interesse erfüllt.

Eine pragmatische Methode zur Lösung von Dirichletproblemen ist die Spiegelladungsmethode. Diese Methode wird nun anhand der Lösung der Poissongleichung für einige ausgewählte Beispiele vorgestellt.

4.2 Dirichletprobleme

Das erste Beispiel zur Aufbereitung der **Spiegelladungsmethode** lautet: Eine Metallkugel mit Radius R ist 'unauffällig' geerdet (Abb. 4.3a). Die Aussage Erdung bedeutet, dass das Potential auf der Kugeloberfläche (KF) den Wert Null hat. Die Randbedingung lautet also

$$V_{\mathrm{KF}}(\boldsymbol{R}) = 0\,,$$

die Aussage 'unauffällig' besagt, dass der Erdungsmechanismus bei der Lösung des Problems keine Rolle spielt. Im Abstand $a > R$ von dem Kugelmittelpunkt wird eine Punktladung q angebracht. Man kann direkt überlegen, welche Auswirkungen sich ergeben. Durch die Anwesenheit der Punktladung entsteht momentan in jedem Punkt der Kugelfläche ein elektrisches Feld. Es werden Ladungen entlang der Erdungslinie auf die (oder von der) Kugeloberfläche fließen bis der Potentialwert Null auf der Oberfläche wieder hergestellt ist. Auf der Kugel findet man in der endgültigen Gleichgewichtssituation eine induzierte Verteilung von Oberflächenladungen.
Die Lösung dieses Dirichletproblem beinhaltet somit die Teilaufgaben

(1) Berechne das Potential im Außenraum aufgrund der Randwertvorgabe $V_{\mathrm{KF}} = 0$ auf der Oberfläche der Metallkugel.
(2) Bestimme die Verteilung der induzierten Oberflächenladungen.

Man benutzt zur Diskussion zweckmäßigerweise ein Koordinatensystem, dessen Ursprung im Kugelmittelpunkt liegt und dessen z-Achse durch die Punktladung verläuft (Abb. 4.3b). Für diese Situation mit Azimutalsymmetrie ist zunächst die allgemeine Lösung der Poissongleichung

$$\Delta V(\boldsymbol{r}) = -4\pi k_e\, q\, \delta(\boldsymbol{r} - \boldsymbol{a}) \tag{4.5}$$

im Außenraum zu bestimmen Eine allgemeine (und physikalisch zulässige) Lösung kann mit Hilfe des Superpositionsprinzips in der Form

$$V(\boldsymbol{r}) = k_e \sum_{l=0}^{\infty} \frac{A_l}{r^{l+1}} P_l(\cos\theta) + \frac{k_e q}{|\boldsymbol{r} - \boldsymbol{a}|} \qquad r \geq R \tag{4.6}$$

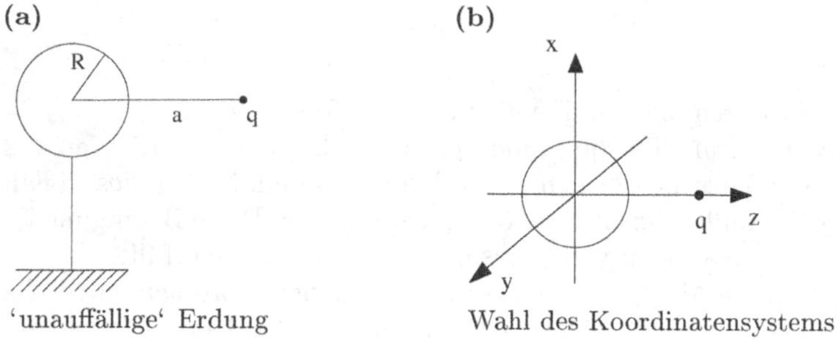

Abb. 4.3. Metallkugel und Punktladung

angesetzt werden. Der zweite Anteil ist das Potential der Punktladung an der Stelle $\boldsymbol{a}$. Anwendung des Laplaceoperators auf diesen Anteil ergibt die rechte Seite der Poissongleichung. Der erste Anteil erlaubt eine Modifikation des Potentials, die sowohl mit $\Delta V = 0$ verträglich ist und der Azimutalsymmetrie entspricht, durch die Randbedingung auf der Kugeloberfläche. Die asymptotische Randbedingung

$$V(\boldsymbol{r}) \xrightarrow{r \to \infty} 0$$

wurde in dem Ansatz schon berücksichtigt.

Zur Bestimmung der Integrationskonstanten A_l mittels der Randbedingung

$$V_{\mathrm{KF}}(\boldsymbol{R}) = 0 \, ,$$

entwickelt man den Punktladungsbeitrag zu dem Potential auf der Kugeloberfläche ($x = \cos\theta$)

$$\frac{1}{|\boldsymbol{R} - \boldsymbol{a}|} = \frac{1}{a} \frac{1}{\left[1 - 2\dfrac{R}{a}x + \dfrac{R^2}{a^2}\right]^{1/2}}$$

ebenfalls nach Multipolen. Da $R/a < 1$ ist, lautet die Entwicklung (siehe Math.Kap. 4.3.2)

$$\frac{1}{|\boldsymbol{R} - \boldsymbol{a}|} = \frac{1}{a} \sum_l \left(\frac{R}{a}\right)^l P_l(x) \, .$$

Die Randbedingung kann somit in der Form

$$k_e \sum_l \left\{ \frac{A_l}{R^{l+1}} + \frac{q}{a} \left(\frac{R}{a}\right)^l \right\} P_l(x) = 0$$

geschrieben werden. Diese Legendrereihe der Funktion $f(x) = 0$ erfordert, dass der Koeffizient jedes Legendrepolynoms verschwindet. Zum Beweis kann man die Reihe mit einem Legendrepolynom $P_{l'}(x)$ mit beliebigem l' multiplizieren und über das Grundintervall $[-1, 1]$ integrieren. Die Orthogonalität der Legendrepolynome ergibt dann

$$\left\{\frac{A_{l'}}{R^{l'+1}} + \frac{q}{a}\left(\frac{R}{a}\right)^{l'}\right\} = 0\,,$$

bzw. für die Koeffizienten A_l

$$A_l = -q\,\frac{R^{2l+1}}{a^{l+1}}\,.$$

Damit ist das Potential im Außenraum bestimmt

$$V(\boldsymbol{r}) = V(r,\theta) = k_e q\left\{\frac{1}{|\boldsymbol{r}-\boldsymbol{a}|} - \frac{R}{ar}\sum_l\left(\frac{R^2}{ar}\right)^l P_l(x)\right\}\,.$$

Der physikalische Gehalt der Lösung kommt deutlicher zum Ausdruck, wenn man den zweiten Term in einer kompakteren Form resummiert. Es gilt direkt

$$\frac{1}{r}\sum_l\left(\frac{R^2}{ar}\right)^l P_l(x) = \left[r^2 - 2\left(\frac{R^2}{a}\right)rx + \left(\frac{R^2}{a}\right)^2\right]^{-1/2}\,.$$

Definiert man den Vektor

$$\boldsymbol{a}' = (0,\,0,\,R^2/a)\,, \tag{4.7}$$

dessen Endpunkt wegen $R^2/a < R$ innerhalb der Kugel auf der z-Achse (Abb. 4.4a) liegt, so folgt

$$\frac{1}{r}\sum_l\left(\frac{R^2}{ar}\right)^l P_l(x) = \frac{1}{|\boldsymbol{r}-\boldsymbol{a}'|}\,.$$

Man definiert noch eine Bild- oder Spiegelladung

$$q' = -q\,\frac{R}{a} \tag{4.8}$$

und kann das Resultat der Dirichletaufgabe in der Form schreiben

$$V(\boldsymbol{r}) = k_e\left\{\frac{q}{|\boldsymbol{r}-\boldsymbol{a}|} + \frac{q'}{|\boldsymbol{r}-\boldsymbol{a}'|}\right\} \qquad r \geq R\,. \tag{4.9}$$

Diese kompakte Form des Ergebnisses erfordert den folgenden Kommentar:

(1) Den Punkt $\boldsymbol{a}'$ bezeichnet man als den Spiegelpunkt zu $\boldsymbol{a}$. Die Spiegelung an einer Kugel (bzw. einem Kreis) ist durch die folgende Vorschrift definiert. Alle Punkte mit der Entfernung a von dem Mittelpunkt (Abb. 4.4b) werden durch die Transformation $aa' = R^2$ in Punkte mit der Entfernung a' auf dem selben Strahl wie a abgebildet, so z.B.

$$\begin{array}{llllll} a = & R & 2R & 3R & \ldots & \infty \\ a' = & R & R/2 & R/3 & \ldots & 0\,. \end{array}$$

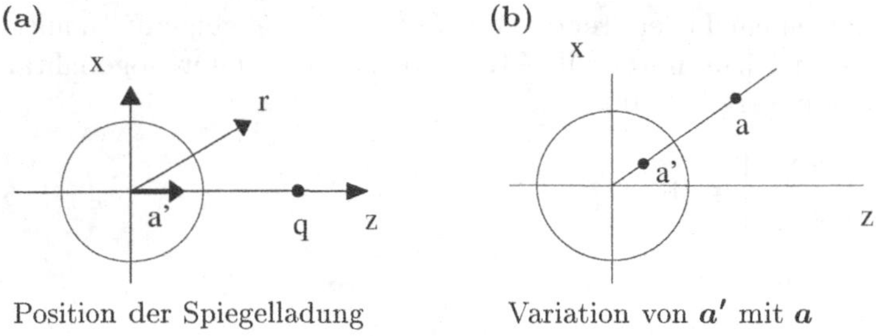
(a)
x
r
a'
q
z
Position der Spiegelladung
(b)
x
a
a'
z
Variation von $\boldsymbol{a}'$ mit $\boldsymbol{a}$

Abb. 4.4. Zur Spiegelladungsmethode

(2) Das Resultat (4.9) besagt somit: Das Potential einer Punktladung plus das Potential einer geerdeten Kugel mit induzierter Oberflächenladung ist im Außenraum der Kugel identisch mit dem Potential von zwei Punktladungen. Die zweite Punktladung *befindet sich* in dem Spiegelpunkt $\boldsymbol{a}'$ und hat die Größe $q' = -qR/a$. Das Potential der zwei Punktladungen erfüllt genau die geforderte Randbedingung $V_{\text{KF}} = 0$ auf der Kugeloberfläche. Die Spiegelladung q' ist wegen $R/a \leq 1$ immer kleiner gleich der vorgegebenen Ladung und hat ein umgekehrtes Vorzeichen. Die Spiegelladung ist umso größer je mehr sich die vorgegebene Ladung der Kugel nähert.

Zu betonen ist noch einmal die Aussage: Die oben angegebene Lösung gilt nur außerhalb der Metallkugel. Im Innern der Kugel (und auf der Oberfläche) ist $V = 0$. Die entsprechenden Feldlinienbilder für eine Situation mit der geerdeten Kugel und der Ladung q und für eine Situation mit den Ladungen q und q' sind in Abb. 4.5 gegenübergestellt. Im Außenraum der Kugel sind die Bilder identisch, im Innenraum natürlich verschieden. Die Feldlinien stehen auf bzw. schneiden die Kugeloberfläche senkrecht.

Mit Hilfe der Formel (die Normale steht senkrecht auf der Kugel)

$$\sigma(R, \theta) = -\frac{1}{4\pi k_e} \left.\frac{\partial V_a}{\partial n}\right|_{r=R} = -\frac{1}{4\pi k_e} \left.\frac{\partial V_a}{\partial r}\right|_{r=R}$$

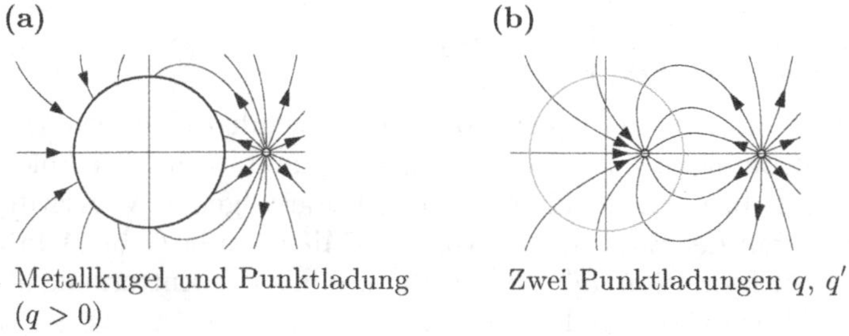
(a)
Metallkugel und Punktladung ($q > 0$)
(b)
Zwei Punktladungen q, q'

Abb. 4.5. Feldlinienbilder zur Spiegelladungsmethode

kann man die Verteilung der induzierten Oberflächenladungen berechnen. Die Differentiation ist elementar. Mit der Abkürzung $x = \cos\theta$ erhält man (D.tail 4.1a)

$$\sigma(R,\theta) = -\frac{q}{4\pi R}\,\frac{(a^2 - R^2)}{[a^2 - 2aRx + R^2]^{3/2}}\,. \tag{4.10}$$

Die Variation dieser Verteilung mit dem Abstand a kann man folgendermaßen beschreiben: Wird die Punktladung in sehr großer Entfernung von der Kugel angebracht ($a \to \infty$), so ist $\sigma \to 0$. Eine unendlich ferne Punktladung induziert keine Oberflächenladung. Für das Beispiel $a = 4R$ findet man

$$\sigma(R,\theta) = -\frac{q}{4\pi R^2}\,\frac{15}{[17 - 8x]^{3/2}}\,.$$

Diese Funktion hat als Funktion von x einen relativ flachen Verlauf (Abb. 4.6a). Es existiert jedoch eine gewisse Anhäufung von induzierter Ladung für $x = 1$, d.h. an der Stelle direkt gegenüber der Punktladung. Für das Beispiel $a = 2R$ ist die Verteilung der Oberflächenladung

$$\sigma(R,\theta) = -\frac{q}{4\pi R^2}\,\frac{3}{[5 - 4x]^{3/2}}\,.$$

Diese Funktion hat den kleinsten Wert, der der größten Anhäufung von negativer Ladung entspricht, in der Nähe des Durchstoßpunktes der z-Achse durch die Kugel. Eine Andeutung der Ladungsverteilung für $a = 2R$ gibt die Abb. 4.6b.

In dem Grenzfall mit $a = R + \Delta R$ und $\Delta R \to 0$ findet man

$$x \neq 1 \qquad \sigma = \lim_{\Delta R \to 0}\left\{-\frac{q}{4\pi R}\,\frac{\Delta R}{\sqrt{2}\,R^2\,[1 - x]^{3/2}}\right\} = 0$$

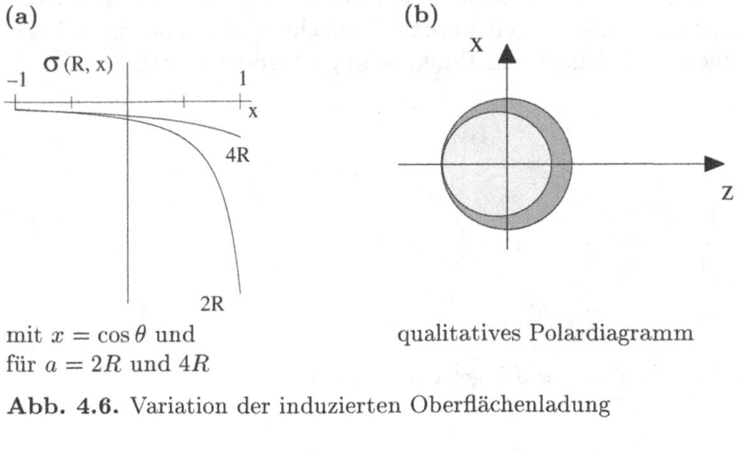

mit $x = \cos\theta$ und für $a = 2R$ und $4R$ — qualitatives Polardiagramm

Abb. 4.6. Variation der induzierten Oberflächenladung

$$x = 1 \qquad \sigma = \lim_{a \to R} \left\{ -\frac{q}{4\pi R} \frac{a^2 - R^2}{(a-R)^3} \right\} \to \infty .$$

Dies kann man in der Form

$$\sigma \xrightarrow{a \to R} -\frac{q\,\delta(\cos\theta)}{2\pi R^2}$$

zusammenfassen. Die Punktladung $q' = -q$ sitzt an der gleichen Stelle wie die Ladung $+q$. Es ist dann nicht nur $V(\boldsymbol{R}) = 0$, sondern auch $V(\boldsymbol{r}) = 0$. Das Potential verschwindet im ganzen Raum, wenn man die Punktladung q auf die geerdete Kugel bringt.

Das Integral über die Ladungsverteilung auf der Kugeloberfläche (D.tail 4.1b)

$$q_{\text{ind}} = \iint \sigma(R,\,\theta)\,\mathrm{d}f = \iint \sigma(R,\,\theta) R^2 \mathrm{d}\Omega = -\frac{R}{a}\,q = q'$$

ist gleich der (ansonsten fiktiven) Spiegelladung.

Vergleicht man noch einmal die direkte Lösung und die Bildladungskonstruktion in dem Beispiel, so stellt man fest (Abb. 4.7), dass die Übereinstimmung der Resultate auf der Eindeutigkeit der Lösung des Potentialproblems beruht. Für beide Situationen hat das Potential auf der Kugeloberfläche und auf einer unendlich großen Kugel den Wert Null

$$V(\boldsymbol{R}) = V(\boldsymbol{R}_\infty) = 0 .$$

In dem von diesen Kugeln umrandeten Gebiet müssen also wegen der Eindeutigkeit der Lösung des Dirichletpotentialproblems die Potentiale in allen Punkten übereinstimmen

$$V_{\text{Problem}}(\boldsymbol{r}) = V_{\text{Bildproblem}}(\boldsymbol{r}) \qquad \text{für } r \geq R .$$

Die Spiegelladungsmethode, die in diesem Beispiel vorgestellt wurde, kann auf andere Situationen übertragen werden. Zunächst sollen aber zwei Varianten des Problems mit Kugel und Punktladung vorgestellt werden.

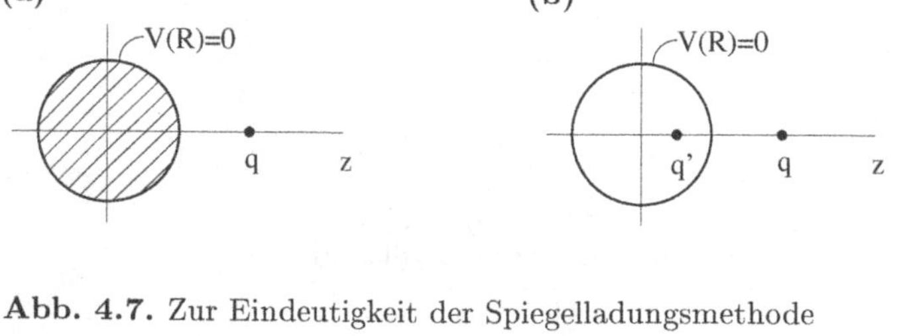

Abb. 4.7. Zur Eindeutigkeit der Spiegelladungsmethode

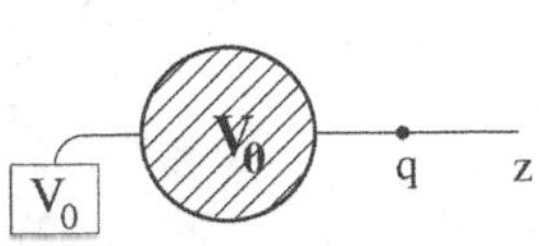

Abb. 4.8. Metallkugel auf konstantem Potential und Punktladung

In der ersten Variante liegt eine ähnliche Situation wie in dem vorherigen Beispiel vor, mit dem Unterschied, dass die Metallkugel (unauffällig) an eine Batterie angeschlossen ist (Abb. 4.8). Die Randbedingung lautet in diesem Fall

$$V(\boldsymbol{R}) = V_0$$

(wobei V_0 das Potential der Batterie ist). Die allgemeine Lösung der Poissongleichung im Außenraum unterscheidet sich nicht von dem Fall der geerdeten Kugel (4.6), nur lautet dieses Mal die Randbedingung auf der Kugeloberfläche

$$k_e \sum_l \left(\frac{A_l}{R^{l+1}} + \frac{q}{a} \left(\frac{R}{a}\right)^l \right) P_l(x) = V_0 \, .$$

Um diese Randbedingung umzusetzen, benutzt man das folgende Argument: Schreibe für das Potential V_0

$$V_0 = V_0 \, \delta_{l,0} \, P_l(x)$$

(da $P_0(x) = 1$ ist) und sortiere

$$k_e \sum_l \left(\frac{A_l}{R^{l+1}} + \frac{q}{a} \left(\frac{R}{a}\right)^l - \frac{V_0}{k_e} \delta_{l,0} \right) P_l(x) = 0 \, .$$

Man erhält dann für diese Legendrereihe der Funktion $f(x) = 0$

$$A_0 = -q \, \frac{R}{a} + \frac{V_0 R}{k_e}$$

$$A_l = -q \, \frac{R^{2l+1}}{a^{l+1}} \qquad l \geq 1 \, .$$

Die Lösung des Potentialproblems kann in diesem Fall in der Form

$$V(r) = \begin{cases} V_0 & r = R \\ \dfrac{k_e q}{|\boldsymbol{r} - \boldsymbol{a}|} + \dfrac{k_e q'}{|\boldsymbol{r} - \boldsymbol{a}'|} + \dfrac{V_0 R}{r} & r \geq R \end{cases} \tag{4.11}$$

zusammengefasst werden. Der Abstand $\boldsymbol{a}'$ und die Bildladung q' sind, wie zuvor, durch (4.7) und (4.8) gegeben. Das Potential im Außenraum unterscheidet sich von dem Fall der geerdeten Kugel ($V_0 = 0$) durch ein zusätzliches Potential einer *fiktiven* Punktladung im Koordinatenursprung. Diese Punktladung hat die Größe $Q = V_0 R$. Ist die äußere Ladung $q = 0$, so verschwindet die Spiegelladung q' und es bleibt das Potential einer mit einer homogenen Oberflächenladung belegten Kugel.

Die Verteilung der Influenzladungen ist in der Tat

$$\sigma(R,\,\theta) = \sigma_{(V_0=0)}(R,\,\theta) + \frac{V_0}{4\pi k_e\, R}\,, \tag{4.12}$$

d.h. die Ladungsverteilung des ursprünglichen Beispiels (4.10) plus eine homogene (von θ unabhängige) Ladungsverteilung. Die gesamte Oberflächenladung auf der Kugel ist

$$q_{\mathrm{KF}} = \iint \sigma \mathrm{d}f = -\frac{R}{a}q + \frac{V_0 R}{k_e}\,.$$

Bringt man eine positive (negative) Ladung q näher an die Kugel heran, so wird die ursprüngliche Ladung $Q = V_0 R$ der an die Batterie angeschlossenen Kugel um die (dem Betrag nach) anwachsende, negative (positive) Ladung q' reduziert (erhöht). Es fließen Influenzladungen von der Batterie auf die Kugel (oder umgekehrt).

In der zweiten Variante ist eine Ladung Q uniform auf einer isolierten Metallkugel verteilt. Dies bedeutet, dass die Kugel an eine Batterie angeschlossen und aufgeladen wurde. Anschließend wurde die Batterie wieder entfernt. Auch für diese Situation wird eine Punktladung q an die Stelle $\boldsymbol{a}$ gebracht (Abb. 4.9). Diese Aufgabe stellt ein etwas verdecktes Dirichletproblem dar. Das Potential auf der Kugeloberfläche ist nicht direkt vorgegeben. Man kann die Aufgabe jedoch wie folgt lösen. Für jeden Abstand a der äußeren Punktladung von dem Kugelmittelpunkt findet man auf der Kugeloberfläche einen konstanten, von a abhängigen Potentialwert

$$V(\boldsymbol{R}) = V_a\,.$$

Setzt man für jeden Abstand a gemäß dem Resultat (4.11) der vorherigen Variante die Lösung mit einem unbekannten Potential V_a an, so ist

$$V(\boldsymbol{r}) = \begin{cases} V_a & r = R \\[2ex] \dfrac{k_e q}{|\boldsymbol{r}-\boldsymbol{a}|} + \dfrac{k_e q'}{|\boldsymbol{r}-\boldsymbol{a}'|} + \dfrac{V_a R}{r} & r \geq R\,. \end{cases}$$

Um den unbekannten Potentialwert zu bestimmen, betrachtet man

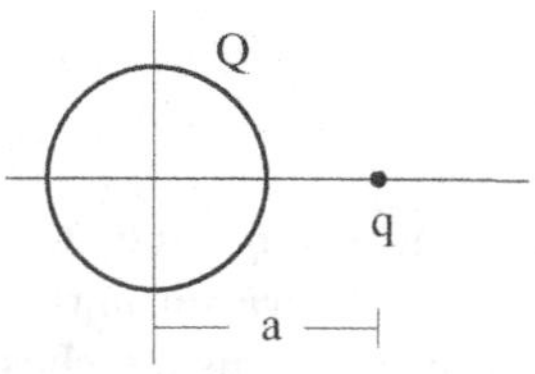

Abb. 4.9. Uniform geladene Metallkugel und Punktladung

(a) die Ladungsverteilung (4.12) auf der Kugel

$$\sigma(R,\,\theta) = \sigma_{(V_0=0)}(R,\,\theta) + \frac{V_a}{4\pi k_e\, R}\;,$$

(b) die Gesamtladung auf der Kugel

$$\iint \sigma(R,\,\theta)\mathrm{d}f = -\frac{R}{a}\,q + \frac{V_a R}{k_e}\;.$$

Da jedoch in diesem Fall keine Ladungen auf die Kugel geflossen sind, sondern die ursprüngliche Gesamtladung Q sich nur in anderer Form verteilt hat, muss $-R/a\,q + V_a R/k_e = Q$ gelten. Damit bestimmt man V_a zu

$$V_a = k_e\left(\frac{Q}{R} + \frac{q}{a}\right) = \frac{k_e}{R}(Q - q')\;.$$

Die endgültige Lösung des vorliegenden Potentialproblems lautet demnach

$$V(\boldsymbol{r}) = \begin{cases} \dfrac{k_e}{R}(Q - q') & r = R \\[2ex] \dfrac{k_e q}{|\boldsymbol{r} - \boldsymbol{a}|} + \dfrac{k_e q'}{|\boldsymbol{r} - \boldsymbol{a}'|} + \dfrac{k_e(Q - q')}{r} & r \geq R\;. \end{cases} \tag{4.13}$$

Das Potential im Außenraum sieht aus, als ob es von der Ladung q an der Stelle $\boldsymbol{a}$, einer Spiegelladung an der Stelle $\boldsymbol{a}'$ und einer Punktladung $Q - q'$ im Mittelpunkt der Kugel hervorgebracht wird. Die Kugeloberfläche ist eine Äquipotentialfläche: Die Feldlinien stehen senkrecht auf dieser Fläche. Die Randbedingung ist so eingerichtet, dass die Gesamtladung auf der Kugel immer den Wert Q hat. Die Verteilung dieser Ladung auf der Oberfläche ändert sich mit dem Abstand a der Außenladung wie ($x = \cos\theta$)

$$\sigma(a, x) = \frac{q}{4\pi R}\left\{\left(\frac{Q}{qR} + \frac{1}{a}\right) - \frac{(a^2 - R^2)}{[a^2 - 2aRx + R^2]^{3/2}}\right\}\;. \tag{4.14}$$

Ist der Abstand a unendlich groß, so ist die Ladung Q homogen auf der Kugel verteilt ($\sigma(\infty, x) = Q/(4\pi R^2)$). Für $a = R$ ist $\sigma(R, x) = (Q + q)/(4\pi R^2)$ falls $x \neq 1$ ist. Die Ladung $(Q + q)$ ist gleichmäßig auf der Oberfläche verteilt.

Zur Diskussion von Erweiterungsmöglichkeiten kann man schrittweise vorgehen. In dem folgenden Beispiel ist eine Metallkugel (Radius R) mit $V_0 = 0$, außerhalb deren sich zwei Punktladungen q_1 und q_2 an den Stellen $\boldsymbol{a}_1$ und $\boldsymbol{a}_2$ befinden, vorgegeben (Abb. 4.10a). Hier arbeitet man direkt mit dem (Spiegelladungs-) Ansatz

$$V(\boldsymbol{r}) = k_e\left(\frac{q_1}{r_1} + \frac{q_1'}{r_1'}\right) + k_e\left(\frac{q_2}{r_2} + \frac{q_2'}{r_2'}\right)$$

$$(\boldsymbol{r}_i = \boldsymbol{r} - \boldsymbol{a}_i\;,\quad \boldsymbol{r}_i' = \boldsymbol{r} - \boldsymbol{a}_i' \qquad i = 1,\,2)$$

für das Potential im Außenraum und bestimmt die Größen q_1', q_2', $\boldsymbol{a}_1'$ und $\boldsymbol{a}_2'$, so dass $V(\boldsymbol{R}) = 0$ ist. Die entsprechende Rechnung (siehe D.tail 4.2) folgt dem oben dargelegten Muster. Das Ergebnis für die Spiegelladungen und deren Abstände von dem Mittelpunkt der Kugel ist

$$q'_i = -\frac{R}{a_i}\,q_i \qquad \boldsymbol{a}'_i = \frac{R^2}{a_i^2}\,\boldsymbol{a}'_1 \qquad (i = 1,\, 2)\,.$$

Das Potential, das in diesem Beispiel durch die Metallkugel und die Außenladungen erzeugt wird, kann auch durch die Außenladungen und zwei Spiegelladungen dargestellt werden.

Ist außerhalb der Kugel eine Raumladungsverteilung (Abb. 4.10b) vorgegeben, so bildet man die gesamte Außenladung durch Spiegelung an der Kugel auf das Innere ab. Das Potential der Metallkugel und der Außenladung ist dann

$$V(\boldsymbol{r}) = k_e \iiint_{\mathrm{G}} \frac{\rho(\boldsymbol{r}')}{|\boldsymbol{r}-\boldsymbol{r}'|}\mathrm{d}V' + k_e \iiint_{\mathrm{G_{SP}}} \frac{\rho_{\mathrm{SP}}(\boldsymbol{r}')}{|\boldsymbol{r}-\boldsymbol{r}'|}\mathrm{d}V' \qquad (r > R)\,. \qquad (4.15)$$

Dabei ist G_{SP} das Spiegelbild des Raumladungsgebietes G und ρ_{SP} die Spiegelladungsverteilung, die Punkt um Punkt zu konstruieren ist. Bei der Verwendung dieser Formel ist z.B. zu beachten, dass das Spiegelbild einer homogenen Ladungsverteilung (wegen der Verzerrung durch die Spiegelung) nicht homogen ist.

Die Methode kann auch auf den Fall von Spiegelungen an allgemeinen Flächen (z.B. Ellipsoide) übertragen werden, doch sollen solche aufwendigeren Beispiele nicht vorgestellt werden.

Ein weiteres, klassisches Beispiel zur Lösung von Dirichlet-Randwertaufgaben ist das folgende Problem: Eine ungeladene Metallkugel (Radius R) wird in ein konstantes elektrisches Feld $\boldsymbol{E}_0$ eingebracht (Abb. 4.11). Die Aufgabe lautet: Berechne die Veränderung des Feldes, die infolge der Ladungstrennung auf der Kugel auftritt, sowie die Verteilung der induzierten Oberflächenladungen auf der Kugel.

Die Lösung dieser Aufgabe beinhaltet die Schritte:

(a) Wähle ein Koordinatensystem mit Koordinatenursprung im Mittelpunkt der Kugel und der z-Richtung in Richtung des konstanten Feldes. Dieses konstante Feld entspricht dem Potential

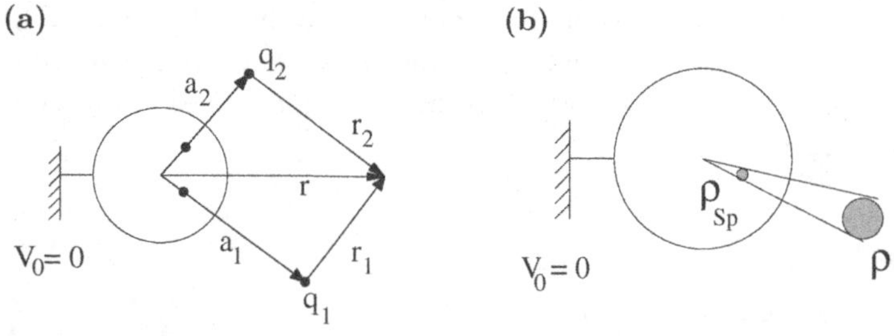

Abb. 4.10. Erweiterung der Spiegelladungsmethode

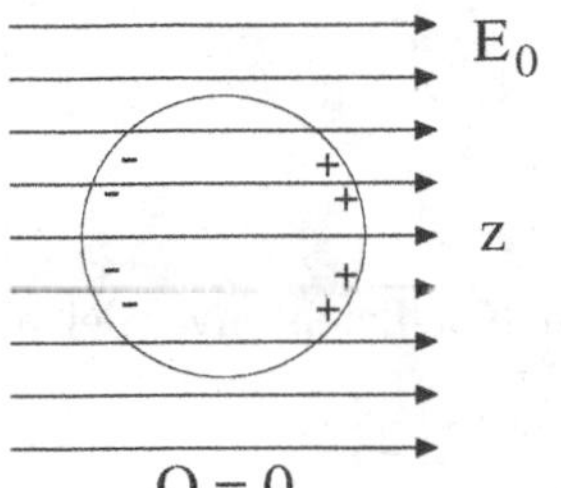

Abb. 4.11. Ungeladene Metallkugel in homogenem elektrischen Feld

$$V_0(\boldsymbol{r}) = -E_0\, z\ ,$$

bzw.

$$V_0(\boldsymbol{r}) = -E_0\, r\, P_1(\cos\theta)\ .$$

(b) Für den Außenraum der Metallkugel gilt die Laplacegleichung

$$\Delta V(\boldsymbol{r}) = 0\ ,$$

wobei als Randbedingungen anzusetzen sind

(i) $V(\boldsymbol{R}) = V_R$. Das Potential auf der Kugelfläche ist konstant. Der Randwert ist zunächst nicht bekannt. Er kann jedoch im Retrospekt aus der Aussage $Q_{\text{Kugel}} = 0$ bestimmt werden.

(ii) Für große Entfernungen von der Kugel geht die Lösung der Laplacegleichung in das Potential des homogenen Feldes über

$$V(\boldsymbol{r}) \xrightarrow{r\to\infty} -E_0\, r\, P_1(\cos\theta)\ .$$

Das vorgelegte Problem hat offensichtlich Azimutalsymmetrie. Man kann deswegen die Lösung der Laplacegleichung in der Form

$$V(\boldsymbol{r}) = V(r,\,\theta) = k_e \sum_{l=0}^{\infty}\left[\frac{A_l}{r^{l+1}} + B_l r^l\right] P_l(\cos\theta)$$

ansetzen. Da die übliche Randbedingung $V(r,\,\theta) \to 0$ für $r \to \infty$ nicht gegeben ist, muss man in dieser Aufgabe den vollständigen Radialanteil benutzen. Die Konstanten A_l und B_l werden durch die Randbedingungen bestimmt:

(a) Auf der Kugeloberfläche gilt

$$k_e \sum_{l=0}^{\infty}\left[\frac{A_l}{R^{l+1}} + B_l R^l\right] P_l(\cos\theta) = V_0 = V_0 P_0(\cos\theta)\ .$$

Koeffizientenvergleich (zur Begründung siehe S. 101) liefert für $l = 0$ die Aussage

$$\frac{A_0}{R} + B_0 - \frac{V_0}{k_e} = 0\ .$$

Ist $l \geq 1$, so folgt

$$\frac{A_l}{R^{l+1}} + B_l R^l = 0\ .$$

(b) Für unendlich ferne Punkte gilt

$$\sum_{l=0}^{\infty} B_l r^l \, P_l(\cos\theta)\bigg|_{r\to\infty} = -\frac{E_0}{k_e} r P_1(\cos\theta)\bigg|_{r\to\infty} .$$

Die Terme in $1/r$ tragen nicht bei. Hier ergibt der Koeffizientenvergleich

$$B_0 = 0, \qquad B_1 = -\frac{E_0}{k_e}, \qquad B_l = 0 \qquad \text{für} \qquad l \geq 2 .$$

Wertet man die zwei Sätze von Aussagen zusammen aus, so ergibt sich für die Koeffizienten

$$\begin{aligned} l = 0: &\qquad B_0 = 0 &\qquad A_0 &= \frac{RV_0}{k_e} \\ l = 1: &\qquad B_1 = -\frac{E_0}{k_e} &\qquad A_1 &= E_0 R^3 \\ l \geq 2: &\qquad B_l = 0 &\qquad A_l &= 0 . \end{aligned}$$

Das Potential im Außenraum der Kugel ist demnach

$$V(r,\, \theta) = \frac{RV_0}{r} - E_0 \left[r - \frac{R^3}{r^2} \right] P_1(\cos\theta) .$$

Zur Bestimmung der Konstanten V_0 muss man zunächst die Verteilung der induzierten Oberflächenladungen auf der Kugel berechnen.

$$\sigma(R,\, \theta) = -\frac{1}{4\pi k_e} \frac{\partial V}{\partial r}\bigg|_{r=R} .$$

Eine einfache Rechnung ergibt

$$\sigma(R,\, \theta) = \frac{1}{4\pi k_e} \left(\frac{V_0}{R} + 3E_0 P_1(\cos\theta) \right) .$$

Integration dieser Flächenladungsdichte über die Kugel liefert die Gesamtladung

$$\begin{aligned} Q &= \iint \sigma(R,\, \theta) R^2 \mathrm{d}\Omega \\ &= \frac{RV_0}{4\pi k_e} \iint \mathrm{d}\Omega + \frac{3E_0 R^2}{4\pi k_e} \iint P_1(\cos\theta) \mathrm{d}\Omega = \frac{RV_0}{k_e} . \end{aligned}$$

Da die Kugel in diesem Beispiel ungeladen ist, folgt $V_0 = 0$. Das Endergebnis lautet also

$$V(\boldsymbol{r}) = \begin{cases} 0 & r \leq R \\ -E_0 \left[r - \dfrac{R^3}{r^2} \right] \cos\theta & r \geq R \end{cases} \tag{4.16}$$

$$\sigma(R,\, \theta) = \frac{3}{4\pi k_e} E_0 \cos\theta . \tag{4.17}$$

Zur Verdeutlichung der Modifikation ist es nützlich, das elektrische Feld in dem Außenraum (in Kugelkoordinaten) zu berechnen

$$\begin{aligned} \boldsymbol{E}(r,\theta) &= \left(-\frac{\partial V}{\partial r}, -\frac{1}{r}\frac{\partial V}{\partial \theta}, 0\right) \\ &= E_0\left(\left(1+2\frac{R^3}{r^3}\right)\cos\theta, -\left(1-\frac{R^3}{r^3}\right)\sin\theta, 0\right) \qquad (r \geq R)\,. \end{aligned} \tag{4.18}$$

Der Vektor $(\cos\theta, -\sin\theta, 0)$ beschreibt die Komponentenzerlegung des vorgegebenen konstanten Feldes in Bezug auf das Basisdreibein der Kugelkoordinaten, die Terme in $1/r^3$ entsprechen der Modifikation des Feldes aufgrund der Ladungstrennung auf der Kugeloberfläche. Auf der Kugeloberfläche gilt

$$E_r(R,\theta) = 3E_0\cos\theta \qquad E_\theta(R,\theta) = 0\,.$$

Die Feldlinien stehen (wie für eine Metallkugel zu erwarten) senkrecht auf der Kugelfläche (Abb. 4.12a). Die Feldstärkc ist maximal in z-Richtung und nimmt zum 'Äquator' ($\theta = \pi/2$) mit dem Kosinus auf den Wert Null ab. Auf der hinteren Halbkugel ist die Radialkomponente des Feldes negativ. Die Feldlinien enden auf den negativen Influenzladungen. Die Feldmodifikation klingt wie $1/r^3$, also relativ rasch, ab. Das modifizierte Feldlinienbild ist in (Abb. 4.12b) angedeutet (beachte die Zylindersymmetrie des Feldes).

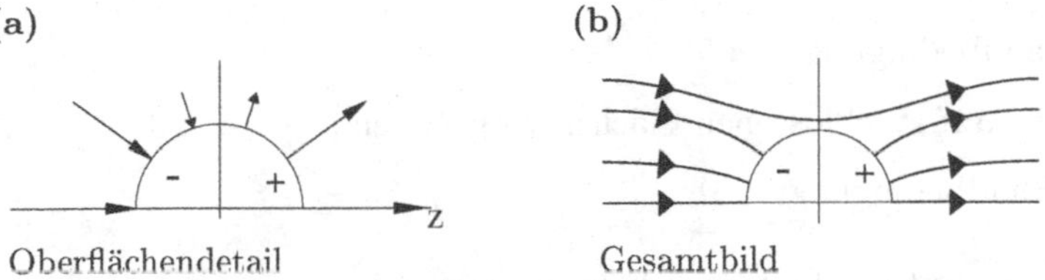

Abb. 4.12. Feldlinienbilder der durch Influenz polarisierten Metallkugel

Die Ladungsverteilung auf der Kugel variiert ebenfalls mit der Kosinusfunktion. Das bedeutet, dass die Ladungsdichte maximal an den Polen und Null am Äquator ist. Die vordere Halbkugel (entsprechend der positiven z-Achse) ist positiv, die hintere negativ geladen.

Die Betrachtung des stationären Potentialproblems ermöglicht eine erste Bekanntschaft mit einem wichtigen Hilfsmittel der theoretischen Physik, den Greenschen Funktionen. Dieses Thema wird in Math.Kap. 3.3 behandelt. Die mehr physikalisch orientierten Aspekte werden in dem nächsten Abschnitt besprochen, auch wenn sich dabei eine gewisse Wiederholung ergibt.

4.3 Greensche Funktionen

Greensche (oder Greens) Funktionen spielen bei der Diskussion von stationären wie auch dynamischen Problemen eine Rolle. Ein Beispiel für die Anwendung dieser Funktionen in der Elektrodynamik ist die Berechnung des elektromagnetischen Feldes, das von einer Dipolantenne abgestrahlt wird (Kap. 7.3.2). Andere Gebiete, in denen Greensche Funktionen (unter der Bezeichnung Propagatoren) eine wesentliche Rolle spielen, sind das Streuproblem und das Vielteilchenproblem der Quantenmechanik sowie die entsprechenden Probleme der Quantenfeldtheorie. Der Vorteil einer Lösungsmethode auf der Basis von Greens Funktionen ist die Möglichkeit, Bedingungen an die Lösung, wie z.B. die Randbedingungen der Elektrostatik, direkt in eine allgemeinere Lösungsformel einzubringen. Die Erarbeitung von Greenschen Funktionen für ein stationäres Problem, die Lösung der Poisson-/Laplacegleichung, ist das Ziel dieses Abschnitts.

Die Randbedingungen, die an die Lösung der Poisson-/Laplacegleichung, einer linearen, inhomogenen partiellen Differentialgleichung zweiter Ordnung

$$\Delta V(\boldsymbol{r}) = -4\pi k_e\, \rho(\boldsymbol{r}) \tag{4.19}$$

gestellt werden, sind für:

(a) einfache Randbedingung:

$$V(\boldsymbol{r}) \xrightarrow{r\to\infty} 0\,,$$

(b) Dirichlet-Randbedingung:

$$V(\boldsymbol{r}) \quad \text{ist auf geschlossenen Flächen vorgegeben}\,,$$

(c) Neumann-Randbedingung:

$$\frac{\partial V(\boldsymbol{r})}{\partial n} \quad \text{ist auf geschlossenen Flächen vorgegeben}\,.$$

Die gesuchte Lösung der Poissongleichung kann in der Form

$$V(\boldsymbol{r}) = V_{\text{hom}}(\boldsymbol{r}) + \iiint G(\boldsymbol{r},\, \boldsymbol{r}')\rho(\boldsymbol{r}')\,\mathrm{d}V' \tag{4.20}$$

angesetzt werden. Das Partikulärintegral der inhomogenen Differentialgleichung ist durch die **Greensche Funktion** $G(\boldsymbol{r},\, \boldsymbol{r}')$ (und die Ladungsverteilung) dargestellt. V_{hom} ist eine allgemeine Lösung der zugehörigen homogenen Differentialgleichung, also der Laplacegleichung. Wirkt man mit dem Laplaceoperator auf den Ansatz (4.20) ein, so folgt

$$\Delta V(\boldsymbol{r}) = \Delta V_{\text{hom}}(\boldsymbol{r}) + \iiint \Delta_{\boldsymbol{r}} G(\boldsymbol{r},\, \boldsymbol{r}')\rho(\boldsymbol{r}')\,\mathrm{d}V'\,.$$

Da V eine Lösung der Poissongleichung (4.19) und V_{hom} eine Lösung der Laplacegleichung ist, gilt

$$-4\pi k_e\, \rho(\boldsymbol{r}) = \iiint \mathrm{d}V' \Delta_{\boldsymbol{r}} G(\boldsymbol{r}, \boldsymbol{r}')\rho(\boldsymbol{r}')\ .$$

An dieser Relation kann man ablesen, dass die **Greensche Funktion** die Differentialgleichung

$$\Delta_{\boldsymbol{r}} G(\boldsymbol{r}, \boldsymbol{r}') = -4\pi\, k_e\, \delta(\boldsymbol{r}-\boldsymbol{r}') \tag{4.21}$$

erfüllen muss. Die Differentialgleichung (4.21) und geeignete Randbedingungen definieren die Greensche Funktion. Sie kann als eine Poissongleichung für eine Punktladungsquelle angesehen werden. Die Greensche Funktion beschreibt somit, gemäß (4.20), den Beitrag einer Punktladung der Größe 1, die sich an der Stelle $\boldsymbol{r}'$ befindet, zu dem Potential an der Stelle $\boldsymbol{r}$ (oder an der Stelle $\boldsymbol{r}$ zu dem Potential an der Stelle $\boldsymbol{r}'$). Das gesamte Potential in (4.21) ergibt sich durch Summation aller Punktladungsbeiträge gewichtet mit der vorgegebenen Ladungsverteilung.

Wegen der Symmetrie der Deltafunktion $\delta(\boldsymbol{r}-\boldsymbol{r}') = \delta(\boldsymbol{r}'-\boldsymbol{r})$ erwartet man, dass die Greensche Funktion, eine Funktion von sechs Variablen, symmetrisch gegen Vertauschung von $\boldsymbol{r}$ und $\boldsymbol{r}'$ ist

$$G(\boldsymbol{r}, \boldsymbol{r}') = G(\boldsymbol{r}', \boldsymbol{r})\ ,$$

so dass auch

$$\Delta_{\boldsymbol{r}'} G(\boldsymbol{r}, \boldsymbol{r}') = -4\pi k_e\, \delta(\boldsymbol{r}-\boldsymbol{r}')$$

gilt[1],

Zur Beantwortung der Frage nach einer kompakten Lösungsformel auf der Basis der Greenschen Funktionen benötigt man die Greenschen Integralsätze. Die Integralsätze, die in direkter Weise aus dem schon mehrfach zitierten Divergenztheorem gewonnen werden können, stellen einen Satz von Relationen zwischen einem Volumenintegral und einem Oberflächenintegral mit zwei beliebigen, differenzierbaren Skalarfeldern $\phi(\boldsymbol{r})$ und $\psi(\boldsymbol{r})$ dar. Der **erste Greensche Integralsatz** lautet

$$\iiint_B [\phi(\boldsymbol{r})\Delta\psi(\boldsymbol{r}) + \boldsymbol{\nabla}\phi(\boldsymbol{r})\cdot\boldsymbol{\nabla}\psi(\boldsymbol{r})]\,\mathrm{d}V = \oiint_{\mathrm{O}(B)} \phi(\boldsymbol{r})\,\frac{\partial\psi(\boldsymbol{r})}{\partial n}\,\mathrm{d}f\ . \tag{4.22}$$

Die Fläche $\mathrm{O}(B)$ ist die Oberfläche des Bereichs B. Vertauscht man die Rolle der Funktionen ϕ und ψ und kombiniert die resultierende Relation mit dem ersten Integralsatz (4.22), so erhält man den **zweiten Greenschen Integralsatz** (auch **Greens Theorem** genannt)

[1] Den Nachweis der Symmetrie der Greenschen Funktion sowie weitere Details zu den folgenden Ausführungen findet man in Math.Kap. 3.3.

$$\iiint_B [\phi(\boldsymbol{r})\Delta\psi(\boldsymbol{r}) - \psi(\boldsymbol{r})\Delta\phi(\boldsymbol{r})]\,\mathrm{d}V =$$

$$\oiint_{\mathrm{O}(B)} \left[\phi(\boldsymbol{r})\,\frac{\partial\psi(\boldsymbol{r})}{\partial n} - \psi(\boldsymbol{r})\,\frac{\partial\phi(\boldsymbol{r})}{\partial n}\right] \mathrm{d}f\,. \qquad (4.23)$$

In diese zentrale, recht allgemeine Relation bringt man die Greensche Funktion ein. Benutzt man in (4.23) die Funktionen

$$\phi(\boldsymbol{r}) = V(\boldsymbol{r}) \qquad \psi(\boldsymbol{r}) = G(\boldsymbol{r},\,\boldsymbol{r}')$$

und beachtet die Differentialgleichungen

$$\Delta V(\boldsymbol{r}) = -4\pi k_e\,\rho(\boldsymbol{r}) \qquad \text{und} \qquad \Delta_{\boldsymbol{r}} G(\boldsymbol{r},\,\boldsymbol{r}') = -4\pi k_e\,\delta(\boldsymbol{r}-\boldsymbol{r}')\,,$$

so erhält man nach einfachem Sortieren die Greensche Lösungsformel

$$V(\boldsymbol{r}) = \iiint_B G(\boldsymbol{r}',\,\boldsymbol{r})\rho(\boldsymbol{r}')\mathrm{d}V' \qquad (4.24)$$

$$+\frac{1}{4\pi k_e}\oiint_{\mathrm{O}(B)} \left[G(\boldsymbol{r}',\,\boldsymbol{r})\,\frac{\partial V(\boldsymbol{r}')}{\partial n'} - V(\boldsymbol{r}')\,\frac{\partial G(\boldsymbol{r}',\,\boldsymbol{r})}{\partial n'}\right] \mathrm{d}f'\,.$$

In dieser Gleichung ist ein Zusammenhang zwischen dem Potential $V(\boldsymbol{r})$ und der Greens Funktion $G(\boldsymbol{r}',\,\boldsymbol{r})$ hergestellt. Die Formel besagt: Sind die Ladungsverteilung und die Greensche Funktion in einem Bereich B bekannt und ist $V(\boldsymbol{r})$ und $\partial V(\boldsymbol{r})/\partial n$ auf den Randflächen des Bereiches vorgegeben, so kann man das Potential $V(\boldsymbol{r})$ in jedem Punkt des Bereiches B berechnen. Da jedoch $V(\boldsymbol{r})$ *und* $\partial V(\boldsymbol{r})/\partial n$ nicht gleichzeitig auf den Randflächen vorgegeben werden können, muss die Greens Funktion bestimmte Bedingungen erfüllen, die mit den Randbedingungen des gestellten Problems korrespondieren. Um die Greensche Funktion letztlich zu berechnen, muss man die Differentialgleichung (4.21) mit den für die Greensche Funktion zuständigen Randbedingungen lösen.

Im Fall von einfachen Randbedingungen ist normalerweise eine Ladungsverteilung $\rho(\boldsymbol{r})$ um den Koordinatenursprung vorgegeben. Metallflächen mit der Vorgabe von Potentialwerten sind nicht vorhanden. Das Gebiet B ist der gesamte Raum, der Rand $\mathrm{O}(B)$ ist entsprechend eine unendlich große Kugelfläche um den Koordinatenursprung. Mit der Vorgabe, dass das Potential auf $\mathrm{O}(B)$ verschwindet

$$V(\boldsymbol{r}') \xrightarrow{r' \to \infty} 0\,,$$

erhält man aus der zentralen Gleichung (4.24) gemäß der Randbedingung für das Potential

$$0 = \lim_{r \to \infty} \left[\iiint_B G(\boldsymbol{r}', \boldsymbol{r})\rho(\boldsymbol{r}')\mathrm{d}V' + \oiint_{\mathrm{O}(B)\to\mathrm{Ku}_\infty} \frac{G(\boldsymbol{r}', \boldsymbol{r})}{4\pi k_e} \frac{\partial V(\boldsymbol{r}')}{\partial n'} \mathrm{d}f' \right] .$$

Da die Richtungsableitung $\partial V(\boldsymbol{r})/\partial n$ auf der unendlich großen Kugel nicht vorgegeben ist, ist das Potentialproblem nur eindeutig lösbar, falls die Greens Funktion die Randbedingung

$$G(\boldsymbol{r}', \boldsymbol{r}) \xrightarrow{r \to \infty} 0$$

erfüllt.

Die Lösung der Differentialgleichung (4.21) für die Greensche Funktion mit dieser Randbedingung ist das Punktladungspotential

$$G(\boldsymbol{r}', \boldsymbol{r}) = \frac{k_e}{|\boldsymbol{r} - \boldsymbol{r}'|} = G(\boldsymbol{r}, \boldsymbol{r}') , \tag{4.25}$$

an dem man explizit die Symmetrie der Greens Funktion erkennt. Die allgemeine Lösungsformel geht in diesem Spezialfall in das bekannte Resultat (vergleiche Kap. 2.4)

$$V(\boldsymbol{r}) = \iiint G(\boldsymbol{r}, \boldsymbol{r}')\rho(\boldsymbol{r}')\,\mathrm{d}V' = k_e \iiint \frac{\rho(\boldsymbol{r}')}{|\boldsymbol{r} - \boldsymbol{r}'|}\,\mathrm{d}V' \tag{4.26}$$

über.

Betrachtet man Dirichletrandbedingungen, so ist das Gebiet B ein beliebiges, von Metallflächen umschlossenes Gebiet, in dem sich Punkt- und/oder Raumladungen befinden (Abb. 4.13). Das Potential ist auf den Randflächen vorgegeben

$$V(\boldsymbol{R}) = f(\boldsymbol{R}) \qquad \boldsymbol{R} \in \mathrm{O}(B) .$$

In diesem Fall stellt man fest: Da die Richtungsableitung $\partial V(\boldsymbol{R})/\partial n$, die in die allgemeine Lösungsformel (4.24) eingeht, nicht vorgegeben ist, muss man auf den Randflächen

$$G(\boldsymbol{r}', \boldsymbol{r}) = 0 \qquad \text{für} \quad \boldsymbol{r}' = \boldsymbol{R} \in \mathrm{O}(B) \tag{4.27}$$

fordern, damit man nicht in einen Widerspruch gerät. Die Greensche Funktion muss auf der Randfläche verschwinden. Die Lösungsformel reduziert sich in diesem Fall auf die Aussage

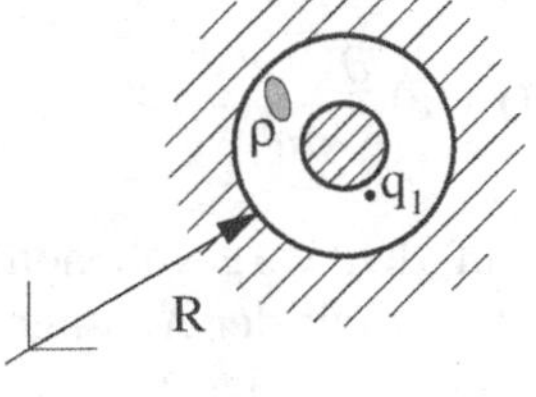

Abb. 4.13. Zum Dirichletproblem

$$V(\boldsymbol{r}) = \iiint_B G(\boldsymbol{r}', \boldsymbol{r})\rho(\boldsymbol{r}')\mathrm{d}V' - \frac{1}{4\pi\, k_e} \oiint_{\mathrm{O}(B)} V(\boldsymbol{r}') \frac{\partial G(\boldsymbol{r}', \boldsymbol{r})}{\partial n'} \mathrm{d}f' \, .$$

Die Greensche Funktion bestimmt, bei vorgegebener Ladungsverteilung und vorgegebenen Potentialwerten auf dem Rand, die Lösung des Poisson-/Laplace Problems. Offensichtlich ist der Fall der einfachen Randbedingungen ein Spezialfall mit $V(\boldsymbol{r}') = 0$ auf einer unendlich großen Kugel.

In dem Fall von Neumannschen Randbedingung ist $\partial V(\boldsymbol{R})/\partial n$ auf den Randflächen vorgegeben. Die allgemeine Lösungsformel wäre in diesem Fall verwertbar, wenn für die Greensche Funktion die Randbedingung

$$\frac{\partial}{\partial n'} G(\boldsymbol{r}', \boldsymbol{r}) = 0 \qquad \text{für} \quad \boldsymbol{r}' = \boldsymbol{R} \in \mathrm{O}(B)$$

gilt. Diese Forderung ist jedoch *nicht* erfüllbar. Sie widerspricht der Differentialgleichung für die Greensche Funktion. Anwendung des Divergenztheorems ergibt nämlich

$$\begin{aligned} \oiint_{\mathrm{O}(B)} \frac{\partial G(\boldsymbol{r}', \boldsymbol{r})}{\partial n'} \mathrm{d}f' &= \oiint_{\mathrm{O}(B)} \boldsymbol{\nabla}_{\boldsymbol{r}'} G(\boldsymbol{r}', \boldsymbol{r}) \cdot \mathrm{d}\boldsymbol{f}' \\ &= \iiint_B \Delta_{\boldsymbol{r}'} G(\boldsymbol{r}', \boldsymbol{r})\, \mathrm{d}V' \\ &= -4\pi k_e \iiint_B \delta(\boldsymbol{r} - \boldsymbol{r}')\, \mathrm{d}V' = -4\pi k_e \quad (\boldsymbol{r} \in B) \, . \end{aligned}$$

Eine mögliche (aber trotzdem einfache) Wahl der Randbedingung ist

$$\frac{\partial G(\boldsymbol{r}', \boldsymbol{r})}{\partial n'} = \text{const.} \qquad \text{für} \quad \boldsymbol{r}' = \boldsymbol{R} \in \mathrm{O}(B) \, .$$

Aus dem Divergenztheorem folgt dann für die Konstante

$$\text{const.} = -\frac{4\pi k_e}{F(\mathrm{O}(B))}$$

und die Lösungsformel lautet in diesem Fall

$$\begin{aligned} V(\boldsymbol{r}) = &\iiint_B G(\boldsymbol{r}', \boldsymbol{r})\rho(\boldsymbol{r}')\mathrm{d}V' \qquad (4.28) \\ &+ \frac{1}{F_{\mathrm{O}}(B)} \oiint_{\mathrm{O}(B)} V(\boldsymbol{r}')\mathrm{d}f' + \frac{1}{4\pi k_e} \oiint_{\mathrm{O}(B)} G(\boldsymbol{r}', \boldsymbol{r}) \frac{\partial V(\boldsymbol{r}')}{\partial n'} \mathrm{d}f' \, . \end{aligned}$$

Der zweite Term ist der Mittelwert des Potentials auf den vorgegebenen Randflächen. Die Tatsache, dass ein solcher Term auftritt, ist mit der Aussage verknüpft, dass das Neumann Problem *keine* vollständig eindeutige Lösung besitzt. Ist jedoch eine der Randflächen eine unendlich große Kugel, so ist die

Fläche $F_O(B)$ unendlich groß und man kann diesen Term gleich Null setzen. Die anderen Terme stellen den Beitrag der vorgegebenen Ladungsverteilung und den Oberflächenbeitrag, der durch eine vorgegebene Feldverteilung (bzw. Oberflächenladungsverteilung) bedingt ist, dar. Beide Terme lassen sich bei Kenntnis von $G(\boldsymbol{r}, \boldsymbol{r}')$ auswerten.

Die Greensche Funktion stellt sich somit als eine zentrale Größe zum Einbau von Randbedingungen in die allgemeine Lösungsformel (4.24) heraus. Sie wird durch die partielle Differentialgleichung (4.21) und durch Randbedingungen, die mit den Randbedingungen des Potentialproblems korrespondieren, charakterisiert. Da diese Funktion essentiell nur durch die Geometrie der Randflächen bestimmt ist, gilt die Aussage: Hat man diese Funktion für eine bestimmte Geometrie (z.B. Kugelsymmetrie) berechnet, so kann für diese Geometrie bei jedweder Vorgabe einer Ladungsverteilung in dem von den Randflächen eingeschlossenen Gebiet und der Potentialwerte auf dem Rand, die Lösung des Poisson-/Laplaceproblems durch Integration gewonnen werden.

Ein explizites Beispiel für die Berechnung der Greenschen Funktion für ein Dirichletsches Randwertproblem ist die Aufgabe[2]: Das Potential nimmt auf einer Kugelfläche mit dem Radius $R_1 = R$ die variablen Werte $V(\boldsymbol{r}) = V(R, \theta, \varphi)$ an. Auf einer konzentrischen Kugelfläche mit dem Radius $R_2 \to \infty$ hat das Potential den Wert Null. In dem Gebiet B zwischen diesen Flächen befindet sich eine beliebige Verteilung von Punkt- und Raumladungen (Abb. 4.14). Finde eine Lösung der Differentialgleichung (4.21) für die Greens Funktion, die den Randbedingungen dieses Dirichletproblems entspricht.

Bei der vorgegebenen Geometrie wird man versuchen, die Differentialgleichung in Kugelkoordinaten zu lösen. Analog zu der Darstellung der Abstandsfunktion bietet sich ein Ansatz mit einer Entwicklung nach Kugelflächenfunktionen an

$$G(\boldsymbol{r}, \boldsymbol{r}') = \sum_{l',m'} g_{l'}(r, r') Y_{l',m'}(\Omega) Y^*_{l',m'}(\Omega') . \tag{4.29}$$

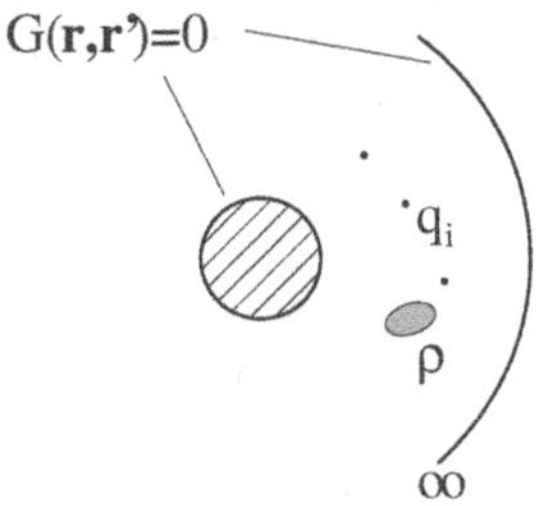

Abb. 4.14. Vorgaben bei dem Dirichletproblem

[2] Das D.tail 4.3 enthält eine vollständige Diskussion aller Rechenschritte zu diesem Beispiel.

Geht man mit diesem Ansatz in die Differentialgleichung für $G(\boldsymbol{r}, \boldsymbol{r}')$ ein, so erhält man nach Elimination der Winkelanteile (Integration nach Multiplikation mit geeigneten Kugelflächenfunktionen) eine Differentialgleichung für die Radialanteile

$$\frac{\mathrm{d}}{\mathrm{d}r}\left(r^2 \frac{\mathrm{d}}{\mathrm{d}r} g_l(r,r')\right) - l(l+1) g_l(r,r') = -4\pi k_e \delta(r-r') \tag{4.30}$$

$$(l = 0, 1, 2, \ldots) .$$

Anstelle der Lösung eines Randwertproblems mit einer partiellen Differentialgleichung muss man beliebig viele Randwertprobleme (für jedes l) mit einer gewöhnlichen Differentialgleichung betrachten. Deren Lösung kann in der folgenden Weise gewonnen werden: In dem Gebiet mit $r > r'$ als auch in dem Gebiet mit $r < r'$ liegt eine homogene Differentialgleichung vor, die der Differentialgleichung für den Radialanteil des Laplaceproblems (S. 81, (3.28)) entspricht. Die Lösung in jedem der Gebiete kann somit in der Form

$$g_l(r,r') = a_l r^l + \frac{b_l}{r^{l+1}}$$

angesetzt werden. Die Abhängigkeit der Lösung von r' ist durch die Differentialgleichung nicht bestimmt. Da die Lösungen in den beiden Gebieten jedoch verknüpft werden müssen, ergibt sich eine Abhängigkeit von dieser Variablen. Diese Abhängigkeit kann durch einen Ansatz, in dem die Integrationskonstanten durch Funktionen von r' ersetzt werden, ausgedrückt werden

$$g_{1l}(r,r') = a_{1l}(r') r^l + b_{1l}(r') \frac{1}{r^{l+1}} \qquad r < r'$$

$$g_{2l}(r,r') = a_{2l}(r') r^l + b_{2l}(r') \frac{1}{r^{l+1}} \qquad r' < r .$$

Zur Bestimmung der Koeffizientenfunktionen a_{il}, b_{il} benutzt man die verfügbaren Bedingungen:

- Die Randbedingung auf der inneren Kugelschale

  $$g_{1l}(R_1, r') = 0 ,$$

  wobei $r = R_1 < r'$ ist, und die entsprechende Bedingung auf der äußeren Kugelschale

  $$\lim_{R_2 \to \infty} g_{2l}(R_2, r') = 0 \qquad \text{mit} \quad r' < r = R_2 \longrightarrow \infty$$

  reduziert den Ansatz auf

  $$g_{1l}(r,r') = a_{1l}(r') \left[r^l - \frac{R^{2l+1}}{r^{l+1}} \right] \qquad r < r'$$

  $$g_{2l}(r,r') = b_{2l}(r') \frac{1}{r^{l+1}} \qquad r' < r .$$

- Die Symmetriebedingung der Greens Funktion erfordert für die Radialanteile $g_{1l}(r,r') = g_{2l}(r',r)$. Diese Bedingung, die die Funktionen in den beiden Gebieten verknüpft, lautet im Detail

$$a_{1l}(r')\left[r^l - \frac{R^{2l+1}}{r^{l+1}}\right] = b_{2l}(r)\frac{1}{(r')^{l+1}} .$$

Vergleich der r- und der r'-Abhängigkeit in dieser Relation ergibt für die zwei Radialfunktionen

$$g_{1l}(r,r') = c_l\left[\frac{r^l}{(r')^{l+1}} - \frac{R^{2l+1}}{(rr')^{l+1}}\right] \qquad r < r'$$

$$g_{2l}(r,r') = c_l\left[\frac{r'^l}{r^{l+1}} - \frac{R^{2l+1}}{(rr')^{l+1}}\right] \qquad r' < r .$$

Der weiter reduzierten Form der Radialfunktionen entnimmt man auch die Tatsache, dass die Funktionen g_{1l} und g_{2l} an der Stelle $r = r'$ stetig ineinander übergehen

$$g_{1l}(r,r) = g_{2l}(r,r) \qquad \text{für} \quad r' = r .$$

- Eine weitere Bedingung zur Festlegung des noch offenen Faktors c_l ist das Verhalten der ersten Ableitung der beiden Funktionen an der Stelle $r = r'$, für die die Differentialgleichung (4.30) eine Singularität aufweist. Um diese Bedingung zu gewinnen, schreibt man die Differentialgleichung in der Form

$$\frac{\mathrm{d}^2}{\mathrm{d}r^2}\left(rg_l(r,r')\right) - \frac{l(l+1)}{r}g_l(r,r') = -\frac{4\pi k_e}{r}\delta(r-r')$$

und integriert beide Seiten dieser Gleichung von einem Punkt kurz unterhalb der singulären Stelle bis zu einem Punkt kurz oberhalb

$$\lim_{\varepsilon\to 0}\int_{r=r'-\varepsilon}^{r=r'+\varepsilon} \mathrm{d}r .$$

Die Terme in g_l tragen wegen der Stetigkeit der radialen Greens Funktion für $r = r'$ nicht bei und es bleibt

$$\lim_{\varepsilon\to 0}\left\{\frac{\mathrm{d}}{\mathrm{d}r}\left(rg_{2l}(r,r')\right)_{r=r'+\varepsilon} - \frac{\mathrm{d}}{\mathrm{d}r}\left(rg_{1l}(r,r')\right)_{r=r'-\varepsilon}\right\} = -\frac{4\pi k_e}{r'} .$$

Die Singularität der Differentialgleichung an der Stelle $r = r'$ bedingt, dass die erste Ableitung des Radialanteils der Greens Funktion an der kritischen Stelle einen Sprung macht. Auswertung dieser Bedingung ergibt

$$c_l = \frac{4\pi k_e}{2l+1} .$$

Man erhält als Endergebnis für die Koeffizientenfunktionen

$$g_{1l}(r, r') = \frac{4\pi k_e}{(2l+1)} \left[\frac{r^l}{(r')^{l+1}} - \frac{R^{2l+1}}{(rr')^{l+1}} \right] \qquad r < r'$$

$$g_{2l}(r, r') = \frac{4\pi k_e}{(2l+1)} \left[\frac{r'^l}{r^{l+1}} - \frac{R^{2l+1}}{(rr')^{l+1}} \right] \qquad r' < r\,.$$

Infolge der Symmetriebedingung kann man die vollständige Greensche Funktion berechnen, indem man g_{1l} oder g_{2l} benutzt, so z.B.

$$G(\boldsymbol{r}, \boldsymbol{r}') = \sum_{l,m} \frac{4\pi k_e}{(2l+1)} \left[\frac{r^l}{(r')^{l+1}} - \frac{R^{2l+1}}{(rr')^{l+1}} \right] Y_{l,m}(\Omega) Y^*_{l,m}(\Omega')$$

$$= k_e \sum_l \left[\frac{r^l}{(r')^{l+1}} - \frac{R^{2l+1}}{(rr')^{l+1}} \right] P_l(\cos\alpha)\,, \tag{4.31}$$

falls man g_{1l} einsetzt. Die zweite Zeile folgt mit dem Additionstheorem für die Kugelflächenfunktionen (siehe Math.Kap. 4.3.4). Mit g_{2l} würde man

$$G(\boldsymbol{r}', \boldsymbol{r}) = k_e \sum_l \left[\frac{(r')^l}{r^{l+1}} - \frac{R^{2l+1}}{(rr')^{l+1}} \right] P_l(\cos\alpha)$$

schreiben. Wie zu erwarten, ergibt die Resummation mit Hilfe der erzeugenden Funktion der Legendrepolynome in beiden Fällen das gleiche Resultat

$$G(\boldsymbol{r}, \boldsymbol{r}') = \frac{k_e}{|\boldsymbol{r} - \boldsymbol{r}'|} - \frac{k_e R}{r'} \frac{1}{\left| \boldsymbol{r} - \dfrac{R^2}{r'^2} \boldsymbol{r}' \right|}\,. \tag{4.32}$$

Dieses Ergebnis entspricht der Aussage, die im Rahmen der Diskussion des einfachsten Spiegelladungsproblems gewonnen wurde. Der Vorteil der Methode der Greenschen Funktionen liegt darin, dass mit der Bestimmung der Greenschen Funktion eine ganze Klasse von Potentialproblemen mit der angegebenen Geometrie der Randbedingungen im Prinzip gelöst wurde. Man muss die Greensche Funktion nur noch in die Lösungsformel (4.24) einsetzen (und diese auswerten).

Man benötigt dazu in dem vorliegenden Beispiel die Normalenableitung der Greenschen Funktion auf der vorgegebenen Fläche. Es ist (mit der Definition der Normalenrichtung in den Außenbereich des eingeschlossenen Volumens, also gegen die Richtung des Vektors $\boldsymbol{r}$)

$$\frac{\partial G(\boldsymbol{r}', \boldsymbol{r})}{\partial n'} = - \left. \frac{\partial G(\boldsymbol{r}', \boldsymbol{r})}{\partial r'} \right|_{r'=R} = - \frac{k_e (r^2 - R^2)}{R\,[r^2 + R^2 - 2rR\cos\alpha]^{3/2}}\,,$$

wobei α der Winkel zwischen den Vektoren $\boldsymbol{r}$ und $\boldsymbol{R}$ ist. In vektorieller Schreibweise entspricht dieses Resultat

$$\frac{\partial G(\boldsymbol{r}, \boldsymbol{r}')}{\partial n'} = -k_e \frac{(\boldsymbol{r} - \boldsymbol{R}) \cdot (\boldsymbol{r} + \boldsymbol{R})}{R\,|\boldsymbol{r} - \boldsymbol{R}|^3}\,.$$

Die äußere (unendlich große) Kugelschale liefert keinen Beitrag. Die vollständige Lösungsformel für das vorgelegte Randwertproblem lautet somit (benutze $\mathrm{d}f' = R^2\mathrm{d}\Omega'$)

$$V(\boldsymbol{r}) = k_e \iiint \frac{\rho(\boldsymbol{r}')}{|\boldsymbol{r}-\boldsymbol{r}'|}\,\mathrm{d}V' - k_e \iiint \frac{R\rho(\boldsymbol{r}')}{r'|\boldsymbol{r} - \frac{R^2}{r'^2}\boldsymbol{r}'|}\,\mathrm{d}V' \tag{4.33}$$

$$+\frac{1}{4\pi}\iint V(R,\,\theta',\,\varphi')\,\frac{R(r^2-R^2)}{[r^2+R^2-2rR\cos\alpha(\theta',\,\varphi')]^{3/2}}\,\mathrm{d}\Omega' \,.$$

Sind $V(\boldsymbol{R})$ auf der inneren Kugel und die Ladungsverteilung in dem Bereich zwischen den Kugeln vorgegeben, so kann man mit dieser Formel das Potential in dem Raum außerhalb der inneren Kugel berechnen. Die Auswertung der Integrale ist nicht notwendigerweise trivial, doch schmälert dies in keiner Weise den globalen Charakter der Lösungsformel für die gegebene Randwertgeometrie. Einfache Fälle sind:

(1) Für die geerdete Kugel mit einer Punktladung im Außenbereich

$$V(\boldsymbol{R}) = 0 \qquad \rho(\boldsymbol{r}) = q\,\delta(\boldsymbol{r}-\boldsymbol{a})$$

findet man das vorherige Ergebnis

$$V(\boldsymbol{r}) = k_e\frac{q}{|\boldsymbol{r}-\boldsymbol{a}|} - k_e\frac{R}{a}\,\frac{q}{|\boldsymbol{r} - \frac{R^2}{a^2}\boldsymbol{a}|} \,.$$

(2) Ist die innere Kugel auf einem beliebigen Potential und keine Außenladung vorhanden

$$V(\boldsymbol{R}) = V_0 \qquad \rho(\boldsymbol{r}) = 0 \,,$$

so ist nur der Oberflächenterm auszuwerten. Das Ergebnis ist wesentlich einfacher als die allgemeine Lösungsformel andeutet (siehe D.tail 4.4)

$$V(\boldsymbol{r}) = \frac{V_0 R}{r} = k_e\frac{Q}{r} \,.$$

(3) Eine Punktladung im Außenbereich und eine Kugel, die durch ein (infinitesimales) Isolierband geteilt ist. Die zwei Kugelhälften sind auf verschiedenen Potentialen.

$$V(R,\,\theta > \pi/2) = V_o \qquad V(R,\,\theta < \pi/2) = V_u$$

$$\rho(\boldsymbol{r}) = q\,\delta(\boldsymbol{r}-\boldsymbol{a}) \,.$$

Befindet sich die Punktladung z.B. auf der z-Achse, so lautet die Vorgabe

$$\rho(\boldsymbol{r}) = q\,\delta(x)\delta(y)\delta(z-a) \,.$$

Die Rechnung zu diesem Resultat sowie weitere Aufgaben zu diesem Themenkreis findet man in der Aufgabensammlung.

In diesem Abschnitt wurde, in allgemeiner Form, die Frage beantwortet, inwieweit das elektrische Potential bzw. das elektrische Feld von vorgegebenen Ladungsverteilungen bei Anwesenheit von Metallkörpern (Metalloberflächen) durch Influenz modifiziert wird. Eine weitergehende Fragestellung lautet: „Inwieweit wird das elektrische Potential bzw. das elektrische Feld einer Ladungs- und Metallkonstellation infolge von Polarisation modifiziert, wenn sich diese Konstellation nicht im Vakuum befindet sondern ganz oder teilweise in ein polarisierbares Medium eingebettet ist?“ Die Frage nach der Modifikation des Potentialproblems infolge der Anwesenheit von Isolatoren (Dielektrika) wird nach einigen Bemerkungen zu dem Thema 'Kondensatoren' in Kap. 4.5 beantwortet.

4.4 Kondensatoren

Die bisherige Diskussion des Potentialproblems setzte voraus, dass sich die Ladungen und Metallkörper im Vakuum befinden. Erfüllen jedoch nichtleitende Materialien den Raum, in dem diese Objekte eingebettet sind, so ist eine Erweiterung der Formulierung notwendig.

Als Vorspann zu den Betrachtungen, die zu dieser Erweiterung notwendig sind, sollen einige Bemerkungen über Kondensatoren dienen, zunächst zu dem Kugelkondensator, der schon in Kap. 1.4.1 angesprochen wurde. Die innere Metallkugel (Radius R_1) trägt die Ladung $Q = 4\pi\,\sigma_1\,R_1^2$ (Abb. 4.15a). Die konzentrische, äußere Metallschale (Innenradius R_2) wird auf einem konstanten Potential V_0 gehalten. Das Potential im Zwischenraum (die Berechnung ist ein einfaches Dirichletproblem, siehe ◉ D.tail 4.5a und b) ist

$$V(\boldsymbol{r}) = k_e\frac{Q}{r} - k_e\frac{Q}{R_2} + V_0 \ .$$

Die Spannung (Potentialdifferenz) zwischen den Kugelflächen ist demnach

$$U = V(\boldsymbol{R_1}) - V(\boldsymbol{R_2}) = k_e\left(\frac{Q}{R_1} - \frac{Q}{R_2}\right) .$$

Das Verhältnis von Ladung zu Spannung ist

$$\frac{Q}{U} = \left[\frac{k_e}{R_1} - \frac{k_e}{R_2}\right]^{-1} = \frac{R_1 R_2}{k_e(R_2 - R_1)} \ .$$

Dieses Verhältnis hängt nur von der Geometrie der Anordnung ab. Man bezeichnet es als die **Kapazität** C des Kondensators

$$C = \frac{Q}{U} \ . \qquad (4.34)$$

(a)

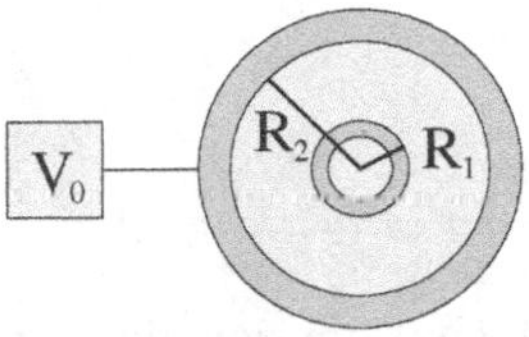

Kugelkondensator

(b)

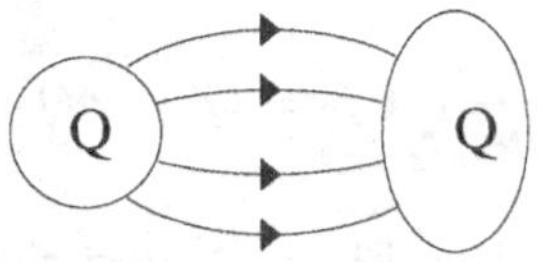

Kondensator, allgemein

Abb. 4.15. Kondensatoren

Die Kapazität des Kugelkondensators ist demnach

$$C = \frac{R_1 R_2}{(R_2 - R_1)} \qquad \text{im CGS System}$$

$$C = 4\pi\,\varepsilon_0 \frac{R_1 R_2}{(R_2 - R_1)} \qquad \text{im SI System ,}$$

die entsprechenden Maßeinheiten sind

$$[C] = \frac{\text{statcoul}}{\text{statvolt}} = \text{cm} \qquad \text{im CGS System}$$

und

$$[C] = \frac{\text{Coulomb}}{\text{Volt}} = \text{Farad} \qquad \text{im SI System .}$$

Allgemein gilt die Aussage: Jede Anordnung von zwei Metallflächen, die eine gleichgroße Ladung von entgegengesetztem Vorzeichen tragen, stellt einen Kondensator dar (Abb. 4.15b). Das Verhältnis Q/U wird für alle Anordnungen durch die Geometrie alleine bestimmt.

Diese Aussage beweist man folgendermaßen. Die Relation zwischen Ladung und Potential auf den beiden Metallflächen ist

$$Q_1 = \oiint_1 \sigma_1 \,\mathrm{d}f_1 = -\frac{1}{4\pi k_e} \oiint_1 \left(\frac{\partial V}{\partial n}\right)_1 \mathrm{d}f_1 = Q$$

$$Q_2 = \oiint_2 \sigma_2 \,\mathrm{d}f_2 = -\frac{1}{4\pi k_e} \oiint_2 \left(\frac{\partial V}{\partial n}\right)_2 \mathrm{d}f_2 = -Q \,.$$

Ändert man die Ladung auf der Fläche 1 um den Faktor a, so folgt

$$Q_1' = aQ_1 = -\frac{1}{4\pi k_e} \oiint_1 \left(\frac{\partial aV}{\partial n}\right)_1 \mathrm{d}f_1 \,.$$

Eine Änderung der Ladung um einen Faktor a bedingt eine Änderung des Potentials um den gleichen Faktor, da das Potential in dem Ausdruck auf der rechten Seite die einzige variable Größe ist. Die zweite Fläche reagiert auf die Erhöhung des Potentials und es folgt

$$-\frac{1}{4\pi k_e}\oiint_2 \left(\frac{\partial aV}{\partial n}\right)_2 \mathrm{d}f_2 = Q_2' = aQ_2 \,.$$

Die Ladung der zweiten Fläche ändert sich (durch Influenz) um den gleichen Faktor. Es gilt also die Aussage

$$C = \frac{Q_1}{U_1} = \frac{Q_1'}{U_1'} \,.$$

Die Kapazität C ist unabhängig von dem jeweiligen Ladungs- und Spannungswert, sie kann somit nur von der Geometrie der Anordnung abhängen.

Die Berechnung der Kapazität von Kondensatoren mit einer einfachen Geometrie ist nicht schwierig. Ein Plattenkondensator besteht aus zwei parallelen, ebenen Metallplatten (Fläche F) im Abstand d (Abb. 4.16a). Bei Vernachlässigung der Randeffekte gilt

$$C = \frac{Q}{U} = \frac{F}{4\pi k_e\, d} \,.$$

Dieses Ergebnis folgt z.B. aus der Formel für die Kapazität des Kugelkondensators. Ist

$$R_2 - R_1 = d \ll R_1 \approx R_2 = R \,,$$

so findet man

$$C = \frac{R^2}{k_e d} = \frac{F}{4\pi k_e\, d} \,.$$

Bei einem kleinen Zwischenraum zwischen großen Kugeln, kommt es auf die Krümmung nicht an. Man kann (bei Vernachlässigung der Randeffekte) ebenso gut zwei ebene Platten gegenüberstellen.

Ein Zylinderkondensator besteht aus zwei konzentrischen Metallzylindern, der innere mit einem Radius R_1 und der Länge l, der äußere mit Innenradius R_2 und der gleichen Länge (Abb. 4.16b). Bei Vernachlässigung der Randeffekte ist (siehe D.tail 4.5c)

$$C = \frac{1}{2k_e}\frac{l}{\ln(R_2/R_1)} \,.$$

Für eine Verallgemeinerung dieser Diskussion betrachtet man ein System von n Leitern mit den jeweiligen Potentialen V_i und den jeweiligen Gesamtladungen Q_i. Auf der Basis des Coulombgesetzes folgt die Aussage, dass das Potential des k-ten Leiters linear von allen Ladungen abhängt

$$V_k = \sum_{i=1}^{n} a_{ki} Q_i \,.$$

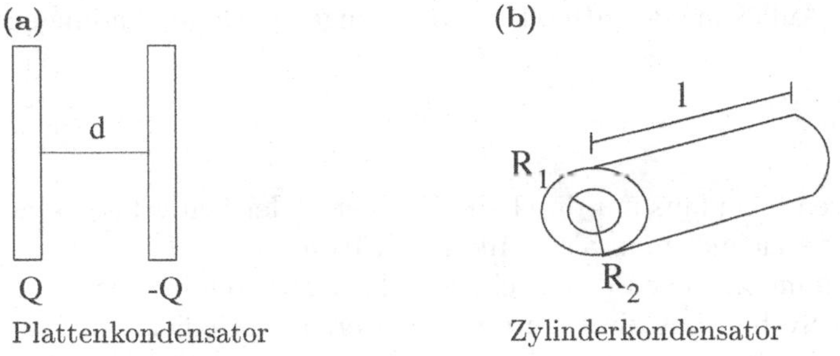

Abb. 4.16. Kondensatoren

Die Koeffizienten a_{ki} sind alleine durch die räumliche Anordnung und die Form der Leiter bestimmt. Löst man dieses System von Gleichungen nach den Ladungen auf, so findet man

$$Q_i = \sum_{k=1}^{n} b_{ik} V_k \ .$$

Jede der Ladungen ist eine lineare Funktion aller auf den Leitern herrschenden Potentiale. Die hier auftretenden Koeffizienten b_{ik}, die ebenfalls nur von der Geometrie abhängen, bezeichnet man als **Kapazitätskoeffizienten**. Entsprechend dieser Aussage ist z.B. der Kapazitätskoeffizient b_{ii} gleich der Gesamtladung, die sich auf dem i-ten Leiter befindet, falls der Leiter auf dem Einheitspotential gehalten wird und alle anderen Leiter sich auf dem Potential Null befinden. Mit Hilfe der Kapazitätskoeffizienten kann man die in Kap. 2.5 betrachtete potentielle Energie eines Systems (von Leitern) durch die Potentiale ausdrücken

$$W = \frac{1}{2} \sum_i Q_i V_i = \frac{1}{2} \sum_{ik} b_{ik} V_i V_k \ .$$

Diese Formel ist ein Ausgangspunkt für die näherungsweise Berechnung oder die Abschätzung der Kapazitätsverhältnisse in der Elektrotechnik mittels Variationsverfahren.

Eine alternative Charakterisierung der Situation, die besser auf die experimentellen Belange zugeschnitten ist, beruht auf der Betrachtung der Spannung zwischen den Leitern. Es ist

$$U_{k_1 k_2} = V_{k_1} - V_{k_2} = \sum_{i=1}^{n} (a_{k_1 i} - a_{k_2 i}) Q_i \ .$$

Berücksichtigt man die Aussage

$$\sum_{i=1}^{n} Q_i = 0 \ ,$$

die besagt, dass das System von Leitern elektrisch abgeschlossen ist, dass also, anschaulich gesprochen, jede Feldlinie auf einem der Leiter beginnt oder endet, so ergibt die Auflösung der $n(n-1)/2$ Gleichungen nach den Ladungen z.B.

$$Q_i = \sum_{i \neq k} C_{ik} U_{ik} \, . \tag{4.35}$$

Die hier auftretenden (ebenfalls nur durch die Geometrie der Leiter bestimmten) Koeffizienten bezeichnet man als **Teilkapazitäten**.

Der Zusammenhang zwischen den zwei Betrachtungsweisen lässt sich am einfachsten für ein System aus zwei Leitern illustrieren. Bezüglich der Teilkapazitäten gelten die Aussagen

$$Q_1 = C_{12}\, U_{12} \qquad Q_2 = C_{21}\, U_{21} \, .$$

Infolge von $U_{12} = U_{21}$ und der Forderung $Q_1 + Q_2 = 0$ folgt direkt

$$C_{12} = C_{21} \equiv C \, .$$

Diskutiert man das System aus der Sicht der Kapazitätskoeffizienten, so löst man das Gleichungssystem

$$Q_1 = b_{11} V_1 + b_{12} V_2 \qquad Q_2 = b_{21} V_1 + b_{22} V_2$$

nach den Potentialen auf. Es ist dann

$$V_1 = \frac{(b_{22} Q_1 - b_{12} Q_2)}{(b_{11} b_{22} - b_{12} b_{21})} \qquad V_2 = \frac{(-b_{21} Q_1 + b_{22} Q_2)}{(b_{11} b_{22} - b_{12} b_{21})} \, .$$

Berücksichtigt man nun $Q_1 = -Q_2 = Q$ und betrachtet $C = Q/(V_1 - V_2)$, so erhält man

$$C = \frac{(b_{11} b_{22} - b_{12} b_{21})}{(b_{11} + b_{12} + b_{21} + b_{22})} \, .$$

Die Kapazität kann aus den vier Kapazitätskoeffizienten berechnet werden.

Kondensatoren können in Schaltkreisen kombiniert werden, wobei für Parallel- bzw. Serienschaltungen die folgenden Regeln gelten: Für Parallelschaltungen (Abb. 4.17a) sind die Kapazitäten zu addieren

$$C = \sum_n C_n \, , \tag{4.36}$$

denn das Anlegen einer Spannung U an jeden der Kondensatoren ergibt die Ladungen

$$Q_1 = C_1 U \, , \quad Q_2 = C_2 U \quad \ldots \, .$$

Die Gesamtladung, die von dem System aufgenommen wird, ist $Q = \sum_n Q_n$. Daraus folgt für die Gesamtkapazität

$$C = \frac{Q}{U} = \sum_n C_n \, .$$

Für Serienschaltung (Abb. 4.17b) addiert man die Kehrwerte der Kapazitäten, um den Kehrwert der Gesamtkapazität erhalten

$$\frac{1}{C} = \sum_n \frac{1}{C_n} . \tag{4.37}$$

Die Gesamtspannung an dem System ist die Summe der Einzelspannungen $U = \sum_n U_n$. Benutzt man die Aussage, dass an den einzelnen Kondensatoren die Spannung $U_n = Q/C_n$ liegt, so erhält man für die Gesamtkapazität

$$C = \frac{Q}{U} = \sum_n \frac{1}{\left(\frac{1}{C_1} + \frac{1}{C_2} + \ldots\right)} \quad \text{oder} \quad \frac{1}{C} = \sum_n \frac{1}{C_n} .$$

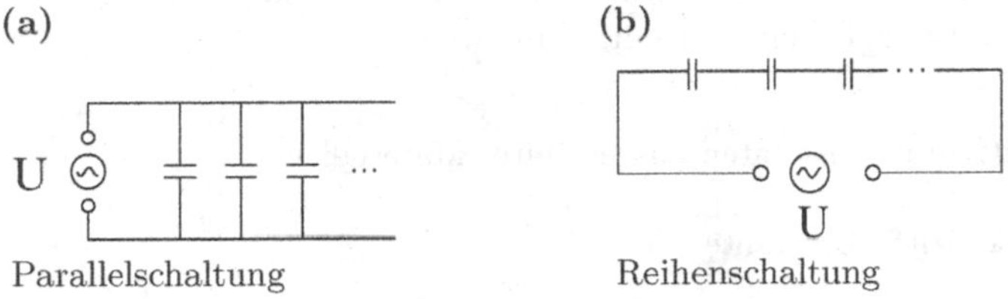

Abb. 4.17. Schaltkreise mit Kondensatoren

4.5 Polarisation von Dielektrika

In dem folgenden einfachen ‘Experiment‘ wird die Modifikation der Eigenschaften eines Plattenkondensators untersucht, wenn man in dem Raum zwischen den Platten ein Dielektrikum einbringt. Die auf diese Weise gewonnenen Resultate liefern das Muster für die notwendige Erweiterung der Theorie. Man bringt (durch Anschluss an eine Batterie) die Ladung $+Q_0$ bzw. $-Q_0$ auf die Platten (Abb. 4.18a), entfernt die Batterie und misst die Spannung U_0 zwischen den Platten

$$U_0 = \frac{Q_0}{C_0} \qquad \left(C_0 = \frac{F}{4\pi k_e\, d}\right) .$$

In den Zwischenraum bringt man nun eine Glasplatte oder ein anderes nichtleitendes Material (Abb. 4.18b). Die Platte soll den gesamten Zwischenraum

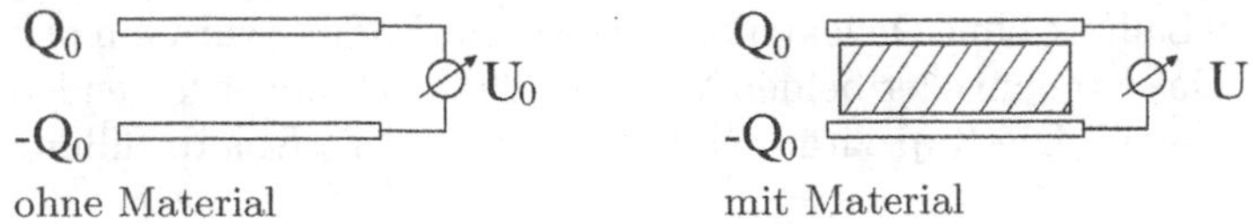

Abb. 4.18. Versuche mit Dielektrika (konstante Ladung)

ausfüllen. Bei diesem Versuch werden die Ladungen auf den Kondensatorplatten nicht verändert. Misst man die Spannung für den Fall mit Füllmaterial, so stellt man fest, dass sie gesunken ist

$$U = \frac{U_0}{\varepsilon}\,, \qquad \varepsilon > 1\,.$$

Wiederholt man den Versuch mit einem anderen Kondensator (z.B. größere Flächen, größerer Abstand), so findet man: Die Spannung fällt um den gleichen Faktor ab, wenn nur der Zwischenraum mit dem gleichen Material vollständig ausgefüllt ist. Die Konstante ε hängt nur von dem Material ab, das in den Zwischenraum eingeschoben wird. Man bezeichnet diese Größe als die **Dielektrizitätskonstante**. Die Bandbreite der Werte für diese Materialkonstante kann man der Tabelle 4.1 entnehmen.

Tabelle 4.1. Dielektrizitätskonstanten ausgewählter Materialien

Material	Dielektrizitätskonstante	
Vakuum	$\varepsilon = 1$	Vergleichszahl
Luft	$\varepsilon = 1.00054$	
Glas	$\varepsilon = 4.5$	typischer Isolator
Papier	$\varepsilon = 3.5$	"
Porzellan	$\varepsilon = 6.5$	"
$(H_2O)_{\text{dest}}$	$\varepsilon = 78.0$	*destilliertes* Wasser
$Ti\,O_2$	$\varepsilon = 100.0$	Titandioxid (Rutil)

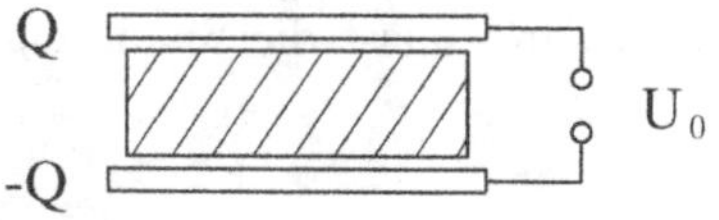

Abb. 4.19. Versuche mit Dielektrika (konstante Spannung)

Das Experiment wird nun in der folgenden Weise modifiziert. Man schließt die Platten an eine Spannungsquelle U_0 an (Abb. 4.19). Schiebt man in dieser Situation das Material ein, so bleibt die Spannung konstant, es ändert sich jedoch die Ladung auf den Platten. Man findet für die Ladung mit Füllung $Q = \varepsilon Q_0$, falls die Ladung ohne Dielektrikum Q_0 ist. Die Ladung wird um den Faktor ε erhöht. Das Ergebnis der beiden Versuche lässt sich in der folgenden Weise zusammenfassen: Die Kapazität des Kondensators mit Isolatorfüllung ist

$$C = \frac{Q}{U} = \left.\frac{(\varepsilon Q_0)}{U_0}\right|_{\text{Vers. 2}} = \left.\left(\frac{\varepsilon}{U_0}\right) Q_0\right|_{\text{Vers. 1}} = \varepsilon C_0\,.$$

Die Kapazität des Kondensators ist durch das Einschieben um den Faktor ε vergrößert worden. Ein quantitatives Verständnis dieser Experimente erfordert einen Einstieg in die Festkörperphysik. Eine qualitative Interpretation ist mit einfacheren Mitteln möglich, so z.B. bezüglich des Unterschiedes von normalen gegenüber polaren Dielektrika.

Einige Materialien (wie z.B. $(H_2O)_{\text{dest.}}$) bestehen aus Molekülen mit einem permanenten Dipolmoment $\boldsymbol{p}$. Normalerweise sind die Dipolmomente in einem Volumen statistisch verteilt, so dass ihr Gesamteffekt aus makroskopischer Sicht verschwindet. Durch das elektrische Feld in einem Kondensator werden die Dipole (zumindest partiell) ausgerichtet (Abb. 4.20a). Es entsteht dadurch ein Gegenfeld, das das äußere Feld schwächt (die Spannung erniedrigt). Man bezeichet solche Materialien als **polare Dielektrika**. Der Grad der Orientierung hängt von der Stärke des äußeren Feldes und der Temperatur (der thermischen Bewegung der Moleküle) ab.

Auch bei Substanzen, deren Atome oder Moleküle kein Dipolmoment tragen, entsteht in dem äußeren Feld eine Ladungstrennung. Die Elektronenwolke um den Kern (die leicht(er) beweglich ist) verschiebt sich in dem äußeren Feld (Abb. 4.20b). Die Verschiebung ist klein im Verhältnis zu dem Atomradius, es findet also kein makroskopischer Ladungstransport statt. Die Verschiebung ist proportional zu dem äußeren Feld, vorausgesetzt dieses ist nicht zu stark. Die in der beschriebenen Weise induzierten Dipolmomente sind (im Allgemeinen) in Bezug auf das äußere Feld orientiert. Sie schwächen wie im Fall der polaren Substanzen das äußere Feld. Substanzen, in denen durch die Einwirkung von äußeren Feldern Dipolmomente induziert werden, nennt man **normale Dielektrika**.

Zur Verdeutlichung der Größe der Verschiebung kann man die folgenden Zahlen betrachten. Felder in Kondensatoren sind typischerweise kleiner als $E < 10^6$ Volt/cm . Bei stärkeren Feldern tritt Ladungsüberschlag ein. Die interatomaren Felder sind dagegen typischerweise

$$E_{\text{atomar}} \approx k_e \frac{e_0}{R^2} = \frac{4.8 \cdot 10^{-10}}{10^{-16}} \text{ esu} \approx 10^9 \text{ Volt/cm} \,,$$

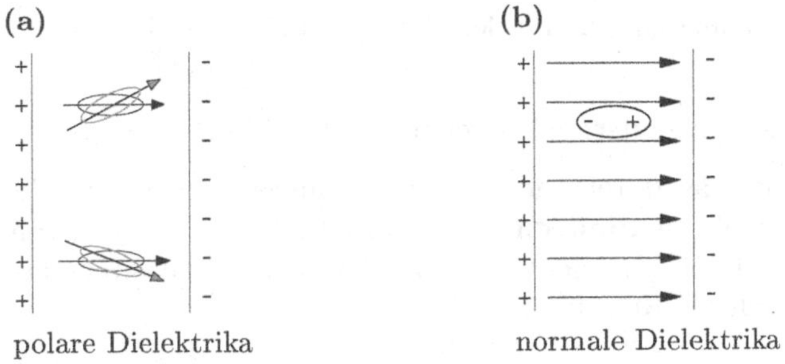

Abb. 4.20. Zur Klassifikation der dielektrischen Materialien

also wesentlich stärker. Die Elektronenwolke wird auch bei dem Anlegen eines äußeren Feldes im Wesentlichen von den interatomaren Feldern kontrolliert, die Verschiebung ist klein.

Bei einigen Isolatoren (z.B bei Quarz) sind wegen der Kristallstruktur die induzierten Dipole nicht in Feldrichtung orientiert. Die Details sind dann durchaus komplizierter. Für die weitere Diskussion soll der Pauschaleffekt der Polarisation (ob polar oder normal) wie folgt modellmäßig beschrieben werden: Die Überlagerung der induzierten oder orientierten Dipole äußert sich in einer induzierten Oberflächenladung (negative Polarisationsladung gegenüber der positiv geladenen Kondensatorplatte, positive Polarisationsladung gegenüber der negativen Platte (Abb. 4.20). Im Innern des Materials heben sich die Effekte der Verschiebung oder der Orientierung im Mittel (aus makroskopischer Sicht) auf.

Akzeptiert man diese einfache makroskopische Vorstellung, so kann man die Situation für den Plattenkondensator mit dielektrischer Füllung mit der Hilfe von zwei Ladungstypen und drei elektrischen Felder beschreiben.

Bezüglich der Ladungen unterscheidet man freie Ladungen und Polarisationsladungen. Die Ladungen auf den Kondensatorplatten, die durch Aufladung aufgebracht wurden, bezeichnet man als **wahre** oder **freie Ladungen** (Q_w). Diese Ladungen sind frei verschiebbar. Die Oberflächenladungen auf dem Dielektrikum, die nicht verschiebbar sind, bezeichnet man als **Polarisationsladungen** (Q_pol) (Abb. 4.21a).

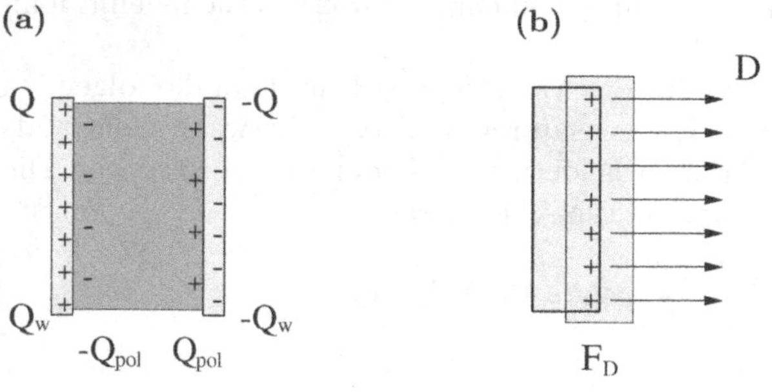

Abb. 4.21. Polarisationsladung Q_pol und dielektrische Verschiebung $\boldsymbol{D}$

Die Feldsituation wird folgendermaßen gehandhabt:

(1) Das elektrische Feld, das durch die wahren Ladungen hervorgebracht wird, bezeichnet man als die **dielektrische Verschiebung $\boldsymbol{D}$**. Es kann mittels der in Abb. 4.21b angedeuteten Gaußfläche F_D charakterisiert werden. Es wird durch die Relation

$$\oiint_{\mathrm{F_D}} \boldsymbol{D} \cdot \mathbf{d}\boldsymbol{f} = 4\pi k_d\, Q_\mathrm{w} \tag{4.38}$$

definiert. Um den verschiedenen Einheitensystemen der Elektrodynamik gerecht zu werden, ist an dieser Stelle die Einführung einer weiteren Konstanten notwendig[3]. Für die zwei, hier diskutierten Systeme ist

$$k_{d,\mathrm{SI}} = \frac{1}{4\pi} \qquad k_{d,\mathrm{CGS}} = k_{e,\mathrm{CGS}} = 1\,. \tag{4.39}$$

Der Vektor der dielektrischen Verschiebung ist von den positiven nach den negativen Ladungen gerichtet und das Feld hat für den idealen Plattenkondensator (bei Vernachlässigung der Randeffekte) die Stärke

$$|D| = 4\pi k_d \frac{|Q_\mathrm{w}|}{F}\,.$$

(2) Das Feld, das durch die Polarisationsladungen hervorgebracht wird, nennt man die **Polarisation**. Es wird mit $\boldsymbol{P}$ bezeichnet Gemäß Konvention zeigt es von den negativen zu den positiven Polarisationsladungen (!). Dieses Feld wird durch ein Oberflächenintegral über die in der Abb. 4.22a angedeuteten Gaußfläche F_P bestimmt und durch die Gleichung

$$\oiint_{F_\mathrm{P}} \boldsymbol{P}\cdot \mathbf{d}\boldsymbol{f} = -\,Q_\mathrm{pol} \tag{4.40}$$

definiert. Man beachte, dass hier kein Faktor 4π auftritt, das Minuszeichen beschreibt die spezielle Wahl der Richtung dieses Feldes. Für einen idealen Plattenkondensator gilt

$$|P| = \frac{|Q_\mathrm{pol}|}{F}\,.$$

(3) Das elektrische Feld $\boldsymbol{E}$ ist das in Experimenten gemessene, elektrische Feld. Es wird durch die wahren Ladungen *und* die Polarisationsladungen erzeugt

$$\oiint \boldsymbol{E}\cdot \mathbf{d}\boldsymbol{f} = 4\pi k_e\,(Q_\mathrm{w} + Q_\mathrm{pol})\,. \tag{4.41}$$

Daraus folgt

$$\boldsymbol{E} = \frac{k_e}{k_d}\boldsymbol{D} - 4\pi k_e\,\boldsymbol{P} = 4\pi k_e\left(\frac{1}{4\pi k_d}\boldsymbol{D} - \boldsymbol{P}\right)\,,$$

bzw. für den idealen Plattenkondensator

$$|E| = \frac{4\pi k_e}{F}\,|Q_\mathrm{w} + Q_\mathrm{pol}|\,.$$

Mit der benannten Festlegung der Feldrichtungen zeigen alle drei Felder in die gleiche Richtung (vorausgesetzt $Q_\mathrm{w} > Q_\mathrm{pol}$) (siehe Abb. 4.22b).

Die drei elektrischen Felder, die durch verschiedene Ladungen erzeugt werden, können im Fall eines homogenen, isotropen Dielektrikums durch die

[3] Eine weitergehende Diskussion der Einheitensysteme findet man in Anh. A.

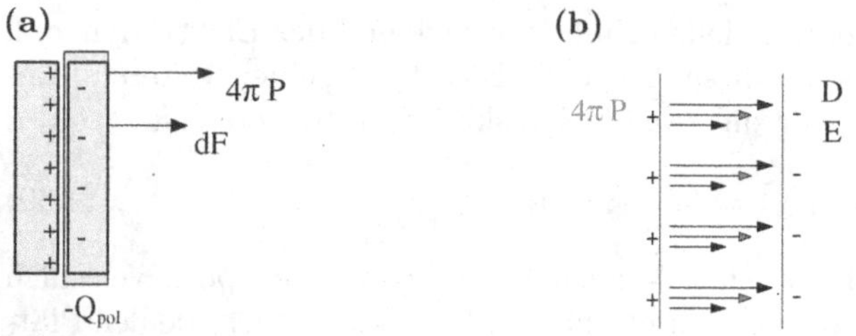

Polarisationsfeld $\boldsymbol{P}$ Vergleich

Abb. 4.22. Die drei elektrischen Felder

Dielektrizitätskonstante verknüpft werden. Ersetzt man die vorläufigen Bezeichnungen zur Beschreibung der einfachen 'Versuche' durch die korrekten Größen, so kann man diese 'Versuche' folgendermaßen beschreiben: In dem ersten der angedeuteten Versuche wurde die (wahre) Plattenladung konstant gehalten ($Q_0 = Q_\mathrm{w} = \text{const.}$). Dies bedingt, gemäß (4.38), einen konstanten Wert der dielektrischen Verschiebung. Es gilt somit

$$\text{ohne Material}: \quad P = 0 \longrightarrow D_0 = \frac{k_e}{k_d} E_0$$

$$\text{mit Material}: \quad D_0 = \varepsilon \frac{k_e}{k_d} E \,.$$

Es folgt dann mit

$$U = \int_1^2 \boldsymbol{E} \cdot \mathbf{d}\boldsymbol{s} = E\, d \quad \text{bzw.} \qquad U_0 = E_0\, d$$

die Relation

$$\varepsilon = \frac{E_0}{E} = \frac{U_0}{U} \,,$$

unabhängig von dem Maßsystem.

In dem zweiten Versuch wurde die Spannung zwischen den Kondensatorplatten konstant gehalten. In diesem Fall ändert sich das elektrische Feld nicht, die dielektrische Verschiebung wird durch Umladung der Platten verändert und es gilt

$$\text{ohne Material}: \quad P = 0 \longrightarrow D_0 = \frac{k_e}{k_d} E_0$$

$$\text{mit Material}: \quad D = \varepsilon \frac{k_e}{k_d} E_0 \,.$$

Hier folgt (wiederum unabhängig von dem Maßsystem) die Aussage

$$\varepsilon = \frac{D}{D_0} = \frac{Q_\mathrm{w}}{Q_0} \,.$$

Für die Situation mit Füllung lautet also der 'experimentelle' Befund

$$\boldsymbol{D} = \varepsilon \frac{k_d}{k_e} \boldsymbol{E} \,,$$

bzw. explizit in den zwei Hauptsystemen von Einheiten

$$\boldsymbol{D}_{CGS} = \varepsilon \boldsymbol{E}_{CGS} \qquad \boldsymbol{D}_{SI} = \varepsilon \left(\varepsilon_0 \boldsymbol{E}_{SI} \right) \,.$$

Im SI System wird die Materialkonstante ε oft mit ε_r (relative Permittivität) bezeichnet. Der eigentliche Zahlenwert ist, wie gezeigt, unabhängig von dem Maßsystem.

Das Polarisationsfeld ist mit den anderen elektrischen Feldern durch die Relationen

$$\boldsymbol{P} = \frac{1}{4\pi k_e} \left(\frac{k_e}{k_d} \boldsymbol{D} - \boldsymbol{E} \right) = \frac{1}{4\pi k_e} (\varepsilon - 1) \boldsymbol{E} = \frac{1}{4\pi k_d} \frac{(\varepsilon - 1)}{\varepsilon} \boldsymbol{D}$$

verknüpft. Die Größe

$$\kappa = \frac{1}{4\pi k_d} (\varepsilon - 1) \geq 0$$

bezeichnet man als die **elektrische Suszeptibilität**. Sie ist ein direktes Maß für die Polarisation des Mediums, denn sie entspricht der Dielektrizitätskonstanten des Materials im Vergleich zu der Dielektrizitätskonstanten des Vakuums ($\varepsilon = 1$). Für die Polarisationsladungen findet man im Fall des Plattenkondensators

$$Q_{\rm pol} = -F|\boldsymbol{P}| = \frac{F(\varepsilon - 1)}{4\pi k_d \varepsilon} |\boldsymbol{D}| = \frac{(\varepsilon - 1)}{\varepsilon} Q_{\rm w} \,.$$

In Analogie zu der Betrachtung des Beispiels mit dem Plattenkondensator kann man das allgemeine Potentialproblem formulieren und diskutieren: In einem Raumgebiet, das ganz oder teilweise von Dielektrika erfüllt ist, sind Raum- und Punktladungsverteilungen vorhanden (Abb. 4.23). Durch das Feld der wahren Ladungen werden die dielektrischen Materialien polarisiert. Die Aufgabe lautet: Bestimme (für vorgegebene Randbedingungen, Verteilung der Dielektrika und Verteilung der wahren Ladungen) das messbare elektrische Feld oder das entsprechende Potential in jedem Punkt des Gebietes.

Zur Charakterisierung dieser Situation benutzt man wiederum drei Felder, die durch die verschiedenen Ladungstypen erzeugt werden.

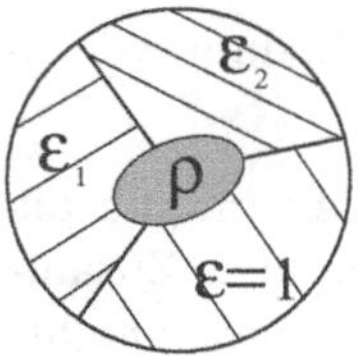

Abb. 4.23. Allgemeines Potentialproblem: Vorgaben

(1) Das Feld, das von den wahren Ladungen erzeugt wird, ist das $\boldsymbol{D}$-Feld, die dielektrische Verschiebung. Dieses Feld wird durch die Differentialgleichung

$$\nabla \cdot \boldsymbol{D}(\boldsymbol{r}) = 4\pi k_d \, \rho_{\mathrm{w}}(\boldsymbol{r}) \tag{4.42}$$

plus Randbedingungen charakterisiert. Dieses Feld ist nicht das messbare elektrische Feld. Es ist jedoch, aus theoretischer Sicht, eine nützliche Hilfsgröße.

(2) Das messbare elektrische Feld, wie bisher mit $\boldsymbol{E}$ bezeichnet, wird durch die wahren Ladungen *und* die Polarisationsladungen erzeugt

$$\nabla \cdot \boldsymbol{E}(\boldsymbol{r}) = 4\pi k_e \, (\rho_{\mathrm{w}}(\boldsymbol{r}) + \rho_{\mathrm{pol}}(\boldsymbol{r})) \; . \tag{4.43}$$

Da die Polarisationsladungen Flächenladungen sind, müsste man die Dichte der Polarisationsladungen ρ_{pol} in der Form

$$\rho_{\mathrm{pol}}(\boldsymbol{r}) = \sigma(\boldsymbol{r}) \, \delta(\text{Fläche}) \tag{4.44}$$

darstellen. Diese Ladungen sind jedoch im Allgemeinen nicht bekannt. Dies bedeutet, dass man die Differentialgleichung für $\boldsymbol{E}$ nicht direkt lösen kann. Das wirkliche elektrische Feld ist immer noch wirbelfrei

$$\nabla \boldsymbol{E}(\boldsymbol{r}) = \boldsymbol{0} \; .$$

Man kann dieses Feld auch in der allgemeinen Situation durch ein Potential darstellen

$$\boldsymbol{E}(\boldsymbol{r}) = -\nabla V(\boldsymbol{r}) \; .$$

(3) Das Polarisationsfeld ist durch die Relation

$$\boldsymbol{P}(\boldsymbol{r}) = \frac{1}{4\pi}\left(\frac{\boldsymbol{D}(\boldsymbol{r})}{k_d} - \frac{\boldsymbol{E}(\boldsymbol{r})}{k_e}\right) \tag{4.45}$$

definiert. Daraus ergibt sich

$$\nabla \cdot \boldsymbol{P}(\boldsymbol{r}) = -\rho_{\mathrm{pol}}(\boldsymbol{r}) \; . \tag{4.46}$$

Die Quellen des Polarisationsfeldes sind die (negativen) Polarisationsladungen (geteilt durch 4π).

In einer mikroskopischen Theorie (d.h. in der Festkörperphysik) würde man

(a) die Respons des Materials auf das durch die wahren Ladungen vorgegebene $\boldsymbol{D}$-Feld berechnen und somit Weise ρ_{pol} bestimmen.

(b) In einem zweiten Schritt könnte man bei Kenntnis beider Ladungsverteilungen das $\boldsymbol{E}$-Feld gewinnen.

In einer makroskopischen Theorie macht man jedoch (in Anlehnung an die Diskussion des Plattenkondensators) heuristische Ansätze für den Zusammenhang zwischen den Feldern $\boldsymbol{D}$ und $\boldsymbol{E}$. Diese Ansätze bezeichnet man als **Materialgleichungen**.

Der einfachste Ansatz lautet: Im Innern eines Dielektrikums gilt

$$\boldsymbol{D} = \varepsilon \frac{k_d}{k_e} \boldsymbol{E}\,. \tag{4.47}$$

Diese Aussage setzt voraus, dass die Polarisation homogen und isotrop, sowie proportional zu dem ursprünglichen Feld ist.

Für kristalline Dielektrika muss man oft die Beziehung

$$\begin{pmatrix} D_{\rm x} \\ D_{\rm y} \\ D_{\rm z} \end{pmatrix} = \frac{k_d}{k_e} \begin{pmatrix} \varepsilon_{\rm xx} & \varepsilon_{\rm xy} & \varepsilon_{\rm xz} \\ \varepsilon_{\rm yx} & \varepsilon_{\rm yy} & \varepsilon_{\rm yz} \\ \varepsilon_{\rm zx} & \varepsilon_{\rm zy} & \varepsilon_{\rm zz} \end{pmatrix} \begin{pmatrix} E_{\rm x} \\ E_{\rm y} \\ E_{\rm z} \end{pmatrix}$$

oder in abgekürzter Matrixschreibweise

$$\boldsymbol{D} = \frac{k_d}{k_e}\, \hat{\varepsilon}\, \boldsymbol{E} \tag{4.48}$$

benutzen. Die dielektrische Konstante ist durch einen dielektrischen Tensor (dielektrische Matrix) zu ersetzen. Legt man z.B. ein Feld in der x-Richtung an, so kann dies eine Polarisation in allen drei Richtungen bewirken.

Ist das Material (zusätzlich) inhomogen, so muss man die Erweiterung

$$\varepsilon_{\rm ab} \longrightarrow \varepsilon_{\rm ab}(\boldsymbol{r})$$

vornehmen. Alle Elemente des dielektrischen Tensors werden ortsabhängig.

Für die meisten Materialien und Feldstärken ist jedoch der einfache Ansatz ausreichend, der im Folgenden stillschweigend vorausgesetzt wird.

Aus den Feldgleichungen und der Materialgleichung kann man Aussagen über das Verhalten der drei Felder an *Trennflächen von dielektrischen Materialien* gewinnen. An einer solchen Trennschicht findet man

(a) einfache Polarisationsladungen, wenn man eine Trennfläche von Dielektrikum und Vakuum betrachtet (Abb. 4.24a).
(b) Eine Dipolladungsschicht, wenn man die Trennfläche von zwei dielektrischen Medien betrachtet (Abb. 4.24b).

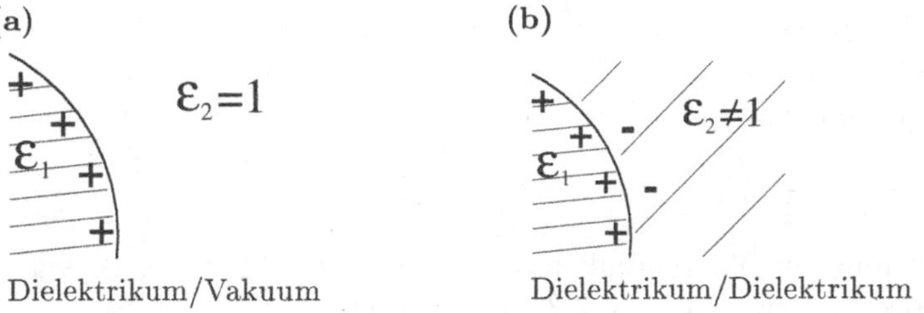

Abb. 4.24. Allgemeines Potentialproblem: Situation an Trennflächen

Für die weitere Diskussion wird vorausgesetzt, dass auf der Trennfläche keine wahren Ladungen vorhanden sind.

Das $\boldsymbol{D}$-Feld spricht auf die Polarisationsladungen nicht an. Es gilt deswegen (siehe Diskussion des Gaußschen Satzes Kap. 1.4)

$$D_{a,\mathrm{n}} - D_{i,\mathrm{n}} = 0 \; .$$

Die Normalkomponente des $\boldsymbol{D}$-Feldes ist an solchen Trennflächen stetig. Das $\boldsymbol{E}$-Feld wird auch durch die Polarisationsladungen bestimmt. Die Normalkomponente dieses Feldes macht also an der Trennfläche einen Sprung. Diesen Sprung kann man auf der Basis von (4.43) beschreiben. Aus der Gleichung (per Voraussetzung sind keine wahren Ladungen auf der Grenzschicht vorhanden)

$$\oiint \boldsymbol{E}(\boldsymbol{r}) \cdot \mathbf{d}\boldsymbol{f} = 4\pi k_e Q_{\mathrm{pol}}$$

folgt für eine flache Gaußdose um die Grenzschicht

$$E_{a,\mathrm{n}} - E_{i,\mathrm{n}} = 4\pi k_e \sigma_{\mathrm{pol}} \; ,$$

wobei σ_{pol} entweder eine einfache Ladungsschicht oder eine Dipolschicht darstellt. Mittels der Materialgleichung (4.47) und der Aussage über die Normalenkomponenten von $\boldsymbol{D}$ erhält man auf der anderen Seite

$$\varepsilon_a E_{a,\mathrm{n}} - \varepsilon_i E_{i,\mathrm{n}} = 0 \; .$$

Kombination der beiden Aussagen liefert

$$\sigma_{\mathrm{pol}} = \frac{1}{4\pi k_e} \left(\frac{\varepsilon_i - \varepsilon_a}{\varepsilon_a} \right) E_{i,\mathrm{n}} = \frac{1}{4\pi k_e} \left(\frac{\varepsilon_i - \varepsilon_a}{\varepsilon_i} \right) E_{a,\mathrm{n}} \; .$$

Für das Polarisationsfeld gilt eine entsprechende Aussage. Die Gleichung

$$\boldsymbol{P} = \frac{1}{4\pi k_d} \boldsymbol{D} - \frac{1}{4\pi k_e} \boldsymbol{E}$$

führt auf

$$P_{a,\mathrm{n}} - P_{i,\mathrm{n}} = -\sigma_{\mathrm{pol}} \; .$$

Aus der Relation

$$\boldsymbol{D} = \frac{\varepsilon}{(\varepsilon - 1)} 4\pi k_d \boldsymbol{P}$$

ergibt sich auf der anderen Seite

$$\frac{\varepsilon_a}{\varepsilon_a - 1} P_{a,\mathrm{n}} - \frac{\varepsilon_i}{\varepsilon_i - 1} P_{i,\mathrm{n}} = 0 \; .$$

Die Betrachtung der Tangentialkomponenten beginnt mit der Aussage $\boldsymbol{\nabla} \boldsymbol{E} = \mathbf{0}$. Daraus folgt (wie in Kap. 2.2.1 diskutiert)

$$E_{a,\mathrm{t}} - E_{i,\mathrm{t}} = 0 \; .$$

Die Tangentialkomponenten des elektrischen Feldes sind stetig. Für die Tangentialkomponenten des $\boldsymbol{D}$-Feldes folgt dann

$$\frac{D_{a,\mathrm{t}}}{\varepsilon_a} - \frac{D_{i,\mathrm{t}}}{\varepsilon_i} = 0 \, .$$

Diese machen also einen Sprung. Für die Tangentialkomponente des $\boldsymbol{P}$-Feldes schließlich findet man wegen

$$\boldsymbol{E} = \frac{4\pi k_e}{(\varepsilon - 1)} \boldsymbol{P}$$

die Aussage

$$\frac{1}{(\varepsilon_a - 1)} P_{a,\mathrm{t}} - \frac{1}{(\varepsilon_i - 1)} P_{i,\mathrm{t}} = 0 \, .$$

Man kann das Sprungverhalten der verschiedenen Feldkomponenten auch in den folgenden Verhältnisaussagen zusammenfassen

$$\left.\begin{array}{l} D_{a,\mathrm{n}} = D_{i,\mathrm{n}} \\[2ex] \dfrac{D_{a,\mathrm{t}}}{\varepsilon_a} = \dfrac{D_{i,\mathrm{t}}}{\varepsilon_i} \end{array}\right. \quad \longrightarrow \quad \frac{D_{a,\mathrm{n}}}{D_{a,\mathrm{t}}} = \frac{\varepsilon_i}{\varepsilon_a} \frac{D_{i,\mathrm{n}}}{D_{i,\mathrm{t}}}$$

$$\left.\begin{array}{l} \varepsilon_a E_{a,\mathrm{n}} = \varepsilon_i E_{i,\mathrm{n}} \\[2ex] E_{a,\mathrm{t}} = E_{i,\mathrm{t}} \end{array}\right. \quad \longrightarrow \quad \frac{E_{a,\mathrm{n}}}{E_{a,\mathrm{t}}} = \frac{\varepsilon_i}{\varepsilon_a} \frac{E_{i,\mathrm{n}}}{E_{i,1}}$$

$$\left.\begin{array}{l} \dfrac{\varepsilon_a}{(\varepsilon_a - 1)} P_{a,\mathrm{n}} = \dfrac{\varepsilon_i}{(\varepsilon_i - 1)} P_{i,\mathrm{n}} \\[2ex] \dfrac{1}{(\varepsilon_a - 1)} P_{a,\mathrm{t}} = \dfrac{1}{(\varepsilon_i - 1)} P_{i,\mathrm{t}} \end{array}\right. \quad \longrightarrow \quad \frac{P_{a,\mathrm{n}}}{P_{a,\mathrm{t}}} = \frac{\varepsilon_i}{\varepsilon_a} \frac{P_{i,\mathrm{n}}}{P_{i,\mathrm{t}}} \, .$$

Obschon sich die einzelnen Komponenten für die drei Felder verschieden verhalten, ist der relative Sprung für alle drei Felder gleich. Schreibt man die Normalkomponenten und Tangentialkomponenten in der Form

$$F_{k,\mathrm{n}} = F_k \cos\theta_k \qquad F_{k,\mathrm{t}} = F_k \sin\theta_k \quad (k = i, a) \, ,$$

wobei θ_k der Winkel zwischen dem Feldvektor $\boldsymbol{F}$ und der Normalenrichtung ist (Abb. 4.25), so folgt

$$\frac{\tan\theta_i}{\tan\theta_a} = \frac{\varepsilon_i}{\varepsilon_a} \tag{4.49}$$

für alle drei Felder. Man bezeichnet diese Aussage auch als das **Brechungsgesetz** der Feldlinien.

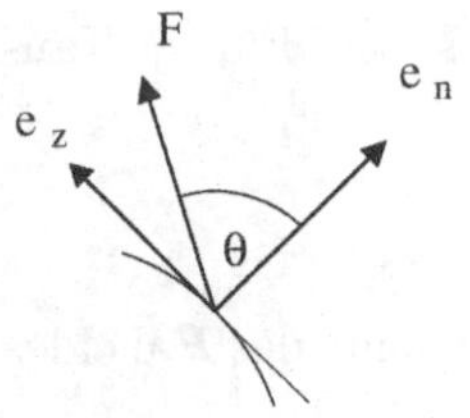

Abb. 4.25. Zum Brechungsgesetz der Feldlinien

Die explizite Formulierung des Potentialproblems mit einer Verteilung von dielektrischen Materialien ist noch ein wenig komplizierter, da die Polarisationsladungen nicht explizit vorgegeben werden können, sondern sich durch Respons des Materials auf eine äußere Situation einstellen. Man benutzt aus diesem Grund in der (makroskopischen) Elektrostatik die folgenden (pragmatischen) Grundgleichungen

Feldgleichungen :

$$\boldsymbol{\nabla} \cdot \boldsymbol{D} = 4\pi k_d \rho_{\mathrm{w}}(\boldsymbol{r}) \qquad \boldsymbol{\nabla} \times \boldsymbol{E} = \boldsymbol{0} \tag{4.50}$$

Materialgleichung :

$$\boldsymbol{D} = \frac{k_d}{k_e} \hat{\varepsilon}\, \boldsymbol{E} \,. \tag{4.51}$$

Die weiteren Vorgaben sind: Neben der Verteilung der wahren Ladungen werden Randbedingungen für das $\boldsymbol{E}$-Feld (das messbare Feld) vorgegeben. Die Wirbelfreiheit (4.50) erlaubt auch in dieser Situation eine Potentialbeschreibung

$$\boldsymbol{E}(\boldsymbol{r}) = -\boldsymbol{\nabla} V(\boldsymbol{r}) \,,$$

so dass, falls man die einfachste Materialgleichung benutzen kann, ein nur leicht modifiziertes Poisson-/Laplaceproblem

$$\Delta V(\boldsymbol{r}) = -\frac{4\pi k_e}{\varepsilon} \rho_{\mathrm{w}}(\boldsymbol{r})$$

vorliegt. Hat man die Lösung dieser Differentialgleichung (für vorgegebene Randbedingungen) gefunden, so kann man alle weiteren Größen berechnen, so z.B.

$$\boldsymbol{D}(\boldsymbol{r}) = -\varepsilon \frac{k_d}{k_e} \boldsymbol{\nabla} V(\boldsymbol{r})$$

$$\boldsymbol{P}(\boldsymbol{r}) = -\frac{1}{4\pi k_e} (\varepsilon - 1) \boldsymbol{\nabla} V(\boldsymbol{r})$$

$$\sigma_{\mathrm{pol}} = P_{i,\mathrm{n}} - P_{a,\mathrm{n}} \,.$$

Das Polarisationsfeld kommt eigentlich nur ins Spiel, wenn man den Bezug auf die Materialgleichung aufgibt, also z.B. eine mikroskopische Theorie der Polarisation ins Auge fasst.

Bei der Anwesenheit von Dielektrika müssen die Energiebetrachtungen in Kap. 2.5 modifiziert werden. Die Poissongleichung hat in diesem Fall (für die einfachste Materialgleichung) die Form

$$\rho(\boldsymbol{r}) = -\frac{\varepsilon}{4\pi k_e} \Delta V(\boldsymbol{r}) \,,$$

so dass man bei der Umschreibung von

$$W = \frac{1}{2} \iiint \rho(\boldsymbol{r}) V(\boldsymbol{r}) \, \mathrm{d}V$$

die Energiedichte

$$w(\boldsymbol{r}) = \frac{\varepsilon}{8\pi k_e} \left|\boldsymbol{E}(\boldsymbol{r})\right|^2 = \frac{1}{8\pi k_d} \left(\boldsymbol{E}(\boldsymbol{r}) \cdot \boldsymbol{D}(\boldsymbol{r})\right) \tag{4.52}$$

erhält.

Die Feld- bzw. Polarisationsberechnung bei der Anwesenheit von Dielektrika kann mit dem folgenden (klassischen) Beispiel illustriert werden. Eine Kugel aus dielektrischem Material (Radius R, Dielektrizitätskonstante ε) wird in ein homogenes Feld eingebracht (Abb. 4.26). Die Aufgabe lautet: Berechne die Modifikation des Feldes infolge der Polarisation der Kugel.

Zur Lösung dieser Aufgabe stützt man sich zunächst auf die folgenden Aussagen:

(i) Stellt man sich vor, dass das äußere Feld durch die Vorgabe von Randbedingungen beschrieben wird (unendlich ferne Platten), so treten in diesem Problem keine wahren Ladungen auf. Im Innen- und Außenraum der Kugel gilt die Laplacegleichung

$$\Delta V_{\mathrm{i,a}}(\boldsymbol{r}) = 0 \,.$$

(ii) Das Problem hat Azimutalsymmetrie. Man arbeitet deswegen zweckmäßigerweise wieder mit der einfachen Form der Multipolentwicklung.

(iii) Die technischen Aspekte unterscheiden sich nicht von dem Fall einer Metallkugel in einem homogenen Feld (siehe S. 108). Die Ergebnisse sind dagegen durchaus verschieden.

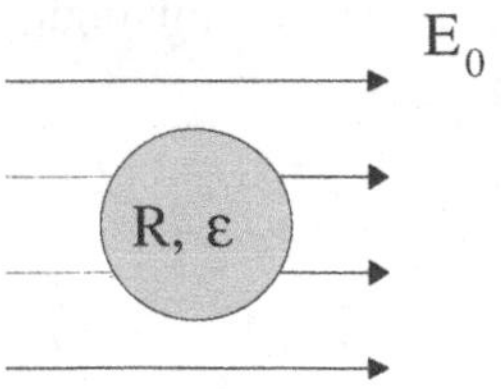

Abb. 4.26. Dielektrische Kugel in homogenem Feld

Mit diesen Bemerkungen kann man die Lösung des Potentialproblems direkt notieren.

Im Innenraum gilt der Ansatz

$$V_{\mathrm{i}}(\boldsymbol{r}) = \sum_{l=0}^{\infty} A_l r^l P_l(x) \qquad (x = \cos\theta)\,,$$

wobei der Faktor k_e in den Entwicklungskoeffizienten enthalten ist. Terme in $1/(r^{l+1})$ treten nicht auf, da $V_{\mathrm{i}}(\boldsymbol{r})$ sonst für $r \to 0$ singulär wäre. Die Lösung im Außenraum

$$V_{\mathrm{a}}(\boldsymbol{r}) = \sum_{l=0}^{\infty} \frac{B_l}{r^{l+1}} P_l(x) - E_0 r P_1(x)$$

erfüllt die geforderte Randbedingung

$$\boldsymbol{E}_a(\boldsymbol{r}) = -\boldsymbol{\nabla} V_a(\boldsymbol{r}) \xrightarrow{r \to \infty} \boldsymbol{E}_0\,.$$

Zur Festlegung der Konstanten A_l und B_l muss man die Sprungbedingungen auf der Oberfläche der Kugel ins Spiel bringen. Diese Bedingungen sind

$$1. \quad E_{\mathrm{a,n}} = \varepsilon\, E_{\mathrm{i,n}} \longrightarrow \quad -\left.\frac{\partial V_{\mathrm{a}}}{\partial r}\right|_R = -\varepsilon \left.\frac{\partial V_{\mathrm{i}}}{\partial r}\right|_R$$

$$2. \quad E_{\mathrm{a,t}} = E_{\mathrm{i,t}} \longrightarrow \quad -\left.\frac{1}{R}\frac{\partial V_{\mathrm{a}}}{\partial \theta}\right|_R = -\left.\frac{1}{R}\frac{\partial V_{\mathrm{i}}}{\partial \theta}\right|_R .$$

Auswertung der ersten Bedingung ergibt

$$\sum_l \left[E_0 \delta_{l,1} + \frac{(l+1)}{R^{l+2}} B_l\right] P_l(x) = -\varepsilon \sum_l l A_l R^{l-1} P_l(x)$$

oder mit dem Argument des Koeffizientenvergleiches

$$l = 1 \qquad \varepsilon A_1 + E_0 + \frac{2B_1}{R^3} = 0$$

$$l \neq 1 \qquad \varepsilon l A_l + \frac{(l+1)B_l}{R^{2l+1}} = 0 \qquad (l = 0, 2, \ldots)\,.$$

Die zweite Bedingung führt auf

$$\sum_l \left[A_l R^l + E_0 R \delta_{l,1} - \frac{B_l}{R^{l+1}}\right] \frac{\mathrm{d}P_l(x)}{\mathrm{d}x} = 0\,.$$

Da die Ableitungen der Legendrepolynome ebenfalls linear unabhängige Funktionen sind, folgt hier für

$$l = 1 \qquad A_1 + E_0 - \frac{B_1}{R^3} = 0$$

$$l \neq 1 \qquad A_l = \frac{B_l}{R^{2l+1}} \qquad (l = 0, 2, \ldots)\,.$$

Die Aussagen für $l \neq 1$ ergeben sofort

$$\frac{1}{R^{2l+1}}\left(\varepsilon l+(l+1)\right)B_l=0\,.$$

Daraus folgt

$$B_l=A_l=0 \qquad \text{für } l\neq 1\,.$$

Für $l=1$ ist das einfache Gleichungssystem

$$\varepsilon A_1+\frac{2}{R^3}B_1=-E_0$$

$$A_1-\frac{1}{R^3}B_1=-E_0$$

zu sortieren. Man findet für die Lösung

$$A_1=-\frac{3}{(\varepsilon+2)}E_0 \qquad B_1=\frac{(\varepsilon-1)}{(\varepsilon+2)}R^3E_0$$

und somit für das Potential

$$V_{\mathrm{i}}(\boldsymbol{r})=-\frac{3}{(\varepsilon+2)}E_0r\cos\theta=-\frac{3}{(\varepsilon+2)}E_0z$$

$$V_{\mathrm{a}}(\boldsymbol{r})=-E_0z+\frac{(\varepsilon-1)}{(\varepsilon+2)}E_0\frac{R^3}{r^3}z\,.$$

In dem Grenzfall $\varepsilon=1$ (anstelle der dielektrischen Kugel hat man ein kugelförmiges Vakuum) erhält man wie erwartet

$$V_{\mathrm{i}}(\boldsymbol{r})=-E_0z \qquad V_{\mathrm{a}}(\boldsymbol{r})=-E_0z\,.$$

Für $\varepsilon\to\infty$ (ein Material mit unendlicher Polarisationsfähigkeit) folgt

$$V_{\mathrm{i}}(\boldsymbol{r})=0 \qquad V_{\mathrm{a}}(\boldsymbol{r})=-E_0z+E_0\frac{R^3}{r^3}z\,.$$

Das ist genau das Resultat für die Metallkugel in dem homogenen Feld. Ein Material mit $\varepsilon\to\infty$ entspricht einem Metall. Da in dem Metall Ladungen frei beweglich sind, ist ein solches Material beliebig polarisationsfähig.

Die drei Felder $\boldsymbol{E}$, $\boldsymbol{D}$ und $\boldsymbol{P}$ sowie die Verteilung der Polarisationsladungen können anhand des berechneten Potentials bestimmt werden. Für das $\boldsymbol{E}$-Feld erhält man mit $\boldsymbol{E}=-\boldsymbol{\nabla}V$ die kartesische Komponentenzerlegung

$$\boldsymbol{E}_{\mathrm{i}}=\left(0,\,0,\,\frac{3}{(\varepsilon+2)}E_0\right)$$

$$\boldsymbol{E}_{\mathrm{a}}=(0,\,0,\,E_0)+\left(\frac{3xz}{r^5},\,\frac{3yz}{r^5},\,\frac{3z^2-r^2}{r^5}\right)\left(\frac{\varepsilon-1}{\varepsilon+2}\right)E_0R^3\,.$$

Das Innenfeld ist konstant und zeigt in z-Richtung (Abb. 4.27a). Es ist um den Faktor $3/(\varepsilon+2)$, der für $\varepsilon>1$ kleiner als 1 ist, gegenüber dem $\boldsymbol{E}_0$-Feld abgeschwächt. Das Außenfeld ist eine Superposition aus dem konstanten Feld

$\boldsymbol{E}_0$ und einem Dipolfeld. Das Dipolfeld klingt mit wachsendem Abstand von der Kugel schnell ab. Auf der Kugelfläche gilt

$$|E_\mathrm{a}|_R > |E_\mathrm{i}|_R \ .$$

Das bedeutet: Ein 'Teil der Feldlinien' endet und beginnt auf den Polarisationsladungen. Ein Teil greift durch die Kugel durch. Die Feldlinien erfüllen das Brechungsgesetz (stetige Tangential-, unstetige Normalkomponente). Sie stehen also nicht senkrecht auf der Kugeloberfläche (außer in dem Grenzfall $\varepsilon \to \infty$).

Das $\boldsymbol{D}$-Feld (eine Rechengröße) hat die folgende Form

$$\boldsymbol{D}_\mathrm{i}(\boldsymbol{r}) = \varepsilon \frac{k_d}{k_e} \boldsymbol{E}_\mathrm{i}(\boldsymbol{r}) = \frac{3\varepsilon k_d}{k_e(\varepsilon + 2)} \boldsymbol{E}_0$$

$$\boldsymbol{D}_\mathrm{a}(\boldsymbol{r}) = \frac{k_d}{k_e} \boldsymbol{E}_\mathrm{a}(\boldsymbol{r}) \ .$$

Im Außenraum stimmen, im CGS System, $\boldsymbol{E}$-Feld und das $\boldsymbol{D}$-Feld überein, im SI System unterscheiden sie sich durch den Faktor ε_0. Das $\boldsymbol{D}$-Feld im Innenraum ist um den Faktor ε stärker als das $\boldsymbol{E}$-Feld, bzw. als $\varepsilon_0 \boldsymbol{E}$. Dies drückt die Tatsache aus, dass $\boldsymbol{D}$-Feldlinien nicht auf Polarisationsladungen enden oder beginnen. Alle Feldlinien, die in die Kugel einlaufen, greifen auch durch die Kugel hindurch (Abb. 4.27b). Der in der Abbildung angedeutete Knick in den Feldlinien ist durch die Unstetigkeit der Tangentialkomponenten bedingt, die Normalkomponente ist stetig.

Für die Polarisation $\boldsymbol{P}$ erhält man

$$\boldsymbol{P}_\mathrm{i} = \frac{1}{4\pi k_d} \boldsymbol{D}_\mathrm{i} - \frac{1}{4\pi k_e} \boldsymbol{E}_\mathrm{i} = \frac{3}{4\pi k_e} \left(\frac{\varepsilon - 1}{\varepsilon + 2} \right) \boldsymbol{E}_0$$

$$\boldsymbol{P}_\mathrm{a} = \frac{1}{4\pi k_d} \boldsymbol{D}_\mathrm{a} - \frac{1}{4\pi k_e} \boldsymbol{E}_\mathrm{a} = \boldsymbol{0} \ .$$

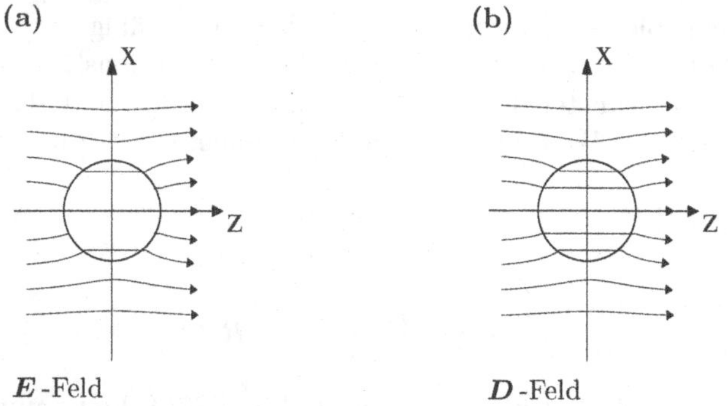

Abb. 4.27. Polarisation einer dielektrischen Kugel (Darstellung im CGS System)

Das Polarisationsfeld existiert nur in dem dielektrischen Material. Dieses Feld ist homogen. Die Feldlinien beginnen und enden (sozusagen) auf den Polarisationsladungen (man beachte das Vorzeichen in Abb. 4.28). Aus der Sprungbedingung

$$(P_{\mathrm{a,n}} - P_{\mathrm{i,n}}) = -\sigma_{\mathrm{pol}}$$

kann man schließlich die Verteilung der Polarisationsladungen berechnen

$$\sigma_{\mathrm{pol}} = \frac{3}{4\pi k_e} E_0 \left(\frac{\varepsilon - 1}{\varepsilon + 2}\right) \cos\theta \ .$$

Die Polarisationsladungen sind wie im Fall der Metallkugel (4.17) nach dem Kosinusgesetz auf der Kugeloberfläche verteilt (maximale Ladungsdichte an den Polen, keine Ladung am Äquator). Da die Relation

$$0 \leq \frac{\varepsilon - 1}{\varepsilon + 2} \leq 1$$

gilt, folgt

$$\sigma_{\mathrm{pol}}(\mathrm{Vakuum}) = 0 \leq \sigma_{\mathrm{pol}}(\mathrm{Dielektrikum}) \leq \sigma_{\mathrm{pol}}(\mathrm{Metall}) = \frac{3}{4\pi k_e} E_0 \cos\theta \ .$$

Die Belegung ist für den Fall der Metallkugel am stärksten.

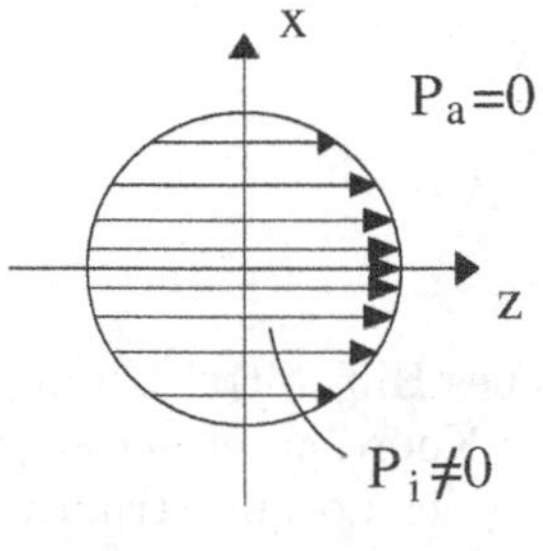

Abb. 4.28. Polarisation einer dielektrischen Kugel im konstanten $\boldsymbol{E}$-Feld: $\boldsymbol{P}$-Feld

Ohne größeren Aufwand kann man diese Ergebnisse noch auf ein verwandtes Problem umschreiben: In einem dielektrischen Material, das in ein uniformes Feld eingebracht wird, existiert ein kugelförmiger Hohlraum. Ein Unterschied ergibt sich einzig durch die Anschlussbedingungen

$E_{\mathrm{a,n}} = \varepsilon E_{\mathrm{i,n}}$	$\varepsilon E_{\mathrm{a,n}} = E_{\mathrm{i,n}}$.
dielektrische Kugel	Hohlraum in dielektrischem Material

Man erhält somit die Ergebnisse für diese Variante, indem man ε durch $1/\varepsilon$ ersetzt.

Der Unterschied zwischen dielektrischer Kugel (Abb. 4.29a) und kugelförmigem Hohlraum in einem Dielektrikum kann anhand der Verteilung der Polarisationsladungen

$$\sigma_{\mathrm{pol,\,HR}} = -\frac{3}{4\pi k_e} E_0 \left(\frac{\varepsilon - 1}{2\varepsilon + 1} \right) \cos\theta$$

illustriert werden. Die positiven Ladungen sitzen in dem Hohlraum auf der hinteren Kugelschale (Abb. 4.29b). Für $\varepsilon \geq 1$ gilt

$$\left(\frac{\varepsilon - 1}{\varepsilon + 2} \right) \geq \left(\frac{\varepsilon - 1}{2\varepsilon + 1} \right) .$$

Die Ladungsdichte auf der Kugel ist (für ein gegebenes Material) größer als die Ladungsdichte auf den Wänden des Hohlraums.

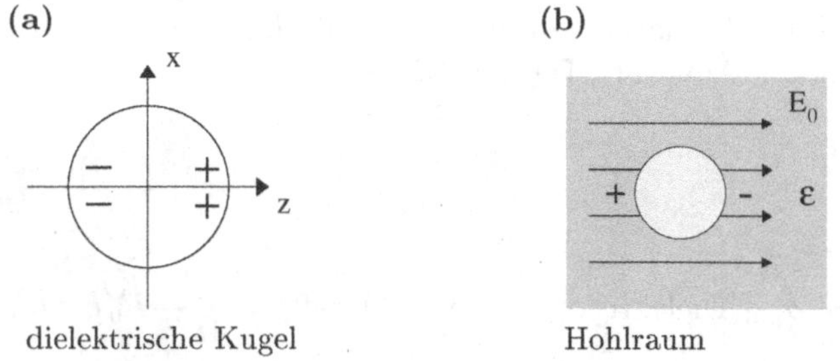

Abb. 4.29. Vergleich der Polarisationsladungen: Kugel und kugelförmiger Hohlraum

4.6 Das komplexe Potential

Die Methode der komplexen Potentiale ist ein nützliches Hilfsmittel bei der Berechnung von Potentialen für Probleme, die in einer Koordinatenrichtung translationsinvariant sind, die also ohne Einschränkung der Lösungsstruktur auf eine Ebene projiziert werden können (Abb. 4.30). Solche Probleme stellen

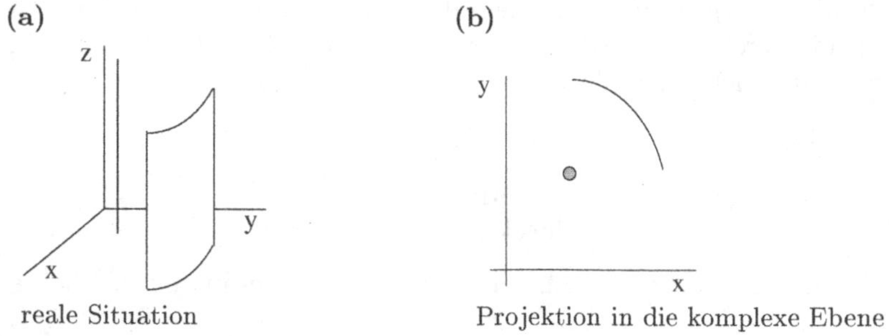

Abb. 4.30. Problemtyp zur Nutzung der Technik der komplexen Potentiale

eine Näherung der Realität dar (wenn auch eine nützliche), da die unendliche Ausdehnung in einer Koordinatenrichtung eine unendliche Ladung impliziert.

Die Methode basiert auf der Anwendung des Konzepts der analytischen Funktion im Komplexen, das in Math.Kap. 2 vorgestellt wird. Der Real- und der Imaginärteil einer solchen Funktion[4]

$$w = V(x,y) + \mathrm{i}\, U(x,y)$$

erfüllt die **Cauchy-Riemannschen Differentialgleichungen**

$$\frac{\partial V}{\partial x} = \frac{\partial U}{\partial y} \qquad \frac{\partial V}{\partial y} = -\frac{\partial U}{\partial x}\,, \tag{4.53}$$

sowie die (zweidimensionale) Laplacegleichung

$$\Delta V(x,y) = \left(\frac{\partial^2}{\partial x^2} + \frac{\partial^2}{\partial y^2}\right) V(x,y) = 0 \quad \text{und} \quad \Delta U(x,y) = 0\,.$$

Für das Skalarprodukt der Gradienten der reellen Funktionen $V(x,y)$ und $U(x,y)$ erhält man wegen der Cauchy-Riemannschen Differentialgleichungen

$$\nabla V(x,y) \cdot \nabla U(x,y) = \frac{\partial V}{\partial x}\frac{\partial U}{\partial x} + \frac{\partial V}{\partial y}\frac{\partial U}{\partial y} = -\frac{\partial V}{\partial x}\frac{\partial V}{\partial y} + \frac{\partial V}{\partial y}\frac{\partial V}{\partial x} = 0\,.$$

Die Gradienten der Funktionen $U(x,y)$ und $V(x,y)$ stehen in jedem Punkt der komplexen Ebene senkrecht aufeinander. Da die Gradienten orthogonal zu den Kurven der entsprechenden Scharen sind, sind die Kurven ebenfalls orthogonal zueinander. Identifiziert man die Funktion $V(x,y)$ mit dem Potential, so entsprechen die Kurven $V(x,y) = \text{const.}$ den Äquipotentiallinien des (in die Ebene projizierbaren) Problems. Die Kurven $U(x,y) = \text{const.}$ stellen die elektrischen Feldlinien dar (Abb. 4.31a). Die Komponenten des elektrischen Feldes, die die Tangenten an die Feldlinien beschreiben, erhält man über die Relation $\boldsymbol{E}(x,y) = -\boldsymbol{\nabla} V(x,y)$ wahlweise als

$$E_x = -\frac{\partial V}{\partial x} = -\frac{\partial U}{\partial y} \qquad E_y = -\frac{\partial V}{\partial y} = \frac{\partial U}{\partial x}\,. \tag{4.54}$$

Das Gaußtheorem kann man in diesem Zusammenhang folgendermaßen einsetzen: Ist eine Äquipotentiallinie (auch von endlicher Ausdehnung) der Schnitt einer Metallfläche mit der Ebene, so entspricht der Fluss durch eine Fläche über einem begrenzten Stück der Äquipotentiallinie der Ladung auf dieser Fläche

$$\Phi = \iint \boldsymbol{E} \cdot \mathbf{d}\boldsymbol{f} = 4\pi k_e Q\,.$$

Den Zusammenhang mit den in die Ebene projizierten Größen stellt man durch die Relationen

[4] Beachte die Variante in der Notation, die der physikalischen Anwendung angepasst ist. Sie weicht von der in der Mathematik üblichen (und in Math.Kap. 2 benutzten) in trivialer Weise ab.

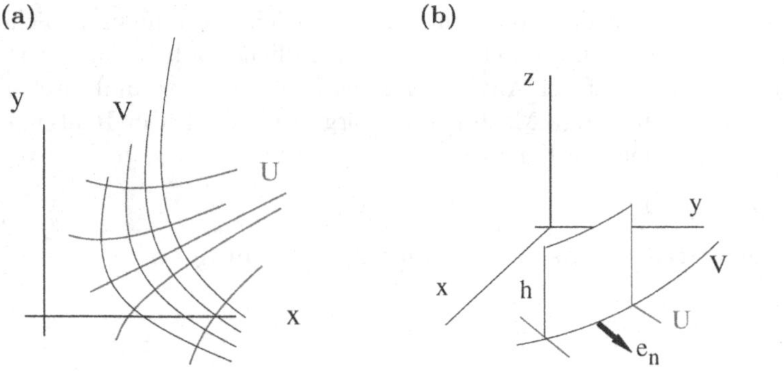

Illustration von Feldlinien (U) und Äquipotentiallinien (V)

Illustration des Gaußtheorems

Abb. 4.31. Zur komplexen Potentialmethode

$$\mathbf{d}\boldsymbol{f} = \boldsymbol{e}_n \, \mathrm{d}s \, h \qquad Q = \sigma \, l \, h = \lambda_e \, h$$

her. Dabei ist (siehe Abb. 4.31b) $\boldsymbol{e}_n$ der Normalenvektor auf dem infinitesimalen Kurvenstück $\mathrm{d}s$ der Äquipotentiallinie, h die Ausdehnung der Fläche über der Ebene, l die Länge des Ausschnittes aus der Äquipotentiallinie, der von zwei Werten U_1 und U_2 begrenzt ist, und λ_e die der Flächenladung σ entsprechende lineare Ladung entlang der Kurve in der Ebene. Bezeichnet man den Normalenvektor mit $\boldsymbol{e}_n = (n_x, n_y)$, so ist der entsprechende Tangentenvektor an die Kurve $\boldsymbol{e}_t = (-n_y, n_x)$. Die Flussaussage, projiziert in die Ebene, lautet dann

$$\begin{aligned}
\lambda_e &= \frac{1}{4\pi k_e} \int_1^2 \mathrm{d}s \, \boldsymbol{E} \cdot \boldsymbol{e}_n = -\frac{1}{4\pi k_e} \int_1^2 \mathrm{d}s \, \boldsymbol{\nabla} V \cdot \boldsymbol{e}_n \\
&= -\frac{1}{4\pi k_e} \int_1^2 \mathrm{d}s \left(\frac{\partial V}{\partial x} n_x + \frac{\partial V}{\partial y} n_y \right) \\
&= -\frac{1}{4\pi k_e} \int_1^2 \mathrm{d}s \left(\frac{\partial U}{\partial x} n_x - \frac{\partial U}{\partial x} n_y \right) \\
&= -\frac{1}{4\pi k_e} \int_1^2 \mathrm{d}s \, \boldsymbol{\nabla} U \cdot \boldsymbol{e}_t = \frac{1}{4\pi k_e} (U_1 - U_2) \ .
\end{aligned}$$

Die Differenz des Imaginärteils des komplexen Potentials bestimmt den Fluss.

Allgemeine Methoden zur Berechnung des Real- und des Imaginärteils eines komplexen Potentials in zwei Raumdimensionen sind die harmonische Analyse und spezielle Transformationstechniken. Für die **harmonische Analyse** benutzt man ebene Polarkoordinaten und führt die partielle Differentialgleichung (z.B für $V(r, \varphi)$)

$$r \frac{\partial}{\partial r} \left(r \frac{\partial V}{\partial r} \right) + \frac{\partial^2 V}{\partial \varphi^2} = 0$$

mit dem Separationsansatz $V(r,\varphi) = R(r)S(\varphi)$ in zwei gewöhnliche Differentialgleichungen über

$$\frac{\mathrm{d}^2 S(\varphi)}{\mathrm{d}\varphi^2} + k^2 S(\varphi) = 0$$

$$r^2 \frac{\mathrm{d}^2 R(r)}{\mathrm{d}r^2} + r\frac{\mathrm{d}R(r)}{\mathrm{d}r} - k^2 R(r) = 0\,.$$

Der Definitionsbereich des Winkelanteils ist im Allgemeinen auf ein endliches Intervall beschränkt, z.B. auf das Intervall $[0, 2\pi]$. Es sind dann nur diskrete Werte des Separationsparameters möglich

$$k \longrightarrow k_1, k_2, \ldots, k_n, \ldots\,.$$

Die allgemeinen Lösungen der gewöhnlichen Differentialgleichungen sind

$$\left.\begin{aligned} S_n(\varphi) &= a_{1n}\cos k_n\varphi + a_{2n}\sin k_n\varphi \\ R_n(r) &= b_{1n}r^{k_n} + b_{2n}r^{-k_n} \end{aligned}\right\} \quad \text{für} \quad k_n > 0$$

und

$$\left.\begin{aligned} S_0(\varphi) &= a_{10} + a_{20}\varphi \\ R_0(r) &= b_{10} + b_{20}\ln r \end{aligned}\right\} \quad \text{für} \quad k_n = 0\,.$$

Die allgemeine Lösung der partiellen Differentialgleichung ist somit die Fourierreihe

$$V(r,\varphi) = \sum_{n=0}^{\infty} R_n(r) S_n(\varphi)\,. \tag{4.55}$$

Die auftretenden Konstanten sind über Rand- bzw. Anschlussbedingungen zu bestimmen.

Eine typische Aufgabe, die mit Hilfe der harmonischen Analyse gelöst werden kann, lautet:

> Berechne das elektrische Feld eines langen, geraden Drahtes mit der uniformen, linearen Ladungsdichte λ, der parallel zu und im Abstand r_0 von einem langen, dielektrischen Zylinder (dielektrische Konstante ε, Radius $R < r_0$) verläuft (siehe Abb. 4.32a, die einen Schnitt durch die Anordnung wiedergibt).

Die Lösungsstrategie ähnelt der Behandlung der Spiegelladungsprobleme in Kap. 4.2. Man betrachtet zunächst das elektrische Potential eines Drahtes, der entlang der z-Achse verläuft, ohne Berücksichtigung des Zylinders. Im zweiten Schritt wird ein Ansatz für das Potential gemacht, der eine Superposition des Potentials des Drahtes und einer allgemeineren Lösung der Laplacegleichung beinhaltet. Die Koeffizienten des Ansatzes werden durch die Anschluss- und Randbedingungen festgelegt.

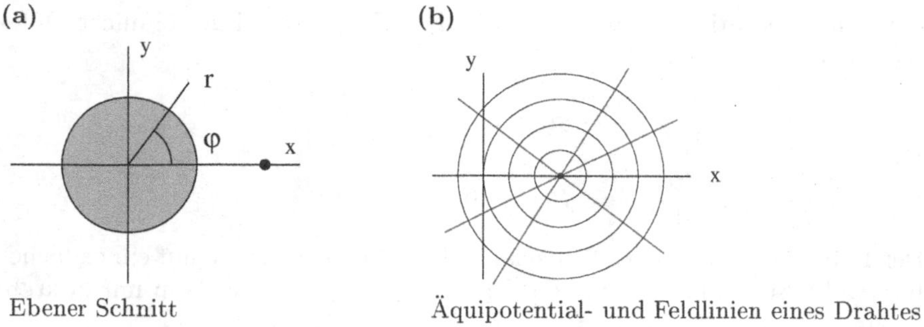
(a)
y
r
φ
x
Ebener Schnitt
(b)
y
x
Äquipotential- und Feldlinien eines Drahtes

Abb. 4.32. Geladener Draht parallel zu einem dielektrischen Zylinder

Das Potential des entlang der z-Achse verlaufenden Drahtes wird zunächst im Reellen bestimmt (siehe D.tail 4.6a). Für Punkte in der x-y Ebene (der Schnittebene von Interesse) gilt bei Benutzung von Polarkoordinaten

$$V(r,\varphi) = -2k_e\lambda \ln r \ ,$$

falls der Draht durch den Koordinatenursprung verläuft. Das Potential eines Drahtes (ebenfalls in der x-y Ebene), der um die Strecke r_0 entlang der x-Achse versetzt ist, ist entsprechend

$$V_1(r,\varphi) = -2k_e\lambda \ln|\boldsymbol{r} - \boldsymbol{r}_0| = -2k_e\lambda \ln[r^2 + r_0^2 - 2rr_0\cos\varphi]^{1/2} \ . \quad (4.56)$$

Um letztlich diese Resultate im Komplexen zu nutzen, werden sie umgeschrieben. In der komplexen Ebene kann das Potential des geraden Drahtes, der senkrecht auf dieser Ebene steht und diese in dem Punkt z_0 schneidet, mit

$$w = -2k_e\lambda \ln(z - z_0)$$

angegeben werden. Benutzt man zur Darstellung der komplexen Variablen

$$z = r\mathrm{e}^{\mathrm{i}\varphi} \qquad \text{und} \qquad z_0 = r_0\mathrm{e}^{\mathrm{i}\varphi_0}$$

so findet man für den Realteil, wie in (4.56) angegeben,

$$\begin{aligned} V &= \frac{1}{2}(w + w^*) = -2k_e\lambda\left(\ln(z - z_0)^{1/2} + \ln(z^* - z_0^*)^{1/2}\right) \\ &= -2k_e\lambda \ln\left[(z - z_0)(z^* - z_0^*)\right]^{1/2} \\ &= -2k_e\lambda \ln[r^2 + r_0^2 - 2rr_0\cos(\varphi - \varphi_0)]^{1/2} \ . \end{aligned}$$

Die Äquipotentiallinien sind Kreise um den Punkt z_0 (siehe Abb. 4.32b). Der Imaginärteil, der die Feldlinien beschreibt, ist

$$\begin{aligned} U &= \frac{1}{2\mathrm{i}}(w - w^*) = -\frac{k_e\lambda}{\mathrm{i}} \ln\left[\frac{z - z_0}{z^* - z_0^*}\right] \\ &= -2k_e\lambda \arctan\left(\frac{r\sin\varphi - r_0\sin\varphi_0}{r\cos\varphi - r_0\cos\varphi_0}\right) \ , \end{aligned}$$

wobei die Formel

$$\frac{1}{2\mathrm{i}} \ln \left(\frac{x + \mathrm{i}y}{x - \mathrm{i}y} \right) = \arctan \frac{y}{x}$$

zur Anwendung kommt. Der Imaginärteil stellt eine Geradenschar durch den Punkt z_0 dar.

Um die Randbedingungen in einen Ansatz der Form (4.55) einzubringen, muss man das Potential (4.56) in eine entsprechende Fourierreihe umschreiben. Man benutzt dazu die in D.tail 4.6a bereitgestellte Relation

$$\begin{aligned} \frac{1}{2} \ln(1 - 2x\cos\varphi + x^2) &= \ln[1 - 2x\cos\varphi + x^2]^{1/2} \\ &= -\sum_{n=1}^{\infty} \frac{x^n}{n} \cos n\varphi \qquad x < 1 \end{aligned} \tag{4.57}$$

und findet für die Bereiche innerhalb und außerhalb eines Kreises mit dem Radius r_0

$$\begin{aligned} V_{1i}(r,\varphi) &= 2k_e\lambda \left\{ \sum_{n=1}^{\infty} \frac{1}{n} \left(\frac{r}{r_0} \right)^n \cos n\varphi - \ln r_0 \right\} \qquad r < r_0 \\ V_{1a}(r,\varphi) &= 2k_e\lambda \left\{ \sum_{n=1}^{\infty} \frac{1}{n} \left(\frac{r_0}{r} \right)^n \cos n\varphi - \ln r \right\} \qquad r > r_0 \,. \end{aligned} \tag{4.58}$$

Infolge der Symmetrie der Anordnung bezüglich der x-Achse entfallen Terme mit $\sin n\varphi$. Die Potentiale (4.58) ergeben den korrekten Wert für $r = 0$ und entsprechen den Randbedingungen für $r \to \infty$.

Der Ansatz für das Potential des Drahtes und des dielektrischen Zylinders lautet

$$\begin{aligned} V_{ii}(r,\varphi) &= V_{1i}(r,\varphi) + V_{2i}(r,\varphi) \\ V_{iz}(r,\varphi) &= V_{1i}(r,\varphi) + V_{2z}(r,\varphi) \\ V_{aa}(r,\varphi) &= V_{1a}(r,\varphi) + V_{2a}(r,\varphi) \,. \end{aligned}$$

Für die Bereiche innerhalb des Zylinders (ii), in dem Zwischengebiet (iz) und außerhalb des Kreises durch den Draht (aa) wird die Funktionen V_{2i}, V_{2z}, V_{2za}, die die Polarisation des Zylinders wiedergeben, durch die Fourierreihen

$$\begin{aligned} V_{2i}(r,\varphi) &= \sum_{n=1}^{\infty} a_n r^n \cos n\varphi + a_0 \qquad r < R \\ V_{2z}(r,\varphi) &= \sum_{n=1}^{\infty} b_n r^{-n} \cos n\varphi + b_0 \qquad r_0 > r > R \\ V_{2a}(r,\varphi) &= \sum_{n=1}^{\infty} c_n r^{-n} \cos n\varphi + c_0 \ln r \qquad r > r_0 \end{aligned}$$

dargestellt. In diesen Ansatz geht wiederum die Symmetrie in Bezug auf $\varphi = 0$ und die Forderung nach einem nichtsingulären Verhalten der Teilbeiträge ein. Zur Bestimmung der Koeffizienten benutzt man die Anschlussbedingungen für das Potential und des elektrischen Feldes (der Normalenableitung) auf dem Kreis mit $r = R$, bzw. die Anschlussbedingung für das Potential alleine auf dem Kreis mit $r = r_0$

$$V_{ii}(R,\varphi) = V_{iz}(R,\varphi) \qquad \left.\frac{\partial V_{iz}(r,\varphi)}{\partial r}\right|_R = \varepsilon \left.\frac{\partial V_{ii}(r,\varphi)}{\partial r}\right|_R$$

$$V_{iz}(r_0,\varphi) = V_{aa}(r_0,\varphi)\,.$$

Die direkte Rechnung (D.tail 4.6b) liefert für $n \geq 1$

$$a_n = 2k_e\lambda \frac{(1-\varepsilon)}{(1+\varepsilon)} \frac{1}{n} \left(\frac{1}{r_0}\right)^n$$

$$b_n = 2k_e\lambda \frac{(1-\varepsilon)}{(1+\varepsilon)} \frac{1}{n} \left(\frac{R^2}{r_0}\right)^n$$

$$c_n = b_n\,,$$

sowie $a_0 = b_0 = c_0 = 0$. Die Einzelergebnisse in den drei Bereichen

$$V_{ii}(r,\varphi) = \frac{4k_e\lambda}{(1+\varepsilon)} \sum_{n=1}^{\infty} \frac{1}{n}\left(\frac{r}{r_0}\right)^n \cos n\varphi - 2k_e\lambda \ln r_0 \qquad r < R$$

$$V_{iz}(r,\varphi) = 2k_e\lambda \left\{ \sum_{n=1}^{\infty} \frac{1}{n} \left\{ \left(\frac{r}{r_0}\right)^n + \frac{(1-\varepsilon)}{(1+\varepsilon)}\left(\frac{R^2}{rr_0}\right)^n \right\} \cos n\varphi - \ln r_0 \right\}$$
$$r_0 > r > R$$

$$V_{aa}(r,\varphi) = 2k_e\lambda \left\{ \sum_{n=1}^{\infty} \frac{1}{n} \left\{ \left(\frac{r_0}{r}\right)^n + \frac{(1-\varepsilon)}{(1+\varepsilon)}\left(\frac{R^2}{rr_0}\right)^n \right\} \cos n\varphi - \ln r \right\}$$
$$r > r_0$$

können nach einer Umschreibung reinterpretiert werden. Man addiert und subtrahiert zu dem Potential in dem Zwischenbereich den Term

$$-2k_e\lambda \frac{(1-\varepsilon)}{(1+\varepsilon)} \ln r$$

und sortiert den resultierenden Ausdruck in der Form

$$V_{iz}(r,\varphi) = 2k_e\lambda \left\{ -\frac{(\varepsilon-1)}{(1+\varepsilon)} \ln r + \frac{(1-\varepsilon)}{(1+\varepsilon)} \left[\sum_{n=1}^{\infty} \frac{1}{n}\left(\frac{R^2}{rr_0}\right)^n \cos n\varphi - \ln r \right] \right.$$
$$\left. + \left[\sum_{n=1}^{\infty} \frac{1}{n}\left(\frac{r}{r_0}\right)^n \cos n\varphi - \ln r_0 \right] \right\}$$
$$= -2k_e\lambda \left\{ \frac{(\varepsilon-1)}{(1+\varepsilon)} \ln r + \frac{(1-\varepsilon)}{(1+\varepsilon)} \ln \left[r^2 + \left(\frac{R^2}{r_0}\right)^2 - \frac{2rR^2}{r_0}\cos\varphi \right]^{1/2} \right.$$

$$+\ln\left[r^2 + r_0^2 - 2rr_0\cos\varphi\right]^{1/2}\Big\} \,.$$

Dies entspricht dem Potential von drei Drähten parallel zu der z-Achse, und zwar

- einem Draht entlang der z-Achse mit der effektiven Ladungsdichte
$$\lambda_{\text{eff}} = \frac{(\varepsilon - 1)}{(1+\varepsilon)}\lambda \,,$$
- einem Draht, der durch den Inversionspunkt $(x, y) = (R^2/r_0, 0)$ verläuft und die effektive Ladungsdichte
$$\lambda_{\text{eff}} = \frac{(1-\varepsilon)}{(1+\varepsilon)}\lambda$$
trägt, sowie
- dem Draht mit der Ladungsdichte λ durch den Punkt $(x, y) = (r_0, 0)$.

Eine entsprechende Umformung kann für das Potential in dem Außenbereich vorgenommen werden. Das Potential V_{ii} in dem Innenbereich entspricht hingegen (bis auf eine Konstante) dem Potential eines einzigen Drahtes durch den Punkt $(x, y) = (r_0, 0)$, der die effektive Ladungsdichte

$$\lambda_{\text{eff}} = \frac{2}{(1+\varepsilon)}\lambda$$

aufweist. Das Potential des ursprünglichen Problems kann somit durch die Superposition der Potentiale von effektiven, linearen Ladungsdichten dargestellt werden, wenn auch mit unterschiedlicher Anzahl in jedem der drei Raumgebiete.

Zur Illustration der resultierenden Äquipotentiallinien und der zugehörigen Feldlinien kann man somit in den Außenbereichen eine Superposition von jeweils drei Drahtpotentialen mit effektiven Ladungen ansetzen, die an das Potential eines Drahtes mit der effektiven Ladung $2\lambda/(\varepsilon + 1)$ im Innenbereich anschließen. Die Abb. 4.33 zeigt die resultierenden Äquipotentiallinien. Man erkennt, wie die Äquipotentiallinien des Drahtes in der Umgebung des Zylinders modifiziert werden.

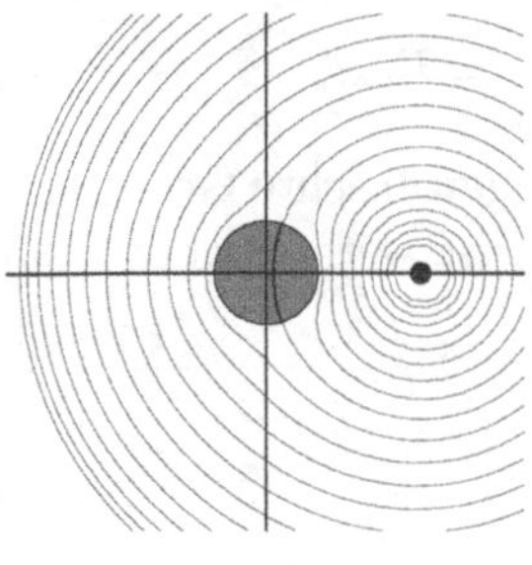

Abb. 4.33. Äquipotentiallinien eines langen geraden Drahtes im Abstand r_0 von einem dielektrischen Zylinder

Die Vereinfachung der Geometrie eines vorgegebenen Problems durch **konforme Abbildungen** (Math.Kap. 2.1) ist eine alternative Lösungsmethode für zweidimensionale Potentialprobleme. Das Prinzip erläutert das folgende Beispiel: Betrachte die Transformation

$$z_1 = z_2^{\gamma} \tag{4.59}$$

von der z_2-Ebene in die z_1-Ebene, wobei γ eine beliebige reelle Zahl sein kann. Anhand der Darstellung der komplexen Zahlen durch Betrag und Phase erkennt man, dass

$$r_1 = r_2^{\gamma} \quad \text{und} \quad \varphi_1 = \gamma\varphi_2$$

ist. Dies besagt z.B., dass die positive reelle Achse der z_2-Ebene ($\varphi_2 = 0$) auf die positive reelle Achse der z_1-Ebene ($\varphi_1 = 0$) abgebildet wird. Ein Strahl in der oberen Halbebene der z_2-Ebene wird auf einen Strahl der z_1-Ebene abgebildet, der mit der reellen Achse den Winkel $\gamma\varphi_2$ einschließt. So wird die negative reelle Achse der z_2-Ebene auf einen Strahl mit dem Winkel $\pi\gamma$ abgebildet. Die Transformation (4.59) hat für $z_2 = 0$ einen Verzweigungspunkt, ist aber sonst in der ganzen z_2-Ebene analytisch.

Man kann eine Transformation wie (4.59) benutzen, um von einer einfacheren Geometrie in der z_2-Ebene zu einer komplizierteren Geometrie in der z_1-Ebene überzugehen. Hat man eine Lösung eines Potentialproblems mit der einfacheren Geometrie in der z_2-Ebene gewonnen, so liefert die Transformation $z_1 = z_2^{\gamma}$ die Lösung für die komplizierte Geometrie in der z_1-Ebene.

Ein direktes, wenn auch einfaches Beispiel ist die Berechnung des Potentials in dem ersten Quadranten der komplexen Ebene, das durch senkrechte Metallplatten mit uniform verteilter Ladung, die entlang der positiven reellen und der positiven imaginären Achsen angebracht sind, erzeugt wird (Abb. 4.34b). Man beginnt die Lösung des Problems mit der Aussage, dass eine uniforme (lineare) Ladungsdichte entlang der reellen Achse der z_2-Ebene ein uniformes Feld E (z.B. mit $E > 0$) in der y_2-Richtung erzeugt. Das zugehörige komplexe Potential ist

$$w = \mathrm{i}\, E\, z_2 = E(-y_2 + \mathrm{i}\, x_2) \quad \text{mit} \quad V = -E\, y_2 \qquad U = E\, x_2\,.$$

Die Äquipotentiallinien sind Parallelen zu der reellen Achse, die Feldlinien Parallelen zur imaginären Achse (Abb. 4.34a). Es gilt

$$E_{x_2} = -\frac{\partial V}{\partial x_2} = -\frac{\partial U}{\partial y_2} = 0 \qquad E_{y_2} = -\frac{\partial V}{\partial y_2} = \frac{\partial U}{\partial x_2} = E\,.$$

Die Transformation, die die einfache Geometrie in die gewünschte Geometrie überführt, ist eine Drehung der negativen reellen Achse der z_2-Ebene um $\pi/2$. Es ist also $\gamma = 1/2$ und

$$z_1 = z_2^{1/2} \quad \text{bzw.} \quad z_2 = z_1^2\,.$$

Damit erhält man

$$w = \mathrm{i}\, E z_1^2 \quad \text{mit} \quad V = -2E\, x_1 y_1 \qquad U = E\,(x_1^2 - y_1^2)\,.$$

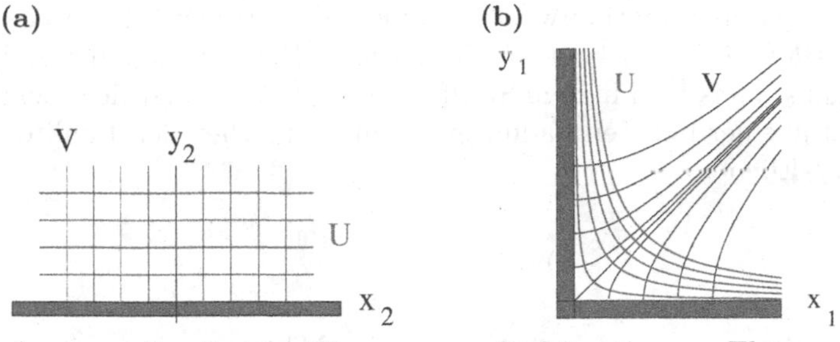

Ausgangssituation: z_2-Ebene Endsituation: z_1-Ebene

Abb. 4.34. Anwendung der Abbildung $z_1 = \sqrt{z_2}$

Die Äquipotentiallinien und die Feldlinien des gestellten Problems sind die Elemente von zwei orthogonalen Hyperbelscharen (Abb. 4.34b). Die Komponenten des elektrischen Feldes in dem ersten Quadranten der z_1-Ebene sind

$$E_{x_1} = 2E\,y_1 \qquad E_{y_1} = 2E\,x_1\ .$$

Dieses Beispiel ist nur ein Spezialfall: Die zwei Platten können einen beliebigen Winkel einschließen. Eine Drehung der negativen reellen z_2-Achse um einen beliebigen Winkel kann in gleicher Weise diskutiert werden.

Zur Verallgemeinerung dieser Methode kann man z.B. andere Klassen von analytischen Funktionen

$$z_1 = f(z_2) \quad \text{mit der Umkehrfunktion} \quad z_2 = g(z_1) \tag{4.60}$$

einsetzen oder eine Schwarz-Christoffel Transformation benutzen. Durch diese Transformation wird das Innere eines Polygons in der z_1-Ebene auf die obere Halbebene der z_2-Ebene abgebildet[5].

Ein explizites Beispiel zum Einsatz weiterer elementarer, analytischer Funktionen ist die Abbildung von zwei vertikalen Linien im Abstand $\pm A\pi/2$ von der imaginären Achse der z_1-Ebene auf die positive und die negative reelle Achse der z_2-Ebene (siehe Abb. 4.35a und b, sowie D.tail 4.6c). Sind die Bilder der beiden Eckpunkte $z_1 = \pm A\pi/2$ in der z_2-Ebene $\pm a$, so wird die Transformation durch die Differentialgleichung

$$\frac{dz_1}{dz_2} = \mathrm{i}\,A(z_2 - a)^{-1/2}(z_2 + a)^{-1/2} = \frac{A}{[a^2 - z_2^2]^{1/2}}$$

mit der Lösung

$$z_1 = A \arcsin\left(\frac{z_2}{a}\right) \qquad z_2 = a \sin\left(\frac{z_1}{A}\right)$$

[5] siehe z.B. P.M. Morse and H.Feshbach ‘Methods of Theoretical Physics ‘ (McGrawHill, New York 1953)

erreicht. Mit dieser Transformation wird das Innere des Streifens der Breite $A\pi$ in der oberen Hälfte der z_1-Ebene auf die obere z_2-Ebene abgebildet und umgekehrt. Ein konstantes Feld in dem Streifen der z_1-Ebene entspricht dem komplexen Potential einer linearen Ladungsverteilung zwischen den Punkten $-a$ und $+a$ der z_2-Ebene.

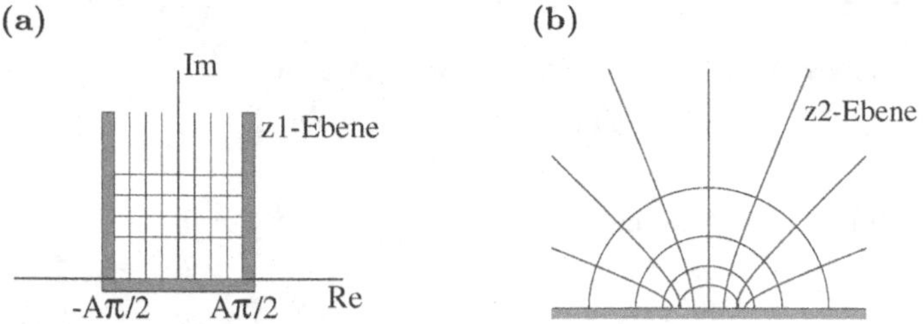

Urbild in der z_1-Ebene Abbild in der z_2-Ebene

Abb. 4.35. Die Abbildung $z_2 = a\ \sin(z_1/A)$

Hiermit ist die Diskussion des elektrostatischen Potentialproblems abgeschlossen. Während die Elektrostatik (wenn auch in einer weniger präzisen Form) schon im letzten Viertel des 18. Jahrhundert aufbereitet wurde, ist das Gegenstück, die quantitative Fassung der Magnetostatik, erst seit dem zweiten Viertel des 19. Jahrhunderts bekannt. Die Bezeichnung 'Gegenstück' nimmt Bezug auf die Tatsache, dass stationäre elektrische Felder wirbelfreie Quellenfelder sind. Stationäre Magnetfelder (genauer gesagt: die magnetische Induktion, die durch stationäre Ströme erzeugt wird) sind hingegen quellenfreie Wirbelfelder. Das Thema Magnetostatik wird in dem folgenden Kapitel betrachtet.

Aufgaben

Zu dem vierten Kapitel kann man 14 Aufgaben, oder zumindest eine gute Auswahl davon, bearbeiten. Das Thema ist immer noch Potentialberechnung, nur mit etwas fortgeschritteren Methoden, z.B. der Spiegelladungsmethode (2 Aufgaben), der Methode der Greenschen Funktionen (3 Aufgaben) und der Methode der komplexen Potentiale (3 Aufgaben). Das Potentialproblem steht auch bei der Betrachtung von diversen Kondensatoren (4 Aufgaben), mit und ohne Füllung im Vordergrund. Etwas am Rande stehen die Betrachtung eines dielektrischen Zylinders (anstelle der allgegenwärtigen Kugelsymmetrie) in einem homogenen, elektrischen Feld und eine Aufgabe in der die Greensche Funktion einer Punktladung in verschiedenen Raumdimensionen zu diskutieren ist.

5 Magnetostatik

Die Bezeichnung 'magnetisch' soll auf die Stadt Magnesia in Kleinasien zurückgehen. Dort wurden schon im Altertum 'Steine' gefunden (die heutige Bezeichnung dieses Minerals ist Magnetit oder Magneteisenstein, ein Eisenoxyd mit der chemischen Formel Fe_2O_3), die die Eigenschaft haben, Eisenspäne anzuziehen. Der lange Zeitraum bis zur Neuzeit weist nur eine weitere Entdeckung auf. Um 1600 wurde erkannt, dass die Erde ein Magnetfeld besitzt. Seitdem wird diese Entdeckung zur Navigation benutzt. Die ersten systematischen Untersuchungen des Magnetismus beginnen mit H.C. Ørstedt (1820). Ørstedt erkannte: Eine Magnetnadel wird nicht nur durch magnetische Steine ausgerichtet, sondern auch durch einen elektrischen Strom, der in einem Leiter fließt (Abb. 5.1a,b). Man sagt heute: Ein elektrischer Strom erzeugt ein Magnetfeld.

Das gegenwärtige Kapitel beginnt in Kap. 5.1 mit einem kurzen Exkurs über den elektrischen Strom. In Kap. 5.2 wird anschließend eine Grundgleichung der Magnetostatik, das Ampèresche Gesetz, in Integral- und in Differentialform erarbeitet. Eine allgemeine Lösungsformel kann für den Fall von einfachen Randbedingungen angegeben werden, doch ist die Auswertung infolge der Wirbelstruktur des Magnetfeldes etwas aufwendiger. Eine Näherungsformel, das Gesetz von Biot-Savart, ist in vielen Fällen eine praktische Alternative. Die zweite Grundgleichung der Magnetostatik, die die Quellen-

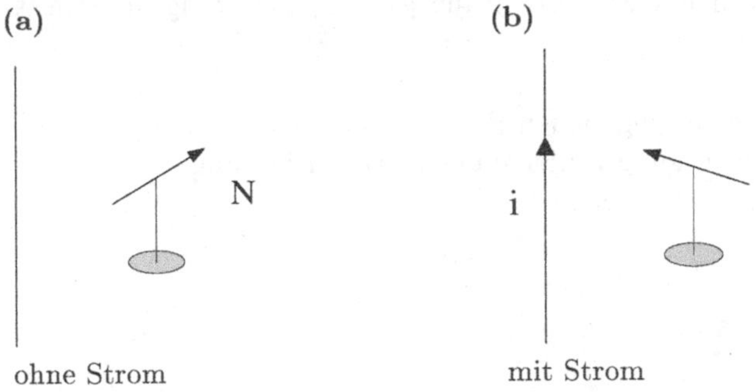

Abb. 5.1. Illustration des Versuchs von Ørstedt: Ausrichtung der Magnetnadel

freiheit des Magnetfeldes zum Ausdruck bringt, erlaubt eine Darstellung dieses Feldes durch ein Vektorpotential (Kap. 5.3). Die Diskussion der Felder im Vakuum muss auch im magnetischen Fall durch die Betrachtung von Feldern in einem mit Materie erfüllten Raum ergänzt werden (Kap. 5.4). Eine Analogie zu dem elektrischen Fall ist für dia- und paramagnetische Materialien gegeben. Die Verarbeitung der aufwendigeren Materialgleichung für ferromagnetische Materialien bereitet jedoch unter Umständen Schwierigkeiten. Das Kapitel endet (Kap. 5.5) mit einer Diskussion der magnetischen Kräfte auf und zwischen Ladungen und Leiterstücken.

5.1 Der elektrische Strom

In einem Leiter (z.B. einem Metalldraht) sind die freien Elektronen in thermischer Bewegung. Diese Bewegung hat statistischen Charakter. Betrachtet man einen Leiterquerschnitt, so stellt man fest: Genauso viele Elektronen durchlaufen den Querschnitt pro Zeiteinheit nach rechts wie nach links. Bringt man die Drahtenden auf ein verschiedenes Potential (und hält die Potentialdifferenz mittels einer Batterie aufrecht), so erzeugt man in dem Draht ein elektrisches Feld (Abb. 5.2). Das elektrische Feld ist wegen der Relation $\boldsymbol{E} = -\boldsymbol{\nabla} V$ von dem höheren Potentialwert zu dem tieferen gerichtet. An den freien Elektronen greift nun eine Kraft $\boldsymbol{F}_{\mathrm{e}} = -e_0 \boldsymbol{E}$ an. Unter dem Einfluss dieser Kraft bewegen sich die Elektronen (im Mittel) von dem niedrigen Potential zu dem höheren. Es fließt ein elektrischer Strom. Die Stromstärke i ist die Ladungsmenge, die pro Zeiteinheit durch den Leiterquerschnitt fließt

$$i = \left| \frac{\mathrm{d}q}{\mathrm{d}t} \right| . \tag{5.1}$$

Zu der Stromrichtung ist das Folgende zu bemerken: Elektronen fließen von Stellen mit einem niedrigeren Potential (V_1) zu Stellen mit einem höheren Potential (V_2), in der Abb. 5.2 also von rechts nach links. Aus historischen Gründen (man nahm zunächst an, dass sich positive Ladungen in dem Draht bewegen) ist die entsprechende Stromrichtung jedoch genau umgekehrt festgelegt:

Stromfluss in einer gegebenen Richtung entspricht einer Elektronenbewegung in der umgekehrten Richtung.

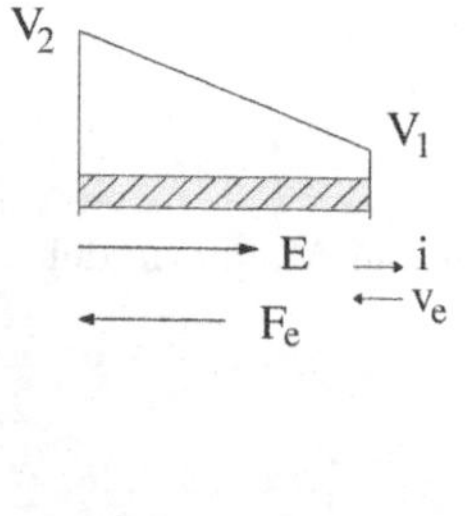

Abb. 5.2. Zur Richtung des elektrischen Stroms

Eine kurze Bemerkung zu den Geschwindigkeitsverhältnissen bei der Elektronenbewegung in einem Leiter ist noch angebracht. Die thermische Bewegung ist recht schnell. Diese Aussage ergibt sich aus einer Relation zwischen der mittleren thermischen Geschwindigkeit der Elektronen und der Temperatur, die im Rahmen der kinetischen Gastheorie (siehe Band Statistische Physik) gewonnen wird. Die mittlere kinetische Energie ist proportional zu der Temperatur T

$$\frac{m}{2}\bar{v}^2 = \frac{3}{2}kT \, .$$

Die Proportionalitätskonstante k ist die Boltzmannkonstante. Sie hat einen Wert von $k = 1.38 \cdot 10^{-16}$ erg Kelvin^{-1}. Bei einer Elektronenmasse von $m_e = 9.11 \cdot 10^{-28}$ g und einer Raumtemperatur von $T = 300°$Kelvin erhält man eine mittlere thermische Geschwindigkeit $\bar{v}$ von

$$\bar{v}_{\text{therm}} \approx 10^7 \,\text{cm/s} \, .$$

Die Bewegung unter dem Einfluss der Potentialdifferenz ist dagegen recht langsam. Das folgende Argument ergibt eine Formel für die Abschätzung der entsprechenden Geschwindigkeit v_e. Die bewegliche Ladung in einem Leitervolumen (Länge l, Querschnitt F, n entspricht der Anzahl der beweglichen Elektronen pro cm^3) ist

$$q = -n\, e_0\, l\, F \, .$$

In der Zeit $t = l/v_e$ tritt jedes bewegliche Elektron in dem Volumen durch den Querschnitt (Abb. 5.3). Es gilt also

$$i = \frac{q}{t} = -n\, e_0\, F v_e \quad \longrightarrow \quad v_e = -\frac{i}{n\, e_0\, F} \, . \tag{5.2}$$

Für einen Kupferdraht mit einem Querschnitt von 0.4 cm^2 und einer Elektronendichte von $n \approx 10^{21}\,\text{cm}^{-3}$ findet man bei einer Stromstärke von 10 Ampère

$$|v_e| \approx 10^{-1}\,\text{cm/s} \, .$$

Man muss sich also den Stromfluss folgendermaßen vorstellen: Die Elektronen führen eine schnelle statistische Bewegung aus. Liegt keine Spannung an dem Leitungsdraht an, so ist infolge von Stößen mit den Metallionen keine Bewegungsrichtung ausgezeichnet. Durch den Einfluss eines elektrischen Feldes

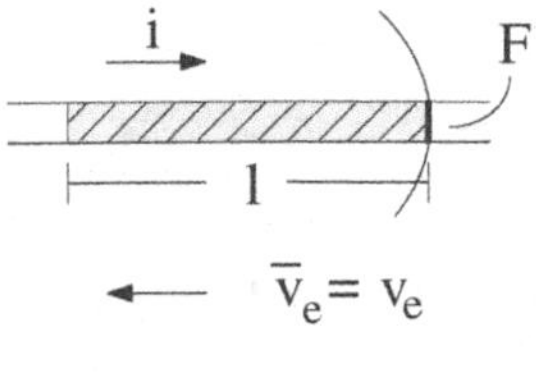

Abb. 5.3. Durchschnittsgeschwindigkeit der Elektronen

bewegen sie sich jedoch vergleichsweise langsam in Richtung der positive Klemme.

Zur formalen Beschreibung des elektrischen Stromes benutzt man den Begriff des **Stromdichtevektors**. Dieser ist folgendermaßen definiert. Ist der Stromfluss über den gesamten Leiterquerschnitt F homogen, so definiert man den Stromdichtevektor $\boldsymbol{j}$ durch die Angaben (Abb. 5.4)

Der Vektor $\boldsymbol{j}$ zeigt in Richtung des Stromflusses,
sein Betrag ist $|j| = |i|/F$.

Der allgemeine Zusammenhang zwischen Strom und Stromdichte ist

$$i = \iint_{\mathrm{A}} \boldsymbol{j}(\boldsymbol{r}) \cdot \mathbf{d}\boldsymbol{f} . \tag{5.3}$$

Die Stromdichte kann über den Leiterquerschnitt variieren. Das Oberflächenintegral ist über eine beliebige Fläche A, die den Leiterquerschnitt überdeckt (Abb. 5.4), auszuwerten. Zu beachten sind dabei die Punkte:

(a) Die Stromstärke ist eine skalare Größe (eine Richtungsangabe, die durch $\pm$ ausgedrückt wird, ist möglich), die Stromdichte ist eine Vektorgröße.
(b) Stromstärke wie Stromdichte beschreiben die Bewegung der freien Elektronen unter dem Einfluss einer Potentialdifferenz. Sie entsprechen (ähnlich wie die Ladungsdichte) Größen, für die über mikroskopische Aspekte gemittelt wurde.

Einen allgemeinen Zusammenhang zwischen der Ladungsdichte und der Stromdichte stellt die Kontinuitätsgleichung dar. Man betrachtet ein beliebiges Volumen V in einem Leiter und bestimmt die Gesamtladung in diesem Volumen zur Zeit t_1

$$Q(t_1) = \iiint_{\mathrm{V}} \rho(\boldsymbol{r}, t_1)\, \mathrm{d}V .$$

Zu einem späteren Zeitpunkt könnte die Aussage gelten

$$Q(t_2) = \iiint_{\mathrm{V}} \rho(\boldsymbol{r}, t_2)\, \mathrm{d}V .$$

Die Ladungsänderung in dem Volumen ist gleich dem Nettofluss durch die Oberfläche des Volumens. Dieser wird durch das Oberflächenintegral der Stromdichte beschrieben. Somit ist

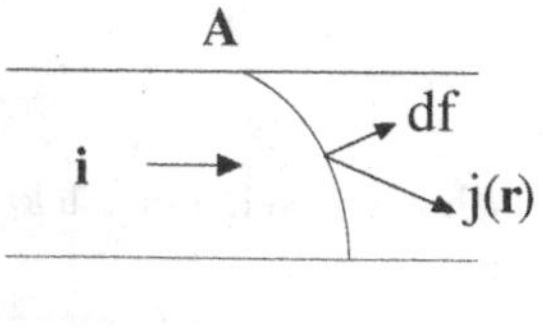

Abb. 5.4. Zur Definition des Stromdichtevektors

$$\left.\frac{\mathrm{d}Q}{\mathrm{d}t}\right|_{t_1} = \lim_{t_2 \to t_1} \left[\frac{Q(t_2) - Q(t_1)}{t_2 - t_1}\right] = -\oiint_{\mathrm{O(V)}} \boldsymbol{j}(\boldsymbol{r}, t_1) \cdot \mathbf{d}\boldsymbol{f} \,. \tag{5.4}$$

Das Minuszeichen entspricht der üblichen Definition der Stromrichtung. Wird die Ladung negativer (fließen Elektronen in das Volumen), so entspricht dies einem Fluss von positiven Ladungen nach außen. Die obige Aussage beschreibt Ladungserhaltung im Rahmen der klassischen Theorie: Ladungen können sich bewegen, aber nicht erzeugt oder vernichtet werden.

Man kann die Gleichung (5.4) noch etwas umschreiben, indem man

$$\frac{\mathrm{d}Q}{\mathrm{d}t} = \frac{\mathrm{d}}{\mathrm{d}t} \iiint_{\mathrm{V}} \rho(\boldsymbol{r}, t)\, \mathrm{d}V = \iiint_{\mathrm{V}} \frac{\partial \rho(\boldsymbol{r}, t)}{\partial t}\, \mathrm{d}V$$

benutzt. Es folgt nach Anwendung des Gaußtheorems auf das Oberflächenintegral über die Ladungsdichte in (5.4)

$$\iiint_{\mathrm{V}} \left\{\frac{\partial \rho(\boldsymbol{r}, t)}{\partial t} + \boldsymbol{\nabla} \cdot \boldsymbol{j}(\boldsymbol{r}, t)\right\} \mathrm{d}V = 0$$

oder, da das Volumen V beliebig gewählt werden kann,

$$\frac{\partial \rho(\boldsymbol{r}, t)}{\partial t} + \mathrm{div}\, \boldsymbol{j}(\boldsymbol{r}, t) = 0 \qquad \frac{\partial \rho(\boldsymbol{r}, t)}{\partial t} + \boldsymbol{\nabla} \cdot \boldsymbol{j}(\boldsymbol{r}, t) = 0 \,. \tag{5.5}$$

Dies ist die **Kontinuitätsgleichung**. Sie beschreibt Ladungserhaltung in differentieller Form: Ändert sich die Ladungsdichte mit der Zeit, so kann dies nur durch Ladungsfluss vonstatten gehen. Eine alternative Interpretation dieser Gleichung lautet: Quellen oder Senken der Stromdichte sind Änderungen der Ladungsdichte.

Man kann sich zwei Situationen vorstellen, für die die Ladungsdichte zeitlich konstant sein kann: Die zeitliche Ableitung der Ladungsdichte verschwindet

$$\frac{\partial}{\partial t} \rho(\boldsymbol{r}, t) = 0 \,,$$

falls

- Die Stromdichte verschwindet $\boldsymbol{j} = \mathbf{0}$. Dies ist der Fall einer stationären Ladungsverteilung, der in den Kap. 1 bis 4 diskutiert wurde.
- Es ist $\boldsymbol{j} \neq \mathbf{0}$, aber $\boldsymbol{\nabla} \cdot \boldsymbol{j} = 0$. Dies ist der Fall einer stationären Stromverteilung: Ladungen fließen aus einem Raumgebiet gleichförmig zu und ab, so dass keine Änderung der Ladungsdichte auftritt. Diese Situation wird bei der Diskussion der Magnetostatik vorausgesetzt.

Zwei praktische Folgerungen aus der Kontinuitätsgleichung sind die Kirchhoffsche Regel und das Ohmsche Gesetz:

- Die **Kirchhoffsche Regel** besagt: In jedem Verzweigungspunkt eines Stromkreises (Abb. 5.5a) ist die Summe der zufließenden Ströme gleich der Summe der abfließenden Ströme

Abb. 5.5. Die Kirchhoffsche Regel

$$\sum_n i_n = 0 \,. \tag{5.6}$$

Setzt man stationäre Ströme voraus, so ist diese Regel eine direkte Konsequenz der Kontinuitätsgleichung, denn aus der Aussage

$$0 = \iiint_V \boldsymbol{\nabla} \cdot j(\boldsymbol{r}, t)\, \mathrm{d}V$$

für ein beliebiges Volumen um den Verzweigungspunkt (Abb. 5.5b) folgt mit dem Divergenztheorem

$$0 = \iiint_V \boldsymbol{\nabla} \cdot j(\boldsymbol{r}, t)\, \mathrm{d}V = \sum_n \iint_{\mathrm{O(V)}} \boldsymbol{j_n} \cdot \mathbf{d}\boldsymbol{f} = \sum_n i_n \,,$$

wobei nur die Schnittflächen mit den zu- und abführenden Leitungen beitragen.

- Das **Ohmsche Gesetz** wird in der Praxis in der Form

$$\begin{array}{c}\text{Spannung ist gleich Widerstand mal Stromstärke} \\ U = R \cdot i\end{array} \tag{5.7}$$

benutzt. Seine differentielle Form lautet

$$j = \sigma \boldsymbol{E} \,, \tag{5.8}$$

die Stromdichte ist proportional zu dem elektrischen Feld. Die Größe σ, eine Materialkonstante, bezeichnet man als die **spezifische Leitfähigkeit**. Die differentielle Form kann man mit der folgenden Überlegung gewinnen: Beschleunigt man ein Elektron in einem konstanten Feld, so ist seine Geschwindigkeit

$$\boldsymbol{v}(t) = \boldsymbol{v}_0 - \frac{e_0}{m_e} \boldsymbol{E} \cdot t \,.$$

In einem Leiterstück ist die Bewegung des Elektrons jedoch (wie oben diskutiert) komplizierter. Das Elektron wird durch Stöße mit dem Kristallgitter abgebremst, verliert dabei Energie und ändert seine Bewegungsrichtung. Man kann die einfache Formel jedoch mit den Annahmen verwerten:

(a) Das Elektron wird in jedem Stoß völlig abgebremst ($v_0 = 0$).

(b) Man berechnet die mittlere Geschwindigkeit zwischen zwei Stößen als

$$\langle \boldsymbol{v} \rangle = -\frac{e_0}{m_e} \boldsymbol{E} \, \langle t \rangle \, .$$

Ist die Zeit zwischen zwei Stößen τ, so ist der zeitliche Mittelwert

$$\langle t \rangle = \frac{1}{\tau} \int_0^{\tau} t \, \mathrm{d}t = \frac{\tau}{2} \, .$$

Die mittlere Geschwindigkeit ist somit

$$\langle \boldsymbol{v} \rangle = -\frac{e_0}{m_e} \boldsymbol{E} \, \langle t \rangle = -\frac{e_0}{2m_e} \boldsymbol{E} \, \tau \, .$$

Mit der Formel

$$i = -n \, e_0 \, F \, \langle v \rangle$$

(siehe (5.2)), folgt für die Stromdichte

$$\boldsymbol{j} = -n \, e_0 \, \langle \boldsymbol{v} \rangle = \frac{e_0^2 \, n \, \tau}{2m_e} \boldsymbol{E} = \sigma \boldsymbol{E} \, .$$

Mit diesen Argumenten wurde, nebenbei, ein (etwas modellbehafteter) Ausdruck für die spezifische Leitfähigkeit σ gewonnen.
Die praktische Form des Ohmschen Gesetzes gewinnt man aus der differentiellen Form durch Integration und durch einige zusätzliche Annahmen. Für zwei Punkte in einem Leiter gilt (Abb. 5.6)

$$U = V(2) - V(1) = -\int_1^2 \boldsymbol{E} \cdot \mathbf{d}\boldsymbol{s} = \frac{1}{\sigma} \int_2^1 \boldsymbol{j} \cdot \mathbf{d}\boldsymbol{s} \, .$$

Mit der Annahme einer uniformen Stromdichte und eines homogenen Materials folgt

$$U = \frac{1}{\sigma} j \cdot l \, .$$

Nimmt man noch an, dass der Leiterquerschnitt über die gesamte Leiterlänge konstant ist, so kann dies als

$$U = (jF) \left(\frac{l}{\sigma F} \right) = iR$$

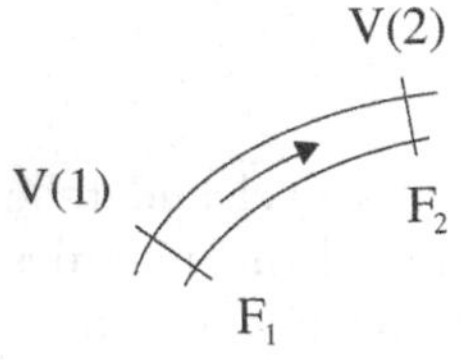

Abb. 5.6. Erläuterung des Ohmschen Gesetzes

geschrieben werden. Es wurde (wiederum nebenbei) ein Zusammenhang zwischen Widerstand und Leitfähigkeit plus Leitergeometrie gewonnen. Trotzdem muss man im Auge behalten: Die praktische Form des Ohmschen Gesetzes beinhaltet einige Voraussetzungen bezüglich des Stromtransportes und der Struktur sowie der Geometrie des Leiters.

Nach diesen Vorbemerkungen über elektrische Ströme können die Grundgleichungen der Magnetostatik diskutiert werden. Diese sind eine Zusammenfassung der Experimente, die von H.C. Ørstedt begonnen und in der Folge von den französischen Physikern J.B. Biot, F. Savart und A.M. Ampère quantitativ gefasst wurden.

5.2 Stationäre Magnetfelder

Die erste Aufgabe ist es, eine operative (experimentelle) Fundierung der einfachsten Magnetfelder, der stationären Magnetfelder, vorzustellen.

5.2.1 Experimentelle Basis

Bei der Diskussion des elektrischen Feldes wurde das Konzept der Probeladung benutzt. Das magnetische Analogon, ein magnetischer Monopol, existiert jedoch[1] nicht. Permanentmagneten wie auch Elektromagneten haben Dipolstruktur. Man beschreibt solche (Probe-)dipole durch ein magnetisches Moment $\boldsymbol{m}$, das von dem Südpol zu dem Nordpol gerichtet ist (Abb. 5.7a). Bringt man einen magnetischen Probedipol in ein Magnetfeld, so wird der Dipol ausgerichtet. Die Standardbezeichnung dieses Feldes ist $\boldsymbol{B}(\boldsymbol{r})$. Das hier angesprochene Feld wird im Rahmen der Präzisierung der verschiedenen Magnetfelder für den freien und mit Materie erfüllten Raum auf S. 193 als die **magnetische Induktion** bezeichnet. Der Dipol erfährt ein Drehmoment (Abb. 5.7b)

$$\boldsymbol{D}(\boldsymbol{r}) = \boldsymbol{m} \times \boldsymbol{B}(\boldsymbol{r}) .$$

Man bezeichnet die Richtung, in der sich der Nordpol des Probemagneten einstellt, als die lokale Richtung des Magnetfeldes.

Als operative Definition der Stärke (des Betrages) des Magnetfeldes benutzt man den Ausdruck

$$|\boldsymbol{B}| = \lim_{m \to 0} \frac{|\boldsymbol{D}|}{|\boldsymbol{m}| \sin \varphi} .$$

Man messe das Drehmoment für einen gegebenen Auslenkwinkel und teile durch das Moment eines geeichten Dipols multipliziert mit dem Sinus des Auslenkwinkels. Mit Hilfe dieser Vorschrift könnte man das Grundexperiment der Magnetostatik durchführen: Man vermesse das Magnetfeld eines geraden,

[1] Gemäß dem Stand der einschlägigen Experimente.

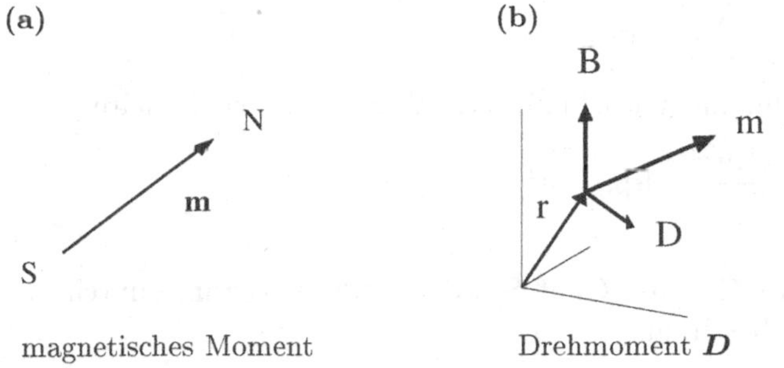

Abb. 5.7. Operative Definition des Magnetfeldes

dünnen Leiters, in dem ein stationärer Strom fließt (Abb. 5.8a). Das Ergebnis einer solchen Messung kann man folgendermaßen zusammenfassen:

(1) Die magnetischen Feldlinien sind konzentrische Kreise um den Leiter (Abb. 5.8b). Die Feldrichtung entspricht der Rechten Handregel: Zeigt der Daumen in Stromrichtung, so geben die Finger der (gekrümmten) rechten Hand die Feldrichtung an.

(2) Für die Stärke des Magnetfeldes ergibt sich eine Abhängigkeit von der Stärke i des stationären Stromes und dem Abstand von dem Zentrum des Leiters r in der Form

$$B(r) = 2k_m \frac{i}{r} \,. \tag{5.9}$$

Durch Festlegung der Konstanten k_m wird die Maßeinheit für das magnetische Feld festgelegt. Im SI System benutzt man

$$k_{m,\mathrm{SI}} = \frac{\mu_0}{4\pi} = 10^{-7}\,\frac{\mathrm{kg\,m}}{\mathrm{C}^2} \,.$$

Die Bezugsgröße μ_0 wird als die (magnetische) **Permeabilität des Vakuums** bezeichnet. Sie ist gewissermaßen das (inverse) Pendant zu der Dielektrizitätskonstante des Vakuums in der Elektrostatik. Die Dimension und die Maßeinheit der Stärke des magnetischen Feldes ist demnach

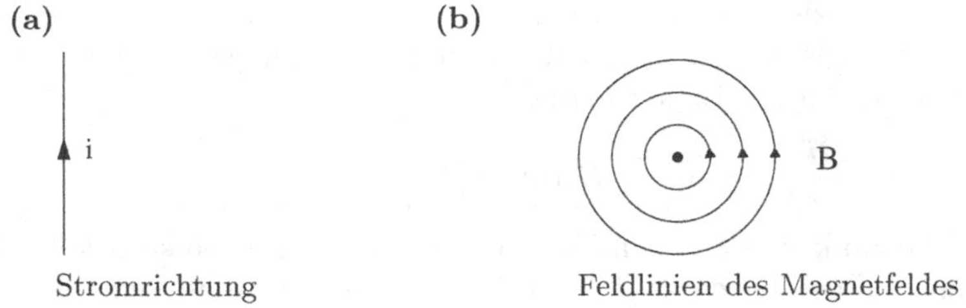

Abb. 5.8. Grundexperiment der Magnetostatik

$$[B]_{SI} = \frac{\text{kg m}}{\text{C}^2}\frac{\text{C}}{\text{s}}\frac{1}{\text{m}} = \frac{\text{kg}}{\text{C s}} = \text{Tesla} .$$

Das magnetische Dipolmoment wird in diesem System in den Einheiten

$$[m]_{SI} = \left[\frac{D}{B}\right]_{SI} = \frac{\text{C m}^2}{\text{s}} = [i]_{SI} \cdot \text{m}^2$$

gemessen.

In dem erweiterten CGS oder Gauß System ist die Konstante durch die Lichtgeschwindigkeit c bestimmt

$$k_{m,\text{CGS}} = \frac{1}{\text{c}} \qquad (c = 2.997925... \cdot 10^{10}\,\text{cm/s})$$

und folglich

$$[B]_{\text{CGS}} = \frac{\text{s}}{\text{cm}}\frac{\text{cm}^{3/2}\,\text{g}^{1/2}}{\text{s}^2}\frac{1}{\text{cm}} = \frac{\text{g}^{1/2}}{\text{cm}^{1/2}\,\text{s}} .$$

In diesem System haben die elektrische und die magnetische Feldstärke die gleiche Dimension

$$[B]_{\text{CGS}} = [E]_{\text{CGS}} .$$

Zur Unterscheidung benutzt man jedoch verschiedene Bezeichnungen

$$[E]_{\text{CGS}} = \frac{\text{statvolt}}{\text{cm}} \qquad [B]_{\text{CGS}} = \text{Gauß} .$$

Die Dimension eines magnetischen Dipols im CGS System ist

$$[m]_{\text{CGS}} = \left[\frac{D}{B}\right]_{\text{CGS}} = \frac{\text{g} \cdot \text{cm}^2}{\text{s}^2}\frac{\text{cm}^{1/2}\,\text{s}}{\text{g}^{1/2}} = \frac{\text{g}^{1/2}\text{cm}^{3/2}}{\text{s}} \cdot \text{cm} = [q]_{\text{CGS}} \cdot \text{cm} .$$

Die Maßeinheit ist die gleiche wie für einen elektrischen Dipol

$$[m]_{\text{CGS}} = [p]_{\text{CGS}} ,$$

sie unterscheidet sich aber von der Einheit des magnetischen Dipols im SI System. Eine alternative Maßeinheit im CGS System, die oft benutzt wird, ist

$$[m]_{\text{CGS}} = \frac{\text{erg}}{\text{Gauß}} .$$

In den zwei Maßsystemen lautet das Ergebnis des zuerst von H.C. Ørstedt (1820) durchgeführten Experimentes

$$B_{\text{CGS}}(r) = \frac{2i}{cr} \qquad \text{und} \qquad B_{\text{SI}}(r) = \frac{\mu_0}{2\pi}\frac{i}{r} .$$

Da das Feld auf konzentrischen Kreisen um den Leiter einen konstanten Wert hat, kann man das Ergebnis (5.9) in der folgenden Weise umschreiben

$$B(r)\,2\pi\,r = 4\pi k_m\,i$$

oder allgemeiner

$$\oint_K \boldsymbol{B}(\boldsymbol{r}) \cdot \mathbf{d}\boldsymbol{s} = 4\pi i\, k_m \,, \tag{5.10}$$

wobei die geschlossene Kurve K den Leiter umschließt. Man bezeichnet diese Form als das **Gesetz von Ampère**. Man kann experimentell überprüfen, dass es allgemeine Gültigkeit hat: Es gilt für gekrümmte Leiter, für geschlossene Leiterschleifen etc. Es besagt kurz und bündig: Jeder stromdurchflossene Leiter ist von einem Magnetfeld umgeben. Diese Zusammenfassung der experimentellen Erfahrung dient als Ausgangspunkt für die weitere Entwicklung der Magnetostatik.

5.2.2 Das Gesetz von Ampère

Stellt man das Gesetz von Ampère an den Anfang der Betrachtungen, so ist als Erstes die Frage nach einer entsprechenden differentiellen Form zu beantworten. Dazu formt man das Kurvenintegral mit Hilfe des Stokeschen Satzes um

$$\oint_K \boldsymbol{B}(\boldsymbol{r}) \cdot \mathbf{d}\boldsymbol{s} = \oint_{O(K)} (\boldsymbol{\nabla} \times \boldsymbol{B}(\boldsymbol{r})) \cdot \mathbf{d}\boldsymbol{f} \,.$$

Das Oberflächenintegral ist über eine beliebige, offene und orientierte Fläche zu nehmen, die durch die orientierte Kurve K berandet ist. Die Orientierung der Randkurve und der Fläche sind über die rechte Handregel verknüpft (Abb. 5.9). Zur Darstellung des Stromes benutzt man

$$i = \iint_{\text{Leiterfl.}} \boldsymbol{j}(\boldsymbol{r}) \cdot \mathbf{d}\boldsymbol{f} = \iint_{O(K)} \boldsymbol{j}(\boldsymbol{r}) \cdot \mathbf{d}\boldsymbol{f} \,.$$

Mit der Annahme, dass die Stromdichte außerhalb des Leiters verschwindet, kann man das Integral über die Leiterfläche durch ein Integral über $O(K)$ ersetzen

$$\iint_{O(K)} \left[\boldsymbol{\nabla} \times \boldsymbol{B}(\boldsymbol{r}) - 4\pi k_m\, \boldsymbol{j}(\boldsymbol{r})\right] \cdot \mathbf{d}\boldsymbol{f} = 0 \,.$$

Da jede Fläche $O(K)$ mit dem gleichen Rand K möglich ist, kann man letztlich auch

$$\operatorname{rot} \boldsymbol{B}(\boldsymbol{r}) = 4\pi k_m\, \boldsymbol{j}(\boldsymbol{r}) \qquad \boldsymbol{\nabla} \times \boldsymbol{B}(\boldsymbol{r}) = 4\pi k_m\, \boldsymbol{j}(\boldsymbol{r}) \tag{5.11}$$

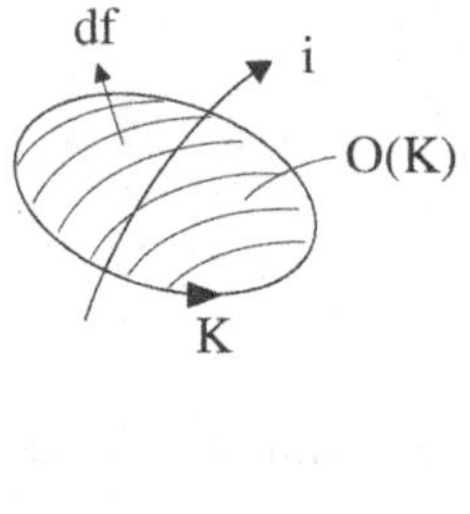

Abb. 5.9. Anwendung des Satzes von Stokes

schreiben. Diese Gleichung, die **Ampèresche Differentialgleichung**, besagt: Das $\boldsymbol{B}$-Feld ist ein Wirbelfeld. Die Wirbelstruktur wird durch die Stromdichteverteilung bestimmt. Das Ampèresche Gesetz stellt in dieser Form einen Satz von Differentialgleichungen für die Feldkomponenten dar. Im Detail lauten diese Differentialgleichungen

$$\frac{\partial}{\partial y}B_{\mathrm{z}}(\boldsymbol{r}) - \frac{\partial}{\partial z}B_{\mathrm{y}}(\boldsymbol{r}) = 4\pi k_m\, j_{\mathrm{x}}(\boldsymbol{r})$$

$$\frac{\partial}{\partial z}B_{\mathrm{x}}(\boldsymbol{r}) - \frac{\partial}{\partial x}B_{\mathrm{z}}(\boldsymbol{r}) = 4\pi k_m\, j_{\mathrm{y}}(\boldsymbol{r})$$

$$\frac{\partial}{\partial x}B_{\mathrm{y}}(\boldsymbol{r}) - \frac{\partial}{\partial y}B_{\mathrm{x}}(\boldsymbol{r}) = 4\pi k_m\, j_{\mathrm{z}}(\boldsymbol{r})\,.$$

Bezüglich der Lösung dieses Gleichungssystems gilt die Aussage: Für eine Stromverteilung $\boldsymbol{j}(\boldsymbol{r})$, die auf ein endliches Raumgebiet beschränkt ist, so dass man die Randbedingung

$$\boldsymbol{j}(\boldsymbol{r}) \xrightarrow{r\to\infty} \boldsymbol{0} \qquad \boldsymbol{B}(\boldsymbol{r}) \xrightarrow{r\to\infty} \boldsymbol{0}$$

ansetzen kann, lautet die Lösung des obigen Differentialgleichungssystems

$$\boldsymbol{B}(\boldsymbol{r}) = k_m \boldsymbol{\nabla} \times \iiint \frac{\boldsymbol{j}(\boldsymbol{r}')}{|\boldsymbol{r}-\boldsymbol{r}'|}\mathrm{d}V'\,. \tag{5.12}$$

Der Beweis ergibt sich durch Einsetzen in die Differentialgleichung(en) und Umformungen mit der Hilfe von einigen Standardformeln der Vektoranalysis[2]. Man bildet zunächst die Rotation des Ansatzes für die Lösung

$$\boldsymbol{\nabla} \times \boldsymbol{B}(\boldsymbol{r}) = k_m \iiint \boldsymbol{\nabla} \times \left[\boldsymbol{\nabla} \times \frac{\boldsymbol{j}(\boldsymbol{r}')}{|\boldsymbol{r}-\boldsymbol{r}'|}\right] \mathrm{d}V'\,.$$

Die Vertauschung von Differentiation und Integration ist nicht kritisch. Zur Auflösung des doppelten (Operator-) Kreuzproduktes benutzt man

$$\boldsymbol{\nabla} \times [\boldsymbol{\nabla} \times \boldsymbol{G}(\boldsymbol{r})] = \boldsymbol{\nabla}\,(\boldsymbol{\nabla} \cdot \boldsymbol{G}(\boldsymbol{r})) - \Delta \boldsymbol{G}(\boldsymbol{r})\,.$$

Die Differentialoperatoren wirken nur auf die in $\boldsymbol{G}$ enthaltenen ungestrichenen Koordinaten. Mit dieser Formel folgt

$$\boldsymbol{\nabla} \times \boldsymbol{B}(\boldsymbol{r}) = -k_m \iiint \boldsymbol{j}(\boldsymbol{r}')\Delta\left(\frac{1}{|\boldsymbol{r}-\boldsymbol{r}'|}\right)\mathrm{d}V'$$

$$+k_m \iiint \boldsymbol{\nabla}\left(\boldsymbol{j}(\boldsymbol{r}') \cdot \boldsymbol{\nabla}\left(\frac{1}{|\boldsymbol{r}-\boldsymbol{r}'|}\right)\right)\mathrm{d}V'\,.$$

Für den ersten Teil benutzt man

$$\Delta\left(\frac{1}{|\boldsymbol{r}-\boldsymbol{r}'|}\right) = -4\pi\,\delta(\boldsymbol{r}-\boldsymbol{r}')$$

[2] Eine Sammlung von Formeln der Vektoranalysis ist in Anh. B zusammengestellt.

und erhält

$$T_1(\boldsymbol{r}) = 4\pi k_m \, \boldsymbol{j}(\boldsymbol{r}) \, .$$

Zur Diskussion des zweiten Terms benutzt man

$$\boldsymbol{\nabla}\left(\frac{1}{|\boldsymbol{r}-\boldsymbol{r}'|}\right) = -\boldsymbol{\nabla}'\left(\frac{1}{|\boldsymbol{r}-\boldsymbol{r}'|}\right) .$$

Damit folgt

$$T_2(\boldsymbol{r}) = k_m \boldsymbol{\nabla}\left[\iiint \boldsymbol{j}(\boldsymbol{r}')\cdot\boldsymbol{\nabla}'\left(\frac{1}{|\boldsymbol{r}-\boldsymbol{r}'|}\right)\mathrm{d}V'\right] .$$

Man formt dann den Integranden mit der erweiterten Produktregel um

$$\begin{aligned}\boldsymbol{\nabla}'\cdot(\varphi(\boldsymbol{r}')\boldsymbol{j}(\boldsymbol{r}')) &= \boldsymbol{j}(\boldsymbol{r}')\cdot\boldsymbol{\nabla}'\varphi(\boldsymbol{r}') + \varphi(\boldsymbol{r}')\boldsymbol{\nabla}'\cdot\boldsymbol{j}(\boldsymbol{r}') \\ &= \boldsymbol{j}(\boldsymbol{r}')\cdot\boldsymbol{\nabla}'\varphi(\boldsymbol{r}') \, .\end{aligned}$$

Der Term mit dem Faktor $\boldsymbol{\nabla}\cdot\boldsymbol{j}$ auf der rechten Seite verschwindet, da eine stationäre Stromverteilung vorliegen soll. Es bleibt dann

$$T_2(\boldsymbol{r}) = k_m \boldsymbol{\nabla}\left[\iiint\left(\boldsymbol{\nabla}'\cdot\frac{\boldsymbol{j}(\boldsymbol{r}')}{|\boldsymbol{r}-\boldsymbol{r}'|}\right)\mathrm{d}V'\right] ,$$

bzw. nach Anwendung des Divergenztheorems

$$T_2(\boldsymbol{r}) = k_m \boldsymbol{\nabla}\left[\oiint \mathbf{d}\boldsymbol{f}'\cdot\left(\frac{\boldsymbol{j}(\boldsymbol{r}')}{|\boldsymbol{r}-\boldsymbol{r}'|}\right)\right] .$$

Ist die Stromverteilung auf einen endlichen Raumbereich beschränkt, so verschwindet der Integrand des Oberflächenintegrals auf einer unendlich großen Kugel. Es ist also

$$T_2(\boldsymbol{r}) = 0 \, .$$

Damit ist die Gültigkeit der allgemeinen Lösungsformel (mit einfachen Randbedingungen) erbracht.

Zu dieser Lösungsformel bieten sich die folgenden, ersten Bemerkungen an:

- Der Gradient der Abstandsformel ist

$$\boldsymbol{\nabla}\frac{1}{|\boldsymbol{r}-\boldsymbol{r}'|} = -\frac{(\boldsymbol{r}-\boldsymbol{r}')}{|\boldsymbol{r}-\boldsymbol{r}'|^3} \, .$$

Da der Differentialoperator nur auf die Abstandsfunktion wirkt, kann man auch

$$\boldsymbol{B}(\boldsymbol{r}) = k_m \iiint \boldsymbol{j}(\boldsymbol{r}')\times\frac{(\boldsymbol{r}-\boldsymbol{r}')}{|\boldsymbol{r}-\boldsymbol{r}'|^3}\,\mathrm{d}V' \tag{5.13}$$

schreiben. Diese Formel ähnelt der entsprechenden Formel der Elektrostatik

$$\boldsymbol{E}(\boldsymbol{r}) = k_e \iiint \rho(\boldsymbol{r}') \, \frac{(\boldsymbol{r} - \boldsymbol{r}')}{|\boldsymbol{r} - \boldsymbol{r}'|^3} \, \mathrm{d}V' \, .$$

Der Unterschied drückt die Tatsache aus, dass in dem magnetischen Fall eine Vektorgröße ein Wirbelfeld erzeugt, in dem elektrischen Fall eine skalare Größe ein Quellenfeld.

- Betrachtet man die Divergenz der Lösung (5.12)

$$\boldsymbol{\nabla} \cdot \boldsymbol{B}(\boldsymbol{r}) = k_m \boldsymbol{\nabla} \cdot \left[\boldsymbol{\nabla} \times \iiint \frac{\boldsymbol{j}(\boldsymbol{r}')}{|\boldsymbol{r} - \boldsymbol{r}'|} \mathrm{d}V' \right] ,$$

so kann man für das Operatorenprodukt schreiben

$$\boldsymbol{\nabla} \cdot (\boldsymbol{\nabla} \times \boldsymbol{G}(\boldsymbol{r})) = \operatorname{div} \operatorname{rot} \boldsymbol{G}(\boldsymbol{r}) = 0 \, .$$

Die Einwirkung des Operators div rot auf eine zweimal stetig differenzierbare Vektorfunktion ergibt Null. Es gilt also

$$\operatorname{div} \boldsymbol{B}(\boldsymbol{r}) = \boldsymbol{\nabla} \cdot \boldsymbol{B}(\boldsymbol{r}) = 0 \, . \tag{5.14}$$

Das magnetische Feld ist quellenfrei. Hier steht noch einmal explizit die Aussage: Es existieren keine magnetischen Monopole (Ladungen). Die entsprechende Integralform folgt aus dem Divergenztheorem

$$\iiint_{\mathrm{V}} \boldsymbol{\nabla} \cdot \boldsymbol{B}(\boldsymbol{r}) \, \mathrm{d}V = \oiint_{\mathrm{O(V)}} \boldsymbol{B}(\boldsymbol{r}) \cdot \mathbf{d}\boldsymbol{f} = 0 \, . \tag{5.15}$$

In Analogie zu dem elektrischen Fall bezeichnet man das Oberflächenintegral als den magnetischen Fluss

$$\phi = \oiint_{\mathrm{O(V)}} \boldsymbol{B}(\boldsymbol{r}) \cdot \mathbf{d}\boldsymbol{f} \, . \tag{5.16}$$

Die Aussage lautet demnach: Der magnetische Fluss durch eine geschlossene Fläche verschwindet. Anschaulich gesprochen, besagt dies: Es greifen genau soviele Feldlinien in eine beliebige, geschlossene Fläche hinein wie heraus.

- Die Formel (5.13) zur Berechnung von Magnetfeldern einer stationären Stromverteilung ist nicht sonderlich handlich. Das Auftreten des Vektorproduktes in dem Integranden bedingt, dass die Auswertung auch für einfache Situationen recht umständlich ist. Eine genäherte, praktische Form wird in Kap. 5.2.3 aufbereitet.
- Es ist instruktiv, die Grundgleichungen der Elektrostatik und der Magnetostatik im Vakuum gegenüberzustellen. Diese Gleichungen entsprechen (wie in Kap. 6.2 gezeigt wird) dem stationären (zeitunabhängigen) Grenzfall der Maxwellgleichungen.

Elektrostatik: $\boldsymbol{\nabla} \cdot \boldsymbol{E}(\boldsymbol{r}) = 4\pi k_e \, \rho(\boldsymbol{r}) \qquad \boldsymbol{\nabla} \times \boldsymbol{E}(\boldsymbol{r}) = 0$

(5.17)

Magnetostatik: $\nabla \cdot \boldsymbol{B}(\boldsymbol{r}) = 0 \qquad \nabla \times \boldsymbol{B}(\boldsymbol{r}) = 4\pi k_m\, \boldsymbol{j}(\boldsymbol{r})$.

Die Gleichungen besagen:

(1) Die Quellen des $\boldsymbol{E}$-Feldes sind die Ladungen. Das $\boldsymbol{E}$- Feld ist wirbelfrei. Die entsprechenden Feldlinien beginnen und enden auf Ladungen.

(2) Das $\boldsymbol{B}$-Feld hat keine Quellen. Es ist ein Wirbelfeld, dessen Wirbelstruktur durch die Stromdichte bestimmt wird. Die Feldlinien sind geschlossene Kurven, die die Stromverteilung umschließen.

5.2.3 Die Formel von Biot-Savart

Die praktische Variante der Formel (5.13) beruht auf der Annahme, dass der Querschnitt des Leiters, in dem der Strom fließt, klein genug ist, so dass die Variation der Abstandsfunktion über den Querschnitt vernachlässigt werden kann (Abb. 5.10a). Man schreibt zunächst

$$\mathrm{d}V' = \mathrm{d}f'\mathrm{d}s' \quad \text{und} \quad \boldsymbol{j}(\boldsymbol{r}') = j(\boldsymbol{r}')\boldsymbol{e}_{s'} .$$

Der Strom fließt nur in der Richtung der linearen Ausdehnung des Leiters (Abb. 5.10b). Die Lösungsformel (5.13) lautet somit

$$\boldsymbol{B}(\boldsymbol{r}) = k_m \iiint \boldsymbol{e}_{s'} \times \frac{(\boldsymbol{r}-\boldsymbol{r}')}{|\boldsymbol{r}-\boldsymbol{r}'|^3}\, (j(\boldsymbol{r}')\mathrm{d}f')\, \mathrm{d}s' .$$

Benutzt man nun die Annahme, dass die Änderung der Abstandsfunktion bei der Integration über den Leiterquerschnitt vernachlässigt werden kann, so kann man die Zusammenfassung

$$i = \iint j(\boldsymbol{r}')\, \mathrm{d}f'$$

benutzen. Mit $\mathbf{d}\boldsymbol{s}' = \mathrm{d}s'\boldsymbol{e}_{s'}$, erhält man schließlich

$$\boldsymbol{B}(\boldsymbol{r}) = i\, k_m \int_{\mathrm{K(L)}} \mathbf{d}\boldsymbol{s}' \times \frac{(\boldsymbol{r}-\boldsymbol{r}')}{|\boldsymbol{r}-\boldsymbol{r}'|^3} . \tag{5.18}$$

Das Dreifachintegral reduziert sich auf ein Kurvenintegral über die Leitergeometrie. Diese Formel bezeichnet man als das **Gesetz von Biot-Savart**. Dieses Gesetz wird meist in der folgenden Form zitiert: Jedes infinitesimale Leiterelement $\mathbf{d}\boldsymbol{s}'$, dessen Position durch den Vektor $\boldsymbol{r}'$ markiert wird (Abb. 5.11), liefert zu dem $\boldsymbol{B}$-Feld in dem Punkt $\boldsymbol{r}$ den Beitrag

Abb. 5.10. Übergang zur Formel von Biot-Savart

$$\mathrm{d}\boldsymbol{B}(\boldsymbol{r}) = i\,k_m\,\mathbf{d}\boldsymbol{s}' \times \frac{(\boldsymbol{r}-\boldsymbol{r}')}{|\boldsymbol{r}-\boldsymbol{r}'|^3}\,. \tag{5.19}$$

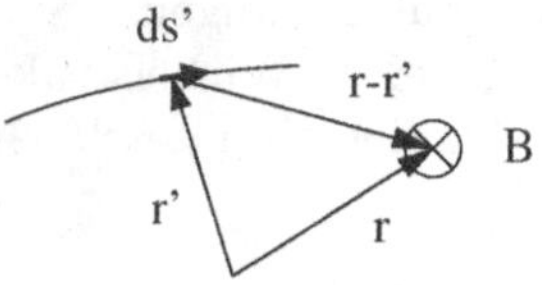

Abb. 5.11. Illustration zu (5.19)

Die Summe aller Beiträge $\mathrm{d}\boldsymbol{B}(\boldsymbol{r})$ in dem Punkt $\boldsymbol{r}$ ergibt die integrale Form (5.18) des Biot-Savartschen Gesetzes. Die folgenden, einfachen Beispiele illustrieren die Anwendung dieser Formeln.

Berechnet man mit dieser Formel das Magnetfeld eines dünnen, geraden Leiters, in dem ein Strom i fließt, so sollte man zu der in (5.9) angegebenen Zusammenfassung der Ørsted-Ampère Experimente zurückfinden. Zur Durchführung dieser Rechnung betrachtet man ein infinitesimales Leiterelement $\mathbf{d}\boldsymbol{s}' = (0,\,0,\,\mathrm{d}z')$ entlang der z-Achse (Abb. 5.12a). Die Position des Koordinatenursprungs kann, infolge der Symmetrie des Problems, so gewählt werden, dass der Vektor $\boldsymbol{r}$ den kürzesten Abstand des Feldpunktes von dem Leiter markiert. Die Position des Leiterelementes ist $\boldsymbol{r}' = (0,\,0,\,z')$, so dass der Differenzvektor $\boldsymbol{R} = \boldsymbol{r} - \boldsymbol{r}'$ die Länge $R = [r^2 + z'^2]^{1/2}$ hat. Die Beiträge $\mathrm{d}\boldsymbol{B}(\boldsymbol{r})$ aller Leiterelemente zeigen in die gleiche Richtung, so dass man die skalaren Feldstärken

$$\mathrm{d}B(\boldsymbol{r}) = i\,k_m\,\frac{\mathrm{d}z'\,\sin\varphi'}{R^2}$$

addieren kann, wobei φ' den Winkel zwischen der z-Richtung und dem Vektor $\boldsymbol{R}$ darstellt. Der Sinus dieses Winkels ist

$$\sin\varphi' = \sin(\pi - \varphi') = \frac{r}{R}\,,$$

so dass man durch Integration über alle Leiterelemente in der Tat

$$B(\boldsymbol{r}) = i\,k_m\,r \int_{-\infty}^{\infty} \frac{\mathrm{d}z'}{(z'^2 + r^2)^{3/2}} = \frac{2i\,k_m}{r}$$

erhält. Die Feldrichtung ist (Abb. 5.12b) für alle Punkte der rechten/linken Halbebene in das Blatt hinein/heraus.

Die Berechnung des Magnetfeldes eines Stromringes (Stromstärke i, Radius a) für Punkte auf der Ringachse folgt dem Muster des elektrischen Äquivalentes. Es liegt (Abb. 5.13a,b) die folgende Geometrie vor: Der Vektor $\mathrm{d}\boldsymbol{B}$ steht senkrecht auf dem Vektor $\mathrm{d}\boldsymbol{s}'$, der z.B. aus dem Blatt heraus zeigt, und dem Abstandsvektor von Ringelement und Feldpunkt auf der Ringachse $\boldsymbol{R}$. Man zerlegt den infinitesimalen Feldvektor in Komponenten in die Achsenrichtung und senkrecht dazu

$$\mathrm{d}\boldsymbol{B} = (\mathrm{d}B_A,\,\mathrm{d}B_S)\,.$$

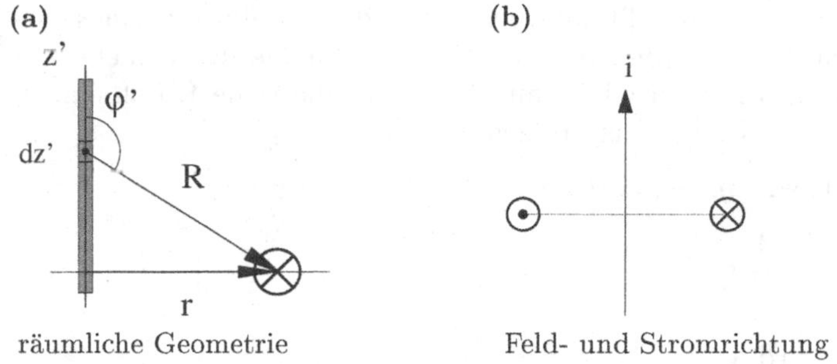

Abb. 5.12. Auswertung der Biot-Savart Formel für einen geraden stromdurchflossenen Leiter

Bei der Integration über den gesamten Stromring addieren sich die senkrechten Komponenten zu Null. Es bleibt nur ein Magnetfeld in Achsenrichtung, das folgendermaßen berechnet wird. Da $\mathbf{ds'}$ senkrecht auf $\boldsymbol{R}$ steht, hat das infinitesimale Magnetfeld in dem Punkt $\boldsymbol{r}$ (gemessen vom Ringmittelpunkt) den Betrag $\mathrm{d}B = (ik_m \mathrm{d}s')/R^2$. Die Achsenkomponente ist wegen $\cos\varphi = a/R$

$$\mathrm{d}B_A = \mathrm{d}B\cos\varphi = i\,k_m \frac{a\mathrm{d}s'}{R^3}\,.$$

Da sowohl a als auch R für einen gegebenen Achsenpunkt konstante Größen sind, verbleibt die Integration über den Ring

$$\int_{\mathrm{Ring}} \mathrm{d}s' = 2\pi a$$

und man erhält das Resultat

$$B(r) = B_A(r) = 2\pi i\,k_m \frac{a^2}{(a^2+r^2)^{3/2}}\,. \tag{5.20}$$

Die Feldrichtung ist, bei Stromfluss wie in (Abb. 5.13a) angedeutet, in Achsenrichtung. Vergleicht man dieses Resultat mit dem Feld eines elektrischen

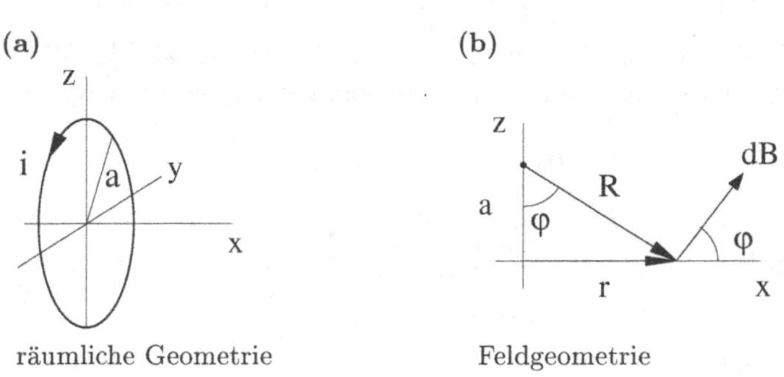

Abb. 5.13. Magnetfeld eines Kreisrings

Dipols (siehe Kap. 2.4), so stellt man fest, dass die Einführung eines magnetischen Momentes des Stromringes nützlich ist. Infolge der Dimensionsbetrachtung in Kap. 5.2.1 schreibt man für das magnetische Dipolmoment des Ringes in den zwei Einheitensystemen

$$m_{\mathrm{SI}} = i\pi a^2 \quad \text{bzw.} \quad m_{\mathrm{CGS}} = ik_m\pi a^2 ,$$

oder zusammenfassend

$$m = ik_f\pi a^2 .$$

Die Konstante k_f wird als

$$k_{f,\mathrm{SI}} = 1 \qquad \text{und} \qquad k_{f,\mathrm{CGS}} \equiv k_{m,\mathrm{CGS}} = \frac{1}{c}$$

definiert. Mit dieser Festlegung ist das magnetische Moment

$$m = i\,k_f\pi a^2 = i\,k_f\,F_{\mathrm{Ring}}$$

und das Magnetfeld auf der Ringachse

$$B_A(r) = \frac{2mk_m}{k_f(a^2 + r^2)^{3/2}} .$$

Für große Abstände ($r \gg a$) folgt

$$B_A(r) = \frac{2mk_m}{k_f r^3} . \tag{5.21}$$

Ein **Solenoid** ist eine zylinderförmige Spule mit einer konstanten Anzahl von Windungen pro Längeneinheit (Abb. 5.14) . Das Resultat für das Achsenfeld eines Stromringes (5.20) soll noch benutzt werden, um das Magnetfeld auf der Solenoidachse zu berechnen. Man betrachtet zu diesem Zweck einen Ausschnitt aus der Spule mit der Länge dz, der von einem Achsenpunkt P unter einem Winkel θ anvisiert wird (siehe Abb. 5.15a). Anhand der in der Abbildung angedeuteten Geometrie folgen (mit der Notation wie im Fall des Kreisringes) für das leicht eingefärbte und das kleine Dreieck die Aussagen

$$\sin\theta = \frac{a}{R} \qquad \text{bzw.} \qquad \sin\theta = \frac{R\mathrm{d}\theta}{\mathrm{d}z} .$$

Ist die Zahl der Windungen pro Längeneinheit n, so ist die Anzahl der Windungen in dem Spulenausschnitt $dn = n\mathrm{d}z$ und somit der gesamte Strom in

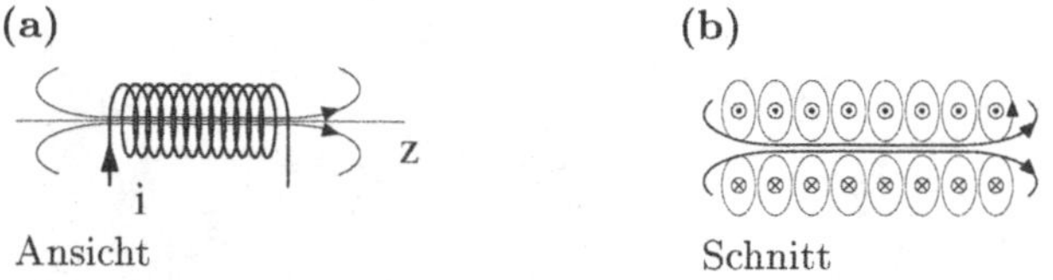

Abb. 5.14. Das Solenoid

dem Ausschnitt $\mathrm{d}i = i\mathrm{d}n$, wenn i der Strom in einer Schleife ist. Identifiziert man den Spulenausschnitt mit einem dünnen Stromring und setzt die Vorgabe di für den Strom in die Formel (5.20) für das Achsenfeld ein, so erhält man

$$\mathrm{d}B = \frac{2\pi k_m a^2}{R^3}\, i\, n\, \frac{R^2}{a}\mathrm{d}\theta = 2\pi i k_m n \sin\theta \mathrm{d}\theta\ .$$

Integration über das gesamte Solenoid, das aus der Sicht von P durch die Grenzwinkel θ_l und θ_r (siehe Abb. 5.15b) charakterisiert wird, ergibt das Gesamtfeld

$$B^P = \int_{\theta_r}^{\theta_l} \mathrm{d}B = 2\pi i k_m n(\cos\theta_r - \cos\theta_l)\ .$$

Die Feldrichtung ist durch die Rechte Handregel (der Daumen entspricht der Feldrichtung) bestimmt.

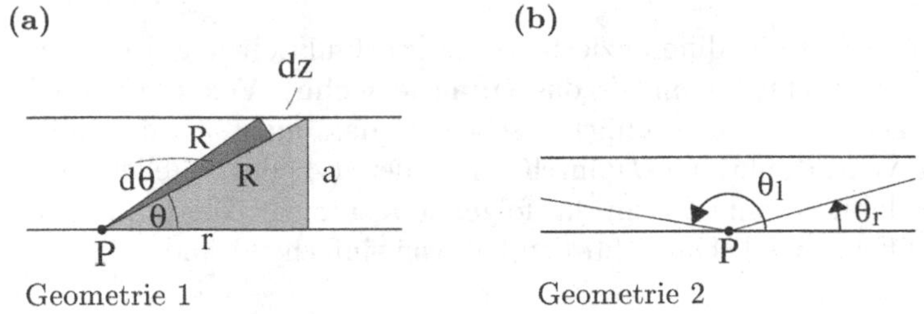

Abb. 5.15. Zur Berechnung des Solenoidfeldes

Zwei Grenzfälle sind

- Ist das Solenoid lang und liegt der Punkt P im Innern, so folgt mit $\theta_r = 0$ und $\theta_l = \pi$ das Ergebnis

$$B^{\text{Mitte}} = 4\pi i k_m n\ . \tag{5.22}$$

- Für einen Punkt am Ende eines langen Solenoids gilt $\theta_r = 0$ und $\theta_l = \pi/2$ und somit

$$B^{\text{Ende}} = 2\pi i k_m n\ .$$

Mit der Annahme, dass das Feld im Innern eines Solenoids homogen genug, ist, findet die Formel (5.22) weite Anwendung. In einer Variante wird die Windungszahl pro Längeneinheit durch Gesamtzahl der Windungen N geteilt durch die Länge der Spule L ausgedrückt.

5.3 Das (magnetische) Vektorpotential

Die Diskussion von elektrischen Feldern, z.B. die Feldberechnung, konnte mit Hilfe einer skalaren Potentialfunktion wesentlich vereinfacht werden. Wegen der Aussage

$$\operatorname{rot} \boldsymbol{B}(\boldsymbol{r}) = \boldsymbol{\nabla} \times \boldsymbol{B}(\boldsymbol{r}) \neq \boldsymbol{0}$$

ist eine solche Darstellung für Magnetfelder nur in speziellen Situationen nützlich. Die Gleichung

$$\operatorname{div} \boldsymbol{B}(\boldsymbol{r}) = \boldsymbol{\nabla} \cdot \boldsymbol{B}(\boldsymbol{r}) = 0$$

erlaubt jedoch die Einführung einer vektoriellen Hilfsgröße

$$\boldsymbol{B}(\boldsymbol{r}) = \operatorname{rot} \boldsymbol{A}(\boldsymbol{r}) = \boldsymbol{\nabla} \times \boldsymbol{A}(\boldsymbol{r}) \,, \tag{5.23}$$

denn die Aussage

$$\operatorname{div} \operatorname{rot} \boldsymbol{A}(\boldsymbol{r}) = \boldsymbol{\nabla} \cdot (\boldsymbol{\nabla} \times \boldsymbol{A}(\boldsymbol{r})) = 0$$

ist für alle zweimal stetig differenzierbaren Vektorfunktionen gültig[3]. Die Hilfsgröße $\boldsymbol{A}(\boldsymbol{r})$ bezeichnet man als das **(magnetische) Vektorpotential**. Es mag zunächst etwas erstaunlich erscheinen, dass man sich der Mühe unterzieht, eine Vektorfunktion ($\boldsymbol{B}$) durch eine andere ($\boldsymbol{A}$) darzustellen. Dass sich diese Mühe lohnen könnte, zeigt das folgende Argument: Die Lösung der Ampèreschen Differentialgleichung für den Fall von einfachen Randbedingungen (5.13)

$$\boldsymbol{B}(\boldsymbol{r}) = k_m \iiint \frac{\boldsymbol{j}(\boldsymbol{r}') \times (\boldsymbol{r} - \boldsymbol{r}')}{|\boldsymbol{r} - \boldsymbol{r}'|^3} \, \mathrm{d}V'$$

kann in der Form (5.12)

$$\boldsymbol{B}(\boldsymbol{r}) = k_m \boldsymbol{\nabla} \times \iiint \frac{\boldsymbol{j}(\boldsymbol{r}')}{|\boldsymbol{r} - \boldsymbol{r}'|} \mathrm{d}V'$$

geschrieben werden. Vergleich mit dem Ansatz für das Vektorpotential

$$\boldsymbol{B}(\boldsymbol{r}) = \boldsymbol{\nabla} \times \boldsymbol{A}(\boldsymbol{r})$$

ergibt

$$\boldsymbol{A}(\boldsymbol{r}) = k_m \iiint \frac{\boldsymbol{j}(\boldsymbol{r}')}{|\boldsymbol{r} - \boldsymbol{r}'|} \mathrm{d}V' \,. \tag{5.24}$$

Für eine Stromverteilung in einem endlichen Bereich um den Koordinatenursprung gilt auch für das Vektorpotential

$$\boldsymbol{A}(\boldsymbol{r}) \xrightarrow{r \to \infty} \boldsymbol{0} \,.$$

Die Berechnung der drei Integrale für $\boldsymbol{A}$ in (5.24) und die anschließende Bildung der Rotation dürfte einfacher sein als die Berechnung der drei Integrale

[3] Zum Beweis dieser Aussage genügt explizites Ausschreiben der linken Seite.

für $\boldsymbol{B}$ in (5.13). In den Formeln für $\boldsymbol{A}$ tritt nur die Abstandsfunktion auf und nicht ein Vektorprodukt mit der Differenz $(\boldsymbol{r} - \boldsymbol{r}')$. Zudem ist es unter Umständen möglich, das Vektorpotential mit anderen Methoden zu gewinnen.

Das Vektorpotential ist nicht eindeutig bestimmt. Die Möglichkeit, dass eine Hilfsgröße nicht eindeutig bestimmt sein muss, tritt schon (in einfacher Form) in der Elektrostatik auf. Eine Funktion $V(\boldsymbol{r})$ und eine Funktion $V'(\boldsymbol{r}) = V(\boldsymbol{r}) + \text{const.}$ ergeben das gleiche elektrische Feld

$$\boldsymbol{E}(\boldsymbol{r}) = -\boldsymbol{\nabla}V(\boldsymbol{r}) = -\boldsymbol{\nabla}V'(\boldsymbol{r}) .$$

Da experimentelle Aussagen alleine durch das Feld bestimmt werden (oder durch Spannungen d.h. Potentialdifferenzen), hat diese Unbestimmtheit keine physikalisch messbaren Konsequenzen.

In der Magnetostatik gilt die folgende Aussage: Sowohl eine Vektorfunktion $\boldsymbol{A}(\boldsymbol{r})$ als auch eine Vektorfunktion $\boldsymbol{A}'(\boldsymbol{r}) = \boldsymbol{A}(\boldsymbol{r}) + \boldsymbol{\nabla}\psi(\boldsymbol{r})$ ergeben das gleiche Magnetfeld, denn es gilt

$$\boldsymbol{B}(\boldsymbol{r}) = \boldsymbol{\nabla} \times \boldsymbol{A}'(\boldsymbol{r}) = \boldsymbol{\nabla} \times \boldsymbol{A}(\boldsymbol{r}) + \boldsymbol{\nabla} \times (\boldsymbol{\nabla}\psi(\boldsymbol{r})) = \boldsymbol{\nabla} \times \boldsymbol{A}(\boldsymbol{r}) ,$$

falls $\psi(\boldsymbol{r})$ eine zweimal stetig differenzierbare Skalarfunktion ist[4]. Man bezeichnet eine Transformation von Hilfsgrößen, die den physikalischen Gehalt einer Theorie nicht verändern, als **Eichtransformation**. So ist

$$V'(\boldsymbol{r}) = V(\boldsymbol{r}) + \text{const.}$$

die Eichtransformation der Elektrostatik und

$$\boldsymbol{A}'(\boldsymbol{r}) = \boldsymbol{A}(\boldsymbol{r}) + \operatorname{grad}\psi(\boldsymbol{r})$$

die Eichtransformation der Magnetostatik[5].

Die Möglichkeit, über die Funktion $\psi(\boldsymbol{r})$ beliebig zu verfügen ohne die 'Physik', d.h. das Magnetfeld, zu beeinflussen, spielt bei der Diskussion der Differentialgleichung für das Vektorpotential eine Rolle. Geht man mit dem Ansatz $\boldsymbol{B} = \boldsymbol{\nabla} \times \boldsymbol{A}$ in die Ampèresche Differentialgleichung (5.11)

$$\boldsymbol{\nabla} \times \boldsymbol{B}(\boldsymbol{r}) = 4\pi k_m \boldsymbol{j}(\boldsymbol{r})$$

ein, so erhält man zunächst

$$\boldsymbol{\nabla} \times (\boldsymbol{\nabla} \times \boldsymbol{A}(\boldsymbol{r})) = 4\pi k_m \boldsymbol{j}(\boldsymbol{r}) .$$

Das doppelte Vektorprodukt mit dem Nablaoperator (bzw. die Operatorkombination rot rot) kann man mit einer weiteren Formel der Vektoranalysis, die jedoch nur für die kartesische Komponentenzerlegungen von $\boldsymbol{A}$ gültig ist (siehe D.tail 5.1a), umschreiben

$$\boldsymbol{\nabla} \times (\boldsymbol{\nabla} \times \boldsymbol{A}(\boldsymbol{r})) = \boldsymbol{\nabla}(\boldsymbol{\nabla} \cdot \boldsymbol{A}(\boldsymbol{r})) - \Delta\boldsymbol{A}(\boldsymbol{r}) ,$$

[4] Für eine derartige Funktion gilt immer $\operatorname{rot}\operatorname{grad}\psi(\boldsymbol{r}) = 0$.

[5] Das Thema Eichtransformationen hat in der modernen Quantenfeldtheorie unter der Bezeichnung Eichfeldtheorien große Bedeutung erlangt.

bzw. in Übersetzung

$$\operatorname{rot}\operatorname{rot}\boldsymbol{A}(\boldsymbol{r}) = \operatorname{grad}(\operatorname{div}\boldsymbol{A}(\boldsymbol{r})) - \operatorname{div}\operatorname{grad}\boldsymbol{A}(\boldsymbol{r}) \,.$$

Die Differentialgleichung wird besonders einfach, wenn man über die Eichfreiheit so verfügt, dass

$$\boldsymbol{\nabla}\cdot\boldsymbol{A}(\boldsymbol{r}) = \operatorname{div}\boldsymbol{A}(\boldsymbol{r}) = 0 \tag{5.25}$$

ist. Die Differentialgleichung für das Vektorpotential lautet dann

$$\Delta\boldsymbol{A}(\boldsymbol{r}) = -4\pi k_m \boldsymbol{j}(\boldsymbol{r}) \,. \tag{5.26}$$

Dies ist offensichtlich ein Vektoranalogon zu der Poisson-/Laplacegleichung. Für deren Anwendung muss noch einmal die Aussage betont werden: Diese Gleichung gilt für und nur für die kartesische Zerlegung

$$\Delta\boldsymbol{A}_{\mathrm{x}}(\boldsymbol{r}) = -4\pi k_m \boldsymbol{j}_{\mathrm{x}}(\boldsymbol{r}) \,, \text{ etc.}$$

Die Frage, die jedoch noch zu beantworten ist, lautet: Kann man die Bedingung $\boldsymbol{\nabla}\cdot\boldsymbol{A}(\boldsymbol{r}) = 0$ immer erfüllen? Die Antwort sieht folgendermaßen aus: Man nimmt an, dass eine Lösung der ursprünglichen Differentialgleichung (mit dem Differentialoperator rot rot) gefunden wurde, für die gilt

$$\boldsymbol{\nabla}\cdot\boldsymbol{A}(\boldsymbol{r}) = f(\boldsymbol{r}) \neq 0 \,.$$

Man kann dann das physikalisch völlig äquivalente Vektorpotential

$$\boldsymbol{A}'(\boldsymbol{r}) = \boldsymbol{A}(\boldsymbol{r}) + \operatorname{grad}\psi(\boldsymbol{r})$$

betrachten, für das nun

$$\boldsymbol{\nabla}\cdot\boldsymbol{A}'(\boldsymbol{r}) = f(\boldsymbol{r}) + \Delta\psi(\boldsymbol{r})$$

ist. Wählt man $\psi(\boldsymbol{r})$ so (und dies ist immer möglich), dass

$$\Delta\psi(\boldsymbol{r}) = -f(\boldsymbol{r}) \,,$$

ψ also eine Lösung einer Poissongleichung ist, so folgt

$$\boldsymbol{\nabla}\cdot\boldsymbol{A}'(\boldsymbol{r}) = 0 \,.$$

Dies bedeutet: Für ein Vektorpotential, das die Bedingung $\boldsymbol{\nabla}\cdot\boldsymbol{A}(\boldsymbol{r}) = 0$ *nicht* erfüllt, kann man immer mittels einer Eichtransformation (die die Physik nicht verändert) zu einem Vektorpotential übergehen, das die Bedingung erfüllt.

Insbesondere kann man explizit zeigen, dass für die Lösung (5.24) der Ampèreschen Differentialgleichung mit einfachen Randbedingungen

$$\boldsymbol{A}(\boldsymbol{r}) = k_m \iiint \frac{\boldsymbol{j}(\boldsymbol{r}')}{|\boldsymbol{r}-\boldsymbol{r}'|}\,\mathrm{d}V'$$

die Bedingung

$$\nabla \cdot \boldsymbol{A}(\boldsymbol{r}) = 0$$

erfüllt ist (siehe D.tail 5.1b).

Zur Nomenklatur ist das Folgende zu bemerken: Die Bedingung (5.25)

$$\operatorname{div} \boldsymbol{A}(\boldsymbol{r}) = \nabla \cdot \boldsymbol{A}(\boldsymbol{r}) = 0$$

bezeichnet man als **Coulombeichung**. Diese Eichung ist die geschickteste Wahl einer Eichung im Fall der Magnetostatik. Wenn man die Grundgleichungen der Elektrodynamik (die Maxwellgleichungen) betrachtet, wird sich eine andere Eichung als zweckmäßig erweisen.

Die angegebene Lösungsformel für das Vektorpotential bei einfachen Randbedingungen kann man ebenfalls in eine Biot-Savart Form bringen, falls genügend dünne, stromführende Leiter im Spiel sind. Für solche Leiter setzt man

$$\boldsymbol{j}(\boldsymbol{r}')\mathrm{d}V' \longrightarrow i\mathbf{d}\boldsymbol{s}'$$

(wie zuvor) und erhält

$$\boldsymbol{A}(\boldsymbol{r}) = i\, k_m \int_{\text{Leiter}} \frac{\mathbf{d}\boldsymbol{s}'}{|\boldsymbol{r} - \boldsymbol{r}'|} \,. \tag{5.27}$$

Als ein Beispiel für die Anwendung dieser Formel kann man das Vektorpotential eines kreisförmigen Ringes (Radius a) mit dem Strom i (Abb. 5.16) in einem beliebigen Raumpunkt berechnen. Man legt den Ring z.B. in die x - y Ebene. Wegen der Zylindersymmetrie bezüglich der z-Achse, genügt es einen Feldpunkt in der x - z Ebene zu betrachten. Die Symmetrie des Problems legt es nahe, Zylinder- oder Kugelkoordinaten zu benutzen. Dies bedeutet jedoch in der gegenwärtigen Situation, dass man die kartesische Komponentenzerlegung von $\boldsymbol{A}$ bzw. $\mathbf{d}\boldsymbol{s}$ in diesen Koordinaten ausschreiben muss. In Kugelkoordinaten gilt für den Feldpunkt $\boldsymbol{r}$, den Aufpunkt $\boldsymbol{r}'$ und ein Ringelement $\mathbf{d}\boldsymbol{s}'$

$$\boldsymbol{r} = (r\sin\theta,\ 0,\ r\cos\theta)$$

$$\boldsymbol{r}' = (a\cos\varphi',\ a\sin\varphi',\ 0)$$

$$\mathbf{d}\boldsymbol{s}' = (-a\sin\varphi'\mathrm{d}\varphi',\ a\cos\varphi'\mathrm{d}\varphi',\ 0)\ .$$

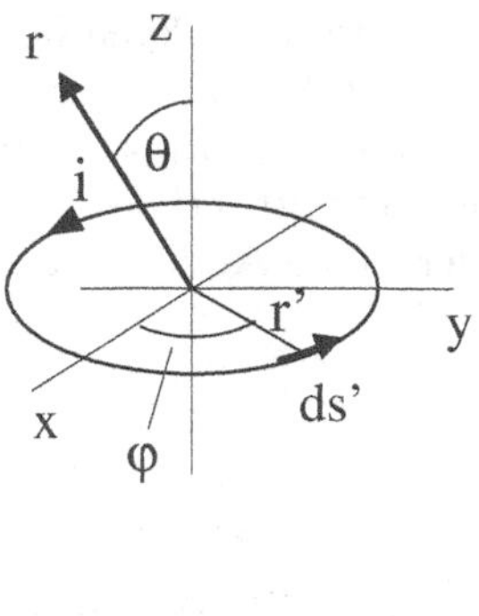

Abb. 5.16. Magnetfeld eines Stromringes: Geometrie

Der Abstand des Feldpunktes von dem Ursprung r und der Azimutalwinkel θ sind durch

$$r = [x^2 + z^2]^{1/2} \quad \text{bzw.} \quad \sin\theta = \frac{x}{r}$$

gegeben. Der Vektor $\boldsymbol{ds}'$ hat die Länge $a\mathrm{d}\varphi'$, er steht senkrecht auf $\boldsymbol{r}'$. Die Abstandsfunktion ist

$$|\boldsymbol{r} - \boldsymbol{r}'| = \left[r^2 + a^2 - 2ra\sin\theta\cos\varphi'\right]^{1/2} .$$

Die drei kartesischen Komponenten des Vektorproduktes sind dann

$$\begin{aligned} A_{\mathrm{x}}(r,\theta) &= -i\, k_m a \int_0^{2\pi} \frac{\sin\varphi' \mathrm{d}\varphi'}{[r^2 + a^2 - 2ra\sin\theta\cos\varphi']^{1/2}} \\ A_{\mathrm{y}}(r,\theta) &= i\, k_m a \int_0^{2\pi} \frac{\cos\varphi' \mathrm{d}\varphi'}{[r^2 + a^2 - 2ra\sin\theta\cos\varphi']^{1/2}} \\ A_{\mathrm{z}}(r,\theta) &= 0 . \end{aligned} \tag{5.28}$$

Für die auftretenden Integrale gilt

$$I = \int_0^{2\pi} f(\varphi')\mathrm{d}\varphi' = \int_0^{2\pi} f(2\pi - \varphi')\mathrm{d}\varphi' .$$

Dies folgt aus der Substitution

$$\varphi' = 2\pi - \alpha \qquad \mathrm{d}\varphi' = -\mathrm{d}\alpha$$

mit

$$I = -\int_{2\pi}^{0} f(2\pi - \alpha)\mathrm{d}\alpha = \int_0^{2\pi} f(2\pi - \alpha)\mathrm{d}\alpha .$$

Da nun $\sin(2\pi - \varphi') = -\sin\varphi'$ und $\cos(2\pi - \varphi') = \cos\varphi'$ ist, findet man

$$A_{\mathrm{x}} = 0 \qquad A_{\mathrm{y}} \neq 0 .$$

Es existiert nur eine Komponente des Vektorpotentials in y-Richtung, die wegen der Symmetrie für eine beliebige Wahl des Feldpunktes einer φ-Komponente entspricht

$$A_{\varphi}(r,\theta) \equiv A_{\mathrm{y}}(r,\theta) .$$

Die weitere Rechnung entspricht der Diskussion des elektrischen Potentials eines homogen geladenen Ringes in Kap. 2.4 , wenn auch der Aufwand erhöht ist. Da bei der expliziten Auswertung des Integrals für das Vektorpotential im Zähler ein zusätzlicher Faktor $\cos\varphi'$ im Integranden auftritt, erhält man nicht nur ein vollständiges elliptisches Integral, sondern eine Kombination von elliptischen Integralen.

Das Ergebnis der Auswertung des Integrals in (5.28) ist (siehe ◉ D.tail 5.2a)

$$A_\varphi(r,\theta) = \frac{4i\,ak_m}{[r^2 + a^2 - 2ra\sin\theta]^{1/2}} \left\{ \left(1 - \frac{2}{\kappa^2}\right) K(\kappa) + \frac{2}{\kappa^2} E(\kappa) \right\},$$

wobei $K(\kappa)$ und $E(\kappa)$ vollständige elliptische Integrale erster und zweiter Art sind (siehe Band 1, Math.Kap. 4.3.4) und der Parameter κ^2 durch

$$\kappa^2 = \frac{-4ar\sin\theta}{(r^2 + a^2 - 2ra\sin\theta)}$$

gegeben ist.

Das entsprechende Magnetfeld für einen Feldpunkt in der x - z Ebene kann in kartesischer Zerlegung oder in einer Zerlegung in sphärischen Koordinaten berechnet werden (zur Erläuterung des Rechengangs siehe ◉ D.tail 5.2b). Die Benutzung von Kugelkoordinaten ist einfacher, da man hier nur die Ableitungen in dem Ausdruck

$$\boldsymbol{B}(r,\theta) = (B_r, B_\theta, B\varphi)$$
$$= \left(\frac{1}{r\sin\theta} \frac{\partial}{\partial\theta} (\sin\theta A_\varphi(r,\theta)), \ -\frac{1}{r} \frac{\partial}{\partial r} (rA_\varphi(r,\theta)), \ 0 \right)$$

mit Hilfe der Kettenregel berechnen muss. Benutzt man kartesische Koordinaten, so muss man zunächst das Vektorpotential, unter Ausnutzung der Zylindersymmetrie, in einem beliebigen Raumpunkt bestimmen. Es ist

$$\boldsymbol{A}(r,\theta,\varphi) = (A_x, A_y, A_z) = (-\sin\varphi A(r,\theta), \ \cos\varphi A(r,\theta), \ 0),$$

wobei jetzt der Abstand durch

$$r = [x^2 + y^2 + z^2]^{1/2}$$

und der Polarwinkel sowie der Azimutalwinkel durch

$$\theta = \arctan\frac{[x^2 + y^2]^{1/2}}{z} \qquad \varphi = \arctan\frac{y}{x}$$

definiert sind. Die magnetische Induktion ist dann durch

$$\boldsymbol{B}(x,y,z) = (B_x, B_y, B_z) = \left(-\frac{\partial A_y}{\partial z}, \ \frac{\partial A_x}{\partial z}, \ \frac{\partial A_y}{\partial x} - \frac{\partial A_x}{\partial y} \right)$$

zu berechnen.

Da die Endformeln für die magnetische Induktion in jedem Fall recht undurchsichtig sind, ist die Betrachtung von Näherungen nützlich (siehe ◉ D.tail 5.2c). Mit den Entwicklungen

$$K(\kappa) = \frac{\pi}{2} \left(1 + \frac{\kappa^2}{4} + \frac{9\kappa^4}{64} + \dots \right)$$

$$E(\kappa) = \frac{\pi}{2} \left(1 - \frac{\kappa^2}{4} - \frac{3\kappa^4}{64} + \dots \right),$$

die für kleine Werte des Parameters κ^2, also

- für Punkte um die Ringachse mit $\sin\theta \ll 1$,
- für Punkte um den Koordinatenursprung, die durch $r \ll a$ charakterisiert sind und
- für Punkte in genügend großer Entfernung von dem Ring mit $r \gg a$

ausreichend sind, gewinnt man in der Ordnung κ^2

$$A(r,\theta) \approx \frac{i\pi a^2 r k_m \sin\theta}{[r^2 + a^2 - 2ar\sin\theta]^{3/2}} \; .$$

Die zugehörigen sphärischen Komponenten der magnetischen Induktion sind

$$B_\theta = -\frac{1}{r}\frac{\partial(rA(r,\theta))}{\partial r} = -i\pi a^2 k_m \sin\theta \frac{(2a^2 - r^2 - ar\sin\theta)}{[r^2 + a^2 - 2ar\sin\theta]^{5/2}}$$

$$B_r = \frac{1}{r\sin\theta}\frac{\partial \sin\theta A(r,\theta)}{\partial\theta} = i\pi a^2 k_m \cos\theta \frac{(2a^2 + 2r^2 - ar\sin\theta)}{[r^2 + a^2 - 2ar\sin\theta]^{5/2}} \; .$$

Diese Funktionen sind singulär für Punkte auf dem Ring ($\theta = \pi/2$ und $r = a$), für die sie jedoch, gemäß der betrachteten Näherung, nicht benutzt werden sollten. Die Variation dieser Felder mit θ, die in Abb. 5.17 gezeigt wird, ist typisch für eine Situation mit $r > a$. Ist $a > r$, so hat B_θ einen ähnlichen Verlauf, jedoch mit negativen Funktionswerten.

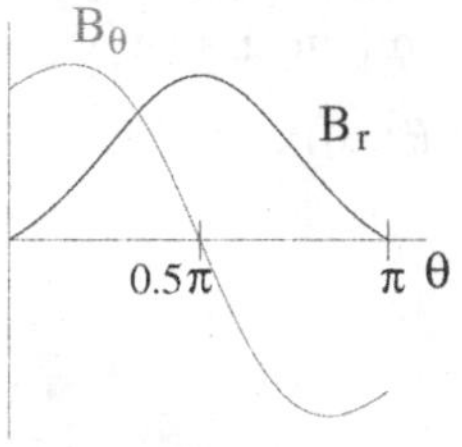

Abb. 5.17. Die Komponenten des Magnetfeldes B_θ und B_r in der Ordnung κ^2 für $r = 8$ und $a = 1$ (mit beliebigen Einheiten für die Entfernungen und die Feldkomponenten) als Funktion von θ

In dem asymptotischen Bereich $r \gg a$ erhält man mit der zusätzlichen Näherung

$$\frac{1}{[r^2 + a^2 - 2ra\sin\theta]^{n/2}} = \frac{1}{r^n} + \ldots$$

für das Vektorpotential

$$A_\varphi(r,\theta) \xrightarrow{r \gg a} ik_m \pi\, a^2 \frac{\sin\theta}{r^2} \; ,$$

bzw. mit der Definition $m = ik_f \pi a^2$ für das magnetische Dipolmoment des Ringes (siehe S. 172)

$$A_\varphi(r,\theta) \xrightarrow{r \gg a} = \frac{mk_m}{k_f}\frac{\sin\theta}{r^2} \; .$$

Die zugehörigen Feldkomponenten fallen mit der Variablen r wie $1/r^3$ ab:

$$B_r(r,\theta) \xrightarrow{r\gg a} \frac{2mk_m}{k_f}\frac{\cos\theta}{r^3} \qquad B_\theta(r,\theta) \xrightarrow{r\gg a} \frac{mk_m}{k_f}\frac{\sin\theta}{r^3} .$$

Für Punkte auf der z-Achse ($\theta = 0$) entspricht dies dem vorherigen Resultat (5.21).

Ein alternativer Zugang zu der Diskussion des Stromringproblems über die Multipolentwicklung der Abstandsfunktion (für eine eingehendere Diskussion siehe D.tail 5.2d) liefert die Entwicklungen

$$B_\theta = -\frac{1}{r}\frac{\partial(rA(r,\theta))}{\partial r} = i\pi\, a^2 k_m \sum_{n=0}^{\infty}(-1)^n \frac{(2n-1)!!}{2^n(n+1)!}$$

$$\times \left\{ \begin{matrix} (2n+2)\left(\dfrac{r^{2n}}{a^{2n+3}}\right) \\ \\ -(2n+1)\left(\dfrac{a^{2n}}{r^{2n+3}}\right) \end{matrix} \right\} P^1_{2n+1}(\cos\theta) \left\{ \begin{matrix} r<a \\ \\ r>a \end{matrix} \right.$$

und

$$\begin{aligned} B_r &= \frac{1}{r\sin\theta}\frac{\partial \sin\theta A(r,\theta)}{\partial\theta} \\ &= 2i\pi k_m \left(\frac{a}{r}\right)\sum_{n=0}^{\infty}(-1)^n\frac{(2n+1)!!}{2^n n!}\left(\frac{r_<^{2n+1}}{r_>^{2n+2}}\right) P_{2n+1}(\cos\theta) , \end{aligned}$$

die für alle Werte von $r \neq a$ anwendbar sind (es bleibt die Frage nach langsamer oder schneller Konvergenz der Reihenentwicklungen).

Aus den Ergebnissen kann man die folgenden qualitativen Aussagen gewinnen: Das Vektorpotential $\boldsymbol{A}$ ist immer tangential an Kreise um die z-Achse und hat für alle Tangentialpunkte eines Kreises den gleichen Betrag. Dieser variiert mit dem Abstand vom Koordinatenursprung und dem Öffnungswinkel des Kegels (Abb. 5.18a). Das entsprechende Feldlinienbild des Magnetfeldes $\boldsymbol{B}$ in der x-z Ebene sieht folgendermaßen aus: Die Feldlinien sind geschlossene Kurven um die Durchstoßpunkte des Ringes. Sie sind fast kreisförmig in der Nähe des Leiters und passen sich allmählich an die z-Achse (ebenfalls eine Feldlinie) an (Abb. 5.18b). Die Feldrichtung entspricht

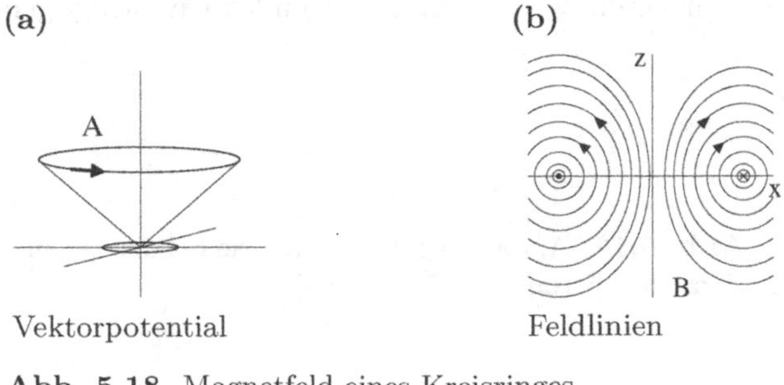

Abb. 5.18. Magnetfeld eines Kreisringes

der Rechten Handregel. Den Gesamteindruck gewinnt man durch Drehung des Bildes in Abb. 5.18b um die z-Achse.

Dieses Beispiel (mit relativ einfacher Geometrie) demonstriert ohne Zweifel, dass die Berechnung von Magnetfeldern eine aufwendige Angelegenheit sein kann. Es sollen deswegen auch keine weiteren speziellen Beispiele vorgestellt, sondern nur noch einige allgemeine Aussagen aus den bereitgestellten Formeln herausgearbeitet werden.

Für eine beliebig geformte, geschlossene, dünne Stromschleife (Abb. 5.19) soll die Aufgabe betrachtet werden: Berechne das Vektorpotential (und letztlich das $\boldsymbol{B}$-Feld) für Punkte in genügend großer Entfernung von der Schleife. Zur Beantwortung dieser Frage wird man die Abstandsfunktion in der Formel

$$\boldsymbol{A}(\boldsymbol{r}) = i\, k_m \oint \frac{\mathbf{d}\boldsymbol{r}'}{|\boldsymbol{r} - \boldsymbol{r}'|}$$

in geeigneter Weise entwickeln. Anstelle der Multipolentwicklung (die möglich ist) kann man auch eine geometrische Variante benutzten

$$|\boldsymbol{r} - \boldsymbol{r}'|^{-1} = \left[r^2 + r'^2 - 2\boldsymbol{r}\cdot\boldsymbol{r}'\right]^{-1/2} .$$

Im Fall $r > r'$ gilt näherungsweise

$$|\boldsymbol{r} - \boldsymbol{r}'|^{-1} \approx \frac{1}{r}\left[1 - 2\frac{(\boldsymbol{r}\cdot\boldsymbol{r}')}{r^2}\right]^{-1/2} .$$

Entwickelt man jetzt mit Hilfe der binomischen Formel, so folgt

$$\approx \frac{1}{r} + \frac{(\boldsymbol{r}\cdot\boldsymbol{r}')}{r^3} + \ldots .$$

Für das Vektorpotential selbst erhält man somit bis zu dieser Ordnung

$$\boldsymbol{A}(\boldsymbol{r}) = \frac{i\, k_m}{r}\oint \mathbf{d}\boldsymbol{r}' + \frac{i\, k_m}{r^3}\oint (\boldsymbol{r}\cdot\boldsymbol{r}')\,\mathbf{d}\boldsymbol{r}' + \ldots .$$

Der erste Term verschwindet, da eine Summe von infinitesimalen Vektoren, die eine geschlossene Kurve bilden, vorliegt. Dies drückt noch einmal den Sachverhalt aus, dass keine magnetischen Ladungen (Monopole) existieren. Der zweite Term entspricht dem Dipolbeitrag. Dessen Struktur lässt sich noch etwas deutlicher herausarbeiten, wenn man die folgenden Umformungen vornimmt.

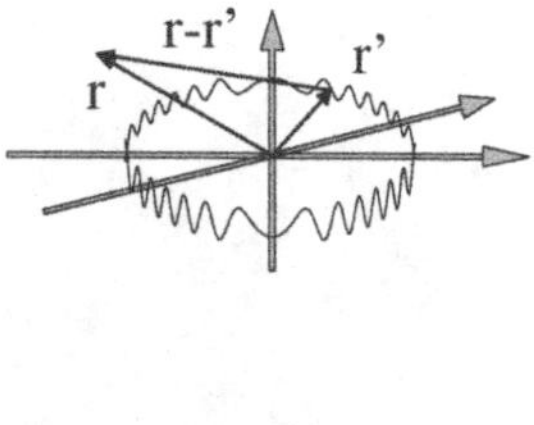

Abb. 5.19. Andeutung der Geometrie bei der Diskussion einer Stromschleife

Man benutzt eine Standardformel für ein zweifaches Vektorprodukt (siehe Band 1, Math.Kap. 3.1.2)

$$(\boldsymbol{r}' \times \mathbf{d}\boldsymbol{r}') \times \boldsymbol{r} = (\boldsymbol{r} \cdot \boldsymbol{r}')\, \mathbf{d}\boldsymbol{r}' - (\boldsymbol{r} \cdot \mathbf{d}\boldsymbol{r}')\, \boldsymbol{r}' \; . \tag{5.29}$$

Der durch die Entwicklung gewonnene Ausdruck entspricht dem ersten Term der rechten Seite dieser Gleichung. Der Term auf der linken Seite ermöglicht eine deutliche Trennung von Integrationsvariablen und Feldpunkten. Es ist noch notwendig, den zweiten Term der rechten Seite in eine geeignete Form zu bringen. Um dies zu erreichen, betrachtet man das folgende totale Differential

$$\mathrm{d}' \left[(\boldsymbol{r} \cdot \boldsymbol{r}')\, \boldsymbol{r}'\right] = (\boldsymbol{r} \cdot \boldsymbol{r}')\, \mathbf{d}\boldsymbol{r}' + (\boldsymbol{r} \cdot \mathbf{d}\boldsymbol{r}')\, \boldsymbol{r}' \; . \tag{5.30}$$

Addition der beiden Aussagen (5.29) und (5.30) ergibt

$$(\boldsymbol{r} \cdot \mathbf{d}\boldsymbol{r}')\, \boldsymbol{r}' = \frac{1}{2} \left\{ (\boldsymbol{r}' \times \mathbf{d}\boldsymbol{r}') \times \boldsymbol{r} + \mathrm{d}' \left[(\boldsymbol{r} \cdot \boldsymbol{r}')\, \boldsymbol{r}'\right] \right\} \; .$$

Bei der vektoriellen Kurvenintegration über eine geschlossene Kurve ist

$$\oint \mathrm{d}' \left[(\boldsymbol{r} \cdot \boldsymbol{r}')\, \boldsymbol{r}'\right] = \Big[(\boldsymbol{r} \cdot \boldsymbol{r}')\, \boldsymbol{r}' \Big]_A^{E=A} = \mathbf{0} \; .$$

Somit erhält man für das Vektorpotential im Fall $r > r'$ in niedrigster, nichtverschwindender Ordnung

$$\boldsymbol{A}(\boldsymbol{r}) = \left[\frac{i\, k_m}{2} \oint (\boldsymbol{r}' \times \mathbf{d}\boldsymbol{r}') \right] \times \frac{\boldsymbol{r}}{r^3} + \ldots \qquad . \tag{5.31}$$

Der führende Term des Vektorpotentials hat Dipolcharakter $(1/r^2)$. Die Punkte deuten die höheren Multipolbeiträge (magnetischer Quadrupol, Oktupol etc.) an, die auftreten, wenn man Terme in $(r'/r)^2$ und höhere Potenzen nicht vernachlässigt. Zur weiteren Diskussion definiert man das **magnetische Dipolmoment** der dünnen Stromschleife als (vergleiche S. 172)

$$\boldsymbol{m} = \frac{i k_f}{2} \oint (\boldsymbol{r}' \times \mathbf{d}\boldsymbol{r}') \; . \tag{5.32}$$

Das Vektorpotential lautet dann

$$\boldsymbol{A}(\boldsymbol{r}) = \frac{k_m}{k_f} \frac{(\boldsymbol{m} \times \boldsymbol{r})}{r^3} + \ldots \; . \tag{5.33}$$

Jede geschlossene Stromschleife sieht aus genügend großer Entfernung wie ein magnetischer Dipol aus. Für das entsprechende $\boldsymbol{B}$-Feld erhält man wegen (5.23) durch Bildung der Rotation des Vektorpotentials

$$\boldsymbol{B}(\boldsymbol{r}) = \frac{k_m}{k_f} \left(\frac{3(\boldsymbol{m} \cdot \boldsymbol{r})\boldsymbol{r}}{r^5} - \frac{\boldsymbol{m}}{r^3} + \ldots \right) \; . \tag{5.34}$$

Für eine ebene, sonst aber beliebige Stromschleife (Abb. 5.20) gilt

$$\mathbf{d}\boldsymbol{F}' = \frac{1}{2} (\boldsymbol{r}' \times \mathbf{d}\boldsymbol{r}') \; .$$

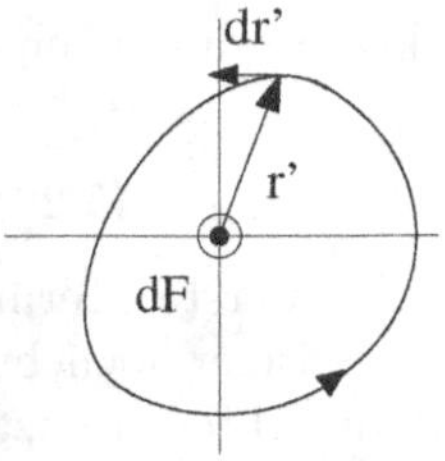

Abb. 5.20. Magnetisches Moment: ebene Stromschleife

Der Integrand in der Definition des magnetischen Momentes ist das von $\boldsymbol{r}'$ überstrichene Flächenelement. Für die ebene Stromschleife ist somit

$$\frac{1}{2}\oint (\boldsymbol{r}' \times \mathbf{d}\boldsymbol{r}') = \boldsymbol{F} \, .$$

Das Kurvenintegral stellte die orientierte Fläche der Schleife dar. Ist die Fläche, die von dem Vektor $\boldsymbol{r}'$ abgefahren wird, nicht eben, so ergibt das Kurvenintegral eine effektive Fläche der Stromschleife[6] (die Projektion auf eine mittlere Ebene). Das magnetische Moment ist somit

$$\boldsymbol{m} = i\, k_f \boldsymbol{F} \, ,$$

wobei $\boldsymbol{F}$ entweder die wahre oder die effektive Fläche der Stromschleife ist. Die Orientierung von $\boldsymbol{m}$ ergibt sich für eine ebene Schleife direkt aus der Stromrichtung (Abb. 5.21a, b). Stromrichtung und Flächenorientierung sind durch die Rechte Handregel verknüpft.

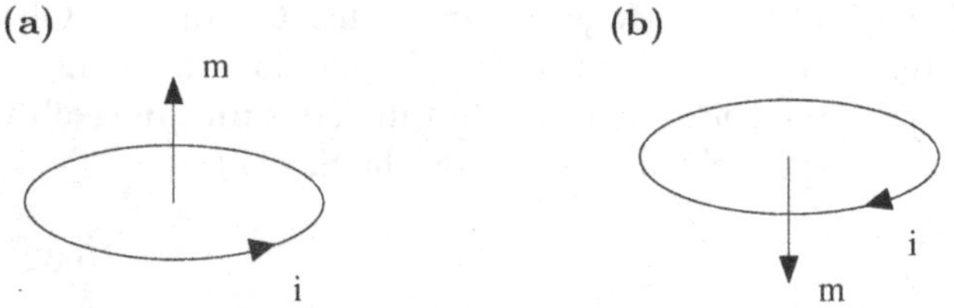

Abb. 5.21. Magnetisches Moment: Orientierung

Die Definition des magnetischen Momentes in (5.32) kann verallgemeinert werden, wenn die Biot-Savart Form, die bisher benutzt wurde, mit

$$i\, \mathbf{d}\boldsymbol{s}' \Longrightarrow \iint \boldsymbol{j}(\boldsymbol{r}')\mathrm{d}V'$$

rückgängig gemacht wird. Das magnetische Moment einer beliebigen Stromverteilung ist dann

$$\boldsymbol{m} = \frac{k_f}{2} \iiint (\boldsymbol{r}' \times \boldsymbol{j}(\boldsymbol{r}'))\, \mathrm{d}V' \, . \tag{5.35}$$

[6] Details zu diesen Kurvenintegralen findet man in Band 1, Math.Kap. 5.3.1.

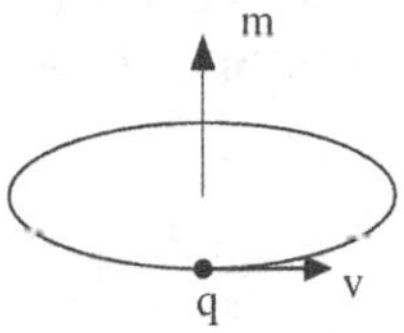

Abb. 5.22. Magnetisches Moment einer rotierenden Ladung

Ein einfaches aber wichtiges Beispiel ist das magnetische Moment einer Punktladung q, die auf einer beliebigen geschlossenen Bahn um den Koordinatenursprung läuft (Abb. 5.22). Die Stromdichte ist in diesem Fall (siehe D.tail 5.3)

$$\boldsymbol{j}(\boldsymbol{r}') = q\,\boldsymbol{v}(t)\delta(\boldsymbol{r}' - \boldsymbol{R}(t)) .$$

Die Vektoren $\boldsymbol{v}(t)$ und $\boldsymbol{R}(t)$ beschreiben Geschwindigkeit und Position der Punktladung. Das magnetische Moment der rotierenden Punktladung ist

$$\boldsymbol{m} = \frac{q\,k_f}{2}\,(\boldsymbol{R}(t) \times \boldsymbol{v}(t)) .$$

Das Vektorprodukt in diesem Ausdruck ist bis auf einen Faktor der Drehimpuls der Punktladung. Hat die Punktladung die Masse M, so folgt

$$\boldsymbol{m} = \frac{q\,k_f}{2M}\,\boldsymbol{l}(t) . \qquad (5.36)$$

Ist der Drehimpuls eine Konstante der Bewegung, so ist das Dipolmoment ein konstanter Vektor im Raum

$$\dot{\boldsymbol{l}} = 0 \Longrightarrow \boldsymbol{m} = \boldsymbol{const.}$$

Nur in diesem Fall kann man der rotierenden Ladung ein stationäres magnetisches Moment und ein stationäres Vektorpotential zuordnen. Ansonsten muss man zur Diskussion der Situation die Elektrodynamik bemühen.

Der angedeutete Zusammenhang zwischen Drehimpuls und magnetischem Moment ist auch im Bereich der Quantensysteme gültig. Dies ist nicht notwendigerweise zu erwarten. Doch hat diese glückliche Korrespondenz zwischen der klassischen Physik und der Quantenmechanik viel dazu beigetragen, den Weg zum Verständnis der Quantenmechanik zu ebnen. So 'zirkulieren' im Atom die Elektronen (im statistischen Mittel) um den Kern. Aufgrund dieser Bahnbewegung erzeugt jedes Elektron, charakterisiert durch das Ladungs- zu Masseverhältnis e_0/m_e, ein magnetisches Moment

$$\boldsymbol{m}_i = -\frac{e_0\,k_f}{2m_e}\boldsymbol{l}_i(t) .$$

Das gesamte magnetische Moment des Atoms gewinnt man durch Addition der magnetischen Momente aller Elektronen

$$\boldsymbol{m}_{\text{Atom}} = \sum_{i=1}^{Z} \boldsymbol{m}_i .$$

Der Zusammenhang gilt auch, cum grano salis, auf einer anderen Ebene. Viele Elementarteilchen besitzen einen inneren Drehimpuls, den Spin s. Der übliche Wert für Fermionen ist[7]

$$s = \frac{\hbar}{2} .$$

Das entsprechende magnetische Moment wird in der Form

$$m = \mu_{\rm ref}\frac{g}{2} = \left\{\frac{e_0\hbar}{2M\,c}\right\}\frac{g}{2}$$

angegeben. Dabei ist e_0 die Elementarladung, M die Masse des Elementarteilchens. Die Größe g wird der gyromagnetische Faktor genannt. Mit der Elektronenmasse erhält man für die Referenzgröße das Bohrsche Magneton

$$\begin{aligned}\mu_B = e_0\hbar/(2m_e c) &= 9.274096... \cdot 10^{-24}\,\frac{\text{Joule}}{\text{Tesla}}\\ &= 9.274096... \cdot 10^{-21}\,\frac{\text{erg}}{\text{Gauß}}\,,\end{aligned}$$

mit der Masse des Protons das Kernmagneton

$$\begin{aligned}\mu_N = e_0\hbar/(2M_{\rm p}c) &= 5.050951... \cdot 10^{-27}\,\frac{\text{Joule}}{\text{Tesla}}\\ &= 5.050951... \cdot 10^{-24}\,\frac{\text{erg}}{\text{Gauß}}\,.\end{aligned}$$

Experimentell findet man

$$\begin{aligned}g_e &= \frac{2m_e}{\mu_B} = 2.0023... &&\text{für Elektronen}\\ g_p &= \frac{2m_{\rm p}}{\mu_N} = 5.5856... &&\text{für Protonen.}\end{aligned}$$

Auf der Basis der Vorstellung, dass ein Elementarteilchen eine starre, rotierende Ladungsverteilung in Kugelform darstellt, erwartet man $g = 1$ (siehe D.tail 5.4). Der g-Wert ergibt demnach einen gewissen Hinweis, auf die 'innere' Struktur der jeweiligen Elementarteilchen. So deutet z.B. das magnetische Moment des Neutrons

$$m_{\rm n} = \left\{\frac{e_0\hbar}{2M_{\rm p}c}\right\}\frac{g_{\rm n}}{2} \qquad \text{mit} \quad g_{\rm n} = -3.8263\ (!)$$

an, dass in diesem Teilchen eine Verteilung von Ladungen vorliegen muss, obschon es (von außen gesehen) neutral ist. Diese Andeutungen zu dem Spin von Elementarteilchen sollen hier jedoch nicht vertieft werden.

Das nächste Thema der klassischen Magnetostatik betrifft die Frage, inwieweit die Diskussion von Magnetfeldern bei Anwesenheit von Materie zu modifizieren ist.

[7] Die Größe $\hbar = h/(2\pi)$ ist mit der Planckschen Konstante $h = 6.63 \cdot 10^{-27}$ erg s verknüpft, siehe Band 3.

5.4 Materie im Magnetfeld

Analog zu dem Fall der Elektrostatik erfordert die Anwesenheit von Materie in einem Magnetfeld eine mikroskopische Behandlung der Respons des Materials. Die Situation ist jedoch wesentlich komplizierter als im Fall von Dielektrika in elektrischen Feldern. Aus diesem Grund wird hier nur eine pauschale Modellvorstellung anhand einfacher 'Experimente' entwickelt. Diese Modellvorstellung kann als Hintergrund für die formale Fassung der *makroskopischen* Magnetostatik durch drei Magnetfelder dienen.

5.4.1 Pauschale Magnetisierungsmodelle

Zur Einführung dient auch hier ein einfaches Experiment. Ein (relativ) homogenes Magnetfeld wird im Innern einer genügend langen, stromdurchflossenen Spule erzeugt. Man kann dieses Solenoidfeld berechnen, indem man die Felder von N Ringstömen überlagert (vergleiche (5.22) in Kap. 5.2.3) .

In eine solche Spule bringt man nun ein Material und vergleicht den magnetischen Fluss über die Spulenfläche

$$\Phi = \oiint \boldsymbol{B} \cdot \mathbf{d}\boldsymbol{f}$$

für die Fälle

- Strom i , Feld im Vakuum: $\boldsymbol{B}_0$
- Strom i , Feld mit Materie: $\boldsymbol{B}_{\text{mit}}$.

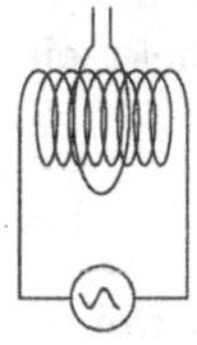

Abb. 5.23. Zum Versuch: Materie im Magnetfeld

Man würde bei einem derartigen Versuch feststellen

$$\oiint \boldsymbol{B}_{\text{mit}} \cdot \mathbf{d}\boldsymbol{f} \neq \oiint \boldsymbol{B}_0 \cdot \mathbf{d}\boldsymbol{f} \,.$$

Zur Messung des Flusses muss man in einem derartigen Experiment einen Wechselstrom durch die Spule schicken und die induzierte Spannung in einer zweiten Spule, die die erste umfasst, bestimmen[8] (Abb. 5.23). Da sich bei diesem Experiment die Geometrie nicht verändert hat, kann man folgern: Es ist das $\boldsymbol{B}$-Feld, das in den beiden Fälle verschieden ist. Dieser Sachverhalt kann provisorisch in der Form

[8] Dieser Punkt wird in Kap. 6.1 unter dem Thema 'Induktion' näher erläutert.

$$\boldsymbol{B}_{\text{mit}} = \mu \boldsymbol{B}_0$$

zum Ausdruck gebracht werden. Die dimensionslose Größe μ nennt man die **magnetische Permeabilität**. Je nach dem Zahlenwert von μ unterscheidet man drei Gruppen von Materialien.

- Ist $\mu < 1$, so hat man **diamagnetische** Stoffe. Das Magnetfeld wird durch das Einbringen von diamagnetischen Materialien geschwächt. Dieser Effekt tritt z.B. bei Bi, Au und H_2O auf. Er ist jedoch klein. Ein typischer Wert ist
$$\mu_{\text{Bi}} = 1 - 2 \cdot 10^{-5} .$$
Die Abweichung von der Zahl 1 ist negativ und klein.
- **Paramagnetische** Stoffe wie Al, W, Ti sind durch $\mu > 1$ charakterisiert. Der Effekt ist ebenfalls klein. Die Größenordnung wird durch
$$\mu_{\text{Ti}} = 1 + 7 \cdot 10^{-5}$$
angedeutet. Hier ist die Abweichung jedoch positiv.
- **Ferromagnetische** Stoffe (z.B. die Metalle Fe, Co, Ni, die seltenen Erden Gd, Dy, sowie Legierungen dieser Materialien) haben $\mu \gg 1$. In diesem Fall sind die Details jedoch recht kompliziert. Als Beispiel kann man eine Spulenfüllung aus einer Eisenlegierungen betrachten, die nie einem Magnetfeld ausgesetzt wurde, und die Größe $\mu = \boldsymbol{B}_{\text{mit}}/\boldsymbol{B}_0$ als Funktion des Spulenstroms i bestimmen. Da der Strom i und das Feld $\boldsymbol{B}_0$ zueinander proportional sind, kann man anstelle der Stromskala auch eine Skala für das $\boldsymbol{B}_0$-Feld benutzen. Die so gemessene Kurve, die Neukurve, zeigt ungefähr den folgenden Verlauf: Eine gewaltige Verstärkung des Feldes bis zu einem Wert $\mu_{\text{max}} \approx 5500$ für diese Legierung. Die Verstärkung nimmt jedoch wieder ab und bei großen Strömen tritt ein Sättigungseffekt ein $\mu_{\text{sätt.}} \approx 1000$ (Abb. 5.24). Es ist offensichtlich, dass die Relation
$$\boldsymbol{B}_{\text{mit}} = \mu \boldsymbol{B}_0$$
diese Situation nicht wiedergibt. Im Allgemeinen muss man einen weitergehenden Ansatz, wie z.B.

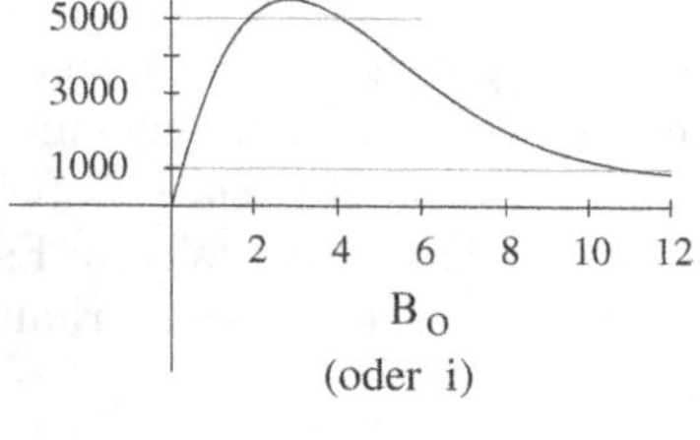

Abb. 5.24. Schematische Darstellung einer Neukurve $\mu = \mu(B_0)$ für eine Eisenlegierung

$$\boldsymbol{B}_{\text{mit}} = \boldsymbol{\mu}(\boldsymbol{B}_0)\,\boldsymbol{B}_0$$

benutzen, um die Neukurve zu beschreiben. Für dia- und paramagnetische Stoffe gilt

$$i \longrightarrow 0 \qquad \boldsymbol{B}_{\text{mit}} \longrightarrow \mathbf{0}\,.$$

Schaltet man den Spulenstrom ab, so verschwindet das $\boldsymbol{B}$-Feld (mit und ohne Füllung). Im Fall von ferromagnetischen Stoffen findet man jedoch

$$i \longrightarrow 0 \qquad \boldsymbol{B}_{\text{mit}} \not\longrightarrow \mathbf{0}\,.$$

Es bleibt ein permanentes Magnetfeld.

Zum wirklichen Verständnis der magnetischen Eigenschaften der Materie ist eine Auseinandersetzung mit der Festkörperphysik (sprich angewandte Quantenmechanik) notwendig. Aus diesem Grund wird hier nur eine naive Modellvorstellung entwickelt, die auf die Unterschiede zwischen Dia-, Para- und Ferromagnetismus nicht näher eingeht. Anhand dieser Vorstellung kann man (in gewisser Analogie zur Elektrostatik) eine makroskopische Beschreibung der Situation 'Materie im Magnetfeld' durch drei Magnetfelder entwickeln.

Die naive Vorstellung zu den magnetischen Eigenschaften der Materie sieht folgendermaßen aus. Jedes Atom in einem Material kann durch ein magnetisches Dipolmoment charakterisiert werden. Das Dipolmoment wird durch die 'zirkulierenden' Elektronen und deren Spineigenschaften erzeugt (Abb. 5.25a). Es gibt natürlich auch Effekte höherer Multipolarität, doch ist aus makroskopischer Sicht die Betrachtung der Dipolanteile ausreichend.

Im Normalfall sind die atomaren/molekularen Dipole bezüglich ihrer Orientierung statistisch verteilt (Abb. 5.25b). Das gesamte magnetische Dipolmoment (die Vektorsumme aller atomaren/molekularen Dipolmomente) eines Materialblocks verschwindet. Bringt man das Material in ein äußeres Magnetfeld, so findet eine Ausrichtung der atomaren Dipole statt. Die ausgerichteten Dipole erzeugen ein Zusatzfeld, so dass

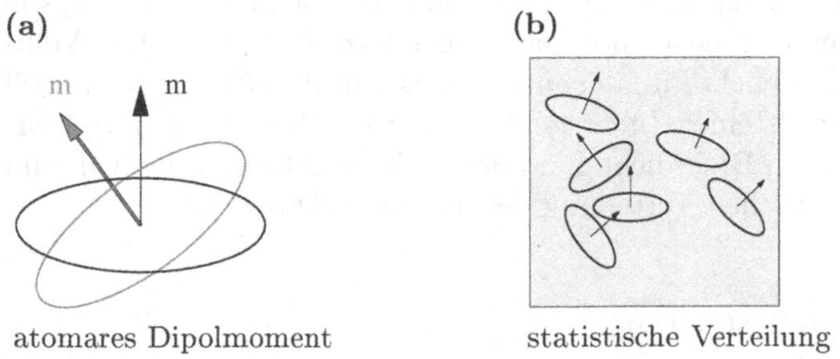

Abb. 5.25. Modell der magnetischen Eigenschaften

$$\boldsymbol{B}_{\text{mit}} = \boldsymbol{B}_0 + \boldsymbol{B}_{\text{Dipol}}$$

ist. Die Unterschiede in dem Verhalten der verschiedenen Materialien beruhen, grob gesagt, auf den folgenden Effekten:

Diamagnetismus : Die magnetischen Dipole werden beim Einschalten des äußeren Feldes induziert. Sie zeigen deswegen in Gegenrichtung.

Paramagnetismus : Individuelle Ausrichtung der existierenden Dipole.

Ferromagnetismus : Kollektive Ausrichtung von Gruppen von gekoppelten Dipolen.

Im Rahmen der groben Modellvorstellung betrachtet man zunächst das Vektorpotential, das von den atomaren Dipolen in dem Material erzeugt wird (vergleiche (5.33))

$$\boldsymbol{A}_{\text{Dipol}}(\boldsymbol{r}) = \frac{k_m}{k_f} \sum_{i=1}^{10^{23}} \frac{\boldsymbol{m}_i(\boldsymbol{r}_i) \times (\boldsymbol{r} - \boldsymbol{r}_i)}{|\boldsymbol{r} - \boldsymbol{r}_i|^3} \, .$$

Jeder Dipol bringt den Standardbeitrag (bezogen auf ein Koordinatensystem, das nicht auf die Position des Dipols zentriert ist) in die Summe ein. Die Linearität der Feldgleichungen garantiert die Gültigkeit des Superpositionsprinzips. Der Ansatz ist in dieser Form jedoch nicht brauchbar. Die Verteilung der Dipole (Orientierung und Position) ist nicht bekannt. Außerdem würde man bei der Summation außer Atem geraten, da ca 10^{23} Atome pro mol Material vorhanden sind. Um diesen Ansatz in eine makroskopische Form umzusetzen, betrachtet man ein Volumenelement $\mathrm{d}V$ in dem Material, addiert alle atomaren Dipole in $\mathrm{d}V$ und definiert

$$\boldsymbol{M}(\boldsymbol{r}) = \frac{1}{\mathrm{d}V} \sum_{i \in \mathrm{d}V} \boldsymbol{m}_i(\boldsymbol{r}) \, .$$

Der Vektor $\boldsymbol{M}$ ist eine magnetische 'Dipoldichte'. Die offizielle Bezeichnung ist **Magnetisierung**. Die so definierte Magnetisierung kann mit der Position der Volumenelemente variieren. Zu der Definition der Magnetisierung ist, wie bei der Definition der Ladungsdichte, das Folgende zu bemerken: Das Volumenelement soll im Endeffekt infinitesimal sein. Damit die Definition sinnvoll ist, muss man $\boldsymbol{M}(\boldsymbol{r})$ als einen (über genügend große Bereiche gemittelten) Mittelwert der atomaren Dipoldichten an der Stelle $\boldsymbol{r}$ auffassen. Im Vakuum und im Fall der statistischen Verteilung der atomaren Dipole ist

$$\boldsymbol{M}(\boldsymbol{r}) = \boldsymbol{0} \, ,$$

in dem magnetisierten Zustand ist

$$\boldsymbol{M}(\boldsymbol{r}) \neq \boldsymbol{0} \, .$$

Für den Übergang von dem mikroskopischen zu einem makroskopischen Ansatz benutzt man dann

$$\boldsymbol{m}_i \longrightarrow \boldsymbol{M}\,\mathrm{d}V \qquad \text{sowie} \qquad \sum_i \longrightarrow \iiint$$

und erhält

$$\boldsymbol{A}_{\text{Dipol}}(\boldsymbol{r}) \longrightarrow \boldsymbol{A}_{\text{M}}(\boldsymbol{r}) = \frac{k_m}{k_f}\iiint_{\text{V}} \frac{\boldsymbol{M}(\boldsymbol{r}') \times (\boldsymbol{r} - \boldsymbol{r}')}{|\boldsymbol{r} - \boldsymbol{r}'|^3}\mathrm{d}V'$$

$$= \frac{k_m}{k_f}\iiint_{\text{Raum}} \frac{\boldsymbol{M}(\boldsymbol{r}') \times (\boldsymbol{r} - \boldsymbol{r}')}{|\boldsymbol{r} - \boldsymbol{r}'|^3}\mathrm{d}V' .$$

Integriert wird über alle Materialpunkte $\boldsymbol{r}'$. Da jedoch außerhalb des Materialblocks $\boldsymbol{M} = \boldsymbol{0}$ vorausgesetzt wird, kann man auch über den gesamten Raum integrieren. Zur weiteren Verwertung wird dieser Ausdruck noch umgeformt, indem man die Standardformel

$$\boldsymbol{\nabla}'\left(\frac{1}{|\boldsymbol{r} - \boldsymbol{r}'|}\right) = \frac{(\boldsymbol{r} - \boldsymbol{r}')}{|\boldsymbol{r} - \boldsymbol{r}'|^3}$$

und die Aussage

$$\boldsymbol{\nabla}' \times (\varphi(\boldsymbol{r}')\boldsymbol{M}(\boldsymbol{r}')) = \varphi(\boldsymbol{r}')(\boldsymbol{\nabla}' \times \boldsymbol{M}(\boldsymbol{r}')) + (\boldsymbol{\nabla}'\varphi(\boldsymbol{r}')) \times \boldsymbol{M}(\boldsymbol{r}')$$

benutzt. Das Ergebnis ist

$$\boldsymbol{A}_{\text{M}}(\boldsymbol{r}) = \frac{k_m}{k_f}\iiint \frac{(\boldsymbol{\nabla}' \times \boldsymbol{M}(\boldsymbol{r}'))}{|\boldsymbol{r} - \boldsymbol{r}'|}\,\mathrm{d}V'$$

$$-\frac{k_m}{k_f}\iiint \boldsymbol{\nabla}' \times \left(\frac{\boldsymbol{M}(\boldsymbol{r}')}{|\boldsymbol{r} - \boldsymbol{r}'|}\right)\mathrm{d}V' . \qquad (5.37)$$

Das zweite Integral kann man mit einer Variante des Integralsatzes von Stokes

$$\iiint_{\text{V}} \boldsymbol{\nabla} \times \boldsymbol{F}(\boldsymbol{r})\,\mathrm{d}V = \iint_{\text{O(V)}} \mathbf{d}\boldsymbol{f} \times \boldsymbol{F}(\boldsymbol{r})$$

weiter bearbeitet werden. Die Gleichung folgt aus der Definition des Vektors rot $\boldsymbol{F}$, die bei dessen Einführung (Band 1, Math.Kap. 5.2.1) benutzt wurde

$$\boldsymbol{\nabla} \times \boldsymbol{F}(\boldsymbol{r})\,\mathrm{d}V = \sum_i \mathbf{d}\boldsymbol{f}_i \times \boldsymbol{F}(\boldsymbol{r}) .$$

Für den zweiten Term in dem Ausdruck (5.37) gilt also

$$T_2(\boldsymbol{r}) = \frac{k_m}{k_f}\iint_{\infty\,\text{Kugel}} \frac{\mathbf{d}\boldsymbol{f}' \times \boldsymbol{M}(\boldsymbol{r}')}{|\boldsymbol{r} - \boldsymbol{r}'|} \longrightarrow 0 ,$$

falls das Materialstück eine endliche Ausdehnung hat. Das Endresultat lautet somit

$$\boldsymbol{A}_{\text{M}}(\boldsymbol{r}) = \frac{k_m}{k_f}\iiint \frac{(\boldsymbol{\nabla}' \times \boldsymbol{M}(\boldsymbol{r}'))}{|\boldsymbol{r} - \boldsymbol{r}'|}\,\mathrm{d}V' . \qquad (5.38)$$

Hat man (z.B. mit Hilfe von quantenstatistischen Modellen) die Magnetisierung eines Materials gewonnen, so kann man mittels dieser Gleichung ihre makroskopische Auswirkung berechnen. Oft behilft man sich jedoch mit einfachen Modellvorstellungen für $\boldsymbol{M}$.

Vergleicht man den Ausdruck für $\boldsymbol{A}_{\mathrm{M}}$ mit der allgemeinen Darstellung eines Vektorpotentials (5.24)

$$\boldsymbol{A}(\boldsymbol{r}) = k_m \iiint \frac{\boldsymbol{j}(\boldsymbol{r}')}{|\boldsymbol{r} - \boldsymbol{r}'|} \, \mathrm{d}V' ,$$

so liegt es nahe, eine **Magnetisierungsstromdichte** zu definieren

$$\boldsymbol{j}_{\mathrm{M}}(\boldsymbol{r}) = \frac{1}{k_f} \left(\boldsymbol{\nabla} \times \boldsymbol{M}(\boldsymbol{r})\right) . \tag{5.39}$$

Diese Gleichung ist gewissermaßen die Verknüpfungsstelle von Mikro- und Makrophysik. Aus $\boldsymbol{M}$ kann man $\boldsymbol{j}_{\mathrm{M}}$ und damit das makroskopische Vektorpotential

$$\boldsymbol{A}_{\mathrm{M}}(\boldsymbol{r}) = k_m \iiint \frac{\boldsymbol{j}_{\mathrm{M}}(\boldsymbol{r}')}{|\boldsymbol{r} - \boldsymbol{r}'|} \, \mathrm{d}V' \tag{5.40}$$

berechnen.

Zur Veranschaulichung der endgültigen Formel betrachtet man ein uniform magnetisiertes Material mit dicht gepackten, gleichartig orientierten atomaren Ringströmen, die magnetischen Momenten entsprechen (Abb. 5.26). Man kann diese Ansammlung von Ringströmen als eine Art von Stromnetz auffassen. In diesem Stromnetz heben sich die Ringströme im Innern des Materials auf. Es bleibt ein effektiver Strom (bzw. eine effektive Stromdichte) entlang der makroskopischen Oberfläche des Materials. Diese wird durch $\boldsymbol{j}_{\mathrm{M}}$ beschrieben. Ist das Material nicht uniform, so fließt an den Grenzflächen zwischen homogenen Teilbereichen (d.h. auch im Inneren des Materials) ein effektiver Magnetisierungsstrom. Man sollte betonen, dass in keinem Fall ein direkter Ladungstransport stattfindet. Die Elektronen bewegen sich jeweils um die Kerne. Man stellt sich jedoch den Pauschaleffekt der atomaren Kreisströme (bzw. der atomaren magnetischen Momente) als eine effektive Stromdichte $\boldsymbol{j}_{\mathrm{M}}$ vor.

Nach der Aufbereitung dieser pauschalen Modellvorstellungen kann man die formale Definition der drei Magnetfelder betrachten, die die Situation bei Anwesenheit von Materie beschreiben.

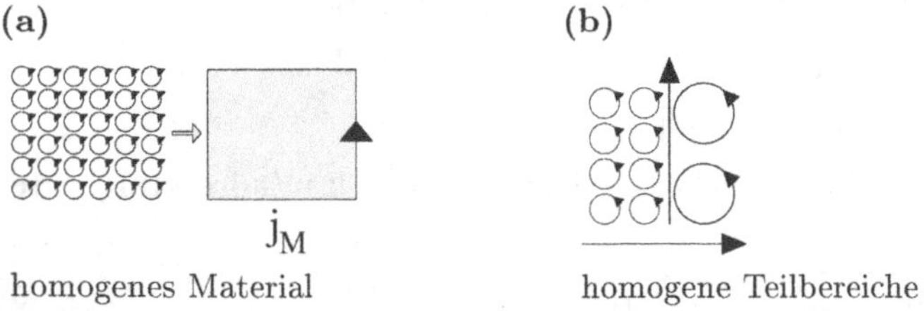

Abb. 5.26. Modell der Magnetisierungsstromdichte

5.4.2 Die drei Magnetfelder

Als erstes wird die Definition des $\boldsymbol{B}$-Feldes erweitert: Das $\boldsymbol{B}$-Feld wird durch die wirklichen Ströme (die auf tatsächlichem Ladungstransport beruhen, meist **wahre** Ströme genannt) und durch die Magnetisierungsströme erzeugt. Die Differentialgleichungen, die dieses Feld charakterisieren sind somit

$$\begin{aligned} \boldsymbol{\nabla} \times \boldsymbol{B}(\boldsymbol{r}) &= 4\pi k_m \left(\boldsymbol{j}_{\mathrm{w}}(\boldsymbol{r}) + \boldsymbol{j}_{\mathrm{M}}(\boldsymbol{r})\right) \\ \boldsymbol{\nabla} \cdot \boldsymbol{B}(\boldsymbol{r}) &= 0\,. \end{aligned} \tag{5.41}$$

Die zweite Gleichung besagt: Auch in dem allgemeinen Fall ist das $\boldsymbol{B}$-Feld quellenfrei. Mit dieser Definition ist das $\boldsymbol{B}$-Feld die experimentelle Messgröße der Magnetostatik. Sie entspricht der provisorisch $\boldsymbol{B}_{\mathrm{mit}}$ genannten Größe.

Benutzt man die Darstellung (5.39) von $\boldsymbol{j}_{\mathrm{M}}$ durch die Magnetisierung, so erhält man

$$\boldsymbol{\nabla} \times \left(\boldsymbol{B}(\boldsymbol{r}) - 4\pi \frac{k_m}{k_f} \boldsymbol{M}(\boldsymbol{r})\right) = 4\pi k_m\, \boldsymbol{j}_{\mathrm{w}}(\boldsymbol{r})\,.$$

Diese Gleichung legt es nahe, ein weiteres Feld einzuführen, das nur durch die wirklichen Ströme bestimmt ist. Dieses Feld ist (analog zu dem $\boldsymbol{D}$-Feld) eine Hilfsgröße, die traditionsgemäß mit $\boldsymbol{H}$ bezeichnet wird. Um die verschiedenen Einheitensysteme abzudecken, ist es nützlich auch an dieser Stelle eine weitere Proportionalitätskonstante k_h einzuführen, die in den beiden Hauptsystemen die Werte

$$k_{h,\mathrm{SI}} = \frac{1}{4\pi} \qquad k_{h,\mathrm{CGS}} = \frac{1}{c}$$

hat. Die Definition des $\boldsymbol{H}$-Feldes lautet dann

$$\frac{k_m}{k_h} \boldsymbol{H}(\boldsymbol{r}) = \boldsymbol{B}(\boldsymbol{r}) - 4\pi \frac{k_m}{k_f} \boldsymbol{M}(\boldsymbol{r}) \quad \text{mit} \quad \operatorname{rot} \boldsymbol{H}(\boldsymbol{r}) = 4\pi k_h\, \boldsymbol{j}_{\mathrm{w}}(\boldsymbol{r})\,. \tag{5.42}$$

$\boldsymbol{H}$ entspricht der provisorischen Bezeichnung $\boldsymbol{B}_0$ in Kap. 5.4.1. Die offizielle Bezeichnung der drei magnetischen Felder ist

$\boldsymbol{B}$ $\longrightarrow$ ist die magnetische Induktion.

$\boldsymbol{H}$ $\longrightarrow$ bezeichnet man als die magnetische Feldstärke.

$\boldsymbol{M}$ $\longrightarrow$ ist die Magnetisierung.

Im CGS System sind die Maßeinheiten (vergleiche Kap. 5.2.1) dieser drei Felder gleich und entsprechen den Maßeinheiten des elektrischen Feldes

$$[B]_{\mathrm{CGS}} = [H]_{\mathrm{CGS}} = [M]_{\mathrm{CGS}} = [E]_{\mathrm{CGS}} = \frac{\mathrm{g}^{1/2}}{\mathrm{cm}^{1/2}\,\mathrm{s}}\,.$$

Die Bezeichnung der Einheiten unterscheiden sich jedoch, sie sind

$$[B]_{\mathrm{CGS}} = \text{Gauß}, \quad [H]_{\mathrm{CGS}} = [M]_{\mathrm{CGS}} = \text{Ørstedt}\,.$$

Im SI System ist die Maßeinheit des $\boldsymbol{B}$-Feldes

$$[B]_{\mathrm{SI}} = \frac{\mathrm{kg}}{\mathrm{s\,C}} = \text{Tesla}\,,$$

die magnetische Feldstärke $\boldsymbol{H}$ und die Magnetisierung $\boldsymbol{M}$ misst man in

$$[H]_{\mathrm{SI}} = [M]_{\mathrm{SI}} = \frac{\mathrm{C}}{\mathrm{s\,m}} = \mathrm{A/m}\,.$$

Stellt man die Felder der Elektrostatik und der Magnetostatik gegenüber, so findet man die folgenden Entsprechungen:

Für die messbaren Feldgrößen

$$\boldsymbol{B}(\boldsymbol{r}) \qquad\qquad \boldsymbol{E}(\boldsymbol{r})$$

sind die Differentialgleichungen, die diese Felder charakterisierten, sozusagen komplementär

$$\operatorname{div}\boldsymbol{B}(\boldsymbol{r}) = \boldsymbol{0} \qquad\qquad \operatorname{div}\boldsymbol{E}(\boldsymbol{r}) = 4\pi k_e(\rho_{\mathrm{w}}(\boldsymbol{r}) + \rho_{\mathrm{pol}}(\boldsymbol{r}))$$

$$\operatorname{rot}\boldsymbol{B}(\boldsymbol{r}) = 4\pi k_m(\boldsymbol{j}_{\mathrm{w}}(\boldsymbol{r}) + \boldsymbol{j}_{\mathrm{M}}(\boldsymbol{r})) \qquad\qquad \operatorname{rot}\boldsymbol{E}(\boldsymbol{r}) = \boldsymbol{0}.$$

In beiden Fällen führt man ein Hilfsfeld ein

$$\boldsymbol{H}(\boldsymbol{r}) \qquad\qquad \boldsymbol{D}(\boldsymbol{r})\,.$$

Diese sind formal durch die wahren Ladungen bzw. Ströme bestimmt

$$\operatorname{rot}\boldsymbol{H}(\boldsymbol{r}) = 4\pi k_h \boldsymbol{j}_{\mathrm{w}}(\boldsymbol{r}) \qquad\qquad \operatorname{div}\boldsymbol{D}(\boldsymbol{r}) = 4\pi k_d \rho_{\mathrm{w}}(\boldsymbol{r}).$$

Diese Differentialgleichungen sind der Ausgangspunkt für die praktische Berechnung von Feldern. Mit der Vorgabe der wahren Ladungs- und Stromverteilungen berechnet man zunächst die Hilfsfelder. Hat man aus den jeweiligen Differentialgleichungen und Randbedingungen die Hilfsfelder berechnet, so kann man die Messfelder bestimmen. Wollte man dies korrekt durchführen, so müsste man die Respons des Materials auf äußere Felder (Ladungstrennung im Atom im elektrischen Fall, Ausrichtung von Dipolen im magnetischen Fall) kennen. Verzichtet man auf die atomare Beschreibung, so kann man versuchen, diese Effekte durch empirische Relationen (die Materialgleichung) in den Griff zu bekommen. Die einfachsten Materialgleichungen sind

$$\boldsymbol{B}(\boldsymbol{r}) = \mu\frac{k_m}{k_h}\boldsymbol{H}(\boldsymbol{r}) \qquad\qquad \boldsymbol{D}(\boldsymbol{r}) = \varepsilon\frac{k_d}{k_e}\boldsymbol{E}(\boldsymbol{r})\,.$$

Im Fall von Magnetfeldern macht man einen Ansatz, in dem das Messfeld einer Materialkonstanten mal dem Hilfsfeld entspricht. Im elektrischen Fall ist, umgekehrt, das Hilfsfeld gleich einer Materialkonstanten mal dem Messfeld. Die angedeuteten Proportionalitäten müssen unter Umständen durch inhomogene, nichtisotrope oder nichtlineare Relationen ersetzt werden.

Ist der Raum mit verschiedenen Materialien erfüllt, so benötigt man Bedingungen für das Verhalten der Felder an den Trennschichten zwischen den Materialien. Aus den Materialgleichungen und den Differentialgleichungen ergeben sich (vorausgesetzt es befinden sich keine wahren Ladungen oder Ströme auf der Trennschicht) die Anschlussbedingungen

$$\boldsymbol{H}_{2,t} - \boldsymbol{H}_{1,t} = 0 \qquad \varepsilon_2 \boldsymbol{D}_{2t} - \varepsilon_1 \boldsymbol{D}_{1t} = 0$$

$$\mu_2 \boldsymbol{H}_{2,n} - \mu_1 \boldsymbol{H}_{1,n} = 0 \qquad \boldsymbol{D}_{2n} - \boldsymbol{D}_{1n} = 0$$

(für das $\boldsymbol{H}$-Feld im Vorgriff auf Kap. 5.4.4). Der gemittelte atomare Hintergrund kommt in den Größen

$$\boldsymbol{M}(\boldsymbol{r}) = \frac{k_f}{4\pi}\left(\frac{\boldsymbol{B}(\boldsymbol{r})}{k_m} - \frac{\boldsymbol{H}(\boldsymbol{r})}{k_h}\right) \qquad \boldsymbol{P}(\boldsymbol{r}) = \frac{1}{4\pi}\left(\frac{\boldsymbol{D}(\boldsymbol{r})}{k_d} - \frac{\boldsymbol{E}(\boldsymbol{r})}{k_e}\right)$$

zum Ausdruck. Sie sind jeweils durch die anderen zwei Felder bestimmt. Letztlich kann man die Magnetisierungsstromdichte und die Polarisationsladungen aus der makroskopischen Darstellung der Atomstruktur durch diese **Responsgrößen** berechnen

$$\boldsymbol{j}_{\mathrm{M}}(\boldsymbol{r}) = \frac{1}{k_f}(\boldsymbol{\nabla} \times \boldsymbol{M}(\boldsymbol{r})) \qquad \rho_{\mathrm{pol}}(\boldsymbol{r}) = -\boldsymbol{\nabla} \cdot \boldsymbol{P}(\boldsymbol{r}) \,.$$

Zu dieser Zusammenfassung der Elektrostatik und der Magnetostatik sind noch zwei Punkte nachzutragen.

5.4.3 Die magnetische Materialgleichung

Die einfache Relation $\boldsymbol{B} = \mu k_m \boldsymbol{H}/k_h$ ist für diamagnetische und paramagnetische Stoffe bestens geeignet, da die Permeabilität nur wenig von dem Vakuumswert abweicht. In dem SI bzw. CGS System gilt explizit

$$\boldsymbol{B}_{\mathrm{SI}} = \mu_r \mu_0 \boldsymbol{H} \qquad \boldsymbol{B}_{\mathrm{CGS}} = \mu \boldsymbol{H} \,,$$

wobei im SI System oft die Permeabilität μ anstelle der Permeabilitätszahl μ_r benutzt wird. Zahlenmäßig gilt $\mu_{\mathrm{SI}} = \mu_r = \mu_{\mathrm{CGS}}$. Für derartige Materialien kann man die Magnetisierung in einfacher Weise mit den anderen magnetischen Feldern verknüpfen

$$\begin{aligned} \boldsymbol{M}(\boldsymbol{r}) = \frac{k_f}{4\pi}\left(\frac{\boldsymbol{B}(\boldsymbol{r})}{k_m} - \frac{\boldsymbol{H}(\boldsymbol{r})}{k_h}\right) &= \frac{k_f}{4\pi k_m}(\mu - 1)\,\boldsymbol{H}(\boldsymbol{r}) \\ &= \frac{k_f}{4\pi k_m}\left(\frac{\mu - 1}{\mu}\right)\boldsymbol{B}(\boldsymbol{r}) \,. \end{aligned} \tag{5.43}$$

Die Größe $\kappa = (\mu - 1)/\mu$ bezeichnet man als **magnetische Suszeptibilität**.

Für ferromagnetische Stoffe muss man die einfache lineare Beziehung durch eine nichtlineare

$$\boldsymbol{B}(\boldsymbol{r}) = \mu(\boldsymbol{H}(\boldsymbol{r}))\boldsymbol{H}(\boldsymbol{r}) \quad \text{oder} \quad \boldsymbol{B}(\boldsymbol{r}) = \boldsymbol{f}(\boldsymbol{H}(\boldsymbol{r})) \tag{5.44}$$

ersetzen. Die Vektorfunktion $\boldsymbol{f}$ ist einigermaßen kompliziert. Für den schon beschriebenen Versuch (Abb. 5.27a), in dem eine Spule mit (Eisen-)kern benutzt wurde, gelten die folgenden Aussagen: Für die Spule kann man in dem homogenen Feldbereich in guter Näherung die Relation (siehe (5.22))

$$H = 4\pi k_m \, i \frac{N}{L}$$

voraussetzen, wobei N die Anzahl der Windungen der Spule und L deren Länge ist. Man kann somit den gemessenen Spulenstrom z.B. in Ørstedt, den Einheiten des H-Feldes, umrechnen. Trägt man dann die Induktion B als Funktion der magnetischen Feldstärke H (in einer vorgegebenen Raumrichtung, also $B = f(H)$) auf, so ergibt sich eine **Hystereseschleife** (Abb. 5.27b). Für ein Materialstück, das noch nie einem H-Feld ausgesetzt wurde, findet man mit wachsendem H ein Anwachsen von B bis zu einem Sättigungswert ($B_{\max} \approx 10^3 H$ bis $10^5 H$, je nach Legierung). Reduziert man das H-Feld wieder, so geht auch B zurück, folgt aber nicht der ersten Kurve. Für $H = i = 0$ bleibt eine permanente Restmagnetisierung. Legt man nun ein Feld in der Gegenrichtung an (dies entspricht einer Umkehrung der Stromrichtung), so sinkt B weiter ab und erreicht für einen bestimmen H-Wert den Wert Null. Diesen Wert bezeichnet man als die **Koerzitivkraft** H_C. Für große negative H-Werte erreicht man wieder Sättigung der magnetischen Induktion (mit dem gleichen Absolutwert). Kehrt man nun den Prozess um, so erhält man das Spiegelbild der oberen Schleife. Die Funktion $B = f(H)$ ist also nicht eindeutig. Sie hängt außerdem von der Vorgeschichte des Materials ab. Es ist offensichtlich, dass aufgrund des komplizierten Zusammenhangs zwischen B und H die Feldberechnung für Ferromagneten nicht einfach ist.

(a) (b)

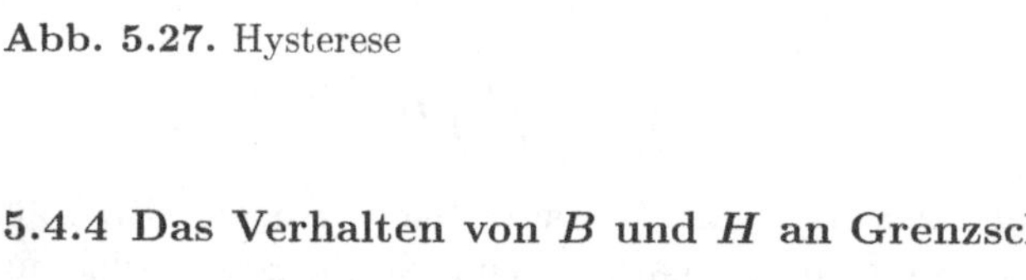

Versuchsanordnung Ergebnis

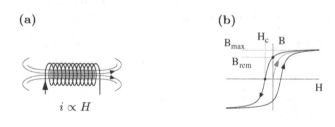

Abb. 5.27. Hysterese

5.4.4 Das Verhalten von B und H an Grenzschichten

Die Frage nach dem Verhalten der Magnetfelder an Grenzschichten lässt sich für den Fall, dass die einfache Relation $\boldsymbol{B} = \mu k_m \boldsymbol{H}/k_h$ gilt, leicht beantworten. An einer Grenzfläche von zwei Materialien mit den Permeabilitäten μ_i

und μ_a (Abb. 5.28a) gilt div $\boldsymbol{B} = 0$. Daraus folgt mit dem Gaußdosenargument (aus Kap. 2.2)

$$\boldsymbol{B}_{a,n} - \boldsymbol{B}_{i,n} = 0 . \tag{5.45}$$

Die Normalkomponenten des $\boldsymbol{B}$-Feldes sind stetig. Entsprechend weisen die Normalkomponenten des $\boldsymbol{H}$-Feldes einen Sprung auf

$$\mu_a \boldsymbol{H}_{a,n} - \mu_i \boldsymbol{H}_{i,n} = 0 . \tag{5.46}$$

Für die Tangentialkomponenten gilt unter der Voraussetzung, dass in der Grenzschicht keine wahren Ströme fließen

$$\boldsymbol{\nabla} \times \boldsymbol{H} = \boldsymbol{0} \qquad \text{falls} \quad \boldsymbol{j}_w = \boldsymbol{0} .$$

Daraus gewinnt man sofort mittels des Stokeskurvenarguments (Kap. 2.2)

$$\boldsymbol{H}_{a,t} - \boldsymbol{H}_{i,t} = 0 \qquad \text{bzw.} \quad \frac{\boldsymbol{B}_{a,t}}{\mu_a} - \frac{\boldsymbol{B}_{i,t}}{\mu_i} = 0 . \tag{5.47}$$

Die Tangentialkomponenten von $\boldsymbol{H}$ sind stetig, die Tangentialkomponenten von B machen einen Sprung.

5.4.5 Explizites zum Verhalten von Materie im Magnetfeld

Zur Illustration des Verhalten von Materie im Magnetfeld sollen einige, mehr illustrative Beispiele dienen. In dem ersten Beispiel wird das $\boldsymbol{B}$- und das $\boldsymbol{H}$-Feld im Innen- und Außenbereich einer Kugel (Radius R) aus uniform magnetisiertem Material (Abb. 5.28b) berechnet. Bei entsprechender Wahl des Koordinatensystems gilt

$$\boldsymbol{M}(\boldsymbol{r}) = \begin{cases} M_0\, \boldsymbol{e}_z & r \leq R \\ \boldsymbol{0} & r > R . \end{cases}$$

Da in diesem Beispiel $\boldsymbol{M}$ vorgegeben ist, kann man die Magnetisierungsstromdichte über die Gleichung

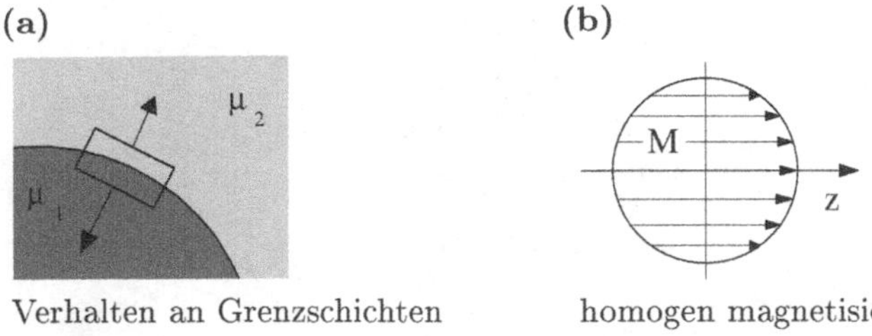
(a)
μ 2
μ 1
Verhalten an Grenzschichten
(b)
M
z
homogen magnetisierte Kugel

Abb. 5.28. Materie im Magnetfeld

$$\boldsymbol{j}_M(\boldsymbol{r}) = \frac{1}{k_f}\left(\boldsymbol{\nabla} \times \boldsymbol{M}(\boldsymbol{r})\right)$$

direkt bestimmen und anschließend das $\boldsymbol{B}$-Feld über

$$\boldsymbol{\nabla} \times \boldsymbol{B} = 4\pi k_m \boldsymbol{j}_M \qquad \text{bzw.} \qquad \boldsymbol{A}_M(\boldsymbol{r}) = k_m \iiint \frac{\boldsymbol{j}_M(\boldsymbol{r}')}{|\boldsymbol{r} - \boldsymbol{r}'|} \mathrm{d}V'$$

gewinnen. Wahre Ströme kommen in diesem Beispiel nicht vor.

Die Größe $\boldsymbol{j}_M$ verschwindet im Innen- und Außenbereich der Kugel, da dort $\boldsymbol{M}$ ein konstanter bzw. ein Nullvektor ist. Wegen des Sprunges von $\boldsymbol{M}$ erhält man jedoch einen Oberflächenbeitrag. Um den Sprung zu beschreiben, benutzt man die sogenannte Sprung- (oder **Heaviside**-)Funktion, die folgendermaßen definiert (Abb. 5.29a) ist

$$\theta(x-a) = \begin{cases} 0 & x < a \\ 1 & x > a \,. \end{cases}$$

Die Ableitung dieser Funktion ist (siehe Math.Kap. 1.2)

$$\frac{\mathrm{d}}{\mathrm{d}x}\theta(x-a) = \delta(x-a) \,.$$

Mit Hilfe der Heavisidefunktion kann man die Magnetisierung in geschlossener Form darstellen. Man benutzt dazu (wegen der Kugelsymmetrie des Objektes) eine Zerlegung von $\boldsymbol{M}$ in Kugelkoordinaten (Abb. 5.29b)

$$M_r(r,\theta) = M_0\left[1 - \theta(r-R)\right]\cos\theta$$

$$M_\theta(r,\theta) = -M_0\left[1 - \theta(r-R)\right]\sin\theta$$

$$M_\varphi(r,\theta) = 0 \,.$$

Anhand dieser Zerlegung kann man die Komponenten von $\boldsymbol{j}_M$ in Kugelkoordinaten berechnen. Man benötigt dazu die Zerlegung des Rotationsoperators in Kugelkoordinaten

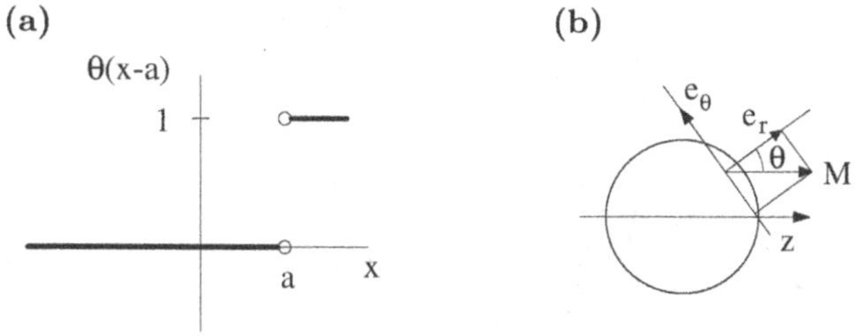

zugehörige Stufenfunktion Geometrie

Abb. 5.29. Berechnung des Magnetfeldes einer homogen magnetisierten Kugel

$$(\nabla \times \boldsymbol{M}(r,\theta))_r = \frac{1}{r\sin\theta}\left\{\frac{\partial}{\partial\theta}\left(\sin\theta M_\varphi(r,\theta)\right) - \frac{\partial M_\theta(r,\theta)}{\partial\varphi}\right\} = 0$$

$$(\nabla \times \boldsymbol{M}(r,\theta))_\theta = \frac{1}{r\sin\theta}\left\{\frac{\partial}{\partial\varphi}M_r(r,\theta) - \sin\theta\frac{\partial}{\partial r}\left(rM_\varphi(r,\theta)\right)\right\} = 0$$

$$\begin{aligned}(\nabla \times \boldsymbol{M}(r,\theta))_\varphi &= \frac{1}{r}\left\{\frac{\partial}{\partial r}\left(rM_\theta(r,\theta)\right) - \frac{\partial}{\partial\theta}\left(M_r(r,\theta)\right)\right\}\\ &= M_0\left\{-\frac{1}{r}\left(1-\theta(r-R)\right) + \delta(r-R)\right.\\ &\qquad \left. + \frac{1}{r}\left(1-\theta(r-R)\right)\right\}\sin\theta\\ &= M_0\delta(r-R)\sin\theta\,.\end{aligned}$$

Es ist also

$$\boldsymbol{j}_M(\boldsymbol{r}) = \frac{1}{k_f}M_0\,\delta(r-R)\,\sin\theta\,\boldsymbol{e}_\varphi\,.$$

Der Magnetisierungsstrom ist tangential zu Breitenkreisen der Kugel und entspricht offensichtlich einer Oberflächenstromschicht (Abb. 5.30a).

Da die Formel für das Vektorpotential nur für die kartesische Zerlegung gültig ist, muss man im nächsten Schritt zu der kartesischen Zerlegung von $\boldsymbol{j}_M$ übergehen. Mit den Projektionen

$$(\boldsymbol{e}_\varphi)_{\mathrm{x}} = -\sin\varphi \qquad (\boldsymbol{e}_\varphi)_{\mathrm{y}} = \cos\varphi \qquad (\boldsymbol{e}_\varphi)_{\mathrm{z}} = 0$$

erhält man für die auszuwertenden Integrale

$$\begin{aligned}A_{M,x}(r,\,\theta,\,\varphi) &= -M_0\frac{k_m}{k_f}\iiint\frac{\delta(r'-R)\sin\theta'\sin\varphi'}{|\boldsymbol{r}-\boldsymbol{r}'|}\,\mathrm{d}V'\\ A_{M,y}(r,\,\theta,\,\varphi) &= M_0\frac{k_m}{k_f}\iiint\frac{\delta(r'-R)\sin\theta'\cos\varphi'}{|\boldsymbol{r}-\boldsymbol{r}'|}\,\mathrm{d}V'\\ A_{M,z}(r,\,\theta,\,\varphi) &= 0\,.\end{aligned}$$

Das Ergebnis einer etwas aufwendigeren Winkelintegration ist (siehe D.tail 5.5)

$$\boldsymbol{A}_M(\boldsymbol{r}) = \left(-A(r,\theta)\sin\varphi,\ A(r,\theta)\cos\varphi,\ 0\right)$$

mit

$$A(r,\theta) = \begin{cases}\dfrac{4\pi}{3}R^3M_0\dfrac{k_m}{k_f}\dfrac{\sin\theta}{r^2} & \text{für den Außenbereich} \quad r \ge R\\[2ex] \dfrac{4\pi}{3}M_0\dfrac{k_m}{k_f}\,r\sin\theta & \text{für den Innenbereich} \quad r < R\,.\end{cases}$$

Um das zugehörige $\boldsymbol{B}$-Feld zu bestimmen, muss man $\boldsymbol{\nabla} \times \boldsymbol{A}$ bilden. Man definiert das Dipolmoment der Kugel

$$\boldsymbol{m} = \iiint_{\text{Kugel}} \boldsymbol{M}(\boldsymbol{r})\mathrm{d}V = \frac{4\pi}{3} R^3 M_0 \boldsymbol{e}_\mathrm{z}$$

und schreibt für den Innenbereich ($r < R$)

$$\boldsymbol{A}_{M,i}(\boldsymbol{r}) = \frac{k_m}{k_f\, R^3} (\boldsymbol{m} \times \boldsymbol{r}) \ .$$

Direkte Auswertung ergibt dann

$$\boldsymbol{B}_i(\boldsymbol{r}) = \frac{2k_m}{k_f\, R^3} \boldsymbol{m} = \frac{8\pi k_m}{3k_f} M_0 \boldsymbol{e}_\mathrm{z} \ .$$

Die Rechnung für den Außenbereich lässt sich etwas abkürzen. Man stellt fest, dass für $r \geq R$

$$\boldsymbol{A}_{M,a}(\boldsymbol{r}) = \frac{k_m}{k_f} \left(\frac{\boldsymbol{m} \times \boldsymbol{r}}{r^3} \right)$$

gilt. Das $\boldsymbol{B}$-Feld ergibt sich dann aus der schon bereit gestellten Formel (5.34) für ein magnetisches Dipolfeld

$$\boldsymbol{B}_a(\boldsymbol{r}) = \frac{k_m}{k_f} \left(\frac{3(\boldsymbol{m} \cdot \boldsymbol{r})\boldsymbol{r}}{r^5} - \frac{\boldsymbol{m}}{r^3} \right) \ .$$

Das Feldlinienbild ist in (Abb. 5.30b) skizziert. Im Innern ist $\boldsymbol{B}$ konstant und zeigt in die Richtung der Magnetisierung. Außen schließt sich dann das Dipolfeld an. Die Normalkomponente ist auf der Kugelfläche stetig, die Tangentialkomponenten machen einen Sprung (der für den angedeuteten Knick in den Feldlinien verantwortlich ist). Die Trennflächenbedingungen sind in diesem Beispiel infolge der Benutzung der Formel für $\boldsymbol{A}_M$ automatisch berücksichtigt.

Das $\boldsymbol{H}$-Feld erhält man am einfachsten aus der Relation

$$\boldsymbol{H} = k_h \left(\frac{\boldsymbol{B}}{k_m} - \frac{4\pi}{k_f} \boldsymbol{M} \right)$$

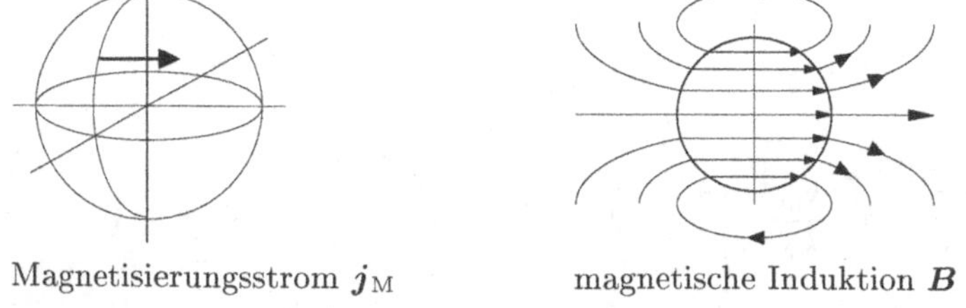

Abb. 5.30. Magnetfeld einer homogen magnetisierten Kugel

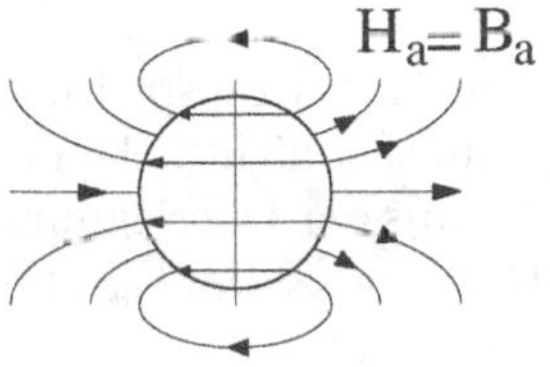

Abb. 5.31. Magnetfeld einer homogen magnetisierten Kugel: Magnetfeld $\boldsymbol{H}$

als

$$\boldsymbol{H}_i = -\frac{4\pi\, k_h}{3k_f} M_0 \boldsymbol{e}_z\,, \qquad r < R$$

$$\boldsymbol{H}_a = \frac{k_h}{k_f}\left(\frac{3(\boldsymbol{m}\cdot\boldsymbol{r})\boldsymbol{r}}{r^5} - \frac{\boldsymbol{m}}{r^3}\right) \qquad r \geq R\,.$$

Die zweite Zeile folgt aus $\boldsymbol{M}_a = \boldsymbol{0}$ für $r \geq R$. Das entsprechende Feldlinienbild des $\boldsymbol{H}$-Feldes ist in (Abb. 5.31) dargestellt. Im Innenbereich ist das $\boldsymbol{H}$-Feld halb so stark wie das $\boldsymbol{B}$-Feld und zeigt in die Gegenrichtung. Außen schließt sich das Dipolfeld an. Dieses Ergebnis kann man folgendermaßen ohne Rechnung einsehen: Da keine wahren Ströme fließen, ist $\operatorname{rot}\boldsymbol{H} = \boldsymbol{0}$. Auf der anderen Seite gilt

$$\boldsymbol{\nabla}\cdot\boldsymbol{H} = \boldsymbol{\nabla}\cdot\left(\frac{k_h\,\boldsymbol{B}}{k_m} - \frac{4\pi}{k_f}\boldsymbol{M}\right) = -\frac{4\pi}{k_f}\boldsymbol{\nabla}\cdot\boldsymbol{M} \neq \boldsymbol{0}$$

auf der Oberfläche. Das $\boldsymbol{H}$-Feld besitzt auf der Oberfläche 'Quellen'. Für die Komponenten von $\boldsymbol{H}$ auf der Kugelfläche gilt deswegen: Die Tangentialkomponente H_t ist stetig, die Normalkomponente H_n macht einen Sprung.

Die Ergebnisse für die homogen magnetisierte Kugel können zur Diskussion des zweiten Beispiels benutzt werden. Dieses lautet: Vorgegeben ist ein uniformes Feld $\boldsymbol{B}_0 = B_0\boldsymbol{e}_z$. In dieses Feld wird eine magnetisierbare Kugel aus einem homogenen Material eingebracht (Abb. 5.32). Die Aufgabe lautet: Berechne die drei magnetischen Felder.

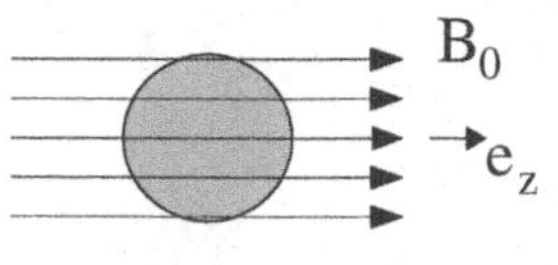

Abb. 5.32. Illustration: Magnetisierbare Kugel im uniformen Magnetfeld

Um die Aufgabe in einfacher Weise zu lösen, benutzt man das Superpositionsprinzip und die Aussage, dass das Material wegen der Homogenität uniform magnetisiert sein wird. Daraus ergibt sich der Ansatz

$$\boldsymbol{B} = \boldsymbol{B}_0 + \boldsymbol{B}_M \qquad\qquad \boldsymbol{H} = \frac{k_h \, \boldsymbol{B}_0}{k_m} + \boldsymbol{H}_M \, .$$

Dabei werden $\boldsymbol{B}_M$ und $\boldsymbol{H}_M$ durch die Formeln aus dem ersten Beispiel beschrieben, wobei jedoch die Größe der Magnetisierung zunächst nicht bekannt ist. Die Tatsache, dass in beiden Fällen $\boldsymbol{B}_0$ auftritt, folgt aus der Überlegung: Entfernt man die Kugel ($\boldsymbol{M} = \boldsymbol{0}$), so muss $\boldsymbol{H} = k_h \, \boldsymbol{B}/k_m = k_h \, \boldsymbol{B}_0/k_m$ gelten.

Mit diesem Ansatz erhält man z.B. für die Innenfelder

$$\boldsymbol{B}_i = \boldsymbol{B}_0 + \frac{8\pi \, k_m}{3k_f} \boldsymbol{M}$$

$$\boldsymbol{H}_i = \frac{k_h \, \boldsymbol{B}_0}{k_m} - \frac{4\pi \, k_h}{3k_f} \boldsymbol{M} \, .$$

Eliminiert man die unbekannte Magnetisierung, so ergibt sich eine Relation zwischen den Feldern $\boldsymbol{B}_i$ und $\boldsymbol{H}_i$

$$\boldsymbol{B}_i + \frac{2k_m}{k_h} \boldsymbol{H}_i = 3\boldsymbol{B}_0 \, .$$

Zur expliziten Bestimmung der beiden Felder benötigt man eine zweite Vektorgleichung. Im Fall von dia- oder paramagnetischen Materialien kann man die Materialgleichung

$$\boldsymbol{B}_i = \mu \frac{k_m}{k_h} \boldsymbol{H}_i$$

benutzen. Die Lösung des resultierenden, einfachen Vektorgleichungssystems ist

$$\boldsymbol{B}_i = \frac{3\mu}{(\mu + 2)} \boldsymbol{B}_0 \qquad\qquad \boldsymbol{H}_i = \frac{3k_h}{k_f(\mu + 2)} \boldsymbol{B}_0 \, .$$

Die Magnetisierung $\boldsymbol{M}$ folgt dann aus

$$\boldsymbol{M} = \frac{k_f}{4\pi} \left(\frac{\boldsymbol{B}}{k_m} - \frac{\boldsymbol{H}}{k_h} \right) = \frac{3k_f}{4\pi \, k_m} \left(\frac{\mu - 1}{\mu + 2} \right) \boldsymbol{B}_0 \, .$$

Ist $\boldsymbol{M}$ bekannt, so kann man auch das Außenfeld angeben (siehe vorheriges Beispiel)

$$\boldsymbol{H}_a = \frac{k_h}{k_m} \boldsymbol{B}_a = \frac{k_h}{k_m} \boldsymbol{B}_0 + \frac{k_h}{k_f} \left(\frac{3(\boldsymbol{m} \cdot \boldsymbol{r})\boldsymbol{r}}{r^5} - \frac{1}{r^3} \boldsymbol{m} \right)$$

mit

$$\boldsymbol{m} = \frac{4\pi}{3} R^3 \boldsymbol{M} = \left(\frac{\mu - 1}{\mu + 2} \right) \frac{k_f \, R^3}{k_m} \boldsymbol{B}_0 \, .$$

Das Feldlinienbild für $\boldsymbol{B}$ zeigt Abb. 5.33. Im Innern ist das B-Feld konstant und proportional zu $\boldsymbol{B}_0$. Im Außenbereich liegt ein Feld vor, das sich aus einem konstanten Feld und einem Dipolfeld zusammensetzt.

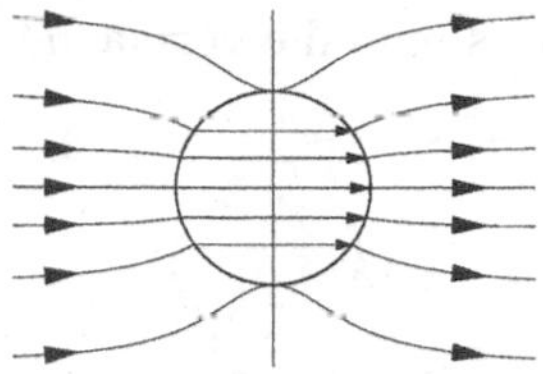

Abb. 5.33. Magnetisierbare Kugel im homogenen, äußeren Feld: Magnetische Induktion $\boldsymbol{B}$

Anhand der Ergebnisse könnte man explizit verifizieren, dass die Bedingungen

$$\boldsymbol{B}_{a,n} - \boldsymbol{B}_{i,n} = 0 \qquad \boldsymbol{H}_{a,t} - \boldsymbol{H}_{i,t} = 0$$

auf der Kugelfläche erfüllt sind.

Es soll noch kurz die entsprechende Situation mit einem ferromagnetischen Materials betrachtet werden. Sieht man von dem Vektorcharakter der beiden Felder ab, so entspricht die Lösung des Gleichungssystems für dia- oder paramagnetische Materialien

$$B_i = -\frac{2k_m}{k_h} H_i + 3B_0$$

$$B_i = \mu \frac{k_m}{k_h} H_i$$

der Bestimmung des Schnittpunktes zweier Geraden in der H_i-B_i Ebene (Abb. 5.34a).

Für ferromagnetische Materialien ist als Materialgleichung die Hysteresekurve zu benutzen. Da diese Kurve durch eine transzendente Funktion (in einfachster Form z.B. durch den hyperbolischen Tangens) dargestellt werden muss, ist nur eine numerische Auswertung möglich. Ohne explizite Rechnung kann man jedoch die folgenden Bemerkungen anführen: Für ein Material mit magnetischer Vorgeschichte erhält man zwei Schnittpunkte (Abb. 5.34b). Die

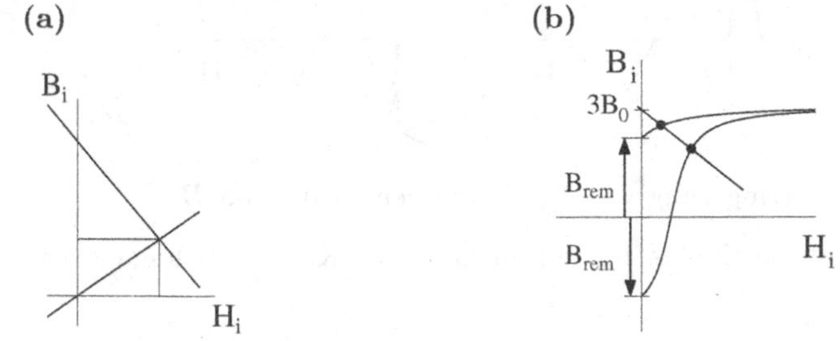

Abb. 5.34. Magnetische Kugeln im homogenen Feld: Relation zwischen $\boldsymbol{B}$ und $\boldsymbol{H}$

zwei Schnittpunkte entsprechen den Möglichkeiten, dass man die vormagnetisierte Kugel mit

$\boldsymbol{B}_{\text{rem}}$ parallel zu $\boldsymbol{B}_0$ (oberer Schnittpunkt)

$\boldsymbol{B}_{\text{rem}}$ antiparallel zu $\boldsymbol{B}_0$ (unterer Schnittpunkt)

in das äußere Feld eingebracht hat. Natürlich kann man die Kugel auch mit beliebiger Orientierung in das äußere Feld einbringen. In diesem Fall muss man jedoch den Vektorcharakter vollständig berücksichtigen und die Schnittpunkte der Komponentengleichung bestimmen.

Hat man den Schnittpunkt (für den Fall, dass $\boldsymbol{B}_{\text{rem}}$ parallel/antiparallel zu $\boldsymbol{B}_0$ ist) graphisch oder numerisch bestimmt, so kann man für die weitere Diskussion wie in dem Fall der dia- oder paramagnetischen Materialien die Magnetisierung bestimmen und das äußere Feld angeben.

Zu bemerken ist noch, dass bei der Bestimmung des Schnittpunktes verschiedene Situationen auftreten können, so z.B.

$\boldsymbol{B}_{\text{rem}} > 3\boldsymbol{B}_0$. Das Innenfeld $\boldsymbol{B}_i$ wird für den parallelen Fall verstärkt. Das Innenfeld $\boldsymbol{H}_i$ hat eine entgegengesetzte Richtung (Abb. 5.35a).

$\boldsymbol{B}_{\text{rem}} < 3\boldsymbol{B}_0$. Das Innenfeld $\boldsymbol{B}_i$ wird erniedrigt. Die beiden Felder haben die gleiche Richtung (Abb. 5.35b).

Im Fall der antiparallelen Orientierung kann das $\boldsymbol{B}$-Feld umorientiert werden (Abb. 5.35c).

Der letzte Abschnitt des Kapitel über Magnetostatik beschäftigt sich mit der Kraftwirkung von Magnetfeldern.

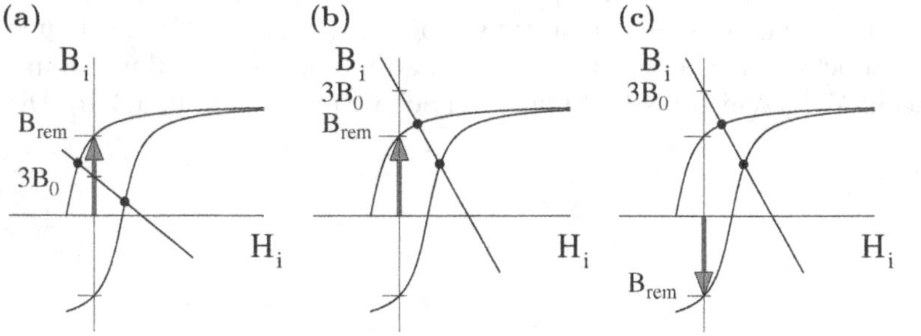

Verstärkung von $\boldsymbol{B}_i$ Verringerung von $\boldsymbol{B}_i$ Umorientierung von $\boldsymbol{B}_i$

Abb. 5.35. Unterschiedliche Effekte für ferromagnetische Kugeln im homogenen Feld

5.5 Kräfte auf Ladungen im Magnetfeld

Die Grundformel ist das **Lorentzsche Kraftgesetz**. Man gewinnt es z.B. aus Ablenkversuchen von Elektronen oder Ionenstrahlen in magnetischen Feldern. Dieses Kraftgesetz hat die Form[9]

$$\boldsymbol{F}_{\text{mag}}(\boldsymbol{r}) = qk_f\,[\boldsymbol{v}(\boldsymbol{r}) \times \boldsymbol{B}(\boldsymbol{r})]\ . \tag{5.48}$$

Eine Kraftwirkung auf eine Ladung q tritt im $\boldsymbol{B}$-Feld nur auf, wenn sich die Ladung bewegt. Der Kraftvektor steht senkrecht auf der Feldrichtung und dem Geschwindigkeitsvektor der Ladung in einem Raumpunkt (Abb. 5.36a). Die Kraft ist proportional zu der Ladung und enthält den Faktor k_f. Mit diesem Faktor und den jeweiligen Maßeinheiten für die magnetische Induktion und die Ladung (vergleiche Kap. 1.2 und Kap. 5.2.1) ergibt sich die korrekte Maßeinheit für die Kraft. Der Faktor v/c, der bei Benutzung des CGS Systems auftritt, spielt bekanntlich in der Relativitätstheorie eine besondere Rolle.

Wegen der etwas komplizierten Form des Kraftgesetzes ist die Berechnung von Bewegungsproblemen in Magnetfeldern etwas aufwendiger. Der einfachst mögliche Fall ist die Bewegung einer Punktladung (Masse m, Ladung q) mit den Anfangsbedingungen $\boldsymbol{r}_0$, $\boldsymbol{v}_0$ in einem homogenen Magnetfeld, z.B. $\boldsymbol{B} = (0,\, 0,\, B)$ (Abb. 5.36b). Die Bewegungsgleichungen $m\ddot{\boldsymbol{r}} = \boldsymbol{F}_{\text{magn}}$ lauten im Detail

$$m\ddot{x} = q\,k_f B\dot{y} \qquad m\ddot{y} = -q\,k_f B\dot{x} \qquad m\ddot{z} = 0\ . \tag{5.49}$$

Erste Integration der dritten Gleichung ergibt

$$v_z(t) = v_{0,z}\ .$$

Zur Diskussion der ersten zwei Gleichungen führt man die Abkürzung

$$\omega = \frac{q\,k_f}{m} B$$

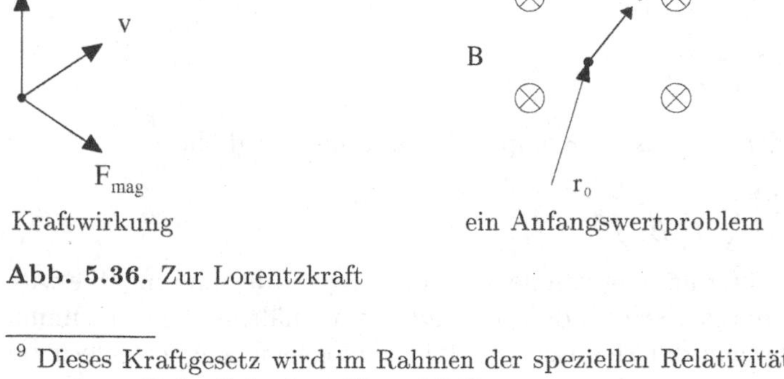

Abb. 5.36. Zur Lorentzkraft

[9] Dieses Kraftgesetz wird im Rahmen der speziellen Relativitätstheorie aus einer anderen Sicht diskutiert (Kap. 8.5.3).

ein und schreibt diese Gleichungen in der Form

$$\dot{v}_x = \omega v_y \qquad \dot{v}_y = -\omega v_x \ .$$

Differentiation der ersten Gleichung und Elimination von v_y mit der zweiten liefert die Differentialgleichung des harmonischen Oszillators

$$\ddot{v}_x + \omega^2 v_x = 0$$

mit der Lösung

$$v_x(t) = v_0 \cos(\omega t + \delta) \ .$$

Aus der zweiten Gleichung folgt dann

$$v_y(t) = -v_0 \sin(\omega t + \delta) \ .$$

Die Integrationskonstanten v_0 und δ sind so zu wählen, dass die Geschwindigkeiten zu dem Zeitpunkt $t = 0$ mit den vorgegebenen Anfangswerten übereinstimmen

$$v_x(0) = v_0 \cos\delta = v_{0,x} \qquad v_y(0) = -v_0 \sin\delta = v_{0,y} \ .$$

Die zweite Integration ergibt

$$x(t) = x_0' + \frac{v_0}{\omega}\sin(\omega t + \delta) = x_0 + \frac{v_{0,y}}{\omega} + \frac{v_0}{\omega}\sin(\omega t + \delta)$$

$$y(t) = y_0' + \frac{v_0}{\omega}\cos(\omega t + \delta) = y_0 - \frac{v_{0,x}}{\omega} + \frac{v_0}{\omega}\cos(\omega t + \delta)$$

$$z(t) = z_0 + v_{0,z} t \ .$$

Auch hier sind die Integrationskonstanten so eingerichtet, dass $x(0) = x_0, \ldots$ gilt. Die Bahnkurve ist eine Schraubenlinie in der z-Richtung (Feldrichtung). Die Projektion der Schraubenlinie auf die x-y Ebene ist ein Kreis mit dem Radius

$$R = \frac{v_0}{\omega} = \frac{m}{q}\left(\frac{v_0}{k_f B}\right) \ .$$

Der Radius wächst mit v_0 und nimmt mit wachsender Induktion wie $1/B$ ab. Die Zeit für einen Umlauf ist

$$T = \frac{2\pi}{\omega} = \frac{m}{q}\left(\frac{2\pi}{k_f B}\right) \ .$$

In dieser Zeit ändert sich die z-Komponente um die Ganghöhe

$$h = v_{0,z} T = \frac{m}{q}\left(\frac{2\pi\, v_{0,z}}{k_f B}\right) \ .$$

Die Umlaufzeit ist unabhängig von der Geschwindigkeit der Ladung. Sie wird alleine durch die magnetische Induktion und das Verhältnis q/m bestimmt. Man benutzt deswegen die Messung von T in homogenen Magnetfeldern zur Bestimmung der wichtigen Größe q/m (z.B. e_0/m_e).

Zu erwähnen sind noch die Spezialfälle $v_{0,z} = 0$, für den eine einfache Kreisbewegung, und $v_{0,x} = v_{0,y} = 0$, für den uniforme Bewegung entlang der Feldrichtung vorliegt, da in diesem Fall $\boldsymbol{F}_{\text{magn}}(t) = \mathbf{0}$ ist.

Kombiniert man das Lorentzsche Kraftgesetz mit der Kraftwirkung durch ein elektrisches Feld, so findet man für die Bewegungsgleichungen eines geladenen Teilchen (Massenpunkt) in einem kombinierten $\boldsymbol{E}$- und $\boldsymbol{B}$-Feld

$$m\dot{\boldsymbol{v}} = q\boldsymbol{E} + q\,k_f\,[\boldsymbol{v} \times \boldsymbol{B}] \ . \tag{5.50}$$

Zu der Betrachtung der Energiesituation multipliziert man die vektorielle Bewegungsgleichung (5.50) skalar mit $\boldsymbol{v}$ und erhält

$$m\dot{\boldsymbol{v}} \cdot \boldsymbol{v} = \frac{m}{2}\frac{\mathrm{d}}{\mathrm{d}t}(\boldsymbol{v}^2) = q\boldsymbol{E} \cdot \boldsymbol{v} + 0 \ ,$$

da das Spatprodukt mit zwei gleichen Vektoren verschwindet. Diese Gleichung besagt: Nur das elektrische Feld bewirkt eine Änderung der kinetischen Energie. Um den Energiesatz selbst zu gewinnen, benutzt man die Relation

$$\frac{\mathrm{d}}{\mathrm{d}t}V(\boldsymbol{r}(t)) = \boldsymbol{\nabla}V \cdot \frac{\mathrm{d}\boldsymbol{r}}{\mathrm{d}t} = -\boldsymbol{E} \cdot \boldsymbol{v} \ ,$$

die aus der Anwendung der Kettenregel auf das Potential folgt, zur Umschreibung des Produktes $\boldsymbol{E} \cdot \boldsymbol{v}$. Das Resultat lautet

$$\frac{m}{2}v^2 + qV = \text{const.}$$

Das $\boldsymbol{B}$-Feld trägt zu der Energiebilanz nicht bei, da die magnetischen Kräfte senkrecht zu der momentanen Bewegungsrichtung sind.

Ausgehend von dem Lorentzschen Kraftgesetz kann man die Kraftwirkung eines magnetischen Feldes auf einen stromdurchflossenen Leiter diskutieren. Man benutzt dazu das Argument: Ein elektrischer Strom in einer gegebenen Richtung entspricht der Bewegung von Elektronen in der Gegenrichtung (Abb. 5.37). Die bewegten Elektronen erfahren in einem Magnetfeld eine Lorentzkraft. Die Kraftwirkung wird durch Stöße der Elektronen mit den Gitterionen des Materials auf das Leiterstück übertragen. Greift man aus dem Leiter ein Volumenelement $\mathrm{d}V$ heraus (Abb. 5.37), so kann man schreiben

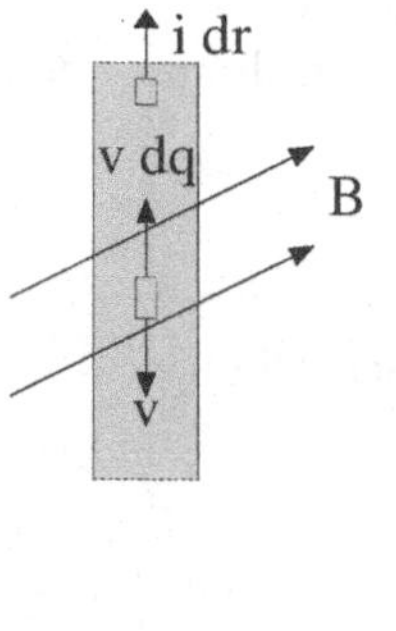

Abb. 5.37. Anwendung der Biot-Savart Formel zur Berechnung der Kraftwirkung eines Magnetfeldes auf einen stromdurchflossenen Leiter

$$\mathrm{d}q\,\boldsymbol{v} = \left(\frac{\mathrm{d}q}{\mathrm{d}t}\right)\mathbf{d}\boldsymbol{r} = i\,\mathbf{d}\boldsymbol{r} = \boldsymbol{j}\,\mathrm{d}V\,.$$

Die Kraftwirkung auf dieses Volumenelement ist

$$\mathrm{d}\boldsymbol{F}_{\mathrm{magn}} = \mathrm{d}q\,k_f\,[\boldsymbol{v}\times\boldsymbol{B}] = k_f\,[\boldsymbol{j}(\boldsymbol{r})\times\boldsymbol{B}(\boldsymbol{r})]\,\mathrm{d}V\,.$$

Die Kraftwirkung auf den gesamten Leiter ist somit

$$\boldsymbol{F}_{\mathrm{Leiter}} = k_f \iiint_{V_{\mathrm{Leiter}}} [\boldsymbol{j}(\boldsymbol{r})\times\boldsymbol{B}(\boldsymbol{r})]\,\mathrm{d}V\,. \tag{5.51}$$

Ist der Leiter dünn genug, so kann man die Biot-Savart Ersetzung $\boldsymbol{j}\,\mathrm{d}V \longrightarrow i\,\mathbf{d}\boldsymbol{r}$ benutzen

$$\boldsymbol{F}_{\mathrm{Leiter}} = i\,k_f \int_{\mathrm{Leiter}} [\mathbf{d}\boldsymbol{r}\times\boldsymbol{B}(\boldsymbol{r})]\,. \tag{5.52}$$

Für die Kraftwirkung auf eine geschlossene Stromschleife in einem homogenen Magnetfeld (Abb. 5.38a) gilt unabhängig von der Geometrie

$$\boldsymbol{F}_S = i\,k_f \oint [\mathbf{d}\boldsymbol{r}\times\boldsymbol{B}] = 0\,. \tag{5.53}$$

Zum Beweis betrachtet man zunächst eine infinitesimale Rechteckschleife (Abb. 5.38b) und stellt fest: Die Beiträge von gegenüberliegenden Seiten heben sich in einem homogenen Feld auf. Eine beliebig geformte Schleife kann man als ein Stromnetz von Rechteckschleifen auffassen (Abb. 5.38c).

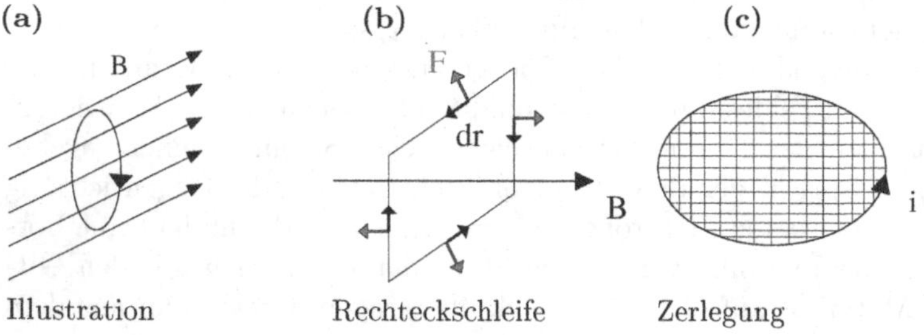

Abb. 5.38. Stromschleife im homogenen Magnetfeld

Für das Drehmoment auf eine geschlossene Schleife in einem homogenen Magnetfeld findet man hingegen

$$\boldsymbol{D} = \int \mathbf{d}\boldsymbol{D} = \oint [\boldsymbol{r}\times\mathbf{d}\boldsymbol{F}_S] = i\,k_f \oint [\boldsymbol{r}\times(\mathbf{d}\boldsymbol{r}\times\boldsymbol{B})]\,.$$

Das dreifache Vektorprodukt lässt sich folgendermaßen umschreiben

$$\boldsymbol{r}\times(\mathbf{d}\boldsymbol{r}\times\boldsymbol{B}) = \frac{1}{2}\mathrm{d}\,(\boldsymbol{r}\times(\boldsymbol{r}\times\boldsymbol{B})) + \frac{1}{2}\,((\boldsymbol{r}\times\mathbf{d}\boldsymbol{r})\times\boldsymbol{B})\,.$$

Der Beitrag des totalen Differentials verschwindet für eine geschlossene Kurve und es bleibt

$$\boldsymbol{D} = \frac{i\,k_f}{2} \oint [\boldsymbol{r} \times \mathbf{d}\boldsymbol{r}] \times \boldsymbol{B} = \boldsymbol{m} \times \boldsymbol{B}\,. \tag{5.54}$$

Auf eine geschlossene Stromschleife in einem homogenen Magnetfeld wirkt ein Drehmoment. Dieses Drehmoment bewirkt eine Ausrichtung des magnetischen Dipolmomentes der Schleife in Feldrichtung. Diese Aussage folgt aus der Betrachtung der potentiellen Energie

$$U = \int^{\varphi} \boldsymbol{D}(\varphi')\mathbf{d}\boldsymbol{\varphi}' = mB \int^{\varphi} \sin\varphi' \mathrm{d}\varphi'$$

$$= -mB\cos\varphi = -\boldsymbol{m}\cdot\boldsymbol{B}\,. \tag{5.55}$$

Die potentielle Energie ist minimal falls die Vektoren $\boldsymbol{B}$ und $\boldsymbol{m}$ parallel sind. Eine Orientierung von $\boldsymbol{m}$ antiparallel zu $\boldsymbol{B}$ entspricht einer instabilen Konstellation (Abb. 5.39).

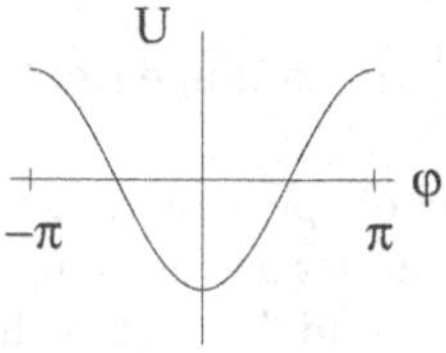

Abb. 5.39. Potentielle Energie eines magnetischen Dipols im homogenen Magnetfeld

Im nächsten Schritt gilt es, die wechselseitige magnetische Kraftwirkung zwischen zwei bewegten Punktladungen zu analysieren. Eine Momentaufnahme der Situation, die zu diskutieren ist, sieht folgendermaßen aus: Zwei Ladungen q_1 und q_2 befinden sich an den Stellen $\boldsymbol{r}_1$ und $\boldsymbol{r}_2$ (Abb. 5.40a). Die Momentangeschwindigkeiten sind $\boldsymbol{v}_1$ und $\boldsymbol{v}_2$. Jede der bewegten Ladungen erzeugt an der Stelle der anderen Ladung ein Magnetfeld. Dieses Feld kann man mit Hilfe der Biot-Savart Formel (5.19) angeben, indem man

$i\mathbf{d}\boldsymbol{s}'$ durch $q\boldsymbol{v}$

ersetzt. Es ist dann

$$\boldsymbol{B}_1(\boldsymbol{r}_2) = q_1\,k_m \frac{\boldsymbol{v}_1 \times \boldsymbol{r}_{12}}{r_{12}^3} \qquad \text{(Feld von } q_1 \text{ an Stelle } \boldsymbol{r}_2)$$

$$\boldsymbol{B}_2(\boldsymbol{r}_1) = q_2\,k_m \frac{\boldsymbol{v}_2 \times \boldsymbol{r}_{12}}{r_{12}^3} \qquad \text{(Feld von } q_2 \text{ an Stelle } \boldsymbol{r}_1)\,.$$

Mit der Lorentzformel (5.48) erhält man für die wechselseitige magnetische Kraftwirkung

$$\boldsymbol{F}^{\text{magn}}_{1\,\text{auf}\,2} = -q_1 q_2\,k_f\,k_m\,[\boldsymbol{v}_2 \times (\boldsymbol{v}_1 \times \boldsymbol{r}_{12})]\,\frac{1}{r_{12}^3}$$

$$\boldsymbol{F}^{\text{magn}}_{2\,\text{auf}\,1} = q_1 q_2\,k_f\,k_m\,[\boldsymbol{v}_1 \times (\boldsymbol{v}_2 \times \boldsymbol{r}_{12})]\,\frac{1}{r_{12}^3}\,. \tag{5.56}$$

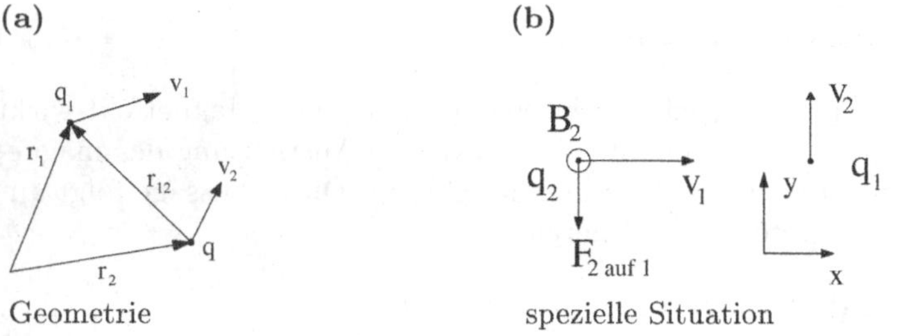

Abb. 5.40. Magnetische Kraftwirkung zwischen bewegten Ladungen

Die vektorielle Struktur ist einigermaßen verwickelt, so dass man nicht sofort einsieht, dass im Allgemeinen

$$\boldsymbol{F}^{\text{magn}}_{2\,\text{auf}\,1} \neq \boldsymbol{F}^{\text{magn}}_{1\,\text{auf}\,2}$$

ist. Die magnetische Kraftwirkung zwischen zwei bewegten Ladungen entspricht nicht dem dritten Newtonschen Axiom.

Um die Aussage zu illustrieren, genügt es, eine (mögliche) spezielle Situation zu betrachten: Die Ladung q_1 bewegt sich momentan in der x-Richtung, die Ladung q_2 befindet sich momentan auf der x-Achse und bewegt sich senkrecht dazu in der y-Richtung. Es gilt dann (Abb. 5.40b)

(i) Das Feld $\boldsymbol{B}_1$ verschwindet momentan $\boldsymbol{B}_1 = \boldsymbol{0}$, da $\boldsymbol{v}_1$ und $\boldsymbol{r}_{12}$ antiparallel sind. Somit ist auch $\boldsymbol{F}^{\text{magn}}_{1\,\text{auf}\,2} = \boldsymbol{0}$.
(ii) Da $\boldsymbol{v}_2$ und $\boldsymbol{r}_{12}$ orthogonal sind, verschwindet das Feld $\boldsymbol{B}_2$ nicht. Der Kraftvektor $\boldsymbol{F}^{\text{magn}}_{2\,\text{auf}\,1}$ ist dann ebenfalls ungleich $\boldsymbol{0}$.

Bei Einbeziehung der magnetischen Wechselwirkung für die Bewegung zweier geladener Teilchen ist weder der Impulssatz noch der Drehimpulssatz gültig. Man kann jedoch die Angelegenheit in Ordnung bringen, indem man dem Feld selbst einen Impuls zuordnet (siehe Kap. 6.4.2). Die Diskussion der Erhaltungssätze betrifft dann die Teilchen sowie die von ihnen erzeugten Felder.

Das Ergebnis (5.56) kann benutzt werden, um die wechselseitige, magnetische Wechselwirkung zweier dünner stromdurchflossener Leiterstücke (z.B. zwei Stromschleifen) zu diskutieren (Abb. 5.41a). Man muss zu diesem Zweck in (5.56) nur den Faktor $q\,\boldsymbol{v}$ durch $dq\,\boldsymbol{v}$ und diesen wiederum durch $i\,\mathbf{d}\boldsymbol{r}$ ersetzen, sowie über die Beiträge aller infinitesimalen Leiterelemente summieren. Man erhält dann für die Kraft der Schleife 1 auf Schleife 2

$$\boldsymbol{F}^{\text{magn}}_{1\,\text{auf}\,2} = -i_1 i_2\; k_f\, k_m \oint\!\!\oint \Big[\mathbf{d}\boldsymbol{r}_1 \times [\mathbf{d}\boldsymbol{r}_2 \times (\boldsymbol{r}_1 - \boldsymbol{r}_2)]\Big]\frac{1}{r_{12}^3}$$

und entsprechend (5.57)

$$\boldsymbol{F}^{\text{magn}}_{2\,\text{auf}\,1} = i_1 i_2\; k_f\, k_m \oint\!\!\oint \Big[\mathbf{d}\boldsymbol{r}_2 \times [\mathbf{d}\boldsymbol{r}_1 \times (\boldsymbol{r}_1 - \boldsymbol{r}_2)]\Big]\frac{1}{r_{12}^3}\,.$$

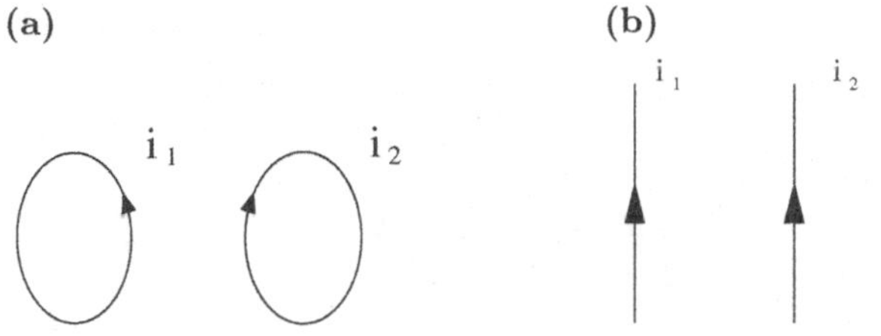

Abb. 5.41. Zur Gültigkeit des 3. Newtonschen Axioms für magnetische Kraftwirkungen

Diese integrierte Kraftwirkung genügt wieder dem dritten Axiom, vorausgesetzt die Schleifen sind geschlossen oder die Leiterstücke reichen bis ins Unendliche (Abb. 5.41b). Zum Beweis dieser Aussage benutzt man z.B. die Darstellung des doppelten Vektorproduktes

$$[\mathbf{d}\boldsymbol{r}_2 \times (\mathbf{d}\boldsymbol{r}_1 \times \boldsymbol{r}_{12})] = -(\mathbf{d}\boldsymbol{r}_2 \cdot \mathbf{d}\boldsymbol{r}_1)\,\boldsymbol{r}_{12} + (\mathbf{d}\boldsymbol{r}_2 \cdot \boldsymbol{r}_{12})\,\mathbf{d}\boldsymbol{r}_1 \,.$$

Damit folgt für $\boldsymbol{F}^{\text{magn}}_{2\,\text{auf}\,1}$

$$\boldsymbol{F}^{\text{magn}}_{2\,\text{auf}\,1} = -i_1 i_2\, k_f\, k_m \oint\!\!\oint (\mathbf{d}\boldsymbol{r}_2 \cdot \mathbf{d}\boldsymbol{r}_1)\,\frac{\boldsymbol{r}_{12}}{r_{12}^3} + i_1 i_2\, k_f\, k_m \oint \mathbf{d}\boldsymbol{r}_1 \oint \frac{(\mathbf{d}\boldsymbol{r}_2 \cdot \boldsymbol{r}_{12})}{r_{12}^3} \,.$$

Das innere Integral des zweiten Terms ist ein Kurvenintegral über ein (elektrisches) Punktladungsfeld. Das Integral verschwindet für eine geschlossene Kurve oder für eine Situation mit unendlichen Grenzen. Unter diesen Voraussetzungen verbleibt also nur der erste Term. Entsprechend erhält man (vertausche die Indizes 1 und 2 an den Differentialen) für die Kraft $\boldsymbol{F}^{\text{magn}}_{1\,\text{auf}\,2}$

$$\boldsymbol{F}^{\text{magn}}_{1\,\text{auf}\,2} = i_1 i_2\, k_f\, k_m \oint\!\!\oint (\mathbf{d}\boldsymbol{r}_1 \cdot \mathbf{d}\boldsymbol{r}_2)\,\frac{\boldsymbol{r}_{12}}{r_{12}^3} + \mathbf{0} \,. \tag{5.58}$$

Da in den Skalarprodukten die Reihenfolge der Faktoren vertauschbar ist, folgt

$$\boldsymbol{F}^{\text{magn}}_{1\,\text{auf}\,2} = -\boldsymbol{F}^{\text{magn}}_{2\,\text{auf}\,1} \,.$$

Es bleibt noch zu erwähnen, dass ein Kraftgesetz wie (5.57) bzw. (5.58) die Basis für die Definition der Einheit 1 Ampère ist (siehe D.tail 5.6).

Aufgaben

Die Berechnung von Magnetfeldern kann anhand von 7 Aufgaben geübt werden. Es sind die magnetische Induktion und Feldstärke für 3 verschiedene Spulen zu betrachten, sowie von 4 verschiedenen, kugel- oder zylinderförmigen, magnetisierten Objekten.

6 Elektrodynamik: Grundlagen

Elektrische und magetische Felder sind in dynamischen (zeitabhängigen) Situationen gekoppelt. Die Tatsache, dass ein zeitlich veränderliches Magnetfeld ein zeitlich veränderliches elektrisches Feld und ein zeitlich veränderliches elektrisches Feld ein zeitlich veränderliches Magnetfeld induziert, wird in den Maxwellgleichungen erfasst. In einer stationären Situation, die durch

$$\frac{\partial \boldsymbol{B}(\boldsymbol{r},t)}{\partial t} = \boldsymbol{0} \quad \text{und} \quad \frac{\partial \boldsymbol{E}(\boldsymbol{r},t)}{\partial t} = \boldsymbol{0}$$

charakterisiert ist, separieren die Maxwellgleichungen in die bisher diskutierten Sätze von Differentialgleichungen für die stationären Felder.

Die Aufbereitung der Maxwellgleichungen beginnt mit der Diskussion der experimentellen Grundlage der Elektrodynamik, dem Induktionsgesetz (Kap. 6.1). Eine Variante dieses Gesetzes entspricht letztlich einer der vier Maxwellgleichungen, die in Kap. 6.2, auf der Basis einer Argumentation, die auf J.C. Maxwell zurückgeht, zusammengestellt werden. Der physikalische Gehalt dieser Gleichungen wird in zwei (nicht eigens markierten) Abschnitten vorgestellt. Die homogenen oder freien Maxwellgleichungen (zuständig für Raumgebiete, in denen keine Quellen wie zeitlich veränderliche Ladungen und Ströme vorhanden sind) entsprechen Wellengleichungen. Deren Lösung beschreibt die Ausbreitung von elektromagnetischen Wellen (Kap. 6.3). Die Lösung der inhomogenen oder vollständigen Maxwellgleichungen ist für die Frage nach der Erzeugung von elektromagnetischen Wellen durch zeitlich veränderliche Ladungen und Ströme, dem Senderproblem, gefragt. Als Vorspann wird in Kap. 6.4 der Energie- und der Impulssatz der Elektrodynamik diskutiert. Die elektromagnetischen Felder transportieren Energie und Impuls. Eine ökonomische Formulierung des Senderproblems erfordert die Betrachtung von elektromagnetischen Potentialen (Kap. 6.5), die zur Lösung der inhomogenen Wellengleichung (Kap. 6.6) herangezogen werden. Anwendungen der Elektrodynamik, wie z.B. die Diskussion von optischen Problemen oder die Formulierung der Wirkungsweise eines Transformators, etc. findet man in Kap. 7.

6.1 Induktionsgesetze

Die Induktionsgesetze, die ab 1831 von Michael Faraday untersucht wurden, haben wesentlich zur Begründung der Elektrodynamik beigetragen. Die Elektrodynamik selbst wurde, nach einigen Vorarbeiten über die Erkenntnisse Faraday's, von James Clark Maxwell[1] erarbeitet.

In dem folgenden Abschnitt werden die Induktionsgesetze erläutert, die die Erzeugung eines zeitabhängigen elektrischen Feldes durch ein zeitlich veränderliches Magnetfeld beschreiben. Ausgehend von den experimentellen Ergebnissen, wird mit Hilfe des Feldbegriffes eine abstraktere Fassung gewonnen. Ein Aspekt, der bei der Induktion auftritt, ist die Rückwirkung des elektrischen Feldes auf das erzeugende Magnetfeld, der sich in der Selbstinduktion von Stromschleifen oder von Spulen äußert.

6.1.1 Varianten des Faradayschen Gesetzes

Die Grundexperimente zur Induktion lassen sich in der folgenden Weise zusammenfassen: Ein Magnetfeld greift durch eine Stromschleife (Abb. 6.1a). Ändert sich das Magnetfeld in der Zeit, so findet man, dass in der Schleife ein zeitabhängiger Strom induziert wird

$$\boldsymbol{B}(t) \quad \longrightarrow \quad i_{\text{Schleife}}(t)\ .$$

Die Änderung des Magnetfeldes kann man entweder erreichen, indem man einen Permanentmagneten bewegt oder das Magnetfeld einer Spule über den Spulenstrom variiert. Als Varianten kann man die Schleife auch in einem inhomogenen Magnetfeld bewegen, sie in einem (homogenen) Magnetfeld drehen oder die Form der Schleife mit der Zeit ändern. Man beobachtet bei allen Varianten ebenfalls einen induzierten Strom in der Schleife.

Die Vielfalt der Möglichkeiten kann man zusammenfassen, wenn man den magnetischen Fluss durch die Schleife betrachtet

$$\phi_B(t) = \iint_{\text{F}} \boldsymbol{B}(\boldsymbol{r},t) \cdot \mathbf{d}\boldsymbol{f}\ .$$

In jedem der Fälle wird der magnetische Fluss geändert, und zwar indem man das Feld $\boldsymbol{B}$, die Schleifenfläche F oder den Winkel zwischen dem Feld $\boldsymbol{B}$ und dem infinitesimalen Flächenelement $\mathbf{d}\boldsymbol{f}$ variiert. Man kann das Ergebnis der Induktionsversuche somit in der Form schreiben

$$i_{\text{ind}}(t) = -k' \frac{\text{d}}{\text{d}t}\phi_B(t) \qquad (k' > 0)\ . \tag{6.1}$$

Das Vorzeichen auf der rechten Seite entspricht der **Lenzschen Regel**. Diese besagt: Die in dem Induktionsprozess erzeugten Ströme sind so gerichtet, dass ihr Magnetfeld sich der Änderung des induzierenden Feldes widersetzt.

---

[1] 1865 in dem Werk 'Dynamical Theory of the Electromagnetic Field', beziehungsweise zusammenfassend in dem 1873 erschienen 'Treatise on Electricity and Magnetism'.

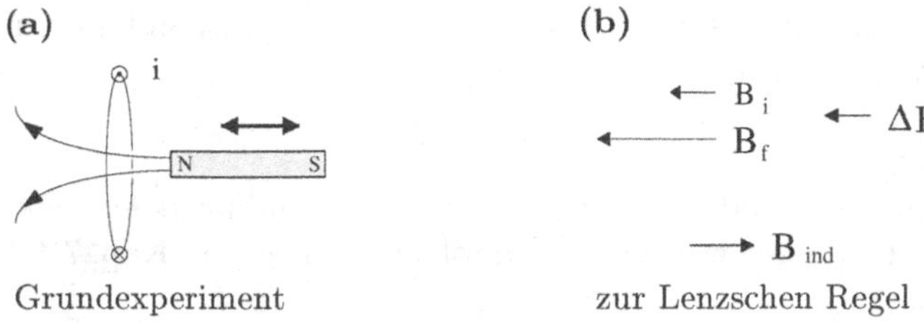

Abb. 6.1. Induktionsgesetze

Hinter dieser Regel steht der Energiesatz. Bewegt man z.B. den Nordpol eines Permanentmagneten auf eine ebene Schleife zu, so zeigt die Magnetfeldänderung (gemäß Abb. 6.1a) nach links. Das Magnetfeld des induzierten Stromes $\boldsymbol{B}_{\mathrm{ind}}$ muss dann nach rechts zeigen und der Strom muss in der angedeuteten Weise fließen (Abb. 6.1b). Wäre das induzierte Feld $\boldsymbol{B}_{\mathrm{ind}}$ ein Vektor in der entgegengesetzten Richtung, so würde der Magnet bei dem minimalsten Anstoß in die Schleife gezogen. Man würde mechanische Energie ohne Kostenaufwand gewinnen.

Um die Proportionalitätskonstante k' zu diskutieren, geht man mit Ohm's Gesetz (S. 160, (5.7)) von dem induzierten Strom zu einer Aussage über die induzierte Spannung über

$$U_{\mathrm{ind}}(t) = R\, i_{\mathrm{ind}}(t) = -(k'R)\frac{\mathrm{d}}{\mathrm{d}t}\phi_B(t)$$

oder

$$U_{\mathrm{ind}}(t) = -k_{\mathrm{ind}}\frac{\mathrm{d}}{\mathrm{d}t}\phi_B(t) \qquad \text{(Faradaygesetz, erste Fassung)}\,. \tag{6.2}$$

Dies ist die Form des **Faradayschen Gesetzes**, die in der praktischen Anwendung nützlich ist. Die induzierte Spannung könnte man messen, indem man die Schleife öffnet und ein Voltmeter anschließt. Zur Festlegung der Konstanten k_{ind} ist eine kurze Dimensionsbetrachtung ausreichend[2]. Im SI System gewinnt man wegen

$$[U] = \left[\frac{\mathrm{kg}\cdot\mathrm{m}^2}{\mathrm{C}\cdot\mathrm{s}^2}\right] \quad \text{und} \quad [\phi_B] = \left[\frac{\mathrm{kg}\cdot\mathrm{m}^2}{\mathrm{C}\cdot\mathrm{s}}\right]$$

die Ausage $k_{\mathrm{ind,\,SI}} = 1$. Im CGS System ergibt sich mit

$$[U] = \left[\frac{\mathrm{g}^{1/2}\cdot\mathrm{cm}^{1/2}}{\mathrm{s}}\right] \quad \text{und} \quad [\phi_B] = \left[\frac{\mathrm{g}^{1/2}\cdot\mathrm{cm}^{3/2}}{\mathrm{s}}\right]$$

für die Maßeinheit der Konstanten $[k_{\mathrm{ind,\,CGS}}] = \mathrm{s/cm}$. Es ist deswegen nicht verwunderlich (siehe auch S. 236), dass die Konstante den Wert

[2] Eine vollständigere Begründung für die Wahl der Konstanten findet man in Anh. A.

$k_{\text{ind, CGS}} = 1/c$ hat. Man findet somit, dass die Konstante k_{ind} mit der in Kap. 5.2 eingeführten Konstante k_f identisch ist

$$k_{\text{ind}} \equiv k_f \ .$$

Die praktische Form des Faradaygesetzes ist eine der Grundlagen der Elektrotechnik. Einige Anwendungen werden in dem folgenden Kapitel (Kap. 7.1.1 und 7.1.2) vorgestellt.

Eine Form des Faradayschen Gesetzes, die für die theoretische Diskussion angemessener ist, erhält man, indem man die induzierte Spannung durch ein Kurvenintegral über ein elektrisches Feld darstellt

$$U_{\text{ind}}(t) = \oint_{\text{K}} \boldsymbol{E}(\boldsymbol{r}, t) \cdot \mathbf{d}\boldsymbol{r} \ .$$

Diese Gleichung besagt, dass dieses elektrische Feld nicht wirbelfrei ist. Es bewirkt den Ladungstransport, der zu dem Induktionsstrom führt. Die theoretisch nützlichere Form des Induktionsgesetzes (6.2) lautet

$$\oint_{\text{K}} \boldsymbol{E}(\boldsymbol{r}, t) \cdot \mathbf{d}\boldsymbol{r} = -k_f \frac{\mathrm{d}}{\mathrm{d}t} \iint_{\text{F(K)}} \boldsymbol{B}(\boldsymbol{r}, t) \cdot \mathbf{d}\boldsymbol{f} \ . \tag{6.3}$$

Das Kurvenintegral ist über den Rand der Fläche zu nehmen, über der der Fluss geändert wird. Die Orientierungen der Vektoren $\mathbf{d}\boldsymbol{r}$ und $\mathbf{d}\boldsymbol{f}$ sind nach der üblichen Absprache (Rechte Handregel) aufeinander abgestimmt (Abb. 6.2). Um die Variante (6.3) des Faradaygesetzes weiter zu diskutieren, abstrahiert man von dieser immer noch an der Praxis orientierten Form in der folgenden Weise. Man bemerkt, dass auch ohne die Drähte, in denen das induzierte Wirbelfeld sich durch Stromfluss bemerkbar macht, diese Gleichung gültig ist. Das Oberflächenintegral ist dann über eine beliebige Fläche mit einem *festen* Rand K zu nehmen. Somit wirkt die Zeitableitung nur auf das $\boldsymbol{B}$-Feld und man kann die rechte Seite dieser Gleichung umschreiben

$$\oint_{K} \boldsymbol{E}(\boldsymbol{r}, t) \cdot \mathbf{d}\boldsymbol{r} = -k_f \iint_{F(K)} \frac{\partial}{\partial t} \boldsymbol{B}(\boldsymbol{r}, t) \cdot \mathbf{d}\boldsymbol{f} \ .$$

Formt man noch das Kurvenintegral mit dem Satz von Stokes um, so folgt

$$\iint_{F(K)} \boldsymbol{\nabla} \times \boldsymbol{E}(\boldsymbol{r}, t) \cdot \mathbf{d}\boldsymbol{f} = -k_f \iint_{F(K)} \frac{\partial}{\partial t} \boldsymbol{B}(\boldsymbol{r}, t) \cdot \mathbf{d}\boldsymbol{f} \ .$$

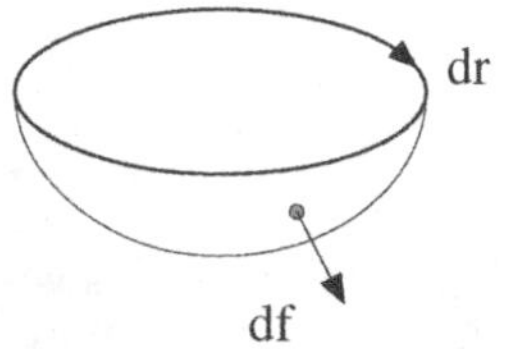

Abb. 6.2. Zum Faradaygesetz, 2. Fassung

Mit dem Argument, dass $F(K)$ bei festem Rand beliebig wählbar ist, erhält man eine *differentielle Form* des Faradayschen Gesetzes

$$\boldsymbol{\nabla} \times \boldsymbol{E}(\boldsymbol{r},t) = -k_f \frac{\partial}{\partial t}\boldsymbol{B}(\boldsymbol{r},t) \qquad \text{(Faradaygesetz, zweite Fassung)} . \quad (6.4)$$

Diese Gleichung beschreibt den Sachverhalt: Ein zeitlich veränderliches $\boldsymbol{B}$-Feld erzeugt ein elektrisches Wirbelfeld. Für stationäre Magnetfelder erhält man wieder Wirbelfreiheit

$$\frac{\partial B}{\partial t} = \mathbf{0} \qquad \longrightarrow \qquad \boldsymbol{\nabla} \times \boldsymbol{E}(\boldsymbol{r}) = \mathbf{0} .$$

Die Frage, ob diese Abstraktion korrekt ist, muss jedoch überprüft werden. Die einfachen Induktionsexperimente mit Stromschleifen lassen diese Interpretation zu, beweisen sie jedoch nicht eindeutig. Die Korrektheit der Abstraktion ergibt sich im Endeffekt durch den Erfolg der Maxwellgleichungen. Vor einer detaillierteren Diskussion dieses vollständigen Satzes von Grundgleichungen der Elektrodynamik sind, auf der Basis der praktischen Form des Faradayschen Gesetzes, noch einige Bemerkungen zu dem Begriff der Selbstinduktion zu notieren.

6.1.2 Selbst- und Wechselinduktion

Ein Ringstrom i erzeugt ein Magnetfeld $\boldsymbol{B}$, das durch die Ringfläche F selbst greift (Abb. 6.3). Ändert sich der Strom mit der Zeit, so ändert sich auch das Magnetfeld mit der Zeit und das zeitlich veränderliche Magnetfeld wirkt per Induktion auf den Ringstrom zurück. Man bezeichnet diesen Effekt als **Selbstinduktion**.

Um die Situation quantitativ zu fassen, berechnet man den magnetischen Fluss durch die Fläche F, indem man das von i erzeugte Magnetfeld mit der stationären Biot-Savart Formel (5.18) ansetzt, wobei über den (genügend dünnen) Ring, oder allgemein eine Schleife K, zu integrieren ist

$$\phi_B(t) = \iint_F \boldsymbol{B}(\boldsymbol{r}) \cdot \mathbf{d}\boldsymbol{f} = \left\{ k_m \iint_F \oint_K \frac{\mathbf{d}\boldsymbol{r}' \times (\boldsymbol{r}-\boldsymbol{r}')}{|\boldsymbol{r}-\boldsymbol{r}'|^3} \cdot \mathbf{d}\boldsymbol{f} \right\} i(t) = \gamma\, i(t) .$$

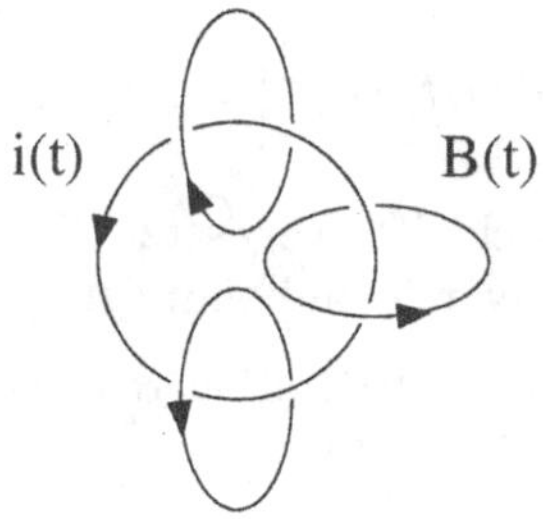

Abb. 6.3. Selbstinduktion

Die Konstante γ ist im Prinzip berechenbar, sie hängt nur von der Geometrie der Schleife ab. Befindet sich die Schleife in einem magnetisierbaren Material, so ist der Fluss ϕ_B im Fall der einfachsten Materialgleichung durch $(\mu\,\phi_B)$ zu ersetzen.

Eine einfachere Darstellung der Situation gewinnt man, wenn man das Magnetfeld durch das Vektorpotential ersetzt[3]. Es folgt dann mit dem Satz von Stokes

$$\phi_B(t) = \iint_F \boldsymbol{B}(\boldsymbol{r},t)\cdot \mathbf{d}\boldsymbol{f} = \iint_F (\boldsymbol{\nabla}\times \boldsymbol{A}(\boldsymbol{r},t))\cdot \mathbf{d}\boldsymbol{f} = \oint_K \boldsymbol{A}(\boldsymbol{r},t)\cdot \mathbf{d}\boldsymbol{r}$$

und mit der Biot-Savartformel (5.27) für das Vektorpotential die Relation

$$\phi_B(t) = k_m \oint_K \oint_{K'} \frac{\mathbf{d}\boldsymbol{r}\cdot \mathbf{d}\boldsymbol{r}'}{|\boldsymbol{r}-\boldsymbol{r}'|}\, i(t) = \gamma\, i(t)\ .$$

Geht man mit dieser Formel in das Faradaygesetz (6.2) ein, so folgt

$$U_{\text{ind}}(t) = -k_f \frac{\mathrm{d}\phi_B(t)}{\mathrm{d}t} = -\gamma k_f \frac{\mathrm{d}}{\mathrm{d}t} i(t) = -L\frac{\mathrm{d}}{\mathrm{d}t} i(t)\ . \tag{6.5}$$

Die konstante Größe L, die wahlweise durch

$$L = k_f k_m \iint_F \oint_K \frac{\mathbf{d}\boldsymbol{r}'\times(\boldsymbol{r}-\boldsymbol{r}')}{|\boldsymbol{r}-\boldsymbol{r}'|^3}\cdot \mathbf{d}\boldsymbol{f} = k_f k_m \oint_K \oint_{K'} \frac{\mathbf{d}\boldsymbol{r}\cdot \mathbf{d}\boldsymbol{r}'}{|\boldsymbol{r}-\boldsymbol{r}'|} \tag{6.6}$$

gegeben ist, bezeichnet man als den **Selbstinduktionskoeffizienten**, oder kurz die Selbstinduktion. Die Einheiten in den beiden Maßsystemen sind

$$[L]_{\text{CGS}} = \frac{\text{statvolt}}{\text{statamp/s}} = \frac{\text{s}^2}{\text{cm}}\ .$$

Im SI System gilt eine entsprechende Aussage und es ist

$$[L]_{\text{SI}} = \frac{\text{V}}{\text{A/s}} = 1\,\text{Henry}\ .$$

Der Umrechnungsfaktor ist (in guter Näherung)

$$[L]_{\text{SI}} = \frac{1}{9}\cdot 10^{11}\,[L]_{\text{CGS}}\ .$$

Hat man n Stromschleifen mit den Strömen $i_1(t), i_2(t), \ldots$, so erzeugen diese Ströme in der k-ten Schleife einen Fluss

$$\phi_k(t) = \iint_{F(k)} \sum_{l=1}^{n} [\boldsymbol{B}_l(\boldsymbol{r}_l,t)\cdot \mathbf{d}\boldsymbol{f}_k] = \oint_{K(k)} \sum_{l=1}^{n} [\boldsymbol{A}_l(\boldsymbol{r}_l,t)\cdot \mathbf{d}\boldsymbol{r}_k]\ .$$

Jede Stromschleife ist dem Fluss jeder anderen Stromschleife ausgesetzt. Für dünne Stromschleifen kann man wiederum die Biot-Savartform benutzen

[3] In Kap. 6.2 wird gezeigt, dass die dynamische Erweiterung der stationären Relation $\boldsymbol{B}(\boldsymbol{r}) = \boldsymbol{\nabla}\times\boldsymbol{A}(\boldsymbol{r})$ die Gleichung $\boldsymbol{B}(\boldsymbol{r},t) = \boldsymbol{\nabla}\times\boldsymbol{A}(\boldsymbol{r},t)$ ist.

$$\phi_k(t) = \sum_{l=1}^{n} k_m \oint_{K(l)} \oint_{K(k)} \frac{\mathbf{d}\boldsymbol{r}_l \cdot \mathbf{d}\boldsymbol{r}_k}{|\boldsymbol{r}_l - \boldsymbol{r}_k|}\, i_l(t) \ ,$$

so dass sich mit dem Induktionsgesetz für die in der k-ten Schleife induzierte Spannung die Aussage

$$U_k(t) = -\sum_{l=1}^{n} L_{kl} \frac{\mathrm{d}i_l(t)}{\mathrm{d}t} \tag{6.7}$$

ergibt. Die Größen L_{kk} entsprechen der oben diskutierten Selbstinduktion. Die Größen L_{kl} $(l \neq k)$ bezeichnet man als **Wechsel-** oder **Gegeninduktionskoeffizienten**. Sie sind (einfache Materialgleichung im gesamten Raum vorausgesetzt) durch

$$L_{kl} = \mu k_f k_m \oint_{K(l)} \oint_{K(k)} \frac{\mathbf{d}\boldsymbol{r}_l \cdot \mathbf{d}\boldsymbol{r}_k}{|\boldsymbol{r}_l - \boldsymbol{r}_k|} \tag{6.8}$$

zu berechnen. Offensichtlich gilt $L_{kl} = L_{lk}$. Die Berechnung der Wechselinduktion bereitet keine prinzipiellen Schwierigkeiten, da der Nenner in dieser Formel nicht singulär wird, falls die Schleifen wohl getrennt sind. Für die Berechnung der Selbstinduktion ist wegen der auftretenden Singularität Vorsicht oder ein alternatives Vorgehen geboten. Benutzt man z.B. die Näherungsformel für den Betrag des homogenen Feldes innerhalb eines Solenoids (siehe Kap. 5.2) mit N Windungen, der Länge l, dem Querschnitt F und einem magnetisierten Kern

$$\boldsymbol{B} = \frac{4\pi\mu k_m N}{l} i(t) \ ,$$

so erhält man wegen $\phi(t) = B(t)\,F$ und $U_{\mathrm{ind}}(t) = -N k_f \dot{\phi}(t)$ die Selbstinduktion

$$L = \frac{4\pi\mu F}{l} k_f k_m N^2 \ . \tag{6.9}$$

Die Selbstinduktion führt zu Verzögerungseffekten beim Ein- und Ausschalten von Stromkreisen. Für einen Stromkreis aus einer Spule (L) und einem Widerstand (R) (Abb. 6.4a) gilt die Aussage

$$U_W = R\,i = U_a + U_{\mathrm{ind}} \ .$$

Die Spannung U_W an dem Widerstand entspricht der Summe der angelegten Spannung U_a und der Spulenspannung U_{ind}. Daraus ergibt sich die Differentialgleichung des Stromkreises

$$L \frac{\mathrm{d}i(t)}{\mathrm{d}t} + Ri(t) = U_a(t) \ . \tag{6.10}$$

Ist $U_a = \mathrm{const.}$ (entsprechend einer gut geladenen Batterie) und gilt für den Einschaltvorgang die Anfangsbedingung $i(0) = 0$, so lautet die Lösung dieser einfachen linearen Differentialgleichung mit konstanten Koeffizienten

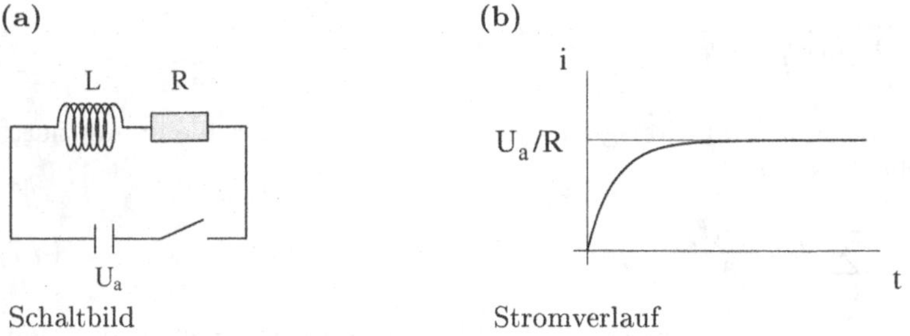

Abb. 6.4. Einschaltvorgang an einem L - R Stromkreis

$$i(t) = \frac{U_a}{R}\left(1 - \mathrm{e}^{-(R/L)t}\right) . \tag{6.11}$$

Hier wird der Verzögerungseffekt deutlich. Der Strom U_a/R wird erst nach einer Zeitverzögerung erreicht, die durch das Verhältnis R/L bestimmt ist (Abb. 6.4b). Von Interesse ist auch der Grenzfall $R \to 0$. In diesem Fall ist

$$i(t) = \frac{U_a}{R}\left(1 - 1 + \frac{R}{L}t + O(R^2)\right) \xrightarrow{R\to 0} \frac{U_a}{L}t .$$

Der Strom wächst unbegrenzt. Dieses Ergebnis begründet eine der Regeln im physikalischen Praktikum: Schließe nie ein Gerät ohne einen (oder mit einem geringen) inneren Widerstand an eine Spannungsquelle an. Die Eigenschaften von weiteren Wechselstromkreisen werden in den Aufgaben besprochen.

6.2 Die Maxwellschen Gleichungen

Es ist nützlich, mit einer Zusammenstellung der Feldgleichungen für den stationären Fall zu beginnen. Anschließend ist die Frage zu beantworten, welche Modifikationen im Fall von zeitlich veränderlichen Situationen notwendig sind. Für die stationäre elektromagnetische Welt wurden die folgenden Gleichungen diskutiert:

(1) Das Coulombgesetz in Gaußform

$$\operatorname{div} \boldsymbol{D}(\boldsymbol{r}) = 4\pi k_d\, \rho_w(\boldsymbol{r}) \qquad \boldsymbol{\nabla} \cdot \boldsymbol{D}(\boldsymbol{r}) = 4\pi k_d\, \rho_w(\boldsymbol{r}) .$$

Die dielektrische Verschiebung $\boldsymbol{D}$ wird durch die Verteilung der wahren Ladungen bestimmt.

(2) Das Ampèresche Gesetz

$$\operatorname{rot} \boldsymbol{H}(\boldsymbol{r}) = 4\pi k_h \boldsymbol{j}_w(\boldsymbol{r}) \qquad \boldsymbol{\nabla} \times \boldsymbol{H}(\boldsymbol{r}) = 4\pi k_h \boldsymbol{j}_w(\boldsymbol{r}) .$$

Die magnetische Feldstärke $\boldsymbol{H}$ wird durch die wahren (stationären) Ströme bestimmt.

(3) $\operatorname{rot} \boldsymbol{E}(\boldsymbol{r}) = \boldsymbol{0} \qquad \boldsymbol{\nabla} \times \boldsymbol{E}(\boldsymbol{r}) = \boldsymbol{0}\,.$

Das stationäre elektrische Feld $\boldsymbol{E}$ ist wirbelfrei. Es kann durch ein Skalarpotential dargestellt werden.

(4) $\operatorname{div} \boldsymbol{B}(\boldsymbol{r}) = 0 \qquad \boldsymbol{\nabla} \cdot \boldsymbol{B}(\boldsymbol{r}) = \boldsymbol{0}\,.$

Die magnetische Induktion $\boldsymbol{B}$ ist quellenfrei. Es gibt keine magnetischen Ladungen.

Neben den Feldgleichungen ist noch ein Satz von Gleichungen, der die realen, makroskopischen Felder $\boldsymbol{E}$ und $\boldsymbol{B}$ mit den Hilfsfeldern $\boldsymbol{D}$ und $\boldsymbol{H}$ verknüpft, zu betrachten

$$\boldsymbol{D}(\boldsymbol{r}) = \frac{k_d}{k_e}\boldsymbol{E}(\boldsymbol{r}) + 4\pi k_d\,\boldsymbol{P}(\boldsymbol{r})$$

$$\boldsymbol{B}(\boldsymbol{r}) = \frac{k_m}{k_h}\boldsymbol{H}(\boldsymbol{r}) + 4\pi\frac{k_m}{k_f}\,\boldsymbol{M}(\boldsymbol{r})\,.$$

Diese Aussagen sind brauchbar, wenn man mit einem (simplen oder realistischeren) Modell die Polarisation oder die Magnetisierung (d.h. die Respons des Materials) berechnet hat. In der Praxis ersetzt man diese mikroskopischen Relationen meist durch die empirischen Materialgleichungen (einfache Form)

$$\boldsymbol{D}(\boldsymbol{r}) = \varepsilon\frac{k_d}{k_e}\boldsymbol{E}(\boldsymbol{r}) \qquad \boldsymbol{B}(\boldsymbol{r}) = \mu\frac{k_m}{k_h}\boldsymbol{H}(\boldsymbol{r})\,.$$

Hinzu kommt die Aussage, z.B. in der differentiellen Form des Ohmschen Gesetzes, dass ein elektrisches Feld einen Stromfluss (z.B. in Leitern oder in einem Plasma) bedingen kann

$$\boldsymbol{j}_w(\boldsymbol{r}) = \sigma\boldsymbol{E}(\boldsymbol{r})\,.$$

Im stationären Fall sind elektrische und magnetische Effekte nur über den Stromfluss gekoppelt

$$\boldsymbol{\nabla} \times \boldsymbol{H}(\boldsymbol{r}) = 4\pi k_h \sigma \boldsymbol{E}(\boldsymbol{r})\,. \tag{6.12}$$

Diese Gleichung ergibt sich, wenn man das Ohmsche Gesetz in das Ampèrsche Gesetz einsetzt. Im dynamischen Fall liegt eine zusätzliche Kopplung von magnetischen und elektrischen Feldern vor: Ein zeitabhängiges Magnetfeld erzeugt ein elektrisches Feld. Diese Aussage wird durch das Induktionsgesetz ausgedrückt

$$\boldsymbol{\nabla} \times \boldsymbol{E}(\boldsymbol{r}, t) = -k_f\frac{\partial}{\partial t}\boldsymbol{B}(\boldsymbol{r}, t)\,.$$

Das Induktionsgesetz ist eine Erweiterung der Aussage über die Wirbelfreiheit des elektrischen Feldes, der Aussage (3) über stationäre Felder.

Die Frage lautet somit: Wie sind die Aussagen (1),(2) und (4) zu modifizieren, wenn zeitabhängige Phänomene vorliegen?

(1') Die einfachste Modifikation des Coulombgesetzes wäre

$$\boldsymbol{\nabla} \cdot \boldsymbol{D}(\boldsymbol{r}, t) = 4\pi k_d \, \rho_w(\boldsymbol{r}, t) \; . \tag{6.13}$$

Anstelle der stationären Ladungsverteilung liegt eine zeitlich veränderliche Ladungsverteilung vor. Als Beispiel könnte man an eine homogen geladene Kugel denken, die bewegt wird. Man erhält dann, entsprechend der obigen Gleichung, ein zeitlich veränderliches $\boldsymbol{D}$-Feld. Auf der anderen Seite stellt eine bewegte Ladung im Allgemeinen einen Strom $i(t)$ dar. Dieser verursacht ein Magnetfeld. Für die Beschreibung der Erzeugung von Magnetfeldern ist jedoch das Ampèresche Gesetz zuständig. Wenn man also zunächst einmal hofft, dass die einfachste Modifikation des Coulombgesetzes ausreicht, fällt die Hauptlast der Diskussion auf das

(2') Ampèresche Gesetz. Die einfachste Modifikation wäre

$$\boldsymbol{\nabla} \times \boldsymbol{H}(\boldsymbol{r}, t) = 4\pi k_h \boldsymbol{j}_w(\boldsymbol{r}, t) \; .$$

Diese Modifikation ist jedoch, wie das folgende einfache Argument zeigt, nicht ausreichend. Bildet man die Divergenz dieser Gleichung

$$\boldsymbol{\nabla} \cdot (\boldsymbol{\nabla} \times \boldsymbol{H}(\boldsymbol{r}, t)) = 4\pi k_h \boldsymbol{\nabla} \cdot \boldsymbol{j}_w(\boldsymbol{r}, t) \; ,$$

so findet man: Die linke Seite verschwindet, denn für jedes differenzierbare Vektorfeld ist

$$\boldsymbol{\nabla} \cdot (\boldsymbol{\nabla} \times \boldsymbol{H}(\boldsymbol{r}, t)) = 0 \; .$$

Die rechte Seite ist wegen der Kontinuitätsgleichung ungleich Null

$$\boldsymbol{\nabla} \cdot \boldsymbol{j}_w(\boldsymbol{r}, t) = -\frac{\partial \rho_w(\boldsymbol{r}, t)}{\partial t} \neq 0 \; .$$

Das Ampèresche Gesetz (2) ist nur im stationären Fall ($\partial \rho_w / \partial t = 0$) eine konsistente Aussage. Die einfachste dynamische Erweiterung ist nicht mit der Forderung nach Ladungserhaltung verträglich.

Ein Ausweg aus dem Dilemma wurde 1865 von J.C. Maxwell vorgeschlagen. Maxwells Argument kann man in der folgenden Weise zusammenfassen: Die Kontinuitätsgleichung kann man mit dem (einfach erweiterten) Coulombgesetz (6.13) in der folgenden Form kombinieren

$$\begin{aligned} 0 &= \boldsymbol{\nabla} \cdot \boldsymbol{j}_w(\boldsymbol{r}, t) + \frac{\partial \rho_w(\boldsymbol{r}, t)}{\partial t} = \boldsymbol{\nabla} \cdot \boldsymbol{j}_w(\boldsymbol{r}, t) + \frac{1}{4\pi k_d} \frac{\partial}{\partial t} (\boldsymbol{\nabla} \cdot \boldsymbol{D}(\boldsymbol{r}, t)) \\ &= \boldsymbol{\nabla} \cdot \left(\boldsymbol{j}_w(\boldsymbol{r}, t) + \frac{1}{4\pi k_d} \frac{\partial}{\partial t} \boldsymbol{D}(\boldsymbol{r}, t) \right) = 0 \; . \end{aligned}$$

Ersetzt man nun in dem Ampèreschen Gesetz die Stromdichte durch den Ausdruck in der Klammer, so gewinnt man eine konsistente Gleichung

$$\boldsymbol{\nabla} \times \boldsymbol{H}(\boldsymbol{r}, t) = 4\pi k_h \left(\boldsymbol{j}_w(\boldsymbol{r}, t) + \frac{1}{4\pi k_d} \frac{\partial}{\partial t} \boldsymbol{D}(\boldsymbol{r}, t) \right) \; . \tag{6.14}$$

Bei Divergenzbildung ergeben die linke wie die rechte Seite Null. Im stationären Fall ($\boldsymbol{D}(\boldsymbol{r},t) \to \boldsymbol{D}(\boldsymbol{r})$) geht diese Gleichung in das alte Ampèresche Gesetz über. Der zusätzliche Term beinhaltet die Aussage: Nicht nur die Stromdichte, sondern auch ein elektrisches Feld, das im freien Raum mit der Zeit variiert, kann ein magnetisches Wirbelfeld erzeugen. Definiert man die **Verschiebungsstromdichte** $\boldsymbol{j}_v$

$$\boldsymbol{j}_v(\boldsymbol{r},t) = \frac{1}{4\pi k_d}\frac{\partial}{\partial t}\boldsymbol{D}(\boldsymbol{r},t) \ , \tag{6.15}$$

so gilt

$$\boldsymbol{\nabla} \times \boldsymbol{H}(\boldsymbol{r},t) = 4\pi k_h \left(\boldsymbol{j}_w(\boldsymbol{r},t) + \boldsymbol{j}_v(\boldsymbol{r},t)\right) \ . \tag{6.16}$$

Es ist nützlich (da es ein Kernpunkt der Argumentation darstellt), den Übergang von der stationären zu der dynamischen Ampèreschen Gleichung noch einmal auf eine anschaulichere (aber äquivalente) Weise zu vollziehen. Man betrachtet dazu einen Stromkreis aus einer Wechselstromquelle und einer Kapazität C (Abb. 6.5a). In dem Draht fließt ein Wechselstrom, den man durch eine Stromdichte $\boldsymbol{j}_w(\boldsymbol{r},t)$ darstellen kann. Die Kondensatorplatten werden periodisch umgeladen. In dem Zwischenraum existiert ein zeitlich veränderliches $\boldsymbol{D}$-Feld. Man betrachtet nun die Integralform des einfach erweiterten Ampèreschen Gesetzes

$$\oint_K \boldsymbol{H}(\boldsymbol{r},t)\cdot \mathbf{d}\boldsymbol{r} = 4\pi k_h \iint_{\mathrm{F(K)}} \boldsymbol{j}_w(\boldsymbol{r},t)\cdot \mathbf{d}\boldsymbol{f} \ ,$$

wobei die Kurve K die Zuleitung zu den Platten umschließen soll (Abb. 6.5b). Die Wahl der Fläche $F(K)$ ist nach dem Stokeschen Theorem beliebig, solange sie K als Randkurve hat. Wählt man die Fläche F_1, durch die die Zuleitung stößt, so ist alles in Ordnung

$$\iint_{\mathrm{F_1}} \boldsymbol{j}_w(\boldsymbol{r},t)\cdot \mathbf{d}\boldsymbol{f} \neq 0 \ .$$

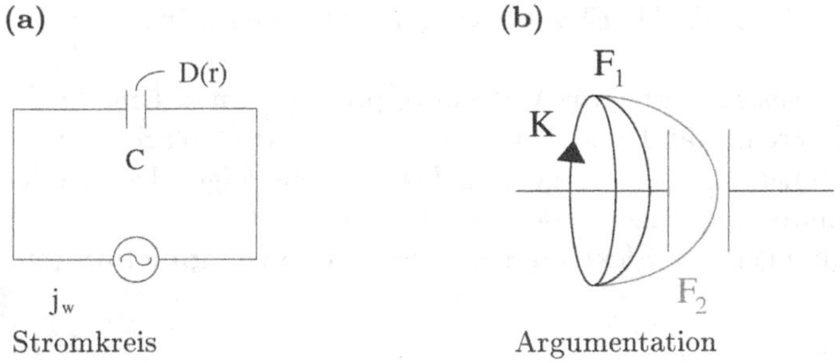

Abb. 6.5. Maxwells Verschiebungsstrom

Wenn man jedoch die mathematisch gleichwertige Fläche F_2 benutzt, die zwischen den Kondensatorplatten verläuft, so ist

$$\iint_{F_2} \boldsymbol{j}_w(\boldsymbol{r},t) \cdot \mathbf{d}\boldsymbol{f} = 0 \; .$$

Der von Maxwell vorgeschlagene Verschiebungsstrom bringt die Angelegenheit in Ordnung. Man kann, im Sinn dieser praktischen Variante, den Maxwellschen Verschiebungsstrom als eine Abstraktion von dem tatsächlichen Stromfluss auf den Verschiebungsstrom, der durch das elektrische Feld zwischen Platten erzeugt wird, auffassen.

Die Konsequenzen dieser Modifikationen sind weitreichend. Ein Wechselstrom in einem Leiter, der durch ein elektrisches Wechselfeld erzeugt wird, ergibt nach dem (erweiterten) Ampèreschen Gesetz ein zeitlich veränderliches Magnetfeld. Dieses erzeugt nach dem Faradaygesetz ein zeitlich veränderliches elektrisches Wirbelfeld. Dieses erzeugt nach dem erweiterten Ampèreschen Gesetz ein weiteres $\boldsymbol{B}$-Feld etc. Diese Kette von zeitlich veränderlichen $\boldsymbol{E}$ und $\boldsymbol{B}$-Feldern, die sich in Raum und Zeit ausbreitet, nennt man eine **elektromagnetische Welle** (Abb. 6.6).

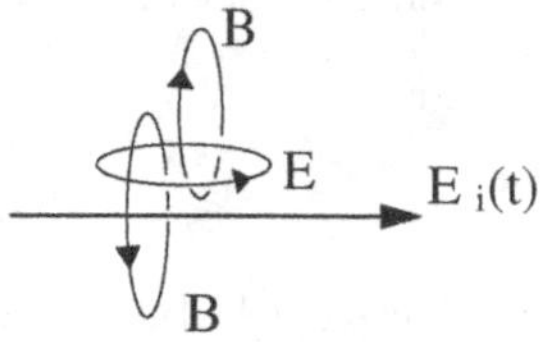

Abb. 6.6. Andeutung einer elektromagnetischen Welle

In den Jahren 1887/88 konnte H. Hertz den experimentellen Nachweis erbringen, dass die Maxwellsche Theorie korrekt ist. Die Ausbreitung und Erzeugung von elektromagnetischer Strahlung wird durch die einfache Erweiterung des Coulombgesetzes und die von Maxwell vorgeschlagene Erweiterung des Ampèreschen Gesetzes korrekt beschrieben.

Die Quellenfreiheit des $\boldsymbol{B}$-Feldes (Aussage (4)) bleibt auch im dynamischen Fall erhalten. Auch in der Elektrodynamik existieren keine magnetischen Monopole.

Die zusätzlichen Aussagen über die Materialrespons sind unter Umständen ebenfalls zu modifizieren. Man kann sich vorstellen, dass die Polarisation eines Materials der Variation des anregenden Feldes nicht folgen kann, oder dass sie auf bestimmte Frequenzen besonders gut anspricht.

Die Grundgleichungen der Elektrodynamik, die **Maxwellgleichungen** lauten somit

(1) Coulombgesetz

$$\nabla \cdot \boldsymbol{D}(\boldsymbol{r},t) = 4\pi k_d\, \rho_w(\boldsymbol{r},t)$$

(2) Amperegesetz

$$\nabla \times \boldsymbol{H}(\boldsymbol{r},t) = 4\pi k_h \boldsymbol{j}_w(\boldsymbol{r},t) + \frac{k_h}{k_d}\frac{\partial \boldsymbol{D}(\boldsymbol{r},t)}{\partial t}$$

(3) Faradaygesetz

$$\nabla \times \boldsymbol{E}(\boldsymbol{r},t) = -k_f \frac{\partial \boldsymbol{B}(\boldsymbol{r},t)}{\partial t} \tag{6.17}$$

(4) Magnetische Quellen

$$\nabla \cdot \boldsymbol{B}(\boldsymbol{r},t) = 0\ .$$

Dieser Satz von acht Differentialgleichung geht in dem stationären Grenzfall (alle Größen sind zeitunabhängig) in die Gleichungen über, die unter der Überschrift Elektro- und Magnetostatik diskutiert wurden. Im CGS System lauten diese Gleichungen

$$\nabla \cdot \boldsymbol{D}(\boldsymbol{r},t) = 4\pi\, \rho_w(\boldsymbol{r},t) \qquad \nabla \times \boldsymbol{E}(\boldsymbol{r},t) = -\frac{1}{c}\frac{\partial}{\partial t}\boldsymbol{B}(\boldsymbol{r},t)$$
$$\nabla \cdot \boldsymbol{B}(\boldsymbol{r},t) = 0 \qquad \nabla \times \boldsymbol{H}(\boldsymbol{r},t) = \frac{1}{c}\frac{\partial \boldsymbol{D}(\boldsymbol{r},t)}{\partial t} + \frac{4\pi}{c}\boldsymbol{j}_w(\boldsymbol{r},t)\ , \tag{6.18}$$

im SI System entsprechend[4]

$$\nabla \cdot \boldsymbol{D}(\boldsymbol{r},t) = \rho_w(\boldsymbol{r},t) \qquad \nabla \times \boldsymbol{E}(\boldsymbol{r},t) = -\frac{\partial}{\partial t}\boldsymbol{B}(\boldsymbol{r},t)$$
$$\nabla \cdot \boldsymbol{B}(\boldsymbol{r},t) = 0 \qquad \nabla \times \boldsymbol{H}(\boldsymbol{r},t) = \frac{\partial \boldsymbol{D}(\boldsymbol{r},t)}{\partial t} + \boldsymbol{j}_w(\boldsymbol{r},t)\ . \tag{6.19}$$

Die Aufstellung der Maxwellgleichungen in diesem Abschnitt ist einigermaßen heuristisch. Eine Bestätigung der Korrektheit auf der Basis der Relativitätstheorie wird in Kap. 8 vorgestellt. Eine Auswahl von Anwendungen, die illustriert, dass alle Aussagen über klassische elektromagnetische Erscheinungen in den Maxwellgleichungen enthalten sind, wird in Kap. 7 betrachtet. In dem nächsten Abschnitt wird zunächst die Grundlösung der *freien* Maxwellgleichungen (in dem Raumgebiet von Interesse existieren keine wahren Ladungen und Ströme), die elektromagnetischen Wellen, vorgestellt.

[4] In einigen Lehrbüchern, die das SI System benutzen, werden die Größen $\boldsymbol{D}_n = \varepsilon_0 \boldsymbol{D}$ und $\boldsymbol{H}_n = \boldsymbol{H}/\mu_0$ eingeführt.

6.3 Elektromagnetische Wellen

In diesem Abschnitt sollen die folgenden Fragen beantwortet werden:

(1) Wie charakterisiert man Wellenphänomene?
(2) Inwieweit beinhalten Maxwells Gleichungen Wellenerscheinungen?
(3) Was kann man sich unter einer elektromagnetischen Welle vorstellen?

6.3.1 Wellengleichungen

Zur Beantwortung der ersten Frage ist es am einfachsten, auf die Wellengleichung der elastischen Saite zurückzugreifen, die in Band 1, Kap. 6.1.4 diskutiert wurde.

6.3.1.1 Die Wellengleichung in einer Raumdimension. Die Auslenkung y einer Saite aus der Ruhelage $y = 0$ ändert sich mit der Position x und der Zeit t. Die Funktion $y(x,t)$ wird durch die partielle Differentialgleichung

$$\frac{\partial^2 y(x,t)}{\partial x^2} - \frac{1}{v^2}\frac{\partial^2 y(x,t)}{\partial t^2} = 0 \tag{6.20}$$

charakterisiert. Dabei enthält der Parameter

$$v = \sqrt{\frac{\tau}{\rho}}$$

den Koeffizienten der harmonischen Rückstellkraft τ und die lineare Dichte des Materials ρ . Man bezeichnet diese Differentialgleichung als eine **eindimensionale Wellengleichung**. Die Aufgabe lautet: Löse diese Differentialgleichung bei vorgegebenen Rand- und Anfangsbedingungen. Der Lösungsprozess ist im Wesentlichen der gleiche wie für die Poisson- oder Laplacegleichung. Zur Bestimmung von Partikulärlösungen macht man einen Separationsansatz

$$y(x,t) = G(x)H(t) \ .$$

Einsetzen in die Differentialgleichung und sortieren ergibt

$$v^2\frac{G''(x)}{G(x)} = \frac{\ddot{H}(t)}{H(t)} = -\omega^2 \ .$$

Die benötigte Separationskonstante bezeichnet man zweckmäßigerweise mit $-\omega^2$. Man erhält dann die gewöhnlichen Differentialgleichungen[5]

$$\ddot{H}(t) + \omega^2 H(t) = 0$$

$$G''(x) + k^2 G(x) = 0 \qquad \left(k^2 = \frac{\omega^2}{v^2}\right) \ .$$

[5] Die hier und weiterhin benutzte Größe k ist nicht mit den indizierten Proportionalitätskonstanten, die durch die Maßsysteme festgelegt sind, identisch.

Für jeden Wert von ω existieren für diese Oszillatorgleichungen die Fundamentallösungen

$$H(t) = \left\{e^{i\omega t}, e^{-i\omega t}\right\} \qquad G(x) = \left\{e^{ikx}, e^{-ikx}\right\} .$$

Für die Funktion $y(x, t)$ sind somit vier Grundfunktionen

$$y(x, t) = \{\exp(\pm ikx \pm i\omega t)\}$$

möglich. Soll die Lösung eine Messgröße (z.B. die Auslenkung) beschreiben, so muss sie reell sein. Für reelle Werte von ω, kann man alternativ die Grundfunktionen

$$y(x, t) = \{\cos k(x \pm vt), \sin k(x \pm vt)\}$$

benutzen. Man verwendet jedoch meist, aus Gründen der Einfachheit, die komplexe Form mit der Verabredung, dass nur der Realteil physikalische Bedeutung hat.

Zur Interpretation der Grundlösungen kann man eine der reellen Funktionen

$$y = a \sin(kx + \omega t) \qquad (a \text{ reell})$$

genauer betrachten. Eine Momentaufnahme (t_{fest}) entspricht einer Sinuskurve mit der Amplitude a, der Phase ωt_{fest} und der Wellenlänge $\lambda = 2\pi/k$ (Abb. 6.7a). Die Größe k bezeichnet man als **Wellenzahl**

$$k = \frac{2\pi}{\lambda} \qquad [k] = \text{Länge}^{-1} . \tag{6.21}$$

Diese Zahl gibt an, wie viele Wellen der Wellenlänge λ in das Standardintervall 2π passen.

Als Funktion der Zeit ändert sich der Ausschlag an einem festen Ort ebenfalls sinusförmig (Abb. 6.7b). Die Oszillation in der Zeit wird durch die Frequenz

$$f = \frac{\omega}{2\pi} \tag{6.22}$$

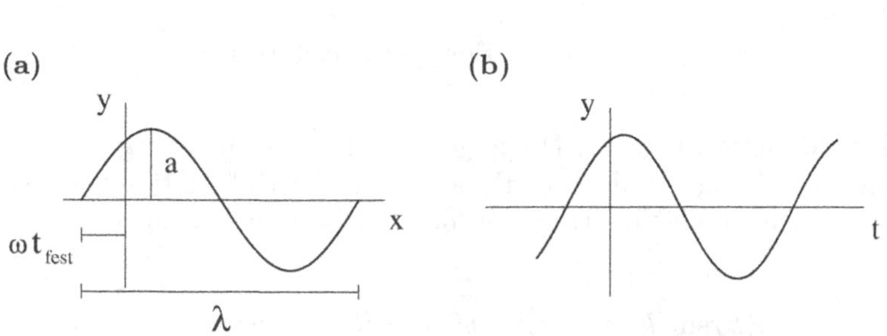

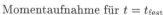

Momentaufnahme für $t = t_{\text{fest}}$ — zeitliche Variation am Ort x_{fest}

Abb. 6.7. Eindimensionale ebene Wellen

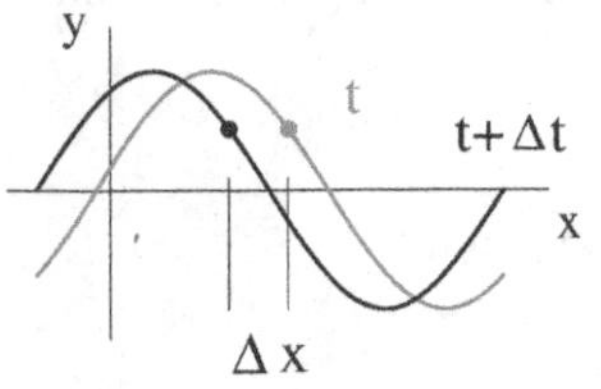

Abb. 6.8. Zur Definition der Ausbreitungsgeschwindigkeit

charakterisiert. Aus der Definition $\omega = kv$ folgt dann

$$2\pi f = \frac{2\pi}{\lambda} v \quad \text{oder} \qquad f\lambda = v \, . \tag{6.23}$$

Die Konstante v entspricht der Ausbreitungsgeschwindigkeit der harmonischen Welle. Dies kann man folgendermaßen einsehen: Betrachtet man eine Auslenkung zur Zeit t und zur Zeit $t + \Delta t$ (Abb. 6.8)

$$y(x,t) = a \sin(kx \pm \omega t)$$

$$y(x + \Delta x, t + \Delta t) = a \sin(k(x + \Delta x) \pm \omega(t + \Delta t)) \ ,$$

so haben die Wellenfunktionen den gleichen Wert, falls $k\Delta x \pm \omega \Delta t = 0$ ist. In der Zeit $\Delta t > 0$ verschiebt sich das gesamte Bild um den Beitrag Δx. Es folgt dann

$$\frac{\Delta x}{\Delta t} = v = \mp \frac{\omega}{k} \, .$$

Eine Welle, die sich nach 'links' bewegt, ist durch eine negative Ausbreitungsgeschwindigkeit charakterisiert. Die vier Grundlösungen beschreiben **monochromatische Wellen**, d.h. Wellen, die durch eine bestimmte Wellenlänge und Frequenz charakterisiert werden. Die vier Grundtypen unterscheiden sich durch

$\sin(kx + \omega t)$ $\cos(kx + \omega t)$	Sinus-/Kosinus-Wellen, die sich mit der Geschwindigkeit v nach links bewegen,
$\sin(kx - \omega t)$ $\cos(kx - \omega t)$	entsprechend mit Bewegung nach rechts.

Die Wellengleichung ist linear. Die allgemeine Lösung (mit vorgegebener Ausbreitungsgeschwindigkeit, da v als Parameter in der Differentialgleichung auftritt), ergibt sich durch Superposition der Partikulärlösungen. In reeller Form also

$$y(x,t) = \int_0^\infty \Big\{ a(k) \sin[k(x + vt)] + b(k) \cos[k(x + vt)]$$

$$+ c(k) \sin[k(x - vt)] + d(k) \cos[k(x - vt)] \Big\} \mathrm{d}k \, .$$

Man kann auch den Wellenzahlbereich $[-\infty, \infty]$ benutzen. So entspricht z.B. der Ansatz für nach links laufende Wellen

$$y_L(x,t) = \int_{-\infty}^{\infty} \mathrm{d}k \Big\{ a_1(k) \sin[k(x+vt)] + b_1(k) \cos[k(x+vt)] \Big\}$$

wegen

$$y_L(x,t) = \int_{0}^{\infty} \mathrm{d}k \Big\{ (a_1(k) - a_1(-k)) \sin[k(x+vt)] + (b_1(k) + b_1(-k)) \cos[k(x+vt)] \Big\}$$

dem vorherigen. Der Ansatz mit dem Wellenzahlbereich $[-\infty, \infty]$ erweist sich oft als zweckmäßiger.

In der komplexen Form kann man etwas kompakter

$$y(x,t) = \int_{-\infty}^{\infty} \left\{ A(k) \mathrm{e}^{\mathrm{i}k(x+vt)} + B(k) \mathrm{e}^{\mathrm{i}k(x-vt)} \right\} \mathrm{d}k \tag{6.24}$$

schreiben. Die zwei komplexen Entwicklungskoeffizienten A, B, entsprechen, für jeden Wert von k, vier reellen Integrationskonstanten. Aus mathematischer Sicht stellen diese Überlagerungen von monochromatischen Wellen Fourierintegrale dar. Mittels Fourierintegration kann man (fast) jede Wellenform darstellen. So erhält man z.B. für

- $A = 0$ und $B \neq 0$ nach rechts laufende Wellenformen wie z.B. wandernde Wellenpulse (Abb. 6.9a), wandernde Wellenpakete (Abb. 6.9b) oder wandernde Sägezähne (Abb. 6.9c).

Einige weitere, direkte Beispiele sollen die expliziten Möglichkeiten andeuten.

- Ist $A = 0$ und $B(k) = B\,\delta(k - k_0)$ mit $y = B\mathrm{e}^{\mathrm{i}k_0(x-vt)}$, so liegt eine nach rechts laufende, monochromatische Kosinuswelle vor, falls B reell ist.
- Für $A = 0$ und $B(k) = B_1\,\delta(k - k_1) + B_2\,\delta(k - k_2)$ hat man eine Überlagerung von zwei monochromatischen Wellen.

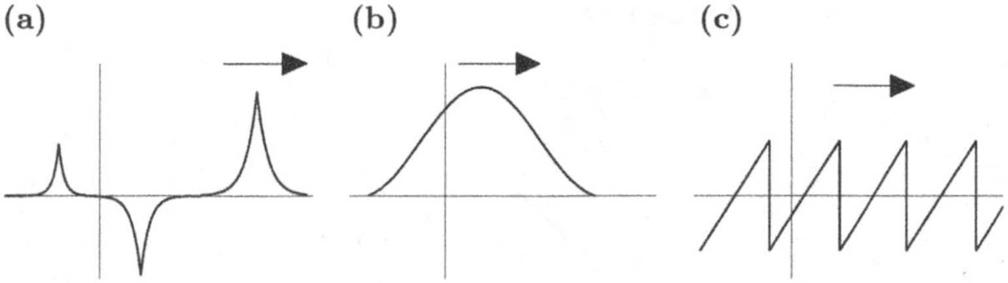

Abb. 6.9. Diverse Wellenformen

- Die Vorgabe $B(k) = 1/(2\pi)$ ergibt mit der Darstellung der δ-Funktion (Math.Kap. 1.4) $y(x,t) = \delta(x - vt)$, also einen unendlich hohen und unendlich scharf lokalisierten Wellenimpuls.
- Hat man $A \neq 0$ während $B = 0$ ist, so findet man mit den entsprechenden Gewichten in dem Fourierintegral nach links laufende Wellenformen.
- Für $A \neq 0$ und $B \neq 0$ kann man auch stehende Wellen erhalten. So ist z.B. für $A = B = \delta(k - k_0)$

$$\begin{aligned}\mathrm{Re}\,(y(x,t)) &= \mathrm{Re}\left[\mathrm{e}^{\mathrm{i}k_0x}\left(\mathrm{e}^{\mathrm{i}\omega_0 t} + \mathrm{e}^{-\mathrm{i}\omega_0 t}\right)\right] \\ &= (2\cos\omega_0 t)\cos k_0 x \qquad (\omega_0 = k_0 v)\ .\end{aligned}$$

Man erhält eine stehende Kosinuskurve, deren 'Amplitude' mit dem Kosinusgesetz in der Zeit variiert (Abb. 6.10a).

Für physikalische Probleme wird durch die Vorgabe von Anfangs- und Randbedingungen eine spezielle Lösung der Wellengleichung festgelegt. Man unterscheidet die folgenden Problemstellungen:

(a) **Rand-Anfangswertprobleme**. Hier ist die Vorgabe

$$y(a,t) = y_a \qquad y(b,t) = y_b$$

für alle t . Ein typisches Problem dieser Art ist die eingespannte Saite mit $y_a = y_b = 0$. In diesem Fall muss die Wellenform in ein vorgegebenes Intervall $[a, b]$ passen (Abb. 6.10b).
Dies ist nur für bestimmte Wellenzahlen k_n $(n = 0, 1, \ldots)$ möglich. Man spricht dann von **Eigenwerten** der Randwertaufgabe

$$y(x,t) = \sum_n \left[A_n \mathrm{e}^{\mathrm{i}k_n(x+vt)} + B_n \mathrm{e}^{\mathrm{i}k_n(x-vt)}\right]\ . \tag{6.25}$$

Das Fourierintegral geht in diesem Fall in eine Fourierreihe über. Die endgültige Wellenform in dem Grundintervall wird erst durch die weitere Vorgabe

$$y(x,0) = f(x) \qquad \left.\frac{\partial}{\partial t}y(x,t)\right|_{t=0} = g(x)$$

(für alle x, in $[a, b]$) eindeutig festgelegt.

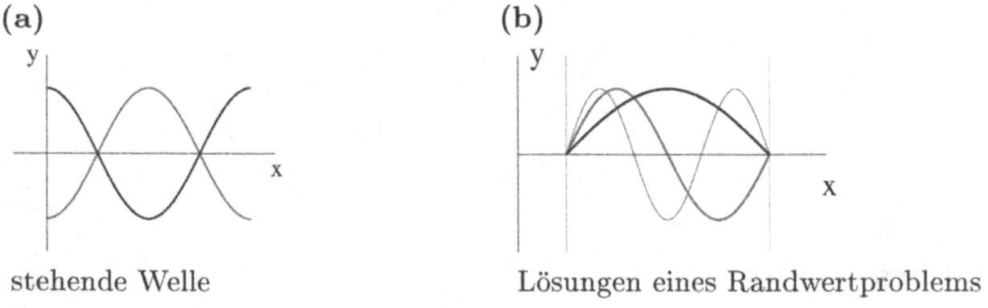

Abb. 6.10. Konzepte der Wellenmechanik

(b) **Anfangswertprobleme.** In diesem Fall ist die Welle nicht auf ein endliches Intervall beschränkt, sondern kann über den gesamten Raumbereich laufen. Die Vorgabe

$$y(x,0) = f(x) \qquad \frac{\partial}{\partial t} y(x,t)\bigg|_{t=0} = g(x)$$

(für alle x) legt die Koeffizienten des allgemeinen Fourierintegrals fest. Dies bedeutet: Gibt man die anfängliche Form des Wellenzuges und seine anfängliche Zeitvariation vor, so beschreibt die Wellengleichung die weitere, zeitlich-räumliche (eindimensionale) Entwicklung des Wellenzuges eindeutig.

Die Diskussion der Wellengleichung lässt sich auf höhere Raumdimensionen erweitern.

6.3.1.2 Die Wellengleichung in zwei Raumdimensionen. Die zweidimensionale Wellengleichung hat die Form

$$\left(\frac{\partial^2}{\partial x^2} + \frac{\partial^2}{\partial y^2}\right) \psi(x,y,t) - \frac{1}{v^2} \frac{\partial^2 \psi(x,y,t)}{\partial t^2} = 0 \,. \tag{6.26}$$

Die Funktion ψ beschreibt eine beliebige, skalare Größe, die sich über der x - y Ebene mit der Zeit ändert. Ist insbesondere ψ die z-Koordinate, so beschreibt die Differentialgleichung Auslenkungen über der x - y Ebene (z.B. eine schwingende Membran oder Wasserwellen), doch kann man sich auch abstraktere Situationen vorstellen. Die Größe ψ kann z.B. eine Flächendichte sein.

Die allgemeine Lösung der zweidimensionalen Wellengleichung erhält man ebenfalls durch Bestimmung von Partikulärlösungen und deren Superposition. Die Details zu der Berechnung von Partikulärlösungen folgt dem Standardmuster. Da es in diesem Fall drei unabhängige Variable gibt, benötigt man zwei Separationskonstanten. Charakterisiert man die Position eines Punktes in der Ebene mit $\boldsymbol{r} = (x,y)$ und fasst die Separationskonstanten in dem Wellenzahlvektor $\boldsymbol{k} = (k_x, k_y)$ zusammen, so lauten die Partikulärlösungen

$$\psi_{\text{part}}(\boldsymbol{r},t) = \mathrm{e}^{\mathrm{i}(\boldsymbol{k}\cdot\boldsymbol{r} \pm \omega t)}$$

mit

$$\omega = vk = v\sqrt{k_x^2 + k_y^2} \,. \tag{6.27}$$

Man bezeichnet diese Lösungen als (zweidimensionale) ebene Wellen. Der Realteil der Lösung beschreibt die physikalische Messgröße, so z.B.

$$\begin{aligned}\psi_{\text{phys.}}(\boldsymbol{r},t) &= \mathrm{Re}\left[A\mathrm{e}^{\mathrm{i}(\boldsymbol{k}\cdot\boldsymbol{r} \pm \omega t)}\right] \\ &= (\mathrm{Re}\,A)\cos(\boldsymbol{k}\cdot\boldsymbol{r} \pm \omega t) - (\mathrm{Im}\,A)\sin(\boldsymbol{k}\cdot\boldsymbol{r} \pm \omega t) \,.\end{aligned}$$

Die Veranschaulichung der zweidimensionalen Wellenlösung beruht auf dem Argument: Alle Punkte, für die das Skalarprodukt $\boldsymbol{k}\cdot\boldsymbol{r}$ für eine Zeit t den gleichen Wert hat, haben den gleichen Ausschlag ψ. Das Skalarprodukt (Projektion) gibt an, dass alle Punkte auf einer Geraden senkrecht zu dem Vektor $\boldsymbol{k}$ eine Wellenfront bilden (siehe Abb. 6.11). Der Abstand von zwei aufeinander folgenden Wellenbergen oder Wellentälern ist die Wellenlänge λ (Abb. 6.11b).

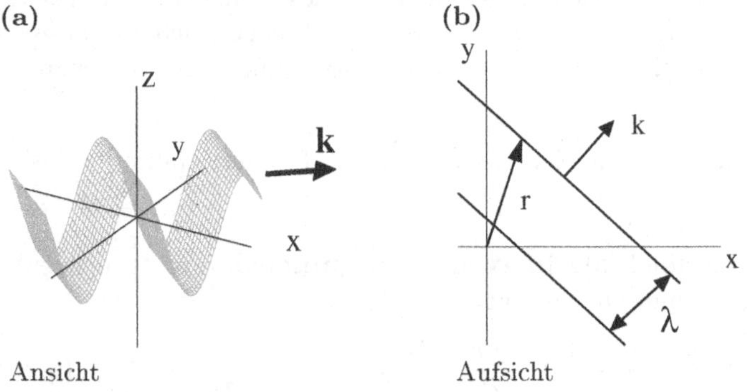

Abb. 6.11. Zweidimensionale ebene Wellen

Man kann sich eine zweidimensionale, ebene Welle als ein riesiges, sinus-(oder kosinus-)förmiges Stück Wellblech vorstellen, das sich mit der Geschwindigkeit $v = \omega/k$ in Richtung von $\boldsymbol{k}$ (Minuszeichen im Argument der Exponentialfunktion) oder gegen die Richtung von $\boldsymbol{k}$ (Pluszeichen) bewegt. Der Vektor $\boldsymbol{k}$ beschreibt also die 'Ausbreitungsrichtung' der Welle. Sein Betrag ist mit der Wellenlänge verknüpft

$$\lambda = \frac{2\pi}{k} = \frac{2\pi}{\left[k_x^2 + k_y^2\right]^{1/2}} . \tag{6.28}$$

Für die zweidimensionale ebene Welle gilt (wie im eindimensionalen Fall) die Relation

$$\omega = 2\pi f \quad \lambda = \frac{2\pi}{k} \quad \longrightarrow \quad v = \frac{\omega}{k} = \lambda \cdot f .$$

Die allgemeine Lösung der zweidimensionalen Wellengleichung erhält man durch doppelte Fourierintegration

$$\psi(\boldsymbol{r},t) = \int_{-\infty}^{\infty} \mathrm{d}k_x \int_{-\infty}^{\infty} \mathrm{d}k_y \left[A(k_x,k_y)\mathrm{e}^{\mathrm{i}(\boldsymbol{k}\cdot\boldsymbol{r}+\omega(k)t)} \right. \tag{6.29}$$

$$\left. + B(k_x,k_y)\mathrm{e}^{\mathrm{i}(\boldsymbol{k}\cdot\boldsymbol{r}-\omega(k)t)}\right] \qquad \left(\omega(k) = v\sqrt{k_x^2 + k_y^2}\right) .$$

Das Fourierintegral stellt wieder eine Vielzahl von Wellenformen dar. So kann man z.B. in eine Wasserfläche eine Spitze einmal oder periodisch eintauchen.

Man erhält dann entweder einen zweidimensionalen Wellenimpuls oder Ringwellen, die sich kreisförmig ausbreiten. Man kann eine Wasseroberfläche auch mit beliebig geformten Objekten in aperiodischer Weise stören, etc.

Die Amplitudenfunktionen sind entweder durch Anfangs-Randbedingungen (z.B. bei einer Trommel) oder durch Anfangsbedingungen festzulegen. Für den Fall des Anfangswertproblems benötigt man die Vorgabe

$$\psi(\boldsymbol{r},0) = f(\boldsymbol{r}) \,, \qquad \left.\frac{\mathrm{d}\psi(\boldsymbol{r},t)}{\mathrm{d}t}\right|_{t=0} = g(\boldsymbol{r}) \quad \text{für alle } \boldsymbol{r} \,.$$

6.3.1.3 Die Wellengleichung in drei Raumdimensionen. Die Diskussion der dreidimensionalen Wellengleichung

$$\Delta\psi(x,y,z,t) - \frac{1}{v^2}\frac{\partial^2}{\partial t^2}\psi(x,y,z,t) = 0 \tag{6.30}$$

verläuft analog. Die Partikulärlösungen, die ebenen Wellenlösungen, unterscheiden sich formal nicht von dem zweidimensionalen Fall

$$\psi_{\text{part.}}(\boldsymbol{r},t) = \mathrm{e}^{\mathrm{i}(\boldsymbol{k}\cdot\boldsymbol{r}\pm\omega t)} \,.$$

In diesem Fall gibt es jedoch drei Separationskonstanten, die man in dem Wellenzahlvektor

$$\boldsymbol{k} = (k_x, k_y, k_z)$$

zusammenfassen kann. Es gelten die Relationen

$$\lambda = \frac{2\pi}{k} \,, \quad k = \sqrt{k_x^2 + k_y^2 + k_z^2} \,, \quad \omega = 2\pi f \quad \longrightarrow \quad v = \frac{\omega}{k} = \lambda \cdot f \,.$$

Zur Veranschaulichung der dreidimensionalen ebenen Wellen ist das Folgende zu bemerken: Alle Vektoren $\boldsymbol{r}$, deren Endpunkte in einer Ebene senkrecht zu dem Wellenvektor $\boldsymbol{k}$ liegen, haben für die gleiche Zeit den gleichen 'Schwingungszustand'. Als konkretes Beispiel könnte man sich vorstellen, dass die Wellenfunktion ψ die Dichte des Mediums beschreibt. Alle Punkte in einer Ebene senkrecht zu $\boldsymbol{k}$ haben für die gleiche Zeit die gleiche Dichte. Die Punkte gleicher Dichte verschieben sich mit der Geschwindigkeit $\boldsymbol{v}$ in der Zeit in oder gegen die Richtung von $\boldsymbol{k}$.

Die allgemeine Lösung ist nunmehr ein dreidimensionales Fourierintegral

$$\psi(\boldsymbol{r},t) = \iiint \mathrm{d}^3k \left[A(\boldsymbol{k})\mathrm{e}^{\mathrm{i}(\boldsymbol{k}\cdot\boldsymbol{r}+\omega(k)t)} + B(\boldsymbol{k})\mathrm{e}^{\mathrm{i}(\boldsymbol{k}\cdot\boldsymbol{r}-\omega(k)t)}\right] \,. \tag{6.31}$$

Spezielle Lösungen sind bei den Anfangswertproblemen, wie im Fall der zweidimensionalen Wellengleichung, durch

$$\psi(\boldsymbol{r},0) = f(\boldsymbol{r}) \qquad \left.\frac{\mathrm{d}\psi(\boldsymbol{r},t)}{\mathrm{d}t}\right|_{t=0} = g(\boldsymbol{r}) \qquad \text{für alle} \quad \boldsymbol{r}$$

eindeutig festgelegt. Zum Beweis dieser Aussage kann man sich auf die folgende Darstellung der dreidimensionalen δ-Funktion berufen (Math.Kap. 1.4)

$$\delta(\boldsymbol{k}) = \frac{1}{(2\pi)^3} \iiint \mathrm{e}^{\mathrm{i}\boldsymbol{k}\cdot\boldsymbol{r}}\, \mathrm{d}^3 r\ .$$

Multipliziert man

$$\psi(\boldsymbol{r}, 0) = f(\boldsymbol{r}) = \iiint \mathrm{d}^3 k \left[A(\boldsymbol{k})\mathrm{e}^{\mathrm{i}\boldsymbol{k}\cdot\boldsymbol{r}} + B(\boldsymbol{k})\mathrm{e}^{\mathrm{i}\boldsymbol{k}\cdot\boldsymbol{r}}\right]$$

mit $\mathrm{e}^{-\mathrm{i}\boldsymbol{k}'\cdot\boldsymbol{r}}$ und integriert über den gesamten Raum, so folgt

$$\iiint f(\boldsymbol{r})\mathrm{e}^{-\mathrm{i}\boldsymbol{k}'\cdot\boldsymbol{r}}\, \mathrm{d}^3 r = \iiint \mathrm{d}^3 r \iiint \mathrm{d}^3 k\ \mathrm{e}^{\mathrm{i}(\boldsymbol{k}-\boldsymbol{k}')\cdot\boldsymbol{r}} \left(A(\boldsymbol{k}) + B(\boldsymbol{k})\right)\ .$$

Die Raumintegration auf der rechten Seite ergibt (bis auf einen Faktor) eine δ -Funktion. Integration über die Wellenzahl liefert dann

$$A(\boldsymbol{k}') + B(\boldsymbol{k}') = \frac{1}{(2\pi)^3} \iiint f(\boldsymbol{r})\mathrm{e}^{-\mathrm{i}\boldsymbol{k}'\cdot\boldsymbol{r}}\, \mathrm{d}^3 r\ .$$

Die Vorgabe der Ableitung liefert entsprechend

$$\mathrm{i}\omega(k')(A(\boldsymbol{k}') - B(\boldsymbol{k}')) = \frac{1}{(2\pi)^3} \iiint g(\boldsymbol{r})\mathrm{e}^{-\mathrm{i}\boldsymbol{k}'\cdot\boldsymbol{r}}\, \mathrm{d}^3 r\ .$$

Aus diesen beiden Sätzen von Gleichungen kann man (falls die Integrale auf der rechten Seite berechnet sind) die Funktionen $A(\boldsymbol{k})$ und $B(\boldsymbol{k})$ bestimmen.

6.3.2 Wellenlösungen der Maxwellgleichungen

Die Frage lautet hier: Inwieweit beschreiben die Maxwellgleichungen Wellenphänomene? Die Antwort beinhaltet zwei Aspekte. Zum einen stellt sich die Frage nach der Erzeugung von elektromagnetischen Wellen, dem Senderproblem, das in dem Abschnitt Kap. 7.3 aufgegriffen wird. Zum zweiten ist die Frage nach der Ausbreitung solcher Wellen, wenn sie einmal erzeugt sind, zu diskutieren.

Um die Ausbreitung zu diskutieren, kann man sich einen großen Materialblock vorstellen, in dem

$$\boldsymbol{D}(\boldsymbol{r}, t) = \varepsilon \frac{k_d}{k_e} \boldsymbol{E}(\boldsymbol{r}, t) \qquad \boldsymbol{B}(\boldsymbol{r}, t) = \mu \frac{k_m}{k_h} \boldsymbol{H}(\boldsymbol{r}, t)$$

gilt. In dem Materialblock befindet sich ein Sender, der elektromagnetische Wellen erzeugt. In dem Material sind *außerhalb* des Senders keine wahren Ladungen vorhanden und es fließen keine wahren Ströme

$$\rho_w(\boldsymbol{r}, t) = 0 \qquad\qquad \boldsymbol{j}_w(\boldsymbol{r}, t) = \boldsymbol{0}\ .$$

Unter diesen Bedingungen lauten die (freien) Maxwellgleichungen für die realen Felder

$$\nabla B \cdot (\boldsymbol{r},t) = \nabla \cdot \boldsymbol{E}(\boldsymbol{r},t) = 0 \tag{6.32}$$

$$\nabla \times \boldsymbol{E}(\boldsymbol{r},t) = -k_f \frac{\partial \boldsymbol{B}}{\partial t}(\boldsymbol{r},t) \tag{6.33}$$

$$\nabla \times \boldsymbol{B}(\boldsymbol{r},t) = \varepsilon\mu \frac{k_m}{k_e} \frac{\partial \boldsymbol{E}(\boldsymbol{r},t)}{\partial t} \ . \tag{6.34}$$

In (6.32) und (6.34) wurden die (einfachen) Materialgleichungen benutzt. Um zu Wellengleichungen für die Felder zu gelangen, muss man die folgenden Umformungen vornehmen:
Schritt 1: Bilde die Rotation der letzten Gleichung

$$\nabla \times (\nabla \times \boldsymbol{B}(\boldsymbol{r},t)) = \varepsilon\mu \frac{k_m}{k_e} \nabla \times \frac{\partial}{\partial t} \boldsymbol{E}(\boldsymbol{r},t) \ ,$$

benutze zur Auflösung der doppelten Rotation die Relation

$$\nabla \times (\nabla \times \boldsymbol{B}(\boldsymbol{r},t)) = \nabla (\nabla \cdot \boldsymbol{B}(\boldsymbol{r},t)) - \Delta \boldsymbol{B}(\boldsymbol{r},t) = -\Delta \boldsymbol{B}(\boldsymbol{r},t) \ ,$$

bzw. in anderer Schreibweise

$$\mathrm{rot}(\mathrm{rot}\, \boldsymbol{B}(\boldsymbol{r},t)) = \mathrm{grad}\,(\mathrm{div}\, \boldsymbol{B}(\boldsymbol{r},t)) - \Delta \boldsymbol{B}(\boldsymbol{r},t) = -\Delta \boldsymbol{B}(\boldsymbol{r},t) \ .$$

Man erhält nach Vertauschung der Reihenfolge der Zeit- und der Ortsdifferentiation auf der rechten Seite

$$\Delta \boldsymbol{B}(\boldsymbol{r},t) + \varepsilon\mu \frac{k_m}{k_e} \frac{\partial}{\partial t} (\nabla \times \boldsymbol{E}(\boldsymbol{r},t)) = 0 \ .$$

Schritt 2: Setze in diese Gleichung das Induktionsgesetz für $\nabla \times \boldsymbol{E}$ ein. Dies ergibt

$$\Delta \boldsymbol{B}(\boldsymbol{r},t) - \varepsilon\mu \frac{k_m k_f}{k_e} \frac{\partial^2}{\partial t^2} \boldsymbol{B}(\boldsymbol{r},t) = \boldsymbol{0} \ . \tag{6.35}$$

Man erhält einen Satz von Wellengleichungen für die drei Komponenten des $\boldsymbol{B}$-Feldes, z.B. für die x-Komponente

$$\Delta B_x(\boldsymbol{r},t) - \varepsilon\mu \frac{k_m k_f}{k_e} \frac{\partial^2}{\partial t^2} B_x(\boldsymbol{r},t) = 0 \ .$$

Führt man die entsprechenden Schritte, beginnend mit der Gleichung (6.33) für $\nabla \times \boldsymbol{E}(\boldsymbol{r},t)$, aus, so findet man eine analoge Wellengleichung für das $\boldsymbol{E}$-Feld

$$\Delta \boldsymbol{E}(\boldsymbol{r},t) - \varepsilon\mu \frac{k_m k_f}{k_e} \frac{\partial^2}{\partial t^2} \boldsymbol{E}(\boldsymbol{r},t) = \boldsymbol{0} \ . \tag{6.36}$$

Die zwei (vektoriellen) Sätze von Wellengleichungen beschreiben die Ausbreitung der Komponenten von $\boldsymbol{E}$- und $\boldsymbol{B}$-Feldern in dem Material. Die Wellenform, die sich ausbreitet, hängt von dem noch zu diskutierenden Produktionsmechanismus ab. Den Wellengleichungen kann man jedoch ohne Rechnung entnehmen, dass sich die (ebenen) $\boldsymbol{E}$-Vektorwellen und die (ebenen) $\boldsymbol{B}$-Vektorwellen mit der gleichen Geschwindigkeit

$$v = \left[\frac{k_e}{\varepsilon\mu k_m k_f}\right]^{1/2} \tag{6.37}$$

ausbreiten.

Ein experimenteller Befund lautet: Im Vakuum mit $\varepsilon = \mu = 1$ ist die Ausbreitungsgeschwindigkeit aller elektromagnetischen Wellen gleich der Lichtgeschwindigkeit c. Die bedeutet, dass die Kombination $[k_e/(k_m k_f)]^{1/2}$ der drei Konstanten den Wert c ergeben muss

$$\left[\frac{k_e}{k_m k_f}\right]^{1/2}_{\mathrm{CGS}} = \left[\frac{k_e}{k_m k_f}\right]^{1/2}_{\mathrm{SI}} = c\,. \tag{6.38}$$

Im CGS System mit $k_e = 1$ und $k_m = k_f = 1/c$ ist dies direkt einsichtig. Im SI System findet man mit $k_e = 1/(4\pi\varepsilon_0)$, $k_m = \mu_0/(4\pi)$ und $k_f = 1$ die Relation

$$v_{\mathrm{SI}}(\mathrm{Vakuum}) = \frac{1}{\sqrt{\varepsilon_0\mu_0}}\,. \tag{6.39}$$

Setzt man die Zahlenwerte für diese Größen

$$\varepsilon_0 = 8.85418... \cdot 10^{-12}\left[\frac{\mathrm{C}^2\cdot\mathrm{s}^2}{\mathrm{kg}\cdot\mathrm{m}^3}\right] \qquad \mu_0 = 1.25663... \cdot 10^{-6}\left[\frac{\mathrm{kg}\cdot\mathrm{m}}{\mathrm{C}^2}\right]$$

ein, so findet man in der Tat $v_{\mathrm{SI}}(\mathrm{Vakuum}) = c = 2.997925...\cdot 10^8$ m/s. Für alle Materialien ist $\varepsilon\mu > 1$, so dass (unabhängig vom Maßsystem) die Aussage gilt

$$v(\mathrm{Materie}) = \frac{c}{\sqrt{\varepsilon\mu}} < v(\mathrm{Vakuum}) = c\,.$$

In den Maxwellgleichungen sind die zwei Vektorfelder $\boldsymbol{E}$ und $\boldsymbol{B}$ verkoppelt, in den Wellengleichungen ist diese Kopplung nicht mehr ersichtlich. Man muss somit im Auge behalten, dass man die Wellengleichungen aus den Maxwellgleichungen gewinnen kann, aber umgekehrt die Maxwellgleichungen nicht mehr aus den Wellengleichungen rekonstruieren kann. Dies bedeutet, dass in den Maxwellgleichungen zusätzliche Information enthalten ist. Diese Zusatzinformation bestimmt den eigentlichen Charakter der elektromagnetischen Wellen.

6.3.3 Elektromagnetische Wellen

Die einfachste Wellenform, die man als Lösung der Wellengleichungen erwarten kann, sind monochromatische ebene Wellen. Liefert der Sender eine solche Wellenform, so kann man die Fundamentallösung der sechs Wellengleichungen (6.35) und (6.36) in dem Gebiet außerhalb des Senders in der folgenden Form zusammenfassen[6]

[6] Die angedeuteten monochromatischen Wellen treten nur auf, wenn ein monochromatischen Sender vorliegt. Ein Sender, der mit der Frequenz f schwingt,

$$\boldsymbol{E}(\boldsymbol{r},t) = \boldsymbol{E}_0 \mathrm{e}^{\mathrm{i}(\boldsymbol{k}\cdot\boldsymbol{r}-\omega t)} \qquad \boldsymbol{B}(\boldsymbol{r},t) = \boldsymbol{B}_0 \mathrm{e}^{\mathrm{i}(\boldsymbol{k}\cdot\boldsymbol{r}-\omega t)} \tag{6.40}$$

$$\omega = vk = \sqrt{\frac{k_e}{k_f k_m}} \frac{k}{\sqrt{\varepsilon\mu}} = \frac{ck}{\sqrt{\varepsilon\mu}} \, . \tag{6.41}$$

Diese Gleichungen beschreiben die Situation, dass sich die Wellen in Richtung des Wellenzahlvektors ausbreiten. Die Diskussion für die entgegengesetzte Ausbreitungsrichtung würde ganz analog verlaufen. Zur Beschreibung der Amplituden der ebenen Wellen benötigt man im Allgemeinen sechs komplexe Größen E_x , E_y , E_z , B_x , B_y , B_z . Man kann sich jedoch auf den Ansatz

$$\boldsymbol{E}_0 = E_0 \, \boldsymbol{e}_1 \qquad \boldsymbol{B}_0 = B_0 \, \boldsymbol{e}_2$$

(jeweils eine komplexe Zahl multipliziert mit einem reellen Einheitsvektor) beschränken, da im Endeffekt nur der Realteil der Wellenfunktionen von physikalischer Bedeutung ist. Um die zusätzliche Information, die in den Maxwellgleichungen enthalten ist, herauszuarbeiten, geht man mit der Lösung (6.40) in die Maxwellgleichungen ein. Dabei sind folgende 'Rechenregeln' für die Anwendung des Nablaoperators und der Zeitableitung auf eine ebene Welle nützlich

$$\boldsymbol{\nabla} \mathrm{e}^{\mathrm{i}(\boldsymbol{k}\cdot\boldsymbol{r}\pm\omega t)} = \mathrm{i}\boldsymbol{k}\mathrm{e}^{\mathrm{i}(\boldsymbol{k}\cdot\boldsymbol{r}\pm\omega t)}$$

$$\frac{\partial}{\partial t} \mathrm{e}^{\mathrm{i}(\boldsymbol{k}\cdot\boldsymbol{r}\pm\omega t)} = \pm\mathrm{i}\omega \mathrm{e}^{\mathrm{i}(\boldsymbol{k}\cdot\boldsymbol{r}\pm\omega t)} \, .$$

Man erhält dann
(a) aus den Divergenzgleichungen (6.32)

$$\boldsymbol{\nabla}\cdot\boldsymbol{E}(\boldsymbol{r},t) = 0 \quad \longrightarrow \quad \mathrm{i}\,(\boldsymbol{e}_1\cdot\boldsymbol{k})\,E_0 \mathrm{e}^{\mathrm{i}(\boldsymbol{k}\cdot\boldsymbol{r}-\omega t)} = 0 \quad \longrightarrow \quad (\boldsymbol{e}_1\cdot\boldsymbol{k}) = 0$$

und entsprechend

$$\boldsymbol{\nabla}\cdot\boldsymbol{B}(\boldsymbol{r},t) = 0 \quad \longrightarrow \quad (\boldsymbol{e}_2\cdot\boldsymbol{k}) = 0 \, .$$

Die Feldvektoren stehen senkrecht auf der Ausbreitungsrichtung. Die ebene elektromagnetische Welle ist eine **transversale Welle.**
(b) aus den Rotationsgleichungen (6.33, 6.34)

$$\boldsymbol{\nabla}\times\boldsymbol{E}(\boldsymbol{r},t) + k_f \frac{\partial}{\partial t}\boldsymbol{B}(\boldsymbol{r},t) = 0$$

$$\longrightarrow \quad \mathrm{i}\left[(\boldsymbol{k}\times\boldsymbol{e}_1)\,E_0 - \omega k_f \boldsymbol{e}_2 B_0\right] \mathrm{e}^{\mathrm{i}(\boldsymbol{k}\cdot\boldsymbol{r}-\omega t)} = \boldsymbol{0}$$

$$\boldsymbol{\nabla}\times\boldsymbol{B}(\boldsymbol{r},t) - \varepsilon\mu\frac{k_m}{k_e}\frac{\partial}{\partial t}\boldsymbol{E}(\boldsymbol{r},t) = 0$$

erzeugt eine Welle mit der Wellenlänge $\lambda = v/f$, bzw. c/f im Vakuum. Die Abstrahlung ist jedoch nicht eben, sondern hat eine andere Geometrie (siehe Kap. 7.3). Blendet man jedoch einen 'Strahl' aus, so erhält man eine gute Näherung an eine ebene Welle. Es wird nur eine Ausbreitungsrichtung in Richtung des Wellenzahlvektors berücksichtigt.

$$\longrightarrow \quad \mathrm{i}\left[(\boldsymbol{k}\times\boldsymbol{e}_2)\,B_0 + \varepsilon\mu\frac{\omega k_m}{k_e}\boldsymbol{e}_1 E_0\right]\mathrm{e}^{\mathrm{i}(\boldsymbol{k}\cdot\boldsymbol{r}-\omega t)} = \boldsymbol{0}\,.$$

Das Ergebnis sind zwei Vektorgleichungen (die Ausdrücke in den Klammern ergeben einen Nullvektor), deren Auflösung eine Relation zwischen den drei Vektoren $\boldsymbol{e}_1$, $\boldsymbol{e}_2$ und $\boldsymbol{k}$

$$\boldsymbol{e}_2 = \frac{1}{k}\,(\boldsymbol{k}\times\boldsymbol{e}_1)\ ,$$

sowie eine Relation zwischen den Amplituden

$$B_0 = \frac{\sqrt{\varepsilon\mu}}{ck_f}\,E_0$$

ergibt. (Diese Aussage und weitere Details, einschließlich Animationen, zu den ebenen elektromagnetischen Wellen werden in D.tail 6.1 ausführlicher behandelt.)

Die zusätzliche Information aus den Maxwellgleichungen kann letztlich in der folgenden Form zusammengefasst werden

$$\boldsymbol{k}\cdot\boldsymbol{E}(\boldsymbol{r},t) = \boldsymbol{k}\cdot\boldsymbol{B}(\boldsymbol{r},t) = 0 \tag{6.42}$$

$$\boldsymbol{B}(\boldsymbol{r},t) = \frac{\sqrt{\varepsilon\mu}}{c\,k\,k_f}\,(\boldsymbol{k}\times\boldsymbol{E}(\boldsymbol{r},t)) = \frac{1}{\omega\,k_f}\,(\boldsymbol{k}\times\boldsymbol{E}(\boldsymbol{r},t))\ . \tag{6.43}$$

Die drei Vektoren $\boldsymbol{B}$, $\boldsymbol{k}$, und $\boldsymbol{E}$ bilden (in jedem Raumpunkt und zu jeder Zeit) ein Dreibein mit einer Orientierung, so dass sie (in der angegebenen Reihenfolge) ein Rechtssystem bilden. Die Amplituden der Felder sind verkoppelt. Im Vakuum sind die Amplituden gleich, in einem Medium ist $|B| > |E|$.

Um die elektromagnetischen Wellen im Detail zu diskutieren, muss man zu der reellen Form übergehen. Man wählt zweckmäßigerweise die z-Richtung als Ausbreitungsrichtung

$$\boldsymbol{k} = (0,\,0,\,k)\ .$$

Das elektrische Feld hat dann die komplexe Form

$$\boldsymbol{E}(\boldsymbol{r},t) = \left(E_x\mathrm{e}^{\mathrm{i}(kz-\omega t)},\ E_y\mathrm{e}^{\mathrm{i}(kz-\omega t)},\ 0\right)\ .$$

Schreibt man die komplexen Amplituden in der Form reeller Betrag mal Phase

$$E_x = \tilde{E}_x\mathrm{e}^{\mathrm{i}\alpha_x} \qquad E_y = \tilde{E}_y\mathrm{e}^{\mathrm{i}\alpha_y} \qquad (\tilde{E},\alpha \text{ reell})\ ,$$

so findet man

$$\boldsymbol{E}_{\text{reell}}(\boldsymbol{r},t) = \left\{\tilde{E}_x\cos(kz-\omega t+\alpha_x)\,,\ \tilde{E}_y\cos(kz-\omega t+\alpha_y)\,,\ 0\right\}\ . \tag{6.44}$$

Der reelle Anteil des $\boldsymbol{B}$-Feldes hat dann entsprechend der Relation (6.43) die Form

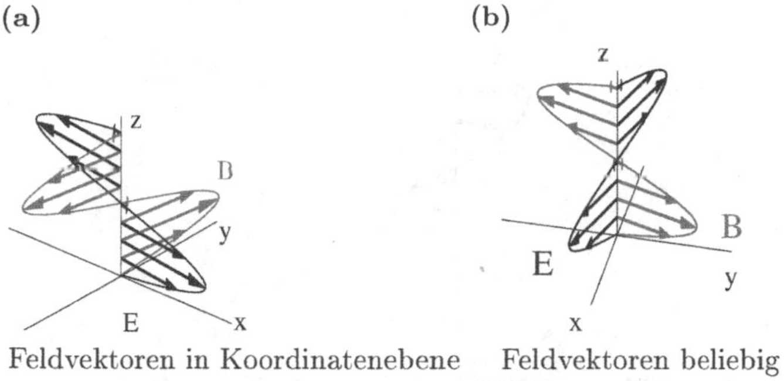

Abb. 6.12. Linear polarisierte ebene Wellen (Ausbreitung in z-Richtung)

$$\boldsymbol{B}_{\text{reell}}(\boldsymbol{r},t) = \frac{k}{\omega k_f}\Big\{-\tilde{E}_y\cos(kz-\omega t+\alpha_y)\,,\; \tilde{E}_x\cos(kz-\omega t+\alpha_x)\,,\,0\Big\}\,. \tag{6.45}$$

Zur Veranschaulichung der elektromagnetischen Wellen kann man einige Spezialfälle betrachten:

(i) Es ist $\tilde{E}_y = 0$. Dies ist der Fall einer **linear polarisierten** ebenen Welle. Der $\boldsymbol{E}$-Vektor schwingt in der x-z Ebene. Der $\boldsymbol{B}$-Vektor entsprechend senkrecht dazu in der y-z Ebene (Abb. 6.12a). Man muss sich dann noch vorstellen, dass sich dieses Bild für jede Gerade parallel zur z-Achse wiederholt und dass sich das gesamte Gebilde mit der Geschwindigkeit v in der Richtung der z-Achse bewegt.

(ii) Für $\tilde{E}_x \neq \tilde{E}_y \neq 0$ und $\alpha_x = \alpha_y$ erhält man ebenfalls eine linear polarisierte ebene Welle, nur schwingt der $\boldsymbol{E}$-Vektor (und entsprechend der $\boldsymbol{B}$-Vektor) parallel zu Ebenen deren Neigung durch $\tilde{E}_x/\tilde{E}_y$ gegeben ist (Abb. 6.12b).

(iii) Für $\alpha_y = \alpha_x \pm \pi/2$ und $\tilde{E}_x = \tilde{E}_y = \tilde{E}$ folgt für den $\boldsymbol{E}$-Vektor

$$\boldsymbol{E}_{\text{reell}}(\boldsymbol{r},t) = \Big\{\tilde{E}\cos(kz-\omega t+\alpha_x)\,,\,\pm\tilde{E}\sin(kz-\omega t+\alpha_x)\,,\,0\Big\}\,.$$

Für eine feste Position z entspricht dies der Parameterdarstellung eines Kreises. Der Endpunkt des $\boldsymbol{E}$-Vektors läuft in jedem Punkt einer Ebene mit z =const. auf einem Kreis um. Diese Welle ist eine **zirkular polarisierte** ebene Welle (Abb. 6.13a).

Für das positive/negative Vorzeichen von $\pi/2$ ist der Umlaufsinn (gesehen gegen die z-Richtung), wie in (Abb. 6.13a) angedeutet gegen/in die Uhrzeigerrichtung. Man unterscheidet also links und rechts zirkular polarisierte ebene Wellen. Eine Momentaufnahme der Spitzen der $\boldsymbol{E}$-Vektoren entlang der z-Achse ergäbe eine Schraubenlinie. Diese windet sich mit der Geschwindigkeit v in die z-Richtung (Abb. 6.13b). Das $\boldsymbol{B}$-Feld wird

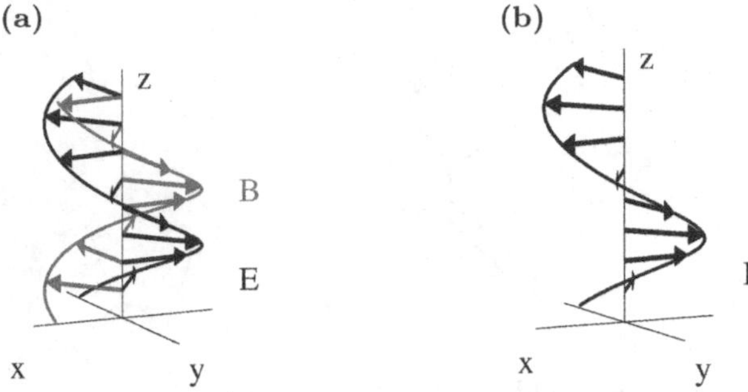

Momentaufnahme für festen Ort — Momentaufnahme der $\boldsymbol{E}$-Vektoren

Abb. 6.13. Zirkular polarisierte elektromagnetische Welle

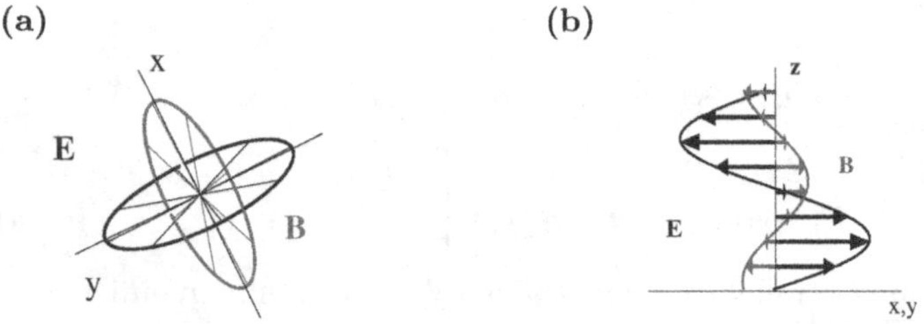

Schwingungsebene der Feldvektoren — Momentaufnahme

Abb. 6.14. Elliptisch polarisierte elektromagnetische Welle

durch eine entsprechende, dazu orthogonale Schraubenlinie charakterisiert.

(iv) Ist $\tilde{E}_x \neq \tilde{E}_y$ und $\alpha_x \neq \alpha_y$, so hat man eine **elliptisch polarisierte** ebene Welle. Für einen gegebenen Punkt beschreibt der Endpunkt des $\boldsymbol{E}$-Vektors eine Ellipse. Im allgemeinen Fall ist die Ellipse um den Winkel $(\alpha_x - \alpha_y)/2$ gegen die x-Kooordinatenachse gedreht (Abb. 6.14a). Es ist eine Übung in höherer darstellender Geometrie, die entsprechenden Momentaufnahmen der Wellenbilder zu zeichnen (Abb. 6.14b).

Je nach Frequenz der (monochromatischen) Sender existiert ein breites Spektrum von monochromatischen elektromagnetischen Wellen. Die Wellenlängenbereiche im Vakuum (in der Praxis Luft mit $\varepsilon\mu \approx 1$) entsprechen

$\lambda = 10^6 - 10^{-1}$ cm	Radiobereich, UKW, Mikrowellen
	$\Longrightarrow$ makroskopische Sender
$\lambda = 10^{-2} - 10^{-4}$ cm	infrarotes (IR) Licht (Wärmestrahlen)
$\lambda \approx 10^{-4}$ cm	sichtbares Licht
$\lambda = 10^{-5} - 10^{-6}$ cm	ultraviolettes (UV) Licht
$\lambda = 10^{-6} - 10^{-10}$ cm	Röntgenstrahlen
	$\Longrightarrow$ atomare Sender
$\lambda = 10^{-9} - 10^{-11}$ cm	γ-Strahlen
	$\Longrightarrow$ nukleare Sender, Elementarprozesse.

Das Verhältnis von Lichtgeschwindigkeit (im Vakuum) zu Ausbreitungsgeschwindigkeit im Medium

$$\frac{c}{v} = \sqrt{\varepsilon\mu} = n \tag{6.46}$$

bezeichnet man in der Optik als den **Brechungsindex** des Mediums. Diese Definition des Brechungsindex nennt man auch **Maxwells Relation**. Sie verknüpft optische Eigenschaften mit den Materialeigenschaften. Die Beziehung (6.46) ist jedoch mit Vorsicht zu betrachten. Für das Beispiel des destillierten Wassers findet man die Werte

$$\mu \approx 1 \quad \varepsilon \approx 80\,.$$

Daraus ergibt sich ein Brechungsindex von $n(H_2O) \approx 8.9$. Dieser Brechnungsindex ist in der Tat für Radiowellen gültig. Im Bereich des sichtbaren Lichtes findet man jedoch $n(H_2O, \lambda \approx 10^{-4}\text{cm}) \approx 1.33$. Der Unterschied zeigt die beachtliche Frequenzabhängigkeit der Materialkonstanten auf

$$\varepsilon = \varepsilon(f) \quad \mu = \mu(f) \quad \longrightarrow n = n(f)\,.$$

Ein qualitatives Verständnis der Frequenzabhängigkeit ist nicht schwierig: Polarisation entsteht durch Ladungsverschiebung im Atom. Wenn die Ladungen auf eine höhere, anregende Frequenz ansprechen sollen, können sich durchaus andere Situationen ergeben als im stationären Fall. Die quantitative Berechnung der Frequenzabhängigkeit der Materialkonstanten ist hingegen keine einfache Angelegenheit[7]. Man bezeichnet die Frequenzabhängigkeit der Materialkonstanten als **Dispersion**, benutzt die Bezeichnung jedoch auch für deren Konsequenzen. Eine direkte Konsequenz (die aus anderer Sicht in der Quantenmechanik interessieren wird) ist das Auseinanderlaufen von Wellenpaketen in einem Medium, das hier kurz erläutert werden soll.

---

[7] Interessenten finden Details in N. Ashcroft and D. Mermin, 'Solid State Physics' (Saunders Publications, Philadelphia, 1976)

Im Vakuum gilt

$$v = c \qquad \text{bzw.} \qquad \omega(k) = ck \, .$$

Jede monochromatische Welle hat die gleiche Ausbreitungsgeschwindigkeit. Konstruiert man durch Superposition von ebenen Wellen mit verschiedenen Wellenzahlen ein 'Wellenpaket', so bewegt sich das Gesamtpaket im Vakuum mit der gleichen Geschwindigkeit c wie jede der Fourierkomponenten, ohne seine Form zu ändern.

In einem dispersiven Medium gilt hingegen

$$v = v(k) = \frac{c}{n(k)} \quad \text{bzw.} \quad \omega(k) = v(k)k \, .$$

Die Funktion $\omega(k)$ ist im Allgemeinen keine lineare Funktion in k. In einem laufenden Wellenpaket breiten sich nun die Fourierkomponenten verschieden schnell aus. Die Folge ist:

- Das Paket läuft auseinander.
- Das 'Zentrum des Wellenpaketes' bewegt sich mit einer anderen Geschwindigkeit als die Geschwindigkeit, mit der sich die Komponente mit der mittleren Frequenz des Paketes bewegt.

Diese Möglichkeiten sind in Abb. 6.15a,b für ein spezielles eindimensionales Wellenpaket, das Gaußpaket, illustriert (siehe D.tail 6.2 für eine ausführliche Diskussion aller notwendigen Rechenschritte). Dieses Wellenpaket wird durch die Fourierentwicklung

$$\Psi(x,t) = \frac{1}{2\pi} \int_{-\infty}^{\infty} \mathrm{d}k \, \mathrm{e}^{-k^2/4a^2} \mathrm{e}^{\mathrm{i}(kx - \omega(k)t)}$$

dargestellt, wobei die Kreisfrequenz $\omega(k)$ entweder gleich $\omega_1(k) = c\,t$ (nichtdispersives Paket) oder gleich $\omega_2(k) = c\,t + h\,t^2$ (dispersives Paket) gesetzt wird. Da das Resultat der Integration für das dispersive Paket eine etwas

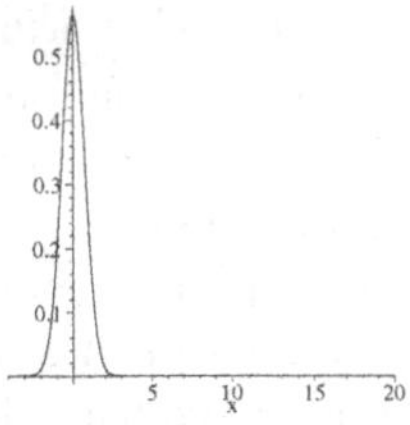

Ausgangssituation: $t = 0$

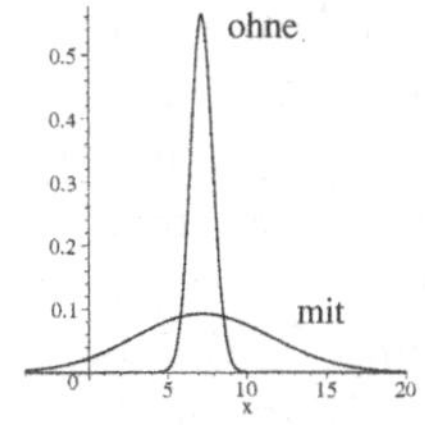

Situation zur Zeit $t > 0$, ohne und mit Dispersion

Abb. 6.15. Dispersion von Wellenpaketen (Gaußpaket)

involvierte komplexe Form hat, ist in den Abbildungen anstatt des Realteils der Wellenfunktion die Größe

$$|\Psi(x,t)|^2 = \Psi^*(x,t)\,\Psi(x,t)$$

aufgetragen. Für das nichtdispersive Gaußpaket ergibt die angedeutete Integration

$$|\Psi_1(x,t)|^2 = \frac{a^2}{\pi}\mathrm{e}^{-2\,a^2(x-ct)^2} \,.$$

Der Parameter a reguliert die Breite des Paketes. Die Ausbreitungsgeschwindigkeit des Maximums ist $v_1 = c$.

Im Fall des dispersiven Gaußpaketes erhält man

$$|\Psi_2(x,t)|^2 = \frac{a^2}{\pi\left[1+16a^4h^2t^2\right]^{1/2}}\exp\left[-2a^2\frac{(x-ct)^2}{\left[1+16a^4h^2t^2\right]}\right] .$$

Das Maximum dieses Paketes breitet sich immer noch mit der Geschwindigkeit c aus, doch bedingt der zeitabhängige Vorfaktor und die zusätzliche Zeitabhängigkeit in dem Exponenten das Auseinanderfließen (bei Wahrung der Größe der Fläche unter den Kurven).

Um die üblichen Begriffe anzudeuten, die bei der Diskussion der Dispersion eine Rolle spielen, falls keine vollanalytische Behandlung möglich ist, kann man ebenfalls ein skalares Wellenpaket in einer Raumdimension

$$\Psi(x,t) = \int_{-\infty}^{\infty} \mathrm{d}k\, A(k)\mathrm{e}^{\mathrm{i}(kx-\omega(k)t)}$$

heranziehen. Der Mittelwert der Wellenzahlen dieses Paketes ist

$$k_0 = \frac{\int_{-\infty}^{\infty} kA(k)\,\mathrm{d}k}{\int_{-\infty}^{\infty} A(k)\,\mathrm{d}k} \,.$$

Die Ausbreitungsgeschwindigkeit der Komponente k_0 des Wellenpaketes bezeichnet man als die **Phasengeschwindigkeit**

$$v_{Ph}(k_0) = \frac{\omega(k_0)}{k_0} = \frac{c}{n(k_0)} \,. \tag{6.47}$$

Diese unterscheidet sich im Allgemeinen von der Geschwindigkeit des Schwerpunktes des Pakets, der **Gruppengeschwindigkeit** $v_{Gr}(k_0)$. Die Entwicklung des Argumentes der Exponentialfunktion um die Stelle k_0

$$kx - \omega(k)t = k_0x + (k-k_0)x + \omega(k_0)t + \left.\frac{\mathrm{d}\omega(k)}{\mathrm{d}k}\right|_{k=k_0}(k-k_0)t + \ldots$$

führt auf eine Faktorisierung der Wellenfunktion in eine ebene Welle mit der Wellenzahl k_0 und einem Anteil, der durch die Gewichtsfunktion $A(k)$ bestimmt wird und der die eigentliche Wellengruppe beschreibt. Es ist

$$\Psi(x,t) \approx \mathrm{e}^{\mathrm{i}(k_0x-\omega(k_0)t)}\int_{-\infty}^{\infty}\mathrm{d}q\, A(q+k_0)\exp\left[\mathrm{i}q\left(x - \left.\frac{\mathrm{d}\omega(k)}{\mathrm{d}k}\right|_{k=k_0} t\right)\right] ,$$

wobei die Variable q durch $q = k - k_0$ definiert ist. Das Paket als Ganzes bewegt sich (falls diese Näherung angemessen ist) mit der Geschwindigkeit

$$v_{Gr}(k_0) = \left.\frac{\mathrm{d}\omega(k)}{\mathrm{d}k}\right|_{k=k_0} \tag{6.48}$$

(vergleiche die Argumentation auf S. 228). Im Vakuum mit einer linearen Relation zwischen ω und der Wellenzahl sind die beiden Geschwindigkeiten gleich

$$v_{Ph}(\text{Vakuum}) = \frac{ck_0}{k_0} = c \qquad v_{Gr}(\text{Vakuum}) = \left.\frac{\mathrm{d}(ck)}{\mathrm{d}k}\right|_{k=k_0} = c\,.$$

6.4 Energie und Impuls des elektromagnetischen Feldes

Mechanische Wellen (z.B. Wasserwellen) transportieren Energie. Man könnte diese Behauptung durch ein einfaches Experiment überprüfen, indem man sich einer stärkeren Brandung aussetzt (empfehlenswert sind die Südostküste von Australien oder Hawaii). Auch elektromagnetische Wellen transportieren Energie und haben einen Impuls. Diese Aussagen kann man mit theoretischen Mitteln anhand der Maxwellgleichungen nachweisen.

6.4.1 Energietransport durch elektromagnetische Wellen

Ausgangspunkt für die Betrachtung des Energiesatzes sind die Gleichungen

$$\boldsymbol{\nabla} \times \boldsymbol{E}(\boldsymbol{r},t) = -k_f \frac{\partial}{\partial t}\boldsymbol{B}(\boldsymbol{r},t)$$

$$\boldsymbol{\nabla} \times \boldsymbol{H}(\boldsymbol{r},t) = 4\pi k_h \boldsymbol{j}_w(\boldsymbol{r},t) + \frac{k_h}{k_d}\frac{\partial}{\partial t}\boldsymbol{D}(\boldsymbol{r},t)\,.$$

Man multipliziert die erste Gleichung skalar mit $\boldsymbol{H}$, die zweite skalar mit $\boldsymbol{E}$ und subtrahiert die beiden resultierenden Gleichungen voneinander

$$\begin{aligned}&\boldsymbol{H}\cdot(\boldsymbol{\nabla}\times\boldsymbol{E}) - \boldsymbol{E}\cdot(\boldsymbol{\nabla}\times\boldsymbol{H})\\ &= -\left(k_f\boldsymbol{H}\cdot\frac{\partial}{\partial t}\boldsymbol{B} + \frac{k_h}{k_d}\boldsymbol{E}\cdot\frac{\partial}{\partial t}\boldsymbol{D}\right) - 4\pi k_h \boldsymbol{j}_w\cdot\boldsymbol{E}\,.\end{aligned}$$

Der physikalische Gehalt der einzelnen Terme in dieser Gleichung kann nach einer Umschreibung verdeutlicht werden.

- Für die linke Seite benutzt man (Anh. B.2)

$$\boldsymbol{\nabla}\cdot(\boldsymbol{E}\times\boldsymbol{H}) = \boldsymbol{H}\cdot(\boldsymbol{\nabla}\times\boldsymbol{E}) - \boldsymbol{E}\cdot(\boldsymbol{\nabla}\times\boldsymbol{H})\,.$$

- Den Term mit der Zeitableitung schreibt man in der Form

$$k_f\boldsymbol{H}\frac{\partial}{\partial t}\boldsymbol{B} + \frac{k_m}{k_e}\boldsymbol{E}\frac{\partial}{\partial t}\boldsymbol{D} = \frac{1}{2}\frac{\partial}{\partial t}\left(k_f\boldsymbol{H}\cdot\boldsymbol{B} + \frac{k_h}{k_d}\boldsymbol{E}\cdot\boldsymbol{D}\right)$$

und erhält nach einfacher Sortierung die Relation

$$\boldsymbol{j}_w(\boldsymbol{r},t)\cdot\boldsymbol{E}(\boldsymbol{r},t)+\frac{1}{8\pi}\frac{\partial}{\partial t}\left(\frac{k_f}{k_h}\boldsymbol{B}(\boldsymbol{r},t)\cdot\boldsymbol{H}(\boldsymbol{r},t)+\frac{1}{k_d}\boldsymbol{D}(\boldsymbol{r},t)\cdot\boldsymbol{E}(\boldsymbol{r},t)\right)$$
$$+\frac{1}{4\pi k_h}\boldsymbol{\nabla}\cdot[\boldsymbol{E}(\boldsymbol{r},t)\times\boldsymbol{H}(\boldsymbol{r},t)]=0\,. \qquad (6.49)$$

Der Ausdruck $(\boldsymbol{D}\cdot\boldsymbol{E})/(8\pi k_d)$ ist schon aus der Elektrostatik bekannt. Dieses Skalarprodukt beschreibt im stationären Grenzfall die in dem elektrischen Feld gespeicherte Energiedichte w_{el}. In der Elektrodynamik tritt eine zeitabhängige, elektrische Energiedichte auf. Der entsprechende Ausdruck mit $\boldsymbol{B}$ und $\boldsymbol{H}$ stellt die Energiedichte dar, die in dem magnetischen Feld gespeichert ist

$$w_{\text{mag}}(\boldsymbol{r},t)=\frac{k_f}{8\pi k_h}\boldsymbol{B}(\boldsymbol{r},t)\cdot\boldsymbol{H}(\boldsymbol{r},t)\,. \qquad (6.50)$$

- Zur Interpretation des Termes mit dem Skalarprodukt $\boldsymbol{j}_w\cdot\boldsymbol{E}$ benutzt man die folgende Überlegung: Die Stromdichte beschreibt bewegte Ladungen, die sich in den Feldern bewegen bzw. diese Felder auch erzeugen. Greift man eine Punktladung q heraus, die sich in einem kombinierten $\boldsymbol{E}$, $\boldsymbol{B}$-Feld bewegt, so kann man die zeitliche Änderung der Arbeit, die ein homogenes Feld an der Ladung leistet mit

  $$\frac{\mathrm{d}A}{\mathrm{d}t}=\boldsymbol{F}\cdot\frac{\mathrm{d}\boldsymbol{s}}{\mathrm{d}t}=q\boldsymbol{E}\cdot\boldsymbol{v}$$

  angeben. Das Magnetfeld leistet, infolge der Form der Lorentzkraft, keine Arbeit an der Ladung. Man kann diese explizite Arbeitsaussage wieder in eine Aussage mit einer Stromdichte umschreiben, wenn man die Ersetzung $q\boldsymbol{v}=\boldsymbol{j}_w\,\mathrm{d}V$ benutzt. Man erhält im Allgemeinen für die Arbeit pro Zeiteinheit, die ein elektrisches Feld an bewegten Ladungen leistet

  $$\frac{\mathrm{d}A(\boldsymbol{r},t)}{\mathrm{d}t}=[\boldsymbol{E}(\boldsymbol{r},t)\cdot\boldsymbol{j}_w(\boldsymbol{r},t)]\,\mathrm{d}V\,.$$

  Dieser Term beschreibt entsprechend dieser Argumentation die Umsetzung von elektromagnetischer Energie in die mechanische Energie geladener Teilchen. Bewegen sich die Teilchen in einem Medium, z.B. in einem Leiter, so wird die mechanische Energie durch Stoßprozesse mit dem Metallgitter in thermische Energie umgesetzt. Man bezeichnet diesen Term deswegen als den **Jouleschen Wärmeterm**.

Mit der Abkürzung

$$w_{\text{em}}(\boldsymbol{r},t)=\frac{1}{8\pi}\left(\frac{1}{k_d}\boldsymbol{D}(\boldsymbol{r},t)\cdot\boldsymbol{E}(\boldsymbol{r},t)+\frac{k_f}{k_h}\boldsymbol{B}(\boldsymbol{r},t)\cdot\boldsymbol{H}(\boldsymbol{r},t)\right) \qquad (6.51)$$

für die gesamte elektromagnetische Energiedichte lautet der **Energiesatz der Elektrodynamik** somit in differentieller Form

$$\boldsymbol{j}_w(\boldsymbol{r},t)\cdot\boldsymbol{E}(\boldsymbol{r},t)+\frac{\partial}{\partial t}w_{\mathrm{em}}(\boldsymbol{r},t)+\frac{1}{4\pi k_m}\boldsymbol{\nabla}\cdot[\boldsymbol{E}(\boldsymbol{r},t)\times\boldsymbol{H}(\boldsymbol{r},t)]=0\,. \tag{6.52}$$

- Um den Term $\boldsymbol{\nabla}\cdot(\boldsymbol{E}\times\boldsymbol{H})/(4\pi k_m)$ zu interpretieren, geht man von den Energiedichten zu einer Aussage über die Energien selbst über. Man integriert die differentielle Form (6.52) über ein Volumen des felderfüllten Raumes

$$\iiint_V \boldsymbol{j}_w\cdot\boldsymbol{E}\,\mathrm{d}V+\frac{\partial}{\partial t}\iiint_V w_{\mathrm{em}}\,\mathrm{d}V+\frac{1}{4\pi k_h}\iiint_V \boldsymbol{\nabla}\cdot[\boldsymbol{E}\times\boldsymbol{H}]\,\mathrm{d}V=0$$

und benutzt für den fraglichen Term das Divergenztheorem

$$\iiint_V \boldsymbol{\nabla}\cdot[\boldsymbol{E}\times\boldsymbol{H}]\,\mathrm{d}V=\oiint_{\mathrm{O(V)}}[\boldsymbol{E}\times\boldsymbol{H}]\cdot\mathbf{d}\boldsymbol{f}\,.$$

Das Oberflächenintegral kann man (wie üblich) als Fluss interpretieren. Hier ist es (gemäß der Dimension des Integranden) ein Fluss von elektromagnetischer Feldenergie durch die Oberfläche eines gegebenen Volumens. Dieser Energiefluss wird insgesamt durch den Vektor

$$\boldsymbol{S}(\boldsymbol{r},t)=\frac{1}{4\pi k_h}\,[\boldsymbol{E}(\boldsymbol{r},t)\times\boldsymbol{H}(\boldsymbol{r},t)] \tag{6.53}$$

charakterisiert. Man nennt diesen Vektor den **Poyntingvektor**. Die Maßeinheit dieses Vektors ist

$$[S]=\left[\frac{\text{Energie}}{\text{Fläche}\cdot\text{Zeit}}\right].$$

Eine dimensionale Reinterpretation, die dem Vektorcharakter dieser Größe besser gerecht wird, gewinnt man, indem man die Umschreibung

$$\left[\frac{S}{c^2}\right]=\left[\frac{\text{Impuls}\cdot\text{Länge}}{\text{Zeit}}\;\frac{1}{\text{Fläche}\cdot\text{Zeit}}\;\frac{\text{Zeit}^2}{\text{Länge}^2}\right]=\left[\frac{\text{Impuls}}{\text{Volumen}}\right]$$

betrachtet. Die Größe $\boldsymbol{S}/c^2$ stellt somit eine Impulsdichte des elektromagnetischen Feldes dar.

Mit dieser Definition lautet dann der Energiesatz der Elektrodynamik in Integralform

$$\frac{\mathrm{d}}{\mathrm{d}t}\iiint_V w_{\mathrm{em}}(\boldsymbol{r},t)\,\mathrm{d}V=-\iiint_V(\boldsymbol{j}_w(\boldsymbol{r},t)\cdot\boldsymbol{E}(\boldsymbol{r},t))\,\mathrm{d}V\;-\oiint_{\mathrm{O(V)}}\boldsymbol{S}(\boldsymbol{r},t)\cdot\mathbf{d}\boldsymbol{f}\,. \tag{6.54}$$

In Worten: Die zeitliche Änderung der elektromagnetischen Feldenergie in einem Volumen äußert sich in mechanischer Energie (Bewegung von Ladung oder Wärmeerzeugung) plus der Energie, die durch die Oberfläche des Volumens zu- oder abgeführt wird (z.B. durch elektromagnetische Wellen).

Der Poyntingvektor ist eine geeignete Größe für die Diskussion des Energieflusses eines elektromagnetischen Feldes. Er beschreibt die Richtung und die Stärke dieses Flusses. Für eine ebene Welle gilt wegen der Relation (6.43) unter der Voraussetzung der einfachen Materialgleichung

$$\boldsymbol{H}(\boldsymbol{r},t) = \sqrt{\frac{\varepsilon}{\mu}}\,\frac{k_h}{ckk_f k_m}\,(\boldsymbol{k}\times\boldsymbol{E}(\boldsymbol{r},t)) \ .$$

Der Poyntingvektor für eine ebene Welle S_{ew} ist also

$$\boldsymbol{S}_{\mathrm{ew}}(\boldsymbol{r},t) = \frac{c}{4\pi k_e}\sqrt{\frac{\varepsilon}{\mu}}\,[\boldsymbol{E}(\boldsymbol{r},t)\times(\boldsymbol{k}\times\boldsymbol{E}(\boldsymbol{r},t))]\,\frac{1}{k}$$

oder mit einer Standardformel für das doppelte Vektorprodukt (und der Aussage $\boldsymbol{E}\cdot\boldsymbol{k}=0$)

$$\boldsymbol{S}_{\mathrm{ew}}(\boldsymbol{r}) = \frac{c}{4\pi k_e}\sqrt{\frac{\varepsilon}{\mu}}\,(\boldsymbol{E}(\boldsymbol{r},t)\cdot\boldsymbol{E}(\boldsymbol{r},t))\,\frac{\boldsymbol{k}}{k} \ . \qquad (6.55)$$

Arbeitet man mit der komplexen Form für die Felder, so darf man hier nur den Realteil einsetzen

$$\mathrm{Re}\,(\boldsymbol{E}(\boldsymbol{r},t)) = \tilde{\boldsymbol{E}}\,\cos(\boldsymbol{k}\boldsymbol{r}-\omega t+\varphi) \ .$$

Für die Diskussion von Intensitätsverhältnissen interessiert der zeitliche Mittelwert des Poyntingvektors

$$\bar{\boldsymbol{S}}_{\mathrm{ew}}(\boldsymbol{r}) = \frac{1}{T}\int_0^T \boldsymbol{S}_{\mathrm{ew}}(\boldsymbol{r},t)\,\mathrm{d}t \qquad \left(T=\frac{2\pi}{\omega}\right) .$$

Direkte Rechnung ergibt (siehe D.tail 6.3)

$$\bar{\boldsymbol{S}}_{\mathrm{ew}}(\boldsymbol{r}) = \frac{c}{8\pi k_e}\sqrt{\frac{\varepsilon}{\mu}}\,|\tilde{\boldsymbol{E}}|^2\,\frac{\boldsymbol{k}}{k} \equiv \bar{\boldsymbol{S}}_{\mathrm{ew}} \ . \qquad (6.56)$$

Der Mittelwert des Poyntingvektors ist im Fall einer ebenen Welle für alle Raumpunkte gleich. Man kann ihn auch in der komplexen Form

$$\bar{\boldsymbol{S}}_{\mathrm{ew}}(\boldsymbol{r},t) = \frac{1}{8\pi k_h}\,[\boldsymbol{E}(\boldsymbol{r},t)\times\boldsymbol{H}^*(\boldsymbol{r},t)] \qquad (6.57)$$

darstellen. Zum Beweis dieser Aussage genügt es, den oben angegebenen Ausdruck für $\boldsymbol{H}$ einzusetzen. Der zeitliche Mittelwert des Poyntingvektors ist proportional zu der Intensität $|\tilde{\boldsymbol{E}}|^2$ der elektromagnetischen Strahlung. Er enthält zusätzlich eine Aussage über die Richtung des Energieflusses. Wie zu erwarten ist diese Richtung die Ausbreitungsrichtung der ebenen Welle.

6.4.2 Der Impulssatz

Der Impulssatz der Elektrodynamik ergibt sich aus der Diskussion der Bewegungsgleichungen einer Verteilung von Ladungen in einem elektromagnetischen Feld. Man ersetzt zu diesem Zweck zunächst die Ladungen q_i und die Geschwindigkeiten $\boldsymbol{v}_i$ in der Bewegungsgleichung für den Gesamtimpuls eines Systems von Punktladungen (q_1, $q_2, \ldots$) (vergleiche (5.50))

$$\frac{\mathrm{d}\boldsymbol{p}_{\text{mech}}(t)}{\mathrm{d}t} = \sum_i q_i \left\{\boldsymbol{E}(\boldsymbol{r},t) + k_f[\boldsymbol{v}_i \times \boldsymbol{B}(\boldsymbol{r},t)]\right\}$$

durch

$$\sum_i q_i \longrightarrow \iiint \rho_w(\boldsymbol{r},t)\,\mathrm{d}V \quad \text{und} \quad \sum_i q_i\boldsymbol{v}_i \longrightarrow \iiint \boldsymbol{j}_w(\boldsymbol{r},t)\,\mathrm{d}V\,.$$

Man erhält

$$\frac{\mathrm{d}\boldsymbol{p}_{\text{mech}}(t)}{\mathrm{d}t} = \iiint \left\{\rho_w(\boldsymbol{r},t)\boldsymbol{E}(\boldsymbol{r},t) + k_f[\boldsymbol{j}_w(\boldsymbol{r},t) \times \boldsymbol{B}(\boldsymbol{r},t)]\right\} \mathrm{d}V\,. \tag{6.58}$$

Die magnetischen Kräfte tragen zu der Impulsbilanz bei.

Im nächsten Schritt werden die Ladungsdichte und die Stromdichte mit Hilfe der Maxwellgleichungen (6.17) eliminiert. Der resultierende Ausdruck

$$\frac{\mathrm{d}\boldsymbol{p}_{\text{mech}}}{\mathrm{d}t} = \iiint \left\{\frac{(\boldsymbol{\nabla}\cdot\boldsymbol{D})\boldsymbol{E}}{4\pi k_d} - \frac{k_f}{4\pi k_d}\frac{\partial \boldsymbol{D}}{\partial t} \times \boldsymbol{B} + \frac{k_f}{4\pi k_h}(\boldsymbol{\nabla}\times\boldsymbol{H})\times\boldsymbol{B}\right\} \mathrm{d}V$$

wird in der folgenden Weise sortiert.

- Der Term mit der partiellen Ableitung wird mittels

$$\frac{\partial(\boldsymbol{D}\times\boldsymbol{B})}{\partial t} = \frac{\partial \boldsymbol{D}}{\partial t}\times\boldsymbol{B} + \boldsymbol{D}\times\frac{\partial \boldsymbol{B}}{\partial t}$$

  und Elimination der Zeitableitung des $\boldsymbol{B}$-Feldes mit dem Induktionsgesetz (6.4)

$$= \frac{\partial \boldsymbol{D}}{\partial t}\times\boldsymbol{B} - \frac{1}{k_f}\boldsymbol{D}\times(\boldsymbol{\nabla}\times\boldsymbol{E})$$

  ersetzt.
- Die Ableitung des Kreuzproduktes des $\boldsymbol{D}$- und des $\boldsymbol{B}$-Feldes entspricht, unter der Voraussetzung, dass einfache Materialgleichungen angenommen werden können, bis auf einen Faktor der Ableitung des Poyntingvektors (6.53)

$$\frac{k_f}{4\pi k_d}\frac{\partial}{\partial t}(\boldsymbol{D}(\boldsymbol{r},t)\times\boldsymbol{B}(\boldsymbol{r},t)) = \frac{\varepsilon\mu}{c^2}\frac{\partial \boldsymbol{S}(\boldsymbol{r},t)}{\partial t}\,.$$

- Die Größe $\boldsymbol{S}/c^2$ wurde in Kap. 6.4.1 als Impulsdichte des elektromagnetischen Feldes erkannt. Es liegt somit nahe, das Volumenintegral über diese Größe als den Impuls des elektromagnetischen Feldes zu definieren

$$\boldsymbol{p}_{\text{feld}}(t) = \frac{\varepsilon\mu}{c^2}\iiint \frac{\partial \boldsymbol{S}(\boldsymbol{r},t)}{\partial t}\,\mathrm{d}V\,. \tag{6.59}$$

Die Sortierung bis zu diesem Punkt kann mit

$$\frac{\mathrm{d}}{\mathrm{d}t}(\boldsymbol{p}_{\text{mech}} + \boldsymbol{p}_{\text{feld}}) = \iiint \left\{ \frac{1}{4\pi k_d} \left[(\boldsymbol{\nabla} \cdot \boldsymbol{D})\boldsymbol{E} - \boldsymbol{D} \times (\boldsymbol{\nabla} \times \boldsymbol{E}) \right] - \frac{k_f}{4\pi k_h} \boldsymbol{B} \times (\boldsymbol{\nabla} \times \boldsymbol{H}) \right\} \mathrm{d}V \tag{6.60}$$

zusammengefasst werden. Auf der linken Seite steht die Zeitableitung des gesamten Impulses des Systems Ladungen und elektromagnetisches Feld. Um festzustellen, unter welchen Bedingungen ein Erhaltungssatz für den Impuls vorliegt, müssen die Beiträge auf der rechten Seite der Gleichung näher untersucht werden. Es liegt nahe, sie in ein Oberflächenintegral umzuschreiben, das als Impulsfluss aus dem betrachteten Volumen interpretiert werden kann.

Der Integrand des Volumenintegrals setzt sich aus einem elektrischen und einem magnetischen Beitrag zusammen. Für den Vektor aus elektrischen Feldern erhält man, wieder mit der einfachen Materialgleichung, die Komponenten (siehe ● D.tail 6.4) ($i = 1, 2, 3$)

$$\left[(\boldsymbol{\nabla} \cdot \boldsymbol{D})\boldsymbol{E} - \boldsymbol{D} \times (\boldsymbol{\nabla} \times \boldsymbol{E}) \right]_i = \varepsilon \frac{k_d}{k_e} \sum_{k=1}^{3} \frac{\partial}{\partial x_k} \left(E_i E_k - \frac{1}{2} E^2 \delta_{i,k} \right) .$$

Der magnetische Beitrag hat eine analoge Struktur, denn man kann ihn mit einem Term proportional zu $(\boldsymbol{\nabla} \cdot \boldsymbol{B})\boldsymbol{H} = \boldsymbol{0}$ ergänzen. Man findet somit einen entsprechenden Satz von Komponenten für den magnetischen Beitrag.

Um die rechte Seite der Gleichung (6.60) in kompakter Form zu schreiben, definiert man die Elemente eines symmetrischen Tensors (zweiter Stufe)

$$T_{ik} = \frac{\varepsilon}{4\pi k_e} \left(E_i E_k - \frac{1}{2} E^2 \delta_{i,k} \right) + \frac{k_f}{4\pi \mu k_m} \left(B_i B_k - \frac{1}{2} B^2 \delta_{i,k} \right) , \tag{6.61}$$

der als **Maxwellscher Spannungstensor** bezeichnet wird, und findet für die Komponenten[8] des Impulssatzes der Elektrodynamik

$$\frac{\mathrm{d}}{\mathrm{d}t} \left[\boldsymbol{p}_{\text{mech}}(t) + \boldsymbol{p}_{\text{feld}}(t) \right]_i = \iiint \sum_{k=1}^{3} \frac{\partial}{\partial x_k} T_{ik}(\boldsymbol{r}, t) \, \mathrm{d}V .$$

Den Integranden kann man als die Divergenz eines Vektors

$$\boldsymbol{T}_i = (T_{i1}, T_{i2}, T_{i3})$$

auffassen und erhält mit dem Gaußtheorem die endgültige Fassung des Impulssatzes

$$\frac{\mathrm{d}}{\mathrm{d}t} \left[\boldsymbol{p}_{\text{mech}}(t) + \boldsymbol{p}_{\text{feld}}(t) \right]_i = \iiint_{\mathrm{V}} \boldsymbol{\nabla} \cdot \boldsymbol{T}_i \, \mathrm{d}V = \oiint_{\mathrm{O(V)}} \mathrm{d}\boldsymbol{f} \cdot \boldsymbol{T}_i . \tag{6.62}$$

[8] Eine alternative Formulierung benutzt das Konzept eines dyadischen Tensors, das hier nicht benutzt wird. Eine Erweiterung der Betrachtungen in diesem Abschnitt findet man in Kap. 8.5.3 unter dem Stichwort 'Relativitätstheorie' .

Die Größe $\boldsymbol{e}_n \cdot \boldsymbol{T}_i$, wobei der Einheitsvektor die Flächennormale darstellt, entspricht den Komponenten einer Kraft pro Flächeneinheit, die durch die Oberfläche $O(V)$ greift. Eine alternative Interpretation ist: Diese Größe stellt einen Impulsfluss pro Flächeneinheit aus dem Volumen V durch die Fläche $O(V)$ in der entsprechenden Koordinatenrichtung dar. Die Gleichung (6.62) kann benutzt werden, um die Kraft auf einen Körper in einem elektromagnetischen Feld zu berechnen.

Der Impulssatz der Elektrodynamik lautet also: Die zeitliche Änderung des Gesamtimpulses eines Systems von Ladungen und Feldern in einem Volumen ist gleich dem Impulsfluss durch die Oberfläche des Volumens. Verschwindet dieser Fluss, so ist der Gesamtimpuls $\boldsymbol{p}_{\mathrm{mech}}(t) + \boldsymbol{p}_{\mathrm{feld}}(t))$ erhalten. Auf diese Aussage bezieht sich die Anmerkung in Kap. 5.5, dass die Einbeziehung des Feldimpulses den Impulserhaltungssatz ergeben kann, obschon die magnetischen Kraftwirkungen zwischen Ladungen das dritte Axiom nicht erfüllen.

6.5 Elektromagnetische Potentiale

Zur Lösung der vollständigen Maxwellgleichungen (mit zeitabhängigen Ladungs- und Stromverteilungen) ist eine alternative Fassung der Situation von Nutzen. Setzt man voraus, dass die einfachen Materialgleichungen gelten, so lauten die zuständigen Maxwellgleichungen

$$\nabla \cdot \boldsymbol{B}(\boldsymbol{r},t) = 0 \qquad \nabla \times \boldsymbol{B}(\boldsymbol{r},t) = \frac{\varepsilon \mu k_m}{k_e} \frac{\partial \boldsymbol{E}(\boldsymbol{r},t)}{\partial t} + 4\pi \mu k_m \boldsymbol{j}_w(\boldsymbol{r},t)$$

$$\nabla \cdot \boldsymbol{E}(\boldsymbol{r},t) = \frac{4\pi k_e}{\varepsilon} \rho_w(\boldsymbol{r},t) \qquad \nabla \times \boldsymbol{E}(\boldsymbol{r},t) = -k_f \frac{\partial}{\partial t} \boldsymbol{B}(\boldsymbol{r},t) \,.$$

Zu bestimmen sind $\boldsymbol{E}(\boldsymbol{r},t)$ und $\boldsymbol{B}(\boldsymbol{r},t)$ anhand der Vorgabe der Funktionen $\rho_w(\boldsymbol{r},t)$ und $\boldsymbol{j}_w(\boldsymbol{r},t)$. Die Frage, die man zur möglichen Vereinfachung der Diskussion vorab stellen sollte, ist jedoch: Ist es auch in dem dynamischen Fall möglich (und vorteilhaft) diese Aufgabe mit Hilfe einer Potentialbeschreibung zu formulieren und zu lösen?

Aus der Relation $\nabla \cdot \boldsymbol{B}(\boldsymbol{r},t) = 0$ gewinnt man wie in dem stationären Fall den Ansatz

$$\boldsymbol{B}(\boldsymbol{r},t) = \nabla \times \boldsymbol{A}(\boldsymbol{r},t) \,. \tag{6.63}$$

Das elektrische Feld kann jedoch nicht in einfacher Weise durch ein Skalarpotential dargestellt werden, da die Aussage $\nabla \times \boldsymbol{E}(\boldsymbol{r},t) = 0$ *nicht* mehr gilt. Setzt man jedoch die Darstellung (6.63) des $\boldsymbol{B}$-Feldes in das Induktionsgesetz ein, so folgt

$$\nabla \times \boldsymbol{E}(\boldsymbol{r},t) = -k_f \frac{\partial}{\partial t}(\nabla \times \boldsymbol{A}(\boldsymbol{r},t))$$

oder mit Vertauschung der Reihenfolge der Differentiation

$$\nabla \times \left(\boldsymbol{E}(\boldsymbol{r},t) + k_f \frac{\partial A(\boldsymbol{r},t)}{\partial t} \right) = \boldsymbol{0} \, .$$

Man kann also die Vektorfunktion in der Klammer als Gradient einer Skalarfunktion darstellen

$$\boldsymbol{E}(\boldsymbol{r},t) + k_f \frac{\partial \boldsymbol{A}(\boldsymbol{r},t)}{\partial t} = -\nabla V(\boldsymbol{r},t)$$

bzw.

$$\boldsymbol{E}(\boldsymbol{r},t) = -\left(\nabla V(\boldsymbol{r},t) + k_f \frac{\partial \boldsymbol{A}(\boldsymbol{r},t)}{\partial t} \right) . \tag{6.64}$$

Die so bereitgestellte Darstellung der sechs Feldkomponenten durch vier Potentialgrößen gilt es nun in die verbleibenden zwei Maxwellgleichungen einzusetzen. Man erhält dann als Bestimmungsgleichungen für die Potentialfunktionen

$$\Delta V(\boldsymbol{r},t) + k_f \frac{\partial}{\partial t} \nabla \cdot \boldsymbol{A}(\boldsymbol{r},t) = -\frac{4\pi k_e}{\varepsilon} \rho_w(\boldsymbol{r},t)$$

und (6.65)

$$\Delta \boldsymbol{A}(\boldsymbol{r},t) - \frac{\varepsilon\mu}{c^2} \frac{\partial^2 \boldsymbol{A}(\boldsymbol{r},t)}{\partial t^2} - \nabla \left(\nabla \cdot \boldsymbol{A}(\boldsymbol{r},t) + \frac{\varepsilon\mu k_m}{k_e} \frac{\partial V(\boldsymbol{r},t)}{\partial t} \right)$$

$$= -4\pi\mu k_m \boldsymbol{j}_w(\boldsymbol{r},t) \, .$$

Die Differentialgleichungen sehen nicht sehr handlich aus, da das skalare Potential und das Vektorpotential verkoppelt sind. Im stationären Fall konnte man feststellen, dass für die Potentiale eine Eichfreiheit besteht. Die dort benutzte Coulombeichung kann man auf

$$\nabla \cdot \boldsymbol{A}(\boldsymbol{r},t) = 0 \tag{6.66}$$

erweitern. Diese Eichung ist auch im zeitabhängigen Fall brauchbar und zwar für den Fall der Wellenausbreitung mit ($\rho_w = 0\,,\ \boldsymbol{j}_w = \boldsymbol{0}$). Es gilt dann

$$\Delta V(\boldsymbol{r},t) = 0$$

mit der möglichen Lösung $V(\boldsymbol{r},t) = 0$. Die Gleichung für das Vektorpotential ist dann

$$\Delta \boldsymbol{A}(\boldsymbol{r},t) - \frac{\varepsilon\mu}{c^2} \frac{\partial^2 \boldsymbol{A}(\boldsymbol{r},t)}{\partial t^2} = 0 \, .$$

Aus der Lösung dieser Differentialgleichung, einer Wellengleichung, gewinnt man die Messfelder durch

$$\boldsymbol{E}(\boldsymbol{r},t) = -k_f \frac{\partial \boldsymbol{A}(\boldsymbol{r},t)}{\partial t} \qquad \boldsymbol{B}(\boldsymbol{r},t) = \nabla \times \boldsymbol{A}(\boldsymbol{r},t) \, .$$

Die Bedingung $\nabla \cdot \boldsymbol{A} = 0$ besagt: Der Vektor $\boldsymbol{A}$ steht (wie die Felder) senkrecht auf der Ausbreitungsrichtung. Man nennt die Coulombeichung deswegen im dynamischen Fall auch die **transversale Eichung**.

Für das eigentliche Senderproblem ist jedoch eine andere Eichung nützlicher. Diese Eichung wird durch die Eichtransformation

$$A'(r,t) = A(r,t) + \nabla f(r,t)$$

$$V'(r,t) = V(r,t) - k_f \frac{\partial}{\partial t} f(r,t)$$

definiert. Die Funktion f ist eine beliebige Funktion, die der Wellengleichung

$$\Delta f(r,t) - \frac{\varepsilon\mu}{c^2}\frac{\partial^2 f(r,t)}{\partial t^2} = 0$$

genügt. Die vier Potentialfunktionen erfüllen in diesem Fall die Bedingung

$$\nabla \cdot A' + \frac{\varepsilon\mu k_m}{k_e}\frac{\partial V'}{\partial t} = \nabla \cdot A + \Delta f + \frac{\varepsilon\mu k_m}{k_e}\frac{\partial V}{\partial t} - \frac{\varepsilon\mu}{c^2}\frac{\partial^2 f}{\partial t^2}$$

$$= \nabla \cdot A + \frac{\varepsilon\mu k_m}{k_e}\frac{\partial V}{\partial t} .$$

Der physikalische Gehalt wird durch diese Transformation nicht geändert

$$B' = \nabla \times A' = \nabla \times A = B$$

$$E' = -\nabla V' - k_f \frac{\partial A'}{\partial t} = -\nabla V + k_f \nabla \frac{\partial}{\partial t} f - k_f \frac{\partial A}{\partial t} - k_f \frac{\partial}{\partial t} \nabla f$$

$$= -\nabla V - k_f \frac{\partial A}{\partial t} = E .$$

Mit der **Lorentzeichung**

$$\nabla \cdot A(r,t) + \frac{\varepsilon\mu k_m}{k_e}\frac{\partial V(r,t)}{\partial t} = 0 \tag{6.67}$$

lauten die Differentialgleichungen (6.65) für die Potentialfunktionen

$$\Delta A(r,t) - \frac{\varepsilon\mu}{c^2}\frac{\partial^2}{\partial t^2} A(r,t) = -4\pi\mu k_m\, j_w(r,t) \tag{6.68}$$

$$\Delta V(r,t) - \frac{\varepsilon\mu}{c^2}\frac{\partial^2}{\partial t^2} V(r,t) = -\frac{4\pi k_e}{\varepsilon}\,\rho_w(r,t) . \tag{6.69}$$

Man findet vier inhomogene Wellengleichungen. Vier inhomogene Bestimmungsgleichungen treten somit sowohl in der Formulierung der Theorie durch die elektromagnetischen Potentiale als auch in der ursprünglichen Maxwelltheorie auf. Die Formulierung mit Hilfe der elektromagnetischen Potentiale ist zu der Formulierung mittels der Felder völlig äquivalent. Die homogenen Maxwellgleichungen werden über die Definition der Potentiale berücksichtigt.

Der Differentialoperator auf der linken Seite der Gleichungen (6.68, 6.69) wird im Fall eines Vakuums ($\varepsilon = \mu = 1$) oft in der Form

$$\Box A(r,t) \qquad \text{bzw.} \qquad \Box V(r,t)$$

mit dem Operator

$$\square = \Delta - \frac{1}{c^2}\frac{\partial^2}{\partial t^2}\,, \tag{6.70}$$

dem **d'Alembertoperator**, abgekürzt. Die Differentialgleichungen (6.68, 6.69) werden auch als (inhomogene) d'Alembertgleichungen bezeichnet.

Nach dieser formalen, aber nützlichen Umschreibung der Theorie steht die Frage an, wie die inhomogenen Wellengleichungen zu lösen sind.

6.6 Lösung der inhomogenen Wellengleichungen

Die vier inhomogenen Differentialgleichungen, die zur Diskussion stehen, haben eine identische Struktur. Es sind lineare, inhomogene partielle Differentialgleichung zweiter Ordnung in vier Variablen, wie z.B.

$$\Delta V(\boldsymbol{r},t) - \frac{\varepsilon\mu}{c^2}\frac{\partial^2 V(\boldsymbol{r},t)}{\partial t^2} = -\frac{4\pi k_e}{\varepsilon}\,\rho_w(\boldsymbol{r},t)\,.$$

Wie für gewöhnliche lineare Differentialgleichungen gilt auch für das partielle Gegenstück, dass die allgemeine Lösung als Summe der allgemeinen Lösung der homogenen Differentialgleichung und einer speziellen Lösung der inhomogenen Differentialgleichung dargestellt werden kann

$$V(\boldsymbol{r},t) = V_{\text{hom}}(\boldsymbol{r},t) + V_{\text{part}}(\boldsymbol{r},t)\,.$$

Die allgemeine Lösung der homogenen, partiellen Differentialgleichung kann als Fourierintegral angesetzt werden

$$V_{\text{hom}}(\boldsymbol{r},t) = \iiint \mathrm{d}^3k \left\{c_+(\boldsymbol{k})\mathrm{e}^{\mathrm{i}(\boldsymbol{k}\cdot\boldsymbol{r}+\omega t)} + c_-(\boldsymbol{k})\mathrm{e}^{\mathrm{i}(\boldsymbol{k}\cdot\boldsymbol{r}-\omega t)}\right\}\,. \tag{6.71}$$

Für die Diskussion des Senderproblems ist die Betrachtung einer geeigneten Partikulärlösung der inhomogenen Differentialgleichung ausreichend. Zu deren Bestimmung ist, wie in dem stationären Fall, die Methode der Greenschen Funktionen ein geeignetes Mittel

$$V_{\text{part}}(\boldsymbol{r},t) = \frac{k_e}{\varepsilon}\iiint \mathrm{d}^3r' \int \mathrm{d}t'\; G(\boldsymbol{r},t,\,\boldsymbol{r}',t')\rho_w(\boldsymbol{r}',t')\,. \tag{6.72}$$

Die Greensche Funktion ist nun eine Funktion von acht Variablen. Geht man mit diesem Ansatz in die Differentialgleichung ein, so findet man

$$\begin{aligned}\iiint \mathrm{d}^3r' \int \mathrm{d}t' \quad &\left\{\Delta G(\boldsymbol{r},t,\,\boldsymbol{r}',t') - \frac{\varepsilon\mu}{c^2}\frac{\partial^2}{\partial t^2}G(\boldsymbol{r},t,\,\boldsymbol{r}',t')\right\}\rho_w(\boldsymbol{r}',t')\\ &= -4\pi\,\rho_w(\boldsymbol{r},t)\,.\end{aligned}$$

Die Greensche Funktion muss die Differentialgleichung

$$\left\{\Delta - \frac{\varepsilon\mu}{c^2}\frac{\partial^2}{\partial t^2}\right\}G(\boldsymbol{r},t,\,\boldsymbol{r}',t') = -4\pi\,\delta(\boldsymbol{r}-\boldsymbol{r}')\delta(t-t') \tag{6.73}$$

bzw. im Vakuum

$$\Box G(\boldsymbol{r},t,\boldsymbol{r}',t') = -4\pi\,\delta(\boldsymbol{r}-\boldsymbol{r}')\delta(t-t')$$

erfüllen. Die Ableitungen wirken auf die ungestrichenen Koordinaten. In Erweiterung der Interpretation der Differentialgleichung für die stationäre Greensche Funktion kann man im dynamischen Fall sagen: Die vorliegende Differentialgleichung ist eine inhomogene Wellengleichung für eine Punktladungsquelle der Stärke $q = 1$, die sich zur Zeit t' an der Stelle $\boldsymbol{r}'$ befindet. Diese bewegte Ladung erzeugt eine Welle, die sich von dem Raum-Zeitpunkt $\boldsymbol{r}', t'$ nach dem Raum-Zeitpunkt $\boldsymbol{r}, t$ ausbreitet.

Zur Bestimmung der Lösung benutzt man zweckmäßigerweise, in Analogie zu dem Fall von inhomogenen, linearen gewöhnlichen Differentialgleichungen, die Methode der unbestimmten Koeffizienten. Die Tatsache, dass eine partielle Differentialgleichung vorliegt, äußert sich in einem Ansatz mit beliebig vielen Koeffizienten $g(\boldsymbol{k},\omega)$. Man entwickelt die gesuchte Partikulärlösung nach 'ebenen Wellen'

$$V_{\text{part}}(\boldsymbol{r},t) = \frac{k_e}{\varepsilon}\int_{-\infty}^{\infty} \mathrm{d}\omega \iiint \mathrm{d}^3k\; g(\boldsymbol{k},\omega)\mathrm{e}^{\mathrm{i}(\boldsymbol{k}\cdot\boldsymbol{r}-\omega t)}\,. \tag{6.74}$$

Die Anführungsstriche besagen, dass in der Tat eine vierdimensionale Fourierdarstellung vorliegt: ω und $\boldsymbol{k}$ sind unabhängige Variable. Die übliche Relation $k^2 = \omega^2/c^2$, die man bei der Lösung der homogenen Wellengleichung erhält, ist zu restriktiv. Für die 'ebenen Wellen' gilt die Orthogonalitätsrelation

$$\int \mathrm{d}t \iiint \mathrm{d}^3r\; \mathrm{e}^{-\mathrm{i}(\boldsymbol{k}\cdot\boldsymbol{r}-\omega t)}\mathrm{e}^{\mathrm{i}(\boldsymbol{k}'\cdot\boldsymbol{r}-\omega' t)} = (2\pi)^4\,\delta^{(3)}(\boldsymbol{k}-\boldsymbol{k}')\delta(\omega-\omega')\,.$$

Da die Exponentialfunktionen faktorisieren, erhält man viermal die Definition einer δ-Funktion. Setzt man den Ansatz (6.74) in die Differentialgleichung (6.69) ein, so folgt

$$\int \mathrm{d}\omega \iiint \mathrm{d}^3k \left(-\boldsymbol{k}^2 + \frac{\varepsilon\mu\omega^2}{c^2}\right) g(\boldsymbol{k},\omega)\mathrm{e}^{\mathrm{i}(\boldsymbol{k}\cdot\boldsymbol{r}-\omega t)} = -4\pi\,\rho_w(\boldsymbol{r},t)\,.$$

Um diese Relation nach der Funktion g aufzulösen, multipliziert man die Gleichung mit $\mathrm{e}^{-\mathrm{i}(\boldsymbol{k}'\cdot\boldsymbol{r}-\omega' t)}$, integriert über Raum und Zeit und erhält mittels der Orthogonalitätsrelation

$$\int \mathrm{d}\omega \iiint \mathrm{d}^3k \left(-\boldsymbol{k}^2 + \frac{\varepsilon\mu\omega^2}{c^2}\right) g(\boldsymbol{k},\omega)\delta^{(3)}(\boldsymbol{k}-\boldsymbol{k}')\delta(\omega-\omega')$$

$$= -\frac{1}{4\pi^3}\int \mathrm{d}t' \iiint \mathrm{d}^3r'\; \mathrm{e}^{-\mathrm{i}(\boldsymbol{k}'\cdot\boldsymbol{r}'-\omega' t')}\rho_w(\boldsymbol{r}',t')\,.$$

Diese Gleichung kann einfach sortiert werden

$$g(\boldsymbol{k},\omega) = \frac{1}{4\pi^3}\frac{1}{\left(\boldsymbol{k}^2 - \dfrac{\varepsilon\mu\omega^2}{c^2}\right)}\int \mathrm{d}t' \iiint \mathrm{d}^3r'\; \mathrm{e}^{-\mathrm{i}(\boldsymbol{k}'\cdot\boldsymbol{r}'-\omega' t')}\rho_w(\boldsymbol{r}',t')\,. \tag{6.75}$$

Setzt man dieses Resultat in den Ansatz (6.74) für die Partikulärlösung ein, so kann man durch Vergleich mit dem Ansatz (6.72) die Greens Funktion ablesen

$$G(\boldsymbol{r},t,\,\boldsymbol{r}',t') = \frac{1}{4\pi^3}\int_{-\infty}^{\infty}\mathrm{d}\omega \iiint \mathrm{d}^3k\,\frac{1}{\left(\boldsymbol{k}^2 - \dfrac{\varepsilon\mu\omega^2}{c^2}\right)}\,\mathrm{e}^{\mathrm{i}(\boldsymbol{k}\cdot(\boldsymbol{r}-\boldsymbol{r}'))}\mathrm{e}^{-\mathrm{i}\omega(t-t')}\,. \tag{6.76}$$

Man stellt fest: Die Greens Funktion hängt nur von der Zeitdifferenz $t - t'$ und der Vektordifferenz $\boldsymbol{r} - \boldsymbol{r}'$ ab

$$G(\boldsymbol{r},t,\,\boldsymbol{r}',t') = G(\boldsymbol{r}-\boldsymbol{r}',\,t-t')\,. \tag{6.77}$$

Man stellt jedoch auch fest: Die Greens Funktion ist singulär. Der Integrand divergiert für $k = \pm\omega\sqrt{\varepsilon\mu}/c$. Der Grund für diese Komplikation ist darin zu suchen, dass die Differentialgleichung für die Greensche Funktion zwar korrekt gelöst wurde (dies kann man anhand des Resultates explizit überprüfen), dass aber zusätzliche physikalische Bedingungen nicht berücksichtigt wurden.

Eine der Bedingungen in der dynamischen Theorie ist die **Kausalität**. Wenn man, wie bei der Interpretation der Differentialgleichung angedeutet, eine Ladung zu der Zeit t' an der Stelle $\boldsymbol{r}'$ bewegt, wird die Störung, die durch die Bewegung erzeugt wird, erst zu einem späteren Zeitpunkt t an der Stelle $\boldsymbol{r}$ eintreffen. Man würde also erwarten, dass für eine physikalisch sinnvolle Greensche Funktion die Bedingung

$$G(\boldsymbol{r}-\boldsymbol{r}',\,t-t') = 0 \qquad \text{für } t-t' \le 0 \tag{6.78}$$

gelten muss. Die Störung kann nicht auftreten, bevor etwas bewegt wird. Die Greens Funktion, die diese Forderung nach Kausalität beinhaltet, bezeichnet man als die **retardierte Greens Funktion** $G^{(+)}$. Diese Größe wird auch in anderen Bereichen der theoretischen Physik benötigt.

Um eine korrekte Definition der retardierten Greens Funktion zu erhalten[9], muss die Frequenzintegration in (6.76) erweitert werden. Man ersetzt zu diesem Zweck das Integral entlang der reellen Achse

$$I_{\text{reell}} = \int_{-\infty}^{\infty} \frac{\mathrm{e}^{-\mathrm{i}\omega(t-t')}}{\left(k^2 - (\omega^2/c_{\text{med}}^2)\right)}\,\mathrm{d}\omega \qquad (c_{\text{med}} = c/\sqrt{\varepsilon\mu})\,,$$

das nicht wohldefiniert ist, durch ein komplexes Konturintegral

$$I_{\text{komplex}} = \oint_{C_i} \frac{\mathrm{e}^{-\mathrm{i}\omega(t-t')}}{\left(k^2 - (\omega^2/c_{\text{med}}^2)\right)}\,\mathrm{d}\omega \qquad C_i \to C_1,\, C_2\,.$$

Die Kontur C_1, die für den Fall $(t - t') < 0$ zuständig ist, verläuft entlang der reellen Achse, umgeht jedoch die Polstellen des Integranden bei

$$\omega = \pm\frac{kc}{\sqrt{\varepsilon\mu}}$$

[9] Die hier angedeuteten Schritte werden in Math.Kap. 3.4 ausgeführlich diskutiert.

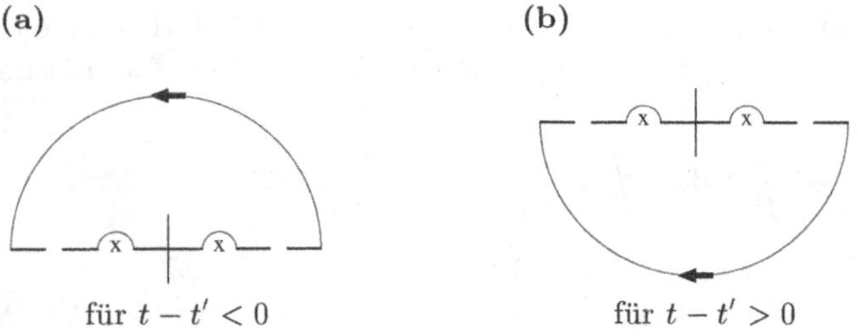

Abb. 6.16. Integrationskonturen zur Berechnung der retardierten Greens Funktion

durch infinitesimale Kreisbogen in der oberen Halbebene. Die Kontur wird durch einen unendlich großen Halbkreis in der oberen komplexen Halbebene (auf dem der Beitrag zu dem Integral verschwindet) ergänzt (Abb. 6.16a). Sie schließt dann keine Singularitäten des Integranden ein. Nach Cauchys Theorem (Math.Kap. 2.3.3) hat dieses Integral den Wert Null.

Die Kontur C_2, die in dem Fall $(t - t') > 0$ gewählt werden muss, unterscheidet sich von der Kontur C_1 dadurch, dass der unendlich große Halbkreis in der unteren komplexen Halbebene liegt (Abb. 6.16b). Die beiden Polstellen des Integranden sind somit in der Kontur eingeschlossen und das Integral kann nach der Partialbruchzerlegung

$$\frac{1}{(k^2 - (\omega^2/c_{\rm med}^2))} = \frac{c_{\rm med}}{2k}\left[\frac{1}{(\omega + c_{\rm med}k)} - \frac{1}{(\omega - c_{\rm med}k)}\right]$$

mit der Cauchyschen Integralformel (Math.Kap. 2.3.3) ausgewertet werden. Man erhält

$$I_{\rm komplex} = \frac{2\pi\, c_{\rm med}}{k}\sin(c_{\rm med}k(t - t'))\ .$$

Die weitere Verarbeitung der Integration über den Wellenzahlraum (d^3k) liefert die retardierte Greens Funktion

$$G^{(+)}(\boldsymbol{r} - \boldsymbol{r}', t - t') = \begin{cases} 0 & t - t' < 0 \\ \dfrac{\delta\left(t - t' - |\boldsymbol{r} - \boldsymbol{r}'|/c_{\rm med}\right)}{|\boldsymbol{r} - \boldsymbol{r}'|} & t - t' > 0 \end{cases}\ . \quad (6.79)$$

Diese Greens Funktion erfüllt die Differentialgleichung und die Kausalitätsbedingung. So wird ein Ereignis (z.B. die Bewegung einer Punktladung), das zur Zeit t' an der Stelle $\boldsymbol{r}'$ stattfindet, zu der Zeit

$$t = t' + \frac{|\boldsymbol{r} - \boldsymbol{r}'|}{c_{\rm med}} \geq t'$$

an der Stelle $\boldsymbol{r}$ registriert. $|\boldsymbol{r} - \boldsymbol{r}'|/c_{\rm med}$ ist genau die Zeit, die ein Signal benötigt, um die Strecke $|\boldsymbol{r} - \boldsymbol{r}'|$ mit der Geschwindigkeit $c_{\rm med}$ zurückzulegen.

Der einfache Nenner besagt, dass diese Greensche Funktion dem Fall von einfachen Randbedingungen entspricht.

Die Partikulärlösung der inhomogenen Wellengleichung für das retardierte Potential $V^{(+)}$

$$V^{(+)}(\boldsymbol{r},t) = \frac{k_e}{\varepsilon}\int \mathrm{d}t' \iiint \mathrm{d}^3r'\, G^{(+)}(\boldsymbol{r},t,\boldsymbol{r}',t')\rho_w(\boldsymbol{r}',t') \tag{6.80}$$

kann noch weiter bearbeitet werden. Die Zeitintegration kann explizit ausgeführt werden, so dass die endgültige Lösungsformel

$$V^{(+)}(\boldsymbol{r},t) = \frac{k_e}{\varepsilon}\iiint \mathrm{d}^3r'\, \frac{\rho_w(\boldsymbol{r}',t-|\boldsymbol{r}-\boldsymbol{r}'|/c_{\mathrm{med}})}{|\boldsymbol{r}-\boldsymbol{r}'|} \tag{6.81}$$

lautet. Entsprechend erhält man für das retardierte Vektorpotential

$$\boldsymbol{A}^{(+)}(\boldsymbol{r},t) = \mu k_m \iiint \mathrm{d}^3r'\, \frac{\boldsymbol{j}_w(\boldsymbol{r}',t-|\boldsymbol{r}-\boldsymbol{r}'|/c_{\mathrm{med}})}{|\boldsymbol{r}-\boldsymbol{r}'|}\ . \tag{6.82}$$

Diese Formeln (eine spezielle Form der Kirchhoffschen Darstellung der Lösung der inhomogenen Wellengleichung im Fall von einfachen Randbedingungen) erlauben es, für eine vorgegebene, zeitlich veränderliche Strom- und Ladungsverteilung, die Potentiale und somit die Felder zu berechnen.

Aufgaben

Weitere 7 Aufgaben hat das sechste Kapitel. Direkte Anwendungen des Induktionsgesetzes werden in 4 Aufgaben angesprochen, 2 Aufgaben setzen sich mit dem Verschiebungsstrom auseinander. Die zusätzliche Aufgabe befasst sich mit der leidigen, expliziten Umrechnung von Einheiten.

7 Elektrodynamik: Anwendungen

Mit der Elektrodynamik war der Grundstein für die technologische Entwicklung unseres Zeitalters gelegt. Noch im 19. Jahrhundert wurden die ersten Generatoren und Elektromotoren entwickelt. Die drahtlose Telegrafie (mit der Konstruktion von Sendern und Empfängern auf immer höherem Niveau) schloss sich an. Länger im Raum stehende optische Fragen, wie das vollständige Verständnis von Beugungserscheinungen, konnten auf einer quantitativen Ebene gelöst werden. Nach der Entdeckung der Röntgenstrahlung und der Konstruktion von Teilchenbeschleunigern (vom Betatron bis zu den derzeit im Aufbau befindlichen Hochenergiebeschleunigern) rückte die Untersuchung der Strahlung von bewegten (Punkt-) Ladungen ins Rampenlicht. Aus diesen vielfältigen Anwendungsgebieten der Elektrodynamik sollen in diesem Kapitel wenigstens eine Auswahl vorgestellt werden.

In diesem Kapitel wird ausschließlich das **CGS System** benutzt.

7.1 Technische Umsetzung der Induktion

Eine direkte technische Anwendung der Induktion ist der Wechselstrommotor bzw. in Umkehrung der Wechselstromgenerator. Schon kurz nach der Entdeckung der Induktion wurde 1834 von M.H. von Jacobi ein Elektromotor entwickelt. Erste Vorläufer von Dynamomaschinen waren seit 1853 in Gebrauch, die entsprechende Technologie wurde aber insbesondere ab 1866 durch W. von Siemens vorangetrieben. Mit der Stromerzeugung bzw. der Stromübertragung ergab sich die Notwendigkeit, Spannungswerte an vorgegebene Bedingungen anzupassen. Der zu diesem Zweck entwickelte Transformator stellt eine weitere Anwendung der Induktionsgesetze dar. Das Prinzip dieser technischen Geräte wird in den nächsten Abschnitten kurz angesprochen.

7.1.1 Der Wechselstromgenerator

Dreht man eine ebene Stromschleife mit der Fläche F in einem homogenen $\boldsymbol{B}$-Feld (Abb. 7.1a), so gilt für den magnetischen Fluss

$$\phi_B = B\,F\,\cos\alpha(t)\ .$$

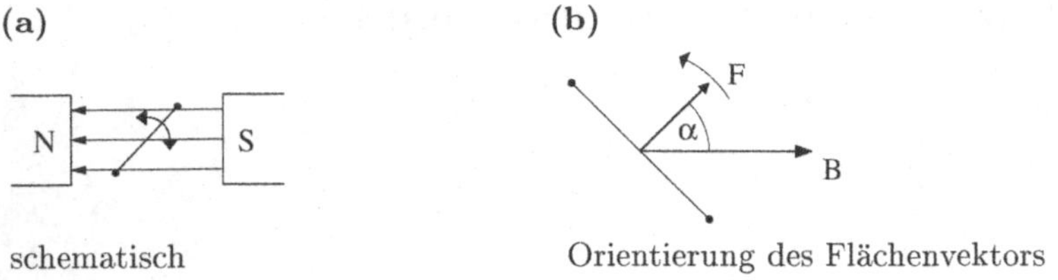

Abb. 7.1. Wechselstromgenerator

Der Winkel $\alpha(t)$ beschreibt die zeitlich veränderliche Orientierung des Flächenvektors der Schleife in Bezug auf das Feld (Abb. 7.1b). Für eine uniforme Drehung $\alpha(t) = \omega t$ folgt aus dem Induktionsgesetz (praktische Fassung, (6.2)) für die induzierte Spannung

$$U_{\text{ind}} = -\frac{1}{c}\frac{\mathrm{d}\phi_B}{\mathrm{d}t} = \frac{BF}{c}\omega \sin \omega t = U_0 \sin \omega t\,. \tag{7.1}$$

Es wird eine sinusförmige Wechselspannung mit der Frequenz $f = \omega/2\pi$ induziert, die durch eine geeignete Vorrichtung abgegriffen werden kann. Man kann den Scheitelwert U_0 z.B. dadurch vergrößern, indem man anstelle der Schleife eine Spule mit N Windungen benutzt. Der Fluss und damit die Spannung U_0 wird dann (in guter Näherung) um den Faktor N erhöht.

7.1.2 Der Transformator

Das Transformatorprinzip ist die Wechselinduktion von zwei Stromkreisen. An den Primärkreis (mit einem Widerstand R_1) legt man eine Wechselspannung, z.B. $U(t) = U_0 \cos \omega t$, an (Abb. 7.2a).

Der entsprechende Wechselstrom $i_1(t)$ in diesem Kreis wirkt per Selbstinduktion (mit dem Selbstinduktionskoeffizienten L_{11}) auf sich selbst und per Wechselinduktion (Wechselinduktionskoeffizient L_{12}) auf den Sekundärkreis. Der Strom $i_2(t)$, der in dem Sekundärkreis (mit einem Widerstand R_2) induziert wird, wirkt auf den ersten Kreis zurück und auf sich selbst (Selbstinduktionskoeffizient L_{22}). Die Spannung im Primärkreis $U_1(t)$ ergibt sich somit als Summe von drei Beiträgen: der angelegten Spannung $U(t)$ und der durch den Strom $i_1(t)$ mittels Selbstinduktion (s) und Wechselinduktion (w) induzierten Spannungen $U_1^s(t)$ und $U_1^w(t)$. Mit den in Kap. 6.1.2 bereitgestellten Relation (6.5) zwischen induzierter Spannung und induzierendem Strom kann man

$$\begin{aligned} U_1(t) &= U(t) + U_1^s(t) + U_1^w(t) = R_1 i_1(t) \\ &= U(t) - L_{11}\frac{\mathrm{d}}{\mathrm{d}t}i_1(t) - L_{12}\frac{\mathrm{d}}{\mathrm{d}t}i_2(t) = R_1 i_1(t) \end{aligned} \tag{7.2}$$

schreiben. Für den Sekundärkreis gilt entsprechend

$$U_2(t) = U_2^s(t) + U_2^w(t) = R_2 i_2(t)$$

$$= -L_{22}\frac{\mathrm{d}}{\mathrm{d}t} i_2(t) - L_{21}\frac{\mathrm{d}}{\mathrm{d}t} i_1(t) = R_2 i_2(t)\,. \tag{7.3}$$

Die Wechselinduktionskoeffizienten können mit der Formel (6.8)

$$L_{21} = L_{12} = \frac{1}{c^2}\oint_{K_1}\oint_{K_2}\frac{\mathbf{d}\boldsymbol{r}_1\cdot\mathbf{d}\boldsymbol{r}_2}{r_{12}}$$

berechnet werden.

Die Transformatorgleichungen (7.2) und (7.3) stellen einen Satz von gekoppelten Differentialgleichungen für die Ströme $i_1(t)$ und $i_2(t)$ dar. Die erste Differentialgleichung ist inhomogen. $U(t)$ ist vorgegeben. Man kann die Differentialgleichungen lösen, indem man mit dem Ansatz

$$i_1(t) = i_{10}\cos(\omega t - \varphi_1) \qquad i_2(t) = i_{20}\cos(\omega t - \varphi_2)$$

oder geschickter mit dem komplexen Ansatz[1]

$$i_1(t) = i_{10}\mathrm{e}^{\mathrm{i}(\omega t-\varphi_1)} \qquad i_2(t) = i_{20}\mathrm{e}^{\mathrm{i}(\omega t-\varphi_2)}$$

in die Differentialgleichungen eingeht und die vier Konstanten, die Scheitelwerte der Stromstärke (i_{10} und i_{20}), sowie die Phasenverschiebung der Ströme gegenüber der äußeren Wechselspannung (φ_1 und φ_2), durch Koeffizientenvergleich bestimmt (siehe D.tail 7.1a).

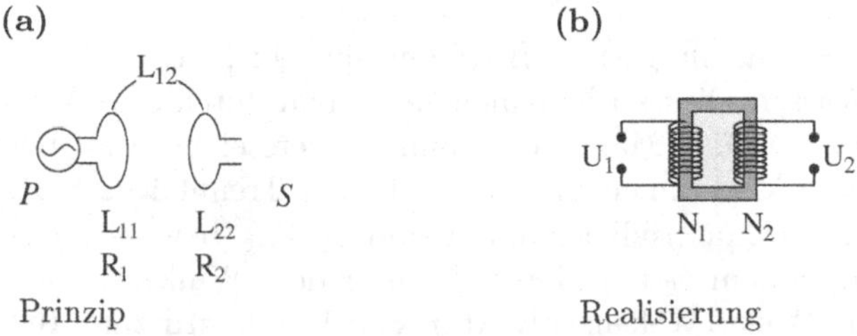

Abb. 7.2. Transformator

Einfacher zu gewinnen ist ein Ergebnis, das in der Praxis viel benutzt wird. Es beruht auf den Voraussetzungen, dass man den Widerstand des Primärkreises vernachlässigen kann ($R_1 \ll \omega L_{11}$) und dass zwischen den Stromkreisen eine ideale Kopplung besteht, die man durch eine Eisenkernverbindung der beiden Stromkreise (die aus Spulen bestehen) und Minimierung der Streuflüsse (durch eine Lamellenstruktur des Eisenkernes) annähernd erreichen kann (Abb. 7.2b). Benutzt man den komplexen Ansatz für die Ströme, so lauten in diesem Fall die Transformatorgleichungen

[1] Es muss dann auch $U(t)$ komplex angesetzt werden.

$$\begin{aligned} \mathrm{i}\omega\,\{L_{11}\,i_1(t) + L_{12}\,i_2(t)\} &= U(t) \\ \mathrm{i}\omega\,\{L_{12}\,i_1(t) + L_{22}\,i_2(t)\} &= -U_2(t)\;, \end{aligned} \tag{7.4}$$

aus denen (siehe D.tail 7.1b) die ideale Transformatorgleichung

$$U_2(t) = -\frac{N_2}{N_1}U(t) \tag{7.5}$$

in direkter Weise folgt. Das Verhältnis von Sekundärspannung zu angelegter Spannung kann man durch Wahl des Verhältnisses der Windungszahlen einstellen.

7.2 Wellenausbreitung

Optische Phänomene können oft mit einfachen Mitteln verstanden werden, so z.B. über Strahlenkonstruktionen oder mit dem Huygenschen Prinzip. Zur letztlich gewünschten Berechnung von Intensitätsverteilungen muss man jedoch auf die Wellenoptik zurückgreifen. In diesem Abschnitt werden drei optische Probleme, die Kristalloptik, die Metalloptik (einschließlich einer Diskussion von Hohlleitern und anderen Wellenleitern) und die Beugung von elektromagnetischen Wellen angesprochen.

7.2.1 Reflexion und Brechung in der Kristalloptik

Eine leicht beobachtbare Erscheinung ist die Brechung eines Lichtstrahls beim Übergang von Luft in Wasser. Dieses Phänomen kann man durch eine Analyse der ebenen Wellenlösung der Maxwellgleichungen verstehen. Man betrachtet zwei verschiedene Materialien mit einer ebenen Trennfläche, z.B. der x-y Ebene ($z = 0$). Die Materialkonstanten sind ε_1, μ_1 bzw. ε_2, μ_2. Auf die Trennebene fällt in dem ersten Material, unter dem Winkel α, eine ebene monochromatische Welle (Wellenzahlvektor $\boldsymbol{k}_1$). Diese wird zum Teil reflektiert (Winkel β, Wellenzahlvektor $\boldsymbol{k}_1'$), zum Teil läuft sie als gebrochene Welle (Winkel γ, Wellenzahlvektor $\boldsymbol{k}_2$) durch das zweite Material. Alle Winkel sind auf die Normale zu der Trennfläche bezogen (Abb. 7.3). Beantwortet werden soll die Frage nach den Relationen zwischen dem Einfallswinkel und

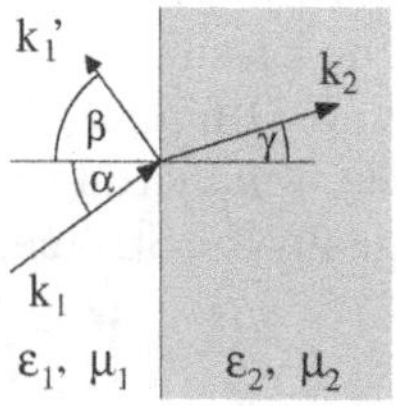

Abb. 7.3. Kinematik der Reflexion und Brechung an der Ebene $z = 0$

den Winkeln des reflektierten und des gebrochenen Strahls, sowie nach den Relationen zwischen den Verhältnissen der jeweiligen Amplituden der elektromagnetischen Wellen.

In den beiden Gebieten gelten die homogenen Maxwellgleichungen

$$\boldsymbol{\nabla} \cdot \boldsymbol{B} = \boldsymbol{\nabla} \cdot \boldsymbol{E} = 0$$

$$\boldsymbol{\nabla} \times \boldsymbol{E} = -\frac{1}{c}\frac{\partial \boldsymbol{B}}{\partial t} \qquad \boldsymbol{\nabla} \times \boldsymbol{B} = \frac{n_i^2}{c}\frac{\partial \boldsymbol{E}}{\partial t} \qquad (i = 1, 2)$$

mit ebenen Wellenlösungen. Diese spezielle Form der Maxwellgleichungen definiert den Bereich der **Kristalloptik**. In den Materialien und in der Grenzschicht sollen weder wahre Ladungen noch wahre Ströme vorhanden sein. Die Materialkonstanten werden in dem Brechungsindex $n_i = \sqrt{\varepsilon_i \mu_i}$ zusammengefasst.

Für die drei Wellen kann man die folgenden Felder ansetzen

einfallende Welle:

$$\boldsymbol{E}_1 = \boldsymbol{E}_{10}\,\mathrm{e}^{\mathrm{i}(\boldsymbol{k}_1 \cdot \boldsymbol{r} - \omega_1 t)} \qquad \omega_1 = \frac{c}{n_1} k_1$$

$$\boldsymbol{B}_1 = \frac{n_1}{k_1}(\boldsymbol{k}_1 \times \boldsymbol{E}_1)$$

gebrochene Welle:

$$\boldsymbol{E}_2 = \boldsymbol{E}_{20}\,\mathrm{e}^{\mathrm{i}(\boldsymbol{k}_2 \cdot \boldsymbol{r} - \omega_2 t)} \qquad \omega_2 = \frac{c}{n_2} k_2$$

$$\boldsymbol{B}_2 = \frac{n_2}{k_2}(\boldsymbol{k}_2 \times \boldsymbol{E}_2)$$

reflektierte Welle:

$$\boldsymbol{E}_1' = \boldsymbol{E}_{10}'\,\mathrm{e}^{\mathrm{i}(\boldsymbol{k}_1' \cdot \boldsymbol{r} - \omega_1' t)} \qquad \omega_1' = \frac{c}{n_1} k_1'$$

$$\boldsymbol{B}_1' = \frac{n_1}{k_1'}(\boldsymbol{k}_1' \times \boldsymbol{E}_1') \,.$$

Die einfachen geometrischen Gesetze für

$$\text{Reflexion}: \quad \alpha = \beta \qquad \text{und} \qquad \text{Brechung}: \quad \frac{\sin\alpha}{\sin\gamma} = \frac{n_2}{n_1}$$

folgen aus einer direkten kinematischen Betrachtung: Für alle Punkte der Trennebene muss der Schwingungszustand der drei Wellen übereinstimmen. Dies bedeutet

$$\boldsymbol{k}_1 \cdot \boldsymbol{r} - \omega_1 t = \boldsymbol{k}_2 \cdot \boldsymbol{r} - \omega_2 t = \boldsymbol{k}_1' \cdot \boldsymbol{r} - \omega_1' t$$

für alle Vektoren $\boldsymbol{r} = (x, y, 0)$ in der Trennungsebene und für alle Zeiten t. Ein trivialer Phasenunterschied von $2m\pi$ ist ausgeschlossen, da die Bedingungen auch für $\boldsymbol{r} = \boldsymbol{0}$ und $t = 0$ gelten sollen.

Betrachtet man insbesondere den Koordinatenursprung und beliebige Zeiten $\boldsymbol{r} = 0$, $t \neq 0$, so folgt

$$\omega_1 = \omega_1' = \omega_2 \equiv \omega \ .$$

Alle drei Wellen schwingen mit der gleichen Frequenz. Für die Wellenlänge bzw. den Wellenzahlbetrag gilt dann

$$\left.\begin{aligned} k_1 &= \frac{\omega_1}{v_1} = \frac{n_1}{c}\omega \\ k_1' &= \frac{\omega_1'}{v_1'} = \frac{n_1}{c}\omega \end{aligned}\right\} \Longrightarrow k_1 = k_1' \ .$$

Die Wellen in dem Medium (1) haben (wie zu erwarten) die gleiche Wellenlänge. Im zweiten Medium ist

$$k_2 = \frac{\omega_2}{v_2} = \frac{n_2}{c}\omega \ .$$

Das Verhältnis der Wellenlängen in den beiden Medien ist demnach

$$\frac{\lambda_2}{\lambda_1} = \frac{k_1}{k_2} = \frac{n_1}{n_2} \qquad \longrightarrow \qquad \lambda_2 = \frac{n_1}{n_2}\lambda_1 \ .$$

Die Wellenlänge in dem Medium (2) ist kleiner, falls der Brechungsindex in diesem Medium größer als in dem Medium (1) ist.

Betrachtet man Punkte mit $\boldsymbol{r} \neq 0$ (jedoch $z = 0$) und beliebige t-Werte, so folgt nunmehr

$$\boldsymbol{k}_1 \cdot \boldsymbol{r} = \boldsymbol{k}_2 \cdot \boldsymbol{r} = \boldsymbol{k}_1' \cdot \boldsymbol{r}$$

oder bei expliziter Auswertung der Skalarprodukte (siehe Abb. 7.4)

$$k_1 r \cos(90° - \alpha) = k_1' r \cos(90° - \beta) = k_2 r \cos(90° - \gamma) \ .$$

Benutzt man die Relation $\cos(90° - \alpha) = \sin\alpha$ sowie die Aussage über die Wellenzahlen, so erhält man das Reflexionsgesetz

$$\sin\alpha = \sin\beta \qquad \longrightarrow \qquad \alpha = \beta \tag{7.6}$$

und das Brechungsgesetz, das schon um 1620 sowohl von dem Holländer W. Snellius als auch von R. Descartes entdeckt wurde

$$\frac{\sin\alpha}{\sin\gamma} = \frac{k_2}{k_1} = \frac{n_2}{n_1} = \frac{\lambda_1}{\lambda_2} = \frac{v_1}{v_2} \ . \tag{7.7}$$

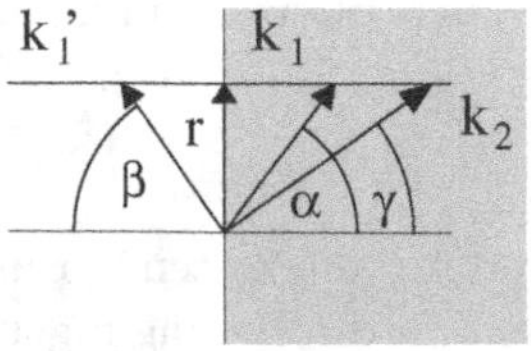

Abb. 7.4. Projektion der Wellenzahlvektoren

Die Beantwortung der Frage nach der Intensitätsverteilung zwischen den Strahlen, ist etwas langwieriger. Sie beinhaltet eine Untersuchung der Amplitudenverhältnisse der drei Wellen. Um eine Antwort zu gewinnen, muss man die Sprungbedingungen der zeitabhängigen Felder an der Grenzschicht betrachten. Diese Bedingungen folgen, wie im stationären Fall, aus den Feldgleichungen, im zeitabhängigen Fall also den Maxwellgleichungen.

Die Gleichung $\boldsymbol{\nabla}\cdot\boldsymbol{B} = 0$ ergibt die Aussage, dass die Normalkomponenten des $\boldsymbol{B}$-Feldes in der Grenzschicht übereinstimmen, hier also $B_{1n}+B'_{1n} = B_{2n}$. Da die Ladungsdichte im Fall der Kristalloptik verschwindet ($\rho_w = 0$) lautet die Quellgleichung für das $\boldsymbol{D}$-Feld $\boldsymbol{\nabla}\cdot\boldsymbol{D} = 0$ und es folgt $D_{1n} + D'_{1n} = D_{2n}$, bzw. $\varepsilon_1(E_{1n} + E'_{1n}) = \varepsilon_2 E_{2n}$ in der Grenzschicht.

Die Diskussion der Tangentialkomponenten unterscheidet sich von dem stationären Fall. Die zuständige Gleichung für das $\boldsymbol{E}$-Feld lautet

$$\boldsymbol{\nabla}\times\boldsymbol{E} = -\frac{1}{c}\frac{\partial}{\partial t}\boldsymbol{B}$$

(und nicht $\boldsymbol{\nabla}\times\boldsymbol{E} = \boldsymbol{0}$). Um diese Gleichung auszuwerten, integriert man beide Seiten dieser Gleichung über eine (Rechteck-) Fläche F senkrecht zu der Grenzschicht (Abb. 7.5a)

$$\iint_F (\boldsymbol{\nabla}\times\boldsymbol{E})\cdot\mathbf{d}\boldsymbol{f} = -\frac{1}{c}\iint_F \frac{\partial\boldsymbol{B}}{\partial t}\cdot\mathbf{d}\boldsymbol{f}\ .$$

Die linke Seite wird mit dem Satz von Stokes umgeschrieben

$$\oint_{R(F)} \boldsymbol{E}\cdot\mathbf{d}\boldsymbol{s} = -\frac{1}{c}\iint_F \frac{\partial\boldsymbol{B}}{\partial t}\cdot\mathbf{d}\boldsymbol{f}\ .$$

Zieht man ein beliebig flaches Rechteck in Betracht, so verschwindet das Flussintegral. Das Kurvenintegral auf der linke Seite ergibt, falls man die Länge der verbleibenden Seiten mit L bezeichnet (Abb. 7.5b)

$$\oint_{R(F)} \boldsymbol{E}\cdot\mathbf{d}\boldsymbol{s} = (E_{1t} + E'_{1t} - E_{2t})L\ .$$

Auch wenn Wirbelfreiheit nicht gegeben ist, gilt somit in der Grenzschicht (GS)

$$(E_{1t} + E'_{1t})\big|_{\mathrm{GS}} = E_{2t}\big|_{\mathrm{GS}}\ .$$

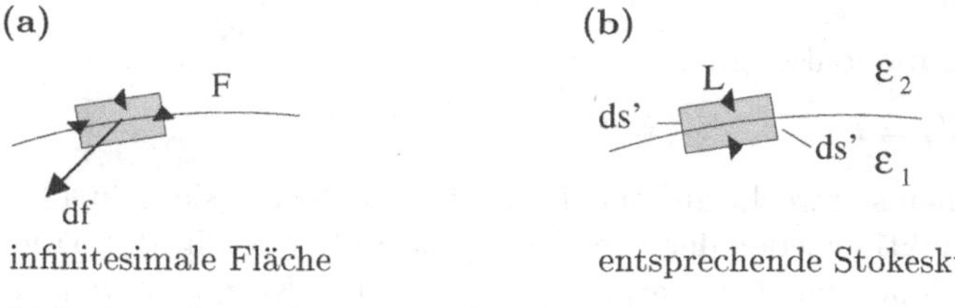

Abb. 7.5. Sprungbedingung für die Tangentialkomponente zeitabhängiger Felder

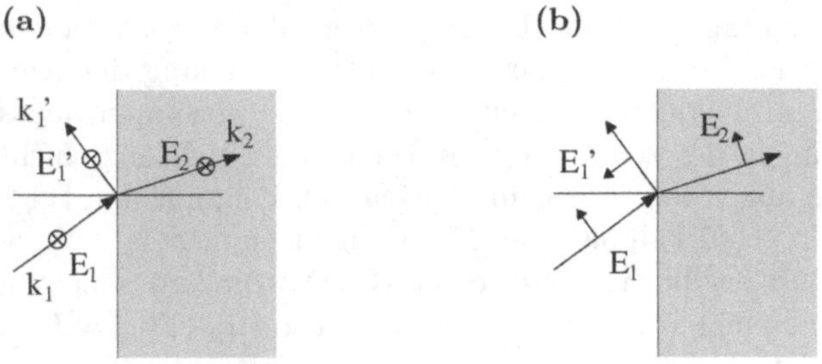

E senkrecht zu ***k***-Ebene ***E*** in ***k***-Ebene

Abb. 7.6. Anschlussbedingung für linear polarisierte ebene Wellen

Aus der vierten Maxwellgleichung

$$\nabla \times \boldsymbol{H} = \frac{1}{c}\frac{\partial \boldsymbol{D}}{\partial t}$$

folgt mit einem entsprechenden Argument

$$(H_{1t} + H'_{1t})\big|_{\mathrm{GS}} = H_{2t}\big|_{\mathrm{GS}} \qquad \text{bzw.} \qquad \frac{1}{\mu_1}(B_{1t} + B'_{1t})\big|_{\mathrm{GS}} = \frac{1}{\mu_2} B_{2t}\big|_{\mathrm{GS}} \,.$$

Diese Bedingungen können nun zur Diskussion des Optikproblems benutzt werden. Es genügt, zwei Spezialfälle einer linear polarisierten ebenen Welle zu diskutieren. Die Fälle von zirkular oder elliptisch polarisierten Wellen gewinnt man aus diesen über das Superpositionsprinzip. In den Spezialfällen schwingt das $\boldsymbol{E}$-Feld

- in einer Ebene senkrecht zu den Wellenvektoren k_1, k'_1, k_2 (Abb. 7.6a).
- oder in der Ebene der drei Wellenvektoren (Abb. 7.6b).

Es soll nur der erste Fall in einigem Detail diskutiert werden. Die Diskussion des zweiten Falles verläuft analog, so dass nur das Ergebnis zitiert wird.

In der Trennebene sind, wie oben festgestellt, die Schwingungszustände aller Wellen gleich. Da sich somit die Raum-Zeitanteile der ebenen Wellen herausheben, betreffen die Sprungbedingungen nur die Amplituden. Elektrische Felder, die senkrecht zu der $\boldsymbol{k}$-Ebene schwingen, besitzen keine Normalkomponenten in Bezug auf die Trennfläche

$$E_{1n} = 0 \qquad E_{1'n} = 0 \qquad E_{2n} = 0 \,,$$

für die Tangentialkomponenten gilt

$$E_{1t} = E_{10} \qquad E'_{1t} = E'_{10} \qquad E_{2t} = E_{20} \,.$$

Die $\boldsymbol{B}$-Vektoren stehen senkrecht auf den $\boldsymbol{E}$- und $\boldsymbol{k}$-Vektoren (siehe (6.43)). Die magnetische Induktion jeder der drei Wellen besitzt somit in der Trennebene eine Normal- und eine Tangentialkomponente. Die Komponentenzerlegung für den einfallenden Strahl ist (siehe Abb. 7.7a)

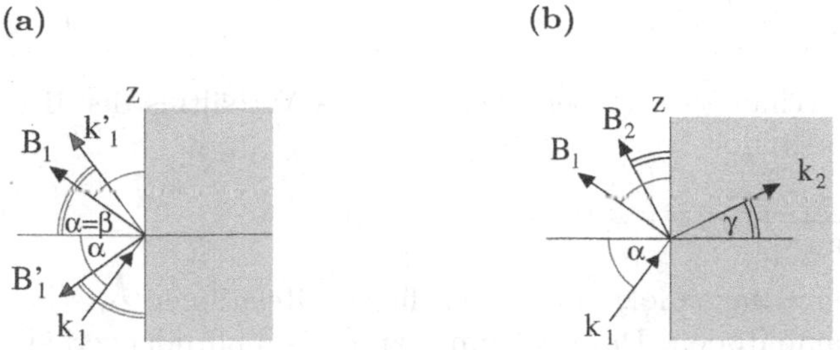

reflektierter Strahl gebrochener Strahl

Abb. 7.7. Anschlussbedingung für die Magnetfelder einer linear polarisierten ebenen Welle ($\boldsymbol{E} \perp \boldsymbol{k}$)

$$B_{1n} = -B_{10} \sin\alpha \qquad B_{1t} = B_{10} \cos\alpha \; .$$

Benutzt man noch die Relation (6.43) in der Form $B = nE$, so kann man

$$B_{1n} = -n_1 E_{10} \sin\alpha \qquad B_{1t} = n_1 E_{10} \cos\alpha$$

schreiben. Für die $\boldsymbol{B}$-Vektoren der reflektierten und der gebrochenen Welle gelten die entsprechenden Aussagen (Abb. 7.7a und b)

$$B'_{1n} = -n_1 E'_{10} \sin\alpha \qquad B'_{1t} = -n_1 E'_{10} \cos\alpha$$

$$B_{2n} = -n_2 E_{20} \sin\gamma \qquad B_{2t} = n_2 E_{20} \cos\gamma \; .$$

Nun kommen die Sprungbedingungen zum Einsatz: Die Normalkomponenten der $\boldsymbol{B}$-Felder sind stetig. Diese Aussage gilt für das Gesamtfeld im Medium (1), das gleich dem Feld im Medium (2) ist

$$B_{1n} + B'_{1n} = B_{2n} \; .$$

Setzt man hier die Angaben für die Komponenten ein, so folgt

$$-n_1 E_{10} \sin\alpha - n_1 E'_{10} \sin\alpha = -n_2 E_{20} \sin\gamma \; .$$

Mit dem Brechungsgesetz (7.7) kann man dies umschreiben

$$E_{10} + E'_{10} = E_{20} \; .$$

Die Bedingung für die Normalkomponenten der $\boldsymbol{B}$-Felder liefert die gleiche Aussage wie die Bedingung für die Tangentialkomponenten der $\boldsymbol{E}$-Felder. Dies bestätigt die Konsistenz der Ableitung der Sprungbedingung aus dem Induktionsgesetz. Die Sprungbedingung für die Normalkomponente der $\boldsymbol{E}$-Felder entfällt, da alle Normalkomponenten des $\boldsymbol{E}$-Feldes verschwinden. Die Bedingung für die Tangentialkomponente der $\boldsymbol{B}$-Felder lautet

$$\frac{1}{\mu_1}\left(B_{1t} + B'_{1t}\right) = \frac{1}{\mu_2} B_{2t} \; .$$

Setzt man die drei Komponenten ein, so folgt

$$\frac{n_1}{\mu_1}\left(E_{10} - E'_{10}\right)\cos\alpha = \frac{n_2}{\mu_2}E_{20}\cos\gamma\ . \tag{7.8}$$

Man kann hier das Brechungsgesetz benutzen, um das Verhältnis der Brechungszahlen zu eliminieren

$$E_{10} - E'_{10} = \frac{\mu_1}{\mu_2}\frac{\tan\alpha}{\tan\gamma}E_{20}\ .$$

Aus den Sprungbedingungen folgen also zwei lineare Relationen zwischen den elektrischen Feldamplituden. Daraus kann man die Amplitudenverhältnisse E'_{10}/E_{10} und E_{20}/E_{10} bestimmen. Die Tatsache, dass nur Amplitudenverhältnisse bestimmt werden können, hat eine einfache Begründung: Die Intensität (bzw. die Amplitude) der einfallenden Welle ist frei wählbar. Setzt man zur Abkürzung

$$x = \frac{\mu_1}{\mu_2}\frac{\tan\alpha}{\tan\gamma}\ ,$$

so lauten die linearen Gleichungen

$$\frac{E'_{10}}{E_{10}} - \frac{E_{20}}{E_{10}} = -1 \qquad\qquad \frac{E'_{10}}{E_{10}} + x\frac{E_{20}}{E_{10}} = 1\ .$$

Die Lösung ist

$$\frac{E'_{10}}{E_{10}} = \frac{1-x}{1+x} \qquad\qquad \frac{E_{20}}{E_{10}} = \frac{2}{1+x}\ . \tag{7.9}$$

Diese Formeln sind unter dem Namen **Fresnelsche Formeln** bekannt. Sind Einfallswinkel und die Materialkonstanten vorgegeben, so kann man aus dem Brechungsgesetz den Winkel γ und somit die Größe x berechnen. Diese bestimmt dann die Amplitudenverhältnisse.

In der Kristalloptik hat man es mit Materialien zu tun, für die in guter Näherung $\mu_1 = \mu_2 = 1$ gilt. Es ist dann[2]

$$\begin{aligned} \frac{E'_{10}}{E_{10}} &= \frac{\tan\gamma - \tan\alpha}{\tan\gamma + \tan\alpha} = \frac{\sin(\gamma-\alpha)}{\sin(\gamma+\alpha)} \\ \frac{E_{20}}{E_{10}} &= \frac{2\tan\gamma}{\tan\gamma + \tan\alpha} = \frac{2\sin\gamma\cos\alpha}{\sin(\gamma+\alpha)}\ . \end{aligned} \tag{7.10}$$

Der Fall $\alpha = 0$ (senkrechter Einfall) muss separat betrachtet werden. Aus (7.8) folgt für $\alpha = \gamma = 0$ mit $\mu_1 = \mu_2 = 1$ die Relation

$$E_{10} - E'_{10} = \frac{n_2}{n_1}E_{20} \qquad \left(x = \frac{n_2}{n_1}\right)\ .$$

Die Relation $E_{10} + E'_{10} = E_{20}$ gilt auch in diesem Fall, so dass man das Resultat

---

[2] Benutze das Additionstheorem für die trigonometrischen Funktionen oder relevante Formeln aus einer Formelsammlung.

$$\frac{E'_{10}}{E_{10}} = \frac{n_2 - n_1}{n_1 + n_2} \qquad \frac{E_{20}}{E_{10}} = \frac{2n_1}{n_1 + n_2} \tag{7.11}$$

gewinnt. Dieses Resultat folgt auch aus den Fresnelschen Formeln (7.10), wenn man das Argument

$$\lim_{\alpha,\gamma\to 0} \frac{\tan\alpha}{\tan\gamma} = \lim_{\alpha,\gamma\to 0} \frac{\sin\alpha}{\sin\gamma} = \frac{n_2}{n_1}$$

benutzt. Ist bei senkrechtem Einfall $n_2 > n_1$ (d.h. hat man einen Übergang von einem 'optisch dünneren' in ein 'optisch dichteres' Medium, z.B. von Luft in Wasser), so ist $E'_{10}/E_{10} < 0$. Der elektrische Vektor der reflektierten Welle ist gegenüber dem elektrischen Vektor der einfallenden Welle um 180° gedreht. Ist $n_2 = n_1$ (beide Medien sind gleich), so läuft die ebene Welle einfach weiter.

Die entsprechende Rechnung für den Fall, dass die $\boldsymbol{E}$-Vektoren in der Ebene der Wellenvektoren schwingen, unterscheidet sich von dem ersten nur durch eine andere Komponentenzerlegung. Die Endformeln mit der Näherung $\mu_1 = \mu_2 = 1$ lauten allgemein bzw. für senkrechten Einfall (für diese und weitere Detailrechnungen zu Kap. 7.2.1 siehe D.tail 7.2a)

$$\begin{aligned} \frac{E'_{10}}{E_{10}} &= \frac{\tan(\alpha-\gamma)}{\tan(\alpha+\gamma)} \qquad \longrightarrow \qquad \frac{n_2 - n_1}{n_1 + n_2} \\ \frac{E_{20}}{E_{10}} &= \frac{2\sin\gamma\cos\alpha}{\sin(\gamma+\alpha)\cos(\gamma-\alpha)} \qquad \longrightarrow \qquad \frac{2n_1}{n_1 + n_2}\,. \end{aligned} \tag{7.12}$$

Auch in diesem Fall kann man eine spezielle Situation betrachten. Ist nämlich $\alpha + \gamma = \pi/2$, so folgt wegen $\tan(\pi/2) \to \infty$ die Aussage $E'_{10}/E_{10} = 0$. Es gibt keine reflektierte Welle. Dem Brechungsgesetz entnimmt man, für welchen Winkel nur eine gebrochene Welle auftritt. Man bezeichnet diesen Winkel, der durch

$$n_1 \sin\alpha_B = n_2 \sin\left(\frac{\pi}{2} - \alpha_B\right) = n_2 \cos\alpha_B \qquad \longrightarrow \qquad \tan\alpha_B = \frac{n_2}{n_1}$$

bestimmt ist, als den **Brewsterwinkel**. Der Wert dieses Winkels für den Übergang von Luft ($n_1 = 1$) in Glas ($n_2 = 1.5$) ist z.B. $\alpha_B \approx 56°$ (Abb. 7.8).

Eine beliebig polarisierte ebene Welle kann in Komponenten parallel und senkrecht zu der Wellenzahlvektorebene zerlegt werden

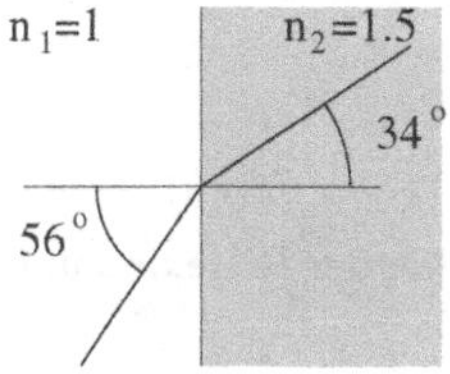

Abb. 7.8. Der Brewsterwinkel für den Übergang von Luft in Glas

$$\boldsymbol{E}(\boldsymbol{r},t) = \left(E_{1,||}\boldsymbol{e}_{||} + E_{2,\perp}\boldsymbol{e}_{\perp}\right) \mathrm{e}^{\mathrm{i}(\boldsymbol{k}\cdot\boldsymbol{r}-\omega t)} .$$

Dabei ist

$$E_{1,||} = \tilde{E}_{1,||}\mathrm{e}^{\mathrm{i}\varphi_{||}} \qquad E_{2,\perp} = \tilde{E}_{2,\perp}\mathrm{e}^{\mathrm{i}\varphi_{\perp}} .$$

Der Vektor $\boldsymbol{e}_{||}$ liegt in der $\boldsymbol{k}$-Ebene, der Vektor $\boldsymbol{e}_{\perp}$ steht senkrecht auf dieser Ebene. Fällt eine derartige Welle unter dem Brewsterwinkel auf eine Trennschicht, so enthält der reflektierte Strahl nur noch die Komponente senkrecht zu der Wellenzahlvektorebene. Man kann diese Eigenschaft zur Erzeugung von elektromagnetischen Wellen mit einer bestimmten Polarisationsrichtung nutzen.

Mit Hilfe der berechneten Amplitudenverhältnisse kann man den Energiefluss durch die Trennfläche der zwei Materialien analysieren. Legt man ein 'flaches' Volumen um die Trennfläche (Abb. 7.9), so wird in diesem Volumen weder Ladung bewegt, noch ändert sich die Feldenergie im Mittel. Aus diesem Grund trägt zur Energiebilanz nur der Poyntingvektor bei. Aus experimenteller Sicht wird nur der zeitliche Mittelwert gemessen, so dass die Energiebilanz in der Form

$$F\boldsymbol{e}_{\mathrm{F}} \cdot \bar{\boldsymbol{S}}_{\mathrm{ein}} + F\boldsymbol{e}_{\mathrm{F}} \cdot \bar{\boldsymbol{S}}_{\mathrm{refl}} + F\boldsymbol{e}'_{\mathrm{F}} \cdot \bar{\boldsymbol{S}}_{\mathrm{geb}} = 0$$

geschrieben werden kann, wobei F die Grundfläche des Volumens und die Einheitsvektoren die Flächennormalen darstellen. Mit der (in Abb. 7.9 nochmals) angedeuteten Geometrie folgt

$$-\cos\alpha\, \bar{S}_{\mathrm{ein}} + \cos\alpha\, \bar{S}_{\mathrm{refl}} + \cos\gamma\, \bar{S}_{\mathrm{geb}} = 0 .$$

Man definiert die folgenden Größen

$$\begin{aligned} &\text{Reflexionskoeffizient:} \qquad R = \frac{\bar{S}_{\mathrm{refl}}}{\bar{S}_{\mathrm{ein}}} \\ &\text{Transmissionskoeffizient:} \qquad T = \frac{\cos\gamma}{\cos\alpha}\,\frac{\bar{S}_{\mathrm{geb}}}{\bar{S}_{\mathrm{ein}}} \end{aligned} \tag{7.13}$$

und kann die Energieflussaussage in der kompakten Form schreiben

$$R + T = 1 . \tag{7.14}$$

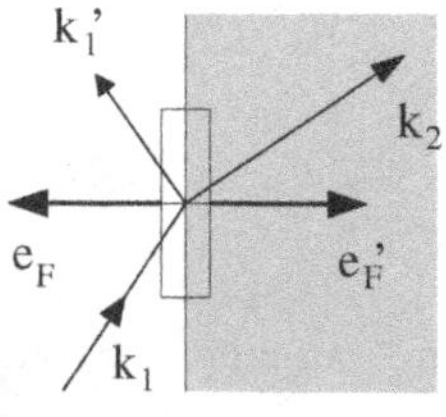

Abb. 7.9. Transport von Feldenergie bei der Reflexion und Brechung

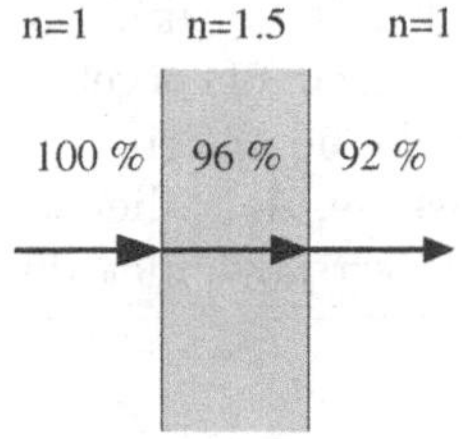

Abb. 7.10. Durchgang von Licht durch eine Glasscheibe

Für den Fall, dass $\boldsymbol{E}$ senkrecht zu der Wellenvektorebene schwingt, ist (bis auf nicht relevante Faktoren)

$$\bar{S}_{\rm ein} \propto \frac{n_1}{\mu_1} E_{10}^2 \,, \qquad \bar{S}_{\rm refl} \propto \frac{n_1}{\mu_1} E_{10}'^2 \,, \qquad \bar{S}_{\rm gebr} \propto \frac{n_2}{\mu_2} E_{20}^2$$

und es folgt die explizite Energieflussaussage

$$\left(\frac{E_{10}'}{E_{10}}\right)^2 + \frac{n_2\mu_1}{n_1\mu_2}\frac{\cos\gamma}{\cos\alpha}\left(\frac{E_{20}}{E_{10}}\right)^2 = 1 \,.$$

Die Amplitudenverhältnisse, die durch die Fresnelschen Formeln bestimmt sind, erfüllen diesen 'Erhaltungssatz' (◉ D.tail 7.2b).

Als einfaches Anwendungsbeispiel kann man den Durchgang von Licht durch eine Glasscheibe bei senkrechtem Einfall betrachten (Abb. 7.10). An den beiden Grenzschichten (Luft → Glas, Glas → Luft) gilt infolge der Symmetrie der Fresnelformeln

$$R = \left(\frac{n_1 - n_2}{n_1 + n_2}\right)^2 \qquad\qquad T = \frac{4n_1 n_2}{(n_1 + n_2)^2} \,.$$

Mit den Werten

$$n_{\rm Luft} = 1 \qquad\qquad n_{\rm Glas} \approx 1.5$$

folgt, dass für jede der Trennflächen

$$R \approx 0.04 \qquad \text{und} \qquad T \approx 0.96$$

ist. 96 % der Energie läuft in die Scheibe hinein, 4% wird direkt reflektiert. An der zweiten Trennfläche wird noch einmal 4 % reflektiert, so dass ca 92 % der transportierten Feldenergie durch die Scheibe tritt. Dies erklärt, warum man Glas als 'durchsichtig' bezeichnet.

7.2.2 Wellenausbreitung in Metallen

In dem letzten Abschnitt wurde die Ausbreitung von ebenen, elektromagnetischen Wellen betrachtet, die von einem isotropen, homogenen Dielektrikum in ein anderes übergehen. Es soll nun die Frage untersucht werden, wie sich eine elektromagnetische Welle in einem Metall ausbreitet (Metalloptik). Anschaulicher gesprochen könnte die Frage lauten, welche Unterschiede ergeben sich, wenn Licht auf eine Metallplatte anstelle einer Glasscheibe auftrifft?

In einem elektrisch neutralen Metallblock gilt die Aussage, dass die Ladungsdichte *im Mittel* verschwindet. Mit $\bar{\rho}_w \to \rho_w = 0$ verschwindet die Divergenz des $\boldsymbol{D}$-Feldes (bzw. $\boldsymbol{E}$-Feldes)

$$\varepsilon \boldsymbol{\nabla} \cdot \boldsymbol{E}(\boldsymbol{r}, t) = 0 \,.$$

Die Aussage $\boldsymbol{j}_w = \boldsymbol{0}$ ist jedoch nicht korrekt. Durch die Einwirkung der zeitlich veränderlichen Felder können sich die freien Ladungen in dem Metall in Bewegung setzen und zu einem Strom führen. Man muss das vollständige Ampèresche Gesetz benutzen

$$\boldsymbol{\nabla} \times \boldsymbol{H}(\boldsymbol{r}, t) = \frac{1}{c}\frac{\partial}{\partial t}\boldsymbol{D}(\boldsymbol{r}, t) + \frac{4\pi}{c}\boldsymbol{j}_w(\boldsymbol{r}, t) \,.$$

Der Strom wird durch das elektrische Feld verursacht. Für die Verknüpfung der Stromdichte mit diesem Feld ist das Ohmsche Gesetz zuständig

$$\boldsymbol{j}_w(\boldsymbol{r}, t) = \sigma \boldsymbol{E}(\boldsymbol{r}, t) \,.$$

Die zusätzlichen Maxwellgleichungen sind

$$\boldsymbol{\nabla} \cdot \boldsymbol{B}(\boldsymbol{r}, t) = 0 \qquad \boldsymbol{\nabla} \times \boldsymbol{E}(\boldsymbol{r}, t) = -\frac{1}{c}\frac{\partial}{\partial t}\boldsymbol{B}(\boldsymbol{r}, t) \,.$$

Benutzt man für die Magnetfelder die einfache Materialgleichung (die angemessen ist, falls keine zu starken Magnetisierungseffekte einsetzen), so gewinnt man (siehe D.tail 7.3.) über

$$\boldsymbol{\nabla} \times (\boldsymbol{\nabla} \times \boldsymbol{E}(\boldsymbol{r}, t)) = -\frac{1}{c}\frac{\partial}{\partial t}\boldsymbol{\nabla} \times \boldsymbol{B}(\boldsymbol{r}, t)$$

mit dem gleichen Argument wie bei der Herleitung der freien Wellengleichung in Kap. 6.3.2 die Differentialgleichung[3]

$$\Delta \boldsymbol{E}(\boldsymbol{r}, t) - \frac{\varepsilon\mu}{c^2}\frac{\partial^2 \boldsymbol{E}(\boldsymbol{r}, t)}{\partial t^2} - \left(\frac{4\pi}{c^2}\mu\sigma\right)\frac{\partial \boldsymbol{E}(\boldsymbol{r}, t)}{\partial t} = \boldsymbol{0} \,. \tag{7.15}$$

Die korrespondierende Gleichung, die man ausgehend von $\boldsymbol{\nabla} \times (\boldsymbol{\nabla} \times \boldsymbol{B})$ erhält, ist

$$\Delta \boldsymbol{B}(\boldsymbol{r}, t) - \frac{\varepsilon\mu}{c^2}\frac{\partial^2 \boldsymbol{B}(\boldsymbol{r}, t)}{\partial t^2} - \left(\frac{4\pi}{c^2}\mu\sigma\right)\frac{\partial \boldsymbol{B}(\boldsymbol{r}, t)}{\partial t} = \boldsymbol{0} \,. \tag{7.16}$$

Diese Gleichungen sind unter dem Namen **Telegrafengleichungen** bekannt. Im Gegensatz zu den freien Wellengleichungen (6.35) und (6.36) tritt ein Term in der ersten Ableitung der Felder auf. Als Lösung der Telegrafengleichungen unter Berücksichtigung dieses Dämpfungsterms erwartet man (analog zu der Lösung des gedämpften Oszillatorproblems in der Mechanik) eine räumlich

---

[3] Anzumerken ist, dass diese Gleichung auch folgt, falls $\rho_w \neq 0$, jedoch $\boldsymbol{\nabla}\rho_w = \boldsymbol{0}$ ist, also eine uniforme Ladungsdichte in dem Metall vorliegt.

gedämpfte, ebene Welle. Da die Telegrafengleichungen linear sind, ergibt sich auch in diesem Fall die Möglichkeit der Superposition der gedämpften, ebenen Wellenlösungen zu einer allgemeinen Wellenform.

Um die einfachste Lösung zu bestimmen, geht man mit dem Ansatz

$$\left.\begin{aligned} \boldsymbol{E}(\boldsymbol{r},t) &= \boldsymbol{E}_0 \\ \boldsymbol{B}(\boldsymbol{r},t) &= \boldsymbol{B}_0 \end{aligned}\right\} \cdot \mathrm{e}^{\mathrm{i}(\boldsymbol{\kappa}\cdot\boldsymbol{r}-\omega t)} \qquad \kappa = \text{komplex}$$

in die Differentialgleichung ein. Die resultierende quadratische Gleichung

$$\kappa^2 - \left(\frac{\varepsilon\mu\omega^2}{c^2} + 4\pi\mathrm{i}\frac{\mu\omega\sigma}{c^2}\right) = 0$$

kann in Real- und Imaginärteil

$$\kappa = k + \mathrm{i}\beta \qquad k, \beta = \text{reell}$$

getrennt werden. Man erhält die gekoppelten Gleichungen

$$k^2 - \beta^2 = \frac{\varepsilon\mu\omega^2}{c^2} \quad \text{und} \quad 2k\beta = 4\pi\frac{\mu\omega\sigma}{c^2}\ .$$

Elimination von β führt auf eine quadratische Gleichung für k^2

$$(k^2)^2 - \frac{\varepsilon\mu\omega^2}{c^2}(k^2) = 4\pi^2\frac{\mu^2\omega^2\sigma^2}{c^4}\ .$$

Die reelle Lösung für k, die im Grenzfall $\sigma \longrightarrow 0$ der Dispersionsrelation für eine ebene Welle entspricht, lautet

$$k = \sqrt{\varepsilon\mu}\ \frac{\omega}{c}\left[\frac{1}{2}\left(\left[1 + \left(\frac{4\pi\sigma}{\varepsilon\omega}\right)^2\right]^{1/2} + 1\right)\right]^{1/2}\ . \tag{7.17}$$

Aus der Gleichung

$$\beta^2 = k^2 - \frac{\varepsilon\mu\omega^2}{c^2}$$

folgt dann (mit der Wahl des Vorzeichens, das einer Dämpfung entspricht)

$$\beta = \sqrt{\varepsilon\mu}\ \frac{\omega}{c}\left[\frac{1}{2}\left(\left[1 + \left(\frac{4\pi\sigma}{\varepsilon\omega}\right)^2\right]^{1/2} - 1\right)\right]^{1/2}\ . \tag{7.18}$$

Definiert man die Vektoren $\boldsymbol{k} = k\boldsymbol{e}$, wobei der Einheitsvektor die Ausbreitungsrichtung angibt, und $\boldsymbol{\beta} = \beta\boldsymbol{e}$, so kann man die Lösungen der Telegrafengleichungen in der Form

$$\left.\begin{aligned} \boldsymbol{E}(\boldsymbol{r},t) &= \boldsymbol{E}_0 \\ \boldsymbol{B}(\boldsymbol{r},t) &= \boldsymbol{B}_0 \end{aligned}\right\} \cdot \mathrm{e}^{-\boldsymbol{\beta}\cdot\boldsymbol{r}}\mathrm{e}^{\mathrm{i}(\boldsymbol{k}\cdot\boldsymbol{r}-\omega t)} \tag{7.19}$$

angeben. Der Betrag des Vektors $\boldsymbol{\beta}$ bestimmt den Grad der Dämpfung. Für gute Leiter, z.B. für Kupfer, ist die Leitfähigkeit σ von der Größenordnung $10^{17}\ \mathrm{s}^{-1}$. Somit ist (abhängig im Detail von Material und Frequenz) $4\pi\sigma/(\varepsilon\omega)$ sehr viel größer als Eins. Werte von σ in dieser Größenordung bedingen eine so starke Dämpfung, dass die Eindringtiefe einer Welle (definiert als $x = 1/\beta$, so dass $\mathrm{e}^{-\beta\, x} \approx 1/e$ ist), die auf ein Metall auftrifft, nur wenige Millimeter beträgt.

Die inhomogenen Maxwellgleichungen führen auch in der vorliegenden Situation zu einer Kopplung des $\boldsymbol{B}$- und des $\boldsymbol{E}$-Feldes. Man diskutiert diese Kopplung am einfachsten, indem man den komplexen Wellenzahlvektor $\boldsymbol{\kappa} = \boldsymbol{k} + \mathrm{i}\boldsymbol{\beta}$ benutzt. Die Divergenzgleichungen

$$\nabla \cdot \boldsymbol{E}(\boldsymbol{r},t) = \nabla \cdot \boldsymbol{B}(\boldsymbol{r},t) = 0$$

ergeben

$$\boldsymbol{\kappa} \cdot \boldsymbol{E} = \boldsymbol{\kappa} \cdot \boldsymbol{B} = 0\,,$$

woraus

$$\boldsymbol{k} \cdot \boldsymbol{E}(\boldsymbol{r},t) = \boldsymbol{k} \cdot \boldsymbol{B}(\boldsymbol{r},t) = 0$$

folgt. Die elektromagnetischen Wellen sind auch in leitenden Materialien transversal. Aus dem Induktionsgesetz

$$\nabla \times \boldsymbol{E}(\boldsymbol{r},t) = -\frac{1}{c}\frac{\partial}{\partial t}\boldsymbol{B}(\boldsymbol{r},t)$$

gewinnt man die Aussage

$$\boldsymbol{\kappa} \times \boldsymbol{E}_0 = \frac{\omega}{c}\boldsymbol{B}_0\,. \tag{7.20}$$

Die Vektoren $\boldsymbol{\kappa}$, $\boldsymbol{E}$, $\boldsymbol{B}$ bilden ein 'rechtshändiges Dreibein'. Infolge der komplexen Wellenzahl beinhaltet diese Bedingung eine Phasenverschiebung zwischen dem $\boldsymbol{E}$- und dem $\boldsymbol{B}$-Feld. Um diese zu bestimmen, schreibt man die komplexe Wellenzahl in der Form Betrag mal Phase

$$\kappa = |\kappa|\,\mathrm{e}^{\mathrm{i}\alpha}\,,$$

mit

$$|\kappa| = [k^2 + \beta^2]^{1/2} = \sqrt{\varepsilon\mu}\,\frac{\omega}{c}\left[1 + \left(\frac{4\pi\sigma}{\varepsilon\omega}\right)^2\right]^{1/4}$$

und

$$\tan\alpha = \frac{\beta}{k}\,.$$

Der Winkel α kann am einfachsten aus

$$\tan 2\alpha = \frac{2\tan\alpha}{1-\tan^2\alpha} = \frac{2\beta k}{k^2-\beta^2} = \frac{4\pi\sigma}{\varepsilon\omega}$$

bestimmt werden. Die Relation (7.20) zwischen den Amplituden der Felder entspricht in dieser Notation der Aussage

$$\boldsymbol{B}_0 = \frac{c}{\omega}\left[(\boldsymbol{k} + \mathrm{i}\boldsymbol{\beta}) \times \boldsymbol{E}_0\right] = \sqrt{\varepsilon\mu}\left[1 + \left(\frac{4\pi\sigma}{\varepsilon\omega}\right)^2\right]^{1/4} \mathrm{e}^{\mathrm{i}\alpha}\left(\frac{\boldsymbol{k}}{k} \times \boldsymbol{E}_0\right). \quad (7.21)$$

In einem gut leitenden Metall ist $(4\pi\sigma)/(\omega\varepsilon)$ sehr groß. Dies bedingt, dass das Magnetfeld in einem Metall deutlich stärker als das elektrische Feld ist und dass es beinahe um $\alpha = 45°$ phasenverschoben wird.

Da sich *in* einem Material aus elektromagnetischer Sicht relativ wenig abspielt, entsteht die Frage: Wie können sich elektromagnetische Wellen überhaupt in einem Leiter ausbreiten? Eine kurze Antwort auf diese Frage lautet: Sie breiten sich nicht in dem Leiter, sondern entlang der Oberfläche des Leiters aus. Eine detailliertere Antwort wird in dem nächsten Abschnitt angeboten.

7.2.3 Hohl- und andere Wellenleiter

In einem **Hohlleiter**, einem Rohr mit uniformen Querschnitt (Abb. 7.11) und leitenden Innenwänden, können elektromagnetische Wellen mit geringem Verlust geführt werden. Der Hohlleiter kann mit einem Dielektrikum gefüllt sein, das durch einfache Materialgleichungen mit den Materialkonstanten ε und μ charakterisiert wird. Bei der Diskussion des Hohlleiters ist es für (fast) alle praktischen Zwecke möglich, die Innenwandung als einen *idealen* Leiter anzusehen. Dies bedeutet, dass die Normalkomponente des $\boldsymbol{B}$-Feldes und die Tangentialkomponente des $\boldsymbol{E}$-Feldes auf der Innenfläche verschwinden. Es wird also vorausgesetzt, dass die Relationen

$$\begin{aligned} \boldsymbol{e}_{\mathrm{n}} \cdot \boldsymbol{B}(\boldsymbol{r},t)|_{\mathrm{Rand}} &= 0 \\ \boldsymbol{e}_{\mathrm{n}} \times \boldsymbol{E}(\boldsymbol{r},t)|_{\mathrm{Rand}} &= 0 \end{aligned} \quad (7.22)$$

gelten, wobei $\boldsymbol{e}_{\mathrm{n}}$ die Flächennormale darstellt. In dem Hohlleiter sollen sich weder wahre Ladungen befinden noch wahre Ströme existieren, so dass die Situation im Innern des Hohlleiters durch die quellenfreien Maxwellgleichungen

$$\boldsymbol{\nabla} \cdot \boldsymbol{E}(\boldsymbol{r},t) = 0 \quad (7.23)$$

$$\boldsymbol{\nabla} \cdot \boldsymbol{B}(\boldsymbol{r},t) = 0 \quad (7.24)$$

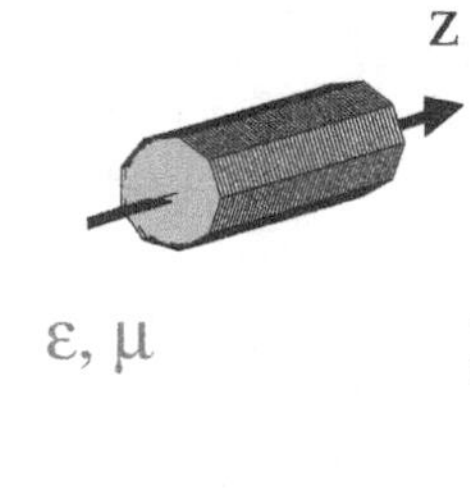

Abb. 7.11. Modell eines Hohlleiters mit uniformen Querschnitt

$$\nabla \times \boldsymbol{E}(\boldsymbol{r},t) = -\frac{1}{c}\frac{\partial \boldsymbol{B}(\boldsymbol{r},t)}{\partial t} \tag{7.25}$$

$$\nabla \times \boldsymbol{B}(\boldsymbol{r},t) = \frac{\varepsilon\mu}{c}\frac{\partial \boldsymbol{E}(\boldsymbol{r},t)}{\partial t} \tag{7.26}$$

beschrieben wird. In den Gleichungen (7.25) und (7.26) wurden die einfachen Materialgleichungen benutzt. Betrachtet man die Divergenz dieser zwei Gleichungen, z.B.

$$\nabla \cdot (\nabla \times \boldsymbol{E}(\boldsymbol{r},t)) = 0 = -\frac{1}{c}\frac{\partial}{\partial t}(\nabla \cdot \boldsymbol{B}(\boldsymbol{r},t)) \ ,$$

so stellt man fest, dass die Divergenzgleichungen (7.23) und (7.24) automatisch erfüllt sind. Aus den Maxwellgleichungen gewinnt man (siehe Kap. 6.3.2) die Wellengleichungen

$$\left(\boldsymbol{\Delta} - \frac{\varepsilon\mu}{c^2}\frac{\partial^2}{\partial t^2}\right)\left\{\begin{matrix}\boldsymbol{E}(\boldsymbol{r},t)\\ \boldsymbol{B}(\boldsymbol{r},t)\end{matrix}\right\} = 0 \,. \tag{7.27}$$

Je nach Querschnitt des Hohlleiters können z.B. kartesische Koordinaten oder Zylinderkoordinaten für die weitere Diskussion eingesetzt werden. Hier sollen Zylinderkoordinaten mit der longitudinalen Koordinate z und den transversalen Koordinaten r und φ benutzt werden. Eine Grundlösung der Wellengleichungen, die der Situation in dem Hohlleiter gerecht wird, sind Wellenlösungen der Form

$$\left\{\begin{matrix}\boldsymbol{E}(\boldsymbol{r},t)\\ \boldsymbol{B}(\boldsymbol{r},t)\end{matrix}\right\} = \left\{\begin{matrix}\boldsymbol{E}(r,\varphi)\\ \boldsymbol{B}(r,\varphi)\end{matrix}\right\} \exp\{\mathrm{i}(\pm p(\omega)z - \omega t)\} \,. \tag{7.28}$$

Sie beschreiben die Ausbreitung einer monochromatischen (festes ω) Welle in Richtung des Hohlleiters. Die Frequenz ω wird durch die Einspeisung vorgegeben. Wie im Fall der freien elektromagnetischen Wellen ist die Vorgabe von beliebigen Wellenformen möglich, die man mit Hilfe von Superposition beschreiben kann. Die 'Wellenzahl' $p(\omega)$ wird durch die Randbedingungen bestimmt und erfüllt, wie unten angedeutet, *keine* einfache Dispersionsrelation. Monochromatische Hohlleiterwellen sind somit keine ebenen Wellen.

Die Maxwellgleichungen (7.23) bis (7.26) ergeben mit dem Ansatz (7.28) für eine in Richtung der positiven z-Achse laufende Hohlleiterwelle $(+pz)$ das folgende Gleichungssystem für die sechs von r und φ abhängigen Komponenten des elektromagnetischen Feldes[4]

$$\frac{1}{r}\frac{\partial E_z}{\partial \varphi} - \mathrm{i}p\,E_\varphi = \mathrm{i}k\,B_r$$

$$\mathrm{i}p\,E_r - \frac{\partial E_z}{\partial r} = \mathrm{i}k\,B_\varphi$$

[4] Die Wellenzahl k ist durch $k = \omega/c$ definiert.

$$
\begin{aligned}
\frac{1}{r}\frac{\partial(rE_\varphi)}{\partial r} - \frac{1}{r}\frac{\partial E_r}{\partial \varphi} &= \mathrm{i}k\,B_z \\
\frac{1}{r}\frac{\partial B_z}{\partial \varphi} - \mathrm{i}p\,B_\varphi &= -\mathrm{i}\varepsilon\mu k\,E_r \\
\mathrm{i}p\,B_r - \frac{\partial B_z}{\partial r} &= -\mathrm{i}\varepsilon\mu k\,E_\varphi \\
\frac{1}{r}\frac{\partial(rB_\varphi)}{\partial r} - \frac{1}{r}\frac{\partial B_r}{\partial \varphi} &= -\mathrm{i}\varepsilon\mu k\,E_z\;.
\end{aligned} \tag{7.29}
$$

Diese Komponenten des elektromagnetischen Feldes erfüllen eine Wellengleichung der Form

$$
\left[\left(\Delta - \frac{\partial^2}{\partial z^2}\right) + \left(\varepsilon\mu\,k^2 - p^2\right)\right] K_i(r,\varphi) = 0\,, \tag{7.30}
$$

wobei K_i für B_r, B_φ usw. steht. Eine alternative, oft benutzte Schreibweise für diese Differentialgleichung in zwei Dimensionen ist

$$
\left[\Delta_t + \left(\varepsilon\mu\,k^2 - p^2\right)\right] K_i(r,\varphi) = 0\;.
$$

Bei den Lösungen der Maxwell- oder der Wellengleichungen des Hohlleiterproblems unterscheidet man drei verschiedene Moden:

Bezeichnung	Abkürzung	Charakterisierung
Transversal magnetisch	**TM**	$B_z = 0$
Transversal elektrisch	**TE**	$E_z = 0$
Transversal elektromagnetisch	**TEM**	$E_z = B_z = 0$

Die zwei 'normalen' Moden TM und TE sind dadurch charakterisiert, dass für alle Punkte in dem Hohlleiter entweder die z-Komponente des $\boldsymbol{B}$-Feldes oder des $\boldsymbol{E}$-Feldes verschwindet. Neben diesen zwei Grundtypen kann noch ein dritter Lösungstyp auftreten. Verschwinden die z-Komponenten beider Felder für alle Punkte, so liegt eine TEM-Welle vor. Die drei Grundtypen von Hohlleiterwellen sollen, beginnend mit den TEM-Wellen etwas genauer charakterisiert werden.

7.2.3.1 TEM-Wellen. Für TEM-Wellen lauten die Maxwellgleichungen (beachte geänderte Reihenfolge)

$$
\begin{aligned}
-\mathrm{i}p\,E_\varphi &= \mathrm{i}kB_r \\
\mathrm{i}p\,E_r &= \mathrm{i}kB_\varphi \\
-\mathrm{i}p\,B_\varphi &= -\mathrm{i}\varepsilon\mu kE_r \\
\mathrm{i}p\,B_r &= -\mathrm{i}\varepsilon\mu kE_\varphi
\end{aligned} \tag{7.31}
$$

$$0 = \frac{1}{r}\frac{\partial(rE_\varphi)}{\partial r} - \frac{1}{r}\frac{\partial E_r}{\partial\varphi}$$

$$0 = \frac{1}{r}\frac{\partial(rB_\varphi)}{\partial r} - \frac{1}{r}\frac{\partial B_r}{\partial\varphi} \ .$$

Den ersten vier Gleichungen entnimmt man die Aussage, dass eine nichttriviale Lösung *nur* vorliegen kann, falls

$$\varepsilon\mu k^2 = p^2 \qquad \text{oder} \qquad p = \sqrt{\varepsilon\mu}\,\frac{\omega}{c} \tag{7.32}$$

ist, denn es gilt z.B.

$$E_\varphi = -\frac{k}{p}B_r = \frac{\varepsilon\mu k^2}{p^2}\,E_\varphi \ .$$

TEM-Wellen breiten sich, falls ε und μ konstant sind, in dem Hohlleiter wie ebene Wellen aus. Sie sprechen nicht auf den einschränkenden Metallmantel an. Mit der einfachen Dispersionsrelation (7.32) folgt

$$B_r = -\sqrt{\varepsilon\mu}\,E_\varphi \qquad \text{und} \qquad B_\varphi = \sqrt{\varepsilon\mu}\,E_r \ . \tag{7.33}$$

Diese Gleichungen zeigen, dass für TEM-Wellen, wie für ebene Wellen, die Aussage

$$\boldsymbol{B}\cdot\boldsymbol{E} = 0$$

gilt. Das Magnetfeld und das elektrische Feld stehen senkrecht aufeinander.

Die zwei verbleibenden Maxwellgleichungen können mit Hilfe von (7.33) in

$$\frac{\partial(rE_\varphi)}{\partial r} - \frac{\partial E_r}{\partial\varphi} = 0 \tag{7.34}$$

$$\frac{\partial(rE_r)}{\partial r} + \frac{\partial(rE_\varphi)}{\partial\varphi} = 0 \tag{7.35}$$

(oder in eine entsprechende Form für das Magnetfeld) umgeschrieben werden. Die Gleichung (7.34) ist erfüllt, wenn man die elektrischen Feldkomponenten durch den Gradienten einer Funktion $V(r,\varphi)$ in ebenen Polarkoordinaten darstellt. Ist

$$(E_r,\, E_\varphi) = -\boldsymbol{\nabla}_2 V(r,\varphi) = \left(-\frac{\partial V}{\partial r},\, -\frac{1}{r}\frac{\partial V}{\partial\varphi}\right) , \tag{7.36}$$

so folgt (vorausgesetzt V ist zweimal stetig differenzierbar)

$$\frac{\partial(rE_\varphi)}{\partial r} - \frac{\partial E_r}{\partial\varphi} = -\left(\frac{\partial^2 V}{\partial r\partial\varphi} - \frac{\partial^2 V}{\partial\varphi\partial r}\right) = 0 \ .$$

Die letzte verfügbare Gleichung (7.35) führt auf eine Bestimmungsgleichung für $V(r,\varphi)$

$$-\left(\frac{\partial}{\partial r}\left(r\frac{\partial V}{\partial r}\right) + \frac{1}{r}\frac{\partial^2 V}{\partial\varphi^2}\right) = 0 \ ,$$

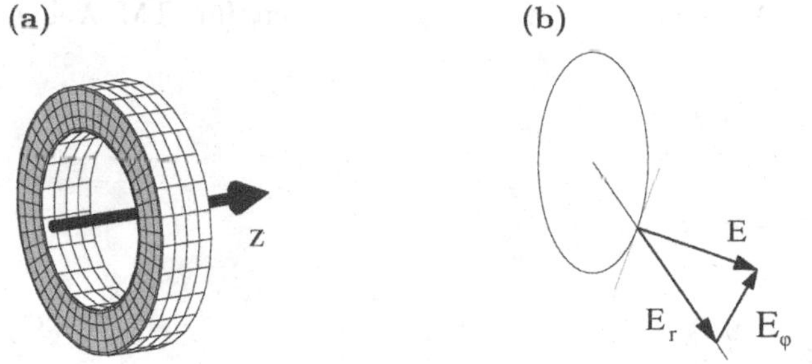

Abb. 7.12. Illustration der Randbedingung für das E-Feld einer TEM-Welle

bzw. nach Multiplikation mit $1/r$

$$\Delta_2 V(r,\varphi) = -\left(\frac{1}{r}\frac{\partial}{\partial r}\left(r\frac{\partial V}{\partial r}\right) + \frac{1}{r^2}\frac{\partial^2 V}{\partial \varphi^2}\right) = 0\,.$$

Die Potentialfunktion $V(r,\varphi)$ wird durch eine Laplacegleichung (in zwei Dimensionen) bestimmt.

Die Randbedingung, dass die Tangentialkomponente des elektrischen Feldes auf der Innenfläche des Hohlleiters verschwindet, ist erfüllt, wenn die Potentialfunktion $V(r,\varphi)$ auf dem Rand des Hohlleiterquerschnitts konstant ist

$$E_t = \left.\frac{\partial V}{\partial t}\right|_{\text{Rand}} = 0 \quad \longrightarrow \quad V_{\text{Rand}} = \text{const.}$$

Zieht man es vor, das Problem aus der Sicht des $\boldsymbol{B}$-Feldes anzugehen, so kann man dieses Feld ebenfalls als Gradient einer skalaren Funktion von r und φ ansetzen

$$(B_r,\, B_\varphi) = -\boldsymbol{\nabla}_2\, U(r,\varphi)\,.$$

Die Funktion $U(r,\varphi)$ erfüllt eine entsprechende Laplacegleichung

$$\Delta_2\, U(r,\varphi) = 0\,.$$

Die Randbedingung, die in diesem Fall zu erfüllen ist, lautet: Die Normalkomponente des $\boldsymbol{B}$-Feldes muss auf der Randkurve des Hohlleiters verschwinden

$$B_n = \left.\frac{\partial U}{\partial n}\right|_{\text{Rand}} = 0\,.$$

Es zeigt sich (wie in den Aufgaben zu diskutieren ist), dass für eine einfach zusammenhängende Randkurve die Randbedingungen für das $\boldsymbol{E}$- und das $\boldsymbol{B}$-Feld nur erfüllt sein können, wenn die Potentiale V und U in dem gesamten Innenbereich konstant sind. Es existiert dann in dem Hohlleiter kein elektromagnetisches Feld. TEM-Wellen können nur in Hohlleitern mit mehrfach zusammenhängenden Randkurven (wie z.B. einem Hohlleiter, der aus zwei koaxialen Zylindern besteht) auftreten.

7.2.3.2 TM-Wellen. Die einzelnen Maxwellgleichungen für TM-Wellen lauten

$$
\begin{aligned}
\frac{1}{r}\frac{\partial E_z}{\partial \varphi} - \mathrm{i}p\,E_\varphi &= \mathrm{i}k\,B_r \\
\mathrm{i}p\,E_r - \frac{\partial E_z}{\partial r} &= \mathrm{i}k\,B_\varphi \\
\frac{1}{r}\frac{\partial (rE_\varphi)}{\partial r} - \frac{1}{r}\frac{\partial E_r}{\partial \varphi} &= 0 \\
\mathrm{i}p\,B_\varphi &= \mathrm{i}\varepsilon\mu k\,E_r \\
\mathrm{i}p\,B_r &= -\mathrm{i}\varepsilon\mu k\,E_\varphi \\
\frac{1}{r}\frac{\partial (rB_\varphi)}{\partial r} - \frac{1}{r}\frac{\partial B_r}{\partial \varphi} &= -\mathrm{i}\varepsilon\mu k\,E_z\,.
\end{aligned}
\tag{7.37}
$$

Auch in diesem Fall reduziert sich die Zahl der unabhängigen Feldkomponenten. Benutzt man

$$
B_r = -\varepsilon\mu\frac{k}{p}\,E_\varphi \qquad B_\varphi = \varepsilon\mu\frac{k}{p}E_r
$$

zur Elimination der zwei Komponenten des $\boldsymbol{B}$-Feldes, so erhält man vier Gleichungen, in denen die Komponenten des $\boldsymbol{E}$-Feldes verknüpft sind

$$
\frac{1}{r}\frac{\partial E_z}{\partial \varphi} + \frac{\mathrm{i}}{p}\kappa^2\,E_\varphi = 0 \tag{7.38}
$$

$$
\frac{\partial E_z}{\partial r} + \frac{\mathrm{i}}{p}\kappa^2 E_r - = 0 \tag{7.39}
$$

$$
\frac{1}{r}\frac{\partial (rE_\varphi)}{\partial r} - \frac{1}{r}\frac{\partial E_r}{\partial \varphi} = 0 \tag{7.40}
$$

$$
\frac{1}{r}\frac{\partial (rE_r)}{\partial r} + \frac{1}{r}\frac{\partial E_\varphi}{\partial r} = -\mathrm{i}pE_z\,. \tag{7.41}
$$

Die Größe κ^2 steht für

$$
\kappa^2 = \varepsilon\mu k^2 - p^2\,.
$$

Die Gleichungen (7.38) und (7.39) besagen, dass E_r und E_φ bis auf einen Faktor als Gradient von E_z dargestellt werden können

$$
(E_r, E_\varphi) = \mathrm{i}\frac{p}{\kappa^2}\left(\frac{\partial E_z}{\partial r}, \frac{1}{r}\frac{\partial E_z}{\partial \varphi}\right)\,. \tag{7.42}
$$

Geht man damit in (7:40) ein, so stellt man fest, dass diese Gleichung identisch erfüllt ist. Setzt man (7.42) in (7.41) ein, so findet man (vergleiche (7.30)) als Bestimmungsgleichung für E_z

$$
\Delta_2 E_z + \kappa^2 E_z = \left\{\frac{1}{r}\frac{\partial}{\partial r}\left(r\frac{\partial E_z}{\partial r}\right) + \frac{1}{r^2}\frac{\partial^2 E_z}{\partial \varphi^2}\right\} + \kappa^2 E_z = 0\,. \tag{7.43}
$$

Damit, wie in (7.22) gefordert, die Tangentialkomponente des elektrischen Feldes auf dem Rand des Hohlleiters verschwindet, muss man an die Lösung die Bedingung

$$E_z\big|_{\text{Rand}} = 0$$

stellen. Die Erfüllung dieser Randbedingung ist nicht für alle Werte von κ^2 (und somit von p^2) möglich. Die Festlegung von κ^2 aufgrund der Randbedingungen weist das gestellte Problem (7.43) als ein Eigenwertproblem aus. Auch dieser Punkt wird in den Aufgaben angesprochen.

7.2.3.3 TE-Wellen. Die Gleichungen zur Charakterisierung von TE-Wellen gewinnt man durch die Transformation[5]

$$\boldsymbol{E}_{\text{TM}} = \boldsymbol{H}_{\text{TE}} \qquad \text{und} \qquad \boldsymbol{H}_{\text{TM}} = -\boldsymbol{E}_{\text{TE}} \, .$$

Das Eigenwertproblem, das für diese Wellen zur Diskussion ansteht, ist somit (Notation mit Unterdrückung der Indizes)

$$\Delta_2 B_z + \kappa^2 B_z = 0 \, .$$

Die Randbedingung (7.22)

$$\boldsymbol{e}_n \cdot \boldsymbol{B}\big|_{\text{Rand}} = \boldsymbol{e}_n \cdot (B_r \boldsymbol{e}_r + B_\varphi \boldsymbol{e}_\varphi)\big|_{\text{Rand}} = 0$$

erfordert für einen Hohlleiter mit beliebigem Querschnitt

$$B_r\big|_{\text{Rand}} = B_\varphi\big|_{\text{Rand}} = 0 \, .$$

Diese Bedingung ist wegen

$$(B_r, B_\varphi) = \mathrm{i}\frac{p}{\kappa^2}\left(\frac{\partial B_z}{\partial r}, \frac{1}{r}\frac{\partial B_z}{\partial \varphi}\right)$$

erfüllt, wenn die Differentialgleichung für B_z unter der Randbedingung

$$\left.\frac{\partial B_z}{\partial n}\right|_{\text{Rand}} = 0$$

gelöst wird. Die Normalenableitung von B_z muss auf dem Rand des Querschnitts verschwinden.

Da die beiden Moden, TM und TE, unterschiedliche Randbedingungen erfüllen, sind die Eigenwerte der beiden Moden im Allgemeinen verschieden. Sowohl TE- als auch TM-Wellen können sich in Hohlleitern mit einer einfach zusammenhängenden Randkurve ausbreiten.

[5] Diese Transformation wird als Fitzgerald-Transformation bezeichnet.

7.2.3.4 Drahtwellen. Während für die Hohlleiterwellen die Annahme eines idealen Leiters durchaus brauchbare Ergebnisse liefert, muss man bei der Betrachtung von **Drahtwellen**, die Ausbreitung von elektromagnetischen Wellen z.B. entlang eines langen zylinderförmigen Metallkörpers, die endliche Eindringtiefe der Wellen in das Metall berücksichtigen. Dies bedeutet, dass man das vollständige Ampèresche Gesetz

$$\boldsymbol{\nabla} \times \boldsymbol{H} = \frac{4\pi}{c} \boldsymbol{j}_w + \frac{1}{c}\frac{\partial}{\partial t}\boldsymbol{D}$$

mit den Vorgaben

$$\boldsymbol{j}_w = \sigma \boldsymbol{E} \qquad \boldsymbol{D} = \varepsilon \boldsymbol{E}$$

innerhalb des Leiters benutzen muss. Die Ampèresche Differentialgleichung nimmt dann für monochromatische Wellen mit dem Zeitanteil $\exp\{\mathrm{i}\omega t\}$ die Form

$$\boldsymbol{\nabla} \times \boldsymbol{H} = \left(\frac{4\pi}{c}\sigma + \mathrm{i}k\varepsilon\right)\boldsymbol{E}$$

an. Die komplexe Wellenzahl, die hier anstelle der rein imaginären im Fall der Hohlleiterwellen auftritt, verändert die formale Struktur der zu diskutierenden Gleichungen nicht, wohl aber ihren physikalischen Gehalt. Die Randbedingungen lauten in diesem Fall: Die elektromagnetischen Felder $\boldsymbol{H}$ und $\boldsymbol{E}$ müssen für Punkte, die unendlich weit von dem Draht entfernt sind, verschwinden. Außerdem sind die Anschlussbedingungen für die Felder auf der Drahtoberfläche zu berücksichtigen.

7.2.4 Beugung

Trifft eine elektromagnetische Welle, z.B. eine monochromatische ebene Welle, auf eine Fläche, die eine oder mehrere Öffnungen besitzt, so kann man Beugungsmuster (Diffraktionsmuster) der durchgehenden Strahlung beobachten. Voraussetzung für das Auftreten solcher Muster ist ein Durchmesser der Öffnungen, der klein im Vergleich zu der Wellenlänge der Strahlung ist. Ein Beispiel ist die Beugung von Licht an einem Spalt, bei der jenseits der geometrischen Schattengrenze ein Muster von hellen und dunklen Streifen zu beobachten ist. Ein entsprechendes, jedoch ausgeprägteres Muster findet man für die Beugung an einem Gitter aus parallelen Spalten, ein weniger ausgeprägteres bei der Beugung an einem Drahthindernis.

Eine heuristische Erklärung solcher Beugungsmuster liefert das **Huygensche Prinzip**. Nach diesem Prinzip ist jeder Punkt der Öffnung Ausgangspunkt einer elementaren Kugelwelle. Interferenz dieser Kugelwellen ergibt die beobachteten Muster. So kann man für die Beugung an einem Gitter mit der Gitterkonstanten d (Abstand der regelmäßigen Spalte) aufgrund des Gangunterschiedes von Kugelwellen (oder einfacher Strahlen), die von benachbarten Spalten ausgehen, eine Formel für maximale Interferenz gewinnen (Abb. 7.13a und b). Man beobachtet maximale Interferenz, also helle Streifen, unter einem Winkel α, der die Bedingung

$$d \sin\alpha = n\lambda \qquad (n = 0, 1, 2, \ldots)$$

erfüllt. Man bezeichnet n als die Ordnung der Beugung, λ ist die Wellenlänge des benutzten Lichtes.

(a) (b)

Elementarwellen Interferenzbedingung

Abb. 7.13. Huygens Prinzip

Die Aufgabe der Theorie ist die Fundierung des Huygenschen Prinzips und die Bereitstellung von Ansätzen zur quantitativen Berechnung der auftretenden Verteilung der Intensität der elektromagnetischen Strahlung nach dem Passieren der Öffnungen oder Hindernisse. Man unterscheidet dabei zwei Raumgebiete. Die Fresnelsche Beugungszone ist durch eine moderate Entfernung von dem beugenden System charakterisiert. Die Fraunhofersche Beugungszone entspricht dem Bereich großer Entfernungen.

Die Theorie der Beugung beruht darauf, die Lösungen der d'Alembertgleichungen, (6.68) und (6.69), für eine elektromagnetische Welle durch eine Reihe von physikalisch motivierten Forderungen in eine einfacher verwertbare Form zu bringen. Das erste Teilziel ist die Gewinnung einer geeigneten Integraldarstellung der Lösungen. Diese Herleitung soll anhand einer skalaren Welle durchgeführt werden. Man betrachtet also eine Wellenfunktion $\psi(\boldsymbol{r}, t)$, die eine Lösung der d'Alembertgleichung (6.69)

$$\Box\psi(\boldsymbol{r}, t) = \Delta\psi(\boldsymbol{r}, t) - \frac{1}{c^2}\frac{\partial^2}{\partial t^2}\psi(\boldsymbol{r}, t) = -4\pi g(\boldsymbol{r}, t) \qquad (7.44)$$

im Vakuum ist. Der Quellterm g wird zunächst nicht näher festgelegt. Ausgangspunkt zur Diskussion der Lösung dieser Differentialgleichung ist eine zeitabhängige Erweiterung des Greenschen Theorems (4.23)

$$\int_{t_i}^{t_f} \mathrm{d}t' \iiint_{\mathrm{V}} \left[\phi(\boldsymbol{r}', t')\Delta'\psi(\boldsymbol{r}', t') - \psi(\boldsymbol{r}', t')\Delta'\phi(\boldsymbol{r}', t')\right] \mathrm{d}V' =$$

$$\int_{t_i}^{t_f} \mathrm{d}t' \oiint_{\mathrm{S}} \left[\phi(\boldsymbol{r}', t')\,\frac{\partial\psi(\boldsymbol{r}', t')}{\partial n'} - \psi(\boldsymbol{r}', t')\,\frac{\partial\phi(\boldsymbol{r}', t')}{\partial n'}\right] \mathrm{d}f' \,, \qquad (7.45)$$

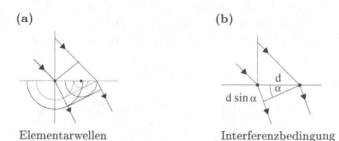

wobei S die Oberfläche eines Volumens V darstellt. Die Zeitvariable t' wird über ein Intervall beginnend mit der Anfangszeit t_i integriert. Die Verarbeitung dieses Ansatzes beinhaltet die Schritte

- Man setzt anstelle der Funktion $\phi(\boldsymbol{r}', t')$ die retardierte Greens Funktion $G^{(+)}(\boldsymbol{r}, t; \boldsymbol{r}', t')$ aus (6.79) ein, wobei die zweite Zeitvariable t in dem Intervall $t_i \leq t \leq t_f$ liegen soll. Anschließend benutzt man (in Analogie zur Behandlung des entsprechenden stationären Problems in Kap. 4.3) in dem Volumenintegral die d'Alembertgleichung (6.73) für $G^{(+)}$ sowie die Gleichung (7.44) für ψ. Das Volumenintegral (VI) in (7.45) lautet dann

$$\begin{aligned}\mathrm{VI} = \int_{t_i}^{t_f} \mathrm{d}t' \iiint_{\mathrm{V}} \Bigg[& 4\pi\delta(t-t')\delta(\boldsymbol{r}-\boldsymbol{r}')\psi(\boldsymbol{r}', t') \\ & - 4\pi G^{(+)}(\boldsymbol{r}, t; \boldsymbol{r}', t') g(\boldsymbol{r}', t') + \frac{1}{c^2}\left(G^{(+)}(\boldsymbol{r}, t; \boldsymbol{r}', t') \frac{\partial^2 \psi(\boldsymbol{r}', t')}{\partial t'^2} \right. \\ & \left. - \psi(\boldsymbol{r}', t') \frac{\partial^2 G^{(+)}(\boldsymbol{r}, t; \boldsymbol{r}', t')}{\partial t'^2} \right) \Bigg] \mathrm{d}V' \, .\end{aligned}$$

- Der Beitrag in den Zeitableitungen kann unter Benutzung von[6]

$$G^{(+)} \frac{\partial^2 \psi}{\partial t'^2} = \frac{\partial}{\partial t'} \left(G^{(+)} \frac{\partial \psi}{\partial t'} \right) - \frac{\partial G^{(+)}}{\partial t'} \frac{\partial \psi}{\partial t'}$$

  sowie einem entsprechenden Ausdruck für den zweiten Term partiell integriert werden. Da die Greens Funktion und deren Ableitung an der oberen Grenze $t' = t_f$ verschwindet, findet man

$$\int_{t_i}^{t_f} \mathrm{d}t' \left(G^{(+)} \frac{\partial^2 \psi}{\partial t'^2} - \psi \frac{\partial^2 G^{(+)}}{\partial t'^2} \right) = \left(G^{(+)} \frac{\partial \psi}{\partial t'} - \psi \frac{\partial G^{(+)}}{\partial t'} \right)_{t'=t_i} \, .$$

Das Ergebnis dieser ersten Rechenschritte ist eine Darstellung der Wellenfunktion $\psi(\boldsymbol{r}, t)$ für Punkte innerhalb eines Volumens V, das durch die Fläche S begrenzt ist, durch Vorgabe der Quellen, der Anfangswerte der Wellenfunktion und der Werte der Wellenfunktion auf der Fläche

$$\begin{aligned}\psi(\boldsymbol{r}, t) = \int_{t_i}^{t_f} \mathrm{d}t' & \left[\iiint_{\mathrm{V}} \mathrm{d}V' \, G^{(+)} g + \frac{1}{4\pi} \oiint_{\mathrm{S}} \left(G^{(+)} \frac{\partial \psi}{\partial n'} - \psi \frac{\partial G^{(+)}}{\partial n'} \right) \mathrm{d}f' \right] \\ & + \frac{1}{4\pi c^2} \iiint_{\mathrm{V}} \mathrm{d}V' \left(G^{(+)} \frac{\partial \psi}{\partial t'} - \psi \frac{\partial G^{(+)}}{\partial t'} \right)_{t'=t_i} \, .\end{aligned}$$

Die gesuchte Integraldarstellung der Lösung erhält man, wenn man einen ersten Satz von zusätzlichen Annahmen ins Spiel bringt. Hinter diesen Annahmen steht die in (Abb. 7.14) skizzierte Geometrie. Das Volumen V, das den Beobachtungspunkt enthält, ist von zwei geschlossenen Flächen S_1 und S_2 begrenzt. Die Strahlungsquelle liegt innerhalb der Fläche S_1. Auf dieser Fläche befinden sich die beugenden Objekte. Die Annahmen sind:

[6] Beachte die abgekürzte Schreibweise.

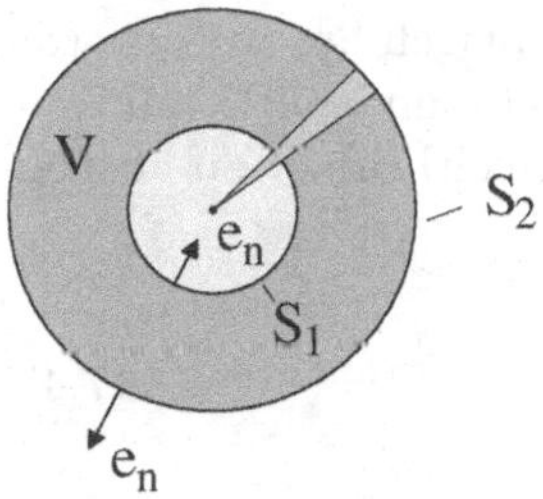

Abb. 7.14. Geometrie zu der Kirchhoffschen Darstellung der Beugung

- Innerhalb des Volumens V befinden sich keine Quellen, man setzt also
$$g(\boldsymbol{r}', t') = 0 \,.$$
- Die Anfangswerte des 'Experimentes' spielen keine Rolle. Man stellt sich vor, dass das Experiment so angelegt ist, dass die anfängliche Wellenfunktion auf das Innere von S_1 beschränkt ist. Man setzt also
$$\psi(\boldsymbol{r}, t_i) = 0 \qquad \text{und} \qquad \left.\frac{\partial\psi(\boldsymbol{r},t)}{\partial t}\right|_{t=t_i} = 0 \,.$$

Die verbleibende Gleichung, die nur noch den Oberflächenbeitrag der Gesamtfläche $S = S_1 + S_2$ enthält,

$$\psi(\boldsymbol{r},t) = \frac{1}{4\pi}\int_{t_i}^{t_f} \mathrm{d}t' \oiint_S \Big[G^{(+)}(\boldsymbol{r},t;\boldsymbol{r}',t')\frac{\partial\psi(\boldsymbol{r}',t')}{\partial n'} - \psi(\boldsymbol{r}',t')\,\frac{\partial G^{(+)}(\boldsymbol{r},t;\boldsymbol{r}',t')}{\partial n'}\Big]\,\mathrm{d}f' \qquad (7.46)$$

kann mit der Formel (6.79) für die Greensche Funktion weiter ausgewertet werden. Man stellt zu diesem Zweck die Normalenableitung durch den Gradienten dar

$$\frac{\partial}{\partial n'} = \boldsymbol{e}_n \cdot \boldsymbol{\nabla}' \,.$$

Der Normalenvektor $\boldsymbol{e}_n$ zeigt aus dem abgeschlossenen Volumen V heraus, also in das von der Fläche S_1 umschlossene bzw. in das von der Fläche S_2 ausgegrenzte Volumen. Für den Gradienten der Greens Funktion

$$G^{(+)}(\boldsymbol{r},t;\boldsymbol{r}',t') = G^{(+)}(\boldsymbol{r}-\boldsymbol{r}',t-t') = \frac{\delta(R/c+t'-t)}{R}$$

($\boldsymbol{R} = \boldsymbol{r} - \boldsymbol{r}'$) erhält man das Resultat

$$\boldsymbol{\nabla}'G^{(+)}(R,t-t') = \frac{\partial G^{(+)}(R,t-t')}{\partial R}\boldsymbol{\nabla}'R = \frac{\boldsymbol{R}}{R^3}\delta(R/c+t'-t) - \frac{\boldsymbol{R}}{cR^2}\delta'(R/c+t'-t) \,.$$

Die in (7.46) anstehende Zeitintegration kann nun ausgeführt werden (die Teilschritte für den Übergang von (7.46) zu (7.47) findet man in D.tail 7.4a). Das Endergebnis, eine allgemeine Variante der **Kirchhoffschen Integraldarstellung**, lautet

$$\psi(\boldsymbol{r},t) = \frac{1}{4\pi} \oint\!\!\!\oint_S \mathrm{d}f' \, \boldsymbol{e}_n \cdot \left[\frac{\boldsymbol{\nabla}'\psi(\boldsymbol{r}',t')}{R} - \frac{\boldsymbol{R}\psi(\boldsymbol{r}',t')}{R^3} - \frac{\boldsymbol{R}}{cR^2}\frac{\partial\psi(\boldsymbol{r}',t')}{\partial t'} \right]_{t'=t-R/c} . \tag{7.47}$$

Dieses Ergebnis entspricht dem Huygenschen Prinzip: Die Wellenfunktion in dem Volumen V wird durch die Wellenfunktion auf der Fläche S (dem Ausgangspunkt der 'Huygenschen Kugelwellen') bestimmt. Die notwendige Information zur Auswertung dieser Formel (Kenntnis der Wellenfunktion und deren Zeitableitung auf der Fläche S) ist jedoch erst nach der Lösung des gesamten Problems (z.B. als Anfangswertproblem mit Vorgabe der Quellen der Strahlung) verfügbar. Um diesen Schritt zu vermeiden, sind für die Aufbereitung des Beugungsproblems, zusätzlich zu den obigen Annahmen, weitere Näherungen notwendig.

- Man setzt als Erstes voraus, dass eine monochromatische Wellenfunktion vorliegt[7]

  $$\psi(\boldsymbol{r},t) = \mathrm{e}^{-\mathrm{i}\omega t}\psi(\boldsymbol{r}) .$$

  Mit der Zeitableitung

  $$\left.\frac{\partial\psi(\boldsymbol{r}',t')}{\partial t'}\right|_{t'=t-R/c} = -\mathrm{i}\omega\mathrm{e}^{-\mathrm{i}\omega(t-R/c)}\psi(\boldsymbol{r})$$

  folgt aus (7.47) für den Ortsanteil ($\omega = ck$) der Wellenfunktion

  $$\psi(\boldsymbol{r}) = \frac{1}{4\pi} \oint\!\!\!\oint_S \mathrm{d}f' \, \frac{\mathrm{e}^{\mathrm{i}kR}}{R} \boldsymbol{e}_n \cdot \left[\boldsymbol{\nabla}'\psi(\boldsymbol{r}') + \mathrm{i}k\left(1 + \frac{\mathrm{i}}{kR}\right)\frac{\boldsymbol{R}\psi(\boldsymbol{r}')}{R} \right] .$$

- Man setzt für die Wellenfunktion und deren Ableitung an Punkten der Öffnung eine freie Welle (eben oder Kugel-) an. Hinter dieser Annahme steht die (nicht ganz korrekte) Vorstellung, dass diese Welle von einer Quelle bis zu der Öffnung gelangt ist und dass die Wellenfunktion durch die beugende Öffnung nicht beeinflusst wurde. Entsprechendes gilt für ein Hindernis.
- Die Fläche S_2 wird als Kugelfläche mit einem genügend großen Radius vorausgesetzt, so dass sie nicht zu dem Oberflächenintegral beiträgt. Da das Potential einer Kugelwelle (siehe Kap. 7.3) nur wie $1/r'$ abfällt, ist diese Forderung nicht direkt erfüllbar. Man behilft sich mit dem Argument, dass eine Wellenfront die weit entfernte Fläche nicht erreichen und aus diesem

[7] Die Diskussion von Wellenpaketen ist möglich.

Grund keinen Beitrag auf S_2 liefern würde. Das verbleibende Kirchhoffintegral wird meist in der Form

$$\psi(\boldsymbol{r}) = -\frac{1}{4\pi}\iint_{O(S_1)} \frac{e^{ikR}}{R}\,\bar{\boldsymbol{e}}_n \cdot \left[\boldsymbol{\nabla}'\psi(\boldsymbol{r}') + ik\left(1+\frac{i}{kR}\right)\frac{\boldsymbol{R}\psi(\boldsymbol{r}')}{R}\right] df' \tag{7.48}$$

zitiert. Die Bezeichnung $O(S_1)$ deutet die Öffnung in (oder das Hindernis auf) der Fläche S_1 an. Die Normale $\bar{\boldsymbol{e}}_n$ zeigt, gemäß oft benutzter Konvention, nun in das Gebiet V zwischen den Flächen hinein. Dies bedingt den Vorzeichenwechsel.

- Die letzte Annahme beschränkt die Diskussion auf **Fraunhoferbeugung**, die meist von größerem Interesse ist. Der Beobachtungspunkt $\boldsymbol{r}$ ist weit genug von der Öffnung entfernt (vergleiche die spätere Diskussion zu dem Begriff der Strahlungszone in Kap. 7.3.1), so dass man die Näherungen

$$\frac{1}{R} \approx \frac{1}{r}, \quad \frac{1}{R^2} \approx 0, \quad \frac{\boldsymbol{R}}{R} \approx \boldsymbol{e}_r \quad \text{und} \quad e^{ikR} = e^{ikr}e^{-i\boldsymbol{k}\cdot\boldsymbol{r}'}$$

benutzen kann. Der Wellenzahlvektor ist hier durch $\boldsymbol{k} = k\boldsymbol{e}_r$ definiert. Er zeigt in Richtung des Beobachtungspunktes. Für die Diskussion von **Fresnelbeugung** muss man höhere Terme in den angedeuteten Entwicklungen einbeziehen.

Das Kirchhoffintegral für Fraunhoferbeugung, das in der Anwendung eingesetzt wird, ist letztlich

$$\psi(\boldsymbol{r}) = -\frac{e^{ikr}}{4\pi r}\iint_{O(S_1)} df'\, e^{-i\boldsymbol{k}\cdot\boldsymbol{r}'}\,\bar{\boldsymbol{e}}_n \cdot \left[\boldsymbol{\nabla}'\psi(\boldsymbol{r}') + i\boldsymbol{k}\psi(\boldsymbol{r}')\right] . \tag{7.49}$$

Der Vorfaktor beschreibt eine (vom Ursprung) auslaufende Kugelwelle. Diese wird durch das Integral über die Fläche mit den beugenden Objekten modifiziert.

Ein Beispiel, das schon 1835 von G. Airy, wenn auch mit anderen Methoden, behandelt wurde, ist die Beugungsstruktur, die entsteht, wenn eine ebene Welle unter einem Winkel α auf eine ebene, kreisförmige Öffnung mit dem Radius a auftrifft. Die zuständige Geometrie einschließlich der Wahl eines Koordinatensystems ist in Abb. 7.15 angedeutet. Die z-Achse zeigt in

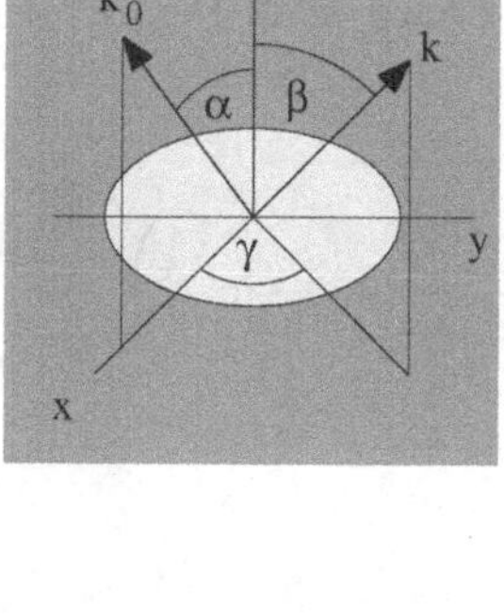

Abb. 7.15. Geometrie bei der Beugung an einer kreisförmigen Öffnung

der Normalenrichtung ($\bar{\boldsymbol{e}}_n = \boldsymbol{e}_z$), die Kreisebene entspricht der x-y Ebene. Die x-Achse wird so fixiert, dass die Projektion des Wellenzahlvektors $\boldsymbol{k}_0$ der einfallenden ebenen Welle in die x-y Ebene mit dieser Achse zusammenfällt. Die Richtung zu dem Beobachtungspunkt wird durch den Polarwinkel β und den Azimutalwinkel γ charakterisiert. Zur Berechnung des Integrals über die Kreisfläche werden die Polarkoordinaten ρ' und φ' verwandt.

Die benötigten Größen (Vektoren, Wellenfunktion und Skalarprodukte) sind:

- Der Wellenzahlvektor der einfallenden Strahlung (per Festlegung des Koordinatensystems)
$$\boldsymbol{k}_0 = k\,(\cos\alpha\;\boldsymbol{e}_z + \sin\alpha\;\boldsymbol{e}_x)\;.$$
- Der Wellenzahlvektor $\boldsymbol{k} = k\boldsymbol{e}_r$, bzw. die Richtung des Beobachtungspunktes
$$\boldsymbol{e}_r = \cos\beta\;\boldsymbol{e}_z + \sin\beta\,(\cos\gamma\;\boldsymbol{e}_x + \sin\gamma\;\boldsymbol{e}_y)\;.$$
- Die Komponentenzerlegung des Vektors $\boldsymbol{r}'$, der die Kreisfläche überstreicht
$$\boldsymbol{r}' = \rho'\,(\cos\varphi'\boldsymbol{e}_x + \sin\varphi'\boldsymbol{e}_y)\;.$$
- Der Gradient der einlaufenden ebenen Welle
$$\psi(\boldsymbol{r}') = \psi_0 \mathrm{e}^{\mathrm{i}\boldsymbol{k}_0\cdot\boldsymbol{r}'} \quad \text{ist} \quad \boldsymbol{\nabla}'\psi(\boldsymbol{r}') = \mathrm{i}\boldsymbol{k}_0\psi_0\mathrm{e}^{\mathrm{i}\boldsymbol{k}_0\cdot\boldsymbol{r}'}\;.$$
- Die Liste der auftretenden Skalarprodukte ist
$$\begin{aligned} \boldsymbol{k}_0\cdot\boldsymbol{r}' &= k\rho'\sin\alpha\;\cos\varphi' \\ \boldsymbol{k}_0\cdot\boldsymbol{e}_n &= k\cos\alpha \\ \boldsymbol{k}\cdot\boldsymbol{e}_n &= k\cos\beta \\ \boldsymbol{k}\cdot\boldsymbol{r}' &= k\rho'\sin\beta\,(\cos\gamma\cos\varphi' + \sin\gamma\sin\varphi') = k\rho'\sin\beta\cos(\varphi'-\gamma)\;. \end{aligned}$$

Das Integral, das zur Auswertung ansteht, lautet somit
$$\begin{aligned} \psi(\boldsymbol{r}) = &-\frac{\mathrm{i}k\psi_0\mathrm{e}^{\mathrm{i}kr}}{4\pi r}(\cos\alpha + \cos\beta)\int_0^a \rho'\mathrm{d}\rho' \\ &\cdot\int_0^{2\pi}\mathrm{d}\varphi'\mathrm{e}^{\mathrm{i}k\rho'\left(\sin\alpha\cos\varphi' - \sin\beta\cos(\varphi'-\gamma)\right)}\;. \end{aligned}$$

Zur Auswertung des Winkelintegrals benutzt man für das Winkelargument in dem Exponenten die Umformung (das Winkelintegral wird in D.tail 7.4b eingehender diskutiert)
$$\begin{aligned} A\cos\varphi' + B\sin\varphi' = &\sqrt{(A^2+B^2)} \\ &\cdot\left(\frac{A}{\sqrt{(A^2+B^2)}}\cos\varphi' + \frac{B}{\sqrt{(A^2+B^2)}}\sin\varphi'\right)\;, \end{aligned}$$

definiert die Winkelfunktionen

$$\cos\varphi_0 = -\frac{A}{\sqrt{(A^2 + B^2)}} \qquad \sin\varphi_0 = -\frac{B}{\sqrt{(A^2 + B^2)}}$$

und fasst zusammen

$$A\cos\varphi' + B\sin\varphi' = -\sqrt{(A^2 + B^2)}\cos(\varphi' - \varphi_0)\,.$$

Das resultierende Winkelintegral

$$\mathrm{WI} = \int_0^{2\pi} \mathrm{d}\varphi' \mathrm{e}^{\mathrm{i}k\rho'(\sin\alpha\cos\varphi' - \sin\beta\cos(\varphi'-\gamma))} = \int_0^{2\pi} \mathrm{d}\varphi' \mathrm{e}^{-\mathrm{i}k\sigma\rho'\cos(\varphi'-\varphi_0)}\,,$$

mit der Abkürzung

$$\sigma = \sqrt{(A^2 + B^2)} = \left[\sin^2\alpha + \sin^2\beta - 2\sin\alpha\sin\beta\cos\gamma\right]^{1/2}\,,$$

kann infolge der Periodizität der Kosinusfunktion in die Form

$$\mathrm{WI} = \int_0^{2\pi} \mathrm{d}\varphi' \mathrm{e}^{-\mathrm{i}k\sigma\rho'\cos\varphi'}$$

gebracht werden. Dieses Integral ist nicht elementar. Es ist bis auf einen Faktor die Integraldarstellung der Funktion J_0, einer **Besselfunktion der ersten Art** von ganzzahliger Ordnung

$$\mathrm{WI} = 2\pi J_0(k\sigma\rho')\,.$$

Die Besselfunktionen, die in vielen Problemen der Theoretischen Physik eine Rolle spielen, werden in Math.Kap. 4.4 vorgestellt.

Bei der weiteren Auswertung des Integrals kommt eine zweite Relation mit Besselfunktionen ins Spiel. Für die Ableitung der Funktion J_1 gilt

$$zJ_0(z) = \frac{\mathrm{d}}{\mathrm{d}z}(zJ_1(z))\,,$$

so dass das ρ'-Integral nach einfacher Substitution das Endergebnis

$$\psi(\boldsymbol{r}) = -\frac{\mathrm{i}k\psi_0\mathrm{e}^{\mathrm{i}kr}}{2r}a^2(\cos\alpha + \cos\beta)\frac{J_1(ak\sigma)}{ak\sigma} \tag{7.50}$$

ergibt. Die Intensitätsverteilung der skalaren Welle kann in Anlehnung an das Poyntingtheorem (Kap. 6.4.1) mit

$$\frac{\mathrm{d}P}{\mathrm{d}\Omega} = \frac{c}{8\pi}|\psi|^2 = \frac{c(ka^2)^2|\psi_0|^2}{32\pi r^2}(\cos\alpha + \cos\beta)^2\left|\frac{J_1)}{ak\sigma}\right|^2 \tag{7.51}$$

angegeben werden. Die Abb. 7.16a zeigt die Variation des wesentlichen Faktors mit der Variablen σ, die von dem Einfallswinkel und den Beobachtungswinkeln abhängt

$$f(\eta) = |J_1(\eta)/\eta|^2 \qquad \eta = ak\sigma\,,$$

sowie ab der ersten Nullstelle dieser Funktion zur Verdeutlichung der oszillatorischen Struktur auch die Funktion

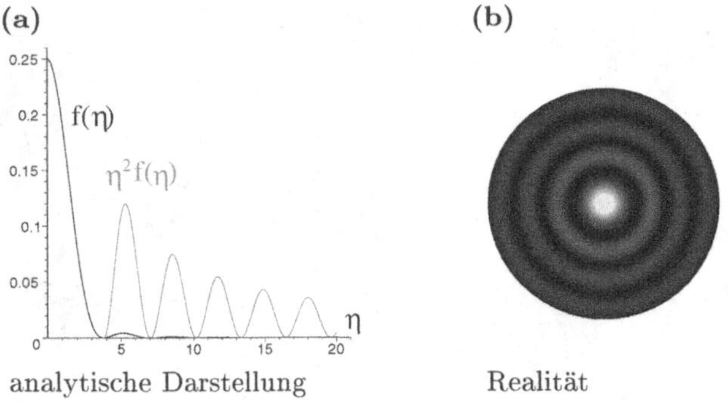

Abb. 7.16. Beugungsmuster einer kreisförmigen Öffnung

$$\eta^2 f(\eta) = |J_1(\eta)|^2 .$$

Das eigentliche Beugungsmuster (für $\alpha = 0$, Abb. 7.16b) besteht aus einer hellen, zentralen Scheibe, die von konzentrischen dunklen und hellen Ringen umgeben ist[8]. Die Intensität der hellen Ringe nimmt mit dem Radius rasch ab, so dass meist nur die ersten sichtbar sind. Der Abstand benachbarter Ringe (z.B. die Differenz der Minima der Funktion $|J_1(\eta)/\eta|^2$) verhält sich ungefähr wie (const.)/(ka). Dies bedeutet, dass man für $ka \gg 1$ praktisch nur das Abbild der Öffnung und minimale Beugungeffekte beobachtet. Ist $ka \approx 1$, so ändert sich die Besselfunktion recht langsam mit dem Winkel β. Ein deutliches Beugungsmuster kann beobachtet werden. Ist hingegen $ka \ll 1$, ist also die Wellenlänge groß im Vergleich zu dem Radius der Öffnung, so ist die Annahme einer ungestörten Wellenfunktion in der Öffnung nicht mehr angemessen. Das korrekte Ergebnis entspricht nicht dem Ausdruck (7.51).

Zwei Punkte sind noch nachzutragen:

- Bei der skalaren Behandlung der Diffraktion wird eine Eigenschaft der elektromagnetischen Wellen nicht berücksichtigt, nämlich deren Polarisation. Um diese einzubeziehen, ist eine vektorielle Formulierung des Kirchhoffintegrals notwendig. Infolge der hohen Frequenz von Licht ($f = c/\lambda \approx 10^{14}$ s^{-1}) werden jedoch nur Größen gemessen, die über genügend große Zeitintervalle gemittelt sind, so dass die Auswirkungen der Polarisation nur begrenzt beobachtet werden. Zur theoretischen Beschreibung der experimentellen Ergebnisse ist die skalare Fassung im Allgemeinen ausreichend.
- Man kann die Frage stellen, wie sich das Beugungsmuster einer lichtundurchlässigen Kreisscheibe von dem Beugungsmuster einer (gleich großen) kreisförmigen Öffnung unterscheidet (Abb. 7.17).
  Die Antwort auf diese Frage ergibt sich aus dem folgenden Argument: Die Wellenfunktionen der Scheibe ψ_S und der Öffnung ψ_O in dem Beobachtungspunkt werden durch Integration über zwei komplementäre Gebiete

[8] Die Aussagen zu dem Beugungsmuster werden in D.tail 7.4c näher begründet.

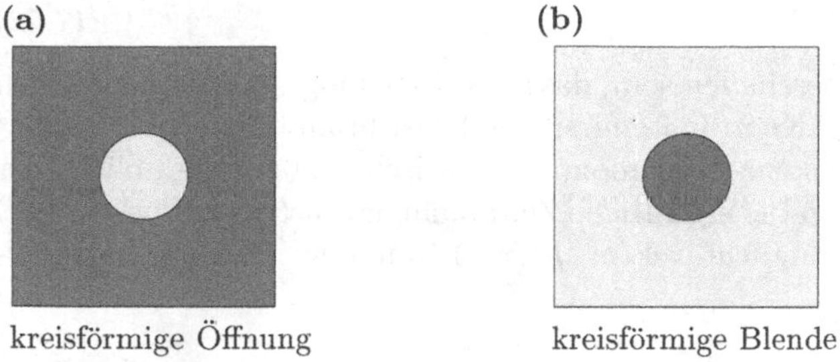

Abb. 7.17. Das Babinetsche Prinzip

bestimmt. Die Summe der Wellenfunktionen entspricht also einem Wert, den man durch Integration über die gesamte Ebene, die die beugenden Objekte enthält, gewinnt

$$\psi_{ges}(\boldsymbol{r}) = \psi_S(\boldsymbol{r}) + \psi_O(\boldsymbol{r}) \,.$$

Diese Relation ist unter Bezeichnung **Babinets Prinzip** bekannt. An der gesamten Ebene findet jedoch keine Beugung statt, es gibt nur eine durchlaufende Welle, z.B. eine ebene Welle. Die Wellenfunktion ψ_{ges} wird in diesem Fall alleine durch den Wellenzahlvektor der einfallenden Welle $\boldsymbol{k}_0$ charakterisiert und es ist $\psi_{ges,\boldsymbol{k}\neq\boldsymbol{k}_0} = 0$. Daraus folgt für die Wellenfunktionen, die die Beugung an den zwei Objekten beschreiben

$$\psi_S(\boldsymbol{r}) = -\psi_O(\boldsymbol{r}) \,.$$

Die Beugungsmuster von komplementären Beugungsobjekten, z.B. einer Kreisscheibe und einer Kreisöffnung, sind also gleich, da sie durch $|\psi|^2$ bestimmt werden.

7.3 Wellenerzeugung: Das Senderproblem

Von bescheidenen Anfängen bis zu dem Aufbau eines weltweiten Informationsnetzes spielt das Sender- und das Empfängerproblem eine besondere Rolle. In diesem Abschnitt wird zunächst ein Standardbeispiel, die Hertzsche Dipolnäherung, betrachtet. Die weitergehende Diskussion des Senderproblems wird in zwei Stufen, den Beiträgen der nächst höheren Multipole und der vollständigen Multipolentwicklung, kurz beleuchtet. Die Betrachtung eines speziellen, exakt lösbaren Senderproblems rundet diesen Abschnitt ab.

7.3.1 Spezifikation des Senders

Eine einfache Ladungsverteilung, mit der man die Kirchhoffschen Formeln (6.81) und (6.82) auswerten kann, ist eine harmonisch oszillierende Ladungsverteilung

$$\rho_w(\boldsymbol{r},t) = \rho(\boldsymbol{r})\mathrm{e}^{-\mathrm{i}\omega t} \,. \tag{7.52}$$

Der Ortsanteil soll so beschaffen sein, dass die Verteilung auf einen endlichen Raumbereich (um den Koordinatenursprung) beschränkt ist. Der 'Sender' mit der Oszillationsfrequenz ω ist monochromatisch, wobei (wie üblich) der Realteil der Zeitfunktion die eigentliche Zeitabhängigkeit ($\cos \omega t$) beschreibt.

Setzt man den Stromdichtevektor $\boldsymbol{j}_w(\boldsymbol{r},t)$, mit dem gleichen harmonischen Zeitanteil,

$$\boldsymbol{j}_w(\boldsymbol{r},t) = \boldsymbol{j}(\boldsymbol{r})\mathrm{e}^{-\mathrm{i}\omega t}$$

in die Kontinuitätsgleichung

$$\boldsymbol{\nabla} \cdot \boldsymbol{j}_w(\boldsymbol{r},t) = -\frac{\partial \rho_w(\boldsymbol{r},t)}{\partial t} = \mathrm{i}\omega\rho(\boldsymbol{r})\mathrm{e}^{-\mathrm{i}\omega t}$$

ein, so stellt man fest: Diese Gleichung ist erfüllt, falls der Ortsanteil der Stromdichte, bei vorgegebener Dichte, der Relation

$$\boldsymbol{\nabla} \cdot \boldsymbol{j}(\boldsymbol{r}) = \mathrm{i}\omega\rho(\boldsymbol{r}) \tag{7.53}$$

genügt.

Wertet man den Ausdruck (6.81) für das Skalarpotential mit der Ladungsverteilung (7.52) aus, so findet man

$$V(\boldsymbol{r},t) = \iiint \mathrm{d}V' \frac{\rho(\boldsymbol{r}')}{|\boldsymbol{r}-\boldsymbol{r}'|}\mathrm{e}^{-\mathrm{i}\omega(t-(1/c)|\boldsymbol{r}-\boldsymbol{r}'|)} \,.$$

Mit der Standarddefinition der Wellenzahl $k = \omega/c = 2\pi/\lambda$ kann man den Skalaranteil der abgestrahlten elektromagnetischen Welle als Produkt einer Ortsfunktion und eines harmonischen Zeitanteils

$$V(\boldsymbol{r},t) = V(\boldsymbol{r})\mathrm{e}^{-\mathrm{i}\omega t}$$

$$V(\boldsymbol{r}) = \iiint \mathrm{d}V' \frac{\rho(\boldsymbol{r}')}{|\boldsymbol{r}-\boldsymbol{r}'|}\mathrm{e}^{\mathrm{i}k|\boldsymbol{r}-\boldsymbol{r}'|} \tag{7.54}$$

schreiben. Anhand der Darstellung des Ortsanteils in der Form

$$V(\boldsymbol{r}) = \iiint \mathrm{d}V' G^{(+)}(\boldsymbol{r},\boldsymbol{r}')\rho(\boldsymbol{r}')$$

liest man den Raumanteil der retardierten Greens Funktion des Senderproblems ab. Der dem Skalarpotential entsprechende Ausdruck für das Vektorpotential lautet

$$\boldsymbol{A}(\boldsymbol{r},t) = \boldsymbol{A}(\boldsymbol{r})\mathrm{e}^{-\mathrm{i}\omega t}$$

$$\boldsymbol{A}(\boldsymbol{r}) = \frac{1}{c}\iiint \mathrm{d}V' \frac{\boldsymbol{j}(\boldsymbol{r}')}{|\boldsymbol{r}-\boldsymbol{r}'|}\mathrm{e}^{\mathrm{i}k|\boldsymbol{r}-\boldsymbol{r}'|} \,. \tag{7.55}$$

Die Retardierung äußert sich gegenüber dem stationären Fall in einer Exponentialfunktion unter dem Integralzeichen. Die Potentiale und somit auch die

Felder zeigen das gleiche Zeitverhalten wie die Quellen. Ein monochromatischer Sender strahlt monochromatische elektromagnetische Wellen ab.

Die noch anstehende Aufgabe, die Auswertung der Raumintegrale für eine vorgegebene räumliche Ladungsverteilung, entspricht der Lösung der inhomogenen **Helmholtzgleichungen**, wie z.B.

$$\Delta V(\boldsymbol{r}) + k^2 V(\boldsymbol{r}) = -4\pi\rho(\boldsymbol{r})\,. \tag{7.56}$$

Diese Differentialgleichung folgt mit der Vorgabe (7.52) und dem Ansatz (7.54) aus der d'Alembertgleichung (6.69).

Bei der Auswertung der anstehenden Integrale unterscheidet man, unter der Voraussetzung, dass die Ausdehnung des Senders (L_S) klein ist, drei Raumgebiete:

- Die Nahzone, in der der Abstand eines Raumpunktes von dem Zentrum des Senders r_N größer als die Ausdehnung des Senders aber kleiner als die Wellenlänge (λ) der abgestrahlten Wellen ist: $L_S \ll r_N \ll \lambda$.
- Die Zwischenzone, in der Abstände bis zur Größenordnung der Wellenlänge eine Rolle spielen: $L_S \ll r_N \leq r_Z \approx \lambda$.
- Die Fernzone (oder Strahlungszone), die durch $L_S \ll \lambda \approx r_Z \ll r_S$ charakterisiert ist.

Zur Auswertung der Raumintegrale in den drei Raumgebieten sind verschiedene Näherungen möglich. In der Nahzone sind die Werte des Produktes $k|\boldsymbol{r} - \boldsymbol{r}'|$ so beschränkt, dass man die Exponentialfunktion $\exp(\mathrm{i}k|\boldsymbol{r} - \boldsymbol{r}'|)$ durch die Eins ersetzen kann. Man erhält somit für den Ortsanteil essentiell das stationäre Resultat. In der Zwischenzone ist es notwendig, den gesamten Integranden in einheitlicher Weise zu entwickeln. Die Lösung dieser Aufgabe wird in Kap. 7.3.4 angedeutet.

Aus praktischen Erwägungen widmet man der **Strahlungszone** die größere Aufmerksamkeit. In dem Bereich $L_S \ll \lambda \approx r_Z \ll r_S$ ist eine separate Entwicklung der beiden Faktoren des Integranden angemessen. Man entwickelt die Abstandsfunktion

$$\begin{aligned}|\boldsymbol{r} - \boldsymbol{r}'| &= r\left[1 - 2\frac{\boldsymbol{r}' \cdot \boldsymbol{e}_{\mathrm{r}}}{r} + \left(\frac{r'}{r}\right)^2\right]^{1/2} \\ &= r - \boldsymbol{r}' \cdot \boldsymbol{e}_{\mathrm{r}} + \frac{1}{r}\frac{(r'^2 - (\boldsymbol{r}' \cdot \boldsymbol{e}_{\mathrm{r}})}{2} + \ldots\end{aligned}$$

und deren Inverse

$$\begin{aligned}|\boldsymbol{r} - \boldsymbol{r}'|^{-1} &= \frac{1}{r}\left[1 - 2\frac{\boldsymbol{r}' \cdot \boldsymbol{e}_{\mathrm{r}}}{r} + \left(\frac{r'}{r}\right)^2\right]^{-1/2} \\ &= \frac{1}{r} + \frac{1}{r^2}\,.(\boldsymbol{r}' \cdot \boldsymbol{e}_{\mathrm{r}})) + \ldots\,.\end{aligned}$$

In der Strahlungs- oder Fernzone ist eine konsistente Beschränkung auf Beiträge bis zu der Ordnung $1/r$ angemessen. Dies bedeutet, dass es ausreichend ist, in dem Argument der Exponentialfunktion nur die ersten zwei Terme der Entwicklung der Abstandsfunktion sowie bei der Entwicklung der inversen Abstandsfunktion nur den ersten Term zu berücksichtigen. Mit der Definition des Wellenzahlvektors in Radialrichtung $\boldsymbol{k} = k\,\boldsymbol{e}_{\mathrm{r}}$ lautet also eine konsistente Näherung des Ortsanteils, z.B. für das Vektorpotential, in der Strahlungszone

$$\boldsymbol{A}_{SZ}(\boldsymbol{r}) \approx \frac{1}{c}\iiint \mathrm{d}V'\,\boldsymbol{j}(\boldsymbol{r}')\frac{\mathrm{e}^{\mathrm{i}k\left(r-\boldsymbol{r}'\cdot\boldsymbol{e}_{\mathrm{r}}\right)}}{r} = \frac{\mathrm{e}^{\mathrm{i}kr}}{cr}\iiint \mathrm{d}V'\,\boldsymbol{j}(\boldsymbol{r}')\mathrm{e}^{-\mathrm{i}\boldsymbol{k}\cdot\boldsymbol{r}'} \;.$$

Das zeitabhängige Vektorpotential (und entsprechend das Skalarpotential) hat somit in der Strahlungszone die Form

$$\boldsymbol{A}_{SZ}(\boldsymbol{r},t) = \boldsymbol{A}_{SZ}(\boldsymbol{k})\left[\frac{1}{r}\mathrm{e}^{\mathrm{i}(kr-\omega t)}\right] \tag{7.57}$$

$$\boldsymbol{A}_{SZ}(\boldsymbol{k}) = \frac{1}{c}\iiint \mathrm{d}V'\,\boldsymbol{j}(\boldsymbol{r}')\mathrm{e}^{-\mathrm{i}\boldsymbol{k}\cdot\boldsymbol{r}'} \;. \tag{7.58}$$

Der Faktor in der eckigen Klammer, in dem die Wellenzahl mit dem Abstand von dem 'Mittelpunkt' des Senders multipliziert wird, beschreibt eine von dieser Quelle auslaufende Kugelwelle. Die Wellenfronten sind Kugelflächen um die oszillierende Ladungsverteilung. Durch den Amplitudenfaktor $\boldsymbol{A}_{SZ}(\boldsymbol{k})$, der von dem *Vektor* $\boldsymbol{k}$ abhängt, wird die Kugelwelle in den verschiedenen Raumrichtungen modifiziert (Abb. 7.18).

Ist das Produkt aus Wellenzahl mal Ausdehnung des Senders klein gegen Eins

$$\boldsymbol{k}\cdot\boldsymbol{r}' \le kL_S < 1 \,,$$

so ist eine weitere Entwicklung von Nutzen. Man entwickelt z.B die Exponentialfunktion in (7.58)

$$\boldsymbol{A}_{SZ}(\boldsymbol{k}) = \frac{1}{c}\iiint \mathrm{d}V'\,\boldsymbol{j}(\boldsymbol{r}')\sum_{n=0}^{\infty}\frac{1}{n!}(-\mathrm{i}\,\boldsymbol{k}\cdot\boldsymbol{r}')^n = \sum_{n=0}^{\infty} A^{(n)}(\boldsymbol{k}) \;. \tag{7.59}$$

Die Forderung für die Anwendbarkeit dieser Entwicklung entspricht der Aussage

$$2\pi\, L_S < \lambda \,,$$

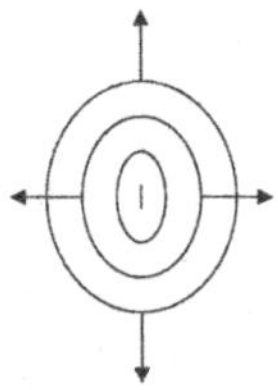

Abb. 7.18. Winkelmodifizierte Kugelwelle (Senderdimension $L_S << r$)

die Dimension der Quelle soll klein im Vergeich zu der Wellenlänge der ausgesandten Strahlung scin. In der einfachsten Näherung, der extremen **Langwellennäherung**, berücksichtigt man nur den ersten Term in dieser Entwicklung. In dem nächsten Unterabschnitt wird gezeigt, dass die aus dieser Näherung resultierende Strahlung Dipolcharakter hat.

7.3.2 Die Hertzsche Dipolstrahlung

In der einfachsten Näherung ist das Integral

$$\boldsymbol{A}^{(0)}(\boldsymbol{k}) = \frac{1}{c} \iiint \mathrm{d}V' \, \boldsymbol{j}(\boldsymbol{r}')$$

zu diskutieren. Es zeigt sich, dass die Betrachtung des Vektorpotentials ausreicht, da sowohl das Magnetfeld der Strahlung als auch das elektrische Feld (jeweils in dieser Näherung) berechnet werden kann. Zu einer Umschreibung des Integrals benutzt man (zur Begründung siehe D.tail 7.5a) die Relation

$$\iiint \mathrm{d}V' \boldsymbol{j}(\boldsymbol{r}') = - \iiint \mathrm{d}V' \boldsymbol{r}' \left(\boldsymbol{\nabla}' \cdot \boldsymbol{j}(\boldsymbol{r}')\right) .$$

In dem resultierenden Ausdruck für das Vektorpotential

$$\boldsymbol{A}^{(0)}(\boldsymbol{k}) = -\frac{1}{c} \iiint \boldsymbol{r}' \left(\boldsymbol{\nabla}' \cdot \boldsymbol{j}(\boldsymbol{r}')\right) \mathrm{d}V'$$

kann man $\boldsymbol{\nabla} \cdot \boldsymbol{j}$ mit der Gleichung (7.53) durch ρ ersetzen

$$\boldsymbol{A}^{(0)}(\boldsymbol{k}) = -\frac{\mathrm{i}\omega}{c} \iiint \boldsymbol{r}' \rho(\boldsymbol{r}') \, \mathrm{d}V' .$$

Man erkennt das elektrische Dipolmoment einer Ladungsverteilung

$$\boldsymbol{p} = \iiint \boldsymbol{r}' \rho(\boldsymbol{r}') \mathrm{d}V' .$$

Das Ergebnis für das Vektorpotential in der Langwellennäherung ist also (benutze $\omega/c = k$)

$$\boldsymbol{A}^{(0)}(\boldsymbol{r}, t) = -\boldsymbol{p} \left(\frac{\mathrm{i}k}{r}\right) \mathrm{e}^{\mathrm{i}(kr - \omega t)} . \tag{7.60}$$

Das Vektorpotential hat in der Strahlungszone die gleiche Richtung wie das Dipolmoment der Quelle. Die Raum-Zeitstruktur ist eine Kugelwelle. Man bezeichnet das resultierende Strahlungsmuster als eine **Hertzsche Dipolstrahlung**. Die Standardnomenklatur für die elektrische Dipolstrahlung ist $E1$.

Das entsprechende Magnetfeld gewinnt man durch

$$\boldsymbol{B}_{(E1)}(\boldsymbol{r}, t) = \boldsymbol{\nabla} \times \boldsymbol{A}^{(0)}(\boldsymbol{r}, t) .$$

Da die inverse Abstandsfunktion nur bis zu der Ordnung $1/r$ entwickelt wurde, ist es ausreichend, die Wirkung des Nablaoperators auf den Wellenanteil zu berücksichtigen

$$\nabla \mathrm{e}^{\mathrm{i}(kr-\omega t)} = \mathrm{i}\boldsymbol{e}_{\mathrm{r}} \cdot k\,\mathrm{e}^{\mathrm{i}(kr-\omega t)} = \mathrm{i}\boldsymbol{k}\,\mathrm{e}^{\mathrm{i}(kr-\omega t)} \ .$$

Das Magnetfeld in niedrigster Ordnung ist demnach

$$\boldsymbol{B}_{(E1)}(\boldsymbol{r},t) = (\boldsymbol{k} \times \boldsymbol{p})\,\frac{k}{r}\mathrm{e}^{\mathrm{i}(kr-\omega t)} \ . \tag{7.61}$$

Es steht senkrecht auf der Ausbreitungsrichtung und dem Dipolmoment des Senders (Abb. 7.19).

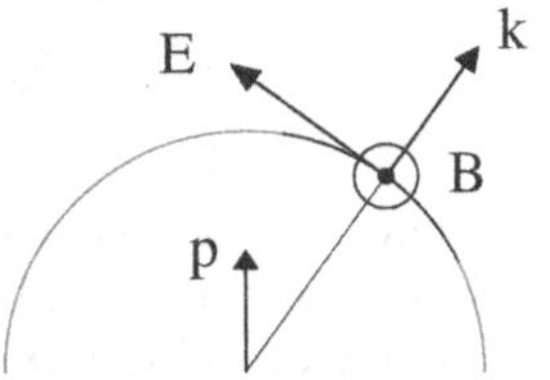

Abb. 7.19. Orientierung der Felder der Dipolstrahlung

Zur Berechnung des $\boldsymbol{E}$-Feldes in der Strahlungszone, in der $\boldsymbol{j}_w(\boldsymbol{r}) = \boldsymbol{0}$ gilt, kann man das Ampèresche Gesetz (im Vakuum) benutzen

$$\frac{1}{c}\frac{\partial \boldsymbol{E}}{\partial t} = \nabla \times \boldsymbol{B} \ .$$

Hieraus folgt, falls die Zeitabhängigkeit des $\boldsymbol{E}$-Feldes die Gleiche wie die des $\boldsymbol{B}$-Feldes ist, die Relation

$$-\mathrm{i}\frac{\omega}{c}\boldsymbol{E} = \mathrm{i}\,(\boldsymbol{k} \times \boldsymbol{B}) \ .$$

Setzt man in diese Gleichung das Ergebnis für $\boldsymbol{B}$ ein und sortiert, so ergibt sich[9]

$$\boldsymbol{E}_{(E1)}(\boldsymbol{r},t) = ((\boldsymbol{k} \times \boldsymbol{p}) \times \boldsymbol{k})\,\frac{1}{r}\mathrm{e}^{\mathrm{i}(kr-\omega t)} \ . \tag{7.62}$$

Das $\boldsymbol{E}$-Feld ist wie das $\boldsymbol{B}$-Feld eine modifizierte Kugelwelle, es steht senkrecht auf dem $\boldsymbol{B}$-Feld und auf der Ausbreitungsrichtung $\boldsymbol{k} = k\boldsymbol{e}_{\mathrm{r}}$. Insofern entspricht die relative Orientierung der elektromagnetischen Felder der Situation für ebene Wellen.

In Abb. 7.20 ist die abgestrahlte elektromagnetische Welle des Hertzschen Dipols durch eine Momentaufnahme der elektrischen Feldlinien illustriert. Für einen dreidimensionalen Eindruck des Strahlungsmusters muss man die Zylindersymmetrie bezüglich der Dipolachse berücksichtigen. In Abb. 7.20a sieht man das Feldlinienmuster über einen größeren Raumbereich, der ca 8 Wellenlängen entspricht. Der Nahbereich ist in Abb. 7.20b abgebildet. Eine Animation des Feldlinienmusters, die einen direkteren Einblick in die Dynamik der Abstrahlung vermittelt, kann in D.tail 7.5b betrachtet werden.

---

[9] Dieses Resultat kann durch explizite Berechnung des elektrischen Feldes über das Skalarpotential bestätigt werden (D.tail 7.5b).

(a) (b)

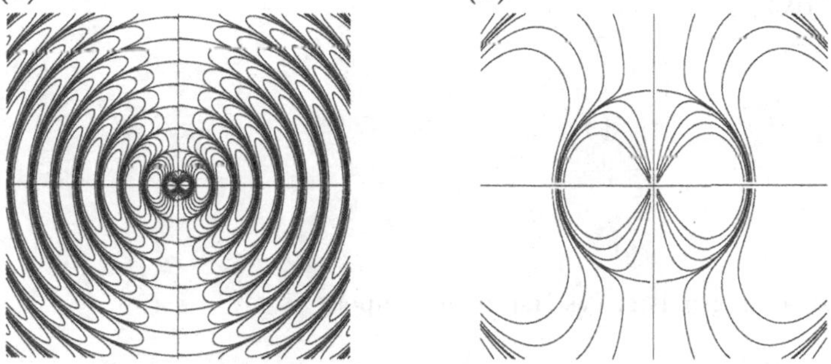

Zwischen- und Fernzone — Nah- und Zwischenzone

Abb. 7.20. Momentaufnahme der elektrischen Feldlinien des Hertzschen Dipols

Zur Diskussion der Energiesituation für den Hertzschen Dipolsender muss man den Energiefluss aus der Quelle, der durch den (gemittelten) Poyntingvektor

$$\bar{\boldsymbol{S}} = \frac{c}{8\pi}\left[\boldsymbol{E}_{(E1)}(\boldsymbol{r},t) \times \boldsymbol{B}^{*}_{(E1)}(\boldsymbol{r},t)\right]$$

beschrieben wird, berechnen. Mit den Feldern (7.61) und (7.62) erhält man zunächst

$$\bar{\boldsymbol{S}} = -\frac{ck}{8\pi}\left[(\boldsymbol{k} \times (\boldsymbol{k} \times \boldsymbol{p})) \times (\boldsymbol{k} \times \boldsymbol{p})\right]\frac{1}{r^2}\,.$$

Das Vektorprodukt

$$(\boldsymbol{k} \times \boldsymbol{a}) \times \boldsymbol{a}$$

kann mit der Standardformel

$$(\boldsymbol{k} \times \boldsymbol{a}) \times \boldsymbol{a} = (\boldsymbol{a}\cdot\boldsymbol{k})\,\boldsymbol{a} - (\boldsymbol{a}\cdot\boldsymbol{a})\,\boldsymbol{k} = -\,(\boldsymbol{a}\cdot\boldsymbol{a})\,\boldsymbol{k}$$

umgeschrieben werden, da der Vektor $\boldsymbol{a} = \boldsymbol{k} \times \boldsymbol{p}$ senkrecht auf dem Vektor $\boldsymbol{k}$ steht. Das Ergebnis lautet also

$$\bar{\boldsymbol{S}} = \frac{ck}{8\pi}\left|(\boldsymbol{k} \times \boldsymbol{p})\right|^2 \frac{\boldsymbol{k}}{r^2}\,. \tag{7.63}$$

Der Energiefluss zeigt, wie zu erwarten, in Radialrichtung und nimmt, entsprechend der Kugelgeometrie, gemäß dem $1/r^2$-Gesetz ab.

Das Skalarprodukt von Poyntingvektor und Flächenelement ergibt für die Kugelgeometrie

$$\bar{\boldsymbol{S}}\cdot\mathbf{d}\boldsymbol{f} = \bar{\boldsymbol{S}}\cdot\boldsymbol{e}_{\mathrm{r}}\,r^2\mathrm{d}\Omega\,.$$

Diese Größe hat die Dimension Energie pro Zeit, also einer Leistung P. Betrachtet man die abgestrahlte Leistung pro Raumwinkel, so findet man

$$\frac{\mathrm{d}P}{\mathrm{d}\Omega} = \frac{ck^2}{8\pi}\left|(\boldsymbol{k} \times \boldsymbol{p})\right|^2\,. \tag{7.64}$$

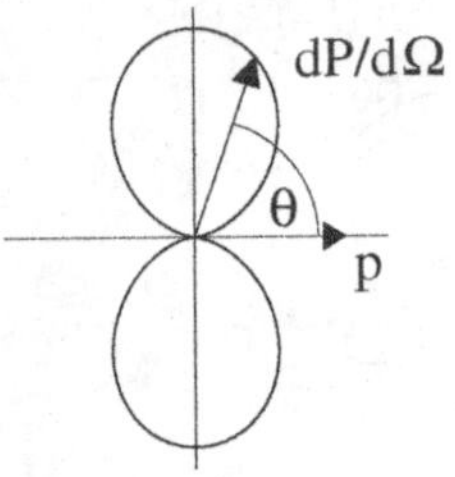

Abb. 7.21. Abstrahlungsmuster des Hertzschen Dipols

Das Resultat kann auch explizit durch den Winkel θ zwischen der Dipolrichtung $\boldsymbol{p}$ und der Radialrichtung $\boldsymbol{k} = k\boldsymbol{e}_r$ ausgedrückt werden

$$\frac{\mathrm{d}P}{\mathrm{d}\Omega} = \frac{ck^4}{8\pi}\,|\boldsymbol{p}|^2 \sin^2\theta\,. \tag{7.65}$$

Man stellt die Winkelabhängigkeit üblicherweise in einem Polardiagramm dar, in dem die Größe $\mathrm{d}P/\mathrm{d}\Omega$ für jeden Winkel als Länge eines Strahls aufgetragen wird. Dies ergibt das charakteristische, in Abb. 7.21 dargestellte Strahlungsmuster eines Hertzschen Dipols. Die Leistung pro Raumwinkel hängt nicht von dem Azimutalwinkel φ ab, das Strahlungsmuster ist (wie zu Abb. 7.20 angedeutet) zylindersymmetrisch. Die Energie wird bevorzugt in einer Richtung senkrecht zu dem Dipolmoment des Senders abgestrahlt. Die gesamte, abgestrahlte mittlere Leistung ist

$$P = \int \mathrm{d}P = \frac{ck^4}{8\pi}\,|\boldsymbol{p}|^2 \iint \sin^2\theta \mathrm{d}\Omega = \frac{1}{3}ck^4|p|^2\,. \tag{7.66}$$

Die Leistung ist (in der Langwellennäherung) umgekehrt proportional zur vierten Potenz der Wellenlänge.

7.3.3 Höhere Multipolbeiträge

Beschränkt man sich weiterhin auf die Betrachtung der Strahlungszone, also auf die alleinige Berücksichtigung von Termen der Ordnung $1/r$, so muss man in der Entwicklung der Amplitudenfunktion (7.59) in der nächsten Ordnung den Beitrag

$$\boldsymbol{A}^{(1)}(\boldsymbol{r}) = \frac{-\mathrm{i}\mathrm{e}^{\mathrm{i}kr}}{cr} \iiint \mathrm{d}V'\, \boldsymbol{j}(\boldsymbol{r}')(\boldsymbol{k}\cdot\boldsymbol{r}') \tag{7.67}$$

berücksichtigen. Um den physikalischen Gehalt dieses Ausdrucks zu analysieren, muss man, ähnlich wie bei der Sortierung der Multipolbeiträge im stationären Fall, eine Umschreibung des Integranden vornehmen. Man benutzt (● D.tail 7.6a) dazu eine Aufspaltung des Integranden in Anteile, die symmetrisch bzw. antisymmetrisch gegenüber einer Vertauschung von $\boldsymbol{r}'$ und $\boldsymbol{j}$ sind

$$(\boldsymbol{k}\cdot\boldsymbol{r}')\boldsymbol{j} = \frac{1}{2}\left[(\boldsymbol{k}\cdot\boldsymbol{r}')\boldsymbol{j} + (\boldsymbol{k}\cdot\boldsymbol{j})\boldsymbol{r}'\right] + \frac{1}{2}(\boldsymbol{r}'\times\boldsymbol{j})\times\boldsymbol{k}\,. \tag{7.68}$$

Der symmetrische Term ergibt, wie unten gezeigt wird, das elektrische und das magnetische Feld der elektrischen Quadrupolstrahlung, die mit $E2$ bezeichnet wird. Der antisymmetrische Term führt auf die elektromagnetischen Felder der magnetischen Dipolstrahlung ($M1$).

Um den Term in der eckigen Klammer zu bearbeiten, beginnt man mit der partiellen Integration des Ausdrucks (D.tail 7.6b)

$$\iiint \mathrm{d}V'\,\boldsymbol{r}'(\boldsymbol{k}\cdot\boldsymbol{r}')(\boldsymbol{\nabla}'\cdot\boldsymbol{j}(\boldsymbol{r}')) = -\iiint \mathrm{d}V'\,\boldsymbol{j}(\boldsymbol{r}')\boldsymbol{\nabla}'\cdot(\boldsymbol{r}'(\boldsymbol{k}\cdot\boldsymbol{r}'))\,.$$

Löst man die Divergenz in dem Integranden des rechten Integrals mit Hilfe der Formel

$$\boldsymbol{\nabla}\cdot(f(\boldsymbol{r})\boldsymbol{b}(\boldsymbol{r})) = \boldsymbol{b}(\boldsymbol{r})\cdot(\boldsymbol{\nabla}f(\boldsymbol{r})) + f(\boldsymbol{r})(\boldsymbol{\nabla}\cdot\boldsymbol{b}(\boldsymbol{r}))$$

auf, so findet man die Zuammenfassung

$$-\iiint \mathrm{d}V'\,\boldsymbol{r}'(\boldsymbol{k}\cdot\boldsymbol{r}')(\boldsymbol{\nabla}'\cdot\boldsymbol{j}(\boldsymbol{r}')) = \iiint \mathrm{d}V'\left[(\boldsymbol{k}\cdot\boldsymbol{r}')\boldsymbol{j}(\boldsymbol{r}') + (\boldsymbol{k}\cdot\boldsymbol{j}(\boldsymbol{r}'))\boldsymbol{r}'\right].$$

Die Divergenz der Stromdichte kann mittels der Kontinuitätsgleichung (7.53) durch die Dichte ersetzt werden $\boldsymbol{\nabla}\cdot\boldsymbol{j}(\boldsymbol{r}) = \mathrm{i}\omega\rho(\boldsymbol{r})$. Der gesamte Beitrag des symmetrischen Anteils zu dem Vektorpotential ist somit

$$\boldsymbol{A}^{(1)}_{(\mathrm{sym})}(\boldsymbol{r}) = \frac{-k\mathrm{e}^{\mathrm{i}kr}}{2r}\iiint \mathrm{d}V'\,\boldsymbol{r}'(\boldsymbol{k}\cdot\boldsymbol{r}')\rho(\boldsymbol{r}')\,.$$

Das hier auftretende zweite Moment der Ladungsverteilung weist diesen Beitrag als einen elektrischen Quadrupolbeitrag aus. Definiert man den Vektor

$$\boldsymbol{Q}(\boldsymbol{k}) = 3\iiint \mathrm{d}V'\,\boldsymbol{r}'(\boldsymbol{k}\cdot\boldsymbol{r}')\rho(\boldsymbol{r}') \tag{7.69}$$

mit Komponenten, die sich aus den Elementen des Quadrupoltensors (vergleiche Kap. 3.4) zusammensetzen

$$Q_i = \sum_{l=1}^{3} Q_{il}k_l = \sum_{l=1}^{3}\left[3\iiint \mathrm{d}V'\,x'_i x'_l\rho(\boldsymbol{r}')\right]k_l \qquad (i = 1,\,2,\,3)\,,$$

so kann man das Ergebnis in der Form

$$\boldsymbol{A}^{(1)}_{(\mathrm{sym})}(\boldsymbol{r}) = -\frac{k}{6}\boldsymbol{Q}(\boldsymbol{k})\frac{\mathrm{e}^{\mathrm{i}kr}}{r} \tag{7.70}$$

schreiben.

In der Zerlegung (7.68) erkennt man für den antisymmetrischen Anteil das magnetische Moment der Stromverteilung (5.35)

$$\boldsymbol{m} = \frac{1}{2c}\iiint \mathrm{d}V'(\boldsymbol{r}'\times\boldsymbol{j}(\boldsymbol{r}'))\,.$$

Der zugehörige Beitrag zu dem Vektorpotential ist somit

$$\boldsymbol{A}^{(1)}_{(\mathrm{asym})}(\boldsymbol{r}) = \mathrm{i}(\boldsymbol{k} \times \boldsymbol{m})\frac{\mathrm{e}^{\mathrm{i}kr}}{r} \,. \tag{7.71}$$

Die den beiden Anteilen des Vektorpotentials entsprechenden elektromagnetischen Felder in der Strahlungszone kann man, wie im Fall der Dipolnäherung, mit den Formeln

$$\boldsymbol{B} = \mathrm{i}\,(\boldsymbol{k} \times \boldsymbol{A}) \qquad \boldsymbol{E} = \frac{\mathrm{i}}{k}((\boldsymbol{k} \times \boldsymbol{A}) \times \boldsymbol{k})$$

berechnen. Die Ergebnisse für die Ortsanteile der magnetischen Dipolfelder ($\boldsymbol{A} = \boldsymbol{A}_{(\mathrm{asym})}$) sind:

$$\begin{aligned} \boldsymbol{B}_{(M1)}(\boldsymbol{r}) &= ((\boldsymbol{k} \times \boldsymbol{m}) \times \boldsymbol{k})\,\frac{1}{r}\mathrm{e}^{\mathrm{i}\,kr} \\ \boldsymbol{E}_{(M1)}(\boldsymbol{r}) &= -\,(\boldsymbol{k} \times \boldsymbol{m})\,\frac{k}{r}\mathrm{e}^{\mathrm{i}\,kr} \,, \end{aligned} \tag{7.72}$$

wobei zur Gewinnung des Resultates für das $\boldsymbol{E}$-Feld eine Umrechnung mit Hilfe von Formeln für die Reduktion von mehrfachen Vektorprodukten notwendig ist. Die Resultate für die magnetische Dipolstrahlung zeigen, dass (bis auf ein Vorzeichen) die Rolle der Felder im Vergleich zu der elektrischen Dipolstrahlung vertauscht ist:

- Das Magnetfeld der magnetischen Dipolstrahlung $\boldsymbol{B}_{(M1)}$ liegt in der von $\boldsymbol{k}$ und $\boldsymbol{m}$ aufgespannten Ebene. Entsprechend liegt das elektrische Feld der elektrischen Dipolstrahlung $\boldsymbol{E}_{(E1)}$ (7.62) in der Ebene von $\boldsymbol{k}$ und $\boldsymbol{p}$.
- Das Magnetfeld der elektrischen Dipolstrahlung $\boldsymbol{M}_{(E1)}$ (7.61) steht senkrecht auf der von $\boldsymbol{k}$ und $\boldsymbol{p}$ aufgespannten Ebene. Das elektrische Feld der magnetischen Dipolstrahlung $\boldsymbol{E}_{(M1)}$ steht senkrecht auf $\boldsymbol{k}$ und $\boldsymbol{m}$.

Die Situation ist in (Abb. 7.22) illustriert. Eine Konsequenz dieser Symmetrie ist, dass sich das Strahlungsmuster für reine magnetische Dipolstrahlung nicht von dem Muster für reine elektrische Dipolstrahlung unterscheidet.

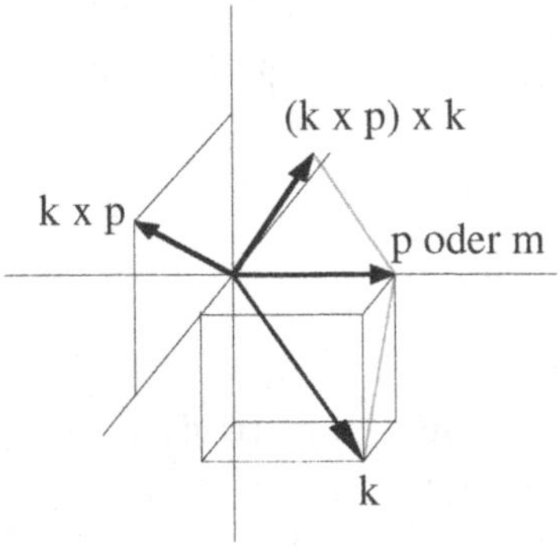

Abb. 7.22. Orientierung der Multipolfelder (($\boldsymbol{k}\times$Moment) $\longrightarrow$ $\boldsymbol{B}_{(E1)}$, $\boldsymbol{E}_{(M1)}$, (($\boldsymbol{k}\times$Moment)$\times\boldsymbol{k}$) $\longrightarrow$ $\boldsymbol{B}_{(M1)}$, $\boldsymbol{E}_{(E1)}$)

Die elektrischen Quadrupolfelder sind

$$\begin{aligned} \boldsymbol{B}_{(E2)}(\boldsymbol{r}) &= -\frac{\mathrm{i}\,k}{6}\,(\boldsymbol{k}\times\boldsymbol{Q}(\boldsymbol{k}))\,\frac{1}{r}\mathrm{e}^{\mathrm{i}\,kr} \\ \boldsymbol{E}_{(E2)}(\boldsymbol{r}) &= -\frac{\mathrm{i}}{6}\,((\boldsymbol{k}\times\boldsymbol{Q}(\boldsymbol{k}))\times\boldsymbol{k})\,\frac{1}{r}\mathrm{e}^{\mathrm{i}\,kr}\,. \end{aligned} \tag{7.73}$$

Diese Felder haben eine ähnliche Form wie die Felder in der elektrischen Dipolnäherung (7.61 und 7.62), wobei das elektrische Dipolmoment durch den etwas undurchsichtigeren Quadrupolvektor $-\mathrm{i}\,\boldsymbol{Q}/6$ ersetzt wird. Das Strahlungsmuster der reinen elektrischen Quadrupolstrahlung wird somit, bis auf die unterschiedlichen Faktoren, durch die elektrische Dipolformel

$$\frac{\mathrm{d}P}{\mathrm{d}\Omega} = \frac{ck^2}{288\pi}\,|(\boldsymbol{k}\times\boldsymbol{Q}(\boldsymbol{k}))|^2 \tag{7.74}$$

beschrieben.

Ein typisches Quadrupolabstrahlungsmuster erhält man schon für eine einfache Form des strahlenden Quadrupols. Ist der Quadrupol durch die Elemente

$$Q_{il} = \delta_{il} Q_{ii} \qquad \text{mit} \qquad Q_{11} = Q_{22} = -\frac{1}{2}Q_{33} = \frac{1}{2}Q_0$$

charakterisiert, so findet man für diesen sphäroidalen Quadrupol (siehe D.tail 7.6c)

$$\frac{\mathrm{d}P}{\mathrm{d}\Omega} = \frac{ck^6}{128\pi}Q_0^2\sin^2\theta\cos^2\theta\,.$$

Das entsprechende Polardiagramm (ohne die Vorfaktoren) mit einem typischen 'Kleeblattmuster' ist in Abb. 7.23a abgebildet. Die räumliche Verteilung gewinnt man durch Rotation dieses Bildes um die angedeutete Achse. In der Abb. 7.23b sieht man den funktionalen Zusammenhang in der Standarddarstellung.

(a) (b)

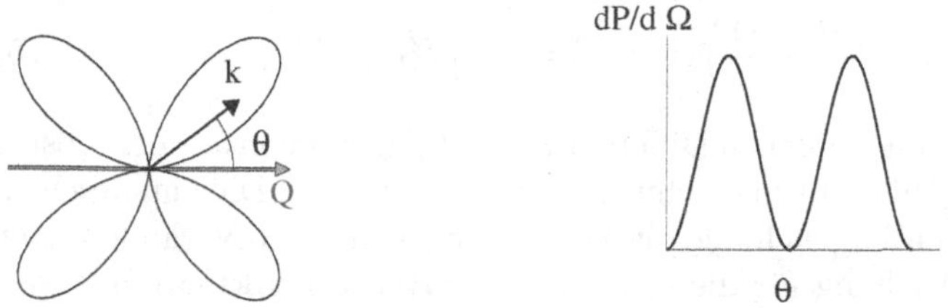

Polardiagramm Standarddarstellung

Abb. 7.23. Winkelverteilung der Quadrupolstrahlung ($E2$) als Funktion von θ

7.3.4 Die vollständige Multipolentwicklung

Einen systematischen Zugang zu dem Abstrahlungsproblem gewinnt man über die Diskussion des Raumanteiles der retardierten Greens Funktion des Senderproblems (vergleiche (7.54), (7.55))

$$G^{(+)}(\boldsymbol{r},\boldsymbol{r}') = \frac{\mathrm{e}^{\mathrm{i}k|\boldsymbol{r}-\boldsymbol{r}'|}}{|\boldsymbol{r}-\boldsymbol{r}'|} \, .$$

Diese Funktion erfüllt die Helmholtzgleichung

$$(\Delta + k^2)G^{(+)}(\boldsymbol{r},\boldsymbol{r}') = -4\pi\,\delta(\boldsymbol{r}-\boldsymbol{r}') \, ,$$

die Symmetriebedingung

$$G^{(+)}(\boldsymbol{r},\boldsymbol{r}') = G^{(+)}(\boldsymbol{r}',\boldsymbol{r})$$

und die Randbedingungen:

- Die Funktion muss endlich am Koordinatenursprung sein

  $$G^{(+)}(\boldsymbol{r},\boldsymbol{r}') \xrightarrow{r\to 0} \text{endlich} \qquad (r < r') \, ,$$

  damit die Integration über eine vorgegebene Ladungsdichte vernünftige Resultate liefert.
- Die Funktion geht im asymptotischen Bereich in eine auslaufende Welle

  $$G^{(+)}(\boldsymbol{r},\boldsymbol{r}') \xrightarrow{r\to \infty} \text{const.}\frac{\mathrm{e}^{\mathrm{i}kr}}{r} \qquad (r > r')$$

  über.

Die Diskussion dieser Funktion beruht auf einer Entwicklung nach Kugelflächenfunktionen (vergleiche Kap. 4.3)

$$G^{(+)}(\boldsymbol{r},\boldsymbol{r}') = \sum_{l,m} g_l(r,r')Y^{\star}_{l,m}(\Omega')Y_{l,m}(\Omega) \, .$$

Geht man mit diesem Ansatz in die Differentialgleichung ein und eliminiert die Winkelabhängigkeit per Integration, so erhält man für die Radialfunktionen g_l die Bestimmungsgleichung

$$\left(\frac{\mathrm{d}^2}{\mathrm{d}r^2} + \frac{2}{r}\frac{\mathrm{d}}{\mathrm{d}r} + k^2 - \frac{l(l+1)}{r^2}\right) g_l(r,r') = -\frac{1}{r^2}\delta(r-r') \, . \tag{7.75}$$

Die Lösungen dieser inhomogenen Differentialgleichung können aus den Lösungen der homogenen Differentialgleichung gewonnen werden. Die entsprechende homogene Differentialgleichung für Funktionen von einer Veränderlichen ist die Differentialgleichung für die **sphärischen Besselfunktionen**.

Die Lösungen der Besselschen Differentialgleichung werden in Math.Kap. 4.4 vorgestellt.

Gesucht wird eine Lösung der inhomogenen Differentialgleichung, die die oben aufgeführten Bedingungen für die Greens Funktion des Senderproblems erfüllt. Außerdem ist die Singularität an der Stelle $r = r'$ zu berücksichtigen. Die gesuchten Lösungen, die in D.tail 7.7 erarbeitet werden, sind Produkte einer sphärischen Besselfunktion j_l mit einer sphärischen Hankelfunktion $h_l^{(+)}$

$$g_l(r, r') = 4\pi i k j_l(kr_<) h_l^{(+)}(kr_>) \, .$$

Dabei bedeutet $r_<$ der kleinere der r- bzw. r'-Werte, $r_>$ der größere. Setzt man die somit gewonnene Entwicklung

$$\frac{e^{ik|\boldsymbol{r}-\boldsymbol{r}'|}}{|\boldsymbol{r}-\boldsymbol{r}'|} = 4\pi i k \sum_{l,m} j_l(kr_<) h_l^{(+)}(kr_>) Y_{l,m}^*(\Omega') Y_{l,m}(\Omega) \tag{7.76}$$

in die Formel für das Vektorprodukt

$$\boldsymbol{A}(\boldsymbol{r}) = \frac{1}{c} \iiint dV' \frac{\boldsymbol{j}(\boldsymbol{r}')}{|\boldsymbol{r}-\boldsymbol{r}'|} e^{ik|\boldsymbol{r}-\boldsymbol{r}'|}$$

ein, so ist das Senderproblem im Prinzip gelöst, auch wenn die noch ausstehende Berechnung der Multipolentwicklung des elektrischen und magnetischen Feldes einigen Aufwand erfordert.

So lautet z.B. für Punkte mit $r > r'$ das Vektorpotential

$$\boldsymbol{A}(\boldsymbol{r}) = \frac{4\pi i k}{c} \sum_{l,m} h_l^{(+)}(kr) Y_{l,m}(\Omega) \boldsymbol{A}_{lm}(\boldsymbol{k}) \, , \tag{7.77}$$

wobei die, nach Multipolen sortierten, Koeffizientenfunktionen gemäß

$$\boldsymbol{A}_{lm}(\boldsymbol{k}) = \iiint dV' j_l(kr') Y_{l,m}^*(\Omega') \, \boldsymbol{j}(\boldsymbol{r}') \tag{7.78}$$

zu berechnen sind. Dieses Ergebnis ist für *alle* Punkte außerhalb der Strom- bzw. Dichteverteilung gültig, also auch in der Zwischenzone. In der Strahlungszone ($r \gg r'$) genügt es, die asymptotische Form der Hankelfunktion

$$h_l^{(+)}(kr) \xrightarrow{r \to \infty} (-i)^{l+1} \frac{e^{i\,kr}}{kr}$$

und die resultierende winkelmodifizierte Kugelwelle

$$\boldsymbol{A}_{SZ}(\boldsymbol{r}) = \frac{4\pi}{c} \frac{e^{ikr}}{r} \sum_{l,m} (-i)^l Y_{l,m}(\Omega) \boldsymbol{A}_{lm}(\boldsymbol{k}) \tag{7.79}$$

zu betrachten. Beschränkt man sich zusätzlich auf die Langwellennäherung mit

$$j_l(kr') \xrightarrow{kr' \to 0} \frac{(kr')^l}{(2l+1)!!} \, ,$$

so kann man die Verbindung mit den in Kap. 7.3.2 und Kap. 7.3.3 direkt gewonnenen Ergebnissen herstellen bzw. diese Ergebnisse erweitern.

Für die Berechnung der Multipolentwicklung der elektromagnetischen Felder gibt es zwei Optionen. Man kann, wie zuvor, die Relationen (harmonische Zeitabhängigkeit, Gebiet außerhalb der vorgegebenen Ladungs- und Stromverteilung vorausgesetzt)

$$\boldsymbol{B}(\boldsymbol{r}) = \boldsymbol{\nabla} \times \boldsymbol{A}(\boldsymbol{r}) \qquad \text{und} \qquad \boldsymbol{E}(\boldsymbol{r}) = \frac{\mathrm{i}}{k}\left(\boldsymbol{\nabla} \times \boldsymbol{B}(\boldsymbol{r})\right)$$

benutzen. Es bietet sich jedoch auch eine direkte Multipolentwicklung der Felder mit den Fundamentallösungen der Besselschen Differentialgleichung an, so z.B. für das $\boldsymbol{B}$-Feld

$$\boldsymbol{B}(\boldsymbol{r}) = \sum_{l,m} \left(\boldsymbol{C}^{(1)}_{l,m} h^{(+)}_l(kr) + \boldsymbol{C}^{(2)}_{l,m} h^{(-)}_l(kr) \right) Y_{l,m}(\Omega) \ .$$

Die Koeffizienten sind durch Einsetzen in die Maxwellgleichungen zu bestimmen.

Bei beiden Optionen ist die Anwendung des Operatorvektorproduktes $\boldsymbol{\nabla}\times$ auf die Multipolentwicklung eine aufwendige Angelegenheit. Mit der Zerlegung des Rotationsoperators in Kugelkoordinaten (vergleiche S. 306 oder Anh. B.2) entsteht die Frage, welchen Effekt die Einwirkung der Ableitungen nach den Winkeln auf die Kugelflächenfunktionen hat. Eine Antwort auf diese Frage, die zu einer Tensorklassifikation der elektrischen und magnetischen Anteile führt, erhält man über die sogenannte Gradientenformel. Diese Aspekte sollen hier jedoch nicht verfolgt werden[10].

An dieser Stelle zeigt es sich auch, dass die in Kap. 7.3.3 angedeutete Klassifikation des Vektorpotentials (bzw. der zugehörigen elektrischen und magnetischen Multipolfelder) verallgemeinert werden kann. Die Anteile des Vektorpotentials, die sich bei Raumspiegelungen (der Paritätsoperation mit der Ersetzung $\boldsymbol{r} \longrightarrow -\boldsymbol{r}$) antisymmetrisch verhalten

$$\boldsymbol{A}_{(M)}(-\boldsymbol{r}) = -\boldsymbol{A}_{(M)}(\boldsymbol{r}) \ ,$$

entsprechen magnetischen Anteilen ($M1$, $M2$, ...). Die elektrischen Anteile des Vektorpotentials ($E1$, $E2$, ...) sind symmetrisch

$$\boldsymbol{A}_{(E)}(-\boldsymbol{r}) = +\boldsymbol{A}_{(E)}(\boldsymbol{r}) \ .$$

7.3.5 Ein exakt lösbares Senderproblem

Ein Abstrahlungsproblem, für das eine analytische Lösung (zumindest in der Fernzone) angegeben werden kann, ist die symmetrische, lineare Antenne mit zentraler Einspeisung. Der Stromdichtevektor dieser Antenne, die entlang der z-Achse orientiert sein soll, wird in der Form

[10] Interessenten können ein Standardwerk wie z.B. M.E. Rose 'Elementary Theory of Angular Momentum' (Dover Publications, New York, 1995) zur Hand nehmen.

$$j(r,t) = \begin{cases} i_0 \sin\left(\frac{kd}{2} - k|z|\right) \mathrm{e}^{-\mathrm{i}\omega t}\, \delta(x)\, \delta(y)\, e_z & \text{für } |z| < \frac{d}{2} \\ 0 & \text{für } |z| \geq \frac{d}{2} \end{cases} \tag{7.80}$$

angesetzt. Die Antennenarme haben jeweils die Länge $d/2$. Die örtliche Amplitude ist eine Sinusfunktion mit den Werten Null an den Enden des Antennenstabes $z = \pm d/2$. In der Abb. 7.24 ist die Anfangsphase der Stromverteilung für zwei verschiedene Werte des Parameters $a = kd/2$ zu sehen. Das vorgegebene, räumliche Anfangsmuster wird in einfacher Weise durch den zeitabhängigen Faktor $\cos \omega t$ moduliert. Eine derartige Vorgabe stellt offensichtlich eine Idealisierung einer realen Antenne, die eine endliche Ausdehnung in den x- und y-Richtungen aufweist, dar.

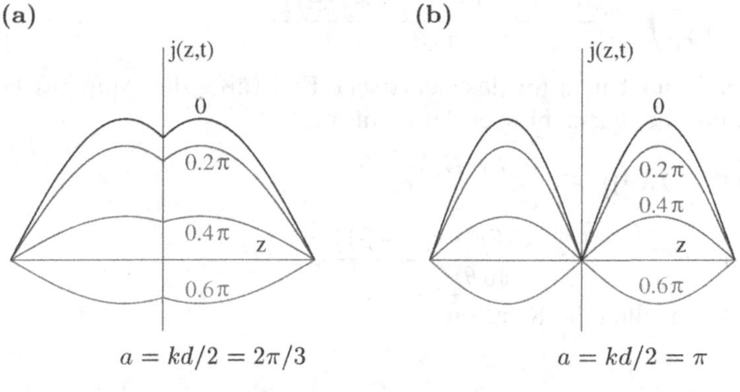

Abb. 7.24. Momentaufnahmen der Stromverteilung $\mathrm{Re}(j(z,t))$: Die Zahlen geben ωt an

Den Raumanteil des Vektorpotentials in der *Fernzone* erhält man durch Auswertung des Integrals (7.58)

$$A(r) = \frac{i_0 \mathrm{e}^{\mathrm{i}kr}}{cr} \int_{-d/2}^{d/2} \mathrm{d}z' \sin\left(\frac{kd}{2} - k|z'|\right) \mathrm{e}^{-\mathrm{i}kz' \cos\theta} e_z \,.$$

Das Integral wird in Beiträge von den Intervallen ($[-d/2, 0]$ und $[0, d/2]$) aufgespalten, die Sinusfunktion wird mit dem Additionstheorem sortiert. Es sind letztlich Integrale über eine trigonometrische Funktion multipliziert mit einer Exponentialfunktion zu berechnen (siehe D.tail 7.8a). Das Resultat dieser Rechenschritte ist

$$A(r) = \frac{2 i_0 \mathrm{e}^{\mathrm{i}kr}}{ckr} \left[\frac{\cos\left(\frac{kd}{2}\cos\theta\right) - \cos\left(\frac{kd}{2}\right)}{\sin^2\theta} \right] e_z \,. \tag{7.81}$$

Die Berechnung der magnetischen Induktion und des elektrischen Feldes wird zweckmäßigerweise in Kugelkoordinaten ausgeführt, da das Vektorpotential durch die Variablen r und θ dargestellt ist

$$\boldsymbol{A}(\boldsymbol{r}) = A(r,\theta)\,(\cos\theta\boldsymbol{e}_r - \sin\theta\boldsymbol{e}_\theta) = A_r(r,\theta)\boldsymbol{e}_r + A_\theta(r,\theta)\boldsymbol{e}_\theta\,.$$

Die Anwendung des Rotationsoperators in Kugelkoordinaten

$$\begin{aligned}\boldsymbol{\nabla}\times\boldsymbol{A}(\boldsymbol{r}) &= \frac{1}{r\sin\theta}\left\{\frac{\partial(\sin\theta A_\varphi)}{\partial\theta} - \frac{\partial A_\theta}{\partial\varphi}\right\}\boldsymbol{e}_r \\ &+ \frac{1}{r}\left\{\frac{\partial(rA_\theta)}{\partial r} - \frac{\partial A_r}{\partial\theta}\right\}\boldsymbol{e}_\varphi + \frac{1}{r}\left\{\frac{1}{\sin\theta}\frac{\partial A_r}{\partial\varphi} - \frac{\partial(rA_\varphi)}{\partial r}\right\}\boldsymbol{e}_\theta\end{aligned}$$

ist einfacher, wenn man sich konsequent auf die Strahlungszone, also auf die alleinige Berücksichtigung von Termen der Ordnung $1/r$, beschränkt. Zu dem magnetischen Feld trägt in dieser Ordnung nur ein Term mit

$$\begin{aligned}\boldsymbol{B}(\boldsymbol{r}) &= \boldsymbol{\nabla}\times\boldsymbol{A}(\boldsymbol{r}) \approx \frac{1}{r}\frac{\partial(rA_\theta)}{\partial r}\boldsymbol{e}_\varphi \\ &= -2\mathrm{i}\left(\frac{i_0}{cr}\right)\mathrm{e}^{\mathrm{i}kr}\frac{\left(\cos\left(\frac{kd}{2}\cos\theta\right) - \cos\left(\frac{kd}{2}\right)\right)}{\sin\theta}\boldsymbol{e}_\varphi\end{aligned}$$

bei. Entsprechend findet man für das elektrische Feld (über das Ampèresche Gesetz im Vakuum bei harmonischer Anregung)

$$\begin{aligned}\boldsymbol{E}(\boldsymbol{r}) &= \frac{\mathrm{i}}{k}(\boldsymbol{\nabla}\times\boldsymbol{B}(\boldsymbol{r})) \approx -\frac{\mathrm{i}}{kr}\frac{\partial(rB_\varphi)}{\partial r}\boldsymbol{e}_\theta \\ &= -2\mathrm{i}\frac{i_0}{cr}\mathrm{e}^{\mathrm{i}kr}\frac{\left(\cos\left(\frac{kd}{2}\cos\theta\right) - \cos\left(\frac{kd}{2}\right)\right)}{\sin\theta}\boldsymbol{e}_\theta\,.\end{aligned}$$

Die beiden Felder erfüllen die Relation

$$\boldsymbol{B}(\boldsymbol{r}) = \boldsymbol{e}_r\times\boldsymbol{E}(\boldsymbol{r})\,,$$

bilden also mit dem Vektor $\boldsymbol{k} = k\boldsymbol{e}_r$ ein Dreibein, und haben (im Vakuum) den gleichen Betrag.

Der zeitgemittelte Poyntingvektor (6.57) bzw. die entsprechende abgestrahlte Leistung pro Raumwinkel ist somit

$$\bar{\boldsymbol{S}}(\boldsymbol{r}) = \frac{c}{8\pi}\left(\boldsymbol{E}(\boldsymbol{r})\times\boldsymbol{B}(\boldsymbol{r})^*\right) = \frac{i_0^2}{2\pi cr^2}\frac{\left(\cos\left(\frac{kd}{2}\cos\theta\right) - \cos\left(\frac{kd}{2}\right)\right)^2}{\sin^2\theta}\boldsymbol{e}_r$$

$$\frac{\mathrm{d}P}{\mathrm{d}\Omega} = \frac{i_0^2}{2\pi c}\frac{\left(\cos\left(\frac{kd}{2}\cos\theta\right) - \cos\left(\frac{kd}{2}\right)\right)^2}{\sin^2\theta} = \frac{i_0^2}{2\pi c}f(\theta)\,. \tag{7.82}$$

Die Wellenzahl k ist durch die Vorgabe der Oszillationsfrequenz des Senders bestimmt, die Verteilung der Strahlung hingegen durch das Produkt $a = kd/2$. Polardiagramme des exakten Strahlungsmusters in der Fernzone (gezeigt ist die Kombination der trigonometrischen Funktionen in (7.82) ohne den Vorfaktor) für die Parameterwerte $a = \pi, 2\pi, 3\pi, 16\pi$ zeigen die Abb. 7.25a-d . Mit der Zunahme des Parameters a (entsprechend der Vergrößerung der Länge der Antenne und/oder der Verkleinerung der Wellenlänge der Strahlung) tritt ein Übergang von einem Dipolmuster zu Strahlungsmustern mit immer höherer Multipolarität auf.

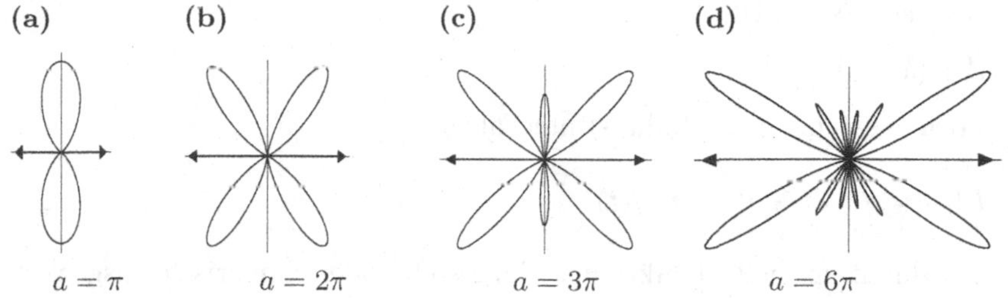

Abb. 7.25. Abstrahlungsmuster der zentral gespeisten Antenne

Eine einfache Näherung dieses Ergebnisses für das Abstrahlungsmuster gewinnt man durch direkte Entwicklung der Kosinusfunktionen in (7.82) nach Potenzen von $a = kd/2$

$$\frac{\mathrm{d}P}{\mathrm{d}\Omega} = \frac{i_0^2}{8\pi c} a^4 \sin^2\theta \left\{1 - \frac{1}{6}a^2\left(1+\cos^2\theta\right) + \frac{1}{720}a^4\left(9 + 14\cos^2\theta + 9\cos^4\theta\right)\ldots\right\} .$$

Diese Entwicklung ist für kleine Werte des Parameters a brauchbar (D.tail 7.8b). Eine bessere Näherung gewinnt man (D.tail 7.8c) durch die Multipolentwicklung (Kap. 7.3.4). Der Ausgangspunkt ist hier die Darstellung des Vektorpotentials in der Strahlungszone[11]

$$\boldsymbol{A}_{SZ}(\boldsymbol{r}) = \frac{4\pi}{c}\frac{\mathrm{e}^{\mathrm{i}kr}}{r}\sum_{l,m}(-\mathrm{i})^l Y_{l,m}(\Omega)\boldsymbol{A}_{lm}(\boldsymbol{k})$$

mit den Multipolkoeffizienten

$$\boldsymbol{A}_{lm}(\boldsymbol{k}) = \iiint \mathrm{d}V' j_l(kr')Y^\star_{l,m}(\Omega')\,\boldsymbol{j}(\boldsymbol{r}') .$$

Die Umschreibung des Stromdichtevektors (7.80) in Kugelkoordinaten ergibt

$$\boldsymbol{j}(\boldsymbol{r},t) = \begin{cases} \dfrac{i_0}{2\pi r^2}\sin\left(\dfrac{kd}{2} - k|z|\right)\left(\delta(\cos\theta - 1) - \delta(\cos\theta + 1)\right)\boldsymbol{e}_r \\ \boldsymbol{0} \end{cases} ,$$

wobei die obere Zeile für $|z| < d/2$, die untere für $|z| \geq d/2$ gültig ist. Berechnet man mit dieser Vorgabe die Entwicklungskoeffizienten A_{lm}, so findet man für gerade Werte von l

$$\begin{aligned}\boldsymbol{A}_{lm}(\boldsymbol{k}) &= \delta_{m,0}\boldsymbol{A}_l(k,a) \\ &= \delta_{m,0}\left\{\frac{i_0}{k}\sqrt{\frac{(2l+1)}{\pi}}\int_0^a \mathrm{d}t\ \sin(a-t)j_l(t)\right\}\boldsymbol{e}_z ,\end{aligned}$$

[11] Eine Behandlung der Zwischenzone wäre möglich.

für ungerade Werte ist

$$\boldsymbol{A}_{lm}(\boldsymbol{k}) = \boldsymbol{0} \ .$$

Die noch ausstehenden (Radial-)Integrale

$$I_l(a) = \int_0^a \mathrm{d}t \ \sin(a-t) j_l(t)$$

können durch spezielle Funktionen dargestellt oder numerisch ausgewertet werden. Die Ergebnisse einer numerischen Integration für $l = 0, 2, 4$ und dem Wertebereich $0 \leq a \leq 2\pi$ sind in Abb. 7.26 illustriert. In Abb. 7.26a sieht man, dass die Integrale selbst mit wachsendem l erst für höhere Werte des Parameters a beitragen. Die Abb. 7.26b verdeutlicht jedoch, dass die verschiedenen Multipolbeiträge in bestimmten Bereichen dominieren, wenn man die Gewichte der Entwicklung berücksichtigt. Die Multipolentwicklung des Vektorpotentials lautet somit

$$\boldsymbol{A}_{SZ}(\boldsymbol{r}) = \frac{2i_0}{c} \frac{\mathrm{e}^{ikr}}{kr} \sum_{l=\text{gerade}} (-\mathrm{i})^l (2l+1) I_l(a) P_l(\cos\theta) \boldsymbol{e}_z \ .$$

Die Berechnung der elektromagnetischen Felder und der pro Raumwinkel und Zeiteinheit abgestrahlten Leistung folgt dem Muster der exakten Lösung, so dass man im Endeffekt in der Fernzone

$$\begin{aligned} \frac{\mathrm{d}P}{\mathrm{d}\Omega} &= \frac{i_0^2}{2\pi c} \sin^2\theta \left| \sum_{l=\text{gerade}} (-\mathrm{i})^l (2l+1) I_l(a) P_l(\cos\theta) \right|^2 \\ &= \frac{i_0^2}{2\pi c} \, g(a,\theta) \end{aligned} \tag{7.83}$$

erhält.

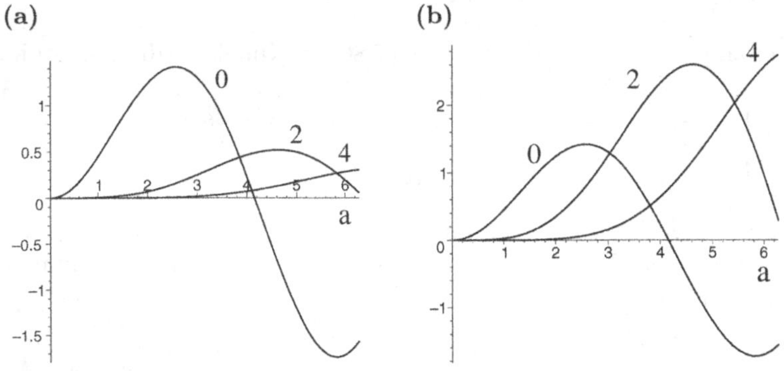

die Integrale $I_l(a)$ die Terme $(2l+1)\, I_l(a)$

Abb. 7.26. Radialintegrale $I_l(a)$ für $l = 0,\ 2,\ 4$

Ergebnisse mit der Multipolentwicklung mit den maximalen l-Werten $l_{\max} = 2$ und $l_{\max} = 4$ sind in Abb. 7.27 illustriert. Als erstes bemerkt man, dass die Ergebnisse deutlich besser sind als die der einfachen Entwicklung. Der Grund ist einsichtig: Die Integrale $I_l(a)$ enthalten wesentlich detaillierte Information als die reinen Potenzen a^l. Weiterhin erkennt man, dass die Multipolentwicklung mit nur zwei Termen das Dipolmuster fast perfekt wiedergibt, jedoch nicht in der Lage ist, den Übergang zu einem Quadrupolmuster korrekt zu beschreiben. Die Entwicklung mit drei Termen korrigiert diesen Fehler, kann aber das voll entwickelte Quadrupolmuster nur mit Mühe reproduzieren.

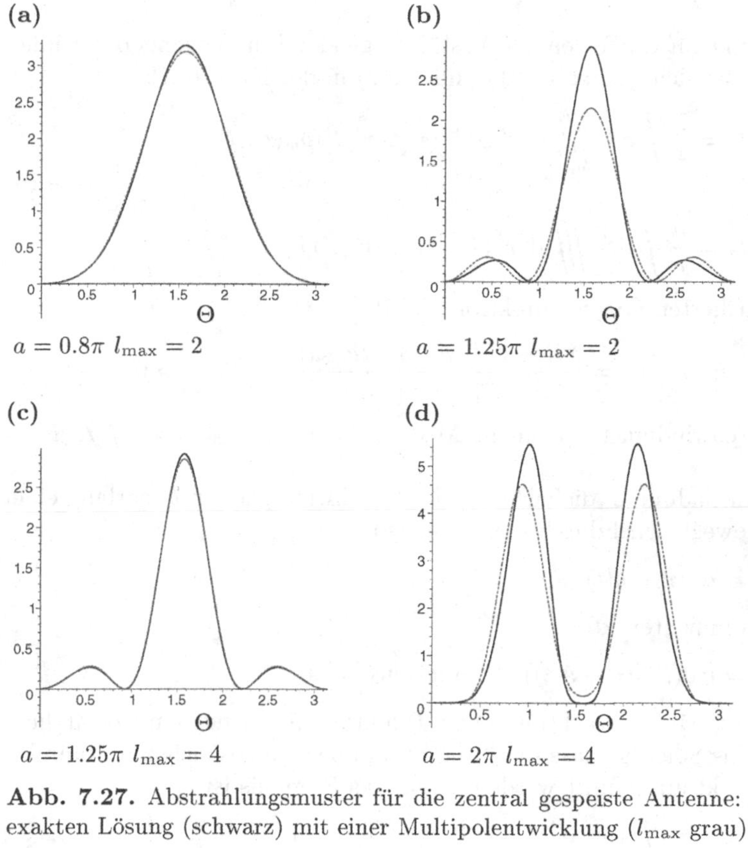

Abb. 7.27. Abstrahlungsmuster für die zentral gespeiste Antenne: Vergleich der exakten Lösung (schwarz) mit einer Multipolentwicklung ($l_{\max}$ grau)

7.4 Wellenerzeugung: Die Strahlung bewegter Punktladungen

Das letzte Beispiel für die Auswertung der Lösungsformeln (6.81) und (6.82) für die elektromagnetischen Potentiale ist die Erzeugung von Strahlung durch eine bewegte Punktladung. Nach der Betrachtung der durch eine bewegte Punktladung erzeugten elektrischen und magnetischen Felder werden, als konkrete Beispiele, die Bremsstrahlung und die Čerenkovstrahlung kurz erläutert.

7.4.1 Die Liénard-Wiechert Potentiale

Ausgangspunkt für die folgenden Ausführungen sind die Lösungen der inhomogenen Wellengleichungen (6.81) und (6.82) in der Form (6.72)

$$\begin{aligned} V^{(+)}(\boldsymbol{r},t) &= \frac{1}{\varepsilon}\int \mathrm{d}t' \iiint \mathrm{d}^3 r'\, G^{(+)}(\boldsymbol{r},t\,,\boldsymbol{r}',t')\rho_w(\boldsymbol{r}',\,t') \\ \boldsymbol{A}^{(+)}(\boldsymbol{r},t) &= \frac{\mu}{c}\int \mathrm{d}t' \iiint \mathrm{d}^3 r'\, G^{(+)}(\boldsymbol{r},t\,,\boldsymbol{r}',t')\boldsymbol{j}_w(\boldsymbol{r}',\,t') \end{aligned} \tag{7.84}$$

mit der retardierten Greens Funktion (6.79)

$$G^{(+)}(\boldsymbol{r}-\boldsymbol{r}',\,t-t') = \frac{\delta\left(t-t'-|\boldsymbol{r}-\boldsymbol{r}'|\,/c_{\mathrm{med}}\right)}{|\boldsymbol{r}-\boldsymbol{r}'|} \qquad t-t'>0\,.$$

Die Lichtgeschwindigkeit in einem Medium wird mit $c_{\mathrm{med}} = c/\sqrt{\varepsilon\,\mu}$ abgekürzt.

Eine Punktladung q, die sich mit der Geschwindigkeit $\boldsymbol{v}(t)$ entlang einer Bahn $\boldsymbol{s}(t)$ bewegt, wird durch die Ladungsdichte

$$\rho_w(\boldsymbol{r},t) = q\,\delta(\boldsymbol{r}-\boldsymbol{s}(t))$$

und den Stromdichtevektor

$$\boldsymbol{j}_w(\boldsymbol{r},t) = q\,\boldsymbol{v}(t)\,\delta(\boldsymbol{r}-\boldsymbol{s}(t)) \qquad \text{mit} \quad \boldsymbol{v}(t) = \dot{\boldsymbol{s}}(t)$$

charakterisiert. Die Betrachtung einer Punktladung bringt eine zusätzliche δ-Funktion ins Spiel, so dass die Integration über die gestrichenen Raumkoordinaten direkt ausgeführt werden kann. Das Ergebnis ist

$$V^{(+)}(\boldsymbol{r},t) = \frac{q}{\varepsilon}\int \mathrm{d}t'\, \frac{\delta\left(t'-t+|\boldsymbol{r}-\boldsymbol{s}(t')|\,/c_{\mathrm{med}}\right)}{|\boldsymbol{r}-\boldsymbol{s}(t')|} \tag{7.85}$$

$$\boldsymbol{A}^{(+)}(\boldsymbol{r},t) = \frac{q\mu}{c}\int \mathrm{d}t'\, \boldsymbol{v}(t')\frac{\delta\left(t'-t+|\boldsymbol{r}-\boldsymbol{s}(t')|\,/c_{\mathrm{med}}\right)}{|\boldsymbol{r}-\boldsymbol{s}(t')|}\,. \tag{7.86}$$

Um die verbleibende Zeitintegration durchzuführen, substitutiert man

$$f(t') = t' + |\boldsymbol{r}-\boldsymbol{s}(t')|\,/c_{\mathrm{med}} \tag{7.87}$$

mit

$$\frac{\mathrm{d}f(t')}{\mathrm{d}t'} = 1 - \frac{(\boldsymbol{r} - \boldsymbol{s}(t')) \cdot \boldsymbol{v}(t')}{|\boldsymbol{r} - \boldsymbol{s}(t')|\, c_{\mathrm{med}}} . \tag{7.88}$$

Integration über f liefert die **Liénard-Wiechert Potentiale**

$$V^{(+)}(\boldsymbol{r}, t) = \frac{q}{\varepsilon} \left[\frac{1}{|\boldsymbol{r} - \boldsymbol{s}(t')| - (\boldsymbol{r} - \boldsymbol{s}(t')) \cdot \frac{\boldsymbol{v}(t')}{c_{\mathrm{med}}}} \right]_{f(t')-t=0} \tag{7.89}$$

$$\boldsymbol{A}^{(+)}(\boldsymbol{r}, t) = \frac{q\mu}{c} \left[\frac{\boldsymbol{v}(t')}{|\boldsymbol{r} - \boldsymbol{s}(t')| - (\boldsymbol{r} - \boldsymbol{s}(t')) \cdot \frac{\boldsymbol{v}(t')}{c_{\mathrm{med}}}} \right]_{f(t')-t=0} . \tag{7.90}$$

Diese Potentiale gehen in ein Coulombpotential ($V^{(+)} = V_{\mathrm{Coul}}$, $\boldsymbol{A}^{(+)} = \boldsymbol{0}$) über, falls die Punktladung ruht ($\boldsymbol{v}(t') = \boldsymbol{0}$, $\boldsymbol{s}(t') = \boldsymbol{r}'$). Der Index deutet an, dass diese Resultate noch weiter zu bearbeiten sind. Man muss noch die Lösung(en) $t' = t_{\mathrm{ret}}(t)$ der (transzendenten) Gleichung $f(t') - t = 0$ bestimmen und diese in die Gleichungen (7.89) und (7.90) einsetzen.

Im Vakuum ist $c_{\mathrm{med}} = c$. Aus der Gleichung (7.88) gewinnt man die Abschätzung

$$1 - \frac{v(t')}{c} \leq \frac{\mathrm{d}f(t')}{\mathrm{d}t'} \leq 1 + \frac{v(t')}{c} ,$$

aus der wegen $v/c < 1$ folgt, dass die Ableitung der Funktion $f(t')$ positiv definit ist. Die monoton steigende Funktion f kann höchstens eine Nullstelle t_{ret} haben, die bei Vorgabe einer Bahnkurve $\boldsymbol{s}(t)$ berechnet werden kann.

Findet die Abstrahlung in einem Medium (also nicht im Vakuum) statt, so können mehrfache Nullstellen der Gleichung $f(t') - t = 0$ auftreten. So erhält man z.B. für eine gleichförmige Bewegung mit $\boldsymbol{v}(t') = \boldsymbol{v}_0$, $\boldsymbol{s}(t) = \boldsymbol{r}_0 + \boldsymbol{v}_0 t'$ die Aussage

$$c_{\mathrm{med}}^2 (t - t')^2 = (\boldsymbol{r} - \boldsymbol{r}_0 - \boldsymbol{v}_0 t')^2 .$$

Zur weiteren Diskussion führt man die Größe

$$\boldsymbol{X}(t) = \boldsymbol{r} - \boldsymbol{r}_0 - \boldsymbol{v}_0 t \tag{7.91}$$

ein, den Vektor von der *momentanen* Position der Ladung $\boldsymbol{s}(t) = \boldsymbol{r}_0 + \boldsymbol{v}_0 t$ zu dem Beobachtungspunkt $\boldsymbol{r}$ (siehe Abb. 7.28, $R(t) = X(t)$). Addiert und subtrahiert man in der Klammer auf der rechten Seite $\boldsymbol{v}_0 t$, so gewinnt man eine quadratische Gleichung in $(t - t')$

$$c_{\mathrm{med}}^2 (t - t')^2 = \boldsymbol{X}^2(t) + 2\boldsymbol{v}_0 \cdot \boldsymbol{X}(t)(t - t') + v_0^2 (t - t')^2 ,$$

die die Lösungen

$$(t - t') = \frac{\{\boldsymbol{v}_0 \cdot \boldsymbol{X}(t) \pm \left[(\boldsymbol{v}_0 \cdot \boldsymbol{X}(t))^2 + (c_{\mathrm{med}}^2 - v_0^2)\boldsymbol{X}^2(t)\right]^{1/2}\}}{(c_{\mathrm{med}}^2 - v_0^2)} \tag{7.92}$$

hat. Nur reelle, positive Wurzeln sind mit der Kausalitätsbedingung $t > t'$ verträglich. Ist $v_0 < c_{\mathrm{med}}$, so ist die Quadratwurzel reell und größer als das

Produkt $\boldsymbol{v}_0 \cdot \boldsymbol{X}(t)$. Es existiert dann, wie oben allgemein gezeigt, nur eine kausale Lösung für die retardierte Zeit. Ist jedoch $c_{\text{med}} < v_0$ (eine Situation, die in einem Medium vorliegen kann), so sind bei einer gleichförmigen Bewegung der Punktladung zwei kausale Lösungen möglich. Die Abstrahlung in einem solchen Medium wird in Kap. 7.4.3 diskutiert.

Die elektromagnetischen Felder, die den Liénard-Wiechert Potentialen entsprechen, können auf zweierlei Wegen berechnet werden. Man differenziert die Darstellungen (7.84) gemäß

$$\boldsymbol{B}(\boldsymbol{r},t) = \boldsymbol{\nabla} \times \boldsymbol{A}^{(+)}(\boldsymbol{r},t) \quad \text{und} \quad \boldsymbol{E}(\boldsymbol{r},t) = -\boldsymbol{\nabla} V^{(+)}(\boldsymbol{r},t) - \frac{1}{c}\frac{\partial \boldsymbol{A}^{(+)}(\boldsymbol{r},t)}{\partial t}$$

und führt die Zeitintegration mit den so gewonnenen Zwischenergebnissen aus. Alternativ kann man die Potentiale (7.89) und (7.90) direkt differenzieren. Um das Ergebnis[12] in kompakter Form zu notieren, führt man die folgenden Abkürzungen ein:

- Der Differenzvektor von der Position der Punktladung zu der retardierten Zeit zu dem Aufpunkt (siehe Abb. 7.28) ist

$$\boldsymbol{R}(\boldsymbol{r},t') \equiv \boldsymbol{R}(t') = \boldsymbol{r} - \boldsymbol{s}(t') \,. \tag{7.93}$$

  Zur Vereinfachung der Notation wird die Abhängigkeit von den Koordinaten des Beobachtungspunktes unterdrückt.

- Ein entsprechender Einheitsvektor wird durch

$$\boldsymbol{n}(\boldsymbol{r},t') \equiv \boldsymbol{n}(t') = \frac{\boldsymbol{R}(t')}{R(t')} \tag{7.94}$$

  definiert.

- Es treten das Geschwindigkeits- und das Beschleunigungsverhältnis auf

$$\boldsymbol{\beta}(t') = \frac{\boldsymbol{v}(t')}{c_{\text{med}}} \quad \text{und} \quad \dot{\boldsymbol{\beta}}(t') = \frac{\dot{\boldsymbol{v}}(t')}{c_{\text{med}}} \,,$$

- sowie die schon in (7.88) berechnete Ableitung der Funktion $f(t')$

$$\frac{\mathrm{d}f(t')}{\mathrm{d}t'} \equiv g(t') = 1 - \boldsymbol{n}(t') \cdot \boldsymbol{\beta}(t') \,. \tag{7.95}$$

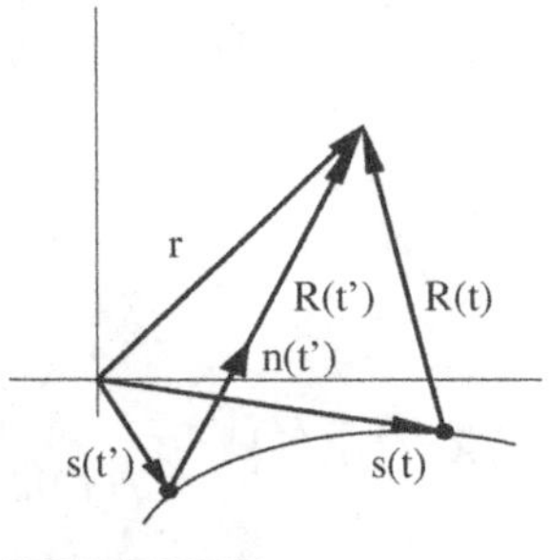

Abb. 7.28. Bewegung einer Punktladung: Geometrie zur Potentialberechnung

[12] Die etwas längeren Rechnungen für die beiden Optionen werden in D.tail 7.9 ausgeführt.

Das Ergebnis für das elektrische Feld einer bewegten Punktladung lautet mit diesen Definitionen

$$\begin{aligned} \boldsymbol{E}(\boldsymbol{r},t) &= \boldsymbol{E}(\boldsymbol{r},t_{\text{ret}}(t)) \qquad (7.96)\\ &= \frac{q}{\varepsilon}\left[\frac{1}{g^3(t')R^2(t')}\left(\boldsymbol{n}(t')-\boldsymbol{\beta}(t')\right)\left(1-\beta^2(t')\right)\right.\\ &\left.\quad +\frac{1}{c_{\text{med}}g^3(t')R(t')}\left(\boldsymbol{n}(t')\times\left[\left(\boldsymbol{n}(t')-\boldsymbol{\beta}(t')\right)\times\dot{\boldsymbol{\beta}}(t')\right]\right)\right]_{t'=t_{\text{ret}}(t)} . \end{aligned}$$

Das dreifache Vektorprodukt in dem zweiten Term kann mit der Formel

$$\boldsymbol{a}\times(\boldsymbol{b}\times\boldsymbol{c}) = (\boldsymbol{a}\cdot\boldsymbol{c})\,\boldsymbol{b}-(\boldsymbol{a}\cdot\boldsymbol{b})\,\boldsymbol{c}$$

auch in der expliziten Form

$$\boldsymbol{n}\times(\boldsymbol{n}-\boldsymbol{\beta})\times\dot{\boldsymbol{\beta}} = (\boldsymbol{n}\cdot\dot{\boldsymbol{\beta}})\,\boldsymbol{n}-\dot{\boldsymbol{\beta}}-(\boldsymbol{n}\cdot\dot{\boldsymbol{\beta}})\,\boldsymbol{\beta}+(\boldsymbol{n}\cdot\boldsymbol{\beta})\,\dot{\boldsymbol{\beta}}$$

geschrieben werden.

Für die magnetische Induktion erhält man in der gleichen Weise (bei weiterer Vereinfachung der Notation, d.h. bei Unterdrückung der Raumkoordinaten und der Zeitkoordinate t')

$$\begin{aligned} \boldsymbol{B}(\boldsymbol{r},t) &= \boldsymbol{B}(\boldsymbol{r},t_{\text{ret}}(t)) = \frac{q}{\varepsilon}\left[\frac{(1-\beta^2)}{g^3R^2}(\boldsymbol{\beta}\times\boldsymbol{n})\right. \qquad (7.97)\\ &\left.\quad +\frac{1}{c_{\text{med}}R}\left\{\frac{(\boldsymbol{n}\cdot\dot{\boldsymbol{\beta}})}{g^3}(\boldsymbol{\beta}\times\boldsymbol{n})+\frac{1}{g^2}\left(\dot{\boldsymbol{\beta}}\times\boldsymbol{n}\right)\right\}\right]_{t'=t_{\text{ret}}(t)} . \end{aligned}$$

Man stellt fest, dass zwischen den beiden Vektorfeldern die Relation

$$\boldsymbol{B}(\boldsymbol{r},t) = \boldsymbol{n}(\boldsymbol{r},t)\times\boldsymbol{E}(\boldsymbol{r},t) \qquad (7.98)$$

besteht. Die Geometrie der Felder ist in Abb. 7.29 angedeutet. Der Vektor der magnetischen Induktion steht senkrecht auf der durch die Vektoren $\boldsymbol{E}(\boldsymbol{r},t)$ und $\boldsymbol{n}(\boldsymbol{r},t) = \boldsymbol{n}(\boldsymbol{r},t_{\text{ret}}(t))$ aufgespannten Ebene.

Die elektromagnetischen Felder enthalten je einen Beitrag, der nur durch die Geschwindigkeit der Punktladung (zu dem retardierten Zeitpunkt) bestimmt ist, sowie einen Beitrag, der linear von der Beschleunigung abhängt. Der Beschleunigungsanteil der Punktladung des elektrischen Feldes ist (infolge der Eigenschaften des dreifachen Vektorproduktes) orthogonal zu $\boldsymbol{n}$. Für den Geschwindigkeitsanteil des elektrischen Feldes gilt hingegen

$$\boldsymbol{n}\cdot\boldsymbol{E} = \left[\frac{q}{\varepsilon g^2(t')R^2(t')}\left(1-\beta(t')^2\right)\right]_{t'=t_{\text{ret}}(t)} \neq 0\,.$$

Das elektrische Feld ist somit nicht transversal zu $\boldsymbol{n}(t_{\text{ret}})$.

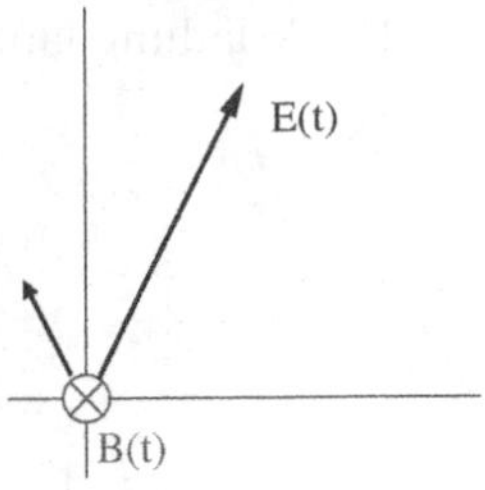

Abb. 7.29. Zur Geometrie der Liénard-Wiechert Felder

Da der Beschleunigungsterm mit der Entfernung von der Punktladung langsamer abfällt als der Beitrag, der alleine von der Geschwindigkeit abhängt ($1/R$ im Vergleich zu $1/R^2$), ist dieser Term für die Erzeugung der in der Fernzone beobachteten Strahlung verantwortlich.

7.4.2 Zur klassischen Bremsstrahlung

In der Nahzone sind die elektromagnetischen Felder, die von einer bewegten Ladung abgestrahlt werden, recht kompliziert. Die Diskussion der Abstrahlung vereinfacht sich jedoch, falls man Punkte in genügend großer Entfernung von der Ladung betrachtet. Der Poyntingvektor (6.53) (einfache Materialgleichung vorausgesetzt)

$$\boldsymbol{S}(\boldsymbol{r},t) = \frac{c}{4\pi\mu}(\boldsymbol{E}(\boldsymbol{r},t) \times \boldsymbol{B}(\boldsymbol{r},t)) = \frac{c}{4\pi\mu}(\boldsymbol{E}(\boldsymbol{r},t) \times [\boldsymbol{n}(t) \times \boldsymbol{E}(\boldsymbol{r},t)])$$

kann durch Auflösung des dreifachen Vektorproduktes in die Form

$$\boldsymbol{S}(\boldsymbol{r},t) = \frac{c}{4\pi\mu}\left[E^2(\boldsymbol{r},t)\boldsymbol{n}(t) - (\boldsymbol{n}(t)\cdot\boldsymbol{E}(\boldsymbol{r},t))\boldsymbol{E}(\boldsymbol{r},t)\right] \tag{7.99}$$

gebracht werden. Die Energie, die durch eine große Kugel um die Position der Punktladung abgestrahlt wird, wird durch den Beschleunigungsterm bestimmt. Für Terme ab der Ordnung $R^{-3}(t)$ gilt

$$\oint \boldsymbol{S}\cdot\mathbf{d}\boldsymbol{f} \xrightarrow{S\propto O(R^{-3})} \oint \frac{R^2}{R^3}\mathrm{d}\Omega \longrightarrow \frac{1}{R} \xrightarrow{R\to\infty} 0\,.$$

Es genügt somit, in (7.99) den Beschleunigungsterm des $\boldsymbol{E}$-Feldes einzusetzen, um den Energieverlust bzw. das Abstrahlungsmuster einer bewegten Punktladung zu bestimmen. Nur beschleunigte Punktladungen verlieren, aus der Sicht der Fernzone, Energie. In der Nah- und der Zwischenzone findet ein Austausch von Energie zwischen den verschiedenen Termen der beiden Felder statt. Die Situation ist deutlich komplizierter, in den meisten Fällen jedoch nicht von Interesse.

Da der Beschleunigungsterm des elektrischen Feldes orthogonal zu dem Vektor $\boldsymbol{n}$ ist, kann man für den Poyntingvektor einer beschleunigten Punktladung in genügend großer Entfernung von der Ladung in guter Näherung

$$\begin{aligned}\boldsymbol{S}(\boldsymbol{r},t) &= \frac{c}{4\pi\mu} E(\boldsymbol{r},t)^2 \boldsymbol{n}(t) \\ &= \frac{q^2}{4\pi c\,\varepsilon} \left[\left(\frac{\boldsymbol{n}(t') \times \Big((\boldsymbol{n}(t') - \boldsymbol{\beta}(t')) \times \dot{\boldsymbol{\beta}}(t') \Big)}{g(t')^3 R(t')} \right)^2 \boldsymbol{n}(t') \right]_{t'=t_{\mathrm{ret}}(t)}\end{aligned} \tag{7.100}$$

schreiben. Die Richtung der Energieströmung ist identisch mit der Richtung des Vektors $\boldsymbol{n}(t)$, also von der Position des Teilchens zum Zeitpunkt t_{ret} zu dem Punkt $\boldsymbol{r}$, in dem die Strahlung registriert wird. Die Winkelverteilung der Strahlung ist durch (vergleiche S. 297)

$$\begin{aligned}\frac{\mathrm{d}P}{\mathrm{d}\Omega} &= (\boldsymbol{S}(\boldsymbol{r},t) \cdot \boldsymbol{n}(t))\, R(t)^2 \\ &= \frac{q^2}{4\pi c\,\varepsilon} \left(\frac{\boldsymbol{n}(t') \times \Big((\boldsymbol{n}(t') - \boldsymbol{\beta}(t')) \times \dot{\boldsymbol{\beta}}(t') \Big)}{g(t')^3} \right)^2_{t'=t_{\mathrm{ret}}}\end{aligned} \tag{7.101}$$

gegeben.

Bewegt sich die Punktladung langsam genug, so dass $\beta \ll 1$ ist, so kann man die Terme in β vernachlässigen und g gleich 1 setzen. Es bleibt

$$\left.\frac{\mathrm{d}P}{\mathrm{d}\Omega}\right|_{\mathrm{nrel}} = \frac{\mu q^2}{4\pi c^3} \left[(\boldsymbol{n}(t') \times (\boldsymbol{n}(t') \times \dot{\boldsymbol{v}}(t')))^2 \right]_{t'=t_{\mathrm{ret}}(t)} ,$$

bzw. nach expliziter Auswertung des Vektorproduktes

$$\left.\frac{\mathrm{d}P}{\mathrm{d}\Omega}\right|_{\mathrm{nrel}} = \frac{\mu q^2}{4\pi c^3} \dot{v}^2(t_{\mathrm{ret}}(t)) \sin^2 \theta(t_{\mathrm{ret}}(t)) \,. \tag{7.102}$$

Der Winkel $\theta(t_{\mathrm{ret}})$ ist der Winkel zwischen dem Beschleunigungsvektor und der Strahlungsrichtung zum Zeitpunkt t_{ret}. Die $\sin^2$-Abhängigkeit ist das typische Strahlungsmuster der nichtrelativistischen Bremsstrahlung. Die Formel für die gesamte pro Zeiteinheit abgestrahlte Energie

$$P_{\mathrm{nrel}} = \iint \left(\frac{\mathrm{d}P}{\mathrm{d}\Omega} \right) \mathrm{d}\varphi \sin\alpha \, \mathrm{d}\alpha = \frac{2\mu q^2 \dot{v}(t_{\mathrm{ret}})^2}{3c^3} \tag{7.103}$$

wurde zuerst von J. Larmor gewonnen.

Die exakte Auswertung des Ausdrucks (7.101) führt auf eine relativistische Erweiterung der Larmorformel. Anstelle der oben betrachteten Größe

$$\frac{\mathrm{d}P(\boldsymbol{r},t)}{\mathrm{d}\Omega} = (\boldsymbol{S}(\boldsymbol{r},t) \cdot \boldsymbol{n}(t_{\mathrm{ret}}(t)))\, R(t_{\mathrm{ret}}(t))^2 \, ,$$

die die Energie pro Zeit und Fläche in dem Punkt $\boldsymbol{r}$ zur Zeit t (als Konsequenz der Abstrahlung zu dem Zeitpunkt $t' = t - R(t')/c_{\mathrm{med}}$) angibt, ist es üblich, die Größe

$$\frac{\mathrm{d}P(\boldsymbol{r},t')}{\mathrm{d}\Omega} = \frac{\mathrm{d}P(\boldsymbol{r},t)}{\mathrm{d}\Omega} \frac{\partial t}{\partial t'}$$

zu betrachten. Sie beschreibt die abgestrahlte Leistung pro Raumwinkeleinheit zu dem Zeitpunkt t'. Die zur Umschreibung benötigte (partielle) Ableitung gewinnt man aus (7.88) und (7.95)

$$\frac{\partial t}{\partial t'} = \frac{\partial f(t')}{\partial t'} = 1 - \boldsymbol{n}(\boldsymbol{r}, t') \cdot \boldsymbol{\beta}(t') = g(\boldsymbol{r}, t') \, .$$

In der Notation von S. 312 erhält man somit für die Winkelverteilung der Strahlung

$$\frac{\mathrm{d}P(\boldsymbol{r}, t')}{\mathrm{d}\Omega} = \frac{q^2}{4\pi c\,\varepsilon} \frac{\left(\boldsymbol{n}(t') \times \left((\boldsymbol{n}(t') - \boldsymbol{\beta}(t')) \times \dot{\boldsymbol{\beta}}(t')\right)\right)^2}{(1 - \boldsymbol{n}(\boldsymbol{r}, t') \cdot \boldsymbol{\beta}(t'))^5} \, . \tag{7.104}$$

Die Relation (7.104) findet Anwendung bei der Berechnung der Abstrahlung in Teilchenbeschleunigern. Von besonderem Interesse sind die Spezialfälle der linearen Bewegung (Linearbeschleuniger) und der Kreisbewegung der Punktladung (Kreisbeschleuniger wie das Betatron, das Zyklotron oder das Synchrotron).

- In einem Linearbeschleuniger sind der Geschwindigkeits- und der Beschleunigungsvektor parallel. Die Auswertung der Vektorprodukte in (7.104) ergibt in diesem Fall das Abstrahlungsmuster

$$\frac{\mathrm{d}P(\boldsymbol{r}, t')}{\mathrm{d}\Omega} = \frac{\mu q^2}{4\pi c^3} \dot{v}^2(t') \frac{\sin^2 \theta(t')}{(1 - \beta(t') \cos\theta(t'))^5} \, . \tag{7.105}$$

  Der Winkel θ ist der Winkel zwischen dem Vektor von der Punktladung zu dem Beobachtungspunkt zum Zeitpunkt t' (dem Vektor $\boldsymbol{n}(t')$) und der Strahlrichtung zu dem Zeitpunkt t' (vergleiche Abb.7.29). Für kleine Geschwindigkeiten geht dieses Resultat in die Larmorformel, die eine maximale Abstrahlung senkrecht zu der Strahlrichtung beschreibt, über. Mit wachsender Geschwindigkeit, mit wachsendem Wert von β, dreht sich, wie in Abb. 7.30a und b (ohne den Vorfaktor) gezeigt, die Richtung der maximalen Abstrahlung immer mehr in die Strahlrichtung. Gleichzeitig erhöht sich die Intensität der Strahlung in dieser Richtung. (Die Werte für $\beta = 0.8$ sind mit dem Faktor 1/20 skaliert.) Die gesamte pro Zeiteinheit abgestrahlte Leistung erhält man durch Integration von (7.105) über den gesamten Raumwinkelbereich zu (D.tail 7.10a)

$$P(t') = \frac{\mu q^2}{2c^3} \dot{v}^2(t') \int_0^\pi \mathrm{d}\theta \frac{\sin^3\theta}{(1 - \beta\cos\theta)^5} = \frac{2\mu q^2}{3c^3} \dot{v}^2(t') \left[1 - \beta^2(t')\right]^{-3} \, .$$

- Die Auswertung von (7.104) ist etwas aufwendiger für das Beispiel der Kreisbewegung. Legt man die *momentanen* Richtungen der drei Vektoren $\boldsymbol{\beta}(t')$, $\dot{\boldsymbol{\beta}}(t')$ und $\boldsymbol{n}(t')$ wie folgt fest

$$\boldsymbol{\beta} = (0\,, 0\,, \beta) \quad \dot{\boldsymbol{\beta}} = (\dot{\beta}, 0, 0) \quad \boldsymbol{n} = (\cos\varphi \sin\theta, \sin\varphi\sin\theta, \cos\theta) \, ,$$

  so findet man für die Winkelverteilung der Strahlung den Ausdruck (siehe D.tail 7.10b)

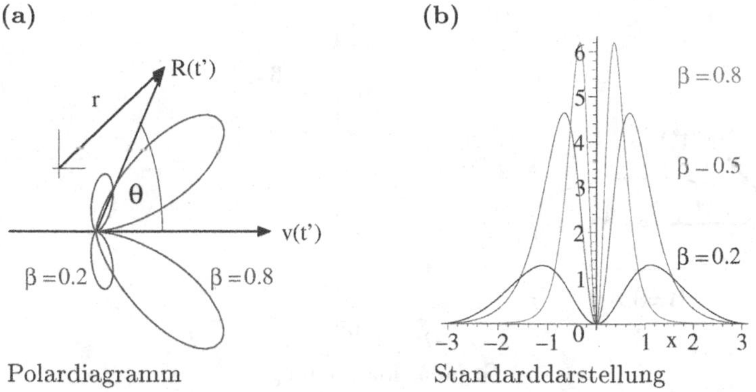

Abb. 7.30. Bremsstrahlungsmuster einer geradlinigen Bewegung als Funktion von $x = \theta$ für zwei bzw. drei Werte des Parameters $\beta = v/c$

$$\frac{\mathrm{d}P(\boldsymbol{r},t')}{\mathrm{d}\Omega} = \frac{\mu q^2}{4\pi c^3}\dot{v}^2 \frac{1}{(1-\beta\cos\theta)^3}\left[1 - \frac{(1-\beta^2)\sin^2\theta\cos^2\varphi}{(1-\beta\cos\theta)^2}\right] . \quad (7.106)$$

Um dieses Ergebnis mit dem Resultat für die lineare Bewegung zu vergleichen, integriert man über den momentanen Azimutalwinkel φ und betrachtet

$$\frac{1}{2\pi}\frac{\mathrm{d}P(\boldsymbol{r},t')}{\mathrm{d}\cos\theta} = \frac{\mu q^2}{4\pi c^3}\dot{v}^2 \frac{1}{(1-\beta\cos\theta)^3}\left[1 - \frac{(1-\beta^2)\sin^2\theta}{2(1-\beta\cos\theta)^2}\right] .$$

Diese Funktion von θ (ohne den Vorfaktor) ist in Abb. 7.31 für zwei Werte des Parameters β dargestellt. Man findet für kleine Geschwindigkeiten ein fast isotropes Abstrahlungsmuster, muss aber im Auge behalten, dass das Muster mit

$$\frac{\mu q^2 \dot{v}^2}{4\pi c^3}$$

zu skalieren ist. Im Fall einer uniformen Kreisbewegung mit Radius R ist der Skalierungsfaktor proportional zu β^2/R^2. Wächst die Geschwindigkeit, so findet man auch im Fall der Kreisbewegung eine bevorzugte Abstrahlung in die 'Vorwärtsrichtung', also in eine Richtung tangential zu dem Kreis.

- Im Vergleich mit dem Resultat für die lineare Bewegung (siehe Abb 7.30) stellt man fest, dass für beide Bewegungsformen die auftretenden Nenner mit der Funktion $(1-\beta\cos\theta)$ das Verhalten wesentlich beeinflussen. Neben der Beeinflussung des Abstrahlungsmusters infolge der relativen Orientierung des Geschwindigkeits- und des Beschleunigungsvektors ist dies eine markante Auswirkung von relativistischen Effekten. Auch die gesamte abgestrahlte Leistung pro Zeiteinheit zeigt für die beiden betrachteten Fälle ein ähnliches Verhalten. Für die Kreisbewegung erhält man (D.tail 7.10c)

$$P_{\mathrm{Kreis}}(t') = \frac{2\mu q^2}{3c^3}\dot{v}^2(t')\left[1-\beta^2(t')\right]^{-2} ,$$

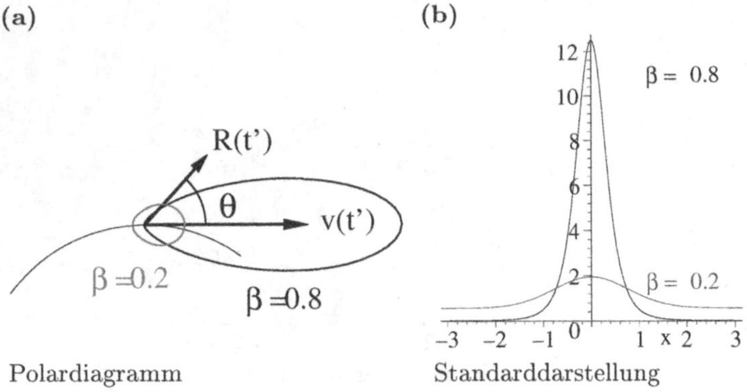

Abb. 7.31. Bremsstrahlungsmuster einer Kreisbewegung als Funktion von $x = \theta$ für $\beta = 0.2,\ 0.8$

und stellt fest, dass der Anstieg der Leistung mit wachsendem β schwächer als im Fall der lineare Bewegung ist.

7.4.3 Zur Čerenkovstrahlung

Die in (7.87) diskutierte Funktion

$$f(t') = t' + |\boldsymbol{r} - \boldsymbol{s}(t')| \, / c_{\mathrm{med}}$$

ist eine monotone Funktion, falls sich die Ladung im Vakuum bewegt. In diesem Fall findet man bei der Diskussion des Strahlungsproblems *genau eine* retardierte Zeit. Breitet sich die Strahlung jedoch in einem Medium aus, so kann, wenn die Teilchengeschwindigkeit v_0 größer als die Lichtgeschwindigkeit in dem Medium c_{med} ist, die Funktion $t - f(t')$ mehrfache Nullstellen besitzen. In diesem Fall kann auch eine Punktladung, die sich mit

$$\boldsymbol{s}(t) = \boldsymbol{r}_0 + \boldsymbol{v}_0 \, t$$

uniform bewegt, eine Strahlung aussenden, die in der Fernzone beobachtet werden kann. Diese Strahlung wird als **Čerenkovstrahlung** bezeichnet.

Die Struktur dieser Strahlung erläutert das folgende Argument. Anstelle der elektromagnetischen Potentiale (7.89) und (7.90) tritt nun eine Summe von retardierten Beiträgen auf, so dass z.B. im Fall von zwei retardierten Zeiten das Skalarpotential durch

$$\begin{aligned} V(\boldsymbol{r}, t) &= \frac{q}{\varepsilon} \left\{ \left| \frac{1}{R(t')g(t')} \right|_{t'=t_{\mathrm{ret1}}(t)} + \left| \frac{1}{R(t')g(t')} \right|_{t'=t_{\mathrm{ret2}}(t)} \right\} \\ &= \frac{q}{\varepsilon} \left\{ \left| \frac{1}{|\boldsymbol{r} - \boldsymbol{s}(t')| - (\boldsymbol{r} - \boldsymbol{s}(t')) \cdot \frac{\boldsymbol{v}(t')}{c_{\mathrm{med}}}} \right|_{t'=t_{\mathrm{ret1}}(t)} \right. \end{aligned}$$

$$+\left.\left|\frac{1}{|\boldsymbol{r}-\boldsymbol{s}(t')|-(\boldsymbol{r}-\boldsymbol{s}(t'))\cdot\frac{\boldsymbol{v}(t')}{c_{\text{med}}}}\right|_{t'=t_{\text{ret}2}(t)}\right\} \tag{7.107}$$

gegeben ist. Infolge der Eigenschaften der δ-Funktion in der Ausgangsgleichung (7.85) sind die Beträge der beiden 'Wellen', die zur gleichen Zeit t an der Position $\boldsymbol{r}$ eintreffen, zu überlagern. Infolge dieser Superposition kann sich der Charakter der Strahlung verändern.

Die Nullstellen der Funktion $t - f(t')$ sind im Fall einer uniformen Bewegung der Punktladung durch (siehe (7.92))

$$(t-t') = \frac{\left\{-\boldsymbol{X}(t)\cdot\boldsymbol{v}_0 \pm \left[(\boldsymbol{X}(t)\cdot\boldsymbol{v}_0)^2 - (v_0^2 - c_{\text{med}}^2)\boldsymbol{X}(t)\cdot\boldsymbol{X}(t)\right]^{1/2}\right\}}{(v_0^2 - c_{\text{med}}^2)} \tag{7.108}$$

gegeben. Ist $v_0 > c_{\text{med}}$, so ergibt sich die folgende Situation: Die Quadratwurzel in (7.108) ist reell, falls der Winkel γ zwischen den Vektoren $\boldsymbol{X}(t)$ und $\boldsymbol{v}_0$ die Relation

$$\cos^2\gamma - \left(1 - \frac{c_{\text{med}}^2}{v_0^2}\right) \geq 0$$

erfüllt. Sie ist in diesem Fall auch kleiner als das Skalarprodukt $\boldsymbol{X}(t)\cdot\boldsymbol{v}_0$. Kausalität ($t \geq t'$) erfordert die Gültigkeit der Bedingung

$$-\cos\gamma \pm \left[\cos^2\gamma - \left(1 - \frac{c_{\text{med}}^2}{v_0^2}\right)\right]^{1/2} \geq 0\,.$$

Diese Bedingung ist, wie Abb. 7.32 zeigt, unabhängig von dem Vorzeichen vor der Quadratwurzel für Rückwärtswinkel mit

$$-\pi \leq \gamma \leq -\arccos\left(\left[1 - \frac{c_{\text{med}}^2}{v_0^2}\right]^{1/2}\right) \tag{7.109}$$

erfüllt. In der Abbildung 7.32 sieht man den Radikanden (untere Kurve) der in (7.108) auftretenden Quadratwurzel, als Funktion von $x = \cos\gamma$. Falls dieser positiv ist, existieren zwei kausale Lösungen (obere Kurven) für die

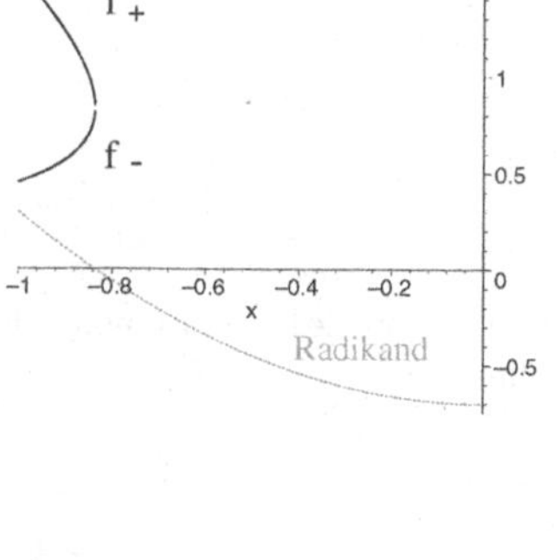

Abb. 7.32. Bedingungen zum Auftreten der Čerenkovstrahlung ($x = \cos\gamma$)

Zeitdifferenz, die mit $f_\pm$ ebenfalls in der Abbildung angedeutet sind. Die elektromagnetischen Potentiale sind nur innerhalb des durch (7.109) definierten Kegels um die Strahlachse definiert.

Die Nennerfunktion $R(t')g(t')$ in (7.107) unterscheidet sich für die beiden retardierten Zeiten (7.108) nur durch ein Vorzeichen

$$(R(t')g(t'))_{t_{\mathrm{ret}1}(t),t_{\mathrm{ret}2}(t)} = \pm X(t)\left[1-\left(\frac{v}{c_{\mathrm{med}}}\right)^2 \sin^2\gamma\right]^{1/2} .$$

Da in (7.107) nur der Absolutbetrag dieser Größen eingeht, erhält man für das Skalarpotential

$$V(\boldsymbol{r},t) = \frac{2q}{\varepsilon}\frac{1}{X(t)\left[1-(\frac{v}{c_{\mathrm{med}}})^2\sin^2\gamma\right]^{1/2}} . \tag{7.110}$$

Das Vektorpotential ist wegen der konstanten Geschwindigkeit der Punktladung

$$\boldsymbol{A}(\boldsymbol{r},t) = \frac{\sqrt{\varepsilon\mu}}{c_{\mathrm{med}}}\boldsymbol{v}\,V(\boldsymbol{r},t) .$$

Diese Potentiale sind innerhalb eines Kegels, des Čerenkovkegels, von Null verschieden, sind auf dem Kegel singulär und verschwinden außerhalb des Kegels. Die Singularität auf dem Kegel ist eine Folge der implizit benutzten Annahme, dass die Dielektrizitätskonstante frequenzunabhängig ist. Ohne diese Annahme würde man eine reguläre Verteilung um die Begrenzung des Čerenkovkegels erhalten.

Ein Ausbreitungsmuster, das dem der Čerenkovstrahlung entspricht, tritt auch bei der Ausbreitung von Schall auf, wenn sich ein Objekt mit Überschallgeschwindigkeit bewegt. Man spricht von einer Schallschockwelle. Das Zustandekommen der Čerenkovschockwelle wird in Abb. 7.33 erläutert. Zu einer Zeit $t = 0$ befindet sich die Punktladung an einer Stelle $x = 0$ und ‘sendet‘ eine Elementarwelle aus. In dem Zeitintervall $[0, t]$ bewegt sich die Ladung um die Strecke $x = v_0 t$, der Radius der elementaren Kugelwelle, die zum Zeitpunkt $t = 0$ erzeugt wurde, ist $R = c_{\mathrm{med}}t$. Die Tangente von

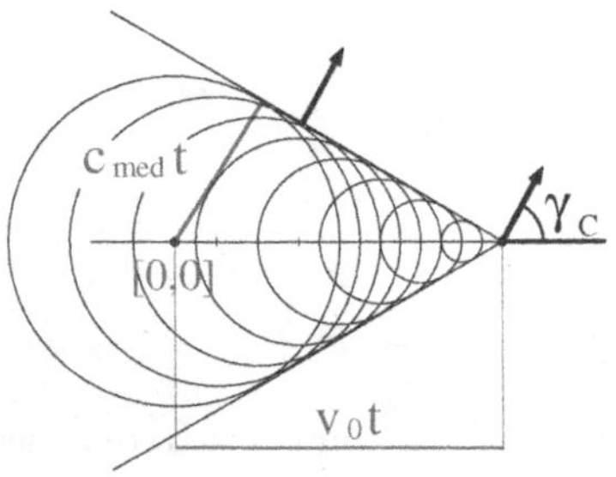

Abb. 7.33. Konstruktion des Čerenkovkegels aus Elementarwellen

dem Punkt $x = v_0 t$ an diese Kugelwelle (und alle zwischenzeitlich erzeugten Kugelwellen) markiert die Front (in Wirklichkeit dreidimensional) der Schockwelle, bzw. des Čerenkovkegels. Die elektromagnetischen Potentiale beschreiben somit eine Wellenfront, die sich mit der Geschwindigkeit $c_{\rm med}$ in eine Richtung ausbreitet, die, wie in der Abbildung angedeutet, durch einen Winkel $\gamma_{\rm C}$ charakterisiert ist. Dieser Winkel ist durch $\cos\gamma_{\rm C} = c_{\rm med}/v_0$ bestimmt. Durch Messung dieses Winkels ist es möglich, die Geschwindigkeit von hochenergetischen Elementarteilchen beim Durchgang durch Materie zu bestimmen.

Aufgaben

Zu dem Kapitel der Anwendungen, dem siebenten Kapitel, werden 23 zusätzliche Anwendungsbeispiele der Elektrodynamik angeboten. Unter der Überschrift 'Stromkreise' sind das Spiegelgalvanometer und elektrische Schwingkreise (4 Aufgaben) zu diskutieren. Es folgt eine Betrachtung der Erzeugung von Wirbelströmen (3 Aufgaben) in verschiedenen Objekten. Die Ausbreitung von elektromagnetischen Wellen wird aus unterschiedlicher Perspektive aufgegriffen: Theoretisch-technische Aspekte gehen in die Berechnung der Eigenschaften von Draht- und Hohlleitern ein (4 Aufgaben), außerdem sind eine alternative Darstellung von ebenen Wellen und zwei Optikprobleme zu bearbeiten. Das Verständnis von Abstrahlungsproblemen wird anhand eines alternativen Zugangs mit Hilfe des Hertzschen Vektors (3 Aufgaben) sowie in der Form der Abstrahlung durch beschleunigte Punkladungen (2 Aufgaben) vertieft. Die Diskussion der Bewegung von Punktladungen in elektromagnetischen Feldern (3 Aufgaben) beschließt diese arbeitsreiche Auseinandersetzung mit der Elektrodynamik.

8 Relativitätstheorie und Elektromagnetismus

Der Anstoß für die Entwicklung der Relativitätstheorie war die Unvereinbarkeit der Gesetze der klassischen Mechanik und der Gesetze der Elektrodynamik. Der zentrale Punkt ist dabei das **Relativitätsprinzip** mit der Forderung: Alle Inertialsysteme sind für die Beschreibung von physikalischen Vorgängen gleichwertig. In der Mechanik (Band 1, Kap. 3.1.4) wurde die Beschreibung von physikalischen Vorgängen aus der Sicht von zwei uniform gegeneinander bewegten Bezugssystemen S und S' durch die Galileitransformation verknüpft (Abb. 8.1a)

$$\boldsymbol{r}'(t) = \boldsymbol{r}(t) - \boldsymbol{v}_{\text{rel}}t - \boldsymbol{r}_0 \,. \tag{8.1}$$

Aus der Galileitransformation gewinnt man die Aussagen

(1) Für die Differenz von zwei Positionsvektoren gilt

$$\boldsymbol{r}_2(t) - \boldsymbol{r}_1(t) = \boldsymbol{r}'_2(t) - \boldsymbol{r}'_1(t) \,.$$

(2) Das Additionstheorem für Geschwindigkeiten lautet

$$\boldsymbol{v}'(t) = \boldsymbol{v}(t) - \boldsymbol{v}_{\text{rel}} \,.$$

(3) Für die Beschleunigung erhält man

$$\boldsymbol{a}'(t) = \boldsymbol{a}(t) \,.$$

(4) Diese Aussagen bedingen, dass die Bewegungsgleichungen eines Systems von Massenpunkten/Punktladungen ($i = 1, \ldots N$) im Einklang mit dem Relativitätstheorem in den zwei Inertialsystemen die gleiche Form haben, vorausgesetzt die Kräfte zwischen den Massenpunkten/Punktladungen hängen nur von der Differenz der Positionsvektoren und/oder der Differenz der Geschwindigkeitsvektoren ab

$$m_i \boldsymbol{a}_i = \sum_{k \neq i} \boldsymbol{f}(\boldsymbol{r}_i - \boldsymbol{r}_k, \boldsymbol{v}_i - \boldsymbol{v}_k) \qquad (i = 1, \ldots N)$$

$$\overset{\text{G.transformation}}{\Longrightarrow} \qquad m_i \boldsymbol{a}'_i = \sum_{k \neq i} \boldsymbol{f}(\boldsymbol{r}'_i - \boldsymbol{r}'_k, \boldsymbol{v}'_i - \boldsymbol{v}'_k) \,.$$

Man bezeichnet die Bewegungsgleichungen dann als **forminvariant** gegenüber der Galileitransformation.

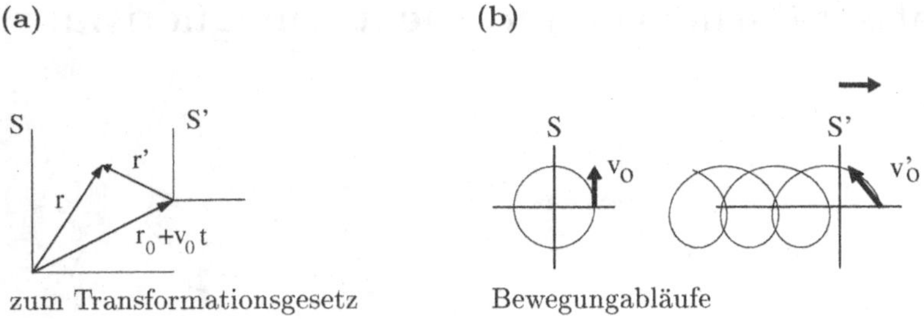

Abb. 8.1. Die Galileitransformation

Die Bahnkurven werden durch die unterschiedlichen Anfangsbedingungen in den Inertialsystemen, die aufgrund der Relativbewegung vorliegen, mitbestimmt und sind somit im Allgemeinen verschieden (Abb. 8.1b). So sieht z.B. ein Beobachter in dem System S' eine Spiralbahn anstelle einer Kreisbahn in S. Der Punkt (4) ist für die Gravitation und die Elektrostatik erfüllt, in der Elektrodynamik jedoch nicht. So wird die magnetische Wechselwirkung zwischen zwei bewegten, geladenen Massenpunkten durch ein Kraftgesetz (siehe (5.56), S. 209) bestimmt, das von der Geschwindigkeit der Teilchen und nicht von deren Differenz abhängt

$$m\ddot{\boldsymbol{r}}_i = \sum_k \boldsymbol{f}_{\text{magn.}}(\boldsymbol{v}_i, \boldsymbol{v}_k) \ .$$

Gemäß dem Additionstheorem gilt in einem anderen Inertialsystem die Bewegungsgleichung

$$m\boldsymbol{a}'_i = \sum_k \boldsymbol{f}_{\text{magn.}}(\boldsymbol{v}'_i - \boldsymbol{v}_{\text{rel}}, \boldsymbol{v}'_k - \boldsymbol{v}_{\text{rel}}) \neq \sum_k \boldsymbol{f}_{\text{magn.}}(\boldsymbol{v}'_i, \boldsymbol{v}'_k) \ .$$

Die Bewegungsgleichungen in den beiden Inertialsystemen haben nicht die gleiche Form. Man kann sich auch davon überzeugen (vergleiche Kap. 8.5), dass die Maxwellgleichungen bei einer Galileitransformation nicht forminvariant sind.

Falls die Elektrodynamik nicht mit dem Relativitätsprinzip auf der Basis der Galileitransformation vereinbar ist, ergeben sich die folgenden Möglichkeiten

(1) Das Relativitätsprinzip ist nur im Bereich der Mechanik gültig. Für die Beschreibung von elektromagnetischen Erscheinungen gilt es nicht. Es müsste dann aber besonders ausgezeichnete Inertialsysteme aus der Sicht der Elektrodynamik geben. Es war das Ziel des Versuches von Michelson und Morley (A.A. Michelson 1881, Wiederholung: A.A. Michelson und E.W. Morley 1887[1]), derartige Bezugssysteme nachzuweisen. Das Ergebnis dieses Versuches (und das Ergebnis aller weiteren Versuche mit der gleichen Zielsetzung) schloss diese Möglichkeit aus.

[1] A.A. Michelson und E.W. Morley, Philosophical Magazine, Vol. 24 (1887), S. 449.

(2) Das Relativitätsprinzip ist allgemein gültig. Dann müssen jedoch sowohl die Galileitransformation als auch die Grundgleichungen der Mechanik inkorrekt sein. Dies war die These von A. Einstein (1905). Da sich die Grundgleichungen der Mechanik recht gut bewährt haben, erscheint dieser Vorschlag recht extrem (und wird auch heute noch gelegentlich angezweifelt). Die Auflösung des scheinbaren Widerspruches zu unserer Erfahrung ist jedoch einfach: Der Unterschied zwischen der klassischen Mechanik und der relativistischen Mechanik tritt erst bei extrem hohen Geschwindigkeiten bzw. Relativgeschwindigkeiten zu Tage. Die klassische Mechanik ist ein Grenzfall der relativistischen Mechanik, falls alle relevanten Geschwindigkeiten klein im Vergleich zu der Lichtgeschwindigkeit sind.

Folgt man dem Vorschlag von Einstein, so stellt sich die Frage: Welche Transformation muss man anstelle der Galileitransformation benutzen? Diese Frage wird in dem nächsten Abschnitt beantwortet.

8.1 Die Lorentztransformation

Bei der Diskussion der Transformationsgleichungen unterscheidet man (wie in der klassischen Mechanik) zwei Fälle:

(1) Gleichförmige Relativbewegung. Diese Voraussetzung führt auf die **spezielle Relativitätstheorie**, die hier ausschließlich von Interesse sein wird.
(2) Beschleunigte Relativbewegung. Für die Diskussion dieses Falles ist die **allgemeine Relativitätstheorie** zuständig.

Geht man davon aus, dass die Galileitransformation nicht korrekt ist, so ist es nützlich, noch einmal die Voraussetzungen anzugeben, die bei der Aufstellung dieser Transformation (zum Teil stillschweigend) gemacht wurden. Die erste Voraussetzung kann man in der Form notieren: Die Abstände von zwei Raumpunkten P_1 und P_2 sind invariant gegenüber Galileitransformationen

$$\sum_{i=1}^{3} (x'_{i1} - x'_{i2})^2 = \sum_{i=1}^{3} (x_{i1} - x_{i2})^2 \ .$$

Bezüglich der Zeitskala geht man davon aus, dass sie unabhängig von dem Bewegungszustand (bzw. dem Bezugssystem) ist

$$t' = t \ .$$

Man spricht von einer absoluten Zeit. Bei der Diskussion der Bewegungsgleichungen kommt die Aussage hinzu: Die Masse eines Objektes ist aus der Sicht von verschiedenen Inertialsystemen gleich

$$m' = m\,.$$

Erstaunlicherweise wird sich herausstellen, dass keine dieser drei (anscheinend vernünftigen) Hypothesen korrekt ist. Ein Ausgangspunkt für die Formulierung einer korrekten Transformation zwischen Inertialsystemen ist das Experiment von Michelson und Morley.

8.1.1 Das Michelson-Morley Experiment

Das Ziel des Michelson-Morley Experimentes war der Nachweis der Existenz bzw. der Nichtexistenz eines 'Aethers', in dem sich elektromagnetische Wellen ausbreiten[2]. Die am Ende des 19. Jahrhunderts gängige Vorstellung von der Existenz eines Aethers beruhte auf einer Analogie zu der wohlverstandenen Schallausbreitung, die auf Schwingungen in Materie beruht. Man war der Ansicht, dass alle Wellenphänomene einen Träger benötigen, in dem sie sich ausbreiten können. Mit dieser Ansicht ist die Frage verknüpft, ob oder wie sich die Erde in Bezug auf den Aether, der als absolut ruhend angesehen werden musste, bewegt.

Die von Michelson und Morley benutzte Apparatur ist ein Interferometer mit dem folgenden Aufbau: Ein Lichtstrahl fällt auf eine halbdurchlässige Platte, die den Strahl in zwei zueinander senkrechte Teilstrahlen zerlegt. Der Teil des Strahls, der senkrecht zu der ursprünglichen Strahlrichtung verläuft, wird an einem Spiegel Sp_1 (Laufstrecke l_1) reflektiert. Der andere Teil des Strahls tritt durch die Platte hindurch und wird an einem Spiegel Sp_2 (Laufstrecke l_2) reflektiert. Beide Teilstrahlen treffen nach einer Laufzeit t_i $(i = 1, 2)$ wieder auf die Platte auf und kommen nach Durchlass bzw. Spiegelung in der in Abb. 8.2a angegebenen Richtung zur Interferenz. Das entstehende Interferenzmuster hängt von der Laufzeitdifferenz der beiden Strahlen ab. Zur Angabe der Laufzeitdifferenz kann man die folgenden Situationen unterscheiden:

(1) Die Apparatur ist in 'Ruhe' in Bezug auf ein ausgezeichnetes Bezugssystem, das Aethersystem, in dem die Lichtausbreitung isotrop, also in allen Richtungen mit der Geschwindigkeit c abläuft. Die Laufzeitdifferenz der zwei Strahlen des Interferometers ist dann

$$\Delta t = t_2 - t_1 = \frac{2(l_2 - l_1)}{c}\,. \tag{8.2}$$

Für die weitere Diskussion ist die Bemerkung wichtig: Dreht man die gesamte Apparatur in diesem Fall um einen beliebigen Winkel (Abb. 8.2b, mit $v_0 = 0$), so ändert sich die Laufzeitdifferenz nicht. Das Interferenzbild ist für jede Orientierung der Apparatur gleich.

[2] Ein kurzer Abriss der geschichtlichen Entwicklung bis zu der Relativitätstheorie wird in Kap. 8.6 angeboten.

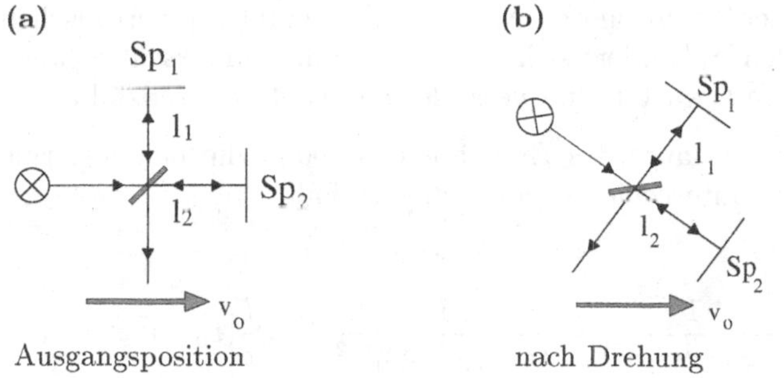

Abb. 8.2. Das Michelson-Morley Interferometerexperiment

(2) Die Apparatur bewegt sich mit der Geschwindigkeit v_0 in Richtung des Armes des Spiegels Sp_2 (Abb. 8.2a) gegenüber einem Inertialsystem, z.B. dem Aethersystem. Auf dem Weg zu dem Spiegel Sp_2 ist die Geschwindigkeit des Lichtstrahls gemäß dem Additionstheorem $c - v_0$, auf dem Rückweg $c + v_0$. Die gesamte Laufzeit ist somit

$$t_2 = \frac{l_2}{c - v_0} + \frac{l_2}{c + v_0} = \frac{2cl_2}{c^2 - v_0^2} .$$

Für den Weg zu dem Spiegel Sp_1 ist (Abb. 8.3), wieder gemäß dem Additionstheorem, die effektive Geschwindigkeit in beiden Richtungen $\sqrt{c^2 - v_0^2}$. Die Laufzeit ist somit

$$t_1 = \frac{2l_1}{[c^2 - v_0^2]^{1/2}} .$$

Für den Laufzeitunterschied der beiden Lichtstrahlen findet man somit den Ausdruck

$$\Delta t = \frac{2}{c}\left(\frac{l_2}{(1 - (v_0/c)^2)} - \frac{l_1}{[1 - (v_0/c)^2]^{1/2}}\right) . \tag{8.3}$$

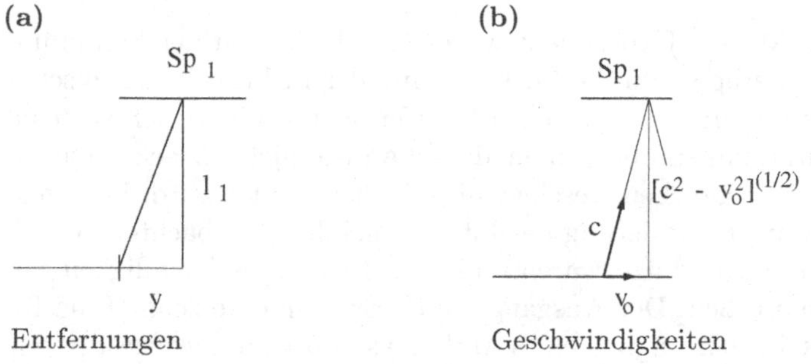

Abb. 8.3. Reflektion am Spiegel 1

Dreht man[3] in dieser Situation den Apparat z.B. um 90°, so vertauschen die Arme ihre Rollen. Es ändert sich dann der Laufzeitunterschied (auch für $l_1 = l_2$) und man erwartet eine Veränderung des Interferenzbildes.

Bei der einfachsten Variante des Experimentes waren die beiden Arme gleich lang. Die Laufzeitunterschiede sind in diesem Fall

$$\Delta t(\mathrm{Ruhe}) = 0$$

$$\Delta t(v_0) = \frac{2l}{c}\left(\frac{1}{(1-(v_0/c)^2)} - \frac{1}{[1-(v_0/c)^2]^{1/2}}\right) \approx \frac{l}{c}(v_0/c)^2 \,.$$

Der Versuch wurde zu einem besimmten Zeitpunkt t auf der Bahn der Erde um die Sonne durchgeführt und sechs Monate später wiederholt (Abb. 8.4). Sieht man von der Erdrotation ab, so ist ein erdgebundes Labor ein annehmbares Inertialsystem. Die Geschwindigkeit dieses System gegenüber dem sonnenfesten System ist dem Betrag nach $v_{\mathrm{Erde}} \approx 30\,\mathrm{km/s}$.

Bei dem ersten Versuch stellte man fest, dass sich das Interferenzbild bei Drehung der Apparatur nicht änderte. Der Laufzeitunterschied entsprach also der Situation, dass die Erde in Bezug auf das Aethersystem ruht. Bei der Wiederholung des Experimentes hat die Apparatur gegenüber dem ersten Versuch die Relativgeschwindigkeit $v_0 = 2v_{\mathrm{Erde}} \approx 60\,\mathrm{km/s}$. Trotzdem fand man bei der Drehung der Apparatur ebenfalls keine Veränderung des Interferenzbildes.

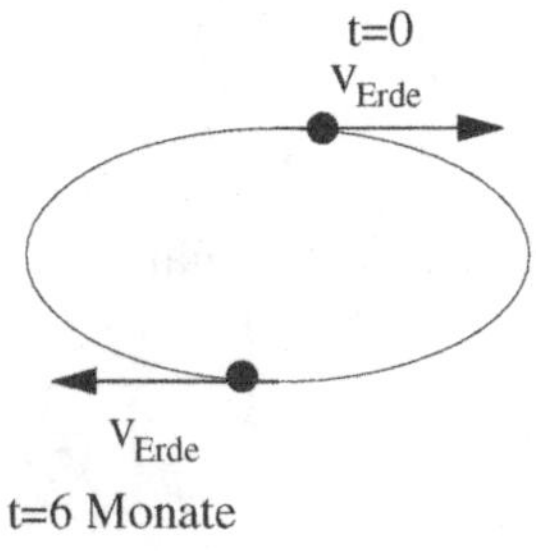

Abb. 8.4. Zeitablauf des Michelson-Morley Experimentes

Das Michelson-Morley Experiment wurde mit Licht von der Sonne und von Fixsternen wiederholt, um die Mitbewegung der Lichtquelle auszuschalten. In einer weiteren Variante wurde ein Interferometer mit Armen verschiedener Länge benutzt, um zu überprüfen, dass die zusätzliche Strecke in jedem Inertialsystem mit der gleichen Geschwindigkeit durchlaufen wird. In keinem Fall wurde die erwartete Änderung des Interferenzbildes beobachtet, obwohl die Interferometer in der Lage waren, auf eine Relativgeschwindigkeit von $v_0 \approx 1\,\mathrm{km/s}$ anzusprechen. Der Ausgang dieser Experimente zeigt: Eine Relativbewegung der Erde bezüglich eines Aethersystems kann nicht festgestellt

[3] Das gesamte Interferometer schwamm in einer Quecksilberwanne, damit es leicht gedreht werden konnte.

werden. Die Möglichkeit, dass sich das Aethersystem mit der Erde bewegt, wird auf der anderen Seite durch die Beobachtung der stellaren Aberration, die in D.tail 8.1 näher erläutert wird, widerlegt. Es verbleibt letztendlich nur das Fazit: Es gibt kein ausgezeichnetes, absolutes Inertialsystem, das Aethersystem existiert nicht. Für die Lichtausbreitung ist kein Medium notwendig. Die Ausbreitungsgeschwindigkeit des Lichtes ist unabhängig von der Geschwindigkeit der Lichtquelle, wie es von den Maxwellgleichungen gefordert wird.

Diese Aussage widerspricht der Galileitransformation, die zu der Herleitung der Vorhersage der Verschiebung des Interferenzbildes benutzt wurde und die besagt, dass

$$\boldsymbol{c}' = \boldsymbol{c} - \boldsymbol{v}_0$$

ist. Gemäß den Resultaten aller einschlägigen Experimente gilt hingegen

$$\boldsymbol{c}' = \boldsymbol{c}\,, \qquad (8.4)$$

unabhängig von der Relativgeschwindigkeit der Inertialsysteme.

8.1.2 Eine einfache Form der Transformationsgleichungen

Die experimentell überprüfte Gleichheit der Lichtgeschwindigkeit in jedem Inertialsystem kann man benutzen, um die Transformationsgleichungen, die an die Stelle der Galileitransformation treten, herzuleiten. Um die Überlegungen einfacher zu gestalten[4], betrachtet man zwei Inertialsysteme S, S', die

- zur Zeit $t = 0$ zusammenfallen (also achsenparallel sind) und die
- sich in der gemeinsamen x-Richtung bewegen (Abb. 8.5), wobei das System S' gegenüber S die konstante Relativgeschwindigkeit $\boldsymbol{v}_{\rm rel}$ hat.

Als Ansatz für die gesuchte Transformationsgleichung benutzt man

$$x' = Ax + Bt \qquad y' = y \qquad z' = z \qquad t' = Cx + Dt\,.$$

Die trivialen Transformationsgleichungen für die y- und z-Komponenten besagen, dass man für eine Relativbewegung in der x-Richtung keine Transformation der y- und z-Komponenten erwartet. Die Gleichungen für die x-Komponente und die Zeit stellen einen allgemeinen Ansatz dar, der mit der Forderung des Relativitätsprinzips verträglich ist. Die Transformation muss *linear* sein, da sonst eine uniforme Bewegung aus der Sicht des einen Koordinatensystems als beschleunigte Bewegung aus der Sicht des anderen registriert werden würde. Die Galileitransformation (für eine Bewegung des Systems S' mit $+v_{\rm rel}$ in Bezug auf S) entspricht dem Satz von Koeffizienten

$$A = 1 \qquad B = -v_{\rm rel} \qquad C = 0 \qquad D = 1\,.$$

[4] Eine allgemeine Form der Transformationsgleichungen wird auf S. 353 angegeben.

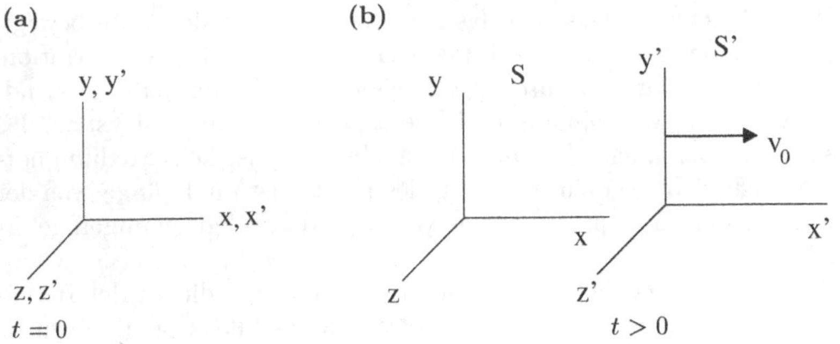

Abb. 8.5. Zur Herleitung der einfachen Form der Lorentztransformation

Zur Bestimmung der korrekten Transformationskoeffizienten benutzt man das Ergebnis des Michelson-Morley Experimentes unter Zuhilfenahme des folgenden Gedankenexperimentes: Zur Zeit $t = 0$ wird von dem (gemeinsamen) Koordinatenursprung ein Lichtpuls ausgesandt. Der Lichtpuls breitet sich mit der Geschwindigkeit c nach allen Richtungen aus. Zur Zeit t (> 0) erreicht er den Punkt P (Abb. 8.6). Anhand des Ergebnisses aus den Michelson-Morley Experimenten kann man die Aussagen machen

(S): Ein Beobachter in dem System S gibt für die von dem Licht zurückgelegte Strecke an

$$r = ct \qquad \text{oder} \qquad x^2 + y^2 + z^2 - c^2t^2 = 0 \, .$$

(S'): Ein Beobachter in S' notiert entsprechend

$$r' = ct' \qquad \text{oder} \qquad x'^2 + y'^2 + z'^2 - c^2t'^2 = 0 \, .$$

Diese Aussagen geben die Tatsache wieder, dass sich das Licht in *jedem* der Systeme isotrop mit der Geschwindigkeit c ausbreitet. Die zwei Aussagen kann man in der **Michelson-Morley Bedingung**

$$x^2 + y^2 + z^2 - c^2t^2 = x'^2 + y'^2 + z'^2 - c^2t'^2 \tag{8.5}$$

zusammenfassen. Diese Bedingung ist nicht mit der Galileitransformation verträglich.

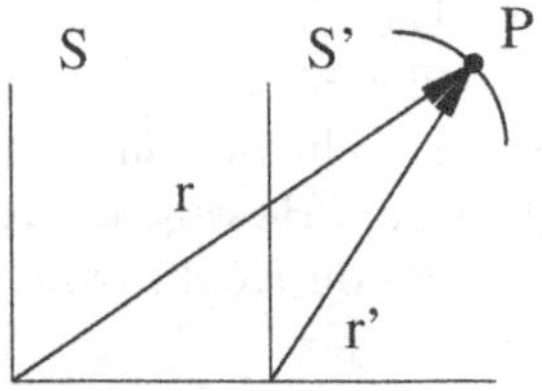

Abb. 8.6. Illustration der Michelson-Morley Bedingung

Die Bestimmung der Transformationskoeffizienten anhand der Bedingung (8.5) kann wie folgt verlaufen: Der Ursprung des Systems S' ($x' = 0$) hat bezüglich des Systems S die Koordinate $x = v_{\text{rel}}\, t$. Es ist somit

$$0 = Av_{\text{rel}}t + Bt \quad \text{oder} \quad B = -Av_{\text{rel}}\ .$$

Setzt man nun die Transformationsgleichungen in die Michelson-Morley Bedingung

$$x^2 - c^2t^2 = x'^2 - c^2t'^2$$

ein, so ergibt sich nach einfacher Sortierung

$$\left(A^2 - c^2C^2\right)x^2 - 2\left(A^2 v_{\text{rel}}^2 + c^2CD\right)xt - c^2\left(D^2 - \frac{v_{\text{rel}}^2}{c^2}A^2\right)t^2 = x^2 - c^2t^2\ .$$

Die Koordinate x und die Zeit t können beliebig gewählt werden. Koeffizientenvergleich liefert somit einen Satz von Gleichungen für die noch unbestimmten Koeffizienten A, C, D:

$$A^2 - c^2C^2 = 1 \qquad A^2 v_{\text{rel}}^2 + c^2CD = 0 \qquad D^2 - \frac{v_{\text{rel}}^2}{c^2}A^2 = 1\ .$$

Die Lösung dieses Gleichungssystems ist einfach (siehe D.tail 8.2). Wählt man die Vorzeichen der Größen so, dass sich im Grenzfall kleiner Relativgeschwindigkeiten die Galileitransformation ergibt, so erhält man

$$A = +\left[1 - \left(\frac{v_{\text{rel}}}{c}\right)^2\right]^{-1/2} \qquad C = -\left(\frac{v_{\text{rel}}}{c^2}\right)\left[1 - \left(\frac{v_{\text{rel}}}{c}\right)^2\right]^{-1/2}$$

$$D = +\left[1 - \left(\frac{v_{\text{rel}}}{c}\right)^2\right]^{-1/2}\ .$$

Das Verhältnis v_{rel}/c und die Wurzel treten immer wieder auf. Es ist üblich, die Abkürzungen

$$\beta = \frac{v_{\text{rel}}}{c} \qquad \text{und} \qquad \gamma = \frac{1}{\left[1 - \beta^2\right]^{1/2}} \tag{8.6}$$

zu benutzen. Die gesuchten Transformationsgleichungen lauten somit

$$x' = \frac{1}{\left[1 - \left(\frac{v_{\text{rel}}}{c}\right)^2\right]^{1/2}}\left(x - v_{\text{rel}}t\right) \qquad y' = y \qquad z' = z$$

$$t' = \frac{1}{\left[1 - \left(\frac{v_{\text{rel}}}{c}\right)^2\right]^{1/2}}\left(-\frac{v_{\text{rel}}}{c^2}x + t\right)\ , \tag{8.7}$$

bzw. in kompakter Form

$$x' = \gamma\,(x - v_{\mathrm{rel}}t) \qquad t' = \gamma\left(-\frac{\beta}{c}x + t\right) . \tag{8.8}$$

Diese Form der **Lorentztransformation**, einschließlich einer korrekten Interpretation, wurde in A. Einsteins berühmter Veröffentlichung[5] aus dem Jahr 1905 angegeben. Kurz zuvor hatte H.A. Lorentz diese Gleichungen schon gewonnen, doch sehr komplizierte Deutungsversuche durchgespielt, um das Konzept einer absoluten Zeit zu retten.

Die ersten Bemerkungen zu diesen Transformationsgleichungen sind:

(i) Im Grenzfall kleiner Relativgeschwindigkeiten ($v_{\mathrm{rel}}/c \to 0$) der Inertialsysteme geht die Lorentztransformation in die Galileitransformation über

$$\left.\begin{aligned} x' &= x - v_{\mathrm{rel}}t \\ t' &= t \end{aligned}\right\} + \text{Terme} \quad O\left(v_{\mathrm{rel}}^2/c^2\right) .$$

Die klassische Physik steht somit nicht im Widerspruch zu der relativistischen Physik. Sie ist ein Grenzfall der relativistischen Physik. Bei der Galileitransformation spielt die Zeit eine Sonderrolle (sie wird nicht transformiert), bei der Lorentztransformation werden Raum und Zeit sozusagen auf der gleichen Ebene behandelt. Diese Eigenschaft ist die Grundlage für die formale Fassung der speziellen Relativitätstheorie mit Hilfe des Konzeptes des Minkowskiraumes (Kap. 8.3).

(ii) Die spezielle Rolle der Lichtgeschwindigkeit c als Grenzgeschwindigkeit ist offensichtlich. Geht v_{rel} gegen c, so verlieren die Transformationsgleichungen ihren Sinn. Man interpretiert diese Tatsache in der Form:
Jedwedes 'Signal' (bzw. jedwedes Objekt) kann sich höchstens mit Lichtgeschwindigkeit ausbreiten (bewegen).

(iii) Die Umkehrung der Transformationsgleichung (Auflösung nach den Größen in dem System S) ergibt

$$x = \gamma\,(x' + v_{\mathrm{rel}}t') \qquad t = \gamma\left(\frac{\beta}{c}x' + t'\right) . \tag{8.9}$$

Dies ist genau die Form, die man erwartet, wenn man die Rolle der beiden Koordinatensysteme vertauscht. S bewegt sich gegenüber S' mit der Geschwindigkeit $-v_{\mathrm{rel}}$.

Vor der Aufbereitung der allgemeinen Form der Lorentztransformation und der entsprechenden mathematischen Sprache ist es angezeigt, den physikalischen Gehalt der Lorentztransformation anhand der hier gewonnenen einfachen Form herauszustellen.

[5] A. Einstein, Annalen der Physik, Vol. 17 (1905), S. 891.

8.2 Folgerungen aus der Lorentztransformation

Die veränderte Form der Transformationsgleichungen bedingt eine relativistische Variante des Additionstheorems für Geschwindigkeiten. In dieser sollte die Lichtgeschwindigkeit eine Grenzgeschwindigkeit darstellen, die nicht überschritten werden kann. Außerdem müsste sie für kleine Relativgeschwindigkeiten in das klassische Additionstheorem übergehen.

8.2.1 Das Additionstheorem für Geschwindigkeiten

Das Additionstheorem beantwortet die folgende Fragestellung: Zwei 'Beobachter' in den Inertialsystemen S und S' verfolgen die Bewegung eines Objektes (Abb. 8.7). Der Beobachter in S registriert den (momentanen) Geschwindigkeitsvektor

$$\boldsymbol{v} = (v_{\mathrm{x}}, v_{\mathrm{y}}, v_{\mathrm{z}}) \ .$$

Die Frage lautet: Welche Geschwindigkeitskomponenten stellt der Beobachter S', der sich mit der Geschwindigkeit v_{rel} in der gemeinsamen x-Richtung gegenüber dem Beobachter S bewegt, fest? Die Frage lässt sich mit Hilfe der Lorentztransformation und der folgenden Bemerkung beantworten: Man muss beachten, dass die Geschwindigkeitskomponenten jeweils durch die entsprechenden Koordinaten *einschließlich* der Zeit bestimmt sind

$$v_{\mathrm{x}} = \frac{\mathrm{d}x}{\mathrm{d}t} \qquad v_{\mathrm{y}} = \frac{\mathrm{d}y}{\mathrm{d}t}, \qquad v_{\mathrm{z}} = \frac{\mathrm{d}z}{\mathrm{d}t}$$

$$v'_{\mathrm{x}} = \frac{\mathrm{d}x'}{\mathrm{d}t'} \qquad v'_{\mathrm{y}} = \frac{\mathrm{d}y'}{\mathrm{d}t'} \qquad v'_{,\mathrm{z}} = \frac{\mathrm{d}z'}{\mathrm{d}t'} \ .$$

Über das totale Differential der Lorentztransformationsgleichungen

$$\mathrm{d}x' = \gamma\,(\mathrm{d}x - v_{\mathrm{rel}}\mathrm{d}t) \qquad \mathrm{d}y' = \mathrm{d}y \qquad \mathrm{d}z' = \mathrm{d}z$$

$$\mathrm{d}t' = \gamma\left(-\frac{\beta}{c}\mathrm{d}x + \mathrm{d}t\right)$$

kann man die geforderten Differenzenquotienten bzw. deren Grenzwerte berechnen. Das Ergebnis (in expliziter Form) lautet

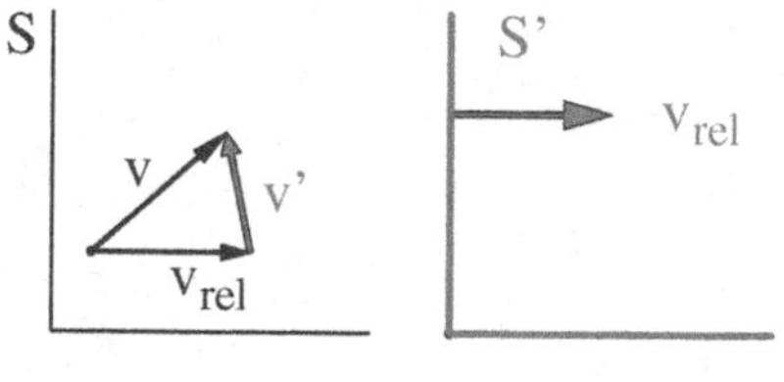

Abb. 8.7. Geschwindigkeiten aus der Sicht der Systeme S und S'

$$v'_{\mathrm{x}} = \frac{(v_{\mathrm{x}} - v_{\mathrm{rel}})}{\left(1 - \frac{v_{\mathrm{x}} v_{\mathrm{rel}}}{c^2}\right)} \qquad v'_{\mathrm{y}} = \frac{v_{\mathrm{y}} \left[1 - \left(\frac{v_{\mathrm{rel}}}{c}\right)^2\right]^{1/2}}{\left(1 - \frac{v_{\mathrm{x}} v_{\mathrm{rel}}}{c^2}\right)}$$

$$v'_{\mathrm{z}} = \frac{v_{\mathrm{z}} \left[1 - \left(\frac{v_{\mathrm{rel}}}{c}\right)^2\right]^{1/2}}{\left(1 - \frac{v_{\mathrm{x}} v_{\mathrm{rel}}}{c^2}\right)} . \tag{8.10}$$

Diese Gleichungen stellen das relativistische Additionstheorem für Geschwindigkeiten für den Fall einer uniformen Relativbewegung des Systems S' gegenüber dem gleich orientierten System S mit einer Geschwindigkeit $\boldsymbol{v}_{\mathrm{rel}} = (v_{\mathrm{rel}}, 0, 0)$ dar. Sie beinhalten die folgenden Aussagen:

• Für kleine Relativgeschwindigkeiten mit $v_{\mathrm{rel}} \ll c$ folgt

$$v'_{\mathrm{x}} = v_{\mathrm{x}} - v_{\mathrm{rel}} \qquad v'_{\mathrm{y}} = v_{\mathrm{y}} \qquad v'_{\mathrm{z}} = v_{\mathrm{z}} .$$

Man erhält, wie erwartet, den klassischen Grenzfall, das Additionstheorem der Galileitransformation.

• Es ist nicht möglich, die Lichtgeschwindigkeit zu überschreiten. Diese Aussage kann man am einfachsten durch einige konkrete Beispiele illustrieren.

(i) Der Beobachter S betrachtet eine elektromagnetische Welle, die sich in x-Richtung ausbreitet. Es ist also $\boldsymbol{v} = (c, 0, 0)$. Der Beobachter S' registriert dann

$$v'_{\mathrm{x}} = c \qquad v'_{\mathrm{y}} = v'_{\mathrm{z}} = 0 .$$

Auch der Beobachter S' sieht eine elektromagnetische Welle, die sich mit der Geschwindigkeit c in der x-Richtung ausbreitet (unabhängig von der Größe von v_{rel}).

(ii) Der Lichtstrahl breitet sich aus der Sicht von S in der y-Richtung aus, also ist $\boldsymbol{v} = (0, c, 0)$. Aus dem Additionstheorem folgt für die Geschwindigkeitskomponenten aus der Sicht von S'

$$v'_{\mathrm{x}} = -v_{\mathrm{rel}} \qquad v'_{\mathrm{y}} = \left[c^2 - v_{\mathrm{rel}}^2\right]^{1/2} \qquad v'_{\mathrm{z}} = 0 .$$

Für den Beobachter S' (Abb. 8.8a) hat der Geschwindigkeitsvektor des Lichtstrahls eine (negative) x-Komponente. Der Betrag der Ausbreitungsgeschwindigkeit ist jedoch immer noch die Lichtgeschwindigkeit

$$\left[\sum_i v_{\mathrm{i}}'^2\right]^{1/2} = c .$$

(iii) Ist, wie in (Abb. 8.8b) gezeigt,

$$\boldsymbol{v} = (-c/2, 0, 0) \quad \text{und} \quad \boldsymbol{v}_{\mathrm{rel}} = (c/2, 0, 0) ,$$

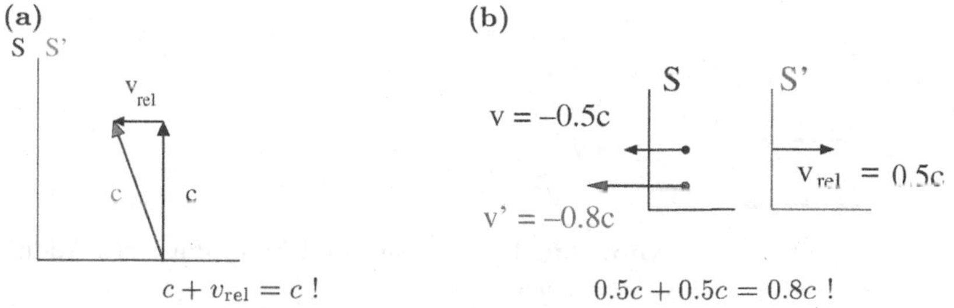

Abb. 8.8. Andeutung des relativistischen Additionstheorems

so ergibt das klassische Additionstheorem für die x-Komponente der Geschwindigkeit aus der Sicht von S' $v'_{\rm x} = -c$. Die relativistische Antwort lautet hingegen

$$v'_{\rm x} = \frac{-c}{1+1/4} = -\frac{4}{5}c \qquad v'_{\rm y} = v'_{\rm z} = 0 \, .$$

Der Beobachter in S' registriert eine Geschwindigkeit, die um 20 % unter dem erwarteten, klassischen Wert liegt.

Allgemein kann man anhand der Geschwindigkeitstransformation zeigen, dass es nicht möglich ist, eine Geschwindigkeit zu erreichen, die größer ist als die Lichtgeschwindigkeit. Das relativistische Additionstheorem erfüllt (per Konstruktion) die Anforderungen der Michelson-Morley Bedingung.

• Die Umkehrung der Geschwindigkeitstransformation lautet

$$v_{\rm x} = (v'_{\rm x} + v_{\rm rel}) \left(1 + \frac{v_{\rm rel} v'_{\rm x}}{c^2}\right)^{-1} \qquad v_{\rm y} = v'_{\rm y} \left[1 - \frac{v_{\rm rel}^2}{c^2}\right]^{1/2} \left(1 + \frac{v_{\rm rel} v'_{\rm x}}{c^2}\right)^{-1}$$

$$v_{\rm z} = v'_{\rm z} \left[1 - \frac{v_{\rm rel}^2}{c^2}\right]^{1/2} \left(1 + \frac{v_{\rm rel} v'_{\rm x}}{c^2}\right)^{-1} \, . \qquad (8.11)$$

Man kann die inverse Geschwindigkeitstransformation also erhalten, indem man die relevanten Größen vertauscht und $v_{\rm rel}$ durch $-v_{\rm rel}$ ersetzt.

• Das Additionstheorem lässt sich experimentell überprüfen. Man betrachtet zu diesem Zweck (Abb. 8.9) eine Lichtquelle, die in Bezug auf das System S' ruht. Die Geschwindigkeit des Lichtes aus der Sicht von S' (z.B. in x-Richtung) ist

$$\boldsymbol{v}' = (c, 0, 0) \qquad c = 2.997925... \cdot 10^{10}\,{\rm cm/s} \, .$$

Für die Geschwindigkeit des Lichtes aus der Sicht von S erwartet man $v_{\rm x,klass} = c + v_{\rm rel}$, falls das klassische Additionstheorem gilt, bzw. $v_{\rm x,relat} = c$ für die relativistische Variante. Damit der Unterschied deutlich wird, muss die Relativgeschwindigkeit einigermaßen groß sein. Das Experiment kann nicht

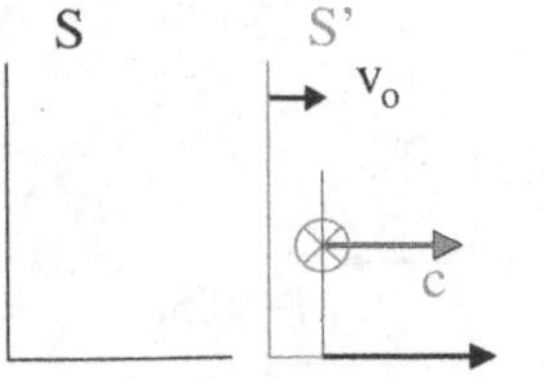

Abb. 8.9. Experiment zur Überprüfung des Additionstheorems

mit einer bewegten Taschenlampe durchgeführt werden. Als Alternative bietet sich die Beobachtung von Elementarteilchenzerfällen an, in denen als Endprodukt elektromagnetische Strahlung auftritt. Ein derartiges Beispiel ist der Zerfall des neutralen π-Mesons (mit einer Lebensdauer von ca 10^{-16} s) in zwei γ-Quanten (einer Form von elektromagnetischer Strahlung)

$$\pi^0 \longrightarrow \gamma + \gamma \,.$$

Experimente mit π-Mesonen, die eine Geschwindigkeit von $v_{\rm rel} = 0.99975\, c$ gegenüber dem Laborsystem hatten, ergaben für die Geschwindigkeit der γ-Quanten in dem Laborsystem $v_{\rm exp} = (2.9977 \pm 0.0004) \cdot 10^{10}\,$cm/s, in krassem Widerspruch zu der klassischen Erwartung von $v_{\rm klass} \approx 6 \cdot 10^{10}\,$cm/s.

Aus der Geschwindigkeitstransformation gewinnt man durch nochmalige Differentiation (nach den relevanten Zeitkoordinaten) die Transformationsgleichungen zwischen den Beschleunigungskomponenten

$$a_{\rm x} = \frac{{\rm d}v_{\rm x}}{{\rm d}t} \quad \ldots \qquad a'_{\rm x} = \frac{{\rm d}v'_{\rm x}}{{\rm d}t'} \quad \ldots \,.$$

Man benutzt dazu die Kettenregel, so z.B. für

$$\frac{{\rm d}v'_{\rm x}}{{\rm d}t'} = \frac{{\rm d}v'_{\rm x}}{{\rm d}t}\frac{{\rm d}t}{{\rm d}t'} \,.$$

Der erste Faktor wird mit dem Additionstheorem ausgewertet

$$\frac{{\rm d}v'_{\rm x}}{{\rm d}t} = \frac{\rm d}{{\rm d}t}\left(\frac{v_{\rm x} - v_{\rm rel}}{1 - (v_{\rm rel}v_{\rm x})/c^2}\right) = \frac{\left(1 - (v_{\rm rel}/c)^2\right)}{\left(1 - (v_{\rm rel}v_{\rm x})/c^2\right)^2}\, a_{\rm x} \,.$$

Für den zweiten Faktor erhält man aus der Lorentztransformation

$$\frac{{\rm d}t}{{\rm d}t'} = \frac{{\rm d}t}{\gamma\,(-(\beta {\rm d}x)/c + {\rm d}t)} = \frac{\left[1 - (v_{\rm rel}/c)^2\right]^{1/2}}{(1 - (v_{\rm rel}v_{\rm x})/c^2)} \,.$$

Insgesamt findet man somit für die x-Komponente der Beschleunigung (und ein entsprechendes Resultat für die anderen Komponenten)

$$a'_{\rm x} = \frac{\left[1 - (v_{\rm rel}/c)^2\right]^{3/2}}{\left(1 - (v_{\rm rel}v_{\rm x})/c^2\right)^3}\, a_{\rm x} \,. \tag{8.12}$$

Die Transformationsformel für die Beschleunigungskomponenten ist um einiges komplizierter als der entsprechende klassische Grenzfall. Eine weitere Diskussion der Beschleunigung in der relativistischen Physik soll jedoch bis zu der Diskussion der relativistischen Bewegungsgleichungen in Kap. 8.4.3 zurückgestellt werden.

Die Aussagen, die man neben dem Additionstheorem der Geschwindigkeiten aus der Lorentztransformation herauslesen kann, werden oft als erstaunlich bezeichnet, da sie der alltäglichen Erfahrung zu widersprechen scheinen. Sie sind jedoch ebenfalls in Experimenten bestätigt worden. Die Bezeichnung 'relativ' wird besonders verdeutlicht, wenn man die Frage nach einem Vergleich von Zeitskalen und Maßstäben aus der Sicht von verschiedenen Inertialsystemen stellt. Der Vergleich von Maßstäben bringt das Phänomen der Lorentzkontraktion ins Spiel.

8.2.2 Die Lorentzkontraktion

Ein 'Maßstab', der in Bezug auf das System S' ruht, ist entlang der x'-Richtung orientiert (Abb. 8.10). Sein Anfangs- bzw. Endpunkt hat die Koordinaten x'_a bzw. x'_b. Seine Länge aus der Sicht von S' ist also

$$x'_b - x'_a \equiv l_0(S') \,.$$

Der Index 0 gibt an, dass der Maßstab in diesem System ruht.

Die offensichtliche Frage lautet: Welche Länge des Maßstabs registriert man aus der Sicht von S, wenn das System S' sich mit der Geschwindigkeit $v_{\rm rel}$ in der gemeinsamen x-Richtung gegenüber S bewegt. Die Antwort ergibt sich aus der Lorentztransformation. Für die Endpunkte des Maßstabs gilt in dem System S

$$x_a = \gamma(x'_a + v_{\rm rel}t'_a) \qquad x_b = \gamma(x'_b + v_{\rm rel}t'_b) \,.$$

Da in der Lorentztransformation Ort und Zeit auf intime Weise verknüpft sind, muss man auch die entsprechenden Zeitgleichungen betrachten

$$ct_a = \gamma(ct'_a + \beta x'_a) \qquad ct_b = \gamma(ct'_b + \beta x'_b) \,.$$

Die gesuchte Umrechnungsformel für die Längen des Maßstabs folgt aus diesen vier Transformationsgleichungen unter Berücksichtigung der wichtigen

Abb. 8.10. Zur Lorentzkontraktion

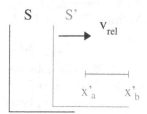

Aussage: Um die Länge des Maßstabs aus der Sicht des Systems S zu bestimmen, muss ein Beobachter in S die beiden Endpunkte zur gleichen Zeit wahrnehmen. Die Länge des Maßstabs aus der Sicht von S wird also durch (keine Indizierung von l, da sich der Maßstab bewegt)

$$l(S) = x_b - x_a$$

mit der Nebenbedingung

$$t_a - t_b = 0$$

definiert. Aus der Zeittransformation folgt für die Nebenbedingung

$$c(t'_b - t'_a) + \beta(x'_b - x'_a) = 0\,.$$

Für die Länge des Maßstabs gilt nach der Lorentztransformation zunächst

$$l(S) = x_b - x_a = \gamma(x'_b - x'_a) + \gamma v_{\rm rel}(t'_b + t'_a)\,.$$

Einsetzen der Nebenbedingung ergibt

$$l(S) = \left[1 - (v_{\rm rel}/c)^2\right]^{1/2} l_0(S') \tag{8.13}$$

oder in kompakter Form

$$l(S) = \gamma^{-1} l_0(S')\,.$$

Eine kürzere Herleitung dieser Formel geht von der Umkehrtransformation

$$x'_b = \gamma(x_b - v_{\rm rel}t_b) \qquad x'_a = \gamma(x_a - v_{\rm rel}t_a)$$

aus. Fordert man Gleichzeitigkeit der Messung der Endpunkte ($t_b = t_a$) in dem System S, so folgt

$$l_0(S') = x'_b - x'_a = \gamma(x_b - x_a) = \left[1 - (v_{\rm rel}/c)^2\right]^{-1/2} l(S)$$

oder wieder

$$l(S) = \gamma^{-1} l_0(S')\,.$$

Das Ergebnis besagt: Ein Maßstab, der sich in seiner Längsrichtung mit der Geschwindigkeit $v_{\rm rel}$ bewegt, erscheint verkürzt. Diese Verkürzung bezeichnet man als **Lorentzkontraktion**.

Wegen der Aussage $y' = y$ bzw. $z' = z$ folgt, dass die Verkürzung nur in der Bewegungsrichtung auftritt. Ein Volumen, das in dem Ruhesystem die Größe V_0 hat, erscheint verkleinert, wenn es sich mit der Geschwindigkeit $v_{\rm rel}$ bewegt. Die Kontraktion des Volumens V_0 zu einem Volumen V wird durch

$$V = V_0 \left[1 - (v_{\rm rel}/c)^2\right]^{1/2} \tag{8.14}$$

beschrieben. Die Bewegungsrichtung spielt dabei keine Rolle. Die Längen- bzw. Volumenkontraktion ist die einzige Konsequenz der Lorentztransformation, die noch nicht experimentell überprüft worden ist. Makroskopische Objekte kann man nicht auf genügend hohe Geschwindigkeiten bringen, damit der Kontraktionseffekt messbar wird. Bei mikroskopischen Objekten ist die Längenmessung nicht einfach. Gerade wegen der fehlenden Bestätigung gibt es eine umfangreiche Literatur zu dem Thema Volumenkontraktion. Eine der Fragen, die in diesem Zusammenhang besprochen wird, lautet: Wie würde ein reelles Objekt (z.B. ein Fahrrad) aussehen, wenn es mit $0.99\,c$ an einem Beobachter vorbeifährt (Abb. 8.11a)? Nach den obigen Betrachtungen würde man eine Verkürzung in Bewegungsrichtung erwarten (Abb. 8.11b). Für eine vollständige Diskussion muss man jedoch den Sehprozess genauer analysieren. Das Auge konstruiert ein Bild aus allen Strahlen, die zu einem Zeitpunkt auf das Auge treffen. Für ein ausgedehntes Objekt haben entferntere Punkte eine längere Laufzeit. Die Kombination des Laufzeiteffektes mit der Lorentzkontraktion ergibt eine Kontraktion sowie eine Drehung des Objektes. Die Betrachtung ist natürlich trotzdem akademisch. Ein Auge wäre nicht in der Lage, das Bild aufzulösen, wenn ein Objekt mit $0.99\,c$ an dem Auge vorbeirauscht.

Für das reziproke Problem, der Maßstab ruht in dem Inertialsystem S, findet man die Transformationsformel für die Länge des Maßstabes[6] aus der Sicht von S'

$$l(S') = l_0(S)\left[1 - (v_{\rm rel}/c)^2\right]^{1/2} . \qquad (8.15)$$

Es ist immer der bewegte Maßstab, der verkürzt erscheint.

Da Ort und Zeit in der Relativitätstheorie unweigerlich verknüpft sind, muss es zu der Lorentzkontraktion ein zeitliches Pendant geben.

(a) (b)

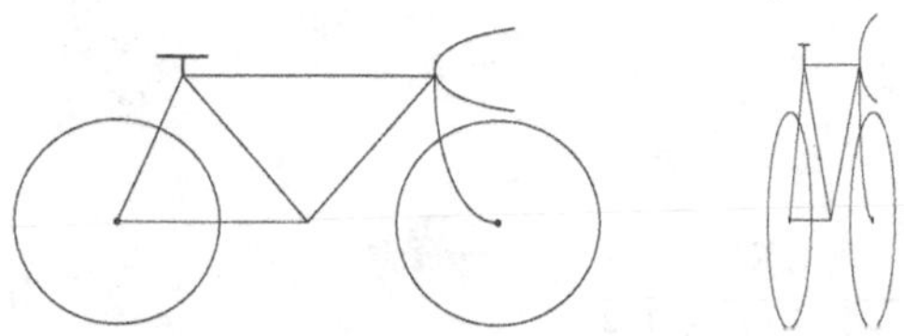

das ruhende Fahrrad — das schnell bewegte Fahrrad

Abb. 8.11. Lorentzkontraktion in der Makrowelt?

8.2.3 Die Zeitdilatation

Die Herleitung der zuständigen Formel für den Vergleich von Zeitintervallen aus der Sicht von zwei gegeneinander bewegten Inertialsystemen soll ebenfalls im Detail betrachtet werden. Zur Diskussion steht ein physikalischer Vorgang (z.B. die Schwingung einer Feder), der sich aus der Sicht von S' an einem

[6] Die Herleitung bleibt dem Leser überlassen. Der springende Punkt ist bei dieser Variante, dass der Beobachter S' die Endpunkte des Maßstabes aus seiner Sicht zur gleichen Zeit registrieren muss.

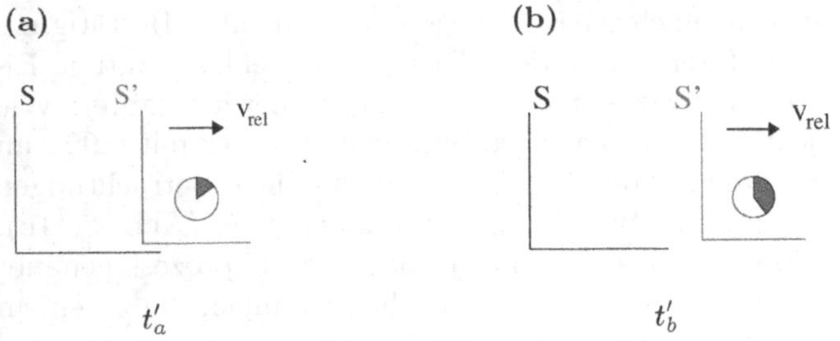

Abb. 8.12. Zur Zeitdilatation

festen Ort abspielt. Er beginnt zur Zeit t'_a und endet zur Zeit t'_b (Abb. 8.12). Aus der Sicht von S' ist die Dauer des Vorgangs

$$\tau_0(S') = t'_b - t'_a \,.$$

Der Index 0 bedeutet in diesem Fall, dass der Zeitablauf in dem jeweiligen System an einem festen Ort stattfindet.

Die Frage lautet: Welches Zeitintervall registriert ein Beobachter in dem System S für diesen Vorgang? Zur Antwort benutzt man die Gleichungen

$$ct_a = \gamma(ct'_a - \beta x'_a) \qquad ct_b = \gamma(ct'_b - \beta x'_a) \,.$$

Bei dieser Angabe wurde die Voraussetzung eingebracht, dass der Vorgang an der Stelle x'_a (aus der Sicht von S') abläuft. Aus den beiden Gleichungen erhält man direkt

$$c(t_b - t_a) = \gamma c(t'_b - t'_a)$$

oder

$$\tau(S) = t_b - t_a = \gamma\tau_0(S') = \frac{\tau_0(S')}{[1 - (v_{\rm rel}/c)^2]^{1/2}} \,. \tag{8.16}$$

Ein Beobachter in S registriert für den gleichen Vorgang ein Zeitintervall, das um den Faktor γ vergrößert ist. Dies ist die Grundaussage zu der **Zeitdilatation.**

Betrachtet man die restlichen Transformationsgleichungen (mit $x'_b = x'_a$)

$$x_a = \gamma(x'_a + v_{\rm rel}t'_a) \qquad x_b = \gamma(x'_a + v_{\rm rel}t'_b) \,,$$

so kann man die Strecke, um die sich der 'experimentelle Aufbau' in dem Zeitintervall $\tau(S)$ aus der Sicht von S bewegt hat, berechnen. Wie zu erwarten, findet man

$$x_b - x_a = \gamma v_{\rm rel}\tau_0(S') = v_{\rm rel}\tau(S) \,.$$

Auch in dem Fall der Zeitdilatation kann man die reziproke Situation betrachten. Ein Vorgang der Dauer $\tau_0(S)$ an einem festen Ort aus der Sicht von S hat aus der Sicht von S' die Dauer

$$\tau(S') = \gamma\tau_0(S) \ . \tag{8.17}$$

Beide Aussagen zu der Zeitdilatation fasst man oft in dem prägnanten Satz zusammen:

Bewegte Uhren gehen langsamer.

Die Zeitdilatation wurde experimentell überprüft. Ein oft zitiertes Experiment ist die verlängerte Lebensdauer von bewegten μ-Mesonen. Das μ-Meson ist ein instabiles Elementarteilchen, das (hauptsächlich) gemäß der Reaktionsgleichung

$$\mu^{\pm} \longrightarrow \mathrm{e}^{\pm} + \nu_{\mu} + \tilde{\nu}_{\mathrm{e}}$$

in ein Elektron, bzw. Positron und zwei Neutrinos (genauer ein Neutrino und ein Antineutrino) zerfällt. Die mittlere Lebensdauer eines ruhenden (bzw. genügend langsamen) μ-Mesons ist $\tau_0 = 2.2 \cdot 10^{-6}\,\mathrm{s}$. In den Randgebieten der Atmosphäre werden μ-Mesonen durch eine Reaktionskette, die von kosmischer Strahlung initiiert wird, erzeugt

$$\begin{aligned}\text{kosm. Strahlung} + \text{Materie} &\longrightarrow \pi^{\pm}\text{-Mesonen } (\tau_0 = 10^{-8}\,\mathrm{s}) \\ &\longrightarrow \mu^{\pm}\text{-Mesonen.}\end{aligned}$$

Der Enstehungsort der $\mu^{\pm}$-Mesonen liegt ungefähr 10 bis 20 Kilometer über der Erdoberfläche. Die einfallende kosmische Strahlung ist sehr energiereich, so dass die letztlich erzeugten μ-Mesonen eine hohe mittlere Geschwindigkeit haben

$$\bar{v}_{\mu} \approx 0.995\,c \,.$$

Berechnet man die mittlere Laufstrecke der μ-Mesonen bei dieser Geschwindigkeit, so findet man

$$x = \bar{v}_{\mu}\tau_0 \approx c\tau_0 = 3 \cdot 10^8 \ \cdot 2.2 \cdot 10^{-6}\,\mathrm{m} = 660\,\mathrm{m} \ .$$

Eine Entfernung von 15 Kilometern entspricht somit ungefähr 23 mittleren Lebensdauern. Da der radioaktive Zerfalls gemäß der Formel

$$n(t) = n_0\,\mathrm{e}^{-t/\tau_0}$$

abläuft, errechnet man, dass auf der Erdoberfläche bezogen auf eine Zeiteinheit

$$n(23\tau_0) = n_0\,\mathrm{e}^{-23} \approx \frac{n_0}{10^{10}} \,,$$

also praktisch keine μ-Mesonen als Folgeprodukt der kosmischen Strahlung registriert werden sollten. Experimentell findet man jedoch einen deutlichen Fluss von μ-Mesonen.

Der Widerspruch wird aufgelöst, wenn man berücksichtigt, dass das μ-Meson aus der Sicht des 'Inertialsystems Erde' nicht ruht. In diesem System hat es bei der Geschwindigkeit $v_{\mathrm{rel}} = v_{\mu} \approx 0.995\,c$ die Lebensdauer

$$\tau = \frac{\tau_0}{[1 - (0.995)^2]^{1/2}} \approx 10\,\tau_0 \,.$$

Aus der Sicht des Erdsystems leben die μ-Mesonen im Mittel zehn mal so lang und legen dabei eine Strecke von 6.6 km zurück. Die Zahl der μ-Mesonen, die auf der Erdoberfläche registriert werden, ist in diesem Fall (bezogen auf die gleiche Zeiteinheit wie zuvor)

$$n(2.3\tau_0) = n_0 \mathrm{e}^{-2.3} \approx \frac{n_0}{10} \,,$$

in guter Übereinstimmung mit experimentellen Ergebnissen[7].

Der entsprechende Effekt wurde für eine Reihe von weiteren instabilen Elementarteilchen bestätigt[8]. Der Zeitdilatationseffekt konnte auch für makroskopische Uhren in Raketen bestätigt werden. Dies ist wegen der sehr hohen Ganggenauigkeit von Cäsium-Atomuhren ($\pm 10^{-9}$ Sekunden/Tag) möglich geworden.

Eine weitere Geschichte im Rahmen der Diskussion der Zeitdilatation, die zu einigen Kontroversen geführt hat, ist das **Zwillingsparadox**: Da der Mensch ebenfalls eine Art von Uhr darstellt, kann man die folgende Überlegung anstellen: Bewegt sich eine Person immer (geradlinig) mit (uniformer und) hoher Geschwindigkeit, so lebt diese Person aus der Sicht der ruhenden Zeitgenossen länger. Die Person selbst hat wenig davon: Ihre eigene Uhr (τ_0) endet im Mittel nach der normalen Lebensdauer. Die Angelegenheit kann kontrovers diskutiert werden, wenn man die Lebenszeit von Zwillingen, einem Weltraumfahrer und einem Erdbewohner, vergleicht: Zwilling Z_1 bleibt auf der Erde, Z_2 reist mit einer extrem schnellen Rakete in den Weltraum und kehrt zu der Erde zurück. Es wird dann folgendermaßen argumentiert: Der Erdzwilling sagt, dass sein Bruder sich mit der Geschwindigkeit $v_{\mathrm{rel}} \approx c$ bewegt. Er behauptet also, dass dieser (aus seiner Sicht) jünger ist. Der Weltraumzwilling kann natürlich eine entsprechende Bemerkung über seinen Bruder machen und behaupten, dass dieser sich mit $v_{\mathrm{rel}} \approx c$ (in der entgegengesetzten Richtung) bewegt hat und somit jünger ist.

Zur Auflösung des Paradoxons muss man die Situation mit Hilfe der allgemeinen Relativitätstheorie analysieren, obschon eine differenzierte Argumentation im Rahmen der speziellen Relativitätstheorie möglich ist. Neben der Beschleunigung bei dem Start und der Landung ist zur Bewegungsumkehr des Zwillings Z_2 eine weitere Beschleunigung notwendig. Die Argumentation auf der Basis der speziellen Relativitätstheorie, in der nur uniform gegeneinander bewegte Bezugssysteme betrachtet werden, ist nicht vollständig schlüssig. Der Zwilling Z_1 befindet sich (in guter Näherung) in einem Inertialsystem, der

[7] Es wurde der Fluss von μ-Mesonen in verschiedenen Höhen verglichen.

[8] Eine Zusammenfassung findet man z.B. in Bailey et al., Nature Vol. 268 (1971), S. 301.

Zwilling Z_2 nicht. Die Symmetrie, die in dem obigen Argument vorausgesetzt wird, ist nicht gegeben[9].

Einen weiteren Einblick in die Struktur der (speziellen) Relativitätstheorie gewinnt man nach der Aufbereitung der zugehörigen mathematischen Sprache. Diese nimmt Bezug auf einen nichteuklidischen Raum, den Minkowskiraum.

8.3 Der Minkowskiraum

8.3.1 Definition

In der Relativitätstheorie sind Ort (x, y, z) und Zeit (t) auf der gleichen Ebene zu behandeln. Aus diesem Grund ist es zweckmäßig, physikalische Vorgänge in einem vierdimensionalen Raum zu beschreiben, der die Ortskoordinaten und die Zeitkoordinate ct vereinigt. Üblicherweise wird ein vierdimensionaler Raum über dem Bereich der reellen Zahlen (Bezeichnungen sind $\mathcal{R}(4)$ oder $\mathcal{R}_4$) durch vier zueinander senkrechte Einheitsvektoren

$$\boldsymbol{e}_1\,,\ \boldsymbol{e}_2\,,\ \boldsymbol{e}_3\,,\ \boldsymbol{e}_4$$

aufgespannt. Die Metrik des Raumes wird durch die Skalarprodukte

$$(\boldsymbol{e}_i \cdot \boldsymbol{e}_k) = \delta_{ik} \qquad i, k = 1, \ldots, 4$$

festgelegt. Ein beliebiger Vektor in dem Raum

$$\boldsymbol{r} = \sum_{i=1}^{4} x_i \boldsymbol{e}_i$$

hat dann die Länge bzw. das Längenquadrat

$$\boldsymbol{r}^2 = x_1^2 + x_2^2 + x_3^2 + x_4^2\,.$$

Einen Raum mit dieser Metrik bezeichnet man als **euklidisch**. Euklidische Räume mit reellen Koordinaten sind zur Fassung der Relativitätstheorie nicht geeignet. Eine Möglichkeit, die erforderliche Raum-Zeit Struktur wiederzugeben, besteht in einer alternativen Festlegung der Metrik. Man identifiziert z.B. die Koordinaten mit

$$x_0 = ct \quad x_1 = x \quad x_2 = y \quad x_3 = z \tag{8.18}$$

und fordert

[9] Interessierte können verschiedene Beiträge zu dem Thema Zwillingsparadoxon in der Zeitschrift ‘American Journal of Physics‘, z.B. dem Beitrag von R. Perrin, ‘Twin paradox: A complete treatment from the point of view of each twin‘ Am. J. Phys. Vol. 47 (1979), S. 317) einsehen. Eine Liste mit mehr als 200 Literaturzitaten ist in dem Buch von L. Marder, ‘Reisen durch die Raum-Zeit‘ enthalten.

$$(\boldsymbol{e}_\mu \cdot \boldsymbol{e}_\nu) = g_{\mu\nu} \qquad \mu, \nu = 0, 1, 2, 3 \tag{8.19}$$

mit dem **metrischen Tensor**

$$(g_{\mu\nu}) = \begin{pmatrix} -1 & 0 & 0 & 0 \\ 0 & 1 & 0 & 0 \\ 0 & 0 & 1 & 0 \\ 0 & 0 & 0 & 1 \end{pmatrix} . \tag{8.20}$$

Anschaulich gesprochen stehen die vier Basisvektoren immer noch senkrecht aufeinander, eine der 'Elementarlängen' ist jedoch negativ. Einen Raum mit einer solchen Metrik bezeichnet man als **pseudoeuklidisch**. Die Frage warum man an einer derartigen Metrik interessiert ist, ist einfach zu beantworten. Für einen Vektor der Form

$$\boldsymbol{r} = ct\,\boldsymbol{e}_0 + x\,\boldsymbol{e}_1 + y\,\boldsymbol{e}_2 + z\,\boldsymbol{e}_3$$

gilt

$$\boldsymbol{r}^2 = \sum_{\nu,\mu=0}^{3} g_{\mu\nu}\, x_\mu x_\nu = -c^2t^2 + x^2 + y^2 + z^2 .$$

Dies entspricht der Michelson-Morley Bedingung (8.5), die als Ausgangspunkt für die Aufstellung der Lorentztransformation benutzt wurde. Einen durch die Metrik (8.20) definierten Raum bezeichnet man als einen vierdimensionalen **Minkowskiraum**. Übliche Charakterisierungen sind $\mathcal{M}_4$ oder $\mathcal{M}(1,3)$, wobei die zweite Notationsvariante die Sequenz von Zeitkoordinate und Raumkoordinaten anspricht[10].

Es ist nicht einfach, in vierdimensionalen Räumen eine geometrische Anschauung zu entwickeln. Aus diesem Grund wird oft der Spezialfall der Relativbewegung in der x-Richtung herangezogen, um eine Vorstellung von der Minkowskiwelt zu entwickeln. Die y- und z-Koordinaten sind dann uninteressant, so dass man sich auf eine zweidimensionale Raum-Zeit Welt $\mathcal{M}(1,1)$ beschränken kann. Ein derartiger Raum wird aus der Sicht eines Inertialsystems S von den Koordinaten

$$x_0 = ct \qquad x_1 = x \qquad \text{mit} \quad (g_{\mu\nu}) = \begin{pmatrix} -1 & 0 \\ 0 & 1 \end{pmatrix}$$

aufgespannt. Die Koordinaten können (trotz der pseudoeuklidischen Metrik) durch ein orthogonales Koordinatenzweibein dargestellt werden, man muss jedoch die Auswirkungen der Metrik (siehe Kap. 8.3.2) im Auge behalten. Man bezeichnet eine derartige Veranschaulichung der Minkowskiwelt als

[10] Triviale Varianten wie z.B. eine Durchzählung mit x_4 anstelle von x_0 für die Zeitkoordinate oder einer Metrik mit $g'_{ik} = -g_{ik}$ sind in der Literatur zu finden. Bevor man einschlägige Formeln benutzt, ist es ratsam, die Definition der Koordinaten und der Metrik zu überprüfen.

Minkowskidiagramm. Jeder Punkt der x_1 - x_0 Ebene wird, in dem Jargon der Relativitätstheorie, als **Ereignis** bezeichnet. Ein Ereignis entspricht z.B. der Aussage: Ein Massenpunkt befindet sich zu der Zeit t an der Stelle x (Abb. 8.13a). Die Zeitentwicklung eines Massenpunktes wird durch Kurven in dem (zweidimensionalen) Minkowskiraum beschrieben. Diese Kurven bezeichnet man als **Weltlinien**. Die Bewegung eines Teilchen, das sich (aus der Sicht des Systems S) zu der Zeit $t = 0$ an der Stelle $x = 0$ befindet und das sich gleichförmig mit der Geschwindigkeit $+v$ bewegt, wird durch eine Gerade durch den Ursprung mit der Steigung

$$\tan\alpha = \frac{ct}{x} = \frac{c}{v} > 1$$

beschrieben (Abb. 8.13a). Im Allgemeinen sind die Weltlinien (WL) gekrümmte Kurven.

Ein Lichtstrahl, der zur Zeit $t = 0$ den Ursprung passiert, wird bei einer Bewegung in die $\pm x$-Richtung durch Geraden mit der Steigung ± 1 charakterisiert. Diese Geraden nennt man die **Lichtlinien** (LL). Da die Lichtgeschwindigkeit eine Grenzgeschwindigkeit für alle Objekte und Signale ist, kann man die folgende Aussage machen: Stellt der Ursprung die momentane Gegenwart dar, so gilt: Alle Objekte und Signale, die *jetzt* den Ursprung passieren, müssen Weltlinien besitzen, die in der Vergangenheit ($t < 0$) in dem unteren, grau schraffierten Gebiet der Abb. 8.13a liegen. In der Zukunft können sie nur in dem oberen schraffierten Gebiet verlaufen. Ereignisse in den Nebenflächen sind von dem Ursprung aus nicht zugänglich, falls dieser die momentane Gegenwart darstellt. Die Lichtlinien trennen also in Bezug auf die momentane Gegenwart kausal verknüpfbare Ereignisse von den kausal nicht damit verknüpfbaren Ereignissen.

Betrachtet man ein Ereignis $P_0 = (ct_0, x_0, y_0)$ in einem $\mathcal{M}(1,2)$, das die momentane Gegenwart darstellen soll, so sind die Lichtlinien durch eine Trennfläche, den **Lichtkegel** durch P_0 mit einem Öffnungswinkel von 45° zu ersetzen (Abb. 8.13b). Der Innenbereich des Kegels enthält kausal mit P_0 verknüpfbare Ereignisse, wobei die untere Hälfte die Vergangenheit und die obere

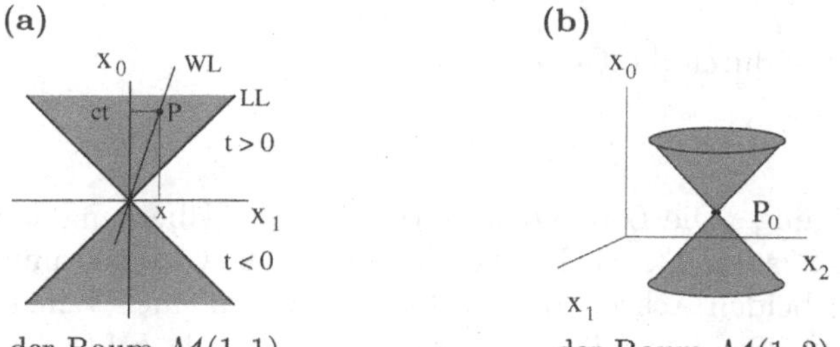

der Raum $\mathcal{M}(1,1)$ der Raum $\mathcal{M}(1,2)$

Abb. 8.13. Darstellung der Minkowskiwelt

Hälfte die Zukunft darstellt. Der Außenbereich des Kegels besteht aus Ereignissen, die nicht kausal mit P_0 zusammenhängen. Der vierdimensionale Raum $\mathcal{M}(1,3)$ wird, bezogen auf einen Gegenwartspunkt $P_0 = (ct_0, x_0, y_0, z_0)$, durch ein dreidimensionales Gebilde, den **Hyperlichtkegel**, in kausal mit P_0 verknüpfbare bzw. kausal damit nicht verknüpfbare Ereignisse unterteilt.

Zur Charakterisierung der kausalen Verknüpfbarkeit von zwei Punkten P und P_0 des $\mathcal{M}(1,3)$ benutzt man das Quadrat des Abstandes

$$s^2 = -c^2 (t - t_0)^2 + (x - x_0)^2 + (y - y_0)^2 + (z - z_0)^2 \tag{8.21}$$

mit der folgenden Nomenklatur (bezogen auf den Gegenwartspunkt P_0)

- Punkte P, für die $s^2 = 0$ ist, liegen auf dem Hyperlichtkegel durch P_0.
- Ist $s^2 < 0$, so bezeichnet man die Punkte P als **zeitartig** (bzgl. P_0). Sie beschreiben kausal mit P_0 verknüpfbare Ereignisse.
- Ist $s^2 > 0$, so bezeichnet man die Punkte P als **raumartig**. Sie beschreiben Ereignisse, die nicht kausal mit P verknüpfbar sind.

Zu beachten ist, dass diese Definitionen von der festgelegten Metrik abhängen. So würde man z.B. bei einer Festlegung der Metrik mit $g'_{ik} = -g_{ik}$ Punkte mit $s^2 < 0$ als raumartig bezeichnen.

8.3.2 Darstellung der Lorentztransformation

Um die Lorentztransformation zu veranschaulichen, geht man von den Transformationsgleichungen (8.8) aus, die in der $\mathcal{M}(1,1)$-Welt die Form

$$x'_0 = \gamma(-\beta x_1 + x_0) \qquad x'_1 = \gamma(x_1 - \beta x_0)$$

haben. Die Koordinatenachsen des Inertialsystems S' können aus der Sicht des Systems S folgendermaßen charakterisiert werden: Die $x'_0(= ct')$-Achse wird durch die Angabe $x'_1 = 0$, die $x'_1(= x')$-Achse entsprechend durch $x'_0 = 0$ beschrieben. Gemäß den Transformationsgleichungen wird die x'_0-Achse somit aus der Sicht des Systems S durch die Gerade

$$x_0 = \frac{c}{v_{\rm rel}} x_1$$

beschrieben, die x'_1-Achse durch die Gerade

$$x_0 = \beta x_1 = \frac{v_{\rm rel}}{c} x_1$$

mit der reziproken Steigung. Die Lorentztransformation, der Übergang von dem System S zu dem System S', wird somit in dem Minkowskidiagramm durch eine Drehung der beiden Achsen $x_0 = ct$ und $x_1 = x$ um einen Winkel α mit $\tan\alpha = v_{\rm rel}/c$ auf die Lichtlinie zu veranschaulicht (Abb. 8.14). Die gedrehten Achsen entsprechen den Koordinatenachsen $x'_0 = ct'$ und $x'_1 = x'$ des Systems S' aus der Sicht des Systems S.

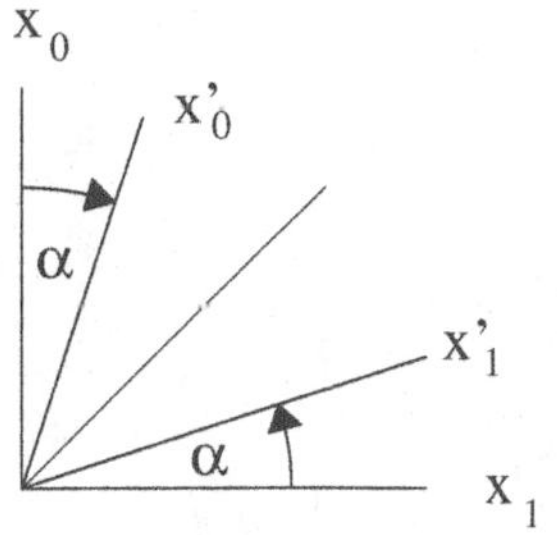

Abb. 8.14. Darstellung einer Lorentztransformation in der $\mathcal{M}(1,1)$-Welt: pseudoeuklidische Koordinaten

Diese graphische Darstellung der (einfachen) Lorentztransformation in einem Minkowskidiagramm kann formal begründet werden. Man definiert die folgenden Funktionen des Drehwinkels α

$$\cosh\alpha = \gamma = \frac{1}{[1-(v_{\rm rel}/c)^2]^{1/2}} \qquad \sinh\alpha = \beta\gamma = \frac{v_{\rm rel}}{c\,[1-(v_{\rm rel}/c)^2]^{1/2}}\,,$$

die die Grundrelation

$$\cosh^2\alpha - \sinh^2\alpha = 1$$

für die hyperbolischen Funktionen erfüllen. Man erkennt in den umgeschriebenen Transformationsgleichungen

$$x'_0 = (\cosh\alpha)x_0 - (\sinh\alpha)x_1 \qquad x'_1 = -(\sinh\alpha)x_0 + (\cosh\alpha)x_1$$

eine gewisse Ähnlichkeit mit den Transformationsgleichungen für eine gewöhnliche Drehung, nur treten anstelle der trigonometrischen Funktionen hyperbolische Funktionen auf. Diese Konsequenz der pseudoeuklischen Metrik der Minkowskiwelt äußert sich in der Drehung in Richtung der Lichtlinie anstelle einer normalen Drehung der beiden Achsen.

Anhand der beschriebenen, graphischen Darstellung der Lorentztransformation kann man die daraus folgenden Phänomene anschaulich illustrieren. Um die Koordinaten eines Ereignisses aus der Sicht jedes der beiden Inertialsysteme in einem Minkowskidiagramm abzulesen, konstruiert man die jeweiligen Achselparallelen (Abb. 8.15a). Die Schnittpunkte der Achsenparallelen mit den komplementären Koordinatenachsen entsprechen den jeweiligen Koordinaten. Es gelten z.B. die folgenden Aussagen: Zwei Ereignisse, die für einen Beobachter in S am gleichen Ort stattfinden, liegen auf einer Geraden parallel zur x_0-Achse (Abb. 8.15b). Für einen in Beobachter S' finden sie (natürlich) an verschiedenen Orten statt, da sich das System S' relativ zu S bewegt. Zwei Ereignisse, die für einen Beobachter in S' gleichzeitig sind, liegen auf Parallelen zur x'_1-Achse (Abb. 8.16a). Man liest an dem Diagramm direkt ab, dass sie für den Beobachter S nicht gleichzeitig sind.

Betrachtet man einen Maßstab der Länge $l_0(S')$, der in dem System S' ruht und der entlang der x'_1-Achse orientiert ist, so sind die Weltlinien der Endpunkte Parallelen zur x'_0-Achse (Abb. 8.16b). Bestimmt ein Beobachter in S die Länge dieses Maßstabes, so müssen die Endpunkte aus dessen

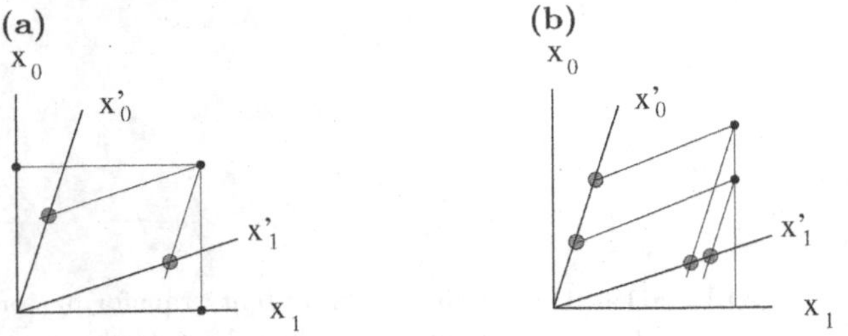

Koordinaten — gleicher Ort in S

Abb. 8.15. Vergleich von Ereignissen in der $\mathcal{M}(1,1)$-Welt

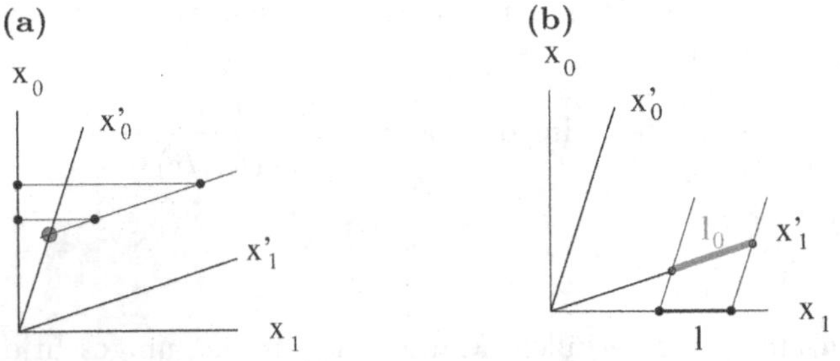

Gleichzeitigkeit in S' — Maßstäbe

Abb. 8.16. Vergleich von Ereignissen in der $\mathcal{M}(1,1)$-Welt

Sicht zur gleichen Zeit betrachtet werden. Die geforderte Gleichzeitigkeit ist gegeben, wenn die Weltlinien der Endpunkte des Maßstabes die x_1-Achse schneiden. Man erkennt in dem Diagramm in direkter Weise die Lorentzkontraktion.

Die Betrachtung ist jedoch nicht vollständig. Die Koordinatenachsen müssen mit einer Skala versehen werden. Man kann eine Skala auf den x_0- und x_1-Achsen vorgeben, muss diese aber in korrekter Weise auf die x_0'- und x_1'-Achsen übertragen (oder umgekehrt). Zur Kalibrierung der Achsen benutzt man die invariante Größe

$$s^2 = {x_0'}^2 - {x_1'}^2 = x_0^2 - x_1^2 \, .$$

Wählt man $s = 1$, so ist $x_0^2 - x_1^2 = 1$ eine Hyperbel, die durch den Punkt $(x_0, x_1) = (1, 0)$ verläuft und die die Lichtlinien als Asymptoten hat. Der Schnittpunkt dieser Eichhyperbel mit der x_0'-Achse liefert wegen $(x_0')^2 - 0 = 1$ eine Strecke der Länge 1 auf der x_0'-Achse. Die gleiche Skala muss man dann auf die x_1'-Achse übertragen (Abb. 8.17a). Nach dieser Skalenübertragung kann man (im Prinzip) die Lorentzkontraktion an dem Minkowskidiagramm in der $\mathcal{M}(1,1)$-Welt quantitativ ablesen.

Eine entsprechende Betrachtung ist für die Zeitdilatation möglich, so z.B. für den Fall, dass eine 'Uhr' in dem System S' ruht und ein Zeitintervall $\tau_0(S')$ markiert (Abb. 8.17b). Man kann an dem Minkowskidiagramm (jedoch nur

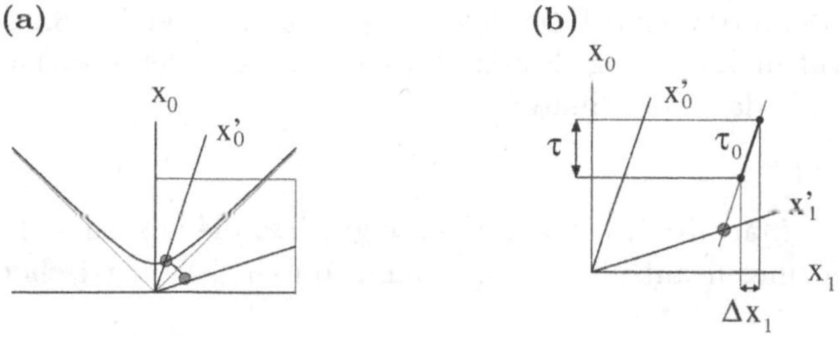

Skalenübertragung ruhende Uhr in S'

Abb. 8.17. Vergleich von Ereignissen in der $\mathcal{M}(1,1)$-Welt

mit Skalenübertragung) die Länge des Zeitintervalls $\tau(S)$ in dem System S, sowie die Strecke Δx_1, um die sich die Uhr aus der Sicht von S in der Zeit $\tau(S)$ bewegt, ablesen.

8.3.3 Formale Fassung I: Ko- und kontravariante Koordinaten

Entsprechend der Diskussion von Vektorräumen in der euklidischen Welt ist es nützlich, die pseudoeuklidische Welt formal zu fassen. Eine Möglichkeit ist die Benutzung der Minkowskikoordinaten

$$x_0 = ct \qquad x_1 = x \qquad x_2 = y \qquad x_3 = z$$

in Verbindung mit der pseudoeuklidischen (schiefwinkligen) Metrik

$$(g_{\mu\nu}) = \begin{pmatrix} -1 & 0 & 0 & 0 \\ 0 & 1 & 0 & 0 \\ 0 & 0 & 1 & 0 \\ 0 & 0 & 0 & 1 \end{pmatrix} .$$

Diese Option wird in diesem Abschnitt in geraffter Form skizziert. Eine ausführlichere Darstellung findet man in Math.Kap. 5.4.1. Eine zweite Möglichkeit auf der Basis von reellen Ortskoordinaten und einer imaginären Zeitkoordinate mit einer euklidischen Metrik wird in Kap. 8.3.4 vorgestellt.

Die vier reellen Minkowskikoordinaten kann man als die Komponenten eines vierkomponentigen Vektors[11]

$$\mathbf{R} = \{x_0,\, x_1,\, x_2,\, x_3\} = \{ct,\, x,\, y,\, z\} \tag{8.22}$$

interpretieren. Man bezeichnet diesen **Vierervektor** als den **Ereignisvektor**. Zur Fassung der Michelson-Morley Bedingung wird das Skalarprodukt des Ereignisvektors mit sich selbst benötigt. Infolge der pseudoeuklidischen

[11] Die Komponenten von Vierervektoren werden zur Unterscheidung von Dreiervektoren mit geschweiften Klammern markiert.

Metrik ist zu dessen Definition eine Unterscheidung zwischen der in (8.22) angegebenen **kovarianten** Zerlegung des Ereignisvektors und der **kontravarianten** Zerlegung mit den Koordinaten

$$\mathbf{R} = \{x^0, x^1, x^2, x^3\}$$

erforderlich. In Band 1, Math.Kap. 3.1.4 wird gezeigt, dass die anschauliche Definition dieser Zerlegungen auf eine Verknüpfung durch den metrischen Tensor g führt

$$x_\mu = \sum_{\nu=0}^{3} g_{\mu\nu} x^\nu \qquad x^\mu = \sum_{\nu=0}^{3} g^{\mu\nu} x_\nu \,. \tag{8.23}$$

Der metrische Tensor mit oberen Indizes ist (in der speziellen Relativitätstheorie) identisch mit dem Tensor mit unteren Indizes

$$g^{\mu\nu} \equiv g_{\mu\nu} \tag{8.24}$$

und es gilt

$$\sum_{\lambda'} g^{\rho\lambda'} g_{\lambda'\rho'} = \delta_{\rho\rho'} \,. \tag{8.25}$$

In der vorliegenden Situation sind die kontravarianten Koordinaten explizit

$$x^0 = -ct \qquad x^1 = x \qquad x^2 = y \qquad x^3 = z \,.$$

Das Skalarprodukt kann man durch eine **Kontraktion** der ko- und kontravarianten Vierervektorkomponenten[12] darstellen

$$\mathbf{R} \cdot \mathbf{R} = \sum_{\mu=0}^{3} x_\mu x^\mu = \sum_{\mu,\nu=0}^{3} g^{\mu\nu} x_\mu x_\nu = -c^2t^2 + x^2 + y^2 + z^2 \,, \tag{8.26}$$

so dass die Michelson-Morley Bedingung die Form

$$\sum_{\mu=0}^{3} x'_\mu x'^\mu = \sum_{\mu=0}^{3} x_\mu x^\mu$$

annimmt.

Eine allgemeine, *homogene*, lineare Transformation (L) im Minkowskiraum, die die Koordinaten eines Systems S mit den Koordinaten in einem System S' verküpft, hat die Form

$$x'_\mu = \sum_{\lambda=0}^{3} L_{\mu\lambda} x^\lambda \qquad (\mu = 0, 1, 2, 3) \,, \tag{8.27}$$

wobei die kontravarianten Komponenten in dem System S (ungestrichene Koordinaten) mit den kovarianten Komponenten in den System S' (gestrichene Koordinaten) verknüpft werden. Fällt der Koordinatenursprung der beiden

[12] Dieser Begriff wird in Math.Kap. 5.4.1 eingehender erläutert.

Systeme zu dem Zeitpunkt $t_0 = t'_0 = 0$ nicht zusammen, so muss man die *inhomogene* Transformation

$$x'_\mu = \sum_{\lambda=0}^{3} L_{\mu\lambda} x^\lambda + b_\mu$$

in Betracht ziehen, die man als **Poincarétransformation** bezeichnet.

Für die homogene Transformation, die allgemeine Lorentztransformation, gewinnt man die inverse Transformation (die Transformation von den kovarianten Komponenten in dem System S auf die kontravarianten Komponenten in S') mit Hilfe des metrischen Tensors

$$x'^\mu = \sum_{\lambda\nu\rho} g^{\mu\nu} L_{\nu\rho} g^{\rho\lambda} x_\lambda = \sum_\lambda L^{\mu\lambda} x_\lambda \,. \tag{8.28}$$

Die Transformationsmatrix mit hochgestellten Indizes geht aus der ursprünglichen durch Matrixmultiplikation mit dem metrischen Tensor hervor

$$\sum_{\nu\rho} g^{\mu\nu} L_{\nu\rho} g^{\rho\lambda} = L^{\mu\lambda} \,. \tag{8.29}$$

Setzt man die Transformationsgleichungen (8.27) und (8.28) in die Michelson-Morley Bedingung (8.26) ein, so erhält man die Aussage

$$\sum_{\mu\lambda\rho} L_{\mu\lambda} L^{\mu\rho} x^\lambda x_\rho = \sum_\lambda x^\lambda x_\lambda \,,$$

so dass Koeffizientenvergleich

$$\sum_\mu L_{\mu\lambda} L^{\mu\rho} = \delta_{\lambda\rho} \tag{8.30}$$

liefert.

Die Bedingung (8.30) charakterisiert, in Erweiterung der Betrachtungen in Kap. 8.1.2, die allgemeine Lorentztransformation. Sie zeigt, dass die Lorentztransformationen 'orthogonale' Transformationen im Minkowskiraum, also vierdimensionale Drehungen und Spiegelungen darstellen. Drehungen beinhalten reine Raumdrehungen ebenso wie die 'Drehungen', in denen Raum- und Zeitkoordinaten gemeinsam transformiert werden. Spiegelungen im Minkowskiraum umfassen Zeitumkehr und Spiegelungen am räumlichen Koordinatenursprung[13]. So wird z.B. die einfache Lorentztransformation (8.8) durch die Transformationsmatrix

[13] Die Tatsache, dass die Lorentztransformation geometrischen Operationen in dem Minkowskiraum entspricht, ist der Ausgangspunkt für eine Diskussion der Lorentz- (und Poincaré-)transformationen aus der Sicht der Gruppentheorie.

$$(L_{\lambda\mu}) = \begin{pmatrix} -\gamma & -\beta\gamma & 0 & 0 \\ \beta\gamma & \gamma & 0 & 0 \\ 0 & 0 & 1 & 0 \\ 0 & 0 & 0 & 1 \end{pmatrix}$$

vermittelt, die Transformationen der Zeitumkehr und der Raumspiegelung durch Transformationsmatrizen mit

$$L_{\mu\lambda} = \delta_{\mu\lambda} \quad \text{bzw.} \quad L_{\mu\lambda} = -\delta_{\mu\lambda} \, .$$

Die Lorentztransformation für beliebig gegeneinander orientierte Inertialsysteme und eine beliebige Richtung der Relativgeschwindigkeit kann man in der folgenden Weise konstruieren:

- Drehe das ungestrichene Koordinatensystem so, dass die x_1-Achse parallel zu $\boldsymbol{v}_{\text{rel}}$ ist (Abb. 8.18)
  $$y_\mu = \sum_\lambda D_{\mu\lambda}(\Omega) x^\lambda \, .$$
  Die Drehmatrix für eine Raumdrehung hat im Minkowskiraum die Form
  $$(D_{\lambda\mu}) = \begin{pmatrix} 1 & 0 & 0 & 0 \\ 0 & \ddots & & \\ 0 & & d^{(3)} & \\ 0 & & & \ddots \end{pmatrix} .$$
  Die Drehmatrix $d^{(3)}$ im R_3 wurde in Band 1, Kap. 6.3.5 in der Darstellung durch die Eulerwinkel eingeführt.
- Es ist nun eine einfache Lorentztransformation von dem gedrehten System zu einem gestrichenen System durchzuführen
  $$y'_\sigma = \sum_\mu L_{\sigma\mu}(\beta) y^\mu \, .$$
- Das System mit den Koordinaten y'_σ hat noch nicht die korrekte Orientierung. Es muss noch so gedreht werden, dass die y'_1-Achse mit der x'_1-Achse zusammenfällt

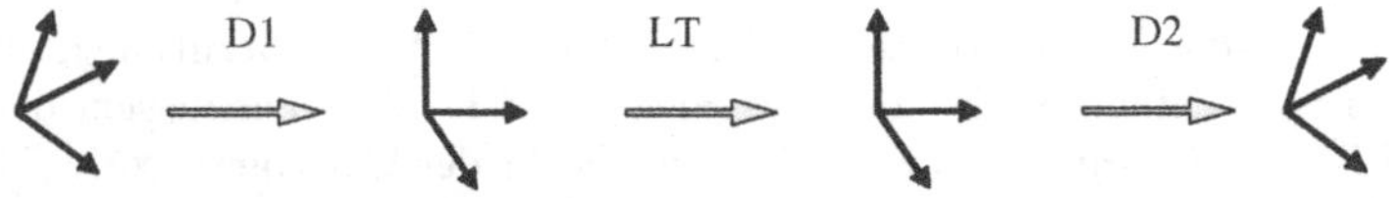

Abb. 8.18. Illustration der Operationen zur Gewinnung einer allgemeinen Lorentztransformation

$$x'_\rho = \sum D_{\rho\sigma}(\Omega') y'^{\sigma} .$$

- Setzt man die Transformationen zusammen, so erhält man (in Matrixform)

$$\mathsf{R}' = (D(\Omega'))\,(\mathsf{L}(\beta))\,(D(\Omega))\,\mathsf{R} .$$

Eine allgemeine Lorentztransformation setzt sich aus zwei Raumdrehungen und einer einfachen Raum-Zeit-Drehung (in der angegebenen Reihenfolge) zusammen.

Die Angelegenheit ist etwas übersichtlicher, falls die beiden Inertialsysteme gleich orientiert sind, aber eine beliebige Relativgeschwindigkeit vorliegt. In diesem Fall ist die zweite Drehung die Inverse zu der ersten und man erhält für die kartesischen Koordinaten und die Zeitkoordinate die Transformationsgleichung

$$\begin{aligned} \boldsymbol{r}' &= \boldsymbol{r} + (\gamma - 1)\,\frac{(\boldsymbol{r}\cdot\boldsymbol{v}_{\rm rel})}{v_{\rm rel}^2}\boldsymbol{v}_{\rm rel} - \gamma \boldsymbol{v}_{\rm rel}\, t \\ t' &= \gamma\left(t - \frac{(\boldsymbol{r}\cdot\boldsymbol{v}_{\rm rel})}{c^2}\right) \end{aligned} \qquad (8.31)$$

zwischen den beiden Inertialsystemen (siehe D.tail 8.3). In diesem Zusammenhang sollte erwähnt werden, dass das Hintereinanderausführen von Lorentztransformationen keine vertauschbaren Operationen sind, es sei denn die Relativgeschwindigkeiten sind parallel.

Bei der Diskussion der Elektrodynamik aus der Sicht der Relativitätstheorie spielen die Ableitungen nach den Minkowskikoordinaten in der Form des Vierergradienten eine besondere Rolle. Zu diesem Zweck zeigt man (Math.Kap. 5.4.1), dass der Vierergradient, z.B. mit Ableitungen nach den kovarianten Koordinaten

$$\bar{\boldsymbol{\nabla}} = \left(\frac{\partial}{\partial x_0}, \frac{\partial}{\partial x_1}, \frac{\partial}{\partial x_2}, \frac{\partial}{\partial x_3}\right) = \left(\frac{1}{c}\frac{\partial}{\partial t}, \boldsymbol{\nabla}\right) ,$$

ein Vierervektor ist. Die Komponenten des Vierergradienten transformieren sich dann wie die Komponenten des Ereignisvektors.

In der Anwendung erleichtert die **Einsteinsche Summenkonvention** die Schreib- und Sortierarbeit. Die Konvention beinhaltet die Regel: ‘Man schreibe die Summen über die Minkowskiindizes ohne das Summenzeichen, summiere aber über alle doppelt auftretenden Indizes‘, wie z.B. in

$$\sum_\mu a_\mu b^{\mu\nu} \equiv a_\mu b^{\mu\nu} .$$

Für die angestrebte Diskussion der Mechanik und der Elektrodynamik aus der Sicht der Relativitätstheorie ist die etwas einfachere Fassung der Minkowskiwelt mit einer euklidischen Metrik und einer imaginäre Zeitkoordinate ausreichend. Diese wird in dem nächsten Abschnitt vorgestellt.

8.3.4 Formale Fassung II: Imaginäre Zeitkoordinate

Betrachtet man in der $\mathcal{M}(1,1)$-Welt die Koordinaten $x_0 = \mathrm{i}ct$ und $x_1 = x$, so lautet die einfache Lorentztransformation

$$x_0' = \gamma(x_0 - \mathrm{i}\beta x_1) \qquad x_1' = \gamma(\mathrm{i}\beta x_0 + x_1)\ .$$

Diese Transformationsgleichung mit der Transformationsmatrix

$$(\mathcal{L}_{\lambda\mu}) = \begin{pmatrix} \gamma & -\mathrm{i}\beta\gamma \\ \mathrm{i}\beta\gamma & \gamma \end{pmatrix}$$

entspricht einer Drehung um einen komplexen Winkel in einem euklidischen Raum. Dies kann man erkennen, indem man den komplexen Drehwinkel φ mit der Definition

$$\sin\varphi = \mathrm{i}\beta\gamma \qquad \cos\varphi = \gamma$$

einführt. Es gilt dann

$$\sin^2\varphi + \cos^2\varphi = -\frac{\beta^2}{1-\beta^2} + \frac{1}{1-\beta^2} = 1\ .$$

Die Transformationsmatrix der Lorentztransformation hat die Form einer einfachen Drehmatrix in einem (zweidimensionalen) euklidischen Raum

$$(\mathcal{L}_{\lambda\mu}) = \begin{pmatrix} \cos\varphi & \sin\varphi \\ -\sin\varphi & \cos\varphi \end{pmatrix}.$$

Die zugehörige graphische Darstellung in einem Minkowskidiagramm der $\mathcal{M}(1,1)$-Welt ist, wie in (Abb. 8.19) angedeutet, eine Drehung der beiden Koordinatenachsen. Eine Skalierung ist bei dieser Variante nicht notwendig. Auch anhand dieser Darstellung kann man die Konsequenzen der Lorentztransformation direkt diskutieren.

Für die formale Diskussion[14] werden die Koordinaten zur Unterscheidung von den reellen Minkowskikoordinaten in Kap. 8.3.3 mit

$$X_0 = \mathrm{i}ct \qquad X_1 = x \qquad X_2 = y \qquad X_3 = z \tag{8.32}$$

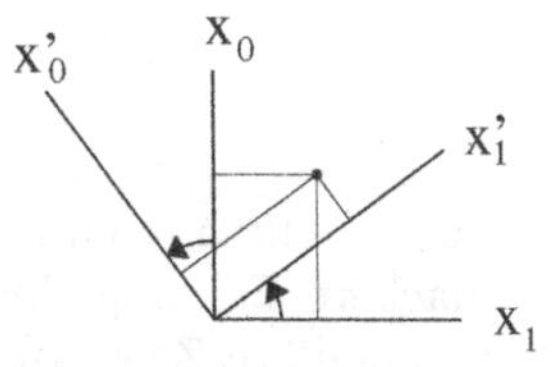

Abb. 8.19. Darstellung einer Lorentztransformation in der $\mathcal{M}(1,1)$-Welt: Imaginäre Zeitkoordinate

[14] Wie zuvor ist die Warnung notwendig: Man beachte die in der Literatur auftretenden Varianten, z.B. bezüglich der Abzählung.

bezeichnet. Die Metrik ist $g_{\mu\nu} = \delta_{\mu\nu}$. Das Skalarprodukt eines Ereignisvektors

$$\mathbf{R} = \{X_0,\, X_1,\, X_2,\, X_3\} = \{ict,\, x,\, y,\, z\} \tag{8.33}$$

mit sich selbst lautet in dieser Fassung

$$\sum_{\mu=0}^{3} X'_\mu X'_\mu = -c^2 t'^2 + r'^2 = \sum_{\lambda=0}^{3} X_\lambda X_\lambda = -c^2 t^2 + r^2\,, \tag{8.34}$$

da die Unterscheidung von ko- und kontravarianten Komponenten entfällt. Die pseudoeuklidische Metrik wird durch die imaginäre Zeitkoordinate umgesetzt. Auch in dieser Fassung haben Ereignisse mit $S^2 = \mathbf{R}\cdot\mathbf{R} < 0$ einen zeitartigen Abstand von dem Koordinatenursprung.

Betrachtet man wiederum eine allgemeine homogene, lineare Transformation in dem Minkowskiraum, die die Koordinatensysteme S (ungestrichene Koordinaten) und S' (gestrichene Koordinaten) verknüpft,

$$X'_\mu = \sum_{\lambda=0}^{3} \mathcal{L}_{\mu\lambda} X_\lambda \qquad (\mu = 0, 1, 2, 3) \tag{8.35}$$

und setzt diese Transformationsgleichung in die Michelson-Morley Bedingung (8.34)

$$\sum_\mu X_\mu X_\mu = \sum_\mu X'_\mu X'_\mu$$

ein, so erhält man

$$\sum_{\mu\lambda\lambda'} \mathcal{L}_{\mu\lambda}\mathcal{L}_{\mu\lambda'} X_\lambda X_{\lambda'} = \sum_\lambda X_\lambda X_\lambda\,.$$

Koeffizientenvergleich liefert die Aussage

$$\sum_\mu \mathcal{L}_{\mu\lambda}\mathcal{L}_{\mu\lambda'} = \delta_{\lambda\lambda'}\,, \tag{8.36}$$

die explizit zeigt, dass die Lorentztransformation bei Benutzung einer komplexen Zeitkoordinate eine ‘orthogonale‘ Transformation im Minkowskiraum ist. Man kann diese Operationen gemäß

$$\det(\mathcal{L}) = 1 \qquad \text{und} \qquad \det(\mathcal{L}) = -1$$

in eigentliche und uneigentliche Lorentztransformationen unterteilen. Die uneigentlichen Transformationen setzen sich aus einer eigentlichen Transformation und einer Spiegelung zusammen. Eigentliche Lorentztansformationen sind Drehungen in dem vierdimensionalen Raum. Spiegelungen entsprechen der Zeitumkehr und den Spiegelungen am Koordinatenursprung.

Für die einfache Lorentztransformation, mit den Transformationsgleichungen

$$X'_0 = \gamma(X_0 - \mathrm{i}\beta X_1) \qquad X'_1 = \gamma(\mathrm{i}\beta X_0 + X_1)$$

$$X'_2 = X_2 \qquad X'_3 = X_3$$

ist die Transformationsmatrix $\mathcal{L}$

$$(\mathcal{L}_{\lambda\mu}) = \begin{pmatrix} \gamma & -\mathrm{i}\beta\gamma & 0 & 0 \\ \mathrm{i}\beta\gamma & \gamma & 0 & 0 \\ 0 & 0 & 1 & 0 \\ 0 & 0 & 0 & 1 \end{pmatrix} .$$

Die Orthogonalitätsrelation (8.36) kann durch direkte Rechnung bestätigt werden.

Der Nachweis, dass der Vierergradient

$$\bar{\boldsymbol{\nabla}} = \left(\frac{\partial}{\partial X_0}, \frac{\partial}{\partial X_1}, \frac{\partial}{\partial X_2}, \frac{\partial}{\partial X_3}\right) = \left(\frac{1}{\mathrm{i}c}\frac{\partial}{\partial t}, \frac{\partial}{\partial x}, \frac{\partial}{\partial y}, \frac{\partial}{\partial z}\right)$$

$$= \left(\frac{1}{\mathrm{i}c}\frac{\partial}{\partial t}, \boldsymbol{\nabla}\right) \tag{8.37}$$

ein Vierervektor ist, verläuft folgendermaßen: Für die Ableitung eines Skalarfeldes f in Bezug auf die gestrichenen Koordinaten erhält man mit der Kettenregel

$$\frac{\partial f}{\partial X'_\mu} = \sum_\lambda \frac{\partial f}{\partial X_\lambda}\frac{\partial X_\lambda}{\partial X'_\mu} .$$

Die Ableitung der ungestrichenen nach den gestrichenen Minkowskikoordinaten kann man ablesen, wenn man aus der Transformationsgleichung (8.35)

$$X'_\mu = \sum_\lambda \mathcal{L}_{\mu\lambda} X_\lambda$$

und der Orthogonalitätsrelation (8.36)

$$\sum_\mu \mathcal{L}_{\mu\lambda}\mathcal{L}_{\mu\lambda'} = \delta_{\lambda\lambda'}$$

die Umkehrtransformation

$$X_\lambda = \sum_\mu \mathcal{L}_{\mu\lambda} X'_\mu \tag{8.38}$$

bestimmt. Benutzt man diese Transformation zur Berechnung der Ableitung, so erhält man

$$\frac{\partial f}{\partial X'_\mu} = \sum_\lambda \mathcal{L}_{\mu\lambda}\frac{\partial f}{\partial X_\lambda} ,$$

bzw. die formale Transformationsgleichung

$$\frac{\partial}{\partial X'_\mu} = \sum_\lambda \mathcal{L}_{\mu\lambda} \frac{\partial}{\partial X_\lambda} \,. \tag{8.39}$$

Der Vierergradient ist in der Tat ein Vierervektor.

Setzt man die Umkehrung (8.38) in die Invarianzbedingung (8.34) ein (beachte Summation über den ersten Index), so folgt ein zweiter Satz von Orthogonalitätsrelationen

$$\sum_\lambda \mathcal{L}_{\mu\lambda}\mathcal{L}_{\mu'\lambda} = \delta_{\mu\mu'} \,. \tag{8.40}$$

Mit der Vorstellung der Eigenheiten der Minkowskiwelt und einer formalen, mathematischen Fassung ist der Grundstock für die Anwendungen in der Physik gelegt. Bevor man die Grundgleichungen der Elektrodynamik aus der Sicht der Relativitätstheorie untersucht, ist es angebracht, die relativistische Mechanik aufzuarbeiten, da man auf diese Weise die Grundgrößen der Physik aus relativistischer Sicht kennen lernt. So ist z.B. die Energie in der relativistischen Mechanik kein Skalar, sondern die Nullkomponente eines Vierervektors.

8.4 Zur relativistischen Mechanik

Die Grundgrößen der klassischen Mechanik werden in

Skalare, Vektoren, Tensoren (2. Stufe), ...

gemäß ihrem Verhalten gegenüber orthogonalen Transformationen im $R(3)$ eingeteilt. Jede Größe, die als Vektor bezeichnet wird, transformiert sich genau wie der Ortsvektor. Dies trifft z.B. auf den Geschwindigkeitsvektor

$$\boldsymbol{v}(t) = \frac{\mathrm{d}\boldsymbol{r}(t)}{\mathrm{d}t}$$

zu. Der Zähler ist eine Differenz von Ortsvektoren, er hat also das gleiche Transformationsverhalten wie diese. Der Nenner ist eine Invariante gegenüber Raumtransformationen und der Galileitransformation, er ändert also den Transformationscharakter nicht. Man kann eine entsprechende Argumentation benutzen, um die Grundgrößen der relativistischen Mechanik gegen den Hintergrund der Minkowskiwelt zu definieren.

8.4.1 Die Vierergeschwindigkeit

Der Grundvektor ist hier der Ereignisvektor (8.33)

$$\mathsf{R} = \{X_0,\, X_1,\, X_2,\, X_3\} = \{\mathrm{i}ct,\, x,\, y,\, z\} \,.$$

Zu der Definition der relativistischen Geschwindigkeit, der **Vierergeschwindigkeit**, benutzt man in Analogie zu dem klassischen Fall

- infinitesimale Verschiebungen im Minkowskiraum

$$\mathsf{dR} = \{\mathrm{i}c\mathrm{d}t,\, \mathrm{d}x,\, \mathrm{d}y,\, \mathrm{d}z\}\ .$$

- Diese Verschiebungen sind durch ein gegen Lorentztransformationen invariantes Zeitintervall zu teilen. Um ein derartiges Zeitintervall zu konstruieren, betrachtet man die Invariante

$$\mathsf{dR}\cdot\mathsf{dR} = \mathrm{d}x^2 + \mathrm{d}y^2 + \mathrm{d}z^2 - c^2\mathrm{d}t^2\ .$$

Für zeitartig verknüpfte, infinitesimal benachbarte Ereignisse ist dieses Skalarprodukt negativ ($(\mathrm{d}\mathsf{R})^2 < 0$). Multipliziert man die Invariante mit $-1/c^2$ und zieht die Wurzel, so erhält man eine positive Größe mit der Maßeinheit der Zeit

$$\begin{aligned}\mathrm{d}\tau &= \left[-\frac{1}{c^2}(\mathrm{d}\mathsf{R})^2\right]^{1/2} = \left[\mathrm{d}t^2 - (\mathrm{d}x^2 + \mathrm{d}y^2 + \mathrm{d}z^2)\frac{1}{c^2}\right]^{1/2} \\ &= \mathrm{d}t\left[1 - \frac{v^2}{c^2}\right]^{1/2} \qquad \text{mit} \quad v^2 = v_x^2 + v_y^2 + v_z^2\ . \qquad (8.41)\end{aligned}$$

Wie angedeutet ist $\boldsymbol{v} \equiv \boldsymbol{v}_{\text{klass}}$ der normale, klassische Geschwindigkeitsvektor aus der Sicht eines vorgegebenen Inertialsystems. Die Zeitdifferenz $\mathrm{d}\tau$ ist per Definition invariant

$$\mathrm{d}\tau = \mathrm{d}\tau' = \mathrm{d}t'\left[1 - \frac{v'^2}{c^2}\right]^{1/2}\ .$$

Man nennt die Zeit τ die **Eigenzeit**.

- Die Definition der Vierergeschwindigkeit ist

$$\begin{aligned}\mathsf{V} &= \frac{\mathrm{d}\mathsf{R}}{\mathrm{d}\tau} = \{V_0,\, V_1,\, V_2,\, V_3\} \\ &= \left\{\frac{\mathrm{i}c}{\sqrt{1-v^2/c^2}},\, \frac{v_x}{\sqrt{1-v^2/c^2}},\, \frac{v_y}{\sqrt{1-v^2/c^2}},\, \frac{v_z}{\sqrt{1-v^2/c^2}}\right\} \\ &= \frac{1}{\sqrt{1-v^2/c^2}}\{\mathrm{i}c, \boldsymbol{v}\}\ , \qquad (8.42)\end{aligned}$$

wobei $\boldsymbol{v}$ den Geschwindigkeitsvektor der klassischen Mechanik darstellt.

Ist die Vierergeschwindigkeit in dem Inertialsystem S vorgegeben, so erhält man die Komponenten in dem System S' durch die Transformation

$$V'_\mu = \sum_\lambda \mathcal{L}_{\mu\lambda} V_\lambda\ ,$$

da, gemäß Definition, *alle* Vierervektoren in der gleichen Weise transformiert werden. Für die einfache Lorentztransformation ergibt sich

$$\begin{pmatrix} V_0' \\ V_1' \\ V_2' \\ V_3' \end{pmatrix} = \begin{pmatrix} \gamma & -\mathrm{i}\beta\gamma & 0 & 0 \\ \mathrm{i}\beta\gamma & \gamma & 0 & 0 \\ 0 & 0 & 1 & 0 \\ 0 & 0 & 0 & 1 \end{pmatrix} \begin{pmatrix} V_0 \\ V_1 \\ V_2 \\ V_3 \end{pmatrix}$$

bzw. im Detail für die Nullkomponente

$$\frac{\mathrm{i}c}{\sqrt{1-v'^2/c^2}} = \frac{\gamma}{\sqrt{1-v^2/c^2}}\left(\mathrm{i}c - \mathrm{i}\frac{v_x v_{\mathrm{rel}}}{c}\right)$$

$$\Longrightarrow \frac{1}{\sqrt{1-v'^2/c^2}} = \frac{\gamma}{\sqrt{1-v^2/c^2}}\left(1 - \frac{v_x v_{\mathrm{rel}}}{c^2}\right).$$

Dies stellt eine nützliche Relation für Umrechnungen dar. Die 1-Komponente, die der Richtung der Relativbewegung entspricht, transformiert sich wie

$$\frac{v_x'}{\sqrt{1-v'^2/c^2}} = \frac{\gamma}{\sqrt{1-v^2/c^2}}(v_x - v_{\mathrm{rel}})$$

$$\Longrightarrow v_x' = \frac{(v_x - v_{\mathrm{rel}})}{(1-(v_x v_{\mathrm{rel}})/c^2)}.$$

Für die dazu senkrechte 2-Komponente (und entsprechend die 3-Komponente) erhält man

$$\frac{v_y'^2}{\sqrt{1-v'^2/c^2}} = \frac{1}{\sqrt{1-v^2/c^2}}v_y$$

$$\Longrightarrow v_y' = \frac{v_y\left[1-v_{\mathrm{rel}}^2/c^2\right]^{1/2}}{1-(v_x v_{\mathrm{rel}})/c^2}.$$

Man stellt fest: Die Lorentztransformation der Vierergeschwindigkeit entspricht dem (anderweitig hergeleiteten) Additionstheorem der Geschwindigkeiten in der Relativitätstheorie.

Für das Betragsquadrat der Vierergeschwindigkeit gilt

$$\mathbf{V}\cdot\mathbf{V} = \frac{v^2 - c^2}{1-v^2/c^2} = -c^2 = \mathbf{V}'\cdot\mathbf{V}'. \tag{8.43}$$

Das Betragsquadrat ist notwendigerweise eine Invariante, die sinnigerweise mit c verknüpft ist.

Im Grenzfall kleiner Geschwindigkeiten ($v \ll c$ in einem vorgegebenen Koordinatensystem S) gilt

$$\mathbf{V} \longrightarrow (\mathrm{i}c, \boldsymbol{v}).$$

Die drei Raumkomponenten entsprechen den klassischen Größen. Die Zeitkomponente ist nicht sonderlich aussagekräftig, stört aber auf der anderen Seite nicht. Die Definition der Vierergeschwindigkeit erscheint demnach vernünftig.

8.4.2 Der Viererimpuls und die relativistische Energie

Um von der Vierergeschwindigkeit zu einem entsprechenden Impuls, dem Viererimpuls, zu gelangen, kann man die Vierergeschwindigkeit mit einer skalaren Größe multiplizieren. Aus Dimensionsgründen benötigt man eine Masse, die im Hinblick auf die spätere Diskussion mit m_0 bezeichnet wird. Dieser Vorschlag ergibt die Definition

$$\begin{aligned} \mathbf{P} &= \{P_0, P_1, P_2, P_3\} \qquad (8.44) \\ &= m_0\mathbf{V} = \left\{\frac{m_0 ic}{\sqrt{1-v^2/c^2}}, \frac{m_0 v_x}{\sqrt{1-v^2/c^2}}, \frac{m_0 v_y}{\sqrt{1-v^2/c^2}}, \frac{m_0 v_z}{\sqrt{1-v^2/c^2}}\right\} . \end{aligned}$$

Die Nützlichkeit dieser Definition bzw. die Frage nach der Interpretation der auftretenden Größen, ist nun zu untersuchen. Dazu betrachtet man zuerst den Grenzfall kleiner Geschwindigkeiten $v \ll c$, wobei v sich wieder auf die Geschwindigkeit eines Massenpunktes in einem vorgegebenen Inertialsystem bezieht

$$\mathbf{P} \xrightarrow{v/c \ll 1} \{im_0 c, m_0 v_x, m_0 v_y, m_0 v_z\} .$$

Dieser Grenzfall legt die folgende Interpretation nahe: Der Faktor m_0 entspricht der Masse eines Massenpunktes in der klassischen Physik. Man bezeichnet diese Masse als die **Ruhemasse**. Sie hat, vorausgesetzt der Massenpunkt ruht in dem jeweiligen Inertialsystem, in jedem Inertialsystem den gleichen Wert. Die Masse, die in dem Ausdruck für den Viererimpuls auftritt,

$$m_{\text{relat}} \equiv m = m(v) = \frac{m_0}{\sqrt{1-v^2/c^2}} \qquad (8.45)$$

ist die Masse eines bewegten Massenpunktes. Diese **relativistische Masse** m_{relat} wird hier und im Folgenden mit m bezeichnet.

Die Formel (8.45) für die relativistische Masse, die besagt, dass die Masse eines Objektes in der in (Abb. 8.20) angedeuteten Weise mit der Geschwindigkeit ansteigt, ist experimentell voll bestätigt worden. Ohne Berücksichtigung des relativistischen Massenzuwachses würde man in vielen Bereichen der Physik, so z.B. bei der Konstruktion eines Hochenergiebeschleunigers für Elementarteilchen, in Schwierigkeiten geraten.

Den Ortsanteil des Viererimpulses

$$\boldsymbol{p} = (p_1, p_2, p_3) = (m(v)v_x, m(v)v_y, m(v)v_z) = m(v)\boldsymbol{v}$$

interpretiert man, im Hinblick auf den nichtrelativistischen Grenzfall, als die relativistische Erweiterung des klassischen Impulses.

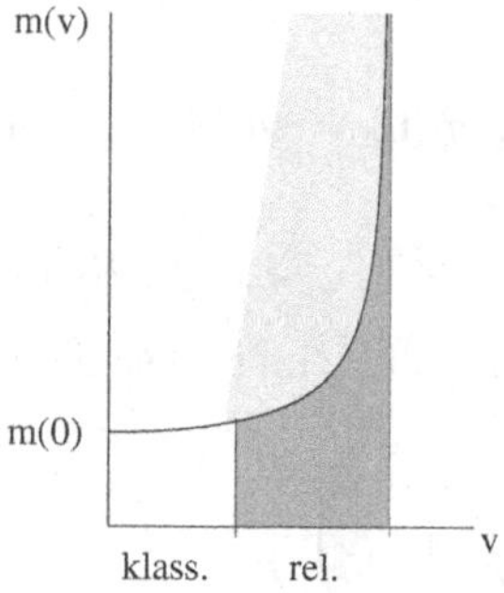

Abb. 8.20. Die Geschwindigkeitsabhängigkeit der Masse

Die Frage nach der Rolle der Nullkomponente

$$p_0 = \mathrm{i}m(v)c \qquad \text{mit} \quad p_0 \xrightarrow{v/c \ll 1} \mathrm{i}m_0 c$$

beantwortet das folgende Argument. Man geht von einer (doch keineswegs der einzig möglichen) Definition der kinetischen Energie eines Massenpunktes aus

$$\mathrm{d}T = \frac{\mathrm{d}\boldsymbol{p}}{\mathrm{d}t} \cdot \mathrm{d}\boldsymbol{r} = \mathrm{d}\boldsymbol{p} \cdot \boldsymbol{v} \ .$$

Setzt man in diese Definition den klassischen Impuls ein, so erhält man die klassische Form der kinetischen Energie

$$\mathrm{d}T_{\text{klass.}} = m_0 \boldsymbol{v} \cdot \mathrm{d}\boldsymbol{v} \qquad T_{\text{klass.}} = \int_0^v \mathrm{d}T_{\text{klass.}} = \frac{m_0}{2} v^2 \ .$$

Benutzt man jedoch die relativistische Erweiterung des Dreierimpulses, so folgt

$$\mathrm{d}T_{\text{relat}} \equiv \mathrm{d}T = (\mathrm{d}m\, \boldsymbol{v} + m\, \mathrm{d}\boldsymbol{v}) \cdot \boldsymbol{v} \ .$$

Das totale Differential der relativistischen Masse ist gemäß der Kettenregel

$$\mathrm{d}m = \sum_{i=1}^{3} \frac{\partial m}{\partial v_i} \mathrm{d}v_i = \frac{m_0}{c^2} \frac{1}{\left[1 - (v^2/c^2)\right]^{3/2}} \boldsymbol{v} \cdot \mathbf{d}\boldsymbol{v} \ ,$$

so dass

$$\mathrm{d}T = m_0 \boldsymbol{v} \cdot \mathbf{d}\boldsymbol{v} \left(\frac{v^2/c^2}{\left[1 - (v^2/c^2)\right]^{3/2}} + \frac{1}{\left[1 - (v^2/c^2)\right]^{1/2}} \right)$$

$$= \frac{m_0 \boldsymbol{v} \cdot \mathbf{d}\boldsymbol{v}}{\left[1 - (v^2/c^2)\right]^{3/2}} = c^2 \mathrm{d}m$$

folgt. Diese Gleichung kann direkt integriert werden

$$\int_0^v \mathrm{d}T = c^2 \int_0^v \mathrm{d}m$$

bzw.

$$T(v) - T(0) = c^2(m(v) - m(0)) \; .$$

Mit der Definition $T(0) = 0$ und der Identifizierung $m(0) = m_0$ folgt eine Grundgleichung der relativistischen Mechanik

$$T(v) = (m(v) - m_0)c^2 \; . \tag{8.46}$$

Mit der binomischen Reihenformel erhält man im Grenzfall kleiner Geschwindigkeiten für die relativistische Masse

$$m(v) = \frac{m_0}{[1-(v^2/c^2)]^{1/2}} = m_0\left(1 + \frac{1}{2}\frac{v^2}{c^2} + \frac{3}{8}\left(\frac{v}{c}\right)^4 + \ldots\right)$$

und somit für die kinetische Energie

$$T(v) \xrightarrow{v/c \ll 1} \frac{m_0}{2}v^2 + \frac{3}{8}m_0\frac{v^4}{c^2} + \ldots \; .$$

Der Ausdruck für die relativistische kinetische Energie geht in diesem Grenzfall in den Ausdruck für die kinetische Energie der klassischen Mechanik über. Die erste relativistische Korrektur ist von der Ordnung $(v/c)^2$.

Die Interpretation des Resultates (8.46) geht auf Einstein zurück. Demnach ist $E_0 = m_0c^2$ die Ruheenergie (innere Energie) eines Massenpunktes, also die Energie, die man erhalten würde, wenn man die gesamte Masse in eine andere Energieform umsetzt. Die Energie

$$E = mc^2 \tag{8.47}$$

ist die Gesamtenergie eines bewegten Massenpunktes, also die Ruheenergie plus die relativistische, kinetische Energie (eine potentielle Energie wird hier noch nicht betrachtet). Die kinetische Energie kann somit als die Differenz von Gesamt- und Ruheenergie angegeben werden

$$T = E - E_0 = (m - m_0)c^2 \; .$$

Die Aussage „Ein Objekt gewinnt Energie“ (kinetisch oder gesamt) ist äquivalent mit der Aussage „Ein Objekt gewinnt Masse“. Die Relation $E = mc^2$ wird deswegen als der **Satz von der Äquivalenz von Energie und Masse** bezeichnet.

Die Korrektheit dieser Interpretation der relativistischen Energiesituation wird in Elementarprozessen bestätigt. Beispiele sind:

- Die Paarvernichtung (Abb. 8.21a)

  $$e^+ + e^- \longrightarrow 2\gamma \; .$$

  Die Masse (Ruhemasse und kinetische Energie) der beiden Reaktionspartner (Elektron und Positron) wird in elektromagnetische Strahlung (eine andere Energieform) umgesetzt. Die Umkehrung dieses Prozesses (Paarerzeugung) wird ebenfalls beobachtet

  $$\gamma \longrightarrow e^+ + e^- \; .$$

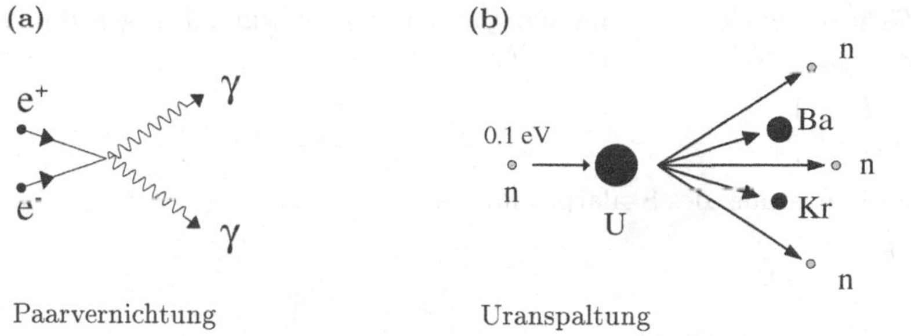

Abb. 8.21. Umsetzung von Masse in Energie

- Ein oft diskutiertes Beispiel ist die Kernreaktion[15]

$$ {}^{235}_{92}\mathrm{U} + {}^{0}_{1}\mathrm{n} + (0.1\,\mathrm{eV}) \longrightarrow {}^{143}_{56}\mathrm{Ba} + {}^{90}_{36}\mathrm{Kr} + 3\,{}^{0}_{1}\mathrm{n} + (2 \cdot 10^{8}\,\mathrm{eV})\,. $$

Bei dieser am häufigsten auftretenden Form der Uranspaltung (Abb. 8.21b) werden zwei massive Teilchen plus wenig Energie in (im Mittel) fünf massive Teilchen mit einer etwas geringeren Gesamtmasse umgesetzt. Der Massenverlust äußert sich in einer hohen kinetischen Energie der Endprodukte.

Die Nullkomponente des in (8.44) definierte Viererimpuls entspricht gemäß diesen Ausführungen der Energie geteilt durch die Lichtgeschwindigkeit, so dass man

$$ \mathsf{P} = \left\{ \mathrm{i}\frac{E}{c},\, \boldsymbol{p} \right\} \tag{8.48} $$

schreiben kann. In der relativistischen Physik ist die Energie keine skalare Größe. Die Energie in Einheiten der Lichtgeschwindigkeit und der Dreierimpuls sind die Komponenten *eines* Vierervektors. Bei dem Übergang von einem Inertialsystem zu einem anderen gilt

$$ P'_{\mu} = \sum_{\lambda=0}^{3} \mathcal{L}_{\mu\lambda} P_{\lambda} \qquad (\mu = 0, 1, 2, 3)\,. $$

Energie und Impuls werden in der gleichen Weise wie Ort und Zeit transformiert.

Aus den Transformationseigenschaften von P kann man noch eine viel benutzte Formel der relativistischen Mechanik gewinnen. Das Skalarprodukt von P mit sich selbst ist eine Invariante

$$ \mathsf{P}' \cdot \mathsf{P}' = \mathsf{P} \cdot \mathsf{P}\,. $$

Man wählt als System S' das System, in dem der Massenpunkt ruht

$$ \mathsf{P}' = \mathsf{P}_0 = \{\mathrm{i} m_0 c,\, \mathbf{0}\}\,. $$

[15] $1\,\mathrm{eV} \approx 1.60 \cdot 10^{-19}$ Joule

Aus der Sicht des Systems S kann man die Relativgeschwindigkeit gegenüber S' als Teilchengeschwindigkeit auffassen. Mit

$$\mathbf{P} = \left\{ \mathrm{i}\frac{E}{c}, \boldsymbol{p} \right\}$$

folgt aus der Invarianz des Skalarproduktes

$$p^2 - \frac{E^2}{c^2} = -m_0^2 c^2$$

bzw. nach einfacher Umformung

$$E = \left[p^2 c^2 + m_0^2 c^4 \right]^{1/2} . \tag{8.49}$$

Diese Beziehung zwischen dem relativistischen Dreierimpuls eines Teilchens und seiner relativistischen Gesamtenergie findet oft Anwendung.

In dem nichtrelativistischen Grenzfall, den man auch durch $pc/(m_0 c^2) < 1$ charakterisieren kann, folgt aus dieser Relation wiederum die Aussage

$$E \xrightarrow{\text{nichtrel.}} m_0 c^2 + \frac{p^2}{2m_0} + \ldots .$$

Die relativistische Gesamtenergie entspricht der Ruheenergie zuzüglich der nichtrelativistischen kinetischen Energie sowie relativistischen Korrekturen.

Die Energie-Impuls Relation (8.49) findet auch Anwendung bei der Diskussion von Elementarteilchen mit verschwindender Ruhemasse: Ist die Ruhemasse eines 'Elementarteilches' gleich Null, so sind Energie und Impuls zueinander proportional

$$E = pc \qquad (m_0 = 0) .$$

Solche Teilchen können sich im Vakuum *nur* mit Lichtgeschwindigkeit bewegen. Man kann sie also nicht abbremsen, sondern ihre Bewegungsenergie unter Vernichtung dieser Teilchen nur in eine andere Energieform (z.B. massive Teilchen) umwandeln. Das Photon (Lichtquant oder allgemeiner γ-Quant) und die Neutrinos[16] sind solche Teilchen.

8.4.3 Die relativistischen Bewegungsgleichungen

Der letzte Punkt dieser Kurzfassung der relativistischen Mechanik ist die Frage nach der relativistischen Bewegungsgleichung eines Massenpunktes. In Fortführung der bisherigen Argumentation erwartet man, dass die Erweiterung der klassischen Aussage $\dot{\boldsymbol{p}} = \boldsymbol{F}$ die Vierervektorgleichung

$$\frac{\mathrm{d}}{\mathrm{d}\tau}\mathbf{P} = \mathbf{K} = \{K_0, K_1, K_2, K_3\} \tag{8.50}$$

[16] Die Antwort auf die Frage, ob die drei Neutrinos eine Ruhemasse besitzen, ist noch im Fluss. Im Rahmen der heutigen Messgenauigkeit scheint eine kleine Ruhemasse des Elektronneutrinos möglich zu sein.

darstellt. Die Ableitung des Viererimpulses nach der Eigenzeit wird durch eine Viererkraft bestimmt. Diese heißt **Minkowskikraft**. Die Ableitung des Viererimpulses kann man direkt diskutieren

$$\frac{\mathrm{d}}{\mathrm{d}\tau}\mathbf{P} = m_0 \frac{\mathrm{d}}{\mathrm{d}\tau}\mathbf{V} = m_0 \mathbf{B} = m_0 \{B_0,\, B_1,\, B_2,\, B_3\}\,. \tag{8.51}$$

In der Relation (8.51) tritt die Ruhemasse multipliziert mit der Viererbeschleunigung auf. Als eine Eigenschaft der Viererbeschleunigung kann man die folgende Relation notieren: Für die Vierergeschwindigkeit gilt (siehe (8.43))

$$\mathbf{V} \cdot \mathbf{V} = -c^2\,.$$

Durch Differentiation dieser Gleichung nach der Eigenzeit erhält man

$$\mathbf{V} \cdot \mathbf{B} = 0\,. \tag{8.52}$$

Die Vierergeschwindigkeit und die Viererbeschleunigung sind in jedem Inertialsystem orthogonal zueinander.

Explizite, komponentenweise Auswertung der Ableitung des Viererimpulses nach der Eigenzeit ergibt für die Raumkomponenten in einem ersten Schritt

$$\frac{\mathrm{d}}{\mathrm{d}\tau}\boldsymbol{p} = \frac{\mathrm{d}\boldsymbol{p}}{\mathrm{d}t}\frac{\mathrm{d}t}{\mathrm{d}\tau} = \frac{1}{\sqrt{1 - v^2/c^2}}\frac{\mathrm{d}\boldsymbol{p}}{\mathrm{d}t}\,,$$

da die Ableitung der Zeit nach der Eigenzeit

$$\frac{\mathrm{d}t}{\mathrm{d}\tau} = \frac{1}{\sqrt{1 - v^2/c^2}}$$

ist. Zusätzlich findet man wegen $\boldsymbol{p} = m(v)\boldsymbol{v}$

$$\frac{\mathrm{d}}{\mathrm{d}t}\boldsymbol{p} = m_0 \left(\frac{\boldsymbol{b}}{[1 - v^2/c^2]^{1/2}} + \frac{1}{c^2}\frac{(\boldsymbol{v} \cdot \boldsymbol{b})\,\boldsymbol{v}}{[1 - v^2/c^2]^{3/2}} \right)\,. \tag{8.53}$$

Dabei ist $\boldsymbol{b} = \mathrm{d}\boldsymbol{v}/\mathrm{d}t \equiv \boldsymbol{b}_{\text{klass}}$ der Vektor der klassischen Dreierbeschleunigung in dem jeweiligen Inertialsystem.

Die Raumkomponenten der Viererbeschleunigung sind somit

$$(B_1,\, B_2,\, B_3) = \frac{\boldsymbol{b}}{(1 - v^2/c^2)} + \frac{1}{c^2}\frac{(\boldsymbol{v} \cdot \boldsymbol{b})\,\boldsymbol{v}}{(1 - v^2/c^2)^2}\,. \tag{8.54}$$

Sie gehen für kleine Geschwindigkeiten in

$$(B_1,\, B_2,\, B_3) \xrightarrow{v/c \ll 1} \boldsymbol{b} + \left\{ \frac{v^2}{c^2}\boldsymbol{b} + \frac{(\boldsymbol{v} \cdot \boldsymbol{b})}{c^2}\boldsymbol{v} \right\} + \ldots$$

über. In niedriger Ordnung sind die Raumkomponenten von $\mathbf{B}$ mit der klassischen Beschleunigung $\boldsymbol{b}$ identisch. In der Ordnung v^2/c^2 tritt jedoch ein Term auf, der die Richtung von $\boldsymbol{v}$ hat. Dies bedingt, dass die Diskussion der Bewegung eines Massenpunktes aus der Sicht der Relativitätstheorie komplizierter sein wird als in der klassischen Physik.

Zur Diskussion der Komponente B_0 bzw. der entsprechenden Kraftkomponente $K_0 = m_0 B_0$ kann man in der folgenden Weise vorgehen. Aus der Bedingung $\mathbf{V} \cdot \mathbf{B} = 0$ folgt $\mathbf{V} \cdot \mathbf{K} = 0$, bzw. wenn man dieses Skalarprodukt mit der Vierergeschwindigkeit ausschreibt

$$\sum_{\mu=1}^{3} V_\mu K_\mu - \frac{\mathrm{i}c}{\sqrt{1 - v^2/c^2}} K_0 = 0 \,.$$

Auflösung nach K_0 und Verwendung der Ausdrücke für V_μ , K_μ, ($\mu = 1, 2, 3$) aus (8.42) und gemäß (8.50)

$$V_1 = \frac{v_x}{\sqrt{1 - v^2/c^2}}, \quad \ldots$$

$$K_1 = \frac{\mathrm{d}p_1}{\mathrm{d}\tau} = \frac{1}{\sqrt{1 - v^2/c^2}} \frac{\mathrm{d}p_1}{\mathrm{d}t}, \quad \ldots$$

ergibt

$$K_0 = \frac{\mathrm{i}}{c} \frac{1}{\sqrt{1 - v^2/c^2}} \left(\boldsymbol{v} \cdot \frac{\mathrm{d}\boldsymbol{p}}{\mathrm{d}t} \right) .$$

Der Übergang von der Kinematik zur Dynamik wird vollzogen, wenn man an dieser Stelle die Verallgemeinerung der Newtonschen Bewegungsgleichung

$$\frac{\mathrm{d}\boldsymbol{p}}{\mathrm{d}t} = \boldsymbol{F} \tag{8.55}$$

benutzt. Die *vorgegebene* Kraft $\boldsymbol{F} = (F_1,\, F_2,\, F_3)$ bestimmt die zeitliche Änderung des relativistischen Dreierimpulses, in dem die Veränderung der relativistischen Masse mit der Geschwindigkeit berücksichtigt ist. Für kleine Geschwindigkeiten geht diese relativistische, auf ein bestimmtes Inertialsystem bezogene Bewegungsgleichung in die klassische Bewegungsgleichung über. Im allgemeinen Fall ist die zeitliche Ableitung des relativistischen Dreierimpulses nicht proportional zu der Beschleunigung und die Kraft $\boldsymbol{F}$ zeichnet sich nicht durch besondere Transformationseigenschaften unter Lorentztransformationen aus.

Die Nullkomponente der Minkowskikraft K_0 ist somit

$$K_0 = \frac{\mathrm{i}}{c} \frac{\boldsymbol{v} \cdot \boldsymbol{F}}{\sqrt{1 - v^2/c^2}} \,. \tag{8.56}$$

Die Rolle dieser Komponente wird deutlich, wenn man die entsprechende Komponente der Bewegungsgleichung genauer betrachtet

$$\frac{\mathrm{i}}{c} \frac{1}{\sqrt{1 - v^2/c^2}} \frac{\mathrm{d}E}{\mathrm{d}t} = \frac{\mathrm{i}}{c} \frac{\boldsymbol{v} \cdot \boldsymbol{F}}{\sqrt{1 - v^2/c^2}}$$

oder

$$\frac{\mathrm{d}E}{\mathrm{d}t} = \boldsymbol{v} \cdot \boldsymbol{F} \,. \tag{8.57}$$

Die zeitliche Änderung der relativistischen Gesamtenergie ist gleich der Leistung[17] der äußeren Kraft. Die alternative Form

$$\mathrm{d}E = \boldsymbol{F} \cdot \mathbf{d}\boldsymbol{r}$$

zeigt noch einmal, dass der Ansatz für die relativistische kinetische Energie konsistent war.

Man erkennt im Endeffekt eine gewisse Zweigleisigkeit bei der Betrachtung von relativistischen Bewegungsproblemen:

(1) Zur Diskussion eines spezifischen Bewegungsproblems bei *vorgegebenen* Kräften in einem *vorgegebenen* Inertialsystem benutzt man zweckmäßigerweise die Gleichungen

$$\frac{\mathrm{d}}{\mathrm{d}t}\left(m(v(t))\boldsymbol{v}(t)\right) = \boldsymbol{F} \qquad \frac{\mathrm{d}E}{\mathrm{d}t} = \boldsymbol{F} \cdot \boldsymbol{v}\,. \tag{8.58}$$

(2) Ist man an der Umschreibung eines Bewegungsproblems von einem Inertialsystem in ein anderes interessiert, so muss man die Transformation der Vierervektoren $\mathbf{B}$ und $\mathbf{K}$ in Betracht ziehen

$$B'_\mu = \sum_\lambda \mathcal{L}_{\lambda\mu} B_\mu \qquad K'_\mu = \sum_\lambda \mathcal{L}_{\lambda\mu} K_\mu\,.$$

Die Bewegungsgleichungen in dem gestrichenen System lauten

$$m_0 \mathbf{B}' = \mathbf{K}'\,.$$

Hieraus könnte man die expliziten Bewegungsgleichungen in der Form (8.58) in dem gestrichenen Bezugssystem extrahieren. Oft könnte es jedoch einfacher sein, die Lösung der Bewegungsgleichungen in dem System S in das System S' zu transformieren.

Die Betrachtung von relativistischen Bewegungsproblemen wird in dem Abschnitt 8.5.3 mit der Diskussion der Bewegungsgleichungen einer Punktladung in elektromagnetischen Feldern fortgesetzt. Zuvor ist jedoch die anfangs gestellte Frage nach der 'Kovarianz der Elektrodynamik' gegenüber Lorentztransformationen zu beantworten.

8.5 Elektrodynamik aus der Sicht der Relativitätstheorie

Der Nachweis der **Kovarianz** der Elektrodynamik gegenüber Lorentztransformationen beinhaltet die Aufgabe, zu zeigen, dass alle Gleichungen der Elektrodynamik unter diesen Transformationen ihre Form beibehalten. Diese Aufgabe wird in drei Abschnitten bewältigt: für die Potentiale, die Felder und die Kraftwirkungen der Elektrodynamik. Die Diskussion ist auf die Elektrodynamik im Vakuum beschränkt. Es wird eine Darstellung, die frei von der Wahl eines bestimmten Maßsystems ist, benutzt.

[17] Die Leistung entspricht Arbeit pro Zeit.

8.5.1 Die Potentialgleichungen

Eine Grundgleichung der Elektrodynamik, die Ladungserhaltung zum Ausdruck bringt, ist die Kontinuitätsgleichung

$$\boldsymbol{\nabla} \cdot \boldsymbol{j}_w + \frac{\partial \rho_w}{\partial t} = 0 \, .$$

Es liegt nahe, diese Gleichung als ein Skalarprodukt von zwei Vierervektoren zu schreiben

$$\bar{\boldsymbol{\nabla}} \cdot \mathbf{J} = 0 \, . \tag{8.59}$$

Die **Viererstromdichte**, die somit eingeführt wurde, hat die Komponenten

$$\mathbf{J} = \{J_0,\, J_1,\, J_2,\, J_3\} = \{\mathrm{i}c\rho_w,\, j_{w,x},\, j_{w,y},\, j_{w,z}\} \, . \tag{8.60}$$

Falls diese Argumentation korrekt ist, lautet die Aussage, dass in allen Inertialsystemen infolge der Invarianzeigenschaften eines Skalarproduktes mit Vierervektoren in gleichem Maße Ladungserhaltung gilt

$$\bar{\boldsymbol{\nabla}} \cdot \mathbf{J} = \bar{\boldsymbol{\nabla}}' \cdot \mathbf{J}' = 0 \, .$$

Wäre dies nicht der Fall, so müsste man wegen der relativen Stärke der elektromagnetischen Wechselwirkung deutlich messbare Effekten beobachten. Es sind keinerlei Effekte beobachtet worden, die auf eine Verletzung der Ladungserhaltung hinweisen. Aus theoretischer Sicht, kann der Beweis, dass sich der Vektor $\mathbf{J}$ wie der Ereignisvektor $\mathbf{R}$ transformiert, im Endeffekt durch die Konsistenz des Transformationsverhaltens aller Gleichungen der Elektrodynamik erbracht werden.

Bildet man das Skalarprodukt aus zwei Vierergradienten, so erhält man

$$\bar{\boldsymbol{\nabla}} \cdot \bar{\boldsymbol{\nabla}} = \mathrm{div}_4 \, \mathrm{grad}_4 = -\frac{1}{c^2}\frac{\partial^2}{\partial t^2} + \boldsymbol{\Delta} = \Box \, .$$

Das Skalarprodukt ist der d'Alembertoperator, der Operator der Wellengleichung der Elektrodynamik. Dieser Operator ist somit eine relativistische Invariante

$$\Box = \Box' \, .$$

Betrachtet man nun die Potentialgleichungen der Elektrodynamik

$$\Box V = -4\pi k_e \rho_w \qquad \Box \boldsymbol{A} = -4\pi k_m \boldsymbol{j}_w$$

mit der Eichbedingung (der Lorentzeichung)

$$\boldsymbol{\nabla} \cdot \boldsymbol{A} + \frac{k_m}{k_e}\frac{\partial V}{\partial t} = 0 \, ,$$

so bieten sich die folgenden Bemerkungen an: Sind ρ_w und $\boldsymbol{j}_w$ (bis auf Faktoren) die Komponenten eines Vierervektors, so müssen aus Gründen der Konsistenz, V und $\boldsymbol{A}$ (bis auf Faktoren) ebenfalls Komponenten eines Vierervektors sein. Definiert man das Viererpotential

$$\mathbf{A} = \{A_0, A_1, A_2, A_3\} = \left\{\frac{\mathrm{i}ck_m V}{k_e}, \boldsymbol{A}\right\} = \left\{\frac{\mathrm{i}V}{ck_f}, \boldsymbol{A}\right\}, \tag{8.61}$$

wobei die letzte Aussage aus (6.38) folgt, so kann man die vier Potentialgleichungen in der Form

$$\Box\mathbf{A}(\mathbf{R}) = -4\pi k_m \mathbf{J}(\mathbf{R}) \tag{8.62}$$

zusammenfassen. Für die Nullkomponente gilt zum Beispiel

$$\Box\left(\frac{\mathrm{i}V}{ck_f}\right) = -4\pi k_m\,(\mathrm{i}c\rho_w) \quad \longrightarrow \quad \Box V = -4\pi k_e \rho_w\,.$$

Die Eichbedingung kann man als Skalarprodukt zweier Vierervektoren schreiben

$$\bar{\boldsymbol{\nabla}}\cdot\mathbf{A} = \frac{1}{\mathrm{i}c}\frac{\partial}{\partial t}\left(\frac{\mathrm{i}V}{ck_f}\right) + \boldsymbol{\nabla}\cdot\boldsymbol{A} = 0\,. \tag{8.63}$$

Die Lorentzeichbedingung ist relativistisch invariant. Benutzt man in einem Inertialsystem die Lorentzeichung, so ist sie in jedem anderen Inertialsystem gültig.

Für die Potentialgleichungen kann man die Aussage machen: Berechnet man mit Hilfe einer Lorentztransformation aus $\mathbf{A}$, $\mathbf{J}$ das Viererpotential und die Viererstromdichte in einem anderen Inertialsystem $\mathbf{A}'$, $\mathbf{J}'$, so gilt per Definition für die transformierten Größen

$$\Box'\mathbf{A}'(\mathbf{R}') = -4\pi k_m \mathbf{J}'(\mathbf{R}')\,.$$

Die Potentialgleichungen sind also kovariant.

8.5.2 Die Feldgleichungen: Kovarianz der Maxwellgleichungen

Da die Potentiale nur Hilfsgrößen sind, steht noch die Frage an: Kann man von dem Transformationsverhalten der Potentiale auf das Transformationsverhalten der Felder schließen bzw. wie sehen die Feldgleichungen, die Maxwellgleichungen, in einer kovarianten Formulierung aus? Zur Beantwortung der ersten Teilfrage geht man von den Relationen (6.63) und (6.64)

$$\boldsymbol{B} = \boldsymbol{\nabla}\times\boldsymbol{A} = \left(\frac{\partial}{\partial y}A_z - \frac{\partial}{\partial z}A_y, \ldots\right)$$

$$\boldsymbol{E} = -\boldsymbol{\nabla}V - k_f\frac{\partial \boldsymbol{A}}{\partial t} = -\left(\frac{\partial V}{\partial x} + k_f\frac{\partial A_x}{\partial t}, \ldots\right)$$

aus. Man kann also erwarten, dass die Felder aus den Komponenten des Viererpotentials und den Komponenten des Vierergradienten konstruiert werden können. Die 16 Produkte

$$G_{\mu,\nu} = \frac{\partial A_\nu}{\partial X_\mu}\,,$$

die man auf diese Weise bilden kann, transformieren sich bei einem Übergang zwischen zwei Inertialsystemen wie

$$G'_{\mu',\nu'} = \sum_{\mu,\nu} \mathcal{L}_{\mu',\mu}\mathcal{L}_{\nu',\nu}G_{\mu,\nu} ,$$

entsprechend der Lorentztransformation für ein Produkt von Vierervektoren. Diese Transformationsgleichung weist die 16 komponentige Größe $[\mathsf{G}] = (\mathsf{G}_{\mu,\nu})$ als einen Tensor vom Rang 2 in dem vierdimensionalen Minkowskiraum aus. Da auf der anderen Seite nur 6 Feldkomponenten gesucht werden, muss man diese aus den 16 Größen auswählen. Es gibt in der Tat genau eine Wahl: den antisymmetrischen Tensor $[\mathsf{F}]$ mit den Komponenten

$$F_{\mu,\nu} = G_{\mu,\nu} - G_{\nu,\mu} = \frac{\partial A_\nu}{\partial X_\mu} - \frac{\partial A_\mu}{\partial X_\nu} . \tag{8.64}$$

Die Komponenten von $[\mathsf{F}]$ haben die Eigenschaften

$$F_{\mu,\mu} = 0 \qquad \text{(4 Tensorelemente)}$$

$$F_{\mu,\nu} = -F_{\nu,\mu} \qquad \mu \neq \nu \qquad \text{(6 Bedingungen)} .$$

Der Tensor $[\mathsf{F}]$ ist ebenfalls ein Tensor vom Rang 2, infolge der 10 einschränkenden Bedingungen besitzt dieser Tensor genau 6 unabhängige Elemente.

Um zu beweisen, dass die 6 unabhängigen Tensorelemente die 6 Komponenten des elektrischen und des magnetischen Feldes darstellen, genügt es, die Komponenten explizit auszuschreiben

$$F_{01} = +\frac{1}{\mathrm{i}c}\frac{\partial A_x}{\partial t} - \frac{\partial}{\partial x}\left(\frac{\mathrm{i}V}{ck_f}\right) = -\frac{\mathrm{i}}{ck_f}\left(k_f\frac{\partial A_x}{\partial t} + \frac{\partial V}{\partial x}\right) = \frac{\mathrm{i}}{ck_f}E_x \qquad \surd .$$

Hier wurde die Relation $k_e/(k_f k_m) = c^2$ (siehe (6.38), S. 236) benutzt. Entsprechend findet man

$$F_{02} = -\frac{\mathrm{i}}{ck_f}\left(k_f\frac{\partial A_y}{\partial t} + \frac{\partial V}{\partial y}\right) = \frac{\mathrm{i}}{ck_f}E_y \qquad \surd$$

$$F_{03} = -\frac{\mathrm{i}}{ck_f}\left(\frac{1}{c}\frac{\partial A_z}{\partial t} + \frac{\partial V}{\partial z}\right) = \frac{\mathrm{i}}{ck_f}E_z \qquad \surd$$

$$F_{12} = \frac{\partial A_y}{\partial x} - \frac{\partial A_x}{\partial y} = (\boldsymbol{\nabla} \times \boldsymbol{A})_z = B_z \qquad \surd$$

$$F_{13} = \frac{\partial A_z}{\partial x} - \frac{\partial A_x}{\partial z} = -B_y \qquad \surd$$

$$F_{23} = \frac{\partial A_z}{\partial y} - \frac{\partial A_y}{\partial x} = B_x \qquad \surd .$$

Der Feldtensor [F] hat demnach die Form

$$[\mathsf{F}] = \begin{bmatrix} 0 & (\mathrm{i}E_x)/(ck_f) & (\mathrm{i}E_y)/(ck_f) & (\mathrm{i}E_z)/(ck_f) \\ -(\mathrm{i}E_x)/(ck_f) & 0 & B_z & -B_y \\ -(\mathrm{i}E_y)/(ck_f) & -B_z & 0 & B_x \\ -(\mathrm{i}E_z)/(ck_f) & B_y & -B_x & 0 \end{bmatrix} .$$

Die Transformationsgleichung für die Tensorelemente in zwei Inertialsystemen S und S'

$$F'_{\mu'\nu'}(\mathbf{R}') = \sum_{\mu\nu} \mathcal{L}_{\mu'\mu}\mathcal{L}_{\nu'\nu}F_{\mu\nu}(\mathbf{R})$$

ergeben (siehe D.tail 8.4a) mit der einfachen Lorentztransformation den Tensor

$$[\mathsf{F}'] = \begin{bmatrix} 0 & F'_{01} & F'_{02} & F'_{03} \\ F'_{10} & 0 & F'_{12} & F'_{13} \\ F'_{20} & F'_{21} & 0 & F'_{23} \\ F'_{30} & F'_{31} & F'_{32} & 0 \end{bmatrix} ,$$

in dem System S' mit den Elementen

$$F'_{01} = \frac{\mathrm{i}E'_y}{ck_f} = \mathrm{i}\frac{E_x}{ck_f} \qquad F'_{02} = \frac{\mathrm{i}E'_y}{ck_f} = \mathrm{i}\gamma\left(\frac{E_y}{ck_f} - \beta B_z\right)$$

$$F'_{03} = \frac{\mathrm{i}E'_z}{ck_f} = \mathrm{i}\gamma\left(\frac{E_z}{ck_f} - \beta B_y\right)$$

$$F'_{10} = \frac{-\mathrm{i}E'_x}{ck_f} = -\mathrm{i}\frac{E_x}{ck_f} \qquad F'_{12} = B'_z = \gamma\left(B_z - \frac{\beta E_y}{ck_f}\right)$$

$$F'_{13} = -B'_y = -\gamma\left(B_y - \frac{\beta E_z}{ck_f}\right)$$

$$F'_{20} = \frac{-\mathrm{i}E'_y}{ck_f} = -\mathrm{i}\gamma\left(\frac{E_y}{ck_f} - \beta B_z\right) \qquad F'_{21} = -B'_z = -\gamma\left(B_z - \frac{\beta E_y}{ck_f}\right)$$

$$F'_{23} = B'_x = B_x$$

$$F'_{30} = \frac{-\mathrm{i}E'_z}{ck_f} = -\mathrm{i}\gamma\left(\frac{E_z}{ck_f} - \beta B_y\right) \qquad F'_{31} = B'_y = -\gamma\left(B_y - \frac{\beta E_z}{ck_f}\right)$$

$$F'_{32} = -B'_x = -B_x .$$

Da die elektromagnetischen Felder in der kovarianten Formulierung den Elementen eines Tensors entsprechen, ist das Transformationsverhalten komplizierter als das der Potentiale. Aus der Sicht der Relativitätstheorie werden die magnetischen und die elektrischen Feldkomponenten miteinander transformiert. Ein elektrisches Feld aus der Sicht von S ($\boldsymbol{E} \neq \mathbf{0}$ $\boldsymbol{B} = \mathbf{0}$) stellt ein elektrisches und ein magnetisches Feld aus der Sicht von S' dar. Dies entspricht der Aussage, dass ein Beobachter in dem System S' eine bewegte Ladung mit einem elektromagnetischen Feld wahrnimmt, wenn aus der Sicht von S eine ruhende Ladung mit einem elektrischen Feld vorliegt.

Zur Diskussion der Maxwellgleichungen (im Vakuum) unterteilt man diesen Satz von Gleichungen in zwei Gruppen:

- Gleichungen ohne Quellterme (4 homogene Gleichungen), die bei der Potentialbeschreibung automatisch berücksichtigt sind

$$\boldsymbol{\nabla} \cdot \boldsymbol{B} = 0 \qquad \boldsymbol{\nabla} \times \boldsymbol{E} + k_f \frac{\partial \boldsymbol{B}}{\partial t} = \boldsymbol{0}\,.$$

- Gleichungen mit Quelltermen (4 inhomogene Gleichungen)

$$\boldsymbol{\nabla} \times \boldsymbol{B} - \frac{k_m}{k_e}\frac{\partial \boldsymbol{E}}{\partial t} = 4\pi k_m \boldsymbol{j}_w$$

$$\boldsymbol{\nabla} \cdot \boldsymbol{E} = 4\pi k_e \rho_w\,.$$

Da bei den Maxwellgleichungen die Felder differenziert werden, muss man einen Tensor vom Rang 3 betrachten, der aus dem Tensor [F] durch nochmalige Differentiation hervorgeht. Dieser Tensor

$$\tilde{H}_{\lambda\mu\nu} = \frac{\partial}{\partial X_\lambda} F_{\mu\nu}$$

hat $4^3 = 64$ Elemente. Insbesondere kann man einen Tensor vom Rang 3 betrachten, der aus dem Term $\tilde{H}_{\lambda\mu\nu}$ zuzüglich aller Terme, die sich durch zyklische Vertauschung der Indizes ergeben, hervorgeht

$$H_{\lambda\mu\nu} = \frac{\partial}{\partial X_\lambda} F_{\mu\nu} + \frac{\partial}{\partial X_\mu} F_{\nu\lambda} + \frac{\partial}{\partial X_\nu} F_{\lambda\mu}\,. \tag{8.65}$$

Die Elemente dieses Tensors haben die folgenden Eigenschaften

$$\begin{aligned} H_{\lambda\mu\nu} &= H_{\mu\nu\lambda} = H_{\nu\lambda\mu} \\ H_{\lambda\mu\nu} &= -H_{\lambda\nu\mu} = -H_{\mu\lambda\nu} = -H_{\nu\mu\lambda}\,. \end{aligned} \tag{8.66}$$

Der Tensor ist antisymmetrisch in Bezug auf die Vertauschung eines jeden Paares der drei Indizes. Alle Elemente von [H], in denen zwei der Indizes gleich sind, haben den Wert Null. Die Elemente, die nicht identisch verschwinden, sind diejenigen in denen die drei Indizes verschieden sind. Es gibt davon genau vier Grundkombinationen

012 013 023 123

und 20 zusätzliche Permutationen. Setzt man z.B. in

$$H_{123} = \frac{\partial}{\partial X_1} F_{23} + \frac{\partial}{\partial X_2} F_{31} + \frac{\partial}{\partial X_3} F_{12}$$

die Elemente des Tensors [F] ein, so ergibt sich die Divergenz des $\boldsymbol{B}$-Feldes

$$H_{123} = \frac{\partial B_1}{\partial x} + \frac{\partial B_y}{\partial y} + \frac{\partial B_z}{\partial z} = \boldsymbol{\nabla} \cdot \boldsymbol{B} .$$

Entsprechend findet man für H_{023} die x-Komponente des Induktionsgesetzes

$$\begin{aligned} H_{023} &= \frac{\partial}{\partial X_0} F_{23} + \frac{\partial}{\partial X_2} F_{30} + \frac{\partial}{\partial X_3} F_{02} \\ &= \frac{1}{\mathrm{i}c} \frac{\partial B_x}{\partial t} - \frac{\partial}{\partial y} \left(\frac{\mathrm{i}E_z}{ck_f} \right) + \frac{\partial}{\partial z} \left(\frac{\mathrm{i}E_y}{ck_f} \right) \\ &= \frac{1}{\mathrm{i}ck_f} \left(k_f \frac{\partial B_x}{\partial t} + (\boldsymbol{\nabla} \times \boldsymbol{E})_x \right) . \end{aligned}$$

Die restlichen Komponenten des Induktionsgesetzes entsprechen den Tensorelementen H_{012} und H_{013}.

Anstelle der homogenen Maxwellgleichungen kann man demnach schreiben

$$H_{\lambda\mu\nu}(\mathsf{R}) = \frac{\partial}{\partial X_\lambda} F_{\mu\nu}(\mathsf{R}) + \frac{\partial}{\partial X_\mu} F_{\nu\lambda}(\mathsf{R}) + \frac{\partial}{\partial X_\nu} F_{\lambda\mu}(\mathsf{R}) = 0$$

$$\text{für alle } \lambda,\ \mu,\ \nu . \tag{8.67}$$

Infolge der Symmetriebedingungen des Tensors sind von diesen 64 Gleichungen nur 4 relevant und 40 identisch Null.

Die Elemente des Tensors [H] transformieren sich gemäß

$$H'_{\lambda'\mu'\nu'}(\mathsf{R}') = \sum_{\mu\nu\lambda} \mathcal{L}_{\lambda'\lambda}\, \mathcal{L}_{\mu'\mu}\, \mathcal{L}_{\nu'\nu} H_{\lambda\mu\nu}(\mathsf{R}) .$$

Da jedoch jeder Term der rechten Seite verschwindet, folgt

$$H'_{\lambda'\mu'\nu'}(\mathsf{R}') = 0 .$$

In jedem Inertialsystem haben die homogenen Maxwellgleichungen die gleiche Form.

Für die inhomogenen Maxwellgleichungen bietet sich das folgende Argument an: Auf der linken Seite der inhomogenen Maxwellgleichungen treten ebenfalls Ableitungen der elektromagnetischen Felder (des Tensors [F]) auf. Da die rechte Seite die Komponente eines Vierervektors enthält, muss man aus

$$\tilde{H}_{\lambda\mu\nu} = \frac{\partial}{\partial X_\lambda} F_{\mu\nu}$$

mit einer Kontraktion wie z.B.

$$\sum_\mu \frac{\partial}{\partial X_\mu} F_{\mu\nu}$$

einen Vierervektoren konstruieren. Man kann explizit nachrechnen, dass sich diese Kontraktion wie ein Vierervektor transformiert

$$\left(\sum_{\mu'} \frac{\partial F'_{\mu'\nu'}}{\partial X'_{\mu'}}\right) = \sum_{\mu'\nu_1\nu_2\nu_3} \mathcal{L}_{\mu'\nu_1}\mathcal{L}_{\mu'\nu_2}\mathcal{L}_{\mu'\nu_3}\frac{\partial F_{\nu_2\nu_3}}{\partial X_{\nu_1}}$$

$$= \sum_{\nu_3} \mathcal{L}_{\mu'\nu_3}\left(\sum_{\nu_1} \frac{\partial F_{\nu 1\nu_3}}{\partial X_{\nu_1}}\right) ,$$

da die Summe über μ' der Orthogonalitätsrelation entspricht

$$\sum_{\mu'} \mathcal{L}_{\mu'\nu_1}\mathcal{L}_{\mu'\nu_2} = \delta_{\nu_1\nu_2} .$$

Es ist demnach zu vermuten, dass die inhomogenen Maxwellgleichungen in der Form

$$\sum_{\mu} \frac{\partial F_{\mu\nu}(\mathsf{R})}{\partial X_{\mu}} = 4\pi k_m J_{\nu}(\mathsf{R}) \qquad \nu = 0,1,2,3 \tag{8.68}$$

zusammengefasst werden können. Die Gleichung mit $\nu = 0$ ergibt in der Tat das Coulombgesetz, die Gleichungen mit $\nu = 1,2,3$ entsprechen dem erweiterten Ampèreschen Gesetz (siehe D.tail 8.4b).

Diese Gleichungen sind kovariant. Multipliziert man (8.68) mit $\mathcal{L}_{\nu'\nu}$ und summiert über ν, so erhält man mit den Schritten

$$\sum_{\mu\nu} \mathcal{L}_{\nu'\nu}\frac{\partial F_{\mu\nu}(\mathsf{R})}{\partial X_{\mu}} = \sum_{\nu\mu\mu'} \mathcal{L}_{\nu'\nu}\delta_{\mu\mu'}\frac{\partial F_{\mu\nu}(\mathsf{R})}{\partial X_{\mu'}}$$

$$= \sum_{\nu\mu\mu'\sigma} \mathcal{L}_{\nu'\nu}\mathcal{L}_{\sigma\mu}\mathcal{L}_{\sigma\mu'}\frac{\partial F_{\mu\nu}(\mathsf{R})}{\partial X_{\mu'}} = \sum_{\sigma} \frac{\partial F_{\sigma\nu'}(\mathsf{R}')}{\partial X'_{\sigma}}$$

die Aussage

$$\sum_{\sigma} \frac{\partial F_{\sigma\nu'}(\mathsf{R}')}{\partial X'_{\sigma}} = 4\pi k_m J'_{\nu'}(\mathsf{R}') .$$

Auch die inhomogenen Maxwellgleichungen haben in jedem Inertialsystem die gleiche Form.

Von Interesse ist letztlich die Frage, inwieweit man aus den elektromagnetischen Feldern *lorentzinvariante* Kombinationen gewinnen kann? Die Antwort lautet: Es existieren genau zwei Kombinationen der Felder, die in allen Inertialsystemen den gleichen Wert haben. Eine dieser Größen ist die vollständige Kontraktion des Tensors [F]

$$\frac{k_f}{k_m}\sum_{\mu,\nu=0}^{3} F_{\mu\nu}F_{\mu\nu} = 2\left(\frac{k_f}{k_m}B^2 - \frac{E^2}{k_e}\right) . \tag{8.69}$$

Die zweite Größe ist ebenfalls eine Kontraktion, und zwar des Produktes von zwei Elementen des Tensors [F] mit beliebigen Indexkombinationen mit einer vierdimensionalen Erweiterung des Levi-Civita Symbols

$$\frac{k_f}{k_m}\sum_{\mu,\nu,\lambda,\rho=0}^{3}\epsilon_{\mu\nu\lambda\rho}F_{\mu\nu}F_{\lambda\rho}=\frac{8\,\mathrm{i}}{ck_m}\,(\boldsymbol{E}\cdot\boldsymbol{B})\;. \tag{8.70}$$

Das vierfach indizierte Levi-Civita Symbol hat die Eigenschaften

$$\epsilon_{\mu\nu\lambda\rho}=\begin{cases}0 & \text{falls zwei Indizes gleich sind}\\ +1 & \text{für gerade Permutationen von (1234)}\\ -1 & \text{für ungerade Permutationen von (1234)}\end{cases}\;.$$

Diese Invarianten spielen bei der Fundierung von Quantenfeldtheorien, wie der Quantenelektrodynamik oder, in Erweiterung, der Quantenchromodynamik, eine Rolle.

8.5.3 Die Kraftgleichungen

Als letzte der Grundgleichungen der Elektrodynamik steht die Bewegungsgleichung einer Ladung in elektrischen und magnetischen Feldern zur Diskussion. Die Bewegung einer Ladung in solchen Feldern wird durch die gesamte Lorentzkraft bestimmt. Führt man in die Kraftgleichung in der Form Kraft pro Volumen (siehe Kap. 6.4.2)

$$\boldsymbol{f}=\rho_w\boldsymbol{E}+k_f\,(\boldsymbol{j}_w\times\boldsymbol{B})$$

die kovarianten Größen ein, so findet man (siehe D.tail 8.5a) für die drei Kraftkomponenten

$$f_\mu(\mathsf{R})=k_f\sum_\nu F_{\mu\nu}(\mathsf{R})J_\nu(\mathsf{R})\quad(\mu=1,\,2,\,3)\;. \tag{8.71}$$

Die rechte Seite dieser Gleichungen enthält die Kontraktion eines Tensors zweiter Stufe mit einem Vierervektor. Die drei Kraftkomponenten entsprechen also dem Raumanteil eines Vierervektors, der die Änderung der mechanischen Impulsdichte (Impuls pro Volumen) mit der Zeit beschreibt. Benutzt man die Angabe (8.71) als *Definition* einer Zeitkomponente f_0, so findet man

$$f_0=\frac{\mathrm{i}}{c}\boldsymbol{E}\cdot\boldsymbol{j}_w\;.$$

Die Zeitkomponente ist bis auf einen Faktor mit dem Jouleschen Wärmeterm auf S. 245 identisch. Dieser beschreibt die zeitliche Änderung der mechanischen Energie der Ladung durch die Arbeitsleistung (pro Volumen) der Felder.

Die Kontraktion des Tensors [F] mit dem Vierervektor J ergibt die Aussage, dass der Kraftvektor $\mathsf{K}=\{f_0,\,f_1,\,f_2,\,f_3\}$ ein Vierervektor ist. Es folgt somit, dass die gesamte elektromagnetische Kraft lorentzforminvariant ist

$$f'_\mu(\mathsf{R}')=k_f\sum_\nu F'_{\mu\nu}(\mathsf{R}')J'_\nu(\mathsf{R}')\;.$$

Auf der anderen Seite sind weder die magnetische noch die elektrische Kraft alleine lorentz- oder galileiformvariant (vergleiche S. 324). Diese Aussagen zeigen, dass das Lorentzkraftgesetz (5.48) für die Kraftwirkung von elektromagnetischen Feldern auf Ladungen sinnvoll ist.

Die Ausführungen in Kap. 6.4.2 führen auf die Erwartung, dass die Relation (8.71) eine kovariante Erweiterung des Konzeptes des Maxwellschen Spannungstensors beinhalten sollte. Zur Verifizierung dieser Erwartung ersetzt man die Komponenten der Viererstromdichte in (8.71) durch die inhomogenen Maxwellgleichungen (8.68). Das Ergebnis

$$f_\mu = \frac{k_f}{4\pi k_m} \sum_{\nu\rho} F_{\mu\nu} \frac{\partial F_{\nu\rho}}{\partial X_\rho}$$

kann als die Viererdivergenz eines Tensors zweiter Stufe umgeschrieben werden. Man benutzt dazu die Relation

$$\sum_{\nu\rho} \frac{\partial}{\partial X_\rho} (F_{\mu\nu} F_{\nu\rho}) = \sum_{\nu\rho} \left(F_{\mu\nu} \frac{\partial F_{\nu\rho}}{\partial X_\rho} + F_{\nu\rho} \frac{\partial F_{\mu\nu}}{\partial X_\rho} \right)$$

und formt den zweiten Term auf der rechten Seite mit Hilfe der homogenen Maxwellgleichungen und der Antisymmetrie des Tensors [F] um (siehe D.tail 8.5b)

$$\sum_{\nu\rho} F_{\nu\rho} \frac{\partial F_{\mu\nu}}{\partial X_\rho} = -\frac{1}{4} \sum_{\nu\lambda\rho} \delta_{\mu,\rho} \frac{\partial}{\partial X_\rho} (F_{\nu\lambda} F_{\nu\lambda}) \ .$$

Mit der Definition des symmetrischen **Energie-Impuls Tensors**

$$T_{\mu\nu} = \frac{k_f}{4\pi k_m} \sum_{\lambda} \left(F_{\mu\lambda} F_{\lambda\nu} + \frac{1}{4} \delta_{\mu,\nu} \sum_{\rho} F_{\lambda\rho} F_{\lambda\rho} \right) \tag{8.72}$$

kann man die Kraftgleichung in der Form

$$f_\mu = \sum_{\nu} \frac{\partial T_{\mu\nu}}{\partial X_\nu} \tag{8.73}$$

schreiben.

Die Spur des Tensors [T] verschwindet infolge der Antisymmetrie des Tensors [F]

$$\begin{aligned} \sum_{\mu} T_{\mu\mu} &= \frac{k_f}{4\pi k_m} \sum_{\mu\lambda} \left(F_{\mu\lambda} F_{\lambda\nu} + \frac{1}{4} \sum_{\rho} F_{\lambda\rho} F_{\lambda\rho} \right) \\ &= \frac{k_f}{4\pi k_m} \sum_{\mu\lambda} (F_{\mu\lambda} F_{\lambda\nu} + F_{\lambda\mu} F_{\lambda\mu}) = 0 \ . \end{aligned} \tag{8.74}$$

Die Elemente des Tensors [T] können mit bekannten Größen identifiziert werden. Das T_{00} -Element stellt die Energiedichte des elektromagnetischen Feldes dar

$$T_{00} = \frac{k_f}{4\pi k_m} \sum_{\lambda} \left(F_{0\lambda} F_{\lambda 0} + \frac{1}{4} \sum_{\rho} F_{\lambda\rho} F_{\lambda\rho} \right) = \frac{1}{8\pi} \left(\frac{E^2}{k_e} + \frac{k_f B^2}{k_m} \right) \ .$$

Die Elemente $T_{0k} = T_{k0}$ mit $k = 1, 2, 3$ entsprechen bis auf einen Faktor dem Poyntingvektor, so z.B. für

$$T_{01} = \frac{k_f}{4\pi k_m} \sum_{\lambda} F_{0\lambda} F_{\lambda 1} = -\frac{\mathrm{i}}{4\pi c k_m} (\boldsymbol{E} \times \boldsymbol{B})_1 \ .$$

Die räumlichen Elemente T_{ik} mit $i, k = 1, 2, 3$ bilden den schon in Kap. 6.4.2 eingeführten Maxwellschen Spannungstensor

$$T_{ik} = \frac{1}{4\pi k_e} \left(E_i E_k - \frac{1}{2} E^2 \delta_{i,k} \right) + \frac{k_f}{4\pi k_m} \left(B_i B_k - \frac{1}{2} B^2 \delta_{i,k} \right) .$$

Die Erhaltungssätze für Impuls und Energie können, wie schon in Kap. 6.4 gesehen, durch Volumenintegration der (kovarianten) Kraftgleichungen gewonnen werden (siehe D.tail 8.5c).

Die Lagrange- oder die Hamiltonformulierung ist bei der Diskussion von Problemstellungen der relativstischen Mechanik (und für die Fundierung von relativistischen Feldtheorien) von Nutzen. Diese Formulierung wird in dem folgenden Abschnitt im Zusammenhang mit den Bewegungsgleichungen der Elektrodynamik vorgestellt.

8.5.4 Die Lagrangegleichungen

Die Bewegung eines Massenpunktes (bzw. einer Punktladung) wird durch das Hamiltonsche Prinzip bestimmt (Band 1, Kap. 5.4). Das Prinzip besagt, dass die Bewegung in dem Zeitintervall $[t_1, t_2]$ so abläuft, dass das Wirkungsintegral über die Lagrangefunktion

$$I = \int_{t_1}^{t_2} L(\boldsymbol{r}, \dot{\boldsymbol{r}}, t) \, \mathrm{d}t$$

einen Extremalwert annimmt. Bei der Erweiterung des Prinzips auf den relativistischen Bereich beruft man sich auf das Relativitätsprinzip. Dieses erfordert, dass das Wirkungsintegral (eine Zahl für eine vorgegebene Lagrangefunktion) eine Lorentzinvariante sein muss. Die relativistische Erweiterung des Wirkungsintegrals kann in der Standardform

$$I = \int_{t_1}^{t_2} L_{\mathrm{rel}}(\boldsymbol{r}, \dot{\boldsymbol{r}}, t) \, \mathrm{d}t \tag{8.75}$$

oder in kovarianter Form geschrieben werden. Die kovariante Form erhält man, indem man zu den Minkowskikoordinaten übergeht und anstelle der Zeit die Eigenzeit einführt

$$I = \int_{\tau_1}^{\tau_2} \gamma L_{\mathrm{rel}}(\mathbf{X}, \mathbf{V}, \tau) \mathrm{d}\tau \ .$$

Da die Eigenzeit eine Lorentzinvariante ist, muss das Produkt aus der relativistischen Lagrangefunktion und dem Faktor $\gamma = [1 - (v/c)^2]^{-1/2}$ eine Invariante sein

$$L_{\text{inv}}(\mathbf{X},\,\mathbf{V},\,\tau) = \gamma L_{\text{rel}}(\dot{\mathbf{X}},\,\mathbf{V},\,\tau)\;, \tag{8.76}$$

damit die Invarianz des Wirkungsintegrals gewährleistet ist.

Um die relativistische Lagrangefunktion zu bestimmen, genügt neben der Forderung der Invarianz von L_{inv} meist die Forderung, dass L_{rel} im Grenzfall kleiner Geschwindigkeiten der Punktladung (des Massenpunktes) in die (bekannte) nichtrelativistische Form übergehen muss

$$L_{\text{rel}} \xrightarrow{v^2 \ll c^2} L_{\text{nrel}}\;. \tag{8.77}$$

Benutzt man im Fall eines freien Teilchens als Ansatz die einfach(st)e Invariante

$$L_{\text{inv,f}} = -m_0 c^2\;, \tag{8.78}$$

so findet man für die entsprechende relativistische Lagrangefunktion

$$\begin{aligned} L_{\text{rel,f}} &= -\frac{m_0 c^2}{\gamma} = -m_0 c^2 \left[1 - \frac{v^2}{c^2}\right]^{1/2} \\ &\xrightarrow{v^2 \ll c^2} -m_0 c^2 \left\{1 - \frac{1}{2}\frac{v^2}{c^2} + \ldots\right\} = \frac{1}{2} m_0 v^2 - m_0 c^2 + \ldots\,. \end{aligned}$$

Der Ansatz (8.78) ergibt das geforderte Resultat. Die dabei auftretende Konstante entspricht der negativen Ruheenergie, auf die somit die Energieskala bezogen ist.

Die nichtrelativistische Lagrangefunktion für die Wechselwirkung einer Punktladung q mit einem (zeitabhängigen) elektromagnetischen Feld, die auf die Lorentzkraftgleichung führt, ist

$$L_{\text{nrel,WW}} = -q\,(V(\boldsymbol{r},t) - k_f \boldsymbol{A}(\boldsymbol{r},t)\cdot\boldsymbol{v})\;. \tag{8.79}$$

Aus der Lagrangefunktion für die Bewegung einer Punktladung in einem elektromagnetischen Feld

$$L_{\text{nrel, em}} = L_{\text{nrel,f}} + L_{\text{n.rel,WW}}$$

gewinnt man mit der Vorschrift

$$\frac{\mathrm{d}}{\mathrm{d}t}\left(\frac{\partial L_{\text{nrel, em}}}{\partial \dot{x}_i}\right) - \frac{\partial L_{\text{nrel, em}}}{\partial x_i} = 0$$

als nichtrelativistische Lagrangegleichung (siehe D.tail 8.6a)

$$\frac{\mathrm{d}\boldsymbol{p}}{\mathrm{d}t} = q\,(\boldsymbol{E} + k_f(\boldsymbol{v}\times\boldsymbol{B})) \qquad \boldsymbol{p} = m_0\,\boldsymbol{v}\;. \tag{8.80}$$

Führt man anstelle der klassischen Potentiale die Komponenten des Viererpotentials (8.61) und anstelle der Dreiergeschwindigkeit die Komponenten des Viererimpulses (8.44) ein, so erhält man

$$
\begin{aligned}
L_{\text{nrel,WW}} &= -q\,(V - k_f \boldsymbol{v}\cdot\boldsymbol{A}) \\
&= q\,\frac{k_f}{m_0}\left[(\mathrm{i}m_0\,c)\left(\frac{k_m}{k_e}\,\mathrm{i}cV\right) + (m_0\,\boldsymbol{v})\cdot(\boldsymbol{A})\right] \\
&= \frac{q}{m_0}\,k_f\,(\mathsf{P}\cdot\mathsf{A})\,\frac{1}{\gamma}\,.
\end{aligned}
$$

Das Skalarprodukt $(\mathsf{P}\cdot\mathsf{A})$ ist eine Lorentzinvariante, so dass man eine relativistisch invariante Lagrangefunktion mit $\gamma L_{\text{nrel,WW}} = L_{\text{inv,WW}}$ identifizieren kann. Dies bedeutet aber auch, dass kein Unterschied zwischen der nichtrelativistischen und der relativistischen Lagrangefunktion für die Wechselwirkung einer Punktladung mit den elektromagnetischen Feldern besteht.

Die gesamte Lagrangefunktion für ein relativistisches Teilchen in einem elektromagnetischen Feld ist somit

$$
L_{\text{rel,em}} = \frac{1}{\gamma}\left[-m_0\,c^2 + \frac{q}{m_0}\,k_f\,(\mathsf{P}\cdot\mathsf{A})\right]\,, \tag{8.81}
$$

bzw. in expliziter Schreibweise

$$
L_{\text{rel,em}} = -m_0\,c^2\left[1 - \frac{v^2}{c^2}\right]^{1/2} + q\,(k_f\,\boldsymbol{A}\cdot\boldsymbol{v} - V)\,.
$$

Mit der Lagrangefunktion kann man anhand der üblichen Definition[18] den **generalisierten** Dreierimpuls des relativistischen Teilchens berechnen

$$
\pi_i = \frac{\partial L}{\partial v_i} = \gamma m_0\,v_i + k_f\,q\,A_i = p_i + k_f\,q\,A_i \qquad i = 1,2,3\,. \tag{8.82}
$$

Der generalisierte Impuls unterscheidet sich von dem relativistischen Dreierimpuls $\boldsymbol{p} = (p_1, p_2, p_3)$ durch einen zusätzlichen elektromagnetischen Beitrag. Berechnet man die Lagrangegleichungen gemäß

$$
\frac{\mathrm{d}}{\mathrm{d}t}\pi_i - \frac{\partial L}{\partial x_i} = 0 \qquad i = 1,2,3\,,
$$

so findet man die Bewegungsgleichungen (● D.tail 8.6a)

$$
\frac{\mathrm{d}}{\mathrm{d}t}\boldsymbol{p} = q\,[\boldsymbol{E} + k_f\,(\boldsymbol{v}\times\boldsymbol{B})] \qquad \boldsymbol{p} = m\boldsymbol{v} = \gamma m_0 \boldsymbol{v}\,. \tag{8.83}
$$

Der einzige Unterschied gegenüber der nichtrelativistischen Bewegungsgleichung (8.80) ist das Auftreten des relativistischen anstatt des nichtrelativistischen Impulses.

Um die relativistische Hamiltonfunktion

$$
H_{\text{rel}} \equiv H(\boldsymbol{x},\,\boldsymbol{\pi},\,t) = \sum_{i=1}^{3} \pi_i v_i - L_{\text{rel}}(\boldsymbol{x},\,\boldsymbol{v},\,t)
$$

---

[18] Vergleiche die Bemerkungen über nichtkovariante Formen der relativistischen Bewegungsgleichungen in Kap. 8.4.3.

gemäß der klassischen Definition zu bestimmen, ist es notwendig, die Abhängigkeit von der relativistischen Dreiergeschwindigkeit zugunsten des relativistischen generalisierten Dreierimpulses zu eliminieren (D.tail 8.6b). Zu diesem Zweck löst man (8.82) nach den Geschwindigkeitskomponenten auf und erhält

$$\boldsymbol{v} = \frac{c\,(\boldsymbol{\pi} - k_f\, q\, \boldsymbol{A})}{\left[(\boldsymbol{\pi} - k_f\, q\, \boldsymbol{A})^2 + m_0^2 c^2\right]^{1/2}} .$$

Die Umschreibung der freien Lagrangefunktion und der magnetischen Wechselwirkung lautet dann

$$m_0\, c^2 \left[1 - v^2/c^2\right]^{1/2} = \frac{m_0^2 c^3}{\left[(\boldsymbol{\pi} - k_f\, q\, \boldsymbol{A})^2 + m_0^2 c^2\right]^{1/2}}$$

$$q\, k_f\, \boldsymbol{v} \cdot \boldsymbol{A} = \frac{q\, k_f\, c\left(\boldsymbol{\pi} \cdot \boldsymbol{A} - k_f\, q\, \boldsymbol{A}^2\right)}{\left[(\boldsymbol{\pi} - k_f\, q\, \boldsymbol{A})^2 + m_0^2 c^2\right]^{1/2}} .$$

Fasst man nun alle Terme in

$$H = \boldsymbol{\pi} \cdot \boldsymbol{v} + m_0\, c^2 \left[1 - v^2/c^2\right]^{1/2} - q\, k_f\, \boldsymbol{v} \cdot \boldsymbol{A} + qV$$

zusammen, so findet man das kompakte Resultat

$$H = \left[c^2\, (\boldsymbol{\pi} - k_f\, q\, \boldsymbol{A})^2 + m_0^2 c^4\right]^{1/2} + qV . \tag{8.84}$$

Falls die relativistische Hamiltonfunktion, wie das klassische Gegenstück, die Energie einer Punktladung darstellt, muss sie der Nullkomponente eines Viererimpulses entsprechen. Um diese Aussage zu überprüfen, betrachtet man den elektromagnetischen Viererimpuls

$$\mathsf{P}_{\text{em}} = \left\{ \frac{E_{\text{em}}}{\text{i}c},\, \boldsymbol{p}_{\text{em}} \right\} ,$$

wobei die Energie durch die Hamiltonfunktion minus der elektrischen Energie und der Dreierimpuls durch den generalisierten Dreierimpuls ersetzt wird

$$\mathsf{P}_{\text{em}} = \left\{ \frac{(H - qV)}{\text{i}c}, \boldsymbol{\pi} - k_f q \boldsymbol{A} \right\} . \tag{8.85}$$

Berechnet man das Skalarprodukt

$$\mathsf{P}_{\text{em}} \cdot \mathsf{P}_{\text{em}} = -\frac{1}{c^2}\,(H - qV)^2 + (\boldsymbol{\pi} - k_f\, q\, \boldsymbol{A})^2 = -(m_0^2 c^2)$$

und vergleicht dieses Resultat mit dem Ausdruck

$$(H - qV)^2 = c^2\, (\boldsymbol{\pi} - k_f\, q\, \boldsymbol{A})^2 + m_0^2 c^4 ,$$

den man direkt aus (8.84) gewinnen kann, so stellt man in der Tat fest, dass $(H - qV)/(\text{i}c)$ die Nullkomponente eines Viererimpulses darstellt.

Eine kovariante Formulierung der Lagrangegleichungen ist möglich. Man betrachtet in diesem Fall die Variation

$$\delta \int_{\tau_1}^{\tau_2} L_{\rm inv}(\mathbf{X},\, \mathbf{V},\, \tau)\, \mathrm{d}\tau = 0\ ,$$

wobei die Variationen der Minkowskikoordinaten und der Komponenten der Vierergeschwindigkeit an den Grenzen des Integrationsintervalles verschwinden. Eine Komplikation ergibt sich jedoch durch die Nebenbedingung (siehe (8.43))

$$\mathbf{V} \cdot \mathbf{V} = -c^2\ .$$

Die Variationen nach den vier Komponenten der relativistischen Geschwindigkeit sind nicht unabhängig voneinander. Diese Nebenbedingung muss entweder mittels der Methode der Lagrangemultiplikatoren oder mit äqivalenten Kunstgriffen berücksichtigt werden. Die Entwicklung dieser kovarianten Formulierung wird hier nicht verfolgt.

8.6 Die kurze Geschichte des Aethers und weitere historische Anmerkungen

Die Frage, ob Licht eine Wellenerscheinung ist oder aus Lichtteilchen (Korpuskeln) besteht, hat die Wissenschaftler des 17. Jahrhunderts beschäftigt. Die bekanntesten Verfechter dieser gegensätzlichen Vorstellungen von der Natur des Lichtes waren C. Huygens auf der Seite der Wellentheorie und I. Newton auf der Seite der Teilchentheorie. Die Entscheidung zugunsten des Wellenbildes zeichnete sich ab dem Jahr 1801 ab. T. Young interpretierte die Ergebnisse optischer Experimente, wie z.B. die Entstehung der Newtonschen Ringe, als Interferenzerscheinung. Nur wenig später erkannte man anhand der Doppelbrechung (E. Malus, 1808), dass Licht polarisiert sein konnte. Diese Erkenntnis diente, neben weiteren optischen Phänomenen wie die Beugung des Lichtes, A. Fresnel als Basis für eine recht umfassende Wellentheorie des Lichtes (1815, 1821).

Mittels der Maxwellschen Theorie konnte in der zweiten Hälfte des 19. Jahrhunderts nachgewiesen werden, dass Licht eine Sonderform der elektromagnetischen Wellen darstellt. R. Kohlrausch und W. Weber bestimmten 1856 die Lichtgeschwindigkeit über Gleichungen der Maxwelltheorie aus optischen Daten. H. Hertz wies (1887/88) die Existenz elektromagnetischer Wellen in dem Frequenzbereich um $10^9\,\mathrm{s}^{-1}$ (bzw. einer Wellenlänge im Dezimeterbereich) nach und zeigte, dass deren Eigenschaften mit den Eigenschaften von Lichtwellen übereinstimmen.

Man kann es durchaus als Laune der Natur ansehen, dass in dem 20. Jahrhundert die Teilchennatur der elektromagnetischen Strahlung, z.B. durch die Untersuchung der Hohlraumstrahlung (M. Planck, 1900) und die Erklärung des photoelektrischen Effektes durch A.Einstein (1905) wieder zu Ehren kam.

Die Quantenmechanik ist in der Lage, die durchaus konträren Konzepte unter einem gemeinsamen Dach anzusiedeln.

Das mechanistische Weltbild des 19. Jahrhunderts legt die Vorstellung von einem Träger der Lichtwellen, analog zu der Luft als Träger der Schallwellen, nahe. Die Hypothese von der Existenz eines *Aethers*, der die gesamte Materie und den gesamten Raum durchdringt, war ein Kernpunkt der Fresnelschen Theorie von 1821. Man musste annehmen, dass dieser Aether

- transparent ist, da anscheinend kein Medium zwischen der Erde und der Sonne ausgemacht werden konnte.
- eine sehr niedrige Viskosität besitzt, da sowohl die Erde als auch alle weiteren Himmelskörper sich reibungsfrei durch den Aether bewegen.
- eine sehr hohe Steifigkeit besitzt, um die hohe Ausbreitungsgeschwindigkeit des Lichtes ($c_L = 3 \cdot 10^8$m/s versus $c_S = 3 \cdot 10^2$m/s für den Schall) zu gewährleisten, denn es gilt für die Ausbreitungsgeschwindigkeit von Wellen in einem Medium $c \propto [\text{Elastizitätsmodul}]^{1/2}$.

Die Maxwellgleichungen (1865) beinhalten die Aussage, dass elektromagnetische Wellen sich im Vakuum mit einer Geschwindigkeit ausbreiten, die unabhängig von der Bewegung der Quelle ist. Gemäß der klassischen Galileitransformation ist dies nur in *einem* ausgezeichneten Bezugssystem möglich, das man mit dem Aethersystem identifizierte. In diesem absoluten Bezugssystem sollten die Maxwellgleichungen in der ursprünglichen Form Gültigkeit besitzen. Jede Bewegung relativ zu dem Aethersystem sollte somit nachweisbar sein. Das Nullresultat des Michelson-Morley Experimentes (1881, 1887) zeigte jedoch, dass (in Michelsons Worten) die Hypothese eines stationären Aethers nicht korrekt sein konnte. Diese Aussage wurde durch alle nachfolgenden Interferometerexperimente (letztlich) bestätigt. Ein Ausweg zur Rettung der Aetherhypothese bietet die Möglichkeit, dass der Aether sich mit der Erde bewegt. Diese Möglichkeit wird jedoch durch die Aberration des Lichtes von fernen Sternen[19] widerlegt. Die Aberation wurde lange vor dem Michelson-Morley Experiment von J. Bradley (1729) entdeckt, und in späteren Jahren von H. Fizeau (1859) und G. Airy (1871) erneut untersucht.

Die theoretischen Bemühungen, das Nullresultat des Michelson-Morley Experimentes zu verstehen, wurden in der Hauptsache von G. Fitzgerald (1893) und von H.A. Lorentz (1892, 1904) getragen. Beide Forscher schlugen unabhängig voneinander auf der Basis einer Analyse der Maxwellgleichungen vor, dass sich Körper, die sich durch den Aether bewegen, kontrahieren. In gleicher Weise werden infolge dieser Bewegung Zeitintervalle gedehnt. Die beiden Effekte kompensieren sich in einer Weise, dass sich, unabhängig von der Bewegung durch den Aether, immer die Lichtgeschwindigkeit c ergibt. Lorentz scheiterte im Endeffekt daran, dass er das Aetherkonzept aufrecht erhalten wollte. Es gelang ihm nicht, eine Erklärung der Kontraktion mit Hilfe eines Modelles der Materie zu finden. Desgleichen versuchte er die Zeit-

[19] Zu der Aberration siehe z.B. A. Stewart, Scientific American, Vol. 210 (1964), S. 100 .

dilatation als ein lokales Phänomen zu deuten, das sich von dem Konzept der absoluten Zeit in dem globalen Aethersystem unterscheiden sollte. Auf der anderen Seite sind die Transformationsgleichung zu Recht mit seinem Namen belegt, da sie in seiner Veröffentlichung aus dem Jahr 1904 zum ersten Mal angegeben werden.

Auch der Ausgangspunkt von Einstein, in der Veröffentlichung aus dem Jahr 1905 mit dem Titel 'Zur Elektrodynamik bewegter Körper', war die Maxwellsche Theorie. Der Titel nimmt Bezug auf die Frage der Bezugssysteme, aus deren Sicht man die Theorie analysiert. Die Voraussetzungen für die Analyse waren zwei durchsichtige Hypothesen

- Das Relativitätsprinzip mit der Gleichwertigkeit aller Inertialsysteme.
- Die (wie Einstein sagt: damit nur scheinbar unverträgliche) Unabhängigkeit der Ausbreitungsgeschwindigkeit der elektromagnetischen Strahlung von dem Bewegungszustand der Quelle der Strahlung.

Auf dieser Basis konnte Einstein die korrekten (speziell relativistischen) Transformationsgleichungen sowie alle weiteren daraus folgenden Aussagen gewinnen. Die Einführung eines Aethers erwies sich als überflüssig.

Zwei weitere Wissenschaftler haben zu der Entwicklung der speziellen Relativitätstheorie beigetragen. H. Poincaré formulierte (1904) noch vor Einstein das allgemeine Relativitätsprinzip und erkannte die Notwendigkeit, eine 'neue Mechanik' zu formulieren. Er konnte sich jedoch nicht vollständig von der Lorentzschen Analyse des Problems lösen. Er war der erste, der erkannte, dass die Lorentztransformationen eine Gruppe bilden, und hat sich mit der Untersuchung dieser Aspekte verdient gemacht (1904). Auf Poincaré geht auch die Darstellung der Relativitätstheorie in einem viedimensionalen, euklidischen Raum mit den Koordinaten ict, x, y, z zurück. Die voll kovariante Formulierung der Relativitätstheorie in der Sprache der pseudoeuklidischen Geometrie ist das Verdienst von H. Minkowski (1908/1910).

Die ab 1912 von A. Einstein (und anderen) entwickelte allgemeine Relativitätstheorie basiert auf der Vorstellung, dass die Raum-Zeit Welt nicht flach sondern in der Nähe von Massenverteilungen gekrümmt ist. Ansonsten liegen der allgemeinen Theorie die gleichen Forderungen zugrunde wie der speziellen Relativitätstheorie, nämlich das Relativitätsprinzip und die Unabhängigkeit der Vakuumlichtgeschwindigkeit von Inertialsystemen. Die Krümmung des vierdimensionalen Raumes wird in mathematischer Form zum Ausdruck gebracht, indem man die Elemente des metrischen Tensors, die in der infinitesimalen Bogenlänge (zum Quadrat)

$$\mathrm{d}s^2 = \sum_{\mu\nu} g_{\mu\nu} \mathrm{d}X_\mu \mathrm{d}X_\nu$$

auftreten, durch Funktionen der Koordinaten ersetzt

$$g_{\mu\nu} \longrightarrow g_{\mu\nu}(X_0, X_1, X_2, X_3) .$$

Man bezeichnet eine solche Metrik als Riemannsche Metrik. Dieser Ansatz bedingt, dass die Bewegungsgleichungen eines Massenpunktes einen 'Kräfteterm' enthalten, der durch die Raum-Zeit Geometrie (die Ableitungen der Funktionen $g_{\mu\nu}(X_0, X_1, X_2, X_3)$) bestimmt wird. Die Geometrie ihrerseits wird durch die Massenverteilung festgelegt. Der fragliche Term entspricht in niedrigster Ordnung in den Koordinaten (wie Einstein 1916 nachwies) dem Newtonschen Gravitationsgesetz. Er kann somit als eine verallgemeinerte Gravitationwirkung verstanden werden, die durch die Verteilung der Materie und die dadurch veränderte Raum-Zeit Struktur hervorgebracht wird.

Eine experimentelle Bestätigung finden diese Vorstellungen z.B. durch die Ablenkung von elektromagnetischen Wellen am Sonnenrand, die erstmals 1919 beobachtet wurde, oder durch die beobachtete Periheldrehung der Merkurbahn. Die Periheldrehung entspricht der Bahnform, die sich aus der Abweichung des allgemeinen Gravitationsgesetzes von der Newtonschen Form ergibt.

Es steht noch die formale Beantwortung der am Anfang dieses Kapitels aufgeworfenen Fragen aus: Man kann feststellen, dass die Aussagen der (speziellen) Relativitätstheorie durch Experimente bestätigt werden. Sie basiert auf zwei einfachen und durchsichtigen Forderungen: Die Gleichberechtigung aller Inertialsysteme und die Gleichheit der Lichtgeschwindigkeit in allen Inertialsystemen. Trotzdem fand die Relativitätstheorie nur eine zögerliche Akzeptanz, die wohl auf die Tatsache zurückzuführen ist, dass sie eine wissenschaftliche Revolution eingeleitet hat, durch die das Weltbild der Physik radikal verändert wurde. Die Elektrodynamik, die den Anstoß zu der Formulierung der Relativitätstheorie gab, ist in allen Aspekten mit der speziellen Relativitätstheorie konsistent. Alle Gleichungen der Elektrodynamik haben in allen Inertialsystemen die gleiche Form, sie sind forminvariant. Die klassische Mechanik muss jedoch modifiziert werden. Glücklicherweise gewinnen die Modifikationen erst bei großen Geschwindigkeiten an Bedeutung, so dass man für viele Belange mit der einfacheren, der klassischen Form der Mechanik leben kann.

Aufgaben

Relativistische Problemstellungen werden in 11 Aufgaben angesprochen. Der Großteil (7 Aufgaben) setzt sich mit der Bewegung von Punktladungen in elektrischen und magnetischen Feldern auseinander, insbesondere auch mit dem relativistischen Coulombproblem, der Diskussion von schnell bewegten Ladungen im elektrischen Feld einer Punktladung. Die zusätzlichen Aufgaben sind breiter gestreut. Es geht um Aberration, eine explizite Anwendung der Lorentztransformation zur Berechnung der Felder einer uniform bewegten Ladungsverteilung, ein relativistisches Abstrahlungsproblem und die Herleitung einer Näherungsformel, der oft zitierten Breitwechselwirkung.

9 Literaturverzeichnis

In dem folgenden Verzeichnis findet man die in dem Text zitierten Literaturstellen, eine nicht zu lange Liste der im Handel und in den Bibliotheken verfügbaren Lehrbücher der Elektrodynamik und der (speziellen) Relativitätstheorie, sowie der relevanten mathematischen Lehrbücher und Formelwerke. Eine ausführlichere Dokumentation der mathematischen Literatur ist in den 'Mathematischen Ergänzungen' auf der zugehörigen ⊙ enthalten.

Die Lehrbücher sind alphabetisch aufgeführt, die Reihenfolge nimmt also keinen Bezug auf das Niveau oder die Schwierigkeit der Darstellung. Werke, die (soweit den Internet-Seiten der Verlage entnehmbar) nicht mehr im Handel erhältlich sind, sind durch (*) markiert.

Zitierte Literaturstellen, Zeitschriften

- A.A. Michelson and E.W. Morley, Phil. Mag. **24** (1887), 449
- A. Einstein, Ann. der Phys. **17** (1905), 891
- S.J. Plimpton and W.E. Lawton, Phys. Rev. **50** (1936), 1066
- A. Stewart, Scient. Am. **210** (1964), 100
- J. Baily et al., Nature **268** (1971), 301
- R. Perrin, Am. J. Phys. **47** (1979), 327

Zitierte Literaturstellen, Bücher

- N. Ashcroft and D. Mermin: 'Solid State Physics' (Saunders Publications, Philadelphia, 1976)
- F. Lösch ed.: 'Jahnke, Emde, Lösch, Tafeln Höherer Funktionen' (Teubner, Stuttgart, 1966)

- (*) J.C. Maxwell: 'Treatise on Electricity and Magnetism' (Clarendon Press, Oxford, 1873)
  J.C. Maxwell: 'Lehrbuch der Electricität und des Magnetismus' (2 Bde), (Verlag Julius Springer, Berlin, 1883)
- (*) P. Moon, D. Eberle: 'Field Theory Handbook' (Springer Verlag, Heidelberg, 1961)
- P.M. Morse and H. Feshbach: 'Methods of Theoretical Physics' (2 Bde), (McGraw Hill, New York, 1953)
- M.E. Rose: 'Elementary Theory of Angular Momentum' (Dover Publications, New York, 1995)

Einführende Texte

- R. Feynman, R.B. Leighton, M Sands: 'Feynman Vorlesungen über Physik' Band 2 (Verlag Oldenbourg, München, 2001)
- E.M. Purcell: 'Berkeley Physikkurs' Band 2 (Springer Verlag, Berlin, 1994)
- L. Marder: 'Reisen durch die Raum-Zeit' (F. Vieweg, Braunschweig, 1982)

Elektrodynamik

- V.D. Barger and M.G. Olson: 'Classical Electricity and Magnetism' (Allyn and Bacon, Boston, 1987)
- T. Fließbach: 'Elektrodynamik' (Spektrum Akademischer Verlag, Heidelberg, 2000)
- W. Greiner: 'Klassische Elektrodynamik' (Verlag H. Deutsch, Frankfurt, 2002)
- D.J. Griffiths: 'Introduction to Electrodynamics' (Prentice Hall, Englewood Cliffs, 1989)
- J.D. Jackson: 'Klassische Elektrodynamik' (de Gruyter, Berlin, 2002)
- G. Lehner: 'Elektromagnetische Feldtheorie' (Springer Verlag, Heidelberg, 1996)
- K. Meetz und W.L. Engl: 'Elektromagnetische Felder' (Springer Verlag, Heidelberg, 1980)
- W. Nolting: 'Elektrodynamik' (Springer Verlag, Heidelberg, 2004)
- G.L. Pollack and D.R. Stump: 'Electromagnetism' (Addison Wesley, San Franzisko, 2002)
- J. Schwinger, L.L. DeRaad jr., K.A. Milton and W. Tsai: 'Classical Electrodynamics' (Perseus Books, Reading (Mass.), 1998)
- W.R. Smyth: 'Static and Dynamic Electricity' (McGraw Hill, New York, 1968)
- A. Sommerfeld: 'Elektrodynamik' (Verlag H. Deutsch, Frankfurt, 2001)

Spezielle Relativitätstheorie

- H. Goenner: 'Einführung in die spezielle und allgemeine Relativitätstheorie' (Spektrum Akademischer Verlag, Heidelberg, 1996)
- W. Greiner und J. Rafelski: 'Spezielle Relativitätstheorie' (Verlag H. Deutsch, Frankfurt, 1992)
- W. Rindler: 'Introduction to Special Relativity' (Clarendon Press, Oxford, 1991)
- U.E. Schröder: 'Special Relativity' (World Scientific, Singapore, 1990)
- E.F. Taylor und J.A. Wheeler: 'Physik der Raumzeit' (Spektrum Akademischer Verlag, Heidelberg, 1992)

Mathematik

- V.I. Arnold: 'Gewöhnliche Differentialgleichungen' (Springer Verlag, Heidelberg, 2004)
- V.I. Arnold: 'Vorlesungen über partielle Differentialgleichungen' (Springer Verlag, Heidelberg, 2004)
- H. Behnke und F. Sommer: 'Theorie der analytischen Funktionen einer komplexen Veränderlichen' (Springer Verlag, Heidelberg, 2004)
- H. Harro: 'Gewöhnliche Differentialgleichungen' (Teubner Verlag, Wiesbaden, 2004)
- K. Jänich: 'Funktionentheorie' (Springer Verlag, Heidelberg, 1972)
- (*) K. Knopp: 'Elemente der Funktionentheorie', 'Funktionentheorie I', 'Funktionentheorie II' (de Gruyter, Berlin, 1981)
- A. Kyrala: 'Applied Functions of a Complex Variable' (Wiley Interscience, New York, 1972)
- G. Moretti: 'Functions of a Complex Variable' (Prentice Hall, Englewood Cliffs, 1964)
- A. Sommerfeld: 'Partielle Differentialgleichungen in der Physik' (Verlag H. Deutsch, Frankfurt, 1992)
- W. Walter: 'Gewöhnliche Differentialgleichungen' (Springer Verlag, Heidelberg, 2000)
- A. Tveito und R. Winther: 'Einführung in partielle Differentialgleichungen' (Springer Verlag, Heidelberg, 2002)

Tabellen und Formelsammlungen

Allgemeine Formelsammlungen

- H.-J. Bartsch: 'Kleine Formelsammlung Mathematik' (Hanser Verlag, Leipzig, 1995)

- I. Bronstein, I. Semendjajew, G. Musiol, H. Mühlig: 'Taschenbuch der Mathematik' (Verlag H. Deutsch, Frankfurt, 2000)
- H. Stöcker: 'Mathematische Formeln und Moderne Verfahren' (Verlag H. Deutsch, Frankfurt, 1995)
- E. Hering, R. Martin, M. Stohrer: 'Physikalisch-Technisches Taschenbuch' (VDI Verlag, Düsseldorf, 1994)

Spezielle Funktionen

- M. Abramovitz, I. Stegun: 'Handbook of Mathematical Functions' (Dover Publications, New York, 1974)
- F. Lösch ed.: 'Jahnke, Emde, Lösch, Tafeln Höherer Funktionen' (Teubner, Stuttgart, 1966)
- (*) W. Magnus, F. Oberhettinger: 'Formeln und Sätze für die speziellen Funktionen der mathematischen Physik' (Springer Verlag, Heidelberg, 1948)
- (*) I.N. Sneddon: 'Spezielle Funktionen der Mathematischen Physik' (Bibliographisches Institut, Mannheim, 1961)

Integraltafeln

- I. Gradstein, I. Ryshik: 'Summen-, Produkt- und Integraltafeln' Band I und II (Verlag H. Deutsch, Frankfurt, 1981)
- W. Gröbner, N. Hofreiter: 'Integraltafel' Band I und II (Springer Verlag, Wien, 1975 und 1973)
- sowie die entsprechenden Abschnitte der Formelsammlungen

A Lebensdaten

Airy, Sir George Biddell	engl. Astronom * 27.07.1801 in Alnwick (GB) † 04.01.1892 in London (GB)
d'Alembert, Jean Le Rond	frz. Philosoph, Mathematiker und Literat * 17.11.1717 in Paris (F) † 29.10.1783 in Paris (F)
Ampère, André Marie	frz. Mathematiker und Physiker * 20.01.1775 in Lyon (F) † 10.06.1836 in Marseille (F)
Babinet, Jacques	frz. Physiker * 05.03.1784 in Lusignan (F) † 21.10.1872 in Paris (F)
Bessel, Friedrich Wilhelm	dt. Mathematiker * 22.07.1784 in Minden (D) † 17.03.1846 in Königsberg (D)
Biot, Jean-Baptiste	frz. Physiker und Astronom * 21.04.1774 in Paris (F) † 03.02.1862 in Paris (F)
Bohr, Niels Henrik David Nobelpreis 1922	dän. Physiker * 07.10.1885 in Kopenhagen (DK) † 18.11.1962 in Kopenhagen (DK)
Bradley, James	engl. Astronom * ?.03.1692 in Shireborn (GB) † 13.07.1762 in Chalford (GB)
Brewster, Sir David	engl. Physiker * 11.12.1781 in Jedburgh (GB) † 10.02.1868 in Allerby (GB)

Cauchy, Augustin Louis	frz. Mathematiker ∗ 21.08.1789 in Paris (F) † 23.05.1857 in Sceaux (F)
Čerenkov, Pavel, Alexander Nobelpreis 1958	russ. Physiker ∗ 28.07.1904 in Novaia Chigla (RUS) † 06.01.1990 in Moskau (RUS)
de Coulomb, Charles Augustin	frz. Physiker ∗ 14.06.1736 in Angoulême (F) † 23.08.1806 in Paris (F)
Descartes, René (Renatus Cartesius)	franz. Philososoph und Mathematiker ∗ 31.03.1596 in La Haye (F) † 11.02.1650 in Stockholm (S)
Dirac, Paul Adrien Maurice Nobelpreis 1933	engl. Physiker ∗ 08.08.1902 in Bristol (GB) † 20.08.1984 in Tallahassee (USA)
Dirichlet, Johann Peter G. Lejeune	dt./frz. Mathematiker ∗ 13.02.1805 in Düren (D) † 05.05.1859 in Göttingen (D)
Einstein, Albert Nobelpreis 1921	dt. Physiker ∗ 14.03.1879 in Ulm (D) † 18.04.1955 in Princeton (USA)
Faraday, Michael	engl. Physiker ∗ 22.09.1791 in Newington Butts (GB) † 25.08.1867 in Hampton Court (GB)
Fizeau, Antoine Hippolyte Louis	frz. Physiker ∗ 23.09.1819 in Paris (F) † 18.09.1896 in Venteuil (F)
Fourier, Jean Baptiste Joseph	frz. Mathematiker ∗ 21.03.1768 in Auxerre (F) † 16.05.1830 in Paris (F)
Fraunhofer, Joseph	dt. Optiker und Physiker ∗ 06.03.1787 in Straubing (D) † 07.07.1826 in München (D)
Fresnel, Augustin Jean	frz. Physiker ∗ 20.05.1788 in Broglie (F) † 14.07.1827 in Ville d'Avray (F)

Gauß, Johann Carl Friedrich	dt. Mathematiker und Astronom ∗ 30.04.1777 in Braunschweig (D) † 23.02.1855 in Göttingen (D)
Green, George	engl. Mathematiker und Physiker ∗ 14.07.1793 in Nottingham (GB) † 31.03.1841 in Nottingham (GB)
Hall, Herbert	am. Physiker ∗ 07.11.1855 in Gorlan (Maine) (USA) † 20.11.1938 in Cambridge (Mass.) (USA)
Heaviside, Oliver	engl. Physiker und Elektrotechniker ∗ 18.5.1850 in London (GB) † 03.02.1925 in Homefield (GB)
von Helmholtz, Hermann L. F.	dt. Physiker und Physiologe ∗ 31.08.1821 in Potsdam (D) † 08.09.1894 in Berlin (D)
Heisenberg, Werner Karl Nobelpreis 1932	dt. Physiker ∗ 5.12.1901 in Würzburg (D) † 10.2.1976 in München (D)
Henry, Joseph	am. Physiker ∗ 17.12.1797 in Albany (USA) † 13.05.1878 in Washington (USA)
Hertz, Heinrich Rudolf	dt. Physiker ∗ 22.02.1857 in Hamburg (D) † 01.01.1894 in Bonn (D)
Huygens, Christiaan	niederl. Physiker und Mathematiker ∗ 14.04.1629 in den Haag (NL) † 08.07.1695 in den Haag (NL)
v. Jacobi, Moritz Hermann	dt. Physiker ∗ 21.9.1801 in Potsdam (D) † 10.3.1874 in St. Petersburg (RUS)
Joule, James Prescott	engl. Physiker ∗ 24.12.1818 in Salford (GB) † 11.10.1889 in Sale (GB)
Kirchhoff, Gustav Robert	dt. Physiker ∗ 12.03.1824 in Königsberg (D) † 17.10.1887 in Berlin (D)

Kohlrausch, Rudolf H.A.	dt. Physiker ∗ 06. 11. 1809 in Göttingen (D) † 09. 03. 1858 in Erlangen (D)
Laplace, Pierre Simon	frz. Mathematiker und Physiker ∗ 28.03.1749 in Beaumont-en Auge (F) † 05.03.1827 in Arceuil (F)
Larmor, Sir Joseph	ir. Physiker ∗ 11.07.1857 in Magheragall (IRL) † 19.05.1942 in Holywood (IRL)
Legendre, Adrien Marie	frz. Mathematiker ∗ 18.09.1752 in Paris (F) † 10.01.1833 in Paris (F)
Lenz, Heinrich Friedrich Emil	dt. Physiker ∗ 12.02.1804 in Dorpat (D) † 10.02.1865 in Rom (I)
Liénard, Alfred-Marie	frz. Physiker und Mathematiker ∗ 02.04.1869 in Amiens (F) † 29.04.1958 in Paris (F)
Lorentz, Hendrik Anton Nobelpreis 1902	niederl. Physiker ∗ 18.07.1853 in Arnheim (NL) † 04.02.1928 in Haarlem (NL)
Malus, Etienne Louis	frz. Physiker ∗ 23.06.1775 in Paris (F) † 23.02.1812 in Paris (F)
Maxwell, James Clark	engl. Physiker ∗ 13.06.1831 in Edinburgh (GB) † 05.11.1879 in Cambrigde (GB)
Michelson, Albert Abraham Nobelpreis 1907	am. Physiker ∗ 19.12.1852 in Strelno (PL) † 09.05.1931 in Pasadena (USA)
Millikan, Robert Andrew Nobelpreis 1923	am. Physiker ∗ 22.03 1868 in Morrison (USA) † 19.12.1953 in Pasadena (USA)
Minkowski, Hermann	dt. Mathematiker ∗ 22.06.1864 Alexotas (LT) † 12.01.1909 Göttingen (D)

Molyneux, Samuel	engl. Astronom und Physiker ∗ 18.07.1689 in Chester (GB) † 13.04.1728 in Kew (GB)
Morley, Edward William	am. Chemiker ∗ 29.01.1838 in Newark (USA) † 24.02.1923 in West Hartford (USA)
Neumann, Carl Gottfried	dt. Mathematiker ∗ 07.05.1832 in Königsberg (D) † 27.03.1925 in Leipzig (D)
Øerstedt, Hans Christian	dän. Physiker und Chemiker ∗ 14.08.1777 in Rudkøbing (DK) † 09.03.1851 in Kopenhagen (DK)
Ohm, Georg Simon	dt. Physiker ∗ 16.03.1789 in Erlangen (D) † 06.07.1854 in München (D)
Planck, Max Nobelpreis 1919	dt. Physiker ∗ 23.04.1858 in Kiel (D) † 04.10.1947 in Göttingen (D)
Poincarè, Henri Jules	frz. Mathematiker ∗ 29.04.1854 in Nancy (F) † 17.07.1912 in Paris (F)
Poisson, Siméon Denis	frz. Mathematiker und Physiker ∗ 21.06.1781 Pithiviers (F) † 25.04.1840 Sceaux (F)
Poynting, John Henry	engl. Physiker ∗ 09.09.1852 in Monton (GB) † 30.03.1914 in Birmingham (GB)
Rutherford, Ernest Nobelpreis 1908	engl. Physiker ∗ 30.08.1871 in Brightwater (NZ) † 10.10.1937 in Cambridge (GB)
Savart, Felix	frz. Arzt und Physiker ∗ 30.06.1791 in Mézière (F) † 16.03.1841 in Paris (F)
Schwartz, Laurent	frz. Mathematiker ∗ 05.03.1915 in Paris (F) † 04.07.2002 Paris (F)

von Siemens, Werner	dt. Elektrotechniker ∗ 13.12.1816 in Lenthe (D) † 06.12.1892 in Berlin (D)
Snell, Willebrord van Roijen (Snellius)	niederl. Physiker ∗ ?. ?.1580 in Leiden (NL) † 30.10.1626 in Leiden (NL)
Stokes, Sir George Gabriel	engl. Physiker und Mathematiker ∗ 13.08.1819 in Skreen (GB) † 01.02.1903 in Cambridge (GB)
Tesla, Nikola	am. Physiker und Elektrotechniker ∗ 10.07.1856 in Smiljan (HR) † 07.01.1943 in New York (USA)
Weber, Wilhelm Eduard	dt. Physiker ∗ 24.10.1804 in Wittenberg (D) † 23.06.1891 in Göttingen (D)
Wiechert, Johann Emil	dt. Physiker und Geophysiker ∗ 26.12.1861 in Tilsit (D) † 19.03.1928 in Göttingen (D)
Young, Thomas	engl. Physiker und Arzt ∗ 13.06.1773 in Milverton (GB) † 20.05.1829 in London (GB)

A Einheitensysteme der Elektrodynamik

A.1 Die Maßsysteme

Im Vakuum benötigt man zur Festlegung der Maßeinheiten aller Größen der Elektrodynamik drei, im Prinzip frei wählbare Konstanten. Durch diese Konstanten werden letztlich die Maßeinheiten des elektrischen Feldes E, der magnetischen Induktion B und die Verknüpfung dieser im Experiment zugänglichen Felder durch das Induktionsgesetz festgelegt. Als zuständige Gleichungen kann man wählen:

- Das elektrische Feld E einer Punktladung q im Abstand r von dieser Ladung

  $$E(r) = k_e \frac{q}{r^2} \, .$$

- Die magnetische Induktion B eines langen, dünnen, geraden Leiters, der von einem (stationären) Strom i durchflossen wird. Im Abstand r von der Drahtachse gilt die Aussage

  $$B(r) = 2k_m \frac{i}{r} \, .$$

  Die Herausnahme des Faktors 2 ist eine nützliche aber keine zwingende Option.
- Das Induktionsgesetz in der differentiellen Form

  $$\boldsymbol{\nabla} \times \boldsymbol{E}(\boldsymbol{r}, t) + k_f \frac{\partial}{\partial t} \boldsymbol{B}(\boldsymbol{r}, t) = 0 \, .$$

Eine Einschränkung ergibt sich aus den Wellengleichungen für die zwei Felder im Vakuum. Aus den Maxwellgleichungen gewinnt man in diesem Fall

$$\Delta \boldsymbol{E}(\boldsymbol{r}, t) + \frac{k_m k_f}{k_e} \frac{\partial^2}{\partial t^2} \boldsymbol{E}(\boldsymbol{r}, t) = 0 \, ,$$

und

$$\Delta \boldsymbol{B}(\boldsymbol{r}, t) + \frac{k_m k_f}{k_e} \frac{\partial^2}{\partial t^2} \boldsymbol{B}(\boldsymbol{r}, t) = 0 \, .$$

Da der Faktor vor den Zeitableitungen dem Inversen des Quadrates der Ausbreitungsgeschwindigkeit entspricht und diese für elektromagnetische Wellen im Vakuum mit

$$c = 2.997925... \cdot 10^{10} \, \frac{\text{cm}}{\text{s}} = 2.997925... \cdot 10^{8} \, \frac{\text{m}}{\text{s}}$$

experimentell bestimmt wird, folgt

$$\left[\frac{k_e}{k_m k_f}\right]^{1/2} = c \, .$$

Diese Aussage impliziert, dass im Endeffekt nur zwei der drei Konstanten frei wählbar sind.

Die explizite, messtechnische Festlegung der zwei Konstanten (üblicherweise wählt man k_e und k_m) erfordert eine etwas längere Betrachtung. Die Konstante k_e wird zunächst durch das Coulombsche Kraftgesetz

$$F_{12} = k_e \frac{q_1 q_2}{r_{12}^2} \, ,$$

das den Betrag der Kraftwirkung zwischen zwei Punktladungen q_1 und q_2 im Abstand r_{12} beschreibt, eingeführt.

Durch die Wahl[1] der dimensionslosen Konstanten

$$k_{e,\text{CGS}} = 1$$

wird in dem CGS System die Maßeinheit der Ladung mit den mechanischen Maßeinheiten verknüpft

$$[q]_{\text{CGS}} = \frac{g^{1/2} \text{cm}^{3/2}}{\text{s}} = \text{statcoul} \, .$$

Die Maßeinheit des elektrischen Feldes ist wegen $E_{q_1} = F_{12}/q_2$ somit

$$[E]_{\text{CGS}} = \frac{g^{1/2}}{\text{cm}^{1/2} \, \text{s}} = \frac{\text{statvolt}}{\text{cm}} \, .$$

Die Vorschrift zur Ausmessung von Magnetfeldern (genauer der magnetischen Induktion) lautet

$$\boldsymbol{D} = \boldsymbol{m} \times \boldsymbol{B} \, .$$

Diese Relation, die das magnetische Moment $\boldsymbol{m}$ eines Probedipols und die magnetische Induktion $\boldsymbol{B}$ mit einem Drehmoment $\boldsymbol{D}$ verknüpft, zeigt, dass mit der Festlegung der Maßeinheiten der Induktion die Einheiten des magnetischen Momentes festgelegt sind. Im CGS System legt man die Konstante k_m auf den Wert

$$k_{m,\text{CGS}} = \frac{1}{c} = 0.333564... \cdot 10^{-10} \, \frac{\text{s}}{\text{cm}}$$

fest und es folgt

$$k_{f,\text{CGS}} = \frac{k_{e,\text{CGS}}}{c^2 \, k_{m,\text{CGS}}} \qquad \Longrightarrow k_{f,\text{CGS}} = \frac{1}{c} \, .$$

[1] Es werden nur das Gaußsche CGS System und das rationalisierte MKSA System im Detail betrachtet. Für zwei der zusätzlichen Maßsysteme, die in dem Vorwort erwähnt wurden, werden die relevanten Konstanten in Tab. A.1 aufgeführt.

Die magnetische Induktion wird somit in den Einheiten

$$[B]_{\mathrm{CGS}} = \frac{g^{1/2}}{\mathrm{cm}^{1/2}\,\mathrm{s}} = [E]_{\mathrm{CGS}}\,,$$

das magnetische Moment in den Einheiten

$$[m]_{\mathrm{CGS}} = \frac{g^{1/2}\mathrm{cm}^{5/2}}{\mathrm{s}} = [p]_{\mathrm{CGS}}$$

gemessen. Sowohl für die Felder als auch für die elektrischen und magnetischen Dipolmomente sind im CGS System die gleichen Einheiten zuständig.

Im rationalisierten MKSA System führt man als zusätzliche Einheit die Einheit der Stromstärke *Ampère* (Abkürzung A) ein. Mit der Definition des elektrischen Stroms kann man alternativ die Ladungseinheit *Coulomb* (Abkürzung C) benutzen

$$i = \frac{\mathrm{d}q}{\mathrm{d}t} \qquad \Longleftrightarrow \qquad 1\,\mathrm{A} = 1\,\frac{\mathrm{C}}{\mathrm{s}}\,.$$

Die messtechnische Definition der Einheit *Ampère* zeigt, dass die Festlegung dieser Einheit durch die Aussage

> „Fließt in zwei langen, dünnen, geraden, parallelen Leitern (im Vakuum) Strom der gleichen Stärke, so beträgt die Stromstärke i 1 Ampère, wenn sich die Drähte bei einer Entfernung d von 1 Meter mit einer Kraft F von $2 \cdot 10^{-7}$ N pro Meter Drahtlänge anziehen."

die Betrachtung der magnetischen Kraftwirkungen erfordert. In D.tail 5.6 wird gezeigt, dass die zuständige Gleichung die Form

$$i^2 = \frac{|F|d}{2k_f\,k_m\,l}$$

hat. Setzt man die Werte $F = 2 \cdot 10^{-7}\,\mathrm{N}$, $\quad i = 1\,\mathrm{A}$ und $d = l = 1\,\mathrm{m}$ ein, so erhält man

$$k_{f,\mathrm{SI}}\,k_{m,\mathrm{SI}} = 10^{-7}\,\frac{\mathrm{kg\,m}}{\mathrm{C}^2}\,.$$

Die Konstante $k_{f,\mathrm{SI}}$ wird üblicherweise dimensionslos gewählt, so dass mit

$$k_{f,\mathrm{SI}} = 1$$

die Festlegung der Einheit *Ampère* der Aussage

$$k_{m,\mathrm{SI}} = 10^{-7}\frac{\mathrm{kg\,m}}{\mathrm{C}^2} = \frac{\mu_0}{4\pi}$$

entspricht. Die Konstante $k_{m,\mathrm{SI}}$ wird in der Praxis oft durch die Permeabilität des Vakuums

$$\mu_0 = 4\pi \cdot 10^{-7}\,\frac{\mathrm{kg\,m}}{\mathrm{C}^2} = 1.25663... \cdot 10^{-6}\frac{\mathrm{kg\,m}}{\mathrm{C}^2}$$

ersetzt. Aus der einschränkenden Bedingung für die Konstanten folgt dann

$$k_{e,\mathrm{SI}} = 10^{-7} c^2 \frac{\mathrm{kg\,m}}{\mathrm{C}^2} = 8.98755.. \cdot 10^9 \frac{\mathrm{kg\,m}^3}{\mathrm{C}^2\,\mathrm{s}^2} = \frac{1}{4\pi\varepsilon_0} \;.$$

Die Dielektrizitätskonstante des Vakuums hat den Wert

$$\varepsilon_0 = 8.85418... \cdot 10^{-12} \frac{\mathrm{C}^2 \mathrm{s}^2}{\mathrm{kg\,m}^3} \;.$$

Für die Maßeinheiten der zwei Felder und des magnetischen Moments findet man im SI System

$$[E]_{\mathrm{SI}} = \frac{\mathrm{kg\,m}}{\mathrm{C\,s}^2} = \frac{\mathrm{Volt}}{\mathrm{cm}}$$
$$[B]_{\mathrm{SI}} = \frac{\mathrm{kg}}{\mathrm{C\,s}}$$
$$[m]_{\mathrm{SI}} = \frac{\mathrm{C\,m}^2}{\mathrm{s}} \;.$$

Es ist üblich, das magnetische Moment einer ebenen, stromdurchflossenen Leiterschleife im SI System in der Form

$$m_{\mathrm{Schleife,SI}} = i \cdot \text{Fläche}$$

anzugeben. Die Maßeinheit, die durch diese Definition impliziert wird, stimmt mit der oben angegebenen Maßeinheit des magnetischen Moments überein. Im Fall des CGS Systems trifft dies nicht zu. Schreibt man jedoch

$$m_{\mathrm{Schleife}} = k_f (i \cdot \text{Fläche}) \;,$$

so ist die Definition für beide Einheitensysteme mit der allgemeinen Definition des magnetischen Momentes verträglich.

Die Diskussion der Feldsituation in Materie erfordert die Einbeziehung der Hilfsfelder $\boldsymbol{D}$ und $\boldsymbol{H}$, der dielektrischen Verschiebung und der magnetischen Feldstärke, sowie der Größen, die die gemittelten Eigenschaften des Materials wiedergeben, der Polarisation $\boldsymbol{P}$ und der Magnetisierung $\boldsymbol{M}$. Das $\boldsymbol{D}$-Feld wird durch die wahren Ladungen erzeugt. Lässt man die Frage der Maßeinheiten dieses Feldes offen, so impliziert dies die Relation

$$\boldsymbol{\nabla} \cdot \boldsymbol{D} = 4\pi k_d \rho_w \;.$$

Die Polarisation wird durch die Verteilung der Polarisationsladungen bestimmt. In diesem Fall wird die explizite (jedoch nicht zwingende) Definition

$$\boldsymbol{\nabla} \cdot \boldsymbol{P} = -\rho_{\mathrm{pol}}$$

benutzt. Mit der Aussage, dass das elektrische Feld $\boldsymbol{E}$ durch die wahren und die Polarisationsladungen erzeugt wird, folgt die Relation

$$\boldsymbol{D} = \frac{k_d}{k_e} \boldsymbol{E} - 4\pi k_d \boldsymbol{P} \;.$$

Im CGS System wählt man die noch verfügbare Konstante dimensionslos mit dem Wert 1

$$k_{d,\mathrm{CGS}} = k_{e,\mathrm{CGS}} = 1\,.$$

Die resultierende Gleichung

$$\boldsymbol{D} = \boldsymbol{E} - 4\pi \boldsymbol{P}$$

besagt, dass alle drei Felder in den gleichen Einheiten gemessen werden. Im SI System wird die Konstante ebenfalls dimensionslos gewählt

$$k_{d,\mathrm{SI}} = \frac{1}{4\pi}\,,$$

so dass man die Relation zwischen den drei Feldern explizit in der Form

$$\boldsymbol{D} = \varepsilon_0 \boldsymbol{E} - \boldsymbol{P}$$

schreiben kann. Die Maßeinheiten der zwei zusätzlichen Felder sind gleich, sie unterscheiden sich jedoch von der des $\boldsymbol{E}$-Feldes[2].

Betrachtet man magnetische Materialien, so lauten die entsprechenden Aussagen: Das $\boldsymbol{H}$-Feld wird durch die wahren Ströme erzeugt

$$\boldsymbol{\nabla} \times \boldsymbol{H} = 4\pi k_h \boldsymbol{j}_w\,.$$

Die Magnetisierung $\boldsymbol{M}$ entspricht einer Mittelung über die schleifenartigen Magnetisierungsströme entlang der Materialoberfläche

$$\boldsymbol{\nabla} \times \boldsymbol{M} = k_f \boldsymbol{j}_w\,.$$

Die Aussage, dass das $\boldsymbol{B}$-Feld durch beide Stromdichten bestimmt wird, führt somit auf die Verknüpfung

$$\boldsymbol{H} = \frac{k_h}{k_m}\boldsymbol{B} - 4\pi \frac{k_h}{k_f}\boldsymbol{M}\,.$$

Möchte man wie im elektrischen Fall sicher stellen, dass im CGS System alle drei Magnetfelder in den gleichen Einheiten angegeben werden, so setzt man

$$k_{h,\mathrm{CGS}} = \frac{1}{c}$$

und erhält

$$\boldsymbol{H} = \boldsymbol{B} - 4\pi \boldsymbol{M}\,.$$

Im SI System führt die 'rationalisierte' Wahl

$$k_{h,\mathrm{SI}} = \frac{1}{4\pi}$$

auf

$$\boldsymbol{H} = \frac{1}{\mu_0}\boldsymbol{B} - \boldsymbol{M}\,.$$

[2] Die Bezeichnung *rationalisiertes* MKSA System nimmt Bezug auf die Elimination der Faktoren 4π in den Grundgleichungen.

Die einfachen Materialgleichungen für linear reagierende, isotrope Medien werden in beiden Einheitensystemen in der Form

$$\boldsymbol{D} = \varepsilon \boldsymbol{E} \qquad \boldsymbol{H} = \frac{1}{\mu}\boldsymbol{B}$$

benutzt, wobei der Vakuumlimes durch

$$\left.\begin{array}{l} \varepsilon_{\mathrm{CGS}} \\ \mu_{\mathrm{CGS}} \end{array}\right\} \longrightarrow 1$$

und

$$\varepsilon_{\mathrm{SI}} \longrightarrow \varepsilon_0 \qquad \mu_{\mathrm{SI}} \longrightarrow \mu_0$$

gegeben ist. Die relative Dielektrizitätskonstante und Permeabilität in dem SI System stimmen mit der Dielektrizitätskonstante und Permeabilität in dem CGS System überein

$$\left(\frac{\varepsilon}{\varepsilon_0}\right)_{\mathrm{SI}} = \varepsilon_{\mathrm{CGS}} \qquad \left(\frac{\mu}{\mu_0}\right)_{\mathrm{SI}} = \mu_{\mathrm{CGS}} \,.$$

In den folgenden Tabellen sind

- die Koeffizienten

  $$k_e,\ k_m,\ k_f,\ k_d,\ k_h$$

  für die zwei wichtigsten Einheitensysteme, sowie das elektrostatische (electrostatic units - esu) und das elektromagnetische Einheitensystem (electromagnetic units - emu) zusammengestellt (Tab. A.1). Die zugehörigen Zahlenwerte werden in Tab. A.2 aufgeführt.
- Die Tabellen (A.3) und (A.4) enthalten eine Liste der physikalischen Größen, die in der Elektrodynamik eine Rolle spielen. Neben den Maßeinheiten im SI und im CGS System findet man, zur besseren Orientierung, die Formeln, anhand derer diese Größen eingeführt wurden.
- In den Tabellen (A.5) und (A.6) werden die Umrechnungsfaktoren (zwischen dem SI System und dem CGS System) für die physikalischen Größen in den Tabellen (A.3) und (A.4) angegeben. Die Berechnung dieser Faktoren wird zum Teil in den ◉ Aufgaben nachvollzogen.

A.2 Tabellen

Tabelle A.1. Definition der Konstanten

Bezeichnung	SI	CGS	esu	emu
k_e	$\frac{1}{4\pi\,\varepsilon_0}$	1	1	c^2
k_d	$\frac{1}{4\pi}$	1	1	1
k_m	$\frac{\mu_0}{4\pi}$	$\frac{1}{\mathrm{c}}$	$\frac{1}{\mathrm{c}^2}$	1
k_f	1	$\frac{1}{\mathrm{c}}$	1	1
k_h	$\frac{1}{4\pi}$	$\frac{1}{\mathrm{c}}$	1	1

Tabelle A.2. Zahlenwerte zu Tab. A.1

Bezeichnung		Wert (SI)			
c	=	2.997925	·	10^8	$\frac{\mathrm{m}}{\mathrm{s}}$
e_0	=	1.602192	·	10^{-19}	C
ε_0	=	8.85418	·	10^{-12}	$\frac{\mathrm{C}^2}{\mathrm{Nm}^2}$
μ_0	=	4π	·	10^{-7}	$\frac{\mathrm{kg\,m}}{\mathrm{C}^2}$
$\frac{1}{4\pi\,\varepsilon_0}$	=	8.98755	·	10^9	$\frac{\mathrm{N\,m}^2}{\mathrm{C}^2}$
$\frac{1}{4\pi}$	=	7.957747	·	10^{-2}	
$\frac{\mu_0}{4\pi}$	=	1	·	10^{-7}	$\frac{\mathrm{kg\,m}}{\mathrm{C}^2}$

$\mathrm{e}_{0,\mathrm{CGS}} = 4.803250 \cdot 10^{-10}$ esu

Tabelle A.3. Einheitensysteme: Definition und Dimension physikalischer Größen I

Name			SI	CGS
Ladung	q	$q = r\sqrt{\frac{F}{k_e}}$	C (Coulomb)	$\frac{\mathrm{g}^{1/2}\mathrm{cm}^{3/2}}{\mathrm{s}} = \mathrm{statcoul} = \mathrm{esu}$
E-Feld	E	$E = \frac{F}{q}$	$\frac{\mathrm{N}}{\mathrm{C}} = \frac{\mathrm{kg\,m}}{\mathrm{s}^2\mathrm{C}} = \frac{\mathrm{V}}{\mathrm{m}}$	$\frac{\mathrm{g}^{1/2}}{\mathrm{cm}^{1/2}\mathrm{s}} = \frac{\mathrm{dyn}}{\mathrm{statcoul}} = \frac{\mathrm{statvolt}}{\mathrm{cm}}$
elektr. Fluss	Φ_e	$\Phi_e = \iint \boldsymbol{E} \cdot \mathbf{d}\boldsymbol{f}$	$\frac{\mathrm{kg\,m}^3}{\mathrm{s}^2\mathrm{C}} = \mathrm{V\,m}$	$\frac{\mathrm{g}^{1/2}\mathrm{cm}^{3/2}}{\mathrm{s}} = \mathrm{statcoul}$
elektr. Dipolmoment	p	$p = 2aq$	C m	$\frac{\mathrm{g}^{1/2}\mathrm{cm}^{5/2}}{\mathrm{s}} = \mathrm{statcoul\,cm}$
Potential	V	$V = \int \boldsymbol{E} \cdot \mathbf{d}\boldsymbol{s}$	$\frac{\mathrm{Nm}}{\mathrm{C}} = \frac{\mathrm{kg\,m}^2}{\mathrm{s}^2\mathrm{C}} = \mathrm{V}$	$\frac{\mathrm{g}^{1/2}\mathrm{cm}^{1/2}}{\mathrm{s}} = \mathrm{statvolt} = \frac{\mathrm{erg}}{\mathrm{statcoul}}$
Spannung	U	$U = V_2 - V_1$	V (Volt)	statvolt

Tabelle A.3. Einheitensysteme: Definition und Dimension physikalischer Größen I (Fortsetzung)

Name			SI	CGS
Kapazität	C	$C = \frac{q}{U}$	$\frac{\mathrm{C^2 s^2}}{\mathrm{kg\,m^2}} = \frac{\mathrm{C}}{\mathrm{V}} = \mathrm{F}$ (Farad)	cm
Dielektr. Verschiebung	$\boldsymbol{D}$	$\oiint \boldsymbol{D} \cdot \mathbf{d}\boldsymbol{f} = 4\pi\, k_d q_w$	$\frac{\mathrm{C}}{\mathrm{m^2}}$	$\frac{\mathrm{g^{1/2}}}{\mathrm{cm^{1/2}s}} = \frac{\mathrm{statvolt}}{\mathrm{cm}}$
Polarisation	$\boldsymbol{P}$	$\oiint \boldsymbol{P} \cdot \mathbf{d}\boldsymbol{f} = q_{\mathrm{pol}}$	$\frac{\mathrm{C}}{\mathrm{m^2}}$	$\frac{\mathrm{g^{1/2}}}{\mathrm{cm^{1/2}s}} = \frac{\mathrm{statvolt}}{\mathrm{cm}}$
Energiedichte	w_{el}	$w_{\mathrm{el}} = \frac{1}{8\pi k_d} \boldsymbol{E} \cdot \boldsymbol{D}$	$\frac{\mathrm{Nm}}{\mathrm{m^3}} = \frac{\mathrm{J}}{\mathrm{m^3}}$	$\frac{\mathrm{dyn\,cm}}{\mathrm{cm^3}} = \frac{\mathrm{erg}}{\mathrm{cm^3}}$
Strom	i	$i = \frac{\mathrm{d}q}{\mathrm{d}t}$	$\frac{\mathrm{C}}{\mathrm{s}} = \mathrm{A}$ (Ampère)	$\frac{\mathrm{g^{1/2}cm^{3/2}}}{\mathrm{s^2}} = \mathrm{statamp}$
Stromdichte	$\boldsymbol{j}$	$i = \iint \boldsymbol{j} \cdot \mathbf{d}\boldsymbol{f}$	$\frac{\mathrm{C}}{\mathrm{m^2 s}} = \frac{\mathrm{A}}{\mathrm{m^2}}$	$\frac{\mathrm{g^{1/2}}}{\mathrm{cm^{1/2}s^2}} = \frac{\mathrm{statamp}}{\mathrm{cm^2}}$

Tabelle A.4. Einheitensysteme: Definition und Dimension physikalischer Größen II

Name		Herkunft		SI		CGS	
magnetische Induktion	$\boldsymbol{B}$	$\int \boldsymbol{B}\cdot \mathbf{d}\boldsymbol{s}$	$= 4\pi\, i\, k_m$	$\frac{\mathrm{kg}}{\mathrm{C\,s}}$	$= \frac{\mathrm{V\,s}}{\mathrm{m}^2} = \mathrm{T}$ (Tesla)	$\frac{\mathrm{g}^{1/2}}{\mathrm{cm}^{1/2}\mathrm{s}}$	$= \mathrm{G}$ (Gauß)
magn. Moment	m	m	$= \frac{F\cdot r}{B}$	$\frac{\mathrm{C\,m}^2}{\mathrm{s}}$	$= \mathrm{A\,m}^2$	$\frac{\mathrm{g}^{1/2}\mathrm{cm}^{5/2}}{\mathrm{s}}$	$= \mathrm{G\,cm}^3 = \mathrm{emu}$
Vektorpotential	$\boldsymbol{A}$	$\boldsymbol{B}$	$= \boldsymbol{\nabla}\times\boldsymbol{A}$	$\frac{\mathrm{kg\,m}}{\mathrm{C\,s}}$	$= \mathrm{T\,m}$	$\frac{\mathrm{g}^{1/2}\mathrm{cm}^{1/2}}{\mathrm{s}}$	$= \mathrm{G\,cm}$
magn. Fluss	Φ_m	Φ_m	$= \iint \boldsymbol{B}\cdot\mathbf{d}\boldsymbol{f}$	$\frac{\mathrm{kg\,m}^2}{\mathrm{C\,s}}$	$= \mathrm{V\,s} = \mathrm{Wb}$ (Weber)	$\frac{\mathrm{g}^{1/2}\mathrm{cm}^{3/2}}{\mathrm{s}}$	$= \mathrm{G\,cm}^2 = \mathrm{Mx}$ (Maxwell)
Magnetisierung	$\boldsymbol{M}$	$\boldsymbol{j}_{\mathrm{M}}$	$= \frac{1}{k_f}(\boldsymbol{\nabla}\times\boldsymbol{M})$	$\frac{\mathrm{C}}{\mathrm{m\,s}}$	$= \frac{\mathrm{A}}{\mathrm{m}}$	$\frac{\mathrm{g}^{1/2}}{\mathrm{cm}^{1/2}\mathrm{s}}$	$= \mathrm{Oe}$ (Ørstedt)
magn. Feldstärke	$\boldsymbol{H}$	$\mathrm{rot}\,\boldsymbol{H}$	$= 4\pi k_h \boldsymbol{j}_{\mathrm{w}}$	$\frac{\mathrm{C}}{\mathrm{m\,s}}$	$= \frac{\mathrm{A}}{\mathrm{m}}$	$\frac{\mathrm{g}^{1/2}}{\mathrm{cm}^{1/2}\mathrm{s}}$	$= \mathrm{Oe}$
Induktionskoeffizient	L	U	$= -L\frac{\mathrm{d}i}{\mathrm{d}t}$	$\frac{\mathrm{kg\,m}^2}{\mathrm{C}^2}$	$= \frac{\mathrm{V\,s}}{\mathrm{A}} = \mathrm{H}$ (Henry)	$\frac{\mathrm{s}^2}{\mathrm{cm}}$	$= \frac{\mathrm{statvolt\,s}}{\mathrm{statamp}}$
magn. Energiedichte	w_m	w_m	$= \frac{k_f}{8\pi\,k_h}\boldsymbol{B}\cdot\boldsymbol{H}$	$\frac{\mathrm{kg}}{\mathrm{m\,s}^2}$	$= \frac{\mathrm{J}}{\mathrm{m}^3}$	$\frac{\mathrm{g}}{\mathrm{cm\,s}^2}$	$= \frac{\mathrm{erg}}{\mathrm{cm}^3}$
Poyntingvektor	$\boldsymbol{S}$	$\boldsymbol{S}$	$= \frac{1}{4\pi k_h}(\boldsymbol{E}\times\boldsymbol{H})$	$\frac{\mathrm{kg}}{\mathrm{s}^3}$	$= \frac{\mathrm{J}}{\mathrm{m}^2\mathrm{s}}$	$\frac{\mathrm{g}}{\mathrm{s}^3}$	$= \frac{\mathrm{erg}}{\mathrm{cm}^2\mathrm{s}}$
Widerstand	R	U	$= R\cdot i$	$\frac{\mathrm{kg\,m}^2}{\mathrm{s\,C}^2}$	$= \frac{\mathrm{V}}{\mathrm{A}} = \Omega$ (Ohm)	$\frac{\mathrm{s}}{\mathrm{cm}}$	$= \frac{\mathrm{statvolt}}{\mathrm{statamp}}$
Leistung	P	P	$= U\,I$	$\frac{\mathrm{m}^2\,\mathrm{kg}}{\mathrm{s}^3}$	$= \frac{\mathrm{J}}{\mathrm{s}} = \mathrm{W}$ (Watt)	$\frac{\mathrm{cm}^2\mathrm{g}}{\mathrm{s}^3}$	

Tabelle A.5. Umrechnungsfaktoren I

Name	Bez.	SI		= Faktor	·	CGS
Ladung	q	$1\,\mathrm{C}$		$\frac{\tilde{c}}{10}$	·	statcoul
E-Feld	E	$1\,\frac{\mathrm{N}}{\mathrm{C}}$	$= 1\,\frac{\mathrm{V}}{\mathrm{m}}$	$\frac{10^6}{\tilde{c}}$	·	$\frac{\mathrm{statvolt}}{\mathrm{cm}}$
elektr. Fluss	Φ_e	$1\,\mathrm{V\,m}$		$\frac{\tilde{c}}{10}$	·	statcoul
elektr. Dipolmoment	p	$1\,\mathrm{C\,m}$		$10\,\tilde{c}$	·	statcoul cm
Potential	V	$1\,\frac{\mathrm{Nm}}{\mathrm{C}}$	$= 1\,\mathrm{V}$ (Volt)	$\frac{10^8}{\tilde{c}}$	·	statvolt
Spannung	U	$1\,\mathrm{V}$		$\frac{10^8}{\tilde{c}}$	·	statvolt
Kapazität	C	$1\,\frac{\mathrm{C}}{\mathrm{V}}$	$= 1\,\mathrm{F}$ (Farad)	$\frac{\tilde{c}^2}{10^9}$	·	cm
Dielektr. Verschiebung	$\boldsymbol{D}$	$1\,\frac{\mathrm{C}}{\mathrm{m}^2}$		$\frac{4\pi\,\tilde{c}}{10^5}$	·	$\frac{\mathrm{statvolt}}{\mathrm{cm}}$
Polarisation	$\boldsymbol{P}$	$1\,\frac{\mathrm{C}}{\mathrm{m}^2}$		$\frac{\tilde{c}}{10^5}$	·	$\frac{\mathrm{statvolt}}{\mathrm{cm}}$
Energiedichte	w_{el}	$1\,\frac{\mathrm{Nm}}{\mathrm{m}^3}$	$= 1\,\frac{\mathrm{J}}{\mathrm{m}^3}$	10	·	$\frac{\mathrm{erg}}{\mathrm{cm}^3}$
Strom	i	$1\,\frac{\mathrm{C}}{\mathrm{s}}$	$= 1\,\mathrm{A}$ (Ampère)	$\frac{\tilde{c}}{10}$	·	statamp
Stromdichte	$\boldsymbol{j}$	$1\,\frac{\mathrm{C}}{\mathrm{m}^2\mathrm{s}}$	$= 1\,\frac{\mathrm{A}}{\mathrm{m}^2}$	$\frac{\tilde{c}}{10^5}$	·	$\frac{\mathrm{statamp}}{\mathrm{cm}^2}$

$\tilde{c}$ ist der Zahlenwert der Lichtgeschwindigkeit im CSG System

$\tilde{c} = 2.997925 \cdot 10^{10}$

Tabelle A.6. Umrechnungsfaktoren II

Name	Bez.	SI	=	Faktor · CGS
magnetische Induktion	$\boldsymbol{B}$	$1\,\frac{\mathrm{kg}}{\mathrm{C\,s}}$	$= 1\,\mathrm{T}$	$10^4 \cdot \mathrm{G}$
magn. Moment	m	$1\,\mathrm{A\,m}^2$		$10^3 \cdot \mathrm{G\,cm}^3 = \mathrm{emu}$
Vektorpotential	$\boldsymbol{A}$	$1\,\frac{\mathrm{kg\,m}}{\mathrm{C\,s}}$	$= 1\,\mathrm{T\,m}$	$10^6 \cdot \mathrm{G\,cm}$
magn. Fluss	Φ_m	$1\,\mathrm{V\,s}$	$= 1\,\mathrm{Wb}$	$10^8 \cdot \mathrm{G\,cm}^2 = \mathrm{Mx}$
Magnetisierung	$\boldsymbol{M}$	$1\,\frac{\mathrm{A}}{\mathrm{m}}$		$\frac{\tilde{c}}{10^3} \cdot \mathrm{Oe}$
magn. Feldstärke	$\boldsymbol{H}$	$1\,\frac{\mathrm{A}}{\mathrm{m}}$		$\frac{4\pi}{10^3} \cdot \mathrm{Oe}$
Induktionskoeffizient	L	$1\,\frac{\mathrm{V\,s}}{\mathrm{A}}$	$= 1\,\mathrm{H}$	$\frac{10^9}{\tilde{c}^2} \cdot \frac{\mathrm{statvolt\,s}}{\mathrm{statamp}}$
magn. Energiedichte	w_m	$1\,\frac{\mathrm{J}}{\mathrm{m}^3}$		$10 \cdot \frac{\mathrm{erg}}{\mathrm{cm}^3}$
Poyntingvektor	$\boldsymbol{S}$	$1\,\frac{\mathrm{J}}{\mathrm{m}^2\mathrm{s}}$		$10^3 \cdot \frac{\mathrm{erg}}{\mathrm{cm}^2\mathrm{s}}$
Widerstand	R	$1\,\frac{\mathrm{V}}{\mathrm{A}}$	$= 1\,\Omega$	$\frac{10^9}{\tilde{c}^2} \cdot \frac{\mathrm{statvolt}}{\mathrm{statamp}}$
Leistung	P	$1\,\frac{\mathrm{J}}{\mathrm{s}}$	$= 1\,\mathrm{W}$	$10^7 \cdot \frac{\mathrm{erg}}{\mathrm{s}}$

$\tilde{c}$ ist der Zahlenwert der Lichtgeschwindigkeit im CSG System
$\tilde{c} = 2.997925 \cdot 10^{10}$

B Formelsammlung: Formeln der Vektoranalysis

In dieser Formelsammlung sind einige Mehrfachprodukte mit Vektoren (B.1), ein Satz von Formeln für die Anwendung des $\boldsymbol{\nabla}$-Operators auf Produkte von Skalar- und Vektorfunktionen (in formaler und expliziter Schreibweise, B.2), Ausdrücke für die Mehrfachanwendung des $\boldsymbol{\nabla}$-Operators (B.3) und die vier Differentialoperatoren $\boldsymbol{\nabla}$, $\boldsymbol{\nabla}\cdot$, $\boldsymbol{\nabla}\times$ und Δ in Kugel- und Zylinderkoordinaten (B.4) zu finden. Weitere Formeln für die Darstellung der vier Differentialoperatoren in krummlinigen, orthogonalen Koordinaten kann man anhand der Mathematischen Ergänzungen, Math.Kap. 5.2, gewinnen. In Math.Kap. 5.2 wird auch die Herleitung der zitierten Formeln für die zwei Koordinatensätze erläutert.

Im Folgenden bezeichnet

$\boldsymbol{a}\,,\ \boldsymbol{b}\,,\ \ldots$	Vektoren
$\varphi(\boldsymbol{r})$	eine Skalarfunktion
$\boldsymbol{A}(\boldsymbol{r})\,,\ \boldsymbol{B}(\boldsymbol{r})$	Vektorfunktionen.

B.1 Mehrfachprodukte von Vektoren

$$\begin{aligned}
\boldsymbol{a}\cdot(\boldsymbol{b}\times\boldsymbol{c}) &= \boldsymbol{b}\cdot(\boldsymbol{c}\times\boldsymbol{a}) = \boldsymbol{c}\cdot(\boldsymbol{a}\times\boldsymbol{b})\\
\boldsymbol{a}\times(\boldsymbol{b}\times\boldsymbol{c}) &= (\boldsymbol{a}\cdot\boldsymbol{c})\,\boldsymbol{b} - (\boldsymbol{a}\cdot\boldsymbol{b})\,\boldsymbol{c}\\
(\boldsymbol{a}\times\boldsymbol{b})\cdot(\boldsymbol{c}\times\boldsymbol{d}) &= (\boldsymbol{a}\cdot\boldsymbol{c})\,(\boldsymbol{b}\cdot\boldsymbol{d}) - (\boldsymbol{a}\cdot\boldsymbol{d})\,(\boldsymbol{b}\cdot\boldsymbol{c})
\end{aligned}$$

B.2 Produktregeln für die Anwendung des $\boldsymbol{\nabla}$-Operators

$$\begin{aligned}
\boldsymbol{\nabla}\cdot(\varphi\boldsymbol{A}) &= \varphi(\boldsymbol{\nabla}\cdot\boldsymbol{A}) + \boldsymbol{\nabla}\varphi\cdot\boldsymbol{A}\\
\operatorname{div}(\varphi\boldsymbol{A}) &= \varphi\operatorname{div}\boldsymbol{A} + \operatorname{grad}\varphi\cdot\boldsymbol{A}
\end{aligned}$$

$$\begin{aligned}
\boldsymbol{\nabla}\times(\varphi\boldsymbol{A}) &= \varphi(\boldsymbol{\nabla}\times\boldsymbol{A}) + \boldsymbol{\nabla}\varphi\times\boldsymbol{A}\\
\operatorname{rot}(\varphi\boldsymbol{A}) &= \varphi\operatorname{rot}\boldsymbol{A} + \operatorname{grad}\varphi\times\boldsymbol{A}
\end{aligned}$$

$$\boldsymbol{\nabla} \cdot (\boldsymbol{A} \times \boldsymbol{B}) = \boldsymbol{B} \cdot (\boldsymbol{\nabla} \times \boldsymbol{A}) - \boldsymbol{A} \cdot (\boldsymbol{\nabla} \times \boldsymbol{B})$$
$$\operatorname{div}(\boldsymbol{A} \times \boldsymbol{B}) = \boldsymbol{B} \cdot \operatorname{rot} \boldsymbol{A} - \boldsymbol{A} \cdot \operatorname{rot} \boldsymbol{B}$$

$$\boldsymbol{\nabla} \times (\boldsymbol{A} \times \boldsymbol{B}) = \boldsymbol{A}(\boldsymbol{\nabla} \cdot \boldsymbol{B}) - \boldsymbol{B}(\boldsymbol{\nabla} \cdot \boldsymbol{A}) + (\boldsymbol{B} \cdot \boldsymbol{\nabla})\boldsymbol{A} - (\boldsymbol{A} \cdot \boldsymbol{\nabla})\boldsymbol{B}$$
$$\operatorname{rot}(\boldsymbol{A} \times \boldsymbol{B}) = \boldsymbol{A}(\operatorname{div} \boldsymbol{B}) - \boldsymbol{B}(\operatorname{div} \boldsymbol{A}) + (\boldsymbol{B} \cdot \mathbf{grad})\boldsymbol{A} - (\boldsymbol{A} \cdot \mathbf{grad})\boldsymbol{B}$$

B.3 Zweifache Anwendung von $\boldsymbol{\nabla}$

$$\boldsymbol{\nabla} \cdot (\boldsymbol{\nabla} \times \boldsymbol{A}) = \operatorname{div}(\operatorname{rot} \boldsymbol{A}) = 0$$

$$\boldsymbol{\nabla} \times (\boldsymbol{\nabla} \varphi) = \operatorname{rot}(\operatorname{grad} \varphi) = 0$$

$$\boldsymbol{\nabla} \times (\boldsymbol{\nabla} \times \boldsymbol{A}) = \boldsymbol{\nabla}(\boldsymbol{\nabla} \cdot \boldsymbol{A}) - \Delta \boldsymbol{A}$$
$$\operatorname{rot}(\operatorname{rot} \boldsymbol{A}) = \operatorname{grad}(\operatorname{div} \boldsymbol{A}) - (\operatorname{div} \operatorname{grad}) \boldsymbol{A}$$

(Die letzte Formel gilt nur für eine Darstellung von $\boldsymbol{A}$ in kartesischen Koordinaten!)

B.4 Differentialoperatoren in Kugel- und Zylinderkoordinaten

Kugelkoordinaten

$$\boldsymbol{\nabla} V = \frac{\partial V}{\partial r} \boldsymbol{e}_r + \frac{1}{r} \frac{\partial V}{\partial \theta} \boldsymbol{e}_\theta + \frac{1}{r \sin\theta} \frac{\partial V}{\partial \varphi} \boldsymbol{e}_\varphi$$

$$\boldsymbol{\nabla} \cdot \boldsymbol{A} = \frac{1}{r^2} \frac{\partial}{\partial r} \left(r^2 A_r\right) + \frac{1}{r \sin\theta} \frac{\partial}{\partial \theta} (\sin\theta A_\theta) + \frac{1}{r \sin\theta} \frac{\partial A_\varphi}{\partial \varphi}$$

$$\boldsymbol{\nabla} \times \boldsymbol{A} = \frac{1}{r \sin\theta} \left[\frac{\partial}{\partial \theta} (\sin\theta A_\varphi) - \frac{\partial A_\theta}{\partial \varphi}\right] \boldsymbol{e}_r$$
$$+ \left[\frac{1}{r \sin\theta} \frac{\partial A_r}{\partial \varphi} - \frac{1}{r} \frac{\partial}{\partial r} (r A_\varphi)\right] \boldsymbol{e}_\theta + \frac{1}{r} \left[\frac{\partial}{\partial r} (r A_\theta) - \frac{\partial A_r}{\partial \theta}\right] \boldsymbol{e}_\varphi$$

$$\boldsymbol{\Delta} V = \frac{1}{r^2} \frac{\partial}{\partial r} \left(r^2 \frac{\partial V}{\partial r}\right) + \frac{1}{r^2 \sin\theta} \frac{\partial}{\partial \theta} \left(\sin\theta \frac{\partial V}{\partial \theta}\right) + \frac{1}{r^2 \sin^2\theta} \frac{\partial^2 V}{\partial \varphi^2}$$

Zylinderkoordinaten

$$\nabla V = \frac{\partial V}{\partial \rho}\,\boldsymbol{e}_\rho + \frac{1}{\rho}\frac{\partial V}{\partial \varphi}\,\boldsymbol{e}_\varphi + \frac{\partial V}{\partial z}\,\boldsymbol{e}_z$$

$$\nabla \cdot \boldsymbol{A} = \frac{1}{\rho}\frac{\partial}{\partial \rho}(\rho A_\rho) + \frac{1}{\rho}\frac{\partial A_\varphi}{\partial \varphi} + \frac{\partial A_z}{\partial z}$$

$$\begin{aligned}\nabla \times \boldsymbol{A} = &\left(\frac{1}{\rho}\frac{\partial A_z}{\partial \varphi} - \frac{\partial A_\varphi}{\partial z}\right)\boldsymbol{e}_\rho + \left(\frac{\partial A_\rho}{\partial z} - \frac{\partial A_z}{\partial \rho}\right)\boldsymbol{e}_\varphi \\ &+ \frac{1}{\rho}\left(\frac{\partial}{\partial \rho}(\rho A_\varphi) - \frac{\partial A_\rho}{\partial \varphi}\right)\boldsymbol{e}_z\end{aligned}$$

$$\boldsymbol{\Delta} V = \frac{1}{\rho^2}\frac{\partial}{\partial \rho}\left(\rho\frac{\partial V}{\partial \rho}\right) + \frac{1}{\rho^2}\frac{\partial^2 V}{\partial \varphi^2} + \frac{\partial^2 V}{\partial z^2}$$

C Winkelfunktionen

Dieser Nachschlageteil des Anhangs unter dem Motto

Kompendium
diverser und nützlicher Winkelfunktionen
so man bei der Lösung der
Laplaceschen Gleichung
als auch der
Schrödingerschen Gleichung
antreffen und vermittelst deren man eine gut
Zahl von Problemen der hohen Physik behende, kurz,
leicht und gleichsam spielend resolvieren und be-
antworten möge

enthält eine Zusammenstellung von oft benutzten Formeln mit den Legendre Polynomen, den Legendrefunktionen und den Kugelflächenfunktionen. Eine Begründung dieser Formeln gibt das Math.Kap. 4.3 der ● Mathematischen Ergänzungen.

C.1 Legendrepolynome

- Differentialgleichung:

$$(1-x^2)\frac{\mathrm{d}^2 S_l(x)}{\mathrm{d}x^2} - 2x\frac{\mathrm{d}S_l(x)}{\mathrm{d}x} + l(l+1)S_l(x) = 0$$

$$x = \cos\theta \qquad l = 0,\, 1\,2,\, \ldots$$

- Fundamentalsystem:

$$S_l(x) \longrightarrow P_l(x) = \sum_{n=0}^{l/2} a_{2n,l}\, x^{2n} \quad l = \text{gerade}$$

$$P_l(x) = \sum_{n=0}^{(l-1)/2} a_{2n+1,l}\, x^{2n+1} \quad l = \text{ungerade}$$

$$Q_l(x) = \sum_{n=0}^{\infty} a_{2n+1,l}\, x^{2n+1} \quad l = \text{gerade}$$

$$Q_l(x) = \sum_{n=0}^{\infty} a_{2n,l}\, x^{2n} \qquad l = \text{ungerade}$$

- Rekursionsformel für die Entwicklungskoffizienten:

$$a_{n+2,l} = \frac{n(n+1) - l(l+1)}{(n+1)(n+2)}\, a_{n,l}$$

C.1.1 Eigenschaften der Polynome P_l

- Symmetrie:

$$P_l(x) = (-1)^l P_l(-x)$$

- Polynome niedriger Ordnung, Normierung $P_l(1) = 1$:

$$\begin{aligned}
P_0(x) &= 1 \\
P_1(x) &= x \\
P_2(x) &= \frac{1}{2}\,(3\,x^2 - 1) \\
P_3(x) &= \frac{1}{2}\,(5\,x^3 - 3\,x) \\
P_4(x) &= \frac{1}{8}\,(35\,x^4 - 30\,x^2 + 3) \\
P_5(x) &= \frac{1}{8}\,(63\,x^5 - 70\,x^3 + 15x)
\end{aligned}$$

- Erzeugende Funktion:

$$\frac{1}{\left[1 - 2hx + h^2\right]^{1/2}} = \sum_{l=0}^{\infty} h^l P_l(x)$$

- Rekursionsformeln, Auswahl:

$$(l+1)P_{l+1}(x) = (2l+1)xP_l(x) - lP_{l-1}(x)$$

$$x\frac{\mathrm{d}P_l(x)}{\mathrm{d}x} = \frac{\mathrm{d}P_{l-1}(x)}{\mathrm{d}x} + lP_l(x)$$

$$\frac{\mathrm{d}P_{l+1}(x)}{\mathrm{d}x} = \frac{\mathrm{d}P_{l-1}(x)}{\mathrm{d}x} + (2l+1)P_l(x)$$

- Die Formel von Rodriguez:

$$P_l(x) = \frac{1}{2^l\, l!}\frac{\mathrm{d}^l}{\mathrm{d}x^l}\left[(x^2-1)^l\right]$$

- Integrale mit Legendre Polynomen, Auswahl:
  Eine Grundformel:

$$\int_{-1}^{1} \mathrm{d}x\, f(x)\, P_l(x) = \frac{(-1)^l}{2^l\, l!}\int_{-1}^{1} \mathrm{d}x\, \frac{\mathrm{d}^l f(x)}{\mathrm{d}x^l}\,(x^2-1)^l$$

Einige Spezialfälle:

$$\int_{-1}^{1} \mathrm{d}x\, P_l(x)\, P_m(x) = \delta_{l,m} \frac{2}{(2l+1)}$$

$$\int_{-1}^{1} \mathrm{d}x\, x^m\, P_l(x) = \begin{cases} 0 & l > m \\ 2\dfrac{m!}{(m-l)!}\dfrac{(m-l-1)!!}{(m+l+1)!!} & (m-l)\,\text{gerade} \\ & m \geq l \\ 0 & (m-l)\,\text{ungerade} \end{cases}$$

$$\int_{0}^{1} \mathrm{d}x\, P_0(x) = 1 \qquad \int_{0}^{1} \mathrm{d}x\, P_1(x) = \frac{1}{2}$$

$$\int_{0}^{1} \mathrm{d}x\, P_l(x) = \begin{cases} 0 & l > 0\,,\ \text{gerade} \\ (-1)^{(l-1)/2} \dfrac{(l-2)!!}{2^{l+1)/2}(l+1)/2)!} & l > 1\,,\ \text{ungerade} \end{cases}$$

- Legendrereihe:
  ⟶ Darstellung einer Funktion $f(x)$ in dem Intervall $[-1, 1]$

$$f(x) = \sum_{l=0}^{\infty} A_l P_l(x) \qquad A_l = \frac{(2l+1)}{2} \int_{-1}^{1} f(x) P_l(x)\,\mathrm{d}x$$

C.1.2 Die Funktionen $Q_l(x)$

- Funktionen mit niedriger Ordnung:

$$Q_0(x) = \frac{1}{2} \ln\left(\frac{1+x}{1-x}\right) = \sum_{n=0}^{\infty} \frac{x^{2n+1}}{(2n+1)}$$

$$Q_1(x) = \frac{1}{2} x \ln\left(\frac{1+x}{1-x}\right) - 1$$

- Rekursionsformeln:
  Die Funktionen Q_l erfüllen die gleichen Rekursionsformeln wie die Polynome P_l, z.B.

$$Q_{l+1}(x) = (2l+1)xQ_l(x) - lQ_{l-1}(x)$$

C.2 Zugeordnete Legendrefunktionen

- Differentialgleichung:

$$(1-x^2)\frac{\mathrm{d}^2 P_l^m(x)}{\mathrm{d}x^2} - 2x\frac{\mathrm{d}P_l^m(x)}{\mathrm{d}x} + \left(l(l+1) - \frac{m^2}{(1-x^2)}\right) P_l^m(x) = 0$$

- Fundamentalsystem:

$$P_l^m(x) = (-1)^m (1-x^2)^{m/2} \frac{\mathrm{d}^m P_l(x)}{\mathrm{d}x^m} \qquad m \geq 0$$

$$Q_l^m(x) = (-1)^m (1-x^2)^{m/2} \frac{\mathrm{d}^m Q_l(x)}{\mathrm{d}x^m} \qquad m \geq 0$$

- Funktionen niedriger Ordnung:

$$P_1^1(x) = -(1-x^2)^{1/2} = -\sin\theta$$

$$P_2^1(x) = -3x(1-x^2)^{1/2} = -\frac{3}{2}\sin 2\theta$$

$$P_2^2(x) = 3(1-x^2) = \frac{3}{2}(1-\cos 2\theta)$$

$$P_3^1(x) = -\frac{3}{2}(5x^2-1)(1-x^2)^{1/2} = -\frac{3}{8}(\sin\theta + 5\cos 3\theta)$$

$$P_3^2(x) = 15x(1-x^2) = \frac{15}{4}(\cos\theta - \cos 3\theta)$$

$$P_3^3(x) = -15(1-x^2)^{3/2} = -\frac{15}{4}(3\sin\theta - \sin 3\theta)$$

Außerdem ist:

$$P_l^0(x) = P_l(x)$$

- Rekursionsformeln, Auswahl:

$$(l+1)P_{l+1}^m(x) = (2l+1)[x\,P_l^m(x) - m\sqrt{1-x^2}P_l^{m-1}(x)] - lP_{l-1}^m(x)$$

$$xP_l^m(x) = P_{l-1}^m(x) - (l-m+1)\sqrt{1-x^2}P_l^{m-1}(x)$$

$$(l-m+1)P_{l+1}^m(x) - (2l+1)x\,P_l^m(x) + (l+m)P_{l-1}^m(x) = 0$$

- Die Formel von Rodriguez:

$$P_l^m(x) = \frac{(-1)^m}{2^l l!}(1-x^2)^{m/2}\frac{\mathrm{d}^{l+m}}{\mathrm{d}x^{l+m}}\left((x^2-1)^l\right)$$

Diese Formel ist für $-l \leq m \leq l$ gültig, doch sind die Funktionen mit $+|m|$ und $-|m|$ linear abhängig. Es gilt die Symmetrierelation

$$P_l^{-m}(x) = (-1)^m \frac{(l-m)!}{(l+m)!} P_l^m(x) \qquad m > 0$$

- Ein Integral mit P_l^m:

$$\int_{-1}^{1} \mathrm{d}x\, P_l^m(x)\, P_{l'}^m(x) = \frac{(l+m)!}{(l-m)!}\int_{-1}^{1}\mathrm{d}x\, P_l(x)\, P_{l'}(x)$$

$$= \delta_{l,l'}\frac{(l+m)!}{(l-m)!}\frac{2}{(2l+1)}$$

Beachte:

$$\int_{-1}^{1}\mathrm{d}x\, P_l^m(x)\, P_{l'}^{m'}(x) \neq \delta_{l,l'}\delta_{m,m'} I(l,m)$$

C.3 Kugelflächenfunktionen

- Definition:

$$Y_{l,m}(\theta,\varphi) \equiv Y_{l,m}(\Omega) = \left[\frac{(2l+1)}{4\pi}\frac{(l-m)!}{(l+m)!}\right]^{1/2} P_l^m(\cos\theta)\mathrm{e}^{\mathrm{i}\,m\varphi}$$

mit dem Definitionsbereich

$$0 \le \theta \le \pi \qquad 0 \le \varphi \le 2\pi$$

Beachte: Reelle Form mit

$$P_l^m(\cos\theta)\cos m\,\varphi \quad \text{und} \quad P_l^m(\cos\theta)\cos m\,\varphi\,, \quad m \ge 0$$

möglich

- Spezialfälle:

$$Y_{l,0}(\theta,\varphi) = \left[\frac{(2l+1)}{4\pi}\right]^{1/2} P_l(\cos\theta)$$

$$Y_{l,m}(0,\varphi) = \left[\frac{(2l+1)}{4\pi}\right]^{1/2} \delta_{m,0}$$

- Symmetrierelation:

$$Y_{l,-m}(\theta,\varphi) = (-1)^m Y_{l,m}^*(\theta,\varphi)$$

Die Kugelflächenfunktionen

$$Y_{l,m}(\theta,\varphi) \quad \text{und} \quad Y_{l,-m}(\theta,\varphi)$$

sind linear unabhängig!

- Grundintegral:

$$\iint \mathrm{d}\Omega\, Y_{l,m}^*(\theta,\varphi)Y_{l',m'}(\theta,\varphi) = \int_0^{2\pi}\mathrm{d}\varphi \int_0^{\pi} \sin\theta\,\mathrm{d}\theta\, Y_{l,m}^*(\theta,\varphi)Y_{l',m'}(\theta,\varphi)$$

$$= \delta_{l,l'}\delta_{m,m'}$$

- Differentialgleichung:

$$\frac{1}{\sin\theta}\frac{\partial}{\partial\theta}\left(\sin\theta\frac{\partial Y_{l,m}(\theta,\varphi)}{\partial\theta}\right) + \frac{1}{\sin^2\theta}\frac{\partial^2 Y_{l,m}(\theta,\varphi)}{\partial\varphi^2}$$

$$+\, l(l+1)Y_{l,m}(\theta,\varphi) = 0$$

- Funktionen niedriger Ordnung:

$$Y_{0,0} = \sqrt{\frac{1}{4\pi}}$$

$$Y_{1,-1} = \sqrt{\frac{3}{8\pi}} \sin\theta \, \mathrm{e}^{-\mathrm{i}\varphi} \qquad Y_{1,0} = \sqrt{\frac{3}{4\pi}} \cos\theta$$

$$Y_{1,1} = -\sqrt{\frac{3}{8\pi}} \sin\theta \, \mathrm{e}^{\mathrm{i}\varphi} \qquad Y_{2,-2} = \sqrt{\frac{15}{32\pi}} \sin^2\theta \, \mathrm{e}^{-2\mathrm{i}\varphi}$$

$$Y_{2,-1} = \sqrt{\frac{15}{8\pi}} \sin\theta \cos\theta \, \mathrm{e}^{-\mathrm{i}\varphi} \qquad Y_{2,0} = \sqrt{\frac{5}{16\pi}} (3\cos^2\theta - 1)$$

$$Y_{2,1} = -\sqrt{\frac{15}{8\pi}} \sin\theta \cos\theta \, \mathrm{e}^{\mathrm{i}\varphi} \qquad Y_{2,2} = \sqrt{\frac{15}{32\pi}} \sin^2\theta \, \mathrm{e}^{2\mathrm{i}\varphi}$$

- Additionstheorem:

$$P_l(\cos\alpha) = \frac{4\pi}{(2l+1)} \sum_{m=-l}^{l} Y_{l,m}(\theta,\varphi) Y^*_{l,m}(\theta',\varphi')$$

$$= \frac{4\pi}{(2l+1)} \sum_{m=-l}^{l} Y^*_{l,m}(\theta,\varphi) Y_{l,m}(\theta',\varphi')$$

mit dem Winkel α zwischen zwei Vektoren $\boldsymbol{r}$ und $\boldsymbol{r}'$

$$\cos\alpha = \cos(\varphi - \varphi') \sin\theta \sin\theta' + \cos\theta \cos\theta'$$

Index